普通高等教育国家级精品教材

普通高等教育“十一五”国家级规划教材

通信原理(第6版)

精编本

樊昌信　曹丽娜　编著

国防工業出版社

·北京·

图书在版编目（CIP）数据

通信原理：精编本 / 樊昌信，曹丽娜编著.—6版.—北京：国防工业出版社，2019.8 重印

普通高等教育国家级精品教材

普通高等教育“十一五”国家级规划教材

ISBN 978-7-118-05553-5

Ⅰ.通… Ⅱ.①樊…②曹… Ⅲ.通信理论-高等学校-教材 Ⅳ.TN911

中国版本图书馆 CIP 数据核字（2008）第 004994 号

※

国防工業出版社出版发行

（北京市海淀区紫竹院南路 23 号　邮政编码 100048）

三河市天利华印刷装订有限公司

新华书店经售

*

开本 787×1092　1/16　**印张** 24½　**字数** 562 千字

2019 年 8 月第 16 次印刷　**印数** 80001—85000 册　**定价** 38.00 元

国防书店：（010）68428422　　发行邮购：（010）68414474

发行传真：（010）68411535　　发行业务：（010）68472764

第 6 版精编本前言

《通信原理》自 1980 年第 1 版发行起，作为全国高等学校工科电子类统编教材，每 5 年修订一次，至今已经发行到第 6 版。20 余年来，承蒙全国上百所高等院校选用本书作为大学本科和研究生的教科书和参考书，获得了殊多好评。本教材第 1 版发行后，即获得多项荣誉奖项，包括 1983 年获世界通信年中国委员会颁发的全国优秀通信科技图书二等奖，1987 年获电子工业部优秀教材特等奖，1988 年获国家教委全国高等学校优秀教材奖等。本书第 5 版为国家级重点教材，并获得 2005 年陕西普通高等学校优秀教材一等奖。2006 年修订的第 6 版被教育部列为普通高等教育"十一五"国家级规划教材；2007 年被教育部列为普通高等教育国家级精品教材。

为了适应当前通信技术进步和教学需要，第 6 版的修订着眼于加强基本概念的讲解，在增强数学分析严谨性的同时适量简化数学推导，尽可能多地介绍能用软件实现的方法，以取代硬件实现电路，减少过时的通信技术并增加新兴通信技术原理的介绍。此外，对于专业名词和通信技术术语均给出对应的英文译名，以帮助提高阅读英文参考文献的能力。对于本书的附录和参考文献也进行了较多的充实，以满足读者，特别是教师的深入需求。

为了适应部分院校教学的需求，现又编写出版了《通信原理（第 6 版）精编本》。精编本的章节安排和《通信原理（第 6 版）》一样，只是删去了第 12 章正交编码与伪随机序列和第 14 章通信网。另外，对于其他章节也作了不少删节，精简了内容，减少了全书篇幅。适合课时少的院校学生学习。本书内容可以分为 3 部分。第一部分（第 1 章～第 5 章）阐述通信基础知识和模拟通信原理。第二部分（第 6 章～第 10 章）主要论述数字通信、模拟信号的数字传输和数字信号的最佳接收原理。由于技术的不断发展和创新，数字调制和数字带通传输的内容非常丰富，将其放在一章内讲述会使篇幅过长，故分为两章（第 7 章和第 8 章）讲述，并且第 8 章的内容可以视需要，选用其中一部分学习，或者跳过不学，不会影响后面章节的理解。第三部分（第 11 章～第 12 章）讨论数字通信中的编码和同步等技术。

本书第 1 章和第 3 章以及第 5 章、第 6 章由曹丽娜教授编写；第 7 章由曹丽娜和樊昌信教授合写；第 2 章和第 4 章以及第 8 章～第 12 章由樊昌信教授编写。全书最后由樊昌信教授统编定稿。为了便于各校的教学,本书编者还制作了相应的电子教学课件,各校的任课教师均可以从出版社免费索取(请与出版社责任编辑王华联系)。本书的习题解答见国防工业出版社出版,曹丽娜、樊昌信编著《通信原理(第6版)学习辅导与考研指导》。

此次编写工作继续得到了西安电子科技大学通信工程学院和综合业务网国家重点实验室的大力支持。

最后,对于长期支持本书出版的教师和读者表示衷心的感谢,并真诚希望对于书中的缺点和错误,给予指正。编者和责任编辑的电子函件地址如下:

樊昌信:chxfan@ xidian. edu. cn

曹丽娜:ccllna@ sohu. com

王华:wanghua6956@ 163. com

(若来函请注明真实姓名、单位、职务、电话和通信地址)

编 者

2007 年 12 月

目　　录

第1章 绪 论

通信——按照传统的理解就是信息的传输。在当今高度信息化的社会，信息和通信已成为现代社会的"命脉"。信息作为一种资源，只有通过广泛传播与交流，才能产生利用价值、促进社会成员之间的合作、推动社会生产力的发展、创造出巨大的经济效益。而通信作为传输信息的手段或方式，与传感技术、计算机技术相互融合，已成为21世纪国际社会和世界经济发展的强大推动力。可以预见，未来的通信对人们的生活方式和社会的发展将会产生更加重大和意义深远的影响。

本书讨论信息的传输、交换的基本原理以及通信网的组成，但侧重信息传输原理。为了使读者在学习各章内容之前，对通信和通信系统有一个初步的了解与认识，本章将概括介绍有关的基础知识，包括通信的基本概念，通信系统的组成、分类和通信方式，信息的度量以及评价通信系统性能的指标。

1.1 通信的基本概念

通信的日的是传递消息中所包含的信息。消息是物质或精神状态的一种反映，在不同时期具有不同的表现形式。例如：话音、文字、音乐、数据、图片或活动图像等都是**消息**(message)。人们接收消息，关心的是消息中所包含的有效内容，即**信息**(information)。通信则是进行信息的时空转移，即把消息从一方传送到另一方。基于这种认识，"通信"也就是"信息传输"或"消息传输。

实现通信的方式和手段很多，如手势、语言、旌旗、消息树、烽火台和击鼓传令，以及现代社会的电报、电话、广播、电视、遥控、遥测、因特网、数据和计算机通信等，这些都是消息传递的方式和信息交流的手段。

1837年莫尔斯发明的有线电报开创了利用电传递信息(即电信)的新时代；1876年贝尔发明的电话已成为我们日常生活中通信的主要工具；1918年，调幅无线电广播、超外差接收机问世；1936年，商业电视广播开播；……，伴随着人类的文明、社会的进步和科学技术的发展，电信技术也是以一日千里的速度飞速发展。电信技术的不断进步导致人们对通信的质与量提出了更高的要求，这种要求反过来又促进了电信技术的完善和发展。如今，在自然科学领域涉及"通信"这一术语时，一般是指"电通信"。广义来讲，光通信也属于电通信，因为光也是一种电磁波。本书中讨论的通信均指电通信。

1.2　通信系统的组成

1.2.1　通信系统一般模型

通信的目的是传输信息。通信系统的作用就是将信息从信源发送到一个或多个目的地。对于电通信来说,首先要把消息转变成电信号,然后由发送设备将信号送入信道,接收设备对接收信号作相应的处理后,送给信宿再转换为原来的消息。这一过程可用如图1-1所示的通信系统模型来概括。

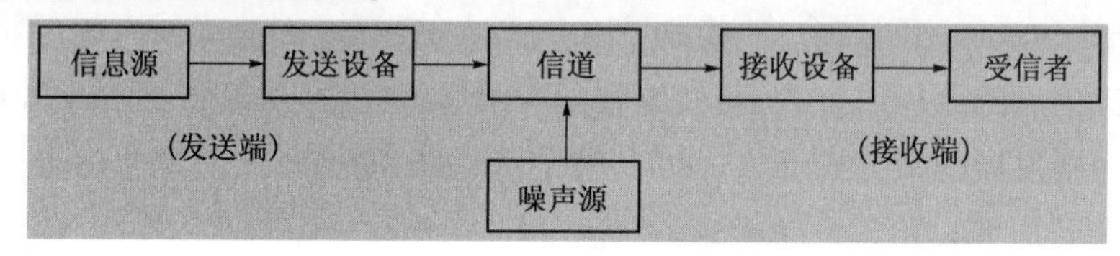

图1-1　通信系统一般模型

图1-1中各部分的功能简述如下:

1. 信息源

信息源(简称信源)的作用是把各种消息转换成原始电信号。根据消息的种类不同,信源可分为模拟信源和数字信源。模拟信源输出连续的模拟信号,如话筒(声音→音频信号)、摄像机(图像→视频信号);数字信源则输出离散的数字信号,如电传机(键盘字符→数字信号)、计算机等各种数字终端。并且,模拟信源送出的信号经数字化处理后也可送出数字信号。

2. 发送设备

发送设备的作用是产生适合于在信道中传输的信号,即使发送信号的特性和信道特性相匹配,具有抗信道干扰的能力,并且具有足够的功率以满足远距离传输的需要。因此,发送设备涵盖的内容很多,可能包含变换、放大、滤波、编码、调制等过程。对于多路传输系统,发送设备中还包括多路复用器。

3. 信道

信道是一种物理媒质,用于将来自发送设备的信号传送到接收端。在无线信道中,信道可以是自由空间;在有线信道中,可以是明线、电缆和光纤。有线信道和无线信道均有多种物理媒质。信道既给信号以通路,也会对信号产生各种干扰和噪声。信道的固有特性及引入的干扰与噪声直接关系到通信的质量。

图1-1中的噪声源是信道中的噪声及分散在通信系统其他各处噪声的集中表示。噪声通常是随机的,形式多样,它的出现干扰了正常信号的传输。关于信道与噪声的问题将在第4章中讨论。

4. 接收设备

接收设备的功能是将信号放大和反变换(如译码、解调等),其目的是从受到减损的接收信号中正确恢复出原始电信号。对于多路复用信号,接收设备中还包括解除多路复用,实现正确分路的功能。此外,它还要尽可能减小在传输过程中噪声与干扰所带来的影响。

5. 受信者

受信者(简称信宿)是传送消息的目的地。其功能与信源相反,即把原始电信号还原成相应的消息,如扬声器等。

图 1-1 模型概括地描述了一个通信系统的组成,反映了通信系统的共性。根据我们研究的对象以及所关注的问题不同,图 1-1 中的各方框的内容和作用将有所不同,因而相应有不同形式的、更具体的通信模型。今后的讨论就是围绕着通信系统的模型而展开的。

1.2.2 模拟通信系统模型和数字通信系统模型

1. 模拟信号和数字信号

如前所述,通信传输的消息是多种多样的,可以是符号、话音、文字、数据、图像,等等。各种不同的消息可以分成两大类:一类称为连续消息;另一类称为离散消息。连续消息是指消息的状态连续变化或不可数的,如连续变化的话音、图像等。离散消息则是指消息的状态是可数的或离散的,如符号、数据等。

消息的传递是通过它的物理载体——电信号来实现的,即把消息寄托在电信号的某一参量上(如连续波的幅度、频率或相位;脉冲波的幅度、宽度或位置)。按信号参量的取值方式不同,可把信号分为两类:模拟信号和数字信号。

模拟信号——信号的参量取值是连续(不可数、无穷多)的,如话音信号、图像信号等。模拟信号有时也称连续信号,这里连续的含义是指信号的某一参量连续变化,或者说在某一取值范围内可以取无穷多个值,而不一定在时间上也连续,如图 1-2(b)中所示的抽样信号。

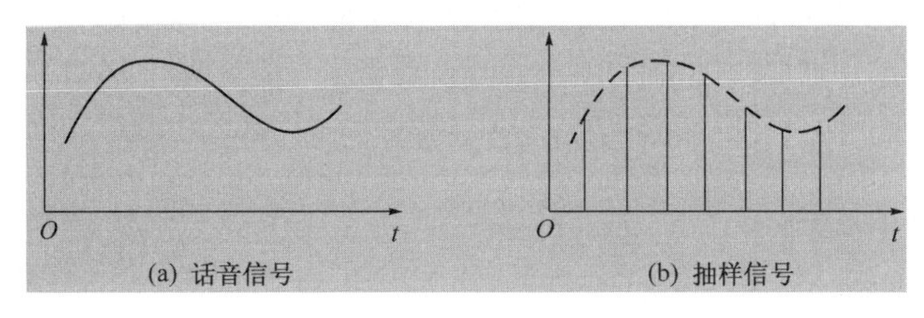

图 1-2 模拟信号

数字信号——信号的参量取值是可数的、有限的,如电报信号、计算机输出信号、PCM 信号等。数字信号有时也称离散信号,这个离散是指信号的某一参量是离散变化的,而不一定在时间上也离散,如图 1-3(b)中所示的二进制数字调相(2PSK)信号。

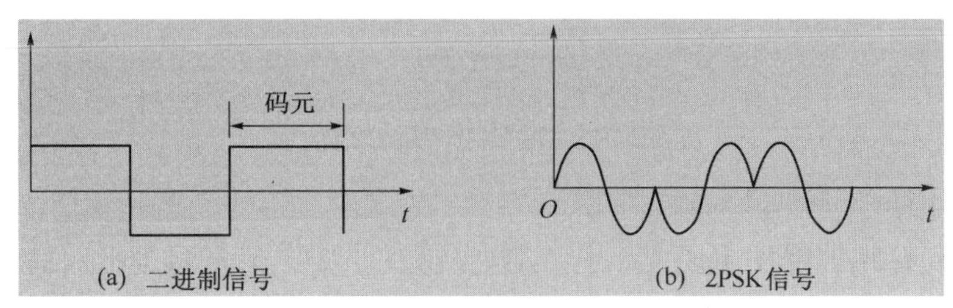

图 1-3 数字信号

通常,按照信道中传输的是模拟信号还是数字信号,相应地把通信系统分为模拟通信系统和数字通信系统。

2. 模拟通信系统模型

模拟通信系统是利用模拟信号来传递信息的通信系统,其模型如图 1-4 所示,其中包含两种重要变换。第一种变换是,在发送端把连续消息变换成原始电信号,在接收端进行相反的变换,这种变换由信源和信宿来完成。这里所说的原始电信号通常称为**基带信号**,基带的含义是指信号的频谱从零频附近开始,如话音信号的频率范围为 300Hz~3400Hz,图像信号的频率范围为 0~6MHz。有些信道可以直接传输基带信号,而以自由空间作为信道的无线电传输却无法直接传输这些信号。因此,模拟通信系统中常常需要进行第二种变换:把基带信号变换成适合在信道中传输的信号,并在接收端进行反变换。完成这种变换和反变换的通常是调制器和解调器。经过调制以后的信号称为**已调信号**,它应有两个基本特征:一是携带有信息;二是适应在信道中传输。由于已调信号的频谱通常具有带通形式,因而已调信号又称**带通信号**(也称为**频带信号**)。

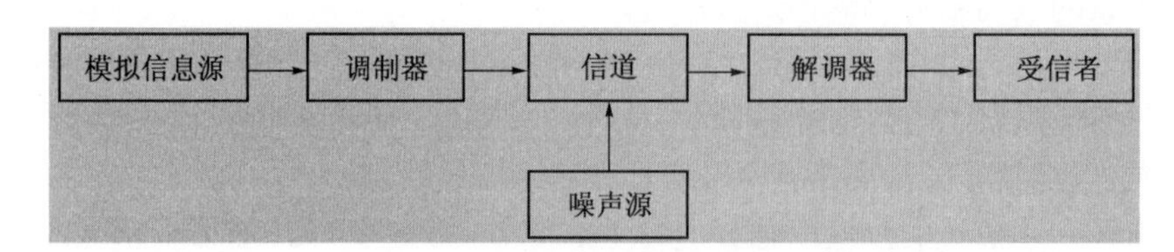

图 1-4　模拟通信系统模型

应该指出,除了上述的两种变换,实际通信系统中可能还有滤波、放大、天线辐射等过程。由于上述两种变换起主要作用,而其他过程不会使信号发生质的变化,只是对信号进行放大和改善信号特性等,在通信系统模型中一般被认为是理想的而不予讨论。因此,本书中关于模拟通信系统的研究重点是:调制与解调原理以及噪声对信号传输的影响(详见第 5 章)。

3. 数字通信系统模型

数字通信系统(Digital Communication System,DCS)是利用数字信号来传递信息的通信系统,如图 1-5 所示。数字通信涉及的技术问题很多,其中主要有信源编码与译码、信道编码与译码、数字调制与解调、数字复接、同步以及加密与解密等。

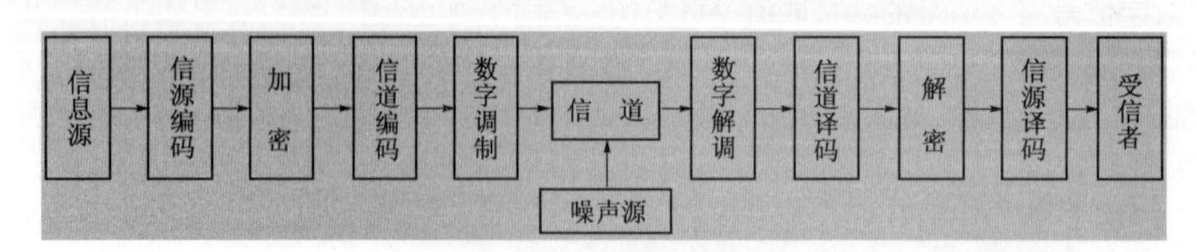

图 1-5　数字通信系统模型

1) 信源编码与译码

信源编码有两个基本功能:① 提高信息传输的有效性,即通过某种数据压缩技术设法减少码元数目和降低码元速率。码元速率决定传输所占的带宽,而传输带宽反映了通信的有效性。② 完成模/数(A/D)转换,即当信息源给出的是模拟信号时,信源编码器将其转换成数字信号，以实现模拟信号的数字化传输（详见第 9 章）。信源译码是信源编码的逆过程。

2）信道编码与译码

信道编码的目的是增强数字信号的抗干扰能力。数字信号在信道传输时受到噪声等影响后将会引起差错。为了减小差错，信道编码器对传输的信息码元按一定的规则加入保护成分（监督元），组成所谓“抗干扰编码”。接收端的信道译码器按相应的逆规则进行解码，从中发现错误或纠正错误，提高通信系统的可靠性。

3）加密与解密

在需要实现保密通信的场合，为了保证所传信息的安全，人为地将被传输的数字序列扰乱，即加上密码，这种处理过程叫加密。在接收端利用与发送端相同的密码复制品对收到的数字序列进行解密，恢复原来信息。

4）数字调制与解调

数字调制就是把数字基带信号的频谱搬移到高频处，形成适合在信道中传输的带通信号。基本的数字调制方式有振幅键控（ASK）、频移键控（FSK）、绝对相移键控（PSK）、相对（差分）相移键控（DPSK）。在接收端可以采用相干解调或非相干解调还原数字基带信号。对高斯噪声下的信号检测，一般用相关器或匹配滤波器来实现。数字调制是本教材的重点内容之一，将分别在第 7 章和第 8 章中讨论。

5）同步

同步是使收发两端的信号在时间上保持步调一致，是保证数字通信系统有序、准确、可靠工作的前提条件。按照同步的功用不同，分为载波同步、位同步、群（帧）同步和网同步。这些问题将集中在第 12 章中讨论。

需要说明的是，图 1-5 是数字通信系统的一般化模型，实际的数字通信系统不一定包括图中的所有环节，例如数字基带传输系统（详见第 6 章）中，无需调制和解调；有的环节，由于分散在各处，图 1-5 中也没有画出，例如同步。

此外，模拟信号经过数字编码后可以在数字通信系统中传输，数字电话系统就是以数字方式传输模拟话音信号的例子。当然，数字信号也可以通过传统的电话网来传输，但需使用调制解调器（Modem）。

1.2.3 数字通信的特点

目前，无论是模拟通信还是数字通信，在不同的通信业务中都得到了广泛的应用。但是，数字通信的发展速度已明显超过模拟通信，成为当代通信技术的主流。与模拟通信相比，数字通信具有以下一些优点。

（1）抗干扰能力强，且噪声不积累。数字通信系统中传输的是离散取值的数字波形，接收端的目标不是精确地还原被传输的波形，而是从受到噪声干扰的信号中判决出发送端所发送的是哪一个波形。以二进制为例，信号的取值只有两个，这时要求在接收端能正确判决发送的是两个状态中的那一个即可。在远距离传输时，如微波中继通信，各中继站可利用数字通信特有的抽样判决再生的接收方式，使数字信号再生且噪声不积累。而模拟通信系统中传输的是连续变化的模拟信号，它要求接收机能够高度保真地重现信号波形，一旦信号叠加上噪声后，即使噪声很小，也很难消除它。

（2）传输差错可控。在数字通信系统中,可通过信道编码技术进行检错与纠错,降低误码率,提高传输质量。

（3）便于用现代数字信号处理技术对数字信息进行处理、变换、存储。这种数字处理的灵活性表现为可以将来自不同信源的信号综合到一起传输。

（4）易于集成,使通信设备微型化,重量轻。

（5）易于加密处理,且保密性好。

数字通信的缺点是,一般需要较大的传输带宽。以电话为例,一路模拟电话通常只占据 4kHz 带宽,但一路接近同样话音质量的数字电话可能要占据 20kHz～60kHz 的带宽。另外,由于数字通信对同步要求高,因而系统设备复杂。但是,随着微电子技术、计算机技术的广泛应用以及超大规模集成电路的出现,数字系统的设备复杂程度大大降低。同时高效的数据压缩技术以及光纤等大容量传输媒质的使用正逐步使带宽问题得到解决。因此,数字通信的应用必将会越来越广泛。

1.3 通信系统分类与通信方式

1.3.1 通信系统的分类

1. 按通信业务分类

根据通信业务的类型不同,通信系统可以分为电报通信系统、电话通信系统、数据通信系统、图像通信系统等。由于电话通信网最为发达普及,因而其他一些通信业务也常通过公用电话通信网传输,如电报通信和远距离数据通信都可通过电话信道传输。综合业务数字通信网适用于各种类型业务的消息传输。

2. 按调制方式分类

根据信道中传输的信号是否经过调制,可将通信系统分为基带传输系统和带通（频带或调制）传输系统。基带传输是将未经调制的信号直接传送,如市内电话、有线广播;带通传输是对各种信号调制后传输的总称。调制方式很多,表 1-1 列出了一些常见的调制方式。

表 1-1 常见调制方式及用途

<table>
<tr><th colspan="3">调制方式</th><th>用途举例</th></tr>
<tr><td rowspan="10">连续波调制</td><td rowspan="4">线性调制</td><td>常规双边带调幅 AM</td><td>广播</td></tr>
<tr><td>双边带调幅 DSB</td><td>立体声广播</td></tr>
<tr><td>单边带调幅 SSB</td><td>载波通信、无线电台、数据传输</td></tr>
<tr><td>残留边带调幅 VSB</td><td>电视广播、数据传输、传真</td></tr>
<tr><td rowspan="2">非线性调制</td><td>频率调制 FM</td><td>微波中继、卫星通信、广播</td></tr>
<tr><td>相位调制 PM</td><td>中间调制方式</td></tr>
<tr><td rowspan="4">数字调制</td><td>振幅键控 ASK</td><td>数据传输</td></tr>
<tr><td>频移键控 FSK</td><td>数据传输</td></tr>
<tr><td>相移键控 PSK、DPSK、QPSK</td><td>数据传输、数字微波、空间通信</td></tr>
<tr><td>其他高效数字调制 QAM、MSK</td><td>数字微波、空间通信</td></tr>
</table>

（续）

调 制 方 式			用 途 举 例
脉冲调制	脉冲模拟调制	脉幅调制 PAM	中间调制方式、遥测
		脉宽调制 PDM(PWM)	中间调制方式
		脉位调制 PPM	遥测、光纤传输
	脉冲数字调制	脉码调制 PCM	市话、卫星、空间通信
		增量调制 DM(△M)	军用、民用数字电话
		差分脉码调制 DPCM	电视电话、图像编码
		其他话音编码方式 ADPCM	中速数字电话

3. 按信号特征分类

按照信道中所传输的是模拟信号还是数字信号，相应地把通信系统分成模拟通信系统和数字通信系统。

4. 按传输媒质分类

按传输媒质，通信系统可分为有线通信系统和无线通信系统两大类。所谓有线通信是用导线（如架空明线、同轴电缆、光导纤维、波导等）作为传输媒质完成通信的，如市内电话、有线电视、海底电缆通信就是有线通信例子。所谓无线通信是依靠电磁波在空间传播达到传递消息的目的，如短波电离层传播、微波视距传播、卫星中继等。

5. 按工作波段分类

按通信设备的工作频率或波长不同，分为长波通信、中波通信、短波通信、远红外线通信等。表 1-2 列出了通信使用的频段、常用的传输媒质及主要用途。

工作波长和频率的换算公式为

$$\lambda = \frac{c}{f} = \frac{3 \times 10^8}{f} \tag{1.3-1}$$

式中：λ 为工作波长；f 为工作频率（Hz）；c 为光速（m/s）。

表 1-2 频段划分及典型应用

频率范围/Hz	名 称	典 型 应 用
3~30	极低频(ELF)	远程导航、水下通信
30~300	超低频(SLF)	水下通信
300~3000	特低频(ULF)	远程通信
3k~30k	甚低频(VLF)	远程导航、水下通信、声呐
30k~300k	低频(LF)	导航、水下通信、无线电信标
300k~3000k	中频(MF)	广播、海事通信、测向、遇险求救、海岸警卫
3M~30M	高频(HF)	远程广播、电报、电话、传真、搜寻救生、飞机与船只间通信、船—岸通信、业余无线电
30M~300M	甚高频(VHF)	电视、调频广播、陆地交通、空中交通管制、出租汽车、警察、导航、飞机通信

（续）

频率范围/Hz	名　称	典　型　应　用
0.3G~3G	特高频(UHF)	电视、蜂窝网、微波链路、无线电探空仪、导航、卫星通信、GPS、监视雷达、无线电高度计
3G~30G	超高频(SHF)	卫星通信、无线电高度计、微波链路、机载雷达、气象雷达、公用陆地移动通信
30G~300G	极高频(EHF)	雷达着陆系统、卫星通信、移动通信、铁路业务
300G~3T	亚毫米波 (0.1mm~1mm)	未划分，实验用
43T~430T	红外 (7μm~0.7μm)	光通信系统
430T~750T	可见光 (0.7μm~0.4μm)	光通信系统
750T~3000T	紫外线 (0.4μm~0.1μm)	光通信系统
注：$1kHz=10^3Hz$，$1MHz=10^6Hz$，$1GHz=10^9Hz$，$1THz=10^{12}Hz$，$1mm=10^{-3}m$，$1μm=10^{-6}m$		

6. 按信号复用方式分类

传输多路信号有三种复用方式，即频分复用、时分复用和码分复用。频分复用是用频谱搬移的方法使不同信号占据不同的频率范围；时分复用是用脉冲调制的方法使不同信号占据不同的时间区间；码分复用是用正交的脉冲序列分别携带不同信号。传统的模拟通信中都采用频分复用，随着数字通信的发展，时分复用通信系统的应用愈来愈广泛，码分复用多用于空间通信的扩频通信中和移动通信系统中。

1.3.2　通信方式

通信方式是指通信双方之间的工作方式或信号传输方式。

1. 单工、半双工和全双工通信

对于点与点之间的通信，按消息传递的方向与时间关系，通信方式可分为单工、半双工及全双工通信。

(1) 单工(simplex)通信，是指消息只能单方向传输的工作方式，如图1-6(a)所示。通信的双方中只有一个可以进行发送，另一个只能接收。广播、遥测、遥控、无线寻呼等就是单工通信方式的例子。

(2) 半双工(half-duplex)通信，是指通信双方都能收发消息，但不能同时进行收和发的工作方式，如图1-6(b)所示。例如，使用同一载频的普通对讲机，问询及检索等都是半双工通信方式。

(3) 全双工(duplex)通信，是指通信双方可同时进行收发消息的工作方式。一般情况全双工通信的信道必须是双向信道，如图1-6(c)所示。电话是全双工通信一个常见的例子，通话的双方可同时进行说和听。计算机之间的高速数据通信也是这种方式。

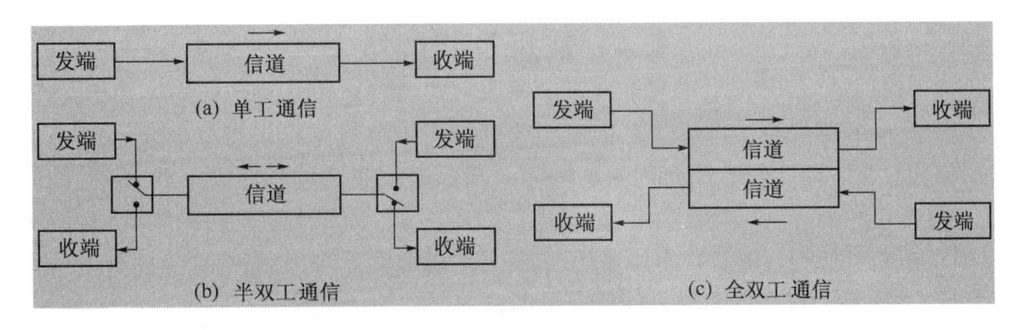

图 1-6　单工、半双工和全双工通信方式示意图

2. 并行传输和串行传输

在数据通信(主要是计算机或其它数字终端设备之间的通信)中,按数据代码排列的方式不同,可分为并行传输和串行传输。

(1) 并行传输,是将代表信息的数字信号码元序列以成组的方式在两条或两条以上的并行信道上同时传输。例如,计算机送出的由“0”和“1”组成的二进制代码序列,可以每组 n 个代码的方式在 n 条并行信道上同时传输。这种方式下,一个分组中的 n 个码元能够在一个时钟节拍内从一个设备传输到另一个设备。例如 8 单位代码字符可以用 8 条信道并行传输,如图 1-7 所示。

并行传输的优势是节省传输时间,速度快。此外,并行传输不需要另外的措施就实现了收发双方的字符同步。缺点是需要 n 条通信线路,成本高,一般只用于设备之间的近距离通信,如计算机和打印机之间数据的传输。

(2) 串行传输,是将数字信号码元序列以串行方式一个码元接一个码元地在一条信道上传输,如图 1-8 所示。远距离数字传输常采用这种方式。

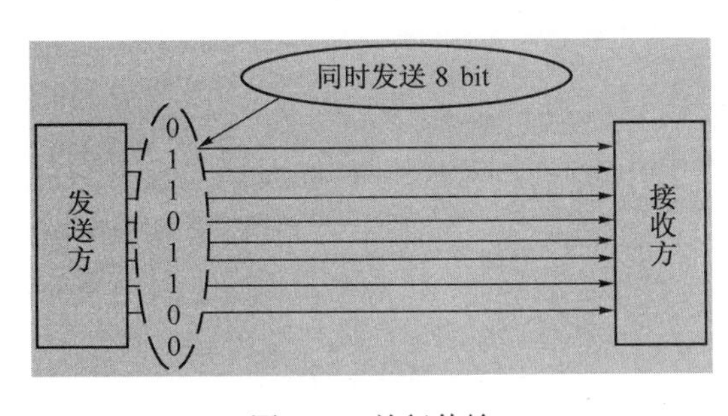

图 1-7　并行传输

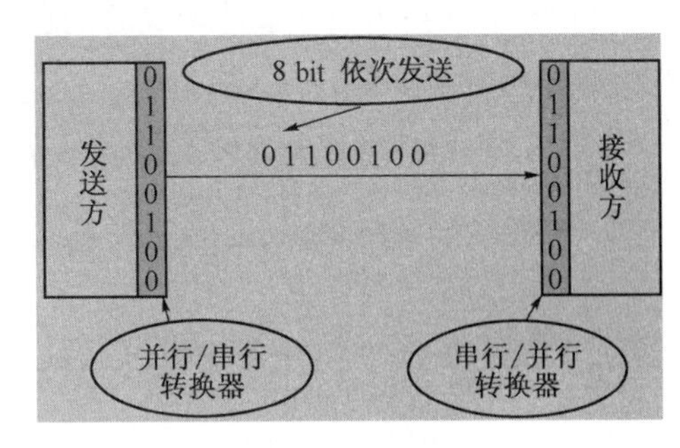

图 1-8　串行传输

串行传输的优点是只需一条通信信道,所需线路铺设费用只是并行传输的 n 分之一。缺点是速度慢,需要外加同步措施以解决收、发双方码组或字符的同步问题。

此外,按同步方式的不同,可分为同步通信和异步通信;按通信设备与传输线路之间的连接类型,可分为点与点之间通信(专线通信)、点到多点和多点之间通信(网通信);还可以按通信的网络拓扑结构划分。由于通信网的基础是点与点之间的通信,所以本课程的重点放在点与点之间的通信上。

1.4 信息及其度量

通信的根本目的在于传输消息中所包含的信息。信息是指消息中所包含的有效内容,或者说是受信者预先不知而待知的内容。消息是信息的物理表现形式,信息是其内涵。不同形式的消息,可以包含相同的信息。例如,用话音和文字发送的天气预报,所含信息内容相同。如同运输货物多少采用“货运量”来衡量一样,传输信息的多少可以采用“信息量”去衡量。现在的问题是如何度量消息中所含的信息量。

消息是多种多样的。因此度量消息中所含信息量的方法,必须能够用来度量任何消息,而与消息的种类无关。同时,这种度量方法也应该与消息的重要程度无关。

在一切有意义的通信中,对于接收者而言,某些消息所含的信息量比另外一些消息更多。例如,“某客机坠毁”这条消息比“今天下雨”这条消息包含有更多的信息。这是因为,前一条消息所表达的事件几乎不可能发生;而后一条消息所表达的事件很可能发生。这表明,对接收者来说,只有消息中不确定的内容才构成信息,而且,消息所表达的事件越不可能发生,越不可预测,其所包含的信息量就越大。

概率论告诉我们,事件的不确定程度可以用其出现的概率来描述。因此,消息中包含的信息量与消息发生的概率密切相关。消息出现的概率越小,则消息中包含的信息量就越大。假设 $P(x)$ 表示消息发生的概率, I 表示消息中所含的信息量,则根据上面的认知, I 与 $P(x)$ 之间的关系应当反映如下规律。

(1) 消息中所含的信息量是该消息出现的概率的函数,即

$$I = I[P(x)]$$

(2) $P(x)$ 越小, I 越大;反之, I 越小;且当 $P(x)=1$ 时, $I=0$; $P(x)=0$ 时, $I=\infty$ 。

(3) 若干个互相独立事件构成的消息,所含信息量等于各独立事件信息量之和,也就是说,信息具有相加性,即

$$I[P(x_1)P(x_2)\cdots] = I[P(x_1)] + I[P(x_2)] + \cdots$$

不难看出,若 I 与 $P(x)$ 之间的关系式为

$$I = \log_a \frac{1}{P(x)} = -\log_a P(x) \qquad (1.4-1)$$

则可满足上述三项要求。所以我们定义公式(1.4-1)为消息 x 所含的信息量。

信息量的单位和上式中对数的底 a 有关。若 $a=2$,则信息量的单位为比特(bit),可简记为 b;若 $a=\mathrm{e}$,则信息量的单位为奈特(nat);若 $a=10$,则信息量的单位为哈特莱(Hartley)。通常广泛使用的单位为比特,这时有

$$I = \log_2 \frac{1}{P(x)} = -\log_2 P(x) \quad (\mathrm{b}) \qquad (1.4-2)$$

下面,我们来讨论**等概率**出现的离散消息的度量。先看一个简单例子。

【例 1-1】 设一个二进制离散信源,以相等的概率发送数字“0”或“1”,则信源每个

输出的信息含量为

$$I(0)=I(1)=\log_2\frac{1}{1/2}=\log_2 2=1 \qquad (\mathrm{b}) \tag{1.4-3}$$

由此可见,传送等概率的二进制波形之一的信息量为 1b。在工程应用中,习惯把一个二进制码元称作 1b。同理,传送等概率的四进制波形之一($P=1/4$)的信息量为 2b,这时每一个四进制波形需要用两个二进制脉冲表示;传送等概率的八进制波形之一($P=1/8$)的信息量为 3b,这时至少需要三个二进制脉冲。

综上所述,对于离散信源,M 个波形等概率($P=1/M$)发送,且每一个波形的出现是独立的,即信源是无记忆的,则传送 M 进制波形之一的信息量为

$$I=\log_2\frac{1}{P}=\log_2\frac{1}{1/M}=\log_2 M \qquad (\mathrm{b}) \tag{1.4-4}$$

式中:P 为每一个波形出现的概率;M 为传送的波形数。

若 M 是 2 的整幂次,比如 $M=2^k(k=1,2,3,\cdots)$,则式(1.4-4)可改写为

$$I=\log_2 2^k=k \qquad (\mathrm{b}) \tag{1.4-5}$$

式中:k 是二进制脉冲数目,也就是说,传送每一个 $M(M=2^k)$进制波形的信息量就等于用二进制脉冲表示该波形所需的脉冲数目 k。

现在再来考察**非等概率**情况。设离散信源是一个由 M 个符号组成的集合,其中每个符号 $x_i(i=1,2,3,\cdots,M)$按一定的概率 $P(x_i)$独立出现,即

$$\begin{bmatrix} x_1, & x_2, & \cdots, & x_M \\ P(x_1), & P(x_2), & \cdots, & P(x_M) \end{bmatrix}, \text{且有} \sum_{i=1}^{M} P(x_i)=1$$

则 $x_1,x_2,\cdots,x_M$ 所包含的信息量分别为

$$-\log_2 P(x_1),\ -\log_2 P(x_2),\cdots,\ -\log_2 P(x_M)$$

于是,每个符号所含信息量的统计平均值,即平均信息量为

$$H(x)=P(x_1)[-\log_2 P(x_1)]+P(x_2)[-\log_2 P(x_2)]+\cdots+P(x_M)[-\log_2 P(x_M)]=$$

$$-\sum_{i=1}^{M} P(x_i)\log_2 P(x_i) \qquad (\mathrm{b}/\text{符号}) \tag{1.4-6}$$

由于 H 同热力学中的熵形式相似,故通常又称它为信息源的熵,其单位为 b/符号。显然,当 $P(x_i)=1/M$(每个符号等概独立出现)时,式(1.4-6)即成为式(1.4-4),此时信源的熵有最大值。

【例 1-2】 一离散信源由 0,1,2,3 四个符号组成,它们出现的概率分别为 3/8,1/4,1/4,1/8,且每个符号的出现都是独立的。试求某消息 201020130213001203210100321010023102002010312032100120210 的信息量。

【解】 此消息中,"0"出现 23 次,"1"出现 14 次,"2"出现 13 次,"3"出现 7 次,共有 57 个符号,故该消息的信息量

$$I = 23\log_2 8/3 + 14\log_2 4 + 13\log_2 4 + 7\log_2 8 = 108 \quad (\text{b})$$

每个符号的算术平均信息量为

$$\bar{I} = \frac{I}{符号数} = \frac{108}{57} = 1.89 \quad (\text{b/符号})$$

若用熵的概念来计算,由式(1.4-6)得

$$H = -\frac{3}{8}\log_2\frac{3}{8} - \frac{1}{4}\log_2\frac{1}{4} - \frac{1}{4}\log_2\frac{1}{4} - \frac{1}{8}\log_2\frac{1}{8} = 1.906 \quad (\text{b/符号})$$

则该消息的信息量

$$I = 57 \times 1.906 = 108.64 \quad (\text{b})$$

以上两种结果略有差别的原因在于,它们平均处理方法不同。前一种按算数平均的方法,结果可能存在误差。这种误差将随着消息序列中符号数的增加而减小。而且,当消息序列较长时,用熵的概念计算更为方便。

以上我们讨论了离散消息的度量。关于连续消息的信息量可以用概率密度函数来描述。可以证明,连续消息的平均信息量为

$$H(x) = -\int_{-\infty}^{\infty} f(x)\log_a f(x)\,\mathrm{d}x \tag{1.4-7}$$

式中:$f(x)$为连续消息出现的概率密度。

1.5 通信系统主要性能指标

在设计和评价一个通信系统时,需要建立一套能反映系统各方面性能的指标体系。性能指标也称质量指标,它们是从整个系统的角度综合提出的。

通信系统的性能指标涉及其有效性、可靠性、适应性、经济性、标准性、可维护性等。尽管不同的通信业务对系统性能的要求不尽相同,但从研究信息传输的角度来说,通信的有效性和可靠性是主要的矛盾所在。

所谓有效性是指传输一定信息量时所占用的信道资源(频带宽度和时间间隔),或者说是传输的"速度"问题;而可靠性则是指接收信息的准确程度,也就是传输的"质量"问题。这两个问题相互矛盾而又相对统一,并且还可以进行互换。

由于模拟通信系统和数字通信系统之间的区别,两者对有效性和可靠性的要求及度量的方法不尽相同。

模拟通信系统的有效性可用有效传输频带来度量,同样的消息用不同的调制方式,则需要不同的频带宽度。如话音信号的单边带调幅(SSB)占用的带宽仅为4kHz,而话音信号的宽带调频(WBFM)占用的带宽则为48kHz(调频指数为5时),显然调幅信号的有效性比调频的好。可靠性通常用接收端解调器输出信噪比来度量。输出信噪比越高,通信质量就越好。不同调制方式在同样信道信噪比下所得到的解调后的输出信噪比是不同的。如调频信号的抗干扰能力比调幅的好,但调频信号所需的传输频带却宽于调幅的。

数字通信系统的有效性可用传输速率和频带利用率来衡量。

(1) 码元传输速率 R_B，又称码元速率、传码率。它被定义为单位时间(每秒)传送码元的数目，单位为波特(Baud)。例如，某系统每秒内传送 2400 个码元，则该系统的传码率为 2400 Baud。

但要注意，码元速率仅仅表征单位时间传送码元的数目，而没有限定这时的码元是何种进制。根据码元速率的定义，若每个码元的长度为 T 秒，则有

$$R_B = \frac{1}{T} \quad (\text{Baud}) \tag{1.5-1}$$

(2) 信息传输速率 R_b，简称传信率，又称比特率。它定义为单位时间内传递的平均信息量或比特数，单位为比特/秒，简记为 b/s 或 bps。

在"0"、"1"等概率出现的二进制码元的传输中，每个码元含有 1b 的信息量，所以二进制数字信号的码元速率和信息速率在数量上相等。而在采用多(M)进制码元的传输中，由于每个码元携带 $\log_2 M$ 比特的信息量(见式(1.4-4))，因此码元速率和信息速率有以下确定的关系，即

$$R_b = R_B \log_2 M \quad (\text{b/s}) \tag{1.5-2}$$

或

$$R_B = \frac{R_b}{\log_2 M} \quad (\text{Baud}) \tag{1.5-3}$$

例如在八进制($M=8$)中，已知码元速率为 1200Baud，则信息速率为 3600b/s。

(3) 频带利用率。在比较不同通信系统的有效性时，不能单看它们的传输速率，还应考虑所占用的信道频带宽度 B，因为两个传输速率相等的系统其传输效率并不一定相同。所以，真正衡量数字通信系统的有效性指标是频带利用率，它定义为单位带宽(每赫)内的传输速率，即

$$\eta = \frac{R_B}{B} \quad (\text{Baud/Hz}) \tag{1.5-4}$$

或

$$\eta_b = \frac{R_b}{B} \quad \text{b/(s·Hz)} \tag{1.5-5}$$

数字通信系统的可靠性可用差错率来衡量。差错率常用误码率和误信率表示。

(1) 误码率 P_e，是指错误接收的码元数在传输总码元数中所占的比例，更确切地说，误码率是码元在传输系统中被传错的概率，即

$$P_e = \frac{\text{错误码元数}}{\text{传输总码元数}} \tag{1.5-6}$$

(2) 误信率 P_b，又称误比特率，是指错误接收的比特数在传输总比特数中所占的比例，即

$$P_b = \frac{\text{错误比特数}}{\text{传输总比特数}} \tag{1.5-7}$$

显然,在二进制中有

$$P_b = P_e$$

1.6 小　结

通信的目的是传递消息中所包含的信息。消息是信息的物理表现形式,信息是消息的内涵。

信号是与消息相对应的电量,它是消息的物理载体。根据携载消息的信号参量是连续取值还是离散取值,信号分为模拟信号和数字信号。

通信系统有不同的分类方法。按照信道中所传输的是模拟信号还是数字信号,相应地把通信系统分成模拟通信系统和数字通信系统。

数字通信已成为当前通信技术的主流。与模拟通信相比,数字通信系统具有抗干扰能力强,可消除噪声积累;差错可控;数字处理灵活,可以将来自不同信源的信号综合到一起传输;易集成,成本低;保密性好等优点。缺点是占用带宽大,同步要求高。

按消息传递的方向与时间关系,通信方式可分为单工、半双工及全双工通信三种。按数据代码排列的方式可分为并行传输和串行传输。

信息量是对消息发生的概率(不确定性)的度量。一个二进制码元含 1b 的信息量;一个 M 进制码元含有 $\log_2 M$ 比特的信息量。等概率发送时,信源的熵有最大值。

有效性和可靠性是通信系统的两个主要指标。两者相互矛盾而又相对统一,且可互换。在模拟通信系统中,有效性可以用带宽来衡量,可靠性可以用输出信噪比来衡量。在数字通信系统中,有效性用码元速率、信息速率和频带利用率表示,可靠性用误码率、误信率表示。

信息速率是每秒发送的比特数。码元速率是每秒发送的码元个数。码元速率小于等于信息速率。在讨论效率时,信息速率更为重要。而码元速率决定了发送信号所需的带宽。

思　考　题

1-1　以无线广播和电视为例,说明图 1-1 模型中信息源、受信者及信道包含的具体内容是什么?

1-2　何谓数字信号?何谓模拟信号?两者的根本区别是什么?

1-3　何谓数字通信?数字通信有哪些优缺点?

1-4　数字通信系统模型中各组成部分的主要功能是什么?

1-5　按调制方式,通信系统如何分类?

1-6　按传输信号的特征,通信系统如何分类?

1-7　按传输信号的复用方式,通信系统如何分类?

1-8 单工、半双工及全双工通信方式是按什么标准分类的？解释它们的工作方式并举例说明。

1-9 按数字信号码元的排列顺序可分为哪两种通信方式？它们的适用场合及特点？

1-10 通信系统的主要性能指标是什么？

1-11 衡量数字通信系统有效性和可靠性的性能指标有哪些？

1-12 何谓码元速率和信息速率？它们之间的关系如何？

1-13 何谓误码率和误信率？它们之间的关系如何？

1-14 消息中包含的信息量与以下哪些因素有关？

(1) 消息出现的概率；

(2) 消息的种类；

(3) 消息的重要程度。

习 题

1-1 已知英文字母 e 出现的概率为 0.105，x 出现的概率为 0.002，试求 e 和 x 的信息量。

1-2 某信源符号集由 A，B，C，D 和 E 组成，各符号独立出现，其出现概率分别为 1/4，1/8，1/8，3/16 和 5/16。

(1) 求该信息源符号的平均信息量；

(2) 若各符号等概出现，重复第(1)问。

1-3 设有四个符号，其中前三个符号的出现概率分别为 1/4，1/8，1/8，且各符号的出现是相互独立的。试计算该符号集的平均信息量。

1-4 一个由字母 A、B、C、D 组成的字，对于传输的每一个字母用二进制脉冲编码，00 代替 A，01 代替 B，10 代替 C，11 代替 D，每个脉冲宽度为 5ms。

(1) 不同的字母是等可能出现时，试计算传输的平均信息速率；

(2) 若每个字母出现的可能性分别为

$$P_{\mathrm{A}}=\frac{1}{5}, P_{\mathrm{B}}=\frac{1}{4}, P_{\mathrm{C}}=\frac{1}{4}, P_{\mathrm{D}}=\frac{3}{10}$$

试计算传输的平均信息速率。

1-5 国际摩尔斯电码用“点”和“划”的序列发送英文字母，“划”用持续 3 单位的电流脉冲表示，“点”用持续 1 个单位的电流脉冲表示；且“划”出现的概率是“点”出现概率的 1/3。

(1) 计算“点”和“划”的信息量；

(2) 计算“点”和“划”的平均信息量。

1-6 设某信息源的输出由 128 个不同的符号组成。其中 16 个出现的概率为 1/32，其余 112 个出现的概率为 1/224。信息源每秒发出 1000 个符号，且每个符号彼此独立。试计算该信息源的平均信息速率。

1-7　设某数字传输系统传送二进制码元的速率为2400Baud，试求该系统的信息速率；若该系统改为传送16进制信号码元，码元速率不变，则这时的系统信息速率为多少（设各码元独立等概率出现）？

1-8　若题1-2中信息源以1000Baud速率传送信息。

（1）试计算传送1h的信息量；

（2）试计算传送1h可能达到的最大信息量。

1-9　如果二进制独立等概信号的码元宽度为0.5ms，求R_B和R_b；若改为四进制信号，码元宽度不变，求传码率R_B和独立等概时的传信率R_b。

1-10　已知某四进制数字传输系统的传信率为2400b/s，接收端在0.5h内共收到216个错误码元，试计算该系统的误码率P_e。

第 2 章　确 知 信 号

2.1　确知信号的类型

确知信号(deterministic signal)是指其取值在任何时间都是确定的和可预知的信号。例如,振幅、频率和相位都是确定的一段正弦波,它就是一个确知信号。按照是否具有周期重复性,确知信号可以分为**周期信号**(periodic signal)和**非周期信号**(nonperiodic signal)。在数学上,若一个信号 $s(t)$ 满足下述条件:

$$s(t) = s(t + T_0), \qquad -\infty < t < +\infty \tag{2.1-1}$$

式中 $T_0>0$,为一常数,则称此信号为周期信号,否则为非周期信号,并将满足式(2.1-1)的最小 T_0 称为此信号的周期,将 $1/T_0$ 称为基频 f_0。一个无限长的正弦波,例如 $s(t)=8\sin(5t+1)$,$-\infty<t<+\infty$,就属于周期信号,其周期 $T_0=2\pi/5$。单个矩形脉冲、冲激信号就是非周期信号。

按照能量是否有限,信号可以分为**能量信号**(energy signal)和**功率信号**(power signal)两类。在通信理论中,通常把信号功率定义为电流在单位电阻(1Ω)上消耗的功率,即**归一化**(normalized)功率 P。它可表示为:

$$P = V^2/R = I^2R = V^2 = I^2 \qquad (\mathrm{W}) \tag{2.1-2}$$

式中:V 为电压(V);I 为电流(A)。

因此,若设连续电压或电流信号为 $s(t)$,则它在单位电阻(1Ω)上的瞬时功率可表示为 $s^2(t)$。这时,信号能量 E 应当是信号瞬时功率的积分:

$$E = \int_{-\infty}^{\infty} s^2(t)\,\mathrm{d}t \tag{2.1-3}$$

其中,E 的单位是焦耳(J)。

信号的平均功率 P 定义为

$$P = \lim_{T\to\infty} \frac{1}{T}\int_{-T/2}^{T/2} s^2(t)\,\mathrm{d}t \tag{2.1-4}$$

若信号 $s(t)$ 的能量等于一个有限正值,且平均功率为零,则称 $s(t)$ 为能量有限信号,简称**能量信号**。其特征是:信号的振幅和持续时间均有限,非周期性。例如,单个矩形脉冲。

若信号 $s(t)$ 的平均功率等于一个有限正值,且能量为无穷大,则称 $s(t)$ 为功率有限信号,简称**功率信号**。其特征是:信号的持续时间无限。例如:直流信号、周期信号。

顺便提醒:能量信号和功率信号的分类对于非确知信号也适用。

2.2 确知信号的频域性质

确知信号在频域(frequency domain)中的性质,即频率特性,由其各个频率分量的分布表示,可以用频谱、频谱密度、能量谱密度和功率谱密度来描述,通过运用傅里叶(Fourier)级数和傅里叶变换来实现。傅里叶级数适用于周期信号,而傅里叶变换则对周期信号和非周期信号都适用。

2.2.1 周期信号的傅里叶级数

设 $s(t)$ 是一个周期为 T_0 的周期功率信号。若它满足狄利克雷(Dirichlet)条件,则可展开成如下的指数型傅里叶级数

$$s(t) = \sum_{n=-\infty}^{\infty} C_n \mathrm{e}^{\mathrm{j}2\pi nt/T_0} \tag{2.2-1}$$

其中,傅里叶级数的系数

$$C_n = C(nf_0) = \frac{1}{T_0}\int_{-T_0/2}^{T_0/2} s(t)\mathrm{e}^{-\mathrm{j}2\pi nf_0 t}\mathrm{d}t \tag{2.2-2}$$

式中,$f_0=1/T_0$ 称为信号的基频,基频的 n 倍(n 为整数,$-\infty<n<+\infty$)称为 n 次谐波频率。

傅里叶系数 C_n 反映了信号中各次谐波的幅度值和相位值,因此称 C_n 为信号的**频谱**。C_n 一般是复数形式,可记为:

$$C_n = |C_n|\mathrm{e}^{\mathrm{j}\theta_n} \tag{2.2-3}$$

$|C_n|$随频率(nf_0)变化的特性称为信号的**幅度谱**,θ_n 随频率(nf_0)变化的特性称为信号的**相位谱**。若 $s(t)$为实信号,则由式(2.2-1)可得

$$C_{-n} = C_n^* \tag{2.2-4}$$

说明频谱 C_n 的正频率部分和负频率部分存在“复数共轭”关系。这就是说,负频谱和正频谱的模是偶对称的,相位是奇对称的。

2.2.2 非周期信号的傅里叶变换

一个非周期确知信号 $s(t)$的傅里叶变换和反变换关系式如下:

$$S(\omega) = \int_{-\infty}^{\infty} s(t)\mathrm{e}^{-\mathrm{j}\omega t}\mathrm{d}t \tag{2.2-5}$$

$$s(t) = \frac{1}{2\pi}\int_{-\infty}^{\infty} S(\omega)\mathrm{e}^{\mathrm{j}\omega t}\mathrm{d}\omega \tag{2.2-6}$$

简记为 $$s(t)\Leftrightarrow S(\omega)$$

上述傅里叶变换积分的充分条件是:$s(t)$在$-\infty$ 和$+\infty$ 间绝对可积,以及 $s(t)$的任意间断点为有穷值。

当引入冲激函数之后,许多不满足狄利克雷条件的信号,如周期信号,阶跃信号、符号函数等也存在傅里叶变换。从而把各种信号的分析方法统一起来,使傅里叶变换在信号

与系统的分析中获得更广泛的应用。

一些常用信号的傅里叶变换如表 2-1 所列。傅里叶变换的运算特性如表 2-2 所列(说明：表中的频谱函数用 $F(\omega)$ 或 $F(\mathrm{j}\omega)$ 均可)。

表 2-1 常见信号的傅里叶变换

序号	$f(t)$	$F(\omega)$	序号	$f(t)$	$F(\omega)$
1	$\delta(t)$	1	12	$A\cos\left(\frac{\pi t}{2\tau}\right)\mathrm{rect}\left(\frac{t}{2\tau}\right)$	$\frac{A\pi}{\tau}\frac{\cos(\omega\tau)}{(\pi/2\tau)^2-\omega^2}$
2	1	$2\pi\delta(\omega)$	13	$\cos(\omega_0 t)$	$\pi[\delta(\omega-\omega_0)+\delta(\omega+\omega_0)]$
3	$\mathrm{e}^{\mathrm{j}\omega_0 t}$	$2\pi\delta(\omega-\omega_0)$	14	$\sin(\omega_0 t)$	$\frac{\pi}{\mathrm{j}}[\delta(\omega-\omega_0)-\delta(\omega+\omega_0)]$
4	$\mathrm{sgn}(t)$	$\frac{2}{\mathrm{j}\omega}$	15	$u(t)\cos(\omega_0 t)$	$\frac{\pi}{2}[\delta(\omega-\omega_0)+\delta(\omega+\omega_0)]+\frac{\mathrm{j}\omega}{\omega_0^2-\omega^2}$
5	$\mathrm{j}\frac{1}{\pi t}$	$\mathrm{sgn}(\omega)$	16	$u(t)\sin(\omega_0 t)$	$\frac{\pi}{2\mathrm{j}}[\delta(\omega-\omega_0)-\delta(\omega+\omega_0)]+\frac{\omega_0}{\omega_0^2-\omega^2}$
6	$u(t)$	$\pi\delta(\omega)+\frac{1}{\mathrm{j}\omega}$	17	$u(t)\mathrm{e}^{-\alpha t}\cos(\omega_0 t)$	$\frac{(\alpha+\mathrm{j}\omega)}{\omega_0^2+(\alpha+\mathrm{j}\omega)^2}$
7	$\sum_{n=-\infty}^{\infty}C_n\mathrm{e}^{\mathrm{j}n\omega_0 t}$	$2\pi\sum_{n=-\infty}^{\infty}C_n\delta(\omega-n\omega_0)$	18	$u(t)\mathrm{e}^{-\alpha t}\sin(\omega_0 t)$	$\frac{\omega_0}{\omega_0^2+(\alpha+\mathrm{j}\omega)^2}$
8	$\delta_T(t)=\sum_{n=-\infty}^{\infty}\delta(t-nT)$	$\frac{2\pi}{T}\sum_{n=-\infty}^{\infty}\delta\left(\omega-n\cdot\frac{2\pi}{T}\right)$	19	$\mathrm{e}^{-\alpha\|t\|}$	$\frac{2\alpha}{\alpha^2+\omega^2}$
9	$\mathrm{rect}(t/\tau)$	$\tau\mathrm{Sa}(\omega\tau/2)$	20	$\mathrm{e}^{-t^2}/(2\sigma^2)$	$\sigma\sqrt{2\pi}\mathrm{e}^{-\sigma^2\omega^2/2}$
10	$\frac{W}{2\pi}\mathrm{Sa}\left(\frac{Wt}{2}\right)$	$\mathrm{rect}\left(\frac{\omega}{W}\right)$	21	$u(t)\mathrm{e}^{-\alpha t}$	$\frac{1}{\alpha+\mathrm{j}\omega}$
11	$\mathrm{tri}(t)$	$\mathrm{Sa}^2\left(\frac{\omega}{2}\right)$	22	$u(t)t\mathrm{e}^{-\alpha t}$	$\frac{1}{(\alpha+\mathrm{j}\omega)^2}$

表 2-2 傅里叶变换的基本性质

性质名称	时间函数 $f(t)$	频谱函数 $F(\mathrm{j}\omega)$
1. 线性	$af_1(t)+bf_2(t)$	$aF_1(\mathrm{j}\omega)+bF_2(\mathrm{j}\omega)$
2. 对称	$F(\mathrm{j}t)$	$2\pi f(-\omega)$
3. 反折	$f(-t)$	$F(-\mathrm{j}\omega)$
4. 尺度变换	$f(at), a\neq 0$	$\frac{1}{a}F\left(\mathrm{j}\frac{\omega}{a}\right)$
5. 时移	$f(t\pm t_0), t_0>0$	$F(\mathrm{j}\omega)\mathrm{e}^{\pm\mathrm{j}\omega t_0}$

（续）

性质名称	时间函数 $f(t)$	频谱函数 $F(j\omega)$
6. 频移	$f(t)e^{\pm j\omega_0 t},\omega_0>0$	$F[j(\omega\mp\omega_0)]$
7. 时域微分	$\frac{d^n f(t)}{dt^n}$	$(j\omega)^n F(j\omega)$
8. 频域微分	$t^n f(t)$	$(j)^n \frac{d^n F(j\omega)}{d\omega^n}$
9. 时域积分	$\int_{-\infty}^{t} f(x)dx$	$\frac{F(j\omega)}{j\omega}+\pi F(0)\delta(\omega)$
10. 时域卷积定理	$f_1(t) * f_2(t)$	$F_1(j\omega)F_2(j\omega)$
11. 频域卷积定理	$f_1(t)f_2(t)$	$\frac{1}{2\pi}F_1(j\omega) * F_2(j\omega)$
12. 帕塞瓦尔定理	$\int_{-\infty}^{\infty} f_1(t)\overset{*}{f}_2(t)dt = \frac{1}{2\pi}\int_{-\infty}^{\infty} F_1(j\omega)\overset{*}{F}_2(j\omega)d\omega$	

2.2.3 信号的能量谱密度和功率谱密度

能量信号 $s(t)$ 的能量谱密度

$$G(f) = |S(f)|^2 \qquad (\mathrm{J/Hz}) \tag{2.2-7}$$

其中，$S(f)$ 为 $s(t)$ 的傅里叶变换。

能量信号 $s(t)$ 的能量可以表示如下：

$$E = \int_{-\infty}^{\infty} s^2(t)dt = \int_{-\infty}^{\infty} |S(f)|^2 df = 2\int_{0}^{\infty} |S(f)|^2 df \tag{2.2-8}$$

若 $s(t)$ 为实函数，则 $|S(f)|$ 偶对称。

式(2.2-8)又叫巴塞伐尔(Parseval)能量守恒定理。

功率信号 $s(t)$ 的功率谱密度

$$P(f) = \lim_{T\to\infty}\frac{1}{T}|S_T(f)|^2 \qquad (\mathrm{W/Hz}) \tag{2.2-9}$$

其中 $S_T(f)$ 为 $s(t)$ 的截短信号 $s_T(t)$ 的傅里叶变换。

功率信号 $s(t)$ 的功率

$$P = \lim_{T\to\infty}\frac{1}{T}\int_{-T/2}^{T/2} s^2(t)dt = \int_{-\infty}^{\infty} P(f)df \tag{2.2-10}$$

对于周期性功率信号，则有

$$P = \lim_{T\to\infty}\frac{1}{T}\int_{-T/2}^{T/2} s^2(t)dt = \frac{1}{T_0}\int_{-T_0/2}^{T_0/2} s^2(t)dt \tag{2.2-11}$$

其中 T_0 为周期。

周期信号的巴塞伐尔定理为

$$P = \frac{1}{T_0}\int_{-T_0/2}^{T_0/2} s^2(t)\,\mathrm{d}t = \sum_{n=-\infty}^{\infty} |C_n|^2 \tag{2.2-12}$$

式中：$|C_n|$为周期信号第 n 次谐波(其频率为 nf_0)的振幅,因此$|C_n|^2$是第 n 次谐波的功率,$|C_n|^2$随 nf_0 分布的特性称为周期信号的(离散)功率谱。

对周期信号来说,其功率谱密度也能用 C_n 来表示：

$$P(f) = \sum_{n=-\infty}^{\infty} |C_n|^2 \delta(f - nf_0) \tag{2.2-13}$$

2.3 确知信号的时域性质

确知信号的时域性质主要由自相关函数和互相关函数来描述。相关函数是衡量波形之间关联或相似程度的一个函数,它表示两个信号之间或同一个信号相隔时间 τ 的相互关系。

2.3.1 互相关函数和自相关函数

能量信号 $s_1(t)$ 和 $s_2(t)$ 的互相关函数

$$R_{12}(\tau) = \int_{-\infty}^{\infty} s_1(t)s_2(t+\tau)\,\mathrm{d}t \tag{2.3-1}$$

功率信号 $s_1(t)$ 和 $s_2(t)$ 的互相关函数

$$R_{12}(\tau) = \lim_{T\to\infty}\frac{1}{T}\int_{-T/2}^{T/2} s_1(t)s_2(t+\tau)\,\mathrm{d}t \tag{2.3-2}$$

对周期性功率信号,有

$$R_{12}(\tau) = \frac{1}{T_0}\int_{-T_0/2}^{T_0/2} s_1(t)s_2(t+\tau)\,\mathrm{d}t \tag{2.3-3}$$

能量信号 $s(t)$ 的自相关函数

$$R(\tau) = \int_{-\infty}^{\infty} s(t)s(t+\tau)\,\mathrm{d}t \tag{2.3-4}$$

功率信号 $s(t)$ 的自相关函数

$$R(\tau) = \lim_{T\to\infty}\frac{1}{T}\int_{-T/2}^{T/2} s(t)s(t+\tau)\,\mathrm{d}t \tag{2.3-5}$$

对周期性功率信号,有

$$R(\tau) = \frac{1}{T_0}\int_{-T_0/2}^{T_0/2} s(t)s(t+\tau)\,\mathrm{d}t \tag{2.3-6}$$

2.3.2 互相关函数的性质

(1) 若对所有的 τ,有 $R_{12}(\tau)=0$,则两个信号互不相关。

（2）互相关函数和两个信号相乘的前后次序有关，即有

$$R_{12}(\tau)=R_{21}(-\tau) \tag{2.3-7}$$

（3）当 $\tau=0$ 时

$$R_{21}(0)=R_{12}(0) \tag{2.3-8}$$

$R_{12}(0)$ 表示 $s_1(t)$ 和 $s_2(t)$ 在无时差时的相关性。$R_{12}(0)$ 越大，说明 $s_1(t)$ 和 $s_2(t)$ 的相关性越大，也就是说 $s_1(t)$ 和 $s_2(t)$ 之间越相似。因此，通常称 $R_{12}(0)$ 为互相关系数。

2.3.3 互相关系数

（1）两个能量信号 $s_1(t)$ 和 $s_2(t)$ 的归一化互相关系数

$$\rho_{12}=\frac{R_{12}(0)}{\sqrt{E_1E_2}}=\frac{\int_{-\infty}^{\infty}s_1(t)s_2(t)\mathrm{d}t}{\sqrt{E_1E_2}} \tag{2.3-9}$$

（2）两个功率信号 $s_1(t)$ 和 $s_2(t)$ 的归一化互相关系数

$$\rho_{12}=\frac{R_{12}(0)}{\sqrt{P_1P_2}} \tag{2.3-10}$$

（3）归一化互相关系数的特性

$$|\rho_{12}|\leqslant 1 \tag{2.3-11}$$

$\rho_{12}=-1$ 表明 $s_1(t)$ 与 $s_2(t)$ 波形相同极性相反，即 $s_1(t)=-s_2(t)$；$\rho_{12}=0$ 表明 $s_1(t)$ 与 $s_2(t)$ 正交；$\rho_{12}=1$ 表明 $s_1(t)$ 与 $s_2(t)$ 波形相同，即 $s_1(t)=s_2(t)$。

2.3.4 自相关函数的性质

（1）自相关函数是 τ 的偶函数，即

$$R(\tau)=R(-\tau) \tag{2.3-12}$$

（2）

$$|R(\tau)|\leqslant R(0) \tag{2.3-13}$$

（3）$R(0)$ 表示能量信号的能量

$$R(0)=\int_{-\infty}^{\infty}s^2(t)\mathrm{d}t=E \tag{2.3-14}$$

或功率信号的功率

$$R(0)=\lim_{T\to\infty}\frac{1}{T}\int_{-T/2}^{T/2}s^2(t)\mathrm{d}t=P \tag{2.3-15}$$

2.3.5 相关函数与谱密度的关系

（1）能量信号的自相关函数和其能量谱密度是一对傅里叶变换，即

$$R(\tau) \Leftrightarrow |S(f)|^2 \tag{2.3-16}$$

(2) 功率信号的自相关函数和其功率谱密度是一对傅里叶变换,即

$$R(\tau) \Leftrightarrow P(f) \tag{2.3-17}$$

2.4 小　结

本章集中讨论确知信号的特性。确知信号按照其强度可以分为能量信号和功率信号。功率信号按照其有无周期性划分,又可以分为周期性信号和非周期性信号。能量信号的振幅和持续时间都是有限的,其能量有限,(在无限长的时间上)平均功率为零。功率信号的持续时间无限,故其能量为无穷大。

确知信号的性质可以从频域和时域两方面研究。

确知信号在频域中的性质有四种,即频谱、频谱密度、能量谱密度和功率谱密度。周期性功率信号的波形可以用傅里叶级数表示,级数的各项构成信号的离散频谱,其单位是V。能量信号的波形可以用傅里叶变换表示,波形变换得出的函数是信号的频谱密度,其单位是V/Hz。只要引入冲激函数,我们同样可以对于一个功率信号求出其频谱密度。能量谱密度是能量信号的能量在频域中的分布,其单位是J/Hz。功率谱密度则是功率信号的功率在频域中的分布,其单位是W/Hz。周期性信号的功率谱密度是由离散谱线组成的,这些谱线就是信号在各次谐波上的功率分量$|C_n|^2$,称为功率谱,其单位为W。但是,若用δ函数表示此谱线,则它可以写成功率谱密度$|C(f)|^2\delta(f-nf_0)$的形式。

确知信号在时域中的特性主要有自相关函数和互相关函数。自相关函数反映一个信号在不同时间上取值的关联程度。能量信号的自相关函数$R(0)$等于信号的能量;而功率信号的自相关函数$R(0)$等于信号的平均功率。互相关函数反映两个信号的相关程度,它和时间无关,只和时间差有关。并且,互相关函数和两个信号相乘的前后次序有关。能量信号的自相关函数和其能量谱密度构成一对傅里叶变换。周期性功率信号的自相关函数和其功率谱密度构成一对傅里叶变换。

思　考　题

2-1　何谓确知信号?

2-2　试分别说明能量信号和功率信号的特性。

2-3　试用语言(文字)描述单位冲激函数的定义。

2-4　试画出单位阶跃函数的曲线。

2-5　自相关函数有哪些性质?

2-6　冲激响应的定义是什么?冲激响应的傅里叶变换等于什么?

习　　题

2-1　设一个信号$s(t)$可以表示成

$$s(t) = 2\cos(2\pi t + \theta) \qquad -\infty < t < \infty$$

试问它是功率信号还是能量信号，并求出其功率谱密度或能量谱密度。

2-2 设有一信号如下：

$$x(t) = \begin{cases} 2\exp(-t) & t \geqslant 0 \\ 0 & t < 0 \end{cases}$$

试问它是功率信号还是能量信号，并求出其功率谱密度或能量谱密度。

2-3 试求出 $s(t) = A\cos\omega t$ 的自相关函数，并从其自相关函数求出其功率。

2-4 设信号 $s(t)$ 的傅里叶变换为 $S(f) = \sin\pi f/\pi f$，试求此信号的自相关函数 $R_s(\tau)$。

2-5 已知信号 $s(t)$ 的自相关函数为：

$$R_s(\tau) = \frac{k}{2}\mathrm{e}^{-k|\tau|} \qquad k = 常数$$

(1) 试求其功率谱密度 $P_s(f)$ 和功率 P；

(2) 试画出 $R_s(\tau)$ 和 $P_n(f)$ 的曲线。

2-6 已知信号 $s(t)$ 的自相关函数是以 2 为周期的周期性函数：

$$R(\tau) = 1 - |\tau| \qquad -1 \leqslant \tau < 1$$

试求 $s(t)$ 的功率谱密度 $P_s(f)$ 并画出其曲线。

2-7 已知信号 $s(t)$ 的双边功率谱密度为

$$P_s(f) = \begin{cases} 10^{-4}f^2 & -10\text{kHz} < f < +10\text{kHz} \\ 0 & 其他 \end{cases}$$

试求其平均功率。

第3章 随机过程

在通信系统的分析中,随机过程(random process)是非常重要的数学工具。因为通信系统中的信号与噪声都具有一定的随机性,需要用随机过程来描述。第1章中提到,发送信号必须有一定的不可预知性,或者说随机性,否则信号就失去了传输的价值 。另外,介入系统中的干扰与噪声、信道特性的起伏,也是随机变化的。通信系统中的热噪声就是这样的一个例子,热噪声是由电阻性元器件中的电子因热扰动而产生的。另一个例子是在进行移动通信时,电磁波的传播路径不断变化,接收信号也是随机变化的。因此,通信中的信源、噪声以及信号传输特性都可使用随机过程来描述。

本章在介绍随机过程的分布及其数字特征等基本概念的基础上,重点讨论通信系统中常见的几种重要的随机过程的统计特性,以及随机过程通过线性系统的情况。这些内容将有助于今后分析通信系统的性能。

3.1 随机过程的基本概念

随机过程是一类随时间作随机变化的过程,它不能用确切的时间函数描述。随机过程可以从两个不同的角度来说明。一种角度是把随机过程看成对应不同随机试验结果的时间过程的集合。例如:设有 n 台性能完全相同的接收机,它们的工作条件也完全相同。现在,用 n 台示波器同时观测并记录这 n 台接收机的输出噪声波形,测试结果将表明,尽管设备和测试条件相同,但是所记录的是 n 条随时间起伏且完全各不相同的波形,如图3-1所示。这就是说,接收机输出的噪声电压随时间的变化是不可预知的。测试结果的每一个记录,即图3-1中的一个波形,都是一个确定的时间函数 $x_i(t)$,它称之为**样本函**

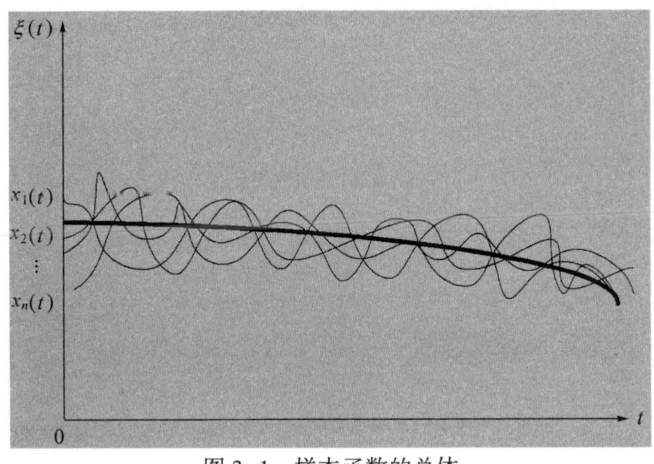

图3-1 样本函数的总体

数(sample function)或随机过程的一次实现(realization)。全部样本函数构成的总体$\{x_1(t), x_2(t), \cdots, x_n(t)\}$就是一个随机过程,记作$\xi(t)$。简言之,**随机过程是所有样本函数的集合**(assemble)。

从另外一个角度来看,随机过程是随机变量概念的延伸。在任一给定时刻t_1上,每一个样本函数$x_i(t)$都是一个确定的数值$x_i(t_1)$,但是每个$x_i(t_1)$都是不可预知的,这正是随机过程随机性的体现。所以,在一个固定时刻t_1上,不同样本的取值$\{x_i(t_1), i=1, 2, \cdots, n\}$是一个随机变量,记为$\xi(t_1)$。换句话说,随机过程在任意时刻的值是一个随机变量(random variable)。因此,我们又可以把**随机过程看作是在时间进程中处于不同时刻的随机变量的集合**。这个角度更适合对随机过程理论进行精确的数学描述。

3.1.1 随机过程的分布函数

设$\xi(t)$表示一个随机过程,则它在任意时刻t_1的值$\xi(t_1)$是一个随机变量,其统计特性可以用分布函数(distribution function)或概率密度(probability density)函数来描述。我们把随机变量$\xi(t_1)$小于或等于某一数值x_1的概率$P[\xi(t_1) \leqslant x_1]$,记作

$$F_1(x_1, t_1) = P[\xi(t_1) \leqslant x_1] \tag{3.1-1}$$

并称它为随机过程$\xi(t)$的一维(one dimensional)分布函数。如果$F_1(x_1, t_1)$对x_1的偏导(partial derivative)存在,有

$$\frac{\partial F_1(x_1, t_1)}{\partial x_1} = f_1(x_1, t_1) \tag{3.1-2}$$

则称$f_1(x_1, t_1)$为$\xi(t)$的一维概率密度函数。显然,一维分布函数或一维概率密度函数仅仅描述了随机过程在任一瞬间的统计特性,它对随机过程的描述很不充分。进而对于任意固定的t_1和t_2时刻,把$\xi(t_1) \leqslant x_1$和$\xi(t_2) \leqslant x_2$同时成立的概率

$$F_2(x_1, x_2; t_1, t_2) = P\{\xi(t_1) \leqslant x_1, \xi(t_2) \leqslant x_2\} \tag{3.1-3}$$

称为随机过程$\xi(t)$的二维分布函数。如果

$$\frac{\partial^2 F_2(x_1, x_2; t_1, t_2)}{\partial x_1 \cdot \partial x_2} = f_2(x_1, x_2; t_1, t_2) \tag{3.1-4}$$

存在,则称$f_2(x_1, x_2; t_1, t_2)$为$\xi(t)$的二维概率密度函数。

同理,任意给定$t_1, t_2, \cdots, t_n \in T$,则$\xi(t)$的$n$维分布函数被定义为

$$F_n(x_1, x_2, \cdots, x_n; t_1, t_2, \cdots, t_n) = P\{\xi(t_1) \leqslant x_1, \xi(t_2) \leqslant x_2, \cdots, \xi(t_n) \leqslant x_n\} \tag{3.1-5}$$

如果

$$\frac{\partial^n F_n(x_1, x_2, \cdots, x_n; t_1, t_2, \cdots, t_n)}{\partial x_1 \partial x_2 \cdots \partial x_n} = f_n(x_1, x_2, \cdots, x_n; t_1, t_2, \cdots, t_n)$$

存在,则称其为$\xi(t)$的n维概率密度函数。显然,n越大,对随机过程统计特性的描述就越充分。

3.1.2 随机过程的数字特征

在大多数情况下,往往不容易或不需要确定随机过程的 n 维分布函数或概率密度函数,而是用随机过程的数字特征来描述随机过程的主要特性。对于通信系统而言,这通常足以满足其需求,又便于进行运算和实际测量。随机过程的数字特征是由随机变量的数字特征推广而得到的,其中最常用的是均值,方差和相关函数。

1. 均值(数学期望)

随机过程 $\xi(t)$ 的**均值**(average),或称**数学期望**(mathematic expectation),定义为

$$E[\xi(t)] = \int_{-\infty}^{\infty} x f_1(x,t)\,\mathrm{d}x \tag{3.1-6}$$

这是因为在任意给定时刻 t_1 的取值 $\xi(t_1)$ 是一个随机变量,其概率密度函数为 $f_1(x_1,t_1)$,则 $\xi(t_1)$ 的均值为

$$E[\xi(t_1)] = \int_{-\infty}^{\infty} x_1 f_1(x_1,t_1)\,\mathrm{d}x_1$$

由于 t_1 是任取的,所以可以把 t_1 直接写为 t,x_1 改为 x,这时上式就变为随机过程在任意时刻 t 的均值,即式(3.1-6)。

显然,$\xi(t)$ 的均值 $E[\xi(t)]$ 是时间的确定函数,常记作 $a(t)$,它表示随机过程的 n 个样本函数曲线的摆动中心(如图 3-1 中粗线所示)。

2. 方差

随机过程的方差(variance)定义为

$$D[\xi(t)] = E\{[\xi(t) - a(t)]^2\} \tag{3.1-7}$$

$D[\xi(t)]$ 常记为 $\sigma^2(t)$。这里也把任意时刻 t_1 直接写成了 t。因为

$$D[\xi(t)] = E[\xi^2(t) - 2a(t)\xi(t) + a^2(t)] = E[\xi^2(t)] - 2a(t)E[\xi(t)] + a^2(t) =$$

$$E[\xi^2(t)] - a^2(t) = \int_{-\infty}^{\infty} x^2 f_1(x,t)\,\mathrm{d}x - [a(t)]^2 \tag{3.1-8}$$

所以,方差等于均方值与均值平方之差,它表示随机过程在时刻 t 对于均值 $a(t)$ 的偏离程度。

3. 相关函数

均值和方差都只与随机过程的一维概率密度函数有关,因而它们只是描述了随机过程在各个孤立时刻的特征,而不能反映随机过程内在的联系。为了衡量随机过程在任意两个时刻上获得的随机变量之间的关联程度,常采用相关函数(correlation function)$R(t_1,t_2)$ 或协方差函数(covariance function)$B(t_1,t_2)$。随机过程 $\xi(t)$ 的协方差函数定义为

$$B(t_1,t_2) = E\{[\xi(t_1) - a(t_1)][\xi(t_2) - a(t_2)]\} =$$

$$\int_{-\infty}^{\infty}\int_{-\infty}^{\infty} [x_1 - a(t_1)][x_2 - a(t_2)] f_2(x_1,x_2;t_1,t_2)\,\mathrm{d}x_1\mathrm{d}x_2 \tag{3.1-9}$$

式中:$a(t_1)$ 和 $a(t_2)$ 分别是在 t_1 和 t_2 时刻得到的 $\xi(t)$ 的均值;$f_2(x_1,x_2;t_1,t_2)$ 为 $\xi(t)$ 的

二维概率密度函数。

随机过程$\xi(t)$的相关函数定义为

$$R(t_1,t_2)=E[\xi(t_1)\xi(t_2)]=\int_{-\infty}^{\infty}\int_{-\infty}^{\infty}x_1x_2f_2(x_1,x_2;t_1,t_2)\mathrm{d}x_1\mathrm{d}x_2 \quad (3.1-10)$$

式中：$\xi(t_1)$和$\xi(t_2)$分别是在t_1和t_2时刻观测$\xi(t)$得到的随机变量。

可以看出,$R(t_1,t_2)$是两个变量t_1与t_2的确定函数。$R(t_1,t_2)$与$B(t_1,t_2)$之间有着如下确定的关系：

$$B(t_1,t_2)=R(t_1,t_2)-a(t_1)a(t_2) \quad (3.1-11)$$

若随机过程的均值为0,则$B(t_1,t_2)$与$R(t_1,t_2)$完全相同;即使均值不为0,两者所描述的随机过程的特征也是一致的,今后将常用$R(t_1,t_2)$。

如果把相关函数的概念引申到两个或更多个随机过程,可以得到互相关函数。设$\xi(t)$和$\eta(t)$分别表示两个随机过程,则互相关函数定义为

$$R_{\xi\eta}(t_1,t_2)=E[\xi(t_1)\eta(t_2)] \quad (3.1-12)$$

与此对比,由于$R(t_1,t_2)$是衡量同一过程的相关程度的,所以称它为**自相关函数**。若$t_2>t_1$,并令$\tau=t_2-t_1$,则相关函数$R(t_1,t_2)$可表示为$R(t_1,t_1+\tau)$。这说明,相关函数是t_1和τ的函数。

3.2 平稳随机过程

平稳随机过程(stationary random process)是一类应用非常广泛的随机过程,它在通信系统的研究中有着极其重要的意义。

3.2.1 定义

若一个随机过程$\xi(t)$的任意有限维分布函数与时间起点无关,也就是说,对于任意的正整数n和所有实数Δ,有

$$f_n(x_1,x_2,\cdots,x_n;t_1,t_2,\cdots,t_n)=$$
$$f_n(x_1,x_2,\cdots,x_n;t_1+\Delta,t_2+\Delta,\cdots,t_n+\Delta) \quad (3.2-1)$$

则称该随机过程是在严格意义下的平稳随机过程,简称**严平稳随机过程**。该定义表明,平稳随机过程的统计特性不随时间的推移而改变。它的一维分布函数与时间t无关：

$$f_1(x_1,t_1)=f_1(x_1) \quad (3.2-2)$$

而二维分布函数只与时间间隔$\tau=t_2-t_1$有关：

$$f_2(x_1,x_2;t_1,t_2)=f_2(x_1,x_2;\tau) \quad (3.2-3)$$

显然,随着概率密度函数的简化,平稳随机过程$\xi(t)$的一些数字特征也可以相应地简化,其均值和自相关函数分别为

$$E[\xi(t)] = \int_{-\infty}^{\infty} x_1 f_1(x_1)\,\mathrm{d}x_1 = a \tag{3.2-4}$$

$$R(t_1,t_2) = E[\xi(t_1)\xi(t_1+\tau)] = \int_{-\infty}^{\infty}\int_{-\infty}^{\infty} x_1 x_2 f_2(x_1,x_2;\tau)\,\mathrm{d}x_1\mathrm{d}x_2 = R(\tau) \tag{3.2-5}$$

可见，平稳随机过程 $\xi(t)$ 具有简明的数字特征：① 均值与 t 无关，为常数 a；② 自相关函数只与时间间隔 $\tau=t_2-t_1$ 有关，即 $R(t_1,t_1+\tau)=R(\tau)$。实际中我们常用这两个条件来直接判断随机过程的平稳性，并把同时满足①和②的过程定义为**广义平稳**(generalized stationary)**随机过程**。显然，严平稳随机过程必定是广义平稳的，反之不一定成立。

在通信系统中所遇到的信号及噪声，大多数可视为平稳的随机过程。因此，研究平稳随机过程有着很大的实际意义。以后讨论的随机过程除特殊说明外，均假定是平稳的，且均指广义平稳随机过程，简称平稳过程。

3.2.2 各态历经性

我们知道，随机过程的数字特征(均值、相关函数)是对随机过程的所有样本函数的统计平均，但在实际中常常很难测得大量的样本，这样，我们自然会提出这样一个问题：能否从一次试验而得到的一个样本函数 $x(t)$ 来决定平稳过程的数字特征呢？回答是肯定的。平稳过程在满足一定的条件下具有一个有趣而又非常有用的特性，称为各态历经性(ergodicity)(又称遍历性)。具有各态历经性的过程，其数字特征(均为统计平均)完全可由随机过程中的任一实现的时间平均值来代替。下面，我们来讨论各态历经性的条件。

假设 $x(t)$ 是平稳过程 $\xi(t)$ 的任意一次实现(样本)，由于它是时间的确定函数，可以求得它的时间平均值。其时间均值和时间相关函数分别定义为

$$\begin{aligned} \overline{a} &= \overline{x(t)} = \lim_{T\to\infty}\frac{1}{T}\int_{-T/2}^{T/2} x(t)\,\mathrm{d}t \\ \overline{R(\tau)} &= \overline{x(t)x(t+\tau)} = \lim_{T\to\infty}\frac{1}{T}\int_{-T/2}^{T/2} x(t)x(t+\tau)\,\mathrm{d}t \end{aligned} \tag{3.2-6}$$

如果平稳过程使下式成立

$$\begin{cases} a = \overline{a} \\ R(\tau) = \overline{R(\tau)} \end{cases} \tag{3.2-7}$$

也就是说，平稳过程的统计平均值等于它的任一次实现的时间平均值，则称该平稳过程具有各态历经性。

“各态历经”的含义是：随机过程中的任一次实现都经历了随机过程的所有可能状态。因此，关于各态历经性的一个直接结论是，在求解各种统计平均(均值或自相关函数等)时，无需作无限多次的考察，只要获得一次考察，用一次实现的“时间平均”值代替过程的“统计平均”值即可，从而使测量和计算的问题大为简化。

注意：具有各态历经的随机过程一定是平稳过程，反之不一定成立。在通信系统中所遇到的随机信号和噪声，一般均能满足各态历经条件。

【例 3-1】 设一个随机相位的正弦波为

$$\xi(t)=A\cos(\omega_c t+\theta)$$

其中,A 和 ω_c 均为常数;θ 是在$(0,2\pi)$内均匀分布的随机变量。试讨论 $\xi(t)$ 是否具有各态历经性。

【解】:(1) 先求 $\xi(t)$ 的统计平均值

数学期望

$$\begin{aligned}a(t)=E[\xi(t)]&=\int_0^{2\pi}A\cos(\omega_c t+\theta)\frac{1}{2\pi}\mathrm{d}\theta=\\&\frac{A}{2\pi}\int_0^{2\pi}(\cos\omega_c t\cos\theta-\sin\omega_c t\sin\theta)\,\mathrm{d}\theta=\\&\frac{A}{2\pi}\left[\cos\omega_c t\int_0^{2\pi}\cos\theta\mathrm{d}\theta-\sin\omega_c t\int_0^{2\pi}\sin\theta\mathrm{d}\theta\right]=0\end{aligned}$$

自相关函数

$$\begin{aligned}R(t_1,t_2)=E[\xi(t_1)\xi(t_2)]&=E[A\cos(\omega_c t_1+\theta)\cdot A\cos(\omega_c t_2+\theta)]=\\&\frac{A^2}{2}E\{\cos\omega_c(t_2-t_1)+\cos[\omega_c(t_2+t_1)+2\theta]\}=\\&\frac{A^2}{2}\cos\omega_c(t_2-t_1)+\frac{A^2}{2}\int_0^{2\pi}\cos[\omega_c(t_2+t_1)+2\theta]\frac{1}{2\pi}\mathrm{d}\theta=\\&\frac{A^2}{2}\cos\omega_c(t_2-t_1)+0\end{aligned}$$

令 $t_2-t_1=\tau$,得

$$R(t_1,t_2)=\frac{A^2}{2}\cos\omega_c\tau=R(\tau)$$

可见,$\xi(t)$的数学期望为常数,而自相关函数与 t 无关,只与时间间隔 τ 有关,所以 $\xi(t)$ 是广义平稳过程。

(2) 现在来求 $\xi(t)$ 的时间平均值。根据式(3.2-6)可得

$$\overline{a}=\lim_{T\to\infty}\frac{1}{T}\int_{-T/2}^{T/2}A\cos(\omega_c t+\theta)\,\mathrm{d}t=0$$

$$\begin{aligned}\overline{R(\tau)}&=\lim_{T\to\infty}\frac{1}{T}\int_{-T/2}^{T/2}A\cos(\omega_c t+\theta)\cdot A\cos[\omega_c(t+\tau)+\theta]\,\mathrm{d}t=\\&\lim_{T\to\infty}\frac{A^2}{2T}\left\{\int_{-T/2}^{T/2}\cos\omega_c\tau\mathrm{d}t+\int_{-T/2}^{T/2}\cos(2\omega_c t+\omega_c\tau+2\theta)\,\mathrm{d}t\right\}=\\&\frac{A^2}{2}\cos\omega_c\tau\end{aligned}$$

比较统计平均与时间平均,有

$$a = \bar{a}, \quad R(\tau) = \bar{R}(\tau)$$

因此,随机相位余弦波是各态历经的。

3.2.3 平稳过程的自相关函数

自相关函数是表述平稳过程特性的一个特别重要的函数。它不仅可以用来描述平稳过程的数字特征,它还与平稳过程的谱特性有着内在的联系。我们可以通过它的性质来说明这一点。

设 $\xi(t)$ 为实平稳随机过程,则它的自相关函数

$$R(\tau) = E[\xi(t)\xi(t+\tau)] \tag{3.2-8}$$

具有如下主要性质:

(1) $R(0)=E[\xi^2(t)]$——$\xi(t)$的平均功率 (3.2-9)

(2) $R(\tau)=R(-\tau)$——τ 的偶函数 (3.2-10)

上述性质可直接由定义式(3.2-8)得证。

(3) $|R(\tau)| \leqslant R(0)$——$R(\tau)$的上界 (3.2-11)

即自相关函数 $R(\tau)$在 $\tau=0$ 有最大值。考虑一个非负式 $E[\xi(t) \pm \xi(t+\tau)]^2 \geqslant 0$ 可以证明此关系,即

$$E[\xi^2(t) + \xi^2(t+\tau) \pm 2\xi(t)\xi(t+\tau)] \geqslant 0$$

$$E[\xi^2(t)] + E[\xi^2(t+\tau)] \pm 2E[\xi(t)\xi(t+\tau)] \geqslant 0$$

$$2R(0) \pm 2R(\tau) \geqslant 0$$

$$|R(\tau)| \leqslant R(0)$$

(4) $R(\infty)=E^2[\xi(t)]=a^2$——$\xi(t)$的直流功率。 (3.2-12)

这是因为

$$\lim_{\tau\to\infty} R(\tau) = \lim_{\tau\to\infty} E[\xi(t)\xi(t+\tau)] = E[\xi(t)] \cdot E[\xi(t+\tau)] = E^2[\xi(t)]$$

上式利用了当 $\tau\to\infty$ 时,$\xi(t)$与 $\xi(t+\tau)$没有任何依赖关系,即统计独立。

(5) $R(0)-R(\infty)=\sigma^2$ (3.2-13)

σ^2 是方差,表示平稳过程 $\xi(t)$的交流功率。当均值为 0 时,有 $R(0)=\sigma^2$。

3.2.4 平稳过程的功率谱密度

随机过程的频谱特性可以用它的功率谱密度来表述。我们知道,随机过程中的任一样本是一个确定的功率型信号。而对于任意的确定功率信号 $f(t)$,它的功率谱密度定义为

$$P_f(f) = \lim_{T\to\infty} \frac{|F_T(f)|^2}{T} \tag{3.2-14}$$

式中：$F_T(f)$是$f(t)$的截短函数$f_T(t)$（图3-2）所对应的频谱函数。

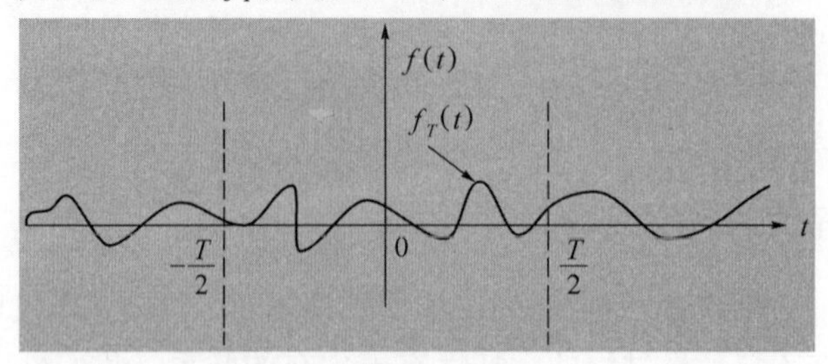

图3-2　截短函数$f_T(t)$

我们不妨把$f(t)$看成是平稳过程$\xi(t)$的任一样本，因而每个样本的功率谱密度也可用式（3.2-14）来表示。一般而言，不同样本函数具有不同的谱密度$P_f(f)$，因此，某一样本的功率谱密度不能作为过程的功率谱密度。过程的功率谱密度应看作是对所有样本的功率谱的统计平均，即

$$P_\xi(f)=E[P_f(f)]=\lim_{T\to\infty}\frac{E|F_T(f)|^2}{T} \tag{3.2-15}$$

式（3.2-15）给出了平稳过程$\xi(t)$的功率谱密度$P_\xi(f)$定义，尽管该定义相当直观，但直接用它来计算功率谱密度却并不简单。那么，如何方便地求功率谱$P_\xi(f)$呢？

我们知道，非周期的功率型确知信号的自相关函数与其功率谱密度是一对傅里叶变换。这种关系对平稳随机过程同样成立，也就是说，平稳过程的功率谱密度$P_\xi(f)$与其自相关函数$R(\tau)$也是一对傅里叶变换关系，即

$$\begin{cases}P_\xi(\omega)=\int_{-\infty}^{\infty}R(\tau)\mathrm{e}^{-\mathrm{j}\omega\tau}\mathrm{d}\tau\\ R(\tau)=\frac{1}{2\pi}\int_{-\infty}^{\infty}P_\xi(\omega)\mathrm{e}^{\mathrm{j}\omega\tau}\mathrm{d}\omega\end{cases} \tag{3.2-16}$$

或

$$P_\xi(f)=\int_{-\infty}^{\infty}R(\tau)\mathrm{e}^{-\mathrm{j}\omega\tau}\mathrm{d}\tau$$

$$R(\tau)=\int_{-\infty}^{\infty}P_\xi(f)\mathrm{e}^{\mathrm{j}\omega\tau}\mathrm{d}f \tag{3.2-17}$$

简记为

$$R(\tau)\Leftrightarrow P_\xi(f)$$

以上关系称为维纳—辛钦（Wiener-Khinchine）关系。它在平稳随机过程的理论和应用中是一个非常重要的工具，它是联系频域和时域两种分析方法的基本关系式。

由维纳—辛钦关系，我们可以得到以下结论：

（1）平稳过程的总功率为：

$$R(0)=\int_{-\infty}^{\infty}P_\xi(f)\mathrm{d}f \tag{3.2-18}$$

这正是维纳—辛钦关系的意义所在，它不仅指出了用自相关函数来表示功率谱密度的方法，同时还从频域的角度给出了过程 $\xi(t)$ 平均功率的计算法，而式 $R(0)=E[\xi^2(t)]$ 是时域计算法。这一点进一步验证了 $R(\tau)$ 与功率谱 $P_\xi(f)$ 的关系。

(2) 功率谱密度 $P_\xi(f)$ 具有非负性和实偶性，即有

$$P_\xi(f) \geqslant 0$$

和

$$P_\xi(-f)=P_\xi(f)$$

这与 $R(\tau)$ 的实偶性相对应。

【例 3-2】 求随机相位余弦波 $\xi(t)=A\cos(\omega_c t+\theta)$ 的自相关函数和功率谱密度。

【解】 在【例 3-1】中，我们已经考察随机相位余弦波 $\xi(t)$ 是一个平稳过程，并且求出其相关函数为

$$R(\tau)=\frac{A^2}{2}\cos\omega_c\tau$$

根据平稳随机过程的相关函数与功率谱密度是一对傅里叶变换，即 $R(\tau)\Leftrightarrow P_\xi(\omega)$，由于

$$\cos\omega_c\tau\Leftrightarrow\pi[\delta(\omega-\omega_c)+\delta(\omega+\omega_c)]$$

所以，功率谱密度为

$$P_\xi(\omega)=\frac{\pi A^2}{2}[\delta(\omega-\omega_c)+\delta(\omega+\omega_c)]$$

而平均功率为

$$S=R(0)=\frac{1}{2\pi}\int_{-\infty}^{\infty}P_\xi(\omega)\mathrm{d}\omega=\frac{A^2}{2}$$

3.3 高斯随机过程

高斯过程(Gauss process)，也称正态随机过程(normal random process)，是通信领域中最重要也是最常遇见的一种过程。在实践中观察到的大多数噪声都是高斯型的，例如，通信系统中的主要噪声，即热噪声，就是一种高斯随机过程。本节将介绍一些有用的高斯随机过程的性质，这些性质将有助于对高斯过程进行数学处理与计算。

3.3.1 定义

如果随机过程 $\xi(t)$ 的任意 n 维($n=1,2,\cdots$)分布均服从正态分布，则称它为正态过程或高斯过程。其 n 维正态概率密度函数表示如下

$$f_n(x_1,x_2,\cdots,x_n;t_1,t_2,\cdots,t_n)=$$
$$\frac{1}{(2\pi)^{n/2}\sigma_1\sigma_2\cdots\sigma_n|B|^{1/2}}\exp\left[\frac{-1}{2|B|}\sum_{j=1}^{n}\sum_{k=1}^{n}|B|_{jk}\left(\frac{x_j-a_j}{\sigma_j}\right)\left(\frac{x_k-a_k}{\sigma_k}\right)\right] \tag{3.3-1}$$

式中：$a_k=E[\xi(t_k)]$，$\sigma_k^2=E[\xi(t_k)-a_k]^2$，$|\boldsymbol{B}|$为归一化协方差矩阵的行列式，即

$$|\boldsymbol{B}|=\begin{vmatrix} 1 & b_{12} & \cdots & b_{1n} \\ b_{21} & 1 & \cdots & b_{2n} \\ \vdots & \vdots & \vdots & \vdots \\ b_{n1} & b_{n2} & \cdots & 1 \end{vmatrix} \tag{3.3-2}$$

$|B|_{jk}$为行列式$|\boldsymbol{B}|$中元素b_{jk}的代数余因子；b_{jk}为归一化协方差函数，即

$$b_{jk}=\frac{E\{[\xi(t_j)-a_j][\xi(t_k)-a_k]\}}{\sigma_j\sigma_k} \tag{3.3-3}$$

3.3.2 重要性质

(1) 由式(3.3-1)可以看出，高斯过程的 n 维分布只依赖各个随机变量的均值、方差和归一化协方差。因此，对于高斯过程，只需要研究它的数字特征就可以了。

(2) 广义平稳的高斯过程也是严平稳的。因为，若高斯过程是广义平稳的，即其均值与时间无关，协方差函数只与时间间隔有关，而与时间起点无关，则它的 n 维分布也与时间起点无关，故它也是严平稳的。所以，高斯过程若是广义平稳的，则也严平稳。

(3) 如果高斯过程在不同时刻的取值是不相关的，即对所有 $j\neq k$ 有 $b_{jk}=0$，这时式(3.3-1)简化为

$$f_n(x_1,x_2,\cdots,x_n;t_1,t_2,\cdots,t_n)=\prod_{k=1}^{n}\frac{1}{\sqrt{2\pi}\sigma_k}\exp\left[-\frac{(x_k-a_k)^2}{2\sigma_k^2}\right]=$$

$$f(x_1,t_1)\cdot f(x_2,t_2)\cdot\cdots\cdot f(x_n,t_n) \tag{3.3-4}$$

这表明，如果高斯过程在不同时刻的取值是不相关的，那么它们也是统计独立的。

(4) 高斯过程经过线性变换后生成的过程仍是高斯过程。也可以说，若线性系统的输入为高斯过程，则系统输出也是高斯过程。

以上几个性质在对高斯过程进行数学处理与计算时十分有用。比如，在分析一个过程通过线性系统的情况时，若是非高斯过程，根据输入过程的统计特性并不能简单地推出输出过程的统计特性。而对于高斯过程，根据性质(4)可知线性时不变系统的输出过程也是高斯过程，又由性质(1)可知，高斯过程的完全统计描述只需要它的数字特征，即均值与相关函数，所以剩下的工作就是简单地求出输出过程的均值和相关函数，如3.4节所述。

3.3.3 高斯随机变量

高斯过程在任一时刻上的取值是一个正态分布的随机变量，也称高斯随机变量，其一维概率密度函数为

$$f(x)=\frac{1}{\sqrt{2\pi}\sigma}\exp\left(-\frac{(x-a)^2}{2\sigma^2}\right) \tag{3.3-5}$$

式中：a 和 σ^2 分别为高斯随机变量的均值和方差。$f(x)$ 曲线如图 3-3 所示。

由式(3.3-5)及图 3-3 可以看出正态分布的概率密度 $f(x)$ 有以下特性：

(1) $f(x)$ 对称于 $x=a$ 这条直线，即

$$f(a+x)=f(a-x)$$

(2)
$$\int_{-\infty}^{\infty} f(x)\,\mathrm{d}x = 1 \qquad (3.3-6)$$

以及

$$\int_{-\infty}^{a} f(x)\,\mathrm{d}x = \int_{a}^{\infty} f(x)\,\mathrm{d}x = \frac{1}{2} \qquad (3.3-7)$$

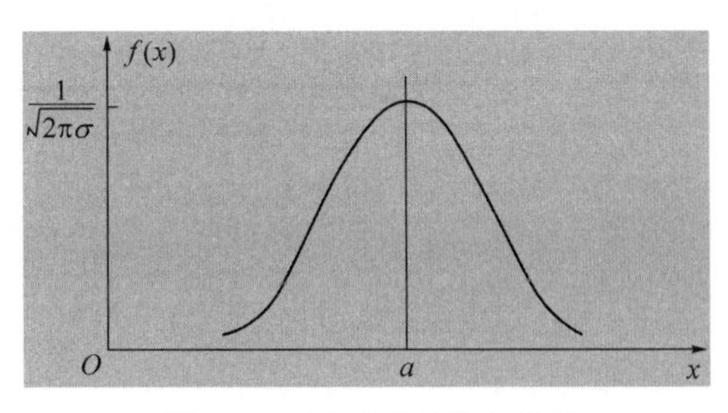

图 3-3　正态分布的概率密度

(3) a 表示分布中心，σ 称为标准偏差，表示集中程度，$f(x)$ 图形将随着 σ 的减小而变高和变窄。当 $a=0, \sigma=1$ 时，称为标准化的正态分布，即有

$$f(x)=\frac{1}{\sqrt{2\pi}}\exp\left(-\frac{x^2}{2}\right) \qquad (3.3-8)$$

在通信系统的性能分析中，常需要计算高斯随机变量 ξ 小于或等于某一取值 x 的概率 $P(\xi \leqslant x)$，它等于概率密度 $f(x)$ 的积分。我们把正态分布的概率密度 $f(x)$ 的积分定义为**正态分布函数**，它可表示为

$$F(x)=P(\xi \leqslant x)=\int_{-\infty}^{x}\frac{1}{\sqrt{2\pi}\sigma}\exp\left[-\frac{(z-a)^2}{2\sigma^2}\right]\mathrm{d}z \qquad (3.3-9)$$

这个积分的值无法用闭合形式计算，我们一般把这个积分式与可以在数学手册上查出函数值的一些特殊函数联系起来计算其值。例如，若对式(3.3-9)进行变量代换，令新积分变量 $t=(z-a)/\sqrt{2}\sigma$，有 $\mathrm{d}z=\sqrt{2}\sigma\mathrm{d}t$，则有

$$F(x)=\frac{1}{2}\cdot\frac{2}{\sqrt{\pi}}\int_{-\infty}^{(x-a)/\sqrt{2}\sigma}\mathrm{e}^{-t^2}\mathrm{d}t=\frac{1}{2}+\frac{1}{2}\mathrm{erf}\left(\frac{x-a}{\sqrt{2}\sigma}\right) \qquad (3.3-10)$$

式中：$\mathrm{erf}(x)$ 表示**误差函数**，其定义为

$$\mathrm{erf}(x)=\frac{2}{\sqrt{\pi}}\int_0^x \mathrm{e}^{-t^2}\mathrm{d}t \qquad (3.3-11)$$

它是自变量的递增函数，且有 $\mathrm{erf}(0)=0, \mathrm{erf}(\infty)=1, \mathrm{erf}(-x)=-\mathrm{erf}(x)$。

$F(x)$ 也可以用**互补误差函数** $\mathrm{erfc}(x)$ 表示，即

$$F(x)=1-\frac{1}{2}\mathrm{erfc}\left(\frac{x-a}{\sqrt{2}\sigma}\right) \qquad (3.3-12)$$

式中：

$$\mathrm{erfc}(x)=1-\mathrm{erf}(x)=\frac{2}{\sqrt{\pi}}\int_x^{\infty}\mathrm{e}^{-t^2}\mathrm{d}t \qquad (3.3-13)$$

它是自变量的递减函数，且有 $\mathrm{erfc}(0)=1$，$\mathrm{erfc}(\infty)=0$，$\mathrm{erfc}(-x)=2-\mathrm{erfc}(x)$。对于 $x>a$，互补误差函数与高斯概率密度函数曲线尾部下的面积成正比。当 x 大时(实际应用中只要 $x>2$)，互补误差函数可以近似为

$$\mathrm{erfc}(x) \approx \frac{1}{x\sqrt{\pi}} \mathrm{e}^{-x^2} \tag{3.3 - 14}$$

另一种经常用于表示高斯曲线尾部下的面积的函数记为 $Q(x)$，其定义为

$$Q(x) = \frac{1}{\sqrt{2\pi}} \int_x^{\infty} \mathrm{e}^{-t^2/2} \mathrm{d}t \quad x \geqslant 0 \tag{3.3 - 15}$$

借助该函数可以计算概率 $P(\xi>x)=Q\left(\frac{x-a}{\sigma}\right)$。

比较式(3.3-13)与式(3.3-15)，可得

$$Q(x) = \frac{1}{2}\mathrm{erfc}\left(\frac{x}{\sqrt{2}}\right) \tag{3.3 - 16}$$

和

$$\mathrm{erfc}(x) = 2Q(\sqrt{2}x) \tag{3.3 - 17}$$

利用互补误差函数的性质，不难得到 $Q(x)$ 函数的性质：$Q(-x)=1-Q(x)$，$x\geqslant 0$；$Q(0)=\frac{1}{2}$ 及 $Q(\infty)=0$ 。

在今后分析通信系统的抗噪声性能时，经常会用到以上几个特性简明的函数，并且可以通过查 $Q(x)$ 函数表或 $\mathrm{erf}(x)$ 函数表(见附录 A)求出函数值。在没有函数表的情况下，还可以利用互补误差函数的近似公式求出函数值。

3.4 平稳随机过程通过线性系统

在分析通信系统时，往往需要了解随机过程通过线性系统后的情况。我们感兴趣的是，若输入过程是平稳的，输出过程是否也平稳？输入过程与输出过程的统计关系如何？如何求输出过程的均值及自相关函数？

随机过程通过线性系统的分析，完全是建立在确知信号通过线性系统的分析基础之上的。我们知道，线性时不变系统可由其单位冲激响应 $h(t)$ 或其频率响应 $H(f)$ 表征。若令 $v_{\mathrm{i}}(t)$ 为输入信号，$v_{\mathrm{o}}(t)$ 为输出信号，则输入与输出关系可以表示成卷积

$$v_{\mathrm{o}}(t) = v_{\mathrm{i}}(t) * h(t) = \int_{-\infty}^{\infty} v_{\mathrm{i}}(\tau) h(t-\tau) \mathrm{d}\tau \tag{3.4 - 1}$$

或

$$v_{\mathrm{o}}(t) = h(t) * v_{\mathrm{i}}(t) = \int_{-\infty}^{\infty} h(\tau) v_{\mathrm{i}}(t-\tau) \mathrm{d}\tau \tag{3.4 - 2}$$

对应的傅里叶变换关系为

$$V_{\mathrm{o}}(f) = H(f) V_{\mathrm{i}}(f) \tag{3.4 - 3}$$

如果把 $v_i(t)$ 看作是输入随机过程的一个样本，则 $v_o(t)$ 是输出随机过程的一个样本。那么，当该线性系统的输入端加入一个随机过程 $\xi_i(t)$ 时，对于 $\xi_i(t)$ 的每个样本 $[v_{i,n}(t), n=1,2,\cdots]$，系统的输出都有一个 $[v_{o,n}(t), n=1,2,\cdots]$ 与其相对应，它们之间满足式(3.4-2)，而所有 $[v_{o,n}(t), n=1,2,\cdots]$ 的集合构成输出随机过程 $\xi_o(t)$，因此，输入与输出随机过程也应满足式(3.4-2)，即有

$$\xi_o(t) = \int_{-\infty}^{\infty} h(\tau)\xi_i(t-\tau)\mathrm{d}\tau \tag{3.4-4}$$

下面，我们利用这个关系式，在假设输入过程 $\xi_i(t)$ 是平稳的，其均值为 a，自相关函数为 $R_i(\tau)$，功率谱密度为 $P_i(\omega)$ 的基础上，求输出过程 $\xi_o(t)$ 的统计特性，即它的均值、自相关函数、功率谱以及概率分布。

1. 输出过程 $\xi_o(t)$ 的均值

对式(3.4-4)两边取统计平均，有

$$E[\xi_o(t)] = E\left[\int_{-\infty}^{\infty} h(\tau)\xi_i(t-\tau)\mathrm{d}\tau\right] = \int_{-\infty}^{\infty} h(\tau)E[\xi_i(t-\tau)]\mathrm{d}\tau$$

设输入过程是平稳的，则有 $E[\xi_i(t-\tau)]=E[\xi_i(t)]=a$(常数)，所以

$$E[\xi_o(t)] = a\cdot\int_{-\infty}^{\infty} h(\tau)\mathrm{d}\tau = a\cdot H(0) \tag{3.4-5}$$

式中：$H(0)$ 是线性系统在 $f=0$ 处的频率响应，即直流增益。因此输出过程的均值 $E[\xi_o(t)]$ 是一个常数。

2. 输出过程 $\xi_o(t)$ 的自相关函数

根据自相关函数的定义，输出过程的自相关函数为

$$\begin{aligned} R_o(t_1, t_1+\tau) &= E[\xi_o(t_1)\xi_o(t_1+\tau)] = \\ & E\left[\int_{-\infty}^{\infty} h(\alpha)\xi_i(t_1-\alpha)\mathrm{d}\alpha\int_{-\infty}^{\infty} h(\beta)\xi_i(t_1+\tau-\beta)\mathrm{d}\beta\right] = \\ & \int_{-\infty}^{\infty}\int_{-\infty}^{\infty} h(\alpha)h(\beta)E[\xi_i(t_1-\alpha)\xi_i(t_1+\tau-\beta)]\mathrm{d}\alpha\mathrm{d}\beta \end{aligned}$$

根据输入过程的平稳性，有

$$E[\xi_i(t_1-\alpha)\xi_i(t_1+\tau-\beta)] = R_i(\tau+\alpha-\beta)$$

于是

$$R_o(t_1, t_1+\tau) = \int_{-\infty}^{\infty}\int_{-\infty}^{\infty} h(\alpha)h(\beta)R_i(\tau+\alpha-\beta)\mathrm{d}\alpha\mathrm{d}\beta = R_o(\tau) \tag{3.4-6}$$

式(3.4-6)表明，输出过程的自相关函数仅仅是时间间隔 τ 的函数。由式(3.4-5)和式(3.4-6)可知，**若线性系统的输入过程是平稳的，那么输出过程也是平稳的**。

3. 输出过程 $\xi_o(t)$ 的功率谱密度

对式(3.4-6)进行傅里叶变换，有

$$P_o(f) = \int_{-\infty}^{\infty} R_o(\tau)\mathrm{e}^{-\mathrm{j}\omega\tau}\mathrm{d}\tau =$$

$$\int_{-\infty}^{\infty}\left[\int_{-\infty}^{\infty}\int_{-\infty}^{\infty}h(\alpha)h(\beta)R_i(\tau+\alpha-\beta)\mathrm{d}\alpha\mathrm{d}\beta\right]\mathrm{e}^{-\mathrm{j}\omega\tau}\mathrm{d}\tau$$

对上式进行变量代换,令 $\tau'=\tau+\alpha-\beta$,则有

$$P_o(f)=\int_{-\infty}^{\infty}h(\alpha)\mathrm{e}^{\mathrm{j}\omega\alpha}\mathrm{d}\alpha\int_{-\infty}^{\infty}h(\beta)\mathrm{e}^{-\mathrm{j}\omega\beta}\mathrm{d}\beta\int_{-\infty}^{\infty}R_i(\tau')\mathrm{e}^{-\mathrm{j}\omega\tau'}\mathrm{d}\tau'$$

即

$$P_o(f)=H^*(f)\cdot H(f)\cdot P_i(f)=|H(f)|^2P_i(f) \qquad (3.4-7)$$

由此,我们得到一个重要的结论:输出过程的功率谱密度是输入过程的功率谱密度乘以系统频率响应模值的平方。当要求的是输出过程的自相关函数 $R_o(\tau)$时,较容易的方法是先求功率谱密度 $P_o(\omega)$,然后计算其傅里叶反变换,这常常比直接计算 $R_o(\tau)$要简便得多。

4. 输出过程 $\xi_o(t)$的概率分布

一般来说,在已知输入过程概率分布的情况下,总可以通过式(3.4-4)来确定输出过程的概率分布。一种经常能够遇到的实际情况是:**如果线性系统的输入过程是高斯型的,则系统的输出过程也是高斯型的**。这是因为从积分原理来看,式(3.4-4)可表示为一个和式的极限,即

$$\xi_o(t)=\lim_{\Delta\tau_k\to 0}\sum_{k=0}^{\infty}\xi_i(t-\tau_k)h(\tau_k)\Delta\tau_k$$

由于 $\xi_i(t)$已假设是高斯型的,所以上式右端的每一项 $\xi_i(t-\tau_k)h(\tau_k)\Delta\tau_k$在任一时刻上都是一个高斯随机变量。因此,输出过程在任一时刻上得到的随机变量就是这无限多个高斯随机变量之和。由概率论理论得知,这个“和”随机变量也是高斯随机变量,因而输出过程也为高斯过程。但要注意,由于线性系统的介入,与输入高斯过程相比,输出过程的数字特征已经改变了。

更一般地说,**高斯过程经线性变换后的过程仍为高斯过程**。

3.5 窄带随机过程

若随机过程 $\xi(t)$的谱密度集中在中心频率 f_c 附近相对窄的频带范围 Δf 内,即满足 $\Delta f\ll f_c$ 条件,且 f_c 远离零频率,则称该 $\xi(t)$为窄带随机过程。实际中,大多数通信系统都是窄带带通型的,通过窄带系统的信号或噪声必然是窄带随机过程。

一个典型的窄带随机过程的频谱密度和波形如图 3-4 所示。

可见,窄带随机过程的一个样本的波形如同一个包络和相位随机缓变的正弦波。因此,窄带随机过程 $\xi(t)$可用下式表示

$$\xi(t)=a_\xi(t)\cos[\omega_c t+\varphi_\xi(t)] \quad a_\xi(t)\geqslant 0 \qquad (3.5-1)$$

式中: $a_\xi(t)$及 $\varphi_\xi(t)$分别是窄带随机过程 $\xi(t)$的随机包络和随机相位;ω_c 是正弦波的中心角频率。显然,$a_\xi(t)$及 $\varphi_\xi(t)$的变化相对于载波 $\cos\omega_c t$ 的变化要缓慢得多。

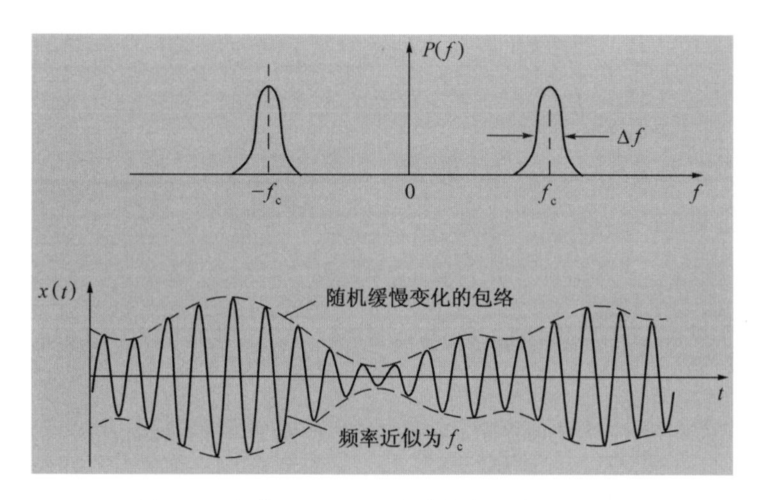

图 3-4　窄带随机过程的频谱密度和波形示意图

将式(3.5-1)进行三角函数展开，可以改写为

$$\xi(t)=\xi_c(t)\cos\omega_c t-\xi_s(t)\sin\omega_c t \tag{3.5-2}$$

其中

$$\xi_c(t)=a_\xi(t)\cos\varphi_\xi(t) \tag{3.5-3}$$

$$\xi_s(t)=a_\xi(t)\sin\varphi_\xi(t) \tag{3.5-4}$$

这里的 $\xi_c(t)$ 及 $\xi_s(t)$ 分别称为 $\xi(t)$ 的同相分量和正交分量。由式(3.5-1)和式(3.5-2)看出，$\xi(t)$ 的统计特性可以由 $a_\xi(t)$，$\varphi_\xi(t)$ 或 $\xi_c(t)$，$\xi_s(t)$ 的统计特性确定。反之，若窄带过程 $\xi(t)$ 的统计特性已知，则 $a_\xi(t)$，$\varphi_\xi(t)$ 或 $\xi_c(t)$，$\xi_s(t)$ 的统计特性也随之可以确定。作为一个今后特别有用的例子，假设 $\xi(t)$ 是一个均值为 0，方差为 σ_ξ^2 的平稳高斯窄带过程，我们来分析 $a_\xi(t)$，$\varphi_\xi(t)$ 以及 $\xi_c(t)$，$\xi_s(t)$ 的统计特性。

3.5.1　$\xi_c(t)$ 和 $\xi_s(t)$ 的统计特性

对式(3.5-2)求数学期望

$$E[\xi(t)]=E[\xi_c(t)]\cos\omega_c t-E[\xi_s(t)]\sin\omega_c t \tag{3.5-5}$$

因为 $\xi(t)$ 平稳且均值为零，那么对于任意的时间 t，都有 $E[\xi(t)]=0$，所以由式(3.5-5)得到

$$E[\xi_c(t)]=0,\quad E[\xi_s(t)]=0 \tag{3.5-6}$$

由自相关函数的定义式(3.2-8)和式(3.5-2)，可得 $\xi(t)$ 的自相关函数

$$\begin{aligned}R_\xi(t,t+\tau)&=E[\xi(t)\xi(t+\tau)]=\\&R_c(t,t+\tau)\cos\omega_c t\cos\omega_c(t+\tau)-R_{cs}(t,t+\tau)\cos\omega_c t\sin\omega_c(t+\tau)-\\&R_{sc}(t,t+\tau)\sin\omega_c t\cos\omega_c(t+\tau)+R_s(t,t+\tau)\sin\omega_c t\sin\omega_c(t+\tau)\end{aligned} \tag{3.5-7}$$

其中

$$R_c(t,t+\tau)=E[\xi_c(t)\xi_c(t+\tau)]$$

$$R_{cs}(t,t+\tau)=E[\xi_c(t)\xi_s(t+\tau)]$$

$$R_{sc}(t,t+\tau)=E[\xi_s(t)\xi_c(t+\tau)]$$

$$R_s(t,t+\tau)=E[\xi_s(t)\xi_s(t+\tau)]$$

因为$\xi(t)$是平稳的,故有

$$R_{\xi}(t,t+\tau)=R(\tau)$$

这就要求式(3.5-7)的右端与时间t无关,而仅与τ有关。因此,若令$t=0$,式(3.5-7)仍应成立,它变为

$$R_{\xi}(\tau)=R_c(t,t+\tau)\cos\omega_c\tau-R_{cs}(t,t+\tau)\sin\omega_c\tau \tag{3.5-8}$$

因与时间t无关,以下两式自然成立

$$R_c(t,t+\tau)=R_c(\tau)$$

$$R_{cs}(t,t+\tau)=R_{cs}(\tau)$$

所以,式(3.5-8)变为

$$R_{\xi}(\tau)=R_c(\tau)\cos\omega_c\tau-R_{cs}(\tau)\sin\omega_c\tau \tag{3.5-9}$$

再令$t=\dfrac{\pi}{2\omega_c}$,同理可求得

$$R_{\xi}(\tau)=R_s(\tau)\cos\omega_c\tau+R_{sc}(\tau)\sin\omega_c\tau \tag{3.5-10}$$

其中

$$R_s(t,t+\tau)=R_s(\tau)$$

$$R_{sc}(t,t+\tau)=R_{sc}(\tau)$$

由以上分析可知,**若窄带过程$\xi(t)$是平稳的,则$\xi_c(t)$与$\xi_s(t)$也必然是平稳的**。

进一步分析,式(3.5-9)和式(3.5-10)应同时成立,故有

$$R_c(\tau)=R_s(\tau) \tag{3.5-11}$$

$$R_{cs}(\tau)=-R_{sc}(\tau) \tag{3.5-12}$$

式(3.5-11)表明,同相分量$\xi_c(t)$和正交分量$\xi_s(t)$具有相同的自相关函数。根据互相关函数的性质,应有

$$R_{cs}(\tau)=R_{sc}(-\tau)$$

将上式代入式(3.5-12),可得

$$R_{sc}(\tau)=-R_{sc}(-\tau) \tag{3.5-13}$$

式(3.5-13)表明$R_{sc}(\tau)$是τ的奇函数,所以

$$R_{sc}(0)=0 \tag{3.5-14}$$

同理可证

$$R_{cs}(0)=0 \tag{3.5-15}$$

于是,由式(3.5-9)及式(3.5-10)得到

$$R_\xi(0)=R_c(0)=R_s(0) \tag{3.5-16}$$

即

$$\sigma_\xi^2=\sigma_c^2=\sigma_s^2 \tag{3.5-17}$$

这表明**$\xi(t)$、$\xi_c(t)$和$\xi_s(t)$具有相同的平均功率或方差**(因为均值为0)。

另外,根据平稳性,过程的特性与t变量无关,故由式(3.5-2)可得

取$t=t_1=0$时　　$\xi(t_1)=\xi_c(t_1)$

取$t=t_2=\dfrac{\pi}{2\omega_c}$时　　$\xi(t_2)=-\xi_s(t_2)$

因为$\xi(t)$是高斯过程,所以$\xi_c(t_1)$,$\xi_s(t_2)$一定是高斯随机变量,从而$\xi_c(t)$、$\xi_s(t)$也是高斯过程。根据式(3.5-15)可知,$\xi_c(t)$与$\xi_s(t)$在$\tau=0$处互不相关,又由于它们是高斯型的,因此$\xi_c(t)$与$\xi_s(t)$也统计独立。

综上所述,我们得到一个**重要结论**:一个均值为零的窄带平稳高斯过程$\xi(t)$,它的同相分量$\xi_c(t)$和正交分量$\xi_s(t)$同样是平稳高斯过程,而且均值为零,方差也相同。此外,在同一时刻上得到的ξ_c和ξ_s是互不相关的或统计独立的。

3.5.2 $a_\xi(t)$和$\varphi_\xi(t)$的统计特性

由上面的分析可知,ξ_c和ξ_s的联合概率密度函数为

$$f(\xi_c,\xi_s)=f(\xi_c)\cdot f(\xi_s)=\frac{1}{2\pi\sigma_\xi^2}\exp\left[-\frac{\xi_c^2+\xi_s^2}{2\sigma_\xi^2}\right] \tag{3.5-18}$$

设a_ξ,φ_ξ的联合概率密度函数为$f(a_\xi,\varphi_\xi)$,则根据概率论知识有

$$f(a_\xi,\varphi_\xi)=f(\xi_c,\xi_s)\left|\frac{\partial(\xi_c,\xi_s)}{\partial(a_\xi,\varphi_\xi)}\right|$$

根据式(3.5-3)和式(3.5-4)在t时刻随机变量之间的关系

$$\begin{cases}\xi_c=a_\xi\cos\varphi_\xi\\ \xi_s=a_\xi\sin\varphi_\xi\end{cases}$$

可以求得

$$\left|\frac{\partial(\xi_c,\xi_s)}{\partial(a_\xi,\varphi_\xi)}\right|=\begin{vmatrix}\dfrac{\partial\xi_c}{\partial a_\xi} & \dfrac{\partial\xi_s}{\partial a_\xi}\\ \dfrac{\partial\xi_c}{\partial\varphi_\xi} & \dfrac{\partial\xi_s}{\partial\varphi_\xi}\end{vmatrix}=\begin{vmatrix}\cos\varphi_\xi & \sin\varphi_\xi\\ -a_\xi\sin\varphi_\xi & a_\xi\cos\varphi_\xi\end{vmatrix}=a_\xi$$

于是

$$f(a_\xi,\varphi_\xi)=a_\xi f(\xi_c,\xi_s)=\frac{a_\xi}{2\pi\sigma_\xi^2}\exp\left[-\frac{(a_\xi\cos\varphi_\xi)^2+(a_\xi\sin\varphi_\xi)^2}{2\sigma_\xi^2}\right]=$$

$$\frac{a_{\xi}}{2\pi\sigma_{\xi}^{2}}\exp\left[-\frac{a_{\xi}^{2}}{2\sigma_{\xi}^{2}}\right] \tag{3.5-19}$$

注意,这里 $a_{\xi} \geqslant 0$,而 φ_{ξ} 在 $(0,2\pi)$ 内取值。

再利用概率论中的边际分布关系,将 $f(a_{\xi},\varphi_{\xi})$ 对 φ_{ξ} 积分求得包络 a_{ξ} 的一维概率密度函数

$$f(a_{\xi}) = \int_{-\infty}^{\infty} f(a_{\xi},\varphi_{\xi})\,\mathrm{d}\varphi_{\xi} = \int_{0}^{2\pi} \frac{a_{\xi}}{2\pi\sigma_{\xi}^{2}}\exp\left[-\frac{a_{\xi}^{2}}{2\sigma_{\xi}^{2}}\right]\mathrm{d}\varphi_{\xi} =$$

$$\frac{a_{\xi}}{\sigma_{\xi}^{2}}\exp\left[-\frac{a_{\xi}^{2}}{2\sigma_{\xi}^{2}}\right] \quad a_{\xi} \geqslant 0 \tag{3.5-20}$$

可见,a_{ξ} 服从瑞利(Rayleigh)分布。

将 $f(a_{\xi},\varphi_{\xi})$ 对 a_{ξ} 积分求得相位 φ_{ξ} 的一维概率密度函数

$$f(\varphi_{\xi}) = \int_{0}^{\infty} f(a_{\xi},\varphi_{\xi})\,\mathrm{d}a_{\xi} = \frac{1}{2\pi}\int_{0}^{\infty} \frac{a_{\xi}}{\sigma_{\xi}^{2}}\exp\left(-\frac{a_{\xi}^{2}}{2\sigma_{\xi}^{2}}\right)\mathrm{d}a_{\xi} = \frac{1}{2\pi} \quad 0 \leqslant \varphi_{\xi} \leqslant 2\pi \tag{3.5-21}$$

可见,φ_{ξ} 服从均匀分布。

综上所述,我们又得到一个**重要结论**:一个均值为零、方差为 σ_{ξ}^{2} 的窄带平稳高斯过程 $\xi(t)$,其包络 $a_{\xi}(t)$ 的一维分布是瑞利分布,相位 $\varphi_{\xi}(t)$ 的一维分布是均匀分布,并且就一维分布而言,$a_{\xi}(t)$ 与 $\varphi_{\xi}(t)$ 是统计独立的,即有

$$f(a_{\xi},\varphi_{\xi}) = f(a_{\xi}) \cdot f(\varphi_{\xi}) \tag{3.5-22}$$

3.6 正弦波加窄带高斯噪声

在许多调制系统中,如第 5 章介绍的模拟调制系统和第 7 章介绍的数字调制系统,传输的信号是用一个正弦波作为载波的已调信号。当信号经过信道传输时总会受到噪声的干扰,为了减少噪声的影响,通常在解调器前端设置一个带通滤波器,以滤除信号频带以外的噪声。这样,带通滤波器的输出是正弦波已调信号与窄带高斯噪声的混合波形,这是通信系统中常会遇到的一种情况。因此,了解已调正弦波加窄带高斯噪声的合成波的统计特性具有很大的实际意义。

设正弦波加窄带高斯噪声的混合信号为

$$r(t) = A\cos(\omega_{c}t + \theta) + n(t) \tag{3.6-1}$$

式中:$n(t) = n_{c}(t)\cos\omega_{c}t - n_{s}(t)\sin\omega_{c}t$(见式(3.5-2)),为窄带高斯噪声,其均值为零,方差为 σ_{n}^{2};θ 是正弦波的随机相位,在 $(0,2\pi)$ 上均匀分布,振幅 A 和角频率 ω_{c} 均假定为确知量。

于是

$$r(t)=[A\cos\theta+n_c(t)]\cos\omega_c t-[A\sin\theta+n_s(t)]\sin\omega_c t=$$

$$z_c(t)\cos\omega_c t-z_s(t)\sin\omega_c t=$$

$$z(t)\cos[\omega_c t+\varphi(t)] \tag{3.6-2}$$

其中

$$z_c(t)=A\cos\theta+n_c(t) \tag{3.6-3}$$

$$z_s(t)=A\sin\theta+n_s(t) \tag{3.6-4}$$

$r(t)$的包络和相位分别为

$$z(t)=\sqrt{z_c^2(t)+z_s^2(t)}\quad z\geqslant 0 \tag{3.6-5}$$

$$\varphi(t)=\arctan\frac{z_s(t)}{z_c(t)}\quad 0\leqslant\varphi\leqslant 2\pi \tag{3.6-6}$$

我们最为关心的是$r(t)$的包络和相位的统计特性。利用3.5节的结果,如果θ值已给定,则z_c、z_s是相互独立的高斯随机变量,且有

$$E[z_c]=A\cos\theta$$

$$E[z_s]=A\sin\theta$$

$$\sigma_c^2=\sigma_s^2=\sigma_n^2$$

所以,在给定相位θ的条件下的z_c和z_s的联合概率密度函数为

$$f(z_c,z_s/\theta)=\frac{1}{2\pi\sigma_n^2}\exp\left\{-\frac{1}{2\sigma_n^2}[(z_c-A\cos\theta)^2+(z_s-A\sin\theta)^2]\right\}$$

利用与3.5节分析a_ξ,φ_ξ相似的方法,根据z_c,z_s与z,φ之间的随机变量关系

$$\begin{cases}z_c=z\cos\varphi\\ z_s=z\sin\varphi\end{cases}$$

可以求得在给定相位θ的条件下的z与φ的联合概率密度函数

$$f(z,\varphi/\theta)=f(z_c,z_s/\theta)\left|\frac{\partial(z_c z_s)}{\partial(z,\varphi)}\right|=z\cdot f(z_c,z_s/\theta)=$$

$$\frac{z}{2\pi\sigma_n^2}\exp\left\{-\frac{1}{2\sigma_n^2}[z^2+A^2-2Az\cos(\theta-\varphi)]\right\}$$

然后求给定θ条件下的边际分布,即

$$f(z/\theta)=\int_0^{2\pi}f(z,\varphi/\theta)\mathrm{d}\varphi=$$

$$\frac{z}{2\pi\sigma_n^2}\exp\left(-\frac{z^2+A^2}{2\sigma_n^2}\right)\cdot\int_0^{2\pi}\exp\left[\frac{Az}{\sigma_n^2}\cos(\theta-\varphi)\right]\mathrm{d}\varphi$$

由于

$$\frac{1}{2\pi}\int_{0}^{2\pi}\exp[x\cos\varphi]\mathrm{d}\varphi = I_0(x) \tag{3.6-7}$$

故有

$$\frac{1}{2\pi}\int_{0}^{2\pi}\exp\left[\frac{Az}{\sigma_n^2}\cos(\theta-\varphi)\right]\mathrm{d}\varphi = I_0\left(\frac{Az}{\sigma_n^2}\right)$$

式中：$I_0(x)$为第一类零阶修正贝塞尔函数。当 $x\geqslant 0$ 时，$I_0(x)$是单调上升函数，且有$I_0(0)=1$。

因此

$$f(z/\theta) = \frac{z}{\sigma_n^2}\cdot\exp\left[-\frac{1}{2\sigma_n^2}(z^2+A^2)\right]I_0\left(\frac{Az}{\sigma_n^2}\right)$$

由上式可见，$f(z/\theta)$与 θ 无关，故 $r(t)$的包络 z 的概率密度函数为

$$f(z) = \frac{z}{\sigma_n^2}\exp\left[-\frac{1}{2\sigma_n^2}(z^2+A^2)\right]I_0\left(\frac{Az}{\sigma_n^2}\right) \quad z\geqslant 0 \tag{3.6-8}$$

这个概率密度函数称为**广义瑞利分布**，又称**莱斯**(Rice)**分布**。

上式存在两种极限情况：

（1）当信号很小，即 $A\to 0$ 时，信号功率与噪声功率的比值 $\gamma=\dfrac{A^2}{2\sigma_n^2}\to 0$，相当于 x 值很小，于是有 $I_0(x)=1$，式(3.6-8)近似为式(3.5-20)，即由莱斯分布退化为瑞利分布。

（2）当信噪比 $\gamma=\dfrac{A^2}{2\sigma_n^2}$很大时，有 $I_0(x)\approx\dfrac{\mathrm{e}^x}{\sqrt{2\pi x}}$，这时在 $z\approx A$ 附近，$f(z)$近似为高斯分布，即

$$f(z)\approx\frac{1}{\sqrt{2\pi}\sigma_n}\cdot\exp\left(-\frac{(z-A)^2}{2\sigma_n^2}\right)$$

由此可见，正弦波加窄带高斯噪声的包络分布 $f(z)$与信噪比有关。小信噪比时，$f(z)$接近于瑞利分布；大信噪比时，$f(z)$接近于高斯分布；在一般情况下，$f(z)$才是莱斯分布。图 3-5(a)给出了不同的 γ 值时 $f(z)$的曲线。

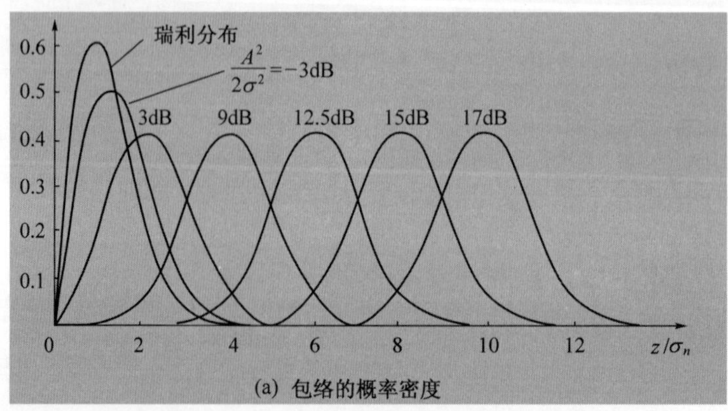

(a) 包络的概率密度

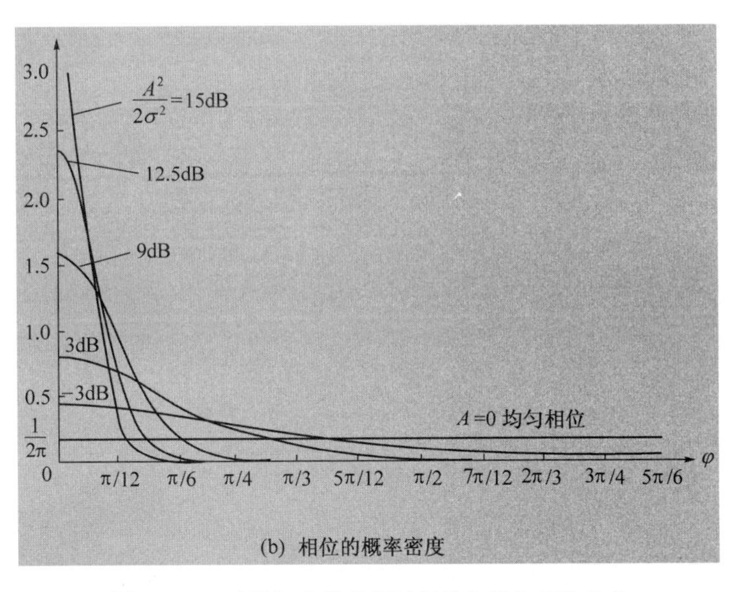

图 3-5　正弦波加窄带高斯过程的包络与相位分布

关于正弦波加窄带高斯噪声的相位分布$f(\varphi)$，由于比较复杂，这里就不再演算了。不难推想，$f(\varphi)$也与信噪比有关。小信噪比时，$f(\varphi)$接近于均匀分布，它反映这时窄带高斯噪声为主的情况；大信噪比时，$f(\varphi)$主要集中在有用信号相位附近。图 3-5(b)给出了不同的γ值时$f(\varphi)$的曲线。

3.7　高斯白噪声和带限白噪声

在分析通信系统的抗噪声性能时，常用高斯白噪声作为通信信道中的噪声模型。这是因为，通信系统中常见的热噪声近似为白噪声，且热噪声的取值恰好服从高斯分布。另外，实际信道或滤波器的带宽存在一定限制，白噪声通过后，其结果是带限噪声，若其谱密度在通带范围内仍具有白色特性，则称其为**带限白噪声**(band-limited white noise)，它又可以分为低通白噪声和带通白噪声。

1. 白噪声

如果噪声的功率谱密度在所有频率上均为一常数，即

$$P_n(f)=\frac{n_0}{2}\quad(-\infty<f<+\infty)\quad(\text{W/Hz})\tag{3.7-1}$$

或

$$P_n(f)=n_0\quad(0<f<+\infty)\quad(\text{W/Hz})\tag{3.7-2}$$

式中：n_0为正常数，则称该噪声为**白噪声**，用$n(t)$表示。

式(3.7-1)为双边功率谱密度，如图 3-6(a)所示，而式(3.7-2)表示单边功率谱密度。

对式(3.7-1)取傅里叶反变换，可得到白噪声的自相关函数为

$$R(\tau)=\frac{n_0}{2}\delta(\tau)\tag{3.7-3}$$

如图 3-6(b)所示,对于所有的 $\tau\neq0$ 都有 $R(\tau)=0$,这表明白噪声仅在 $\tau=0$ 时才相关,而在任意两个时刻(即 $\tau\neq0$)的随机变量都是不相关的。

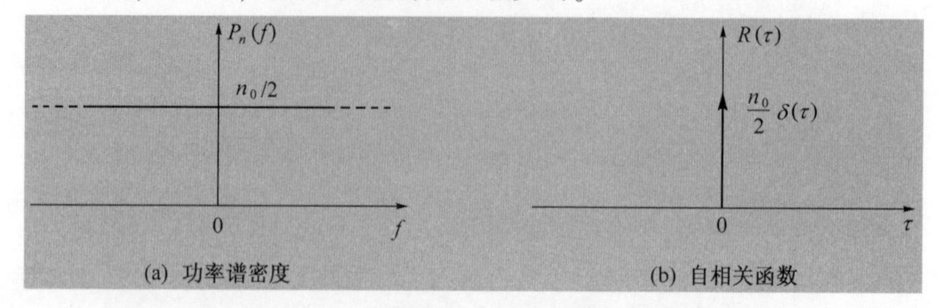

图 3-6 白噪声的功率谱密度和自相关函数

由于白噪声的带宽无限,其平均功率为无穷大,即

$$R(0)=\int_{-\infty}^{\infty}\frac{n_0}{2}\mathrm{d}f=\infty$$

或

$$R(0)=\frac{n_0}{2}\delta(0)=\infty$$

因此,真正"白"的噪声是不存在的,它只是构造的一种理想化的噪声形式,其中"白"和白光中的"白"有相同的意思;白光指在电磁辐射可见范围内所有频率分量的数值都相等。

但是,白噪声作为一个很有用的数学抽象,可以使问题的分析大大简化。在实际中,只要噪声的功率谱均匀分布的频率范围远远大于通信系统的工作频带,我们就可以把它视为白噪声。例如,第 4 章中描述的热噪声就可称作工作频段上的白噪声。热噪声的功率均匀分布在从直流到 10^{12}Hz 的频率上,并不是均匀分布在整个频率轴上,但只要热噪声带宽大于系统带宽,就可以把热噪声视为白噪声。

如果白噪声取值的概率分布服从高斯分布,则称之为**高斯白噪声**,我们常用它作为通信信道中的噪声模型。高斯白噪声在任意两个不同时刻上的随机变量之间,不仅是互不相关的,而且还是统计独立的。

2. 低通白噪声

如果白噪声通过理想矩形的低通滤波器或理想低通信道,则输出的噪声称为**低通**(lowpass)**白噪声**,也用 $n(t)$ 表示。假设理想低通滤波器具有模为 1、截止频率为 $|f|\leqslant f_H$ 的传输特性,则低通白噪声对应的功率谱密度为

$$P_n(f)=\begin{cases}\dfrac{n_0}{2} & |f|\leqslant f_H\\ 0 & \text{其他}\end{cases}\tag{3.7-4}$$

自相关函数为

$$R(\tau)=n_0f_H\frac{\sin2\pi f_H\tau}{2\pi f_H\tau}\tag{3.7-5}$$

对应的曲线如图 3-7 所示。

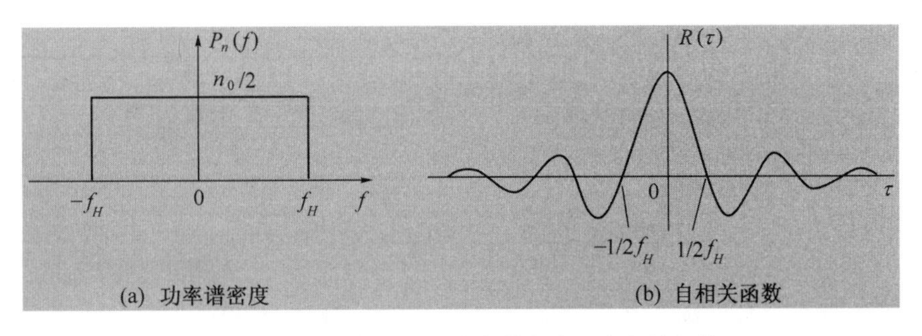

图 3-7　带限白噪声的功率谱密度和自相关函数

由图 3-7(a)可见，白噪声的功率谱密度被限制在 $|f| \leqslant f_H$ 内，在此范围外则为零，通常把这样的噪声也称为带限白噪声。

由图 3-7(b)可以看出，这种带限白噪声只有在 $\tau = k/2f_H(k=1,2,3,\cdots)$ 上得到的随机变量才不相关。也就是说，如果按抽样定理(见第 8 章)对带限白噪声进行抽样的话，各抽样值是互不相关的随机变量。这是一个很重要的概念。

3. 带通白噪声

如果白噪声通过理想矩形的带通(bandpass)滤波器或理想带通信道，则其输出的噪声称为**带通白噪声**，仍用 $n(t)$ 表示。

设理想带通滤波器的传输特性为

$$H(f)=\begin{cases}1 & f_c-\dfrac{B}{2}\leqslant |f| \leqslant f_c+\dfrac{B}{2}\\ 0 & \text{其他}\end{cases}$$

式中：f_c 为中心频率；B 为通带宽度。

则其输出噪声的功率谱密度为

$$P_n(f)=\begin{cases}\dfrac{n_0}{2} & f_c-\dfrac{B}{2}\leqslant |f| \leqslant f_c+\dfrac{B}{2}\\ 0 & \text{其他}\end{cases} \tag{3.7-6}$$

自相关函数为

$$R(\tau)=\int_{-\infty}^{\infty}P_n(f)e^{j2\pi f\tau}df=\int_{-f_c-\frac{B}{2}}^{-f_c+\frac{B}{2}}\frac{n_0}{2}e^{j2\pi f\tau}df+\int_{f_c-\frac{B}{2}}^{f_c+\frac{B}{2}}\frac{n_0}{2}e^{j2\pi f\tau}df=$$

$$n_0B\frac{\sin\pi B\tau}{\pi B\tau}\cos 2\pi f_c\tau \tag{3.7-7}$$

对应的曲线如图 3-8 所示。

通常，带通滤波器的 $B \ll f_c$，因此也称窄带(narrowband)滤波器，相应地把**带通白噪声**称为**窄带高斯白噪声**，因此它的表达式和统计特性与 3.5 节所描述的一般窄带随机过程相同，即有

$$n(t)=n_c(t)\cos\omega_c t-n_s(t)\sin\omega_c t \tag{3.7-8}$$

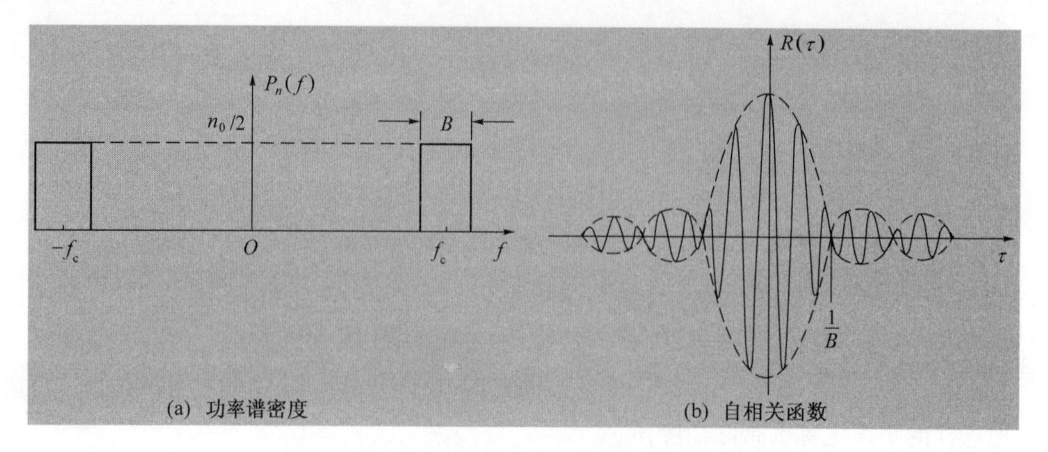

图 3-8　带通白噪声的功率谱密度和自相关函数

$$E[n(t)] = E[n_c(t)] = E[n_s(t)] = 0 \tag{3.7-9}$$

$$\sigma_n^2 = \sigma_c^2 = \sigma_s^2 \tag{3.7-10}$$

式(3.7-10)表明 $n_s(t)$、$n_c(t)$ 和 $n(t)$ 具有相同的平均功率(因为均值为 0),根据图 3-8 所示的功率谱密度曲线,很容易求出 $n(t)$ 的平均功率为

$$N = n_0 B \tag{3.7-11}$$

该式在第 5 章和第 7 章分析通信系统的抗噪声性能时非常有用。但应注意:这里 B 是指理想矩形的带通滤波器的带宽,而对于实际的带通滤波器,B 应是噪声等效(equivalent)带宽(见 4.5 节)。

3.8 小　结

通信中的信号和噪声都可看作随时间变化的随机过程。因此,本章是分析通信系统必需的数学基础和工具。

随机过程具有随机变量和时间函数的特点,可以从两个不同却又紧密联系的角度来描述:① 随机过程是无穷多个样本函数的集合;② 随机过程是一族随机变量的集合。

随机过程的统计特性由其分布函数或概率密度函数描述。若一个随机过程的统计特性与时间起点无关,则称其为严平稳过程。

数字特征则是另一种描述随机过程的简洁手段。若过程的均值是常数,且自相关函数 $R(t_1, t_1+\tau) = R(\tau)$,则称该过程为广义平稳过程。

若一个过程是严平稳的,则它必是广义平稳的,反之不一定成立。

若一个过程的时间平均等于对应的统计平均,则该过程是各态历经性的。

若一个过程是各态历经性的,则它也是平稳的,反之不一定成立。

广义平稳过程的自相关函数 $R(\tau)$ 是时间差 τ 的偶函数,且 $R(0)$ 等于总平均功率,是 $R(\tau)$ 的最大值。功率谱密度 $P_\xi(f)$ 是自相关函数 $R(\tau)$ 傅里叶变换(维纳—辛钦定理):$R(\tau) \Leftrightarrow P_\xi(f)$。这对变换确定了时域和频域的转换关系。

高斯过程的概率分布服从正态分布,它的完全统计描述只需要它的数字特征。一维概率分布只取决于均值和方差,二维概率分布主要取决于相关函数。高斯过程经过线性变换后的过程仍为高斯过程。

正态分布函数与 $Q(x)$ 或 $\mathrm{erf}(x)$ 函数的关系在分析数字通信系统的抗噪声性能时非常有用。

平稳随机过程 $\xi_{i}(t)$ 通过线性系统后,其输出过程 $\xi_{o}(t)$ 也是平稳的,且

$$E[\xi_{o}(t)] = a \cdot H(0)$$

$$P_{o}(f) = |H(f)|^{2} P_{i}(f)$$

窄带随机过程及正弦波加窄带高斯噪声的统计特性,更适合对调制系统/带通型系统/无线通信衰落多径信道的分析。

瑞利分布、莱斯分布、正态分布是通信中常见的三种分布:正弦载波信号加窄带高斯噪声的包络一般为莱斯分布。当信号幅度大时,趋近于正态分布;幅度小时,近似为瑞利分布。

高斯白噪声是分析信道加性噪声的理想模型,通信中的主要噪声源——热噪声就属于这类噪声。它在任意两个不同时刻上的取值之间互不相关,且统计独立。

白噪声通过带限系统后,其结果是带限噪声。理论分析中常见的有低通白噪声和带通白噪声。

思 考 题

3-1 何谓随机过程?它具有什么特点?

3-2 随机过程的数字特征主要有哪些?分别表征随机过程的什么特性?

3-3 何谓严平稳?何谓广义平稳?它们之间的关系如何?

3-4 平稳过程的自相关函数有哪些性质?它与功率谱密度的关系如何?

3-5 什么是高斯过程?其主要性质有哪些?

3-6 高斯随机变量的分布函数与 $Q(x)$ 函数以及 $\mathrm{erf}(x)$ 函数的关系如何?试述 $\mathrm{erfc}(x)$ 函数的定义与性质。

3-7 随机过程通过线性系统时,输出与输入功率谱密度的关系如何?如何求输出过程的均值、自相关函数?

3-8 什么是窄带随机过程?它的频谱和时间波形有什么特点?

3-9 窄带高斯过程的包络和相位分别服从什么概率分布?

3-10 窄带高斯过程的同相分量和正交分量的统计特性如何?

3-11 正弦波加窄带高斯噪声的合成包络服从什么分布?

3-12 什么是白噪声?其频谱和自相关函数有什么特点?白噪声通过理想低通或理想带通滤波器后的情况如何?

3-13 何谓高斯白噪声?它的概率密度函数、功率谱密度如何表示?

3-14 不相关、统计独立、正交的含义各是什么?它们之间的关系如何?

习　题

3-1　设 X 是 $a=0,\sigma=1$ 的高斯随机变量，试确定随机变量 $Y=cX+d$ 的概率密度函数 $f(y)$，其中 c,d 均为常数。

3-2　设一个随机过程 $\xi(t)$ 可表示成

$$\xi(t)=2\cos(2\pi t+\theta)$$

式中，θ 是一个离散随机变量，且 $P(\theta=0)=1/2$，$P(\theta=\pi/2)=1/2$，试求 $E_{\xi}(1)$ 及 $R_{\xi}(0,1)$。

3-3　设随机过程 $Y(t)=X_1\cos\omega_0 t-X_2\sin\omega_0 t$，若 X_1 与 X_2 是彼此独立且均值为0、方差为 σ^2 的高斯随机变量，试求：

(1) $E[Y(t)]$、$E[Y^2(t)]$；

(2) $Y(t)$ 的一维分布密度函数 $f(y)$；

(3) $R(t_1,t_2)$ 和 $B(t_1,t_2)$。

3-4　已知 $X(t)$ 和 $Y(t)$ 是统计独立的平稳随机过程，且它们的均值分别为 a_X 和 a_Y，自相关函数分别为 $R_x(\tau)$ 和 $R_y(\tau)$。

(1) 试求乘积 $z(t)=X(t)\cdot Y(t)$ 的自相关函数；

(2) 试求之和 $Z(t)=X(t)+Y(t)$ 的自相关函数。

3-5　已知随机过程 $z(t)=m(t)\cos(\omega_c t+\theta)$，其中，$m(t)$ 是广义平稳过程，且其自相关函数为

$$R_m(\tau)=\begin{cases}1+\tau & -1<\tau<0\\ 1-\tau & 0\leqslant\tau<1\\ 0 & \text{其他}\end{cases}$$

随机变量 θ 在 $(0,2\pi$ 上服从均匀分布，它与 $m(t)$ 彼此统计独立。

(1) 证明 $z(t)$ 是广义平稳的；

(2) 试画出自相关函数 $R_z(\tau)$ 的波形；

(3) 试求功率谱密度 $R_z(f)$ 及功率 S。

3-6　已知噪声 $n(t)$ 的自相关函数为

$$R_n(\tau)=\frac{k}{2}e^{-k|\tau|}\qquad(k\text{ 为常数})$$

(1) 试求其功率谱密度 $P_n(f)$ 及功率 N；

(2) 试画出 $R_n(\tau)$ 及 $P_n(f)$ 的图形。

3-7　一个均值为 a，自相关函数为 $R_x(\tau)$ 的平稳随机过程 $X(t)$ 通过一个线性系统后的输出过程为

$$Y(t)=X(t)+X(t-T)\qquad(T\text{ 为延迟时间})$$

(1) 试画出该线性系统的框图；

(2) 试求 $Y(t)$ 的自相关函数和功率谱密度。

3-8　一个中心频率为 f_c、带宽为 B 的理想带通滤波器如图 P3-1 所示。假设输入是

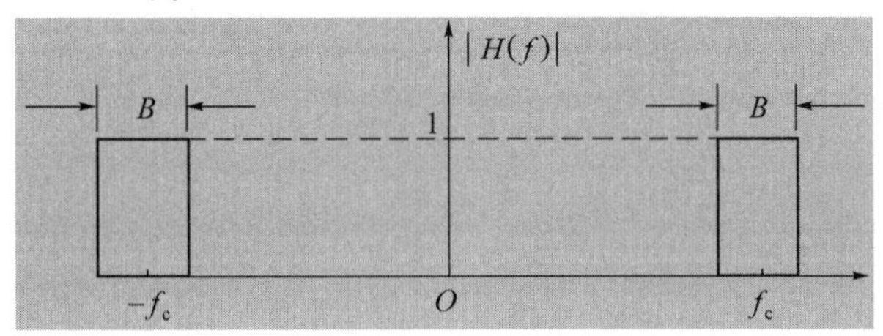

图 P3-1

均值为零、功率谱密度为 $n_0/2$ 的高斯白噪声,试求:

(1) 滤波器输出噪声的自相关函数;

(2) 滤波器输出噪声的平均功率;

(3) 输出噪声的一维概率密度函数。

3-9　一个 RC 低通滤波器如图 P3-2 所示,假设输入是均值为零、功率谱密度为 $n_0/2$ 的高斯白噪声,试求:

(1) 输出噪声的功率谱密度和自相关函数;

(2) 输出噪声的一维概率密度函数。

3-10　一个 LR 低通滤波器如图 P3-3 所示,假设输入是均值为零、功率谱密度为 $n_0/2$ 的高斯白噪声,试求:

(1) 输出噪声的自相关函数;

(2) 输出噪声的方差。

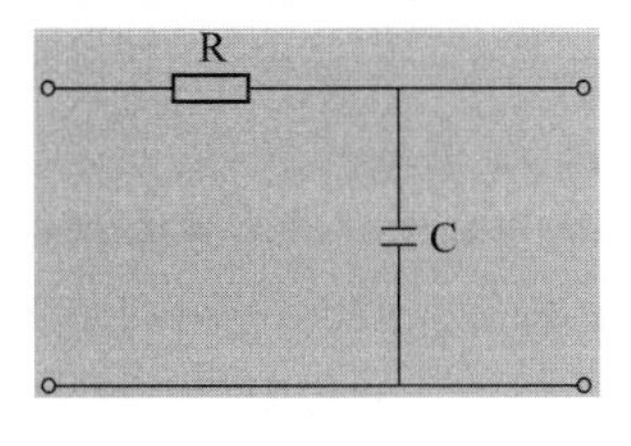

图 P3-2

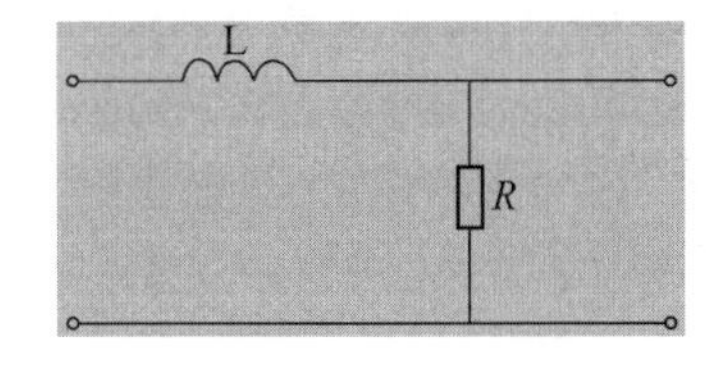

图 P3-3

3-11　设有一个随机二进制矩形脉冲波形,它的每个脉冲的持续时间为 T_b,脉冲幅度取±1 的概率相等。现假设任一间隔 T_b 内波形取值与任何别的间隔内取值统计无关,且具有宽平稳性,试证:

(1) 自相关函数

$$R_\xi(\tau)=\begin{cases}1-|\tau|/T_b & |\tau|\leqslant T_b\\ 0 & |\tau|>T_b\end{cases}$$

(2) 功率谱密度 $P_\xi(\omega)=T_b[\mathrm{Sa}(\pi f T_b)]^2$

3-12　图 P3-4 为单个输入、两个输出的线性过滤器,若输入过程 $\eta(t)$ 是平稳的,试求 $\xi_1(t)$ 与 $\xi_2(t)$ 的互功率谱密度的表达式。

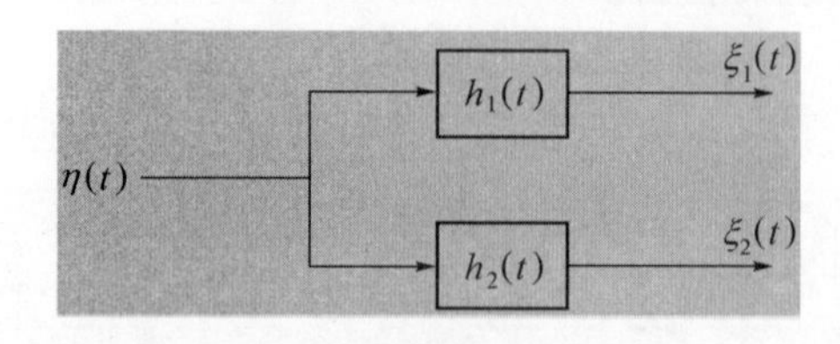

图 P3-4

3-13　设平稳过程 $X(t)$ 的功率谱密度为 $P_x(\omega)$，其自相关函数为 $R_x(\tau)$。试求功率谱密度为

$$\frac{1}{2}[P_x(\omega+\omega_0)+P_x(\omega-\omega_0)]$$

所对应的过程的相关函数(其中，ω_0 为正常数)。

3-14　$X(t)$ 是功率谱密度为 $P_x(f)$ 的平稳随机过程，该过程通过图 P3-5 所示的系统。

(1) 输出过程 $Y(t)$ 是否平稳?

(2) 求 $Y(t)$ 的功率谱密度。

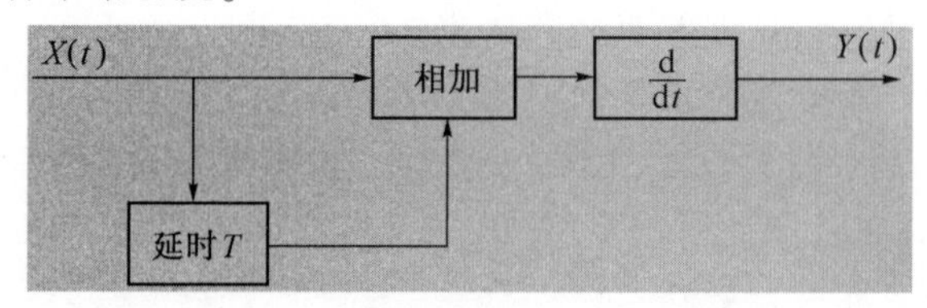

图 P3-5

3-15　设 $X(t)$ 是平稳随机过程，其自相关函数在 $(-1,1)$ 上为 $R_x(\tau)=(1-|\tau|)$，是周期为 2 的周期性函数。试求 $X(t)$ 的功率谱密度 $P_x(\omega)$，并用图形表示。

3-16　设 $x_1(t)$ 与 $x_2(t)$ 为零均值且互不相关的平稳过程，经过线性时不变系统，其输出分别为 $z_1(t)$ 与 $z_2(t)$，试证明 $z_1(t)$ 与 $z_2(t)$ 也是互不相关的。

第4章 信　道

在前述通信系统模型中已经提到过信道(channel)。信道连接发送端和接收端的通信设备,其功能是将信号从发送端传送到接收端。按照传输媒质的不同,信道可以分为两大类:无线(wireless)信道和有线(wired)信道。无线信道利用电磁波(electromagnetic wave)在空间中的传播(propagation)来传输信号,而有线信道则是利用人造的传导电或光信号的媒体来传输信号。传统的固定电话网用有线信道(电话线)作为传输媒质,而无线电广播就是利用无线信道传输电台节目的。光也是一种电磁波,它可以在空间传播,也可以在导光的媒质中传输。所以上述两大类信道的分类也适用于光信号。导光的媒质有光波导(wave guide)和光纤(optical fiber)。光纤是目前有线光通信系统中广泛应用的传输媒质。

在通信系统模型中,还提到信道中存在噪声,它对于信号传输有重要的不良影响,所以通常认为它是一种有源干扰。而信道本身的传输特性不良可以看作是一种无源干扰。在本章中将重点介绍信道传输特性和噪声的特性,及其对于信号传输的影响。

4.1 无线信道

在无线信道中信号的传输是利用电磁波在空间的传播来实现的。原则上,任何频率的电磁波都可以产生。但是,为了有效地发射或接收电磁波,要求天线的尺寸不小于电磁波波长的1/10。因此,频率过低,波长过长,则天线难于实现。例如,若电磁波的频率等于3000Hz,则其波长等于100km。这时,要求天线的尺寸大于10km!这样大的天线虽然可以实现,但是并不经济和方便。所以,通常用于通信的电磁波频率都比较高。

除了在外层空间两个飞船的无线电收发信机之间的电磁波传播是在自由空间(free space)传播外,在无线电收发信机之间的电磁波传播总是受到地面和大气层的影响。根据通信距离、频率和位置的不同,电磁波的传播主要分为**地波**(ground wave)、**天波**(sky wave)(或称**电离层反射波**(ionosphere reflection wave))和**视线**(line of sight)传播三种。

频率较低(大约2MHz以下)的电磁波趋于沿弯曲的地球表面传播,有一定的绕射能力。这种传播方式称为地波传播,在低频和甚低频段,地波能够传播超过数百千米或数千千米(图4-1)。

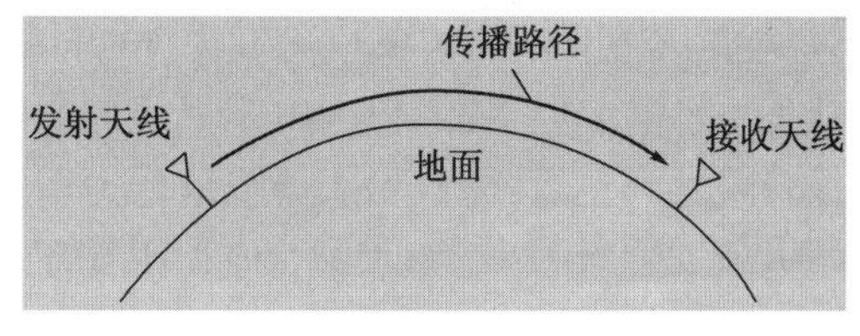

图4-1　地波传播

频率较高(2MHz~30MHz)的电磁波称为高频(high frequency)电磁波,它能够被电离层反射。电离层位于地面上60km~400km之间。经过电离层一次反射的最大传输距离可以达到约4000km。但是,经过反射的电磁波到达地面后可以被地面再次反射，并再次由电离层反射。这样经过多次反射，电磁波可以传播 10 000km 以上(图 4-2)。利用电离层反射的传播方式称为**天波传播**。由图 4-2 可见，电离层反射波到达地面的区域可能是不连续的，图中用粗线表示的地面是电磁波可以到达的区域，其中在发射天线附近的地区是地波覆盖的范围，而在电磁波不能到达的其他区域称为**寂静区**(silent zone)。

频率高于 30MHz 的电磁波将穿透电离层，不能被反射回来。此外，它沿地面绕射的能力也很小。所以，它只能类似光波那样作**视线传播**。为了能增大其在地面上的传播距离，最简单的办法就是提升天线的高度从而增大视线距离(图 4-3)。由地球的半径 r 等于 6 370km(若考虑到大气的折射率对于传播的影响，地球的等效半径略有不同)，我们可

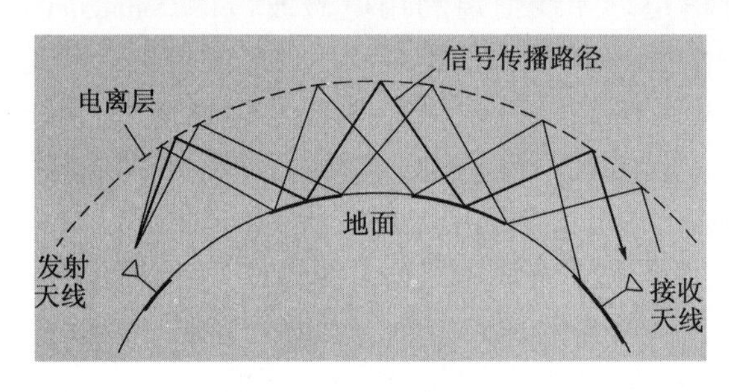

图 4-2　天波传播

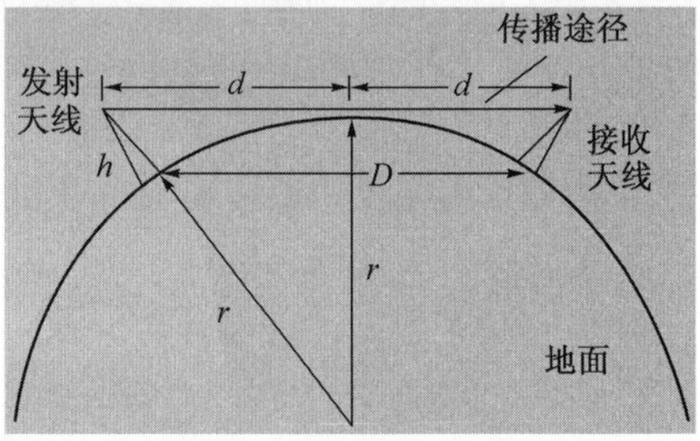

图 4-3　视线传播

以计算出天线高度和传播距离的关系。设收发天线的高度相等，均等于 h，并且 h 是使此两天线间保持视线的最低高度，则由图 4-3 可见下列公式成立：

$$d^2 + r^2 = (h + r)^2 \tag{4.1-1}$$

或

$$d = \sqrt{h^2 + 2rh} \approx \sqrt{2rh} \tag{4.1-2}$$

设 D 为两天线间的距离，则有

$$D^2 = (2d)^2 = 8rh$$

将上式中 r 的数值代入后，得到

$$h = \frac{D^2}{8r} \approx \frac{D^2}{50} \quad (\text{m}) \tag{4.1-3}$$

式中：D 为收发天线间距离(km)。

例如，若要求视线传输距离 D 为 50km，则收发天线的架设高度 h 应为 50m。由于视距传输的距离有限，为了达到远距离通信的目的，可以采用无线电中继(radio relay)的办法。例如，若视距为 50km，则每间隔 50km 将信号转发一次，如图 4-4 所示。这样经过多次转发，也能实现远程通信。由于视线传输的距离和天线架设高度有关，天线架设越高，视线传输距离越远；故利用人造卫星作为转发站(或称基站)将会大大提高视距。通常将利用人造卫星转发信号的通信称为**卫星通信**(satellite communication)。在距地面约 35 800km 的赤道平面上人造卫星围绕地球转动的周期和地球自转周期相等，从地面上看卫星好像静止不动。这种卫星通常称为静止 (geostationary) 卫星。利用三颗这样的静止卫

星作为转发站就能覆盖全球,保证全球通信(图 4-5)。不难想象,利用这样遥远的卫星作为转发站虽然能够增大一次转发的距离,但是却增大了对发射功率的要求和增大了信号传输的延迟(delay)时间;这不是我们所希望的。此外,发射卫星也是另一项巨大的工程。

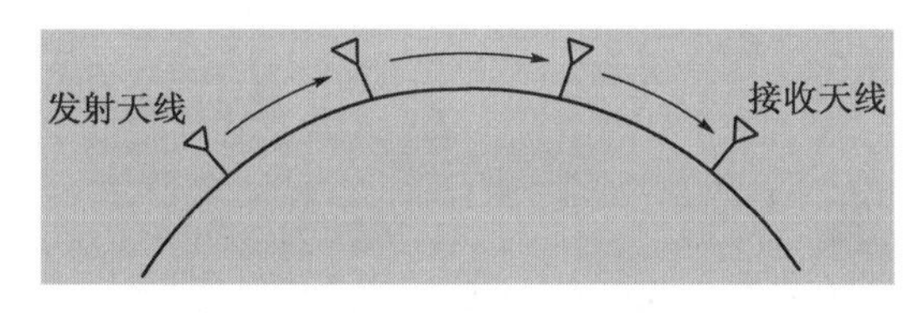

图 4-4　无线电中继

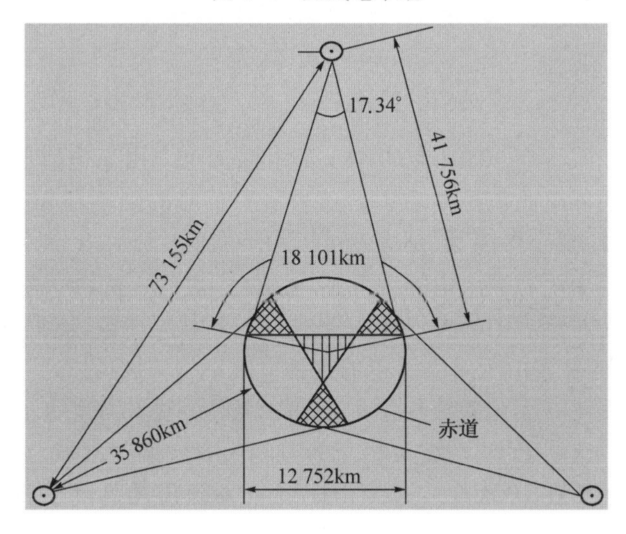

图 4-5　静止卫星转发站

重复覆盖地区;南北极盲区。

电磁波在大气层内传播时会受到大气的影响。大气(主要是其中的氧气和水蒸气)及降水都会吸收和散射(scatter)电磁波,使频率在 1GHz 以上的电磁波的传播衰减(attenuation)显著增加。电磁波的频率越高,传播衰减越严重。在一些特定的频率范围,由于分子谐振(resonance)现象而使衰减出现峰值。图 4-6(a)示出了这种衰减特性和频率的关系曲线。由此曲线可见,在频率等于约 23GHz 处,出现由于水蒸气(vapor)吸收产生的第一个谐振点。在频率约为 62GHz 处,出现由于氧气(oxygen)吸收产生的第二个谐振点。氧气吸收的下一个谐振点发生在 120GHz。水蒸气的另外两个吸收频率为 180GHz 和 350GHz。在大气中通信时应该避免使用上述衰减严重的频率。此外,降水对于 10GHz 以上的电磁波也有较大的影响,如图 4-6(b)[1]。

除了上述三种传播方式外,电磁波还可以经过散射方式传播。散射传播和反射传播不同。无线电波的反射特性类似光波的镜面反射特性。而散射则是由于传播媒体的不均匀性,使电磁波的传播产生向许多方向折射的现象。散射现象具有强的方向性,散射的能量主要集中于前方,故常称其为**前向散射**(forward scatter)。由于散射信号的能量分散于许多方向,故接收点散射信号的强度比反射信号的强度要小得多。

散射传播分为电离层散射、对流层(troposphere)散射和流星余迹(meteor trail)散射

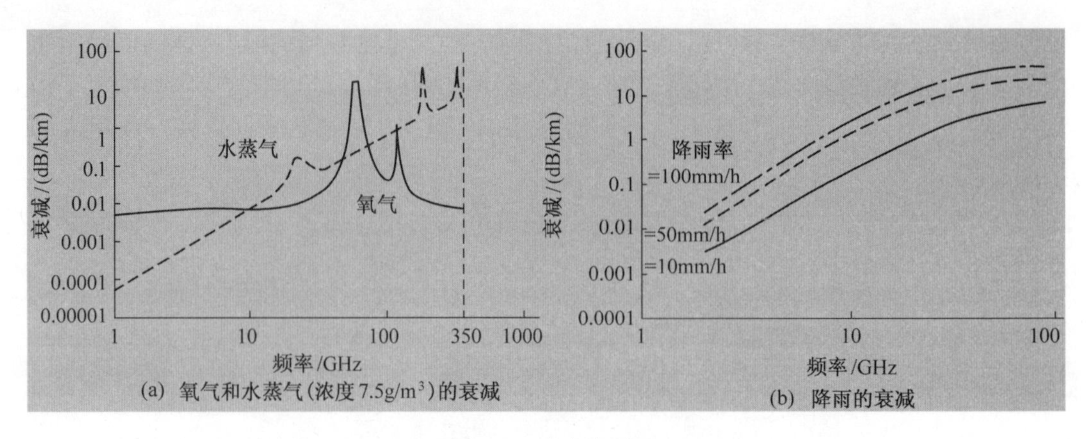

图 4-6 大气衰减

三种。

电离层散射现象发生在 30MHz~60MHz 的电磁波上。由于电离层的不均匀性,使其对于在这一频段入射的电磁波产生散射。这种散射信号的强度与 30MHz 以下的电离层反射信号的强度相比,要小得多,但是仍然可以用于通信。

对流层散射则是由于对流层中的大气不均匀性产生的。从地面至高约十余千米间的大气层称为对流层。对流层中的大气存在强烈的上下对流现象,使大气中形成不均匀的湍流(turbulence)。电磁波由于对流层中的这种大气不均匀性可以产生散射现象,使电磁波散射到接收点。图 4-7 示出对流层散射通信示意图。图中发射天线射束(beam)和接收天线射束相交于对流层上空,两波束相交的空间为有效散射区域。利用对流层散射进行通信的频率范围主要在 100MHz~4000MHz;按照对流层的高度估算,可以达到的有效散射传播距离最大约为 600km。

流星余迹散射则是由于流星经过大气层时产生的很强的电离余迹使电磁波散射的现象。流星余迹的高度在 80km~120km,余迹长度在 15km~40km(图 4-8)。流星余迹散

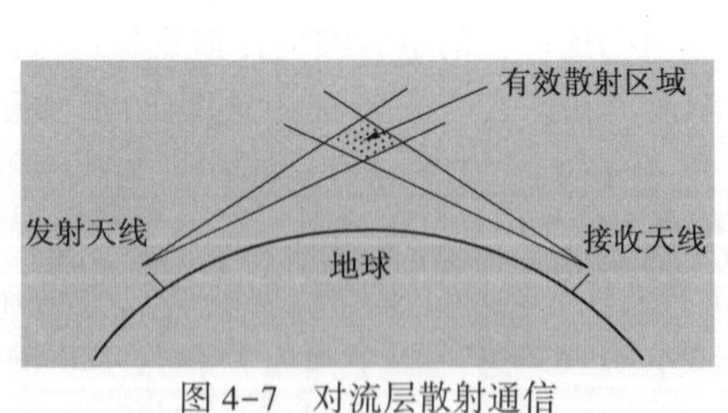

图 4-7 对流层散射通信

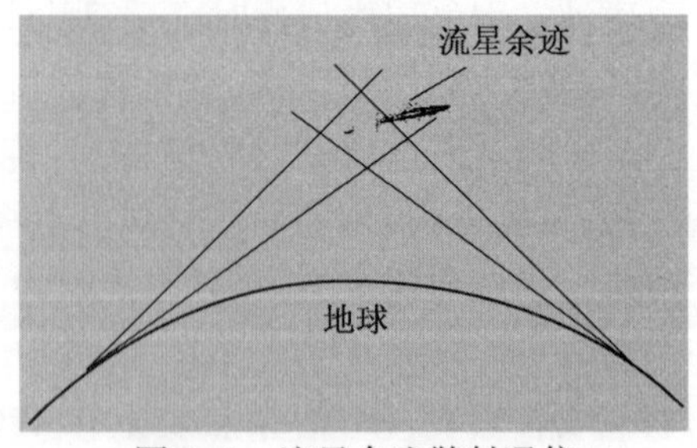

图 4-8 流星余迹散射通信

射的频率范围在 30MHz~100MHz,传播距离可达 1 000km 以上。一条流星余迹的存留时间在十分之几秒到几分钟之间,但是空中随时都有大量的人们肉眼看不见的流星余迹存在,能够随时保证信号断续地传输。所以,流星余迹散射通信只能用低速存储、高速突发的断续方式传输数据。

目前在民用无线电通信中,应用最广的是蜂窝网(cellular network)和卫星通信。蜂窝网工作在特高频(UHF)频段。而卫星通信则工作在特高频和超高频(SHF)频段,其电磁波传播是利用视线传播方式,但是在地面和卫星之间的电磁波传播要穿过电离层。

4.2 有线信道

传输电信号的有线信道主要有三类，即明线(open wire)、对称电缆(symmetrical cable)和同轴电缆(coaxial cable)。

明线是指平行架设在电线杆上的架空线路。它本身是导电裸线或带绝缘层的导线。虽然它的传输损耗低，但是易受天气和环境的影响，对外界噪声干扰较敏感，并且很难沿一条路径架设大量的成百对线路，故目前已经逐渐被电缆所代替。电缆有两类，即对称电缆和同轴电缆。

对称电缆是由若干对叫做芯线的双导线放在一根保护套内制造成的。为了减小各对导线之间的干扰，每一对导线都做成扭绞形状的，称为双绞线(twist wire)，如图4-9所示。对称电缆的芯线比明线细，直径在0.4mm~1.4mm，故其损耗较明线大，但是性能较稳定。对称电缆在有线电话网中广泛用于用户接入(access)电路。

同轴电缆则是由内外两根同心圆柱形导体构成，在这两根导体间用绝缘体隔离开(图4-10)。内导体多为实心导线，外导体是一根空心导电管或金属编织网，在外导体外面有一层绝缘保护层。在内外导体间可以填充实心介质材料，或者用空气作介质，但间隔一段距离有绝缘支架用于连接和固定内外导体。由于外导体通常接地，所以它同时能够很好地起到电屏蔽(screen)作用。目前，由于光纤的广泛应用，远距离传输信号的干线(trunk)线路多采用光纤代替同轴电缆。主要在有线电视广播(TV broadcasting)网中还较广泛地应用同轴电缆将信号送入用户。

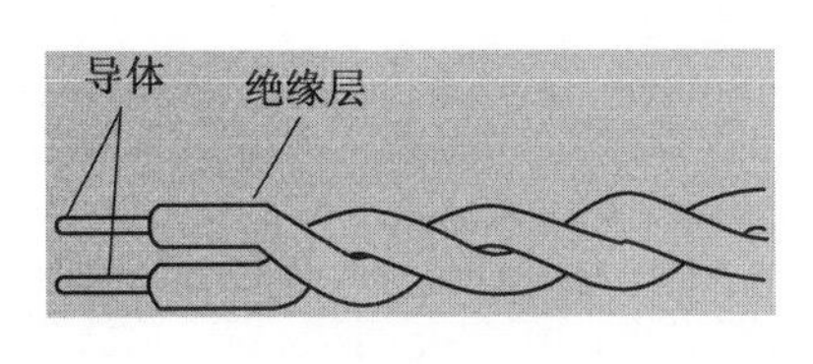

图4-9　双绞线

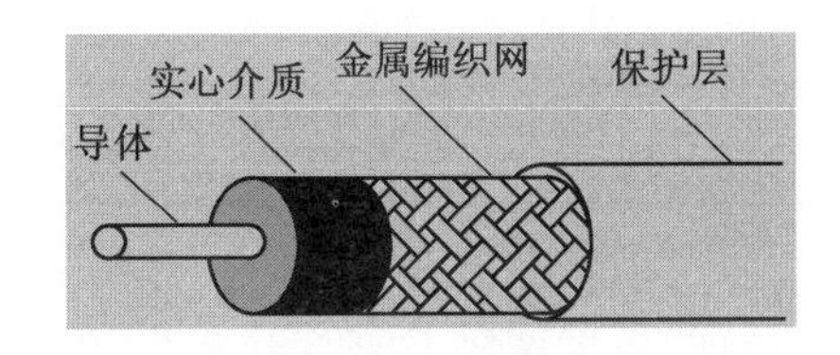

图4-10　同轴线

传输光信号的有线信道是光导纤维，简称光纤。光纤是由华裔科学家高锟(Charles Kuen Kao, 1933—　)发明的。他被认为是“光纤之父”。

最早出现的光纤是由折射率不同的两种导光介质(高纯度的石英玻璃)纤维制成的。其内层称为纤芯(central core)，在纤芯外包有另一种折射率的介质，称为包层(cladding layer)，如图4-11(a)所示。由于纤芯的折射率 n_1 比包层的折射率 n_2 大，光波会在两层的边界处产生反射。经过多次反射，光波可以达到远距离传输。由于折射率在两种介质内是均匀不变的，仅在边界处发生突变，故这种光纤称为**阶跃**(折射率)**型光纤**(step-index fiber)。随后出现的一种光纤的纤芯折射率沿半径增大方向逐渐减小，光波在这种光纤中传输的路径是因折射而逐渐弯曲的，并到达远距离传输的目的。这种光纤称为**梯度**(折射率)**型光纤**(graded-index fiber)，如图4-11(b)所示。对梯度型光纤的折射率沿轴向的变化是有严格要求的，故其制造难度比阶跃型光纤大。

上述两种光纤中，光线的传播模式(mode)有多种。在这里，模式是指光线传播的路

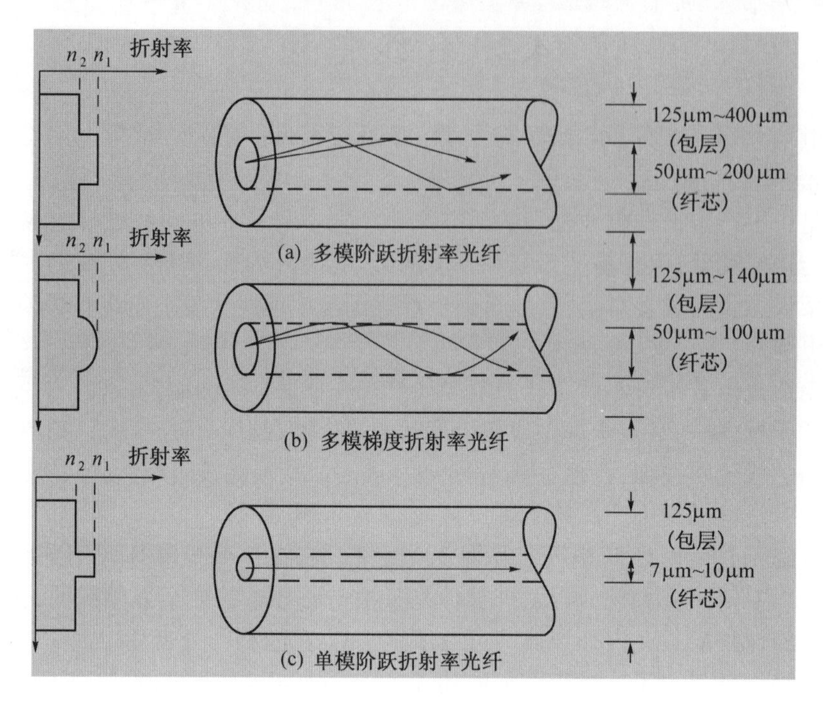

图 4-11　光纤结构示意图

径。上述两种光纤中光线有多条传播路径,故称为**多模**(multimode)光纤。在图 4-11(a)和(b)中示出了多模光纤的典型直径尺寸。它用发光二极管(LED)作为光源,这种光源不是单色的,即包含许多频率成分。由于这类光纤的直径较粗,不同入射角的光波在光纤中有不同的传播路径,各路径的传输时延不同,并且存在色散现象,故会造成信号波形的失真,从而限制了传输带宽。

按照色散产生的原因不同,多模光纤中的色散可以分为三种: ① 材料色散,它是由于材料的折射率随频率变化产生的。② 模式色散,它是由于不同模式的光波的群速不同引起的。③ 波导色散,它是由于不同频率分量的光波的群速不同引起的。在梯度型光纤中,可以控制折射率的合理分布,来均衡色散,故其模式色散比阶跃型光纤的小。

为了减小色散,增大传输带宽,后来又研制出一种光纤,称为**单模**(single mode)光纤,其纤芯的直径较小,在 7μm~10μm,包层的典型直径约 125μm。在图 4-11(c)中示出的是一种阶跃型单模光纤。单模光纤用激光器作为光源。激光器产生单一频率的光波,并且光波在光纤中只有一种传播模式。因此,单模光纤的无失真传输频带较宽,比多模光纤的传输容量大得多。但是,由于其直径较小,所以在将两段光纤相接时不易对准。另外,激光器的价格比 LED 贵。所以,这两种光纤各有优缺点,都得到了广泛的应用。

在实用中光纤的外面还有一层塑料保护层,并将多根光纤组合起来成为一根光缆。光缆有保护外皮,内部还加有增加机械强度的钢线和辅助功能的电线。

为了使光波在光纤中传输时受到最小的衰减,以便传输尽量远的距离,希望将光波的波长选择在光纤传输损耗最小的波长上。图 4-12 示出了光纤损耗与光波波长的关系。由图可见,在 1.31μm 和 1.55μm 波长上出现两个损耗最小点。这两个波长是目前应用最广的波长。在这两个波长之间 1.4μm 附近的损耗高峰是由于光纤材料中水分子的吸收造成的。1998 年朗讯科技(Lucent Technologies)公司发明了一项技术可以消除这一高峰,从而大大扩展了可用的波长范围。目前使用单个波长的单模光纤传输系统的传输速率已超过 10Gb/s。若在同一根光纤中传输波长不同的多个信号,则总传输速率将提高好多倍。光纤的传输损耗也是很低的,单模光纤的传输损耗可达 0.2dB/km 以下。因此,无中继的直接传输距离可达上百千米。目前,已经建成经过海底的跨洋远程光纤传输信道。

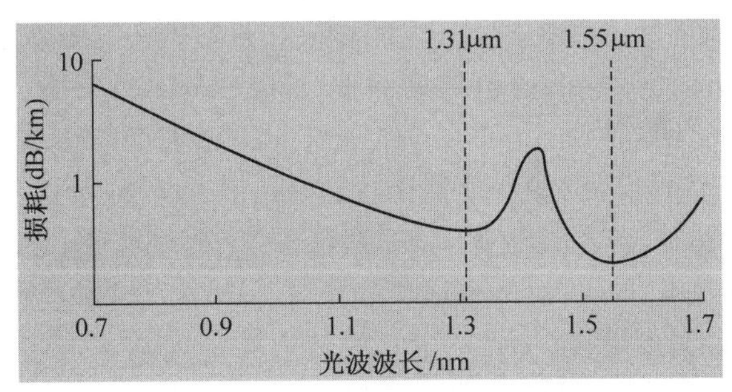

图 4-12　光纤损耗与光波波长的关系

4.3　信道的数学模型

为了讨论通信系统的性能,对于信道可以有不同的定义。图 1-4 和图 1-5 中示出的信道是从调制和解调的观点定义的。这时把发送端调制器输出端至接收端解调器输入端之间的部分称为信道,其中可能包括放大器、变频器和天线等装置。在研究各种调制制度的性能时使用这种定义是方便的。所以,有时称之为**调制信道**。此外,有时为了便于分析通信系统的总体性能,把调制和解调等过程的电路特性(例如一些滤波器的特性)对信号的影响也折合到信道特性中一并考虑。此外,在讨论数字通信系统中的信道编码和解码时,我们把编码器输出端至解码器输入端之间的部分称为**编码信道**。在研究利用纠错编码对数字信号进行差错控制的效果时,利用编码信道的概念是方便的。

4.3.1　调制信道模型

最基本的调制信道有一对输入端和一对输出端,其输入端信号电压 $e_i(t)$ 和输出端电压 $e_o(t)$ 间的关系可以用下式表示:

$$e_o(t) = f[e_i(t)] + n(t) \tag{4.3-1}$$

式中:$e_i(t)$ 为信道输入端信号电压;$e_o(t)$ 为信道输出端的信号电压;$n(t)$ 为噪声电压。

由于信道中的噪声 $n(t)$ 是叠加在信号上的,而且无论有无信号,噪声 $n(t)$ 是始终存在的。因此通常称它为**加性**(additive)**噪声**或**加性干扰**。当没有信号输入时,信道输出端也有加性干扰输出。$f[e_i(t)]$ 表示信道输入和输出电压之间的函数关系。为了便于数学分析,通常假设$f[e_i(t)]=k(t)e_i(t)$,即信道的作用相当于对输入信号乘一个系数$k(t)$。这样,式(4.3-1)就可以改写为

$$e_o(t) = k(t)e_i(t) + n(t) \tag{4.3-2}$$

式(4.3-2)就是调制信道的一般数学模型。在图4-13中画出了此数学模型。$k(t)$是一

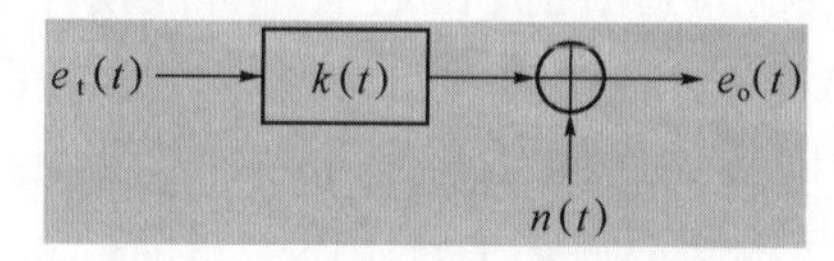

图4-13　调制信道数学模型

个很复杂的函数,它反映信道的特性。一般说来,它是时间t的函数,即表示信道的特性是随时间变化的。随时间变化的信道称为**时变**(time-variant)**信道**。$k(t)$又可以看作是对信号的一种干扰,称为**乘性**(multiplicative)**干扰**。因为它与信号是相乘的关系,所以当没有输入信号时,信道输出端也没有乘性干扰输出。作为一种干扰看待,$k(t)$,会使信号产生各种失真(distortion),包括线性失真、非线性失真、时间延迟以及衰减等。这些失真都可能随时间作随机变化,所以$k(t)$只能用随机过程表述。这种特性随机变化的信道称为随机参量信道,简称**随参信道**。另外,也有些信道的特性基本上不随时间变化,或变化极慢极小。我们将这种信道称为恒定参量信道,简称**恒参信道**。综上所述,调制信道的模型可以分为两类:随参信道和恒参信道。

4.3.2　编码信道模型

调制信道对信号的影响是乘性干扰$k(t)$和加性干扰$n(t)$使信号的波形发生失真。编码信道的影响则不同。因为编码信道的输入和输出信号是数字序列,例如在二进制信道中是"0"和"1"的序列,故编码信道对信号的影响是使传输的数字序列发生变化,即序列中的数字发生错误。所以,可以用错误概率(error probability)来描述编码信道的特性。这种错误概率通常称为**转移**(transfer)**概率**。在二进制系统中,就是"0"转移为"1"的概率和"1"转移为"0"的概率。按照这种原理可以画出一个二进制编码信道的简单模型,如图4-14所示。图中$P(0/0)$和$P(1/1)$是正确转移概率。$P(1/0)$是发送"0"而接收"1"的概率;$P(0/1)$是发送"1"而接收"0"的概率。后面这两个概率为错误传输概率。实际编码信道转移概率的数值需要由大量的实验统计数据分析得出。在二进制系统中由于只有"0"和"1"这两种符号,所以由概率论的原理可知:

$$P(0/0) = 1 - P(1/0) \tag{4.3-3}$$

$$P(1/1) = 1 - P(0/1) \tag{4.3-4}$$

图4-14中的模型所以称为"简单的"二进制编码信道模型是因为已经假定此编码信道是无记忆(memoryless)信道,即前后码元发生的错误是互相独立的。也就是说,一个码元的错误和其前后码元是否发生错误无关。类似地,我们可以画出无记忆四进制编码信道模型,如图4-15所示。最后指出,编码信道中产生错码的原因以及转移概率的大小主要是由于调制信道不理想造成的。

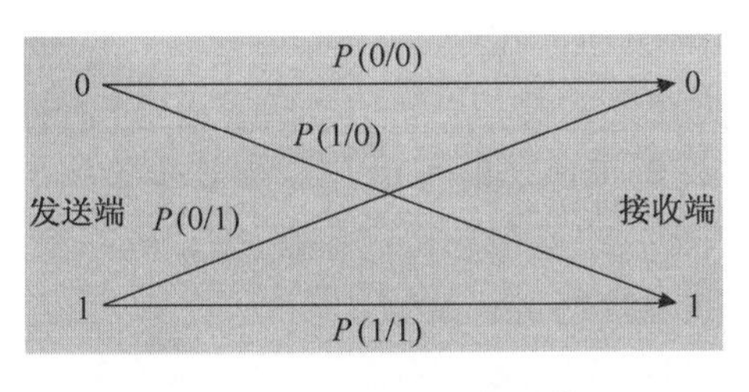

图 4-14　二进制编码信道模型

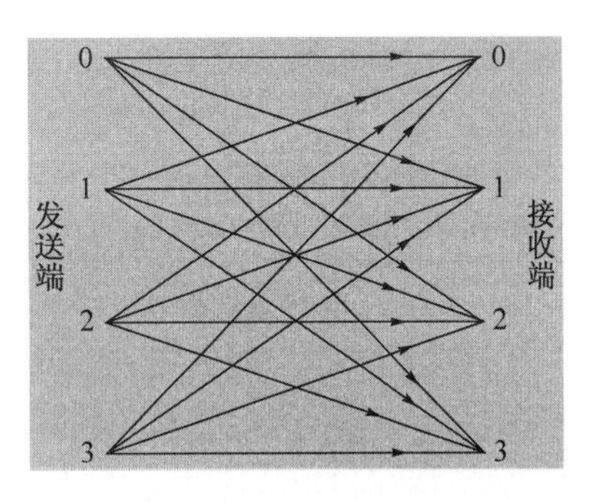

图 4-15　四进制编码信道模型

4.4　信道特性对信号传输的影响

按照调制信道模型，信道可以分为恒参信道和随参信道两类。

4.4.1　恒参信道特性对信号传输的影响

在 4.1 节和 4.2 节中讨论的无线信道和有线信道中，各种有线信道和部分无线信道，包括卫星链路（link）和某些视距传输链路，可以当作为恒参信道看待，因为它们的特性变化很小、很慢，可以视作其参量恒定。恒参信道实质上就是一个非时变线性网络。所以只要知道这个网络的传输特性，就可以利用信号通过线性系统的分析方法得知信号通过恒参信道时受到的影响。恒参信道的主要传输特性通常可以用其**振幅—频率特性**和**相位—频率特性**来描述。无失真传输要求振幅特性与频率无关，即其振幅—频率特性曲线是一条水平直线；要求其相位特性是一条通过原点的直线，或者等效地要求其传输群时延与频率无关，等于常数。实际的信道往往都不能满足这些要求。例如，电话信号的频带在 300Hz~3400Hz 范围内；而电话信道的振幅—频率特性和相位—频率特性的典型曲线示于图 4-16 中。在此图中采用的是便于测量的实用参量，即用插入损耗（insertion loss）和频率的关系表示振幅—频率特性，用群延迟（group delay）和频率的关系表示相位—频率特性。

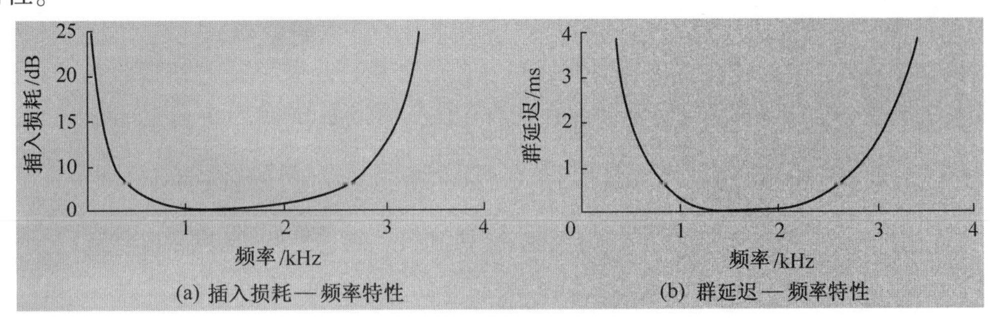

(a) 插入损耗—频率特性　　(b) 群延迟—频率特性

图 4-16　典型电话信道特性

若信道的振幅—频率特性不理想，则信号发生的失真称为**频率失真**。信号的频率失真会使信号的波形产生畸变。在传输数字信号时，波形畸变可引起相邻码元波形之间发生部分重叠，造成**码间串扰**（intersymbol interference）。由于这种失真是一种线性失真，所以它可以用一个线性网络进行补偿。若此线性网络的频率特性与信道的频率特性之和，在信号频谱占用的频带内，为一条水平直线，则此补偿（compensation）网络就能够完全抵消信道产生的振幅—频率失真。

信道的相位特性不理想将使信号产生**相位失真**。在模拟（analog）话音信道（简称模拟话路）中，相位失真对通话的影响不大，因为人耳对于声音波形的相位失真不敏感。但是，相位失真对于数字信号的传输则影响很大，因为它也会引起码间串扰，使误码率增大。相位失真也是一种线性失真，所以也可以用一个线性网络进行补偿。

除了振幅特性和相位特性外，恒参信道中还可能存在其他一些使信号产生失真的因素，例如非线性失真、频率偏移（deviation）和相位抖动（phase jitter）等。非线性失真是指信道输入和输出信号的振幅关系不是直线关系，如图 4-17 所示。非线性特性将使信号产生新的谐波（harmonic）分量，造成所谓**谐波失真**。这种失真主要是由于信道中的元器件特性不理想造成的。频率偏移是指信道输入信号的频谱经过信道传输后产生了平移。这主要是由于发送端和接收端中用于调制解调或频率变换的振荡器（oscillator）的频率误差引起的。**相位抖动**也是由于这些振荡器的频率不稳定产生的。相位抖动的结果是对信号产生附加调制。上述这些因素产生的信号失真一旦出现，很难消除。

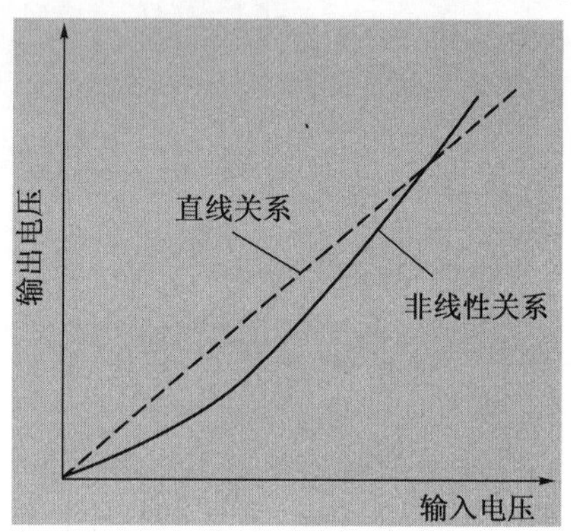

图 4-17　非线性特性

4.4.2　随参信道特性对信号传输的影响

在 4.1 节中讨论的无线电信道中有一些是随参信道，例如依靠天波传播和地波传播的无线电信道、某些视距传输信道和各种散射信道。随参信道的特性是“**时变**”的。例如，在用天波传播时，电离层的高度和离子浓度随时间、季节和年份而在不断变化，使信道特性随之变化；在用对流层散射传播时，大气层随气候和天气在变化着，也使信道特性变化。此外，在移动通信中，由于移动台在运动，收发两点间的传输路径自然也在变化，使得信道参量在不断变化。一般说来，各种随参信道具有的共同特性是：① 信号的传输衰减随时间而变；② 信号的传输时延随时间而变；③ 信号经过几条路径到达接收端，而且每条路径的长度（时延）和衰减都随时间而变，即存在**多径传播**（multipath propagation）现象。多径传播对信号的影响称为**多径效应**。由于它对信号传输质量的影响很大，下面对其作专门的讨论。

设发射信号为 $A\cos\omega_0 t$，它经过 n 条路径传播到接收端，则接收信号 $R(t)$ 可以表示为

$$R(t) = \sum_{i=1}^{n} \mu_i(t)\cos\omega_0[t - \tau_i(t)] = \sum_{i=1}^{n} \mu_i(t)\cos[\omega_0 t + \varphi_i(t)] \qquad (4.4-1)$$

式中：$\mu_i(t)$ 为第 i 条路径到达的接收信号振幅；$\tau_i(t)$ 为第 i 条路径达到的信号的时延；$\varphi_i(t) = -\omega_0\tau_i(t)$。

式(4.4-1)中的 $\mu_i(t)$，$\tau_i(t)$，$\varphi_i(t)$ 都是随机变化的。

应用三角公式可以将式(4.4-1)改写成:

$$R(t)=\sum_{i=1}^{n}\mu_i(t)\cos\varphi_i(t)\cos\omega_0 t-\sum_{i=1}^{n}\mu_i(t)\sin\varphi_i(t)\sin\omega_0 t \tag{4.4-2}$$

实验观察表明,在多径传播中,和信号角频率 ω_0 的周期相比,$\mu_i(t)$ 和 $\varphi_i(t)$ 随时间变化很缓慢。所以,式(4.4-2) 中的接收信号 $R(t)$ 可以看成是由互相正交的两个分量组成的。这两个分量的振幅分别是缓慢随机变化的 $\mu_i(t)\cos\varphi_i(t)$ 和 $\mu_i(t)\sin\varphi_i(t)$。设

$$X_c(t)=\sum_{i=1}^{n}\mu_i(t)\cos\varphi_i(t) \tag{4.4-3}$$

$$X_s(t)=\sum_{i=1}^{n}\mu_i(t)\sin\varphi_i(t) \tag{4.4-4}$$

则 $X_c(t)$ 和 $X_s(t)$ 都是缓慢随机变化的。将式(4.4-3)和式(4.4-4)代入式(4.4-2),得出

$$R(t)=X_c(t)\cos\omega_0 t-X_s(t)\sin\omega_0 t=V(t)\cos[\omega_0 t+\varphi(t)] \tag{4.4-5}$$

式中:$V(t)=\sqrt{X_c^2(t)+X_s^2(t)}$,为接收信号 $R(t)$ 的包络; (4.4-6)

$\varphi(t)=\arctan\dfrac{X_s(t)}{X_c(t)}$,为接收信号 $R(t)$ 的相位。 (4.4-7)

这里的 $V(t)$ 和 $\varphi(t)$ 也是缓慢随机变化的。所以式(4.4-5)表示接收信号是一个振幅和相位作缓慢变化的余弦波,即接收信号 $R(t)$ 可以看作是一个包络和相位随机缓慢变化的窄带信号,如图 4-18 所示。和振幅恒定、单一频率的发射信号对比,接收信号波形的包络有了起伏,频率也不再是单一频率,而有了扩展,成为窄带信号。这种信号包络因传播有了起伏的现象称为**衰落**(fading)。多径传播使信号包络(envelope)产生的起伏虽然比信号的周期缓慢,但是仍然可能是在秒或秒以下的数量级,衰落的周期常能和数字信号的一个码元周期相比较,故通常将由多径效应引起的衰落称为**快衰落**。即使没有多径效应,仅有一条无线电路径传播时,由于路径上季节、日夜、天气等的变化,也会使信号产生衰落现象。这种衰落的起伏周期可能较长,甚至以若干天或若干小时计,故称这种衰落为**慢衰落**。

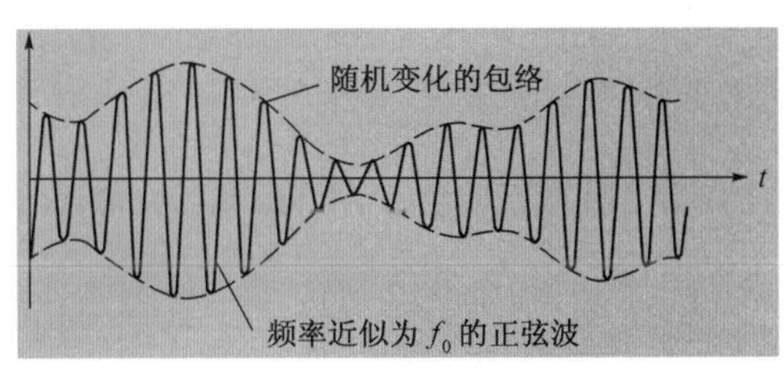

图 4-18 窄带信号波形

为简单起见,下面我们将对仅有两条路径的最简单的快衰落现象作进一步的讨论。

设多径传播的路径只有两条,并且这两条路径具有相同的衰减,但是时延不同;并设发射信号为 $f(t)$,它经过两条路径传播后到达接收端分别为 $Af(t-\tau_0)$ 和 $Af(t-\tau_0-\tau)$。其

中 A 是传播衰减，τ_0 是第一条路径的时延，τ 是两条路径的时延差。现在来求出这个多径信道的传输函数。设发射信号 $f(t)$ 的傅里叶变换（即其频谱）为 $F(\omega)$，并将其用下式表示：

$$f(t) \Leftrightarrow F(\omega) \tag{4.4-8}$$

则有

$$Af(t-\tau_0) \Leftrightarrow AF(\omega)\mathrm{e}^{-\mathrm{j}\omega\tau_0} \tag{4.4-9}$$

$$Af(t-\tau_0-\tau) \Leftrightarrow AF(\omega)\mathrm{e}^{-\mathrm{j}\omega(\tau_0+\tau)} \tag{4.4-10}$$

$$Af(t-\tau_0)+Af(t-\tau_0-\tau) \Leftrightarrow AF(\omega)\mathrm{e}^{-\mathrm{j}\omega\tau_0}(1+\mathrm{e}^{-\mathrm{j}\omega\tau}) \tag{4.4-11}$$

式(4.4-11)的两端分别是接收信号的时间函数和频谱函数。将式(4.4-8)和式(4.4-11)的右端相除，就得到此多径信道的传输函数：

$$H(\omega)=\frac{AF(\omega)\mathrm{e}^{-\mathrm{j}\omega\tau_0}(1+\mathrm{e}^{-\mathrm{j}\omega\tau})}{F(\omega)}=A\mathrm{e}^{-\mathrm{j}\omega\tau_0}(1+\mathrm{e}^{-\mathrm{j}\omega\tau}) \tag{4.4-12}$$

式(4.4-12)右端，A 是一个常数衰减因子，$\mathrm{e}^{-\mathrm{j}\omega\tau_0}$表示一个确定的传输时延 τ_0，最后一个因子是和信号频率 ω 有关的复因子，其模为

$$|1+\mathrm{e}^{-\mathrm{j}\omega\tau}|=|1+\cos\omega\tau-\mathrm{j}\sin\omega\tau|=|\sqrt{(1+\cos\omega\tau)^2+\sin^2\omega\tau}|=2\left|\cos\frac{\omega\tau}{2}\right| \tag{4.4-13}$$

按照上式画出的模与角频率 ω 关系曲线示于图 4-19 中。它表示此多径信道的传输衰减和信号频率及时延差 τ 有关。在角频率 $\omega=2n\pi/\tau$（n 为整数）处的频率分量最强，而在 $\omega=(2n+1)\pi/\tau$ 处的频率分量为零。这种曲线的最大和最小值位置决定于两条路径的相对时延差 τ。而 τ 是随时间变化的，所以对于给定频率的信号，使信号的强度随时间而变，这种现象称为衰落现象。由于这种衰落和频率有关，故常称其为**频率选择性衰落**。特别是对于宽带信号，若信号带宽大于$(1/\tau)$Hz，则信号频谱中不同频率分量的幅度之间必然出现强烈的差异。我们将$(1/\tau)$Hz 称为此两条路径信道的相关带宽(correlation bandwidth)。

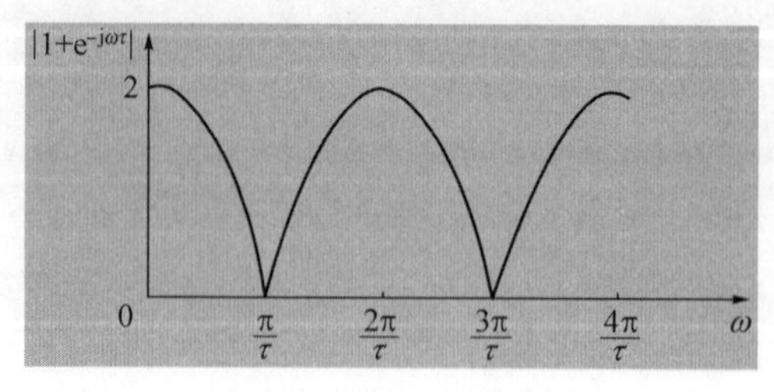

图 4-19　多径效应

实际的多径信道中通常有不止两条路径，并且每条路径的信号衰减一般也不相同，所以不会出现图 4-19 中的零点。但是，接收信号的包络肯定会出现随机起伏(random fluctuation)。这时，设 τ_m 为多径中最大的相对时延差，并将$(1/\tau_m)$Hz 定义为此多径信道

的相关带宽。为了使信号基本不受多径传播的影响,要求信号的带宽小于多径信道的相关带宽($1/\tau_m$)。

多径效应会使数字信号的码间串扰增大。为了减小码间串扰的影响,通常要降低码元传输速率。因为,若码元速率降低,则信号带宽也将随之减小,多径效应的影响也随之减轻。

综合上述,还可以将经过信道传输后的数字信号分为三类。第一类称为**确知信号**(deterministic signal),即接收端能够准确知道其码元波形的信号,这是理想情况。第二类称为随机相位信号,简称**随相信号**(random phase signal)。这种信号的相位由于传输时延的不确定而带有随机性,使接收码元的相位随机变化。即使是经过恒参信道传输,大多数也属于这种情况。第三类称为**起伏信号**(fluctuation signal),这时接收信号的包络随机起伏、相位也随机变化。通过多径信道传输的信号都具有这种特性。

4.5 信道中的噪声

我们将信道中存在的不需要的电信号统称为**噪声**(noise)。通信系统中的噪声是叠加在信号上的,没有传输信号时通信系统中也有噪声,噪声永远存在于通信系统中。噪声可以看成是信道中的一种干扰,也称为**加性干扰**,因为它是叠加在信号之上的。噪声对于信号的传输是有害的,它能使模拟信号失真,使数字信号发生错码,并限制着信息的传输速率。

按照来源分类,噪声可以分为**人为噪声**(man-made noise)和**自然噪声**(natural noise)两大类。人为噪声是由人类的活动产生的,例如电钻和电气开关瞬态(transient)造成的电火花(spark)、汽车点火系统产生的电火花、荧光灯产生的干扰、其他电台和家电用具产生的电磁波辐射等。自然噪声是自然界中存在的各种电磁波辐射,例如闪电(lightning)、大气噪声(atmosphere noise)和来自太阳和银河系(galaxy)等的宇宙噪声(cosmic noise)。此外还有一种很重要的自然噪声,即**热噪声**(thermal noise)。热噪声来自一切电阻性元器件中电子的热运动。例如,导线、电阻和半导体器件等均产生热噪声。所以热噪声是无处不在,不可避免地存在于一切电子设备中,除非设备处于热力学温度0°K。在电阻性元器件中,自由电子因具有热能而不断运动,在运动中和其他粒子碰撞而随机地以折线路径运动,即呈现为布朗运动(Brownian motion)。在没有外界作用力的条件下,这些电子的布朗运动结果产生的电流平均值等于零,但是会产生一个交流电流分量。这个交流分量称为热噪声。热噪声的频率范围很广,它均匀分布在大约从接近零频率开始,直到10^{12}Hz。在一个阻值为R的电阻两端,在频带宽度为B的范围内,产生的热噪声电压有效值为

$$V = \sqrt{4kTRB} \qquad (\mathrm{V}) \tag{4.5-1}$$

式中:$k = 1.38\times10^{-23}$(J/K),为玻耳兹曼常数(Boltzmann's constant);T为热力学温度(K);R为阻值(Ω);B为带宽(Hz)。

由于在一般通信系统的工作频率范围内热噪声的频谱是均匀分布的,好像白光的频谱在可见光的频谱范围内均匀分布那样,所以热噪声又常称为**白噪声**。由于热噪声是由大量自由电子的运动产生的,其统计特性服从高斯分布,故常将热噪声称为**高斯白噪声**

(Gaussian white noise)。

按照性质分类，噪声可以分为脉冲噪声、窄带噪声和起伏噪声三类。**脉冲噪声**(impulse noise)是突发性地产生的，幅度很大，其持续时间比间隔时间短得多。由于其持续时间很短，故其频谱较宽，可以从低频一直分布到甚高频，但是频率越高其频谱的强度越小。电火花就是一种典型的脉冲噪声。**窄带噪声**(narrow band noise)可以看作是一种非所需的连续的已调正弦波，或简单地看作是一个振幅恒定的单一频率的正弦波。通常它来自相邻电台或其他电子设备，其频谱或频率位置通常是确知的或可以测知的。**起伏噪声**(fluctuation noise)是遍布在时域和频域内的随机噪声，包括热噪声、电子管内产生的散弹噪声(shot noise)和宇宙噪声等都属于起伏噪声。

上述各种噪声中，脉冲噪声不是普遍地持续地存在的，对于话音通信的影响也较小，但是对于数字通信可能有较大影响。窄带噪声也是只存在于特定频率、特定时间和特定地点，所以它的影响是有限的。只有起伏噪声无处不在。所以，在讨论噪声对于通信系统的影响时，主要是考虑起伏噪声，特别是热噪声的影响。

如上所述，热噪声本身是白色的。但是，在通信系统接收端解调器中对信号解调时，叠加在信号上的热噪声已经经过了接收机带通滤波器的过滤，从而其带宽受到了限制，故它已经不是白色的了，成为了窄带噪声，或称为**带限**(band-limited)**白噪声**。由于滤波器是一种线性电路，高斯过程通过线性电路后，仍为一高斯过程，故此窄带噪声又常称为**窄带高斯噪声**。设经过接收滤波器后的噪声双边功率谱密度为 $P_n(f)$，如图 4-20 所示，则此噪声的功率为

$$P_n = \int_{-\infty}^{\infty} P_n(f)\,\mathrm{d}f \tag{4.5-2}$$

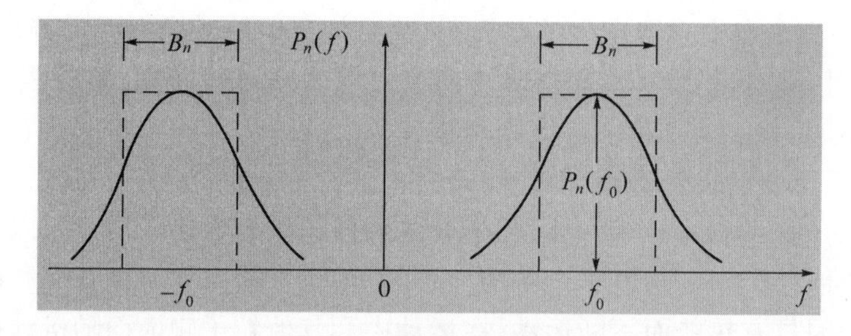

图 4-20　噪声功率谱特性

为了描述窄带噪声的带宽，我们引入噪声等效带宽(equivalent bandwidth)的概念。这时，将噪声功率谱密度曲线的形状变为矩形(见图中虚线)，并保持噪声功率不变。若令矩形的高度等于原噪声功率谱密度曲线的最大值 $P_n(f_0)$，则此矩形的宽度 B_n 应该为

$$B_n = \frac{\int_{-\infty}^{\infty} P_n(f)\,\mathrm{d}f}{2P_n(f_0)} = \frac{\int_{0}^{\infty} P_n(f)\,\mathrm{d}f}{P_n(f_0)} \tag{4.5-3}$$

式(4.5-3)保证了图中矩形虚线下面的面积和功率谱密度曲线下面的面积相等，即功率相等。故将式(4.5-3)中的 B_n 称为**噪声等效带宽**。利用噪声等效带宽的概念，在后面讨论通信系统的性能时，可以认为窄带噪声的功率谱密度在带宽 B_n 内是恒定的。

4.6 信道容量

在本节中将讨论信道容量(channel capacity)的概念。信道容量是指信道能够传输的最大平均信息速率。由于信道分为连续(continuous)信道和离散(discrete)信道两类,所以信道容量的描述方法也不同。下面将分别对其作简要介绍。

4.6.1 离散信道容量

离散信道的容量**可以用单位时间(秒)内能够传输的平均信息量最大值 C_t 表示**。现在将图 4-15 中的信道模型推广到有 n 个发送符号和 m 个接收符号的一般形式,如图 4-21 所示。图中发送符号 $x_1, x_2, x_3, \cdots, x_n$ 的出现概率为 $P(x_i), i=1,2,\cdots,n$;收到 y_j 的概率是 $P(y_j), j=1,2,\cdots,m$。$P(y_j/x_i)$ 是转移概率,即发送 x_i 的条件下收到 y_j 的条件概率(conditional probability)。

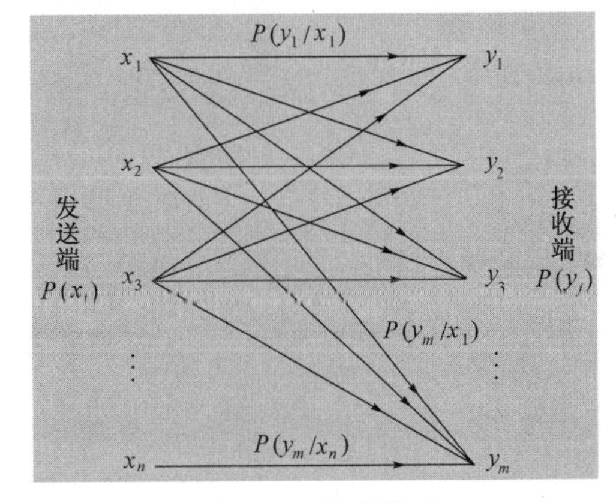

图 4-21 信道模型

从信息量(information content)的概念得知,发送 x_i 时收到 y_j 所获得的信息量等于发送 x_i 前接收端对 x_i 的不确定程度(即 x_i 的信息量)减去收到 y_j 后接收端对 x_i 的不确定程度(即给定 y_j 条件下 x_i 的不确定程度):

$$\text{发送 } x_i \text{ 时收到 } y_j \text{ 所获得的信息量} = -\log_2 P(x_i) - [-\log_2 P(x_i/y_j)] \quad (4.6-1)$$

对所有的 x_i 和 y_j 取统计平均值,得出收到一个符号时获得的平均信息量:

$$\text{平均信息量 / 符号} = -\sum_{i=1}^{n} P(x_i)\log_2 P(x_i) - \left[-\sum_{j=1}^{m} P(y_j)\sum_{i=1}^{n} P(x_i/y_j)\log_2 P(x_i/y_j)\right] = H(x) - H(x/y) \quad (4.6-2)$$

式中:$H(x) = -\sum_{i=1}^{n} P(x_i)\log_2 P(x_i)$,为每个发送符号 x_i 的平均信息量,称为信源的**熵**(entropy);$H(x/y) = -\sum_{j=1}^{m} P(y_j)\sum_{i=1}^{n} P(x_i/y_j)\log_2 P(x_i/y_j)$,为接收 y_j 符号已知后,发送符号 x_i 的平均信息量。

由式(4.6-2)可见,收到一个符号的平均信息量只有 $[H(x)-H(x/y)]$,而发送符号的信息量原为 $H(x)$,少了的部分 $H(x/y)$ 就是传输错误率引起的损失。

设单位时间内信道传输的符号数为 r(符号/s),则信道每秒传输的平均信息量为

$$R = r[H(x) - H(x/y)] \qquad (\mathrm{b/s}) \qquad (4.6-3)$$

求 R 的最大值,即得出容量 C_t 的表示式:

$$C_t = \max_{P(x)} \{ r[H(x) - H(x/y)] \} \qquad (\mathrm{b/s}) \qquad (4.6-4)$$

【例 4-1】 设信源由两种符号"0"和"1"组成,符号传输速率为 1 000 符号/s,且这两种符号的出现概率相等,均等于 1/2。信道为对称信道,其传输的符号错误概率为 1/128。试画出此信道模型,并求此信道的容量 C 和 C_t。

【解】 此信道模型如图 4-22 所示。

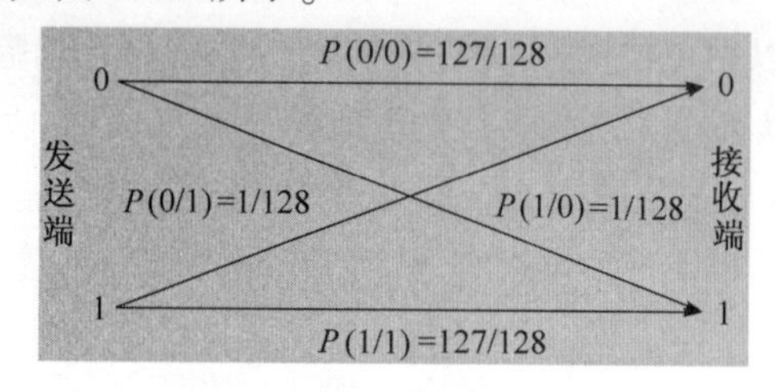

图 4-22 对称信道模型

由式(4.6-2)知,此信源的平均信息量(熵)为

$$H(x) = -\sum_{i=1}^{n} P(x_i)\log_2 P(x_i) = -\left[\frac{1}{2}\log_2\frac{1}{2} + \frac{1}{2}\log_2\frac{1}{2}\right] = 1 \qquad (\text{b/符号})$$

由给定条件: $P(y_1/x_1) = P(0/0) = 127/128$; $P(y_2/x_2) = P(1/1) = 127/128$;
$P(y_2/x_1) = P(1/0) = 1/128$; $P(y_1/x_2) = P(0/1) = 1/128$;

根据概率论中的贝叶斯公式: $P(x_i/y_j) = P(x_i)P(y_j/x_i) / \sum_i P(x_i)P(y_j/x_i)$ 可以计算出:

$$P(x_1/y_1) = \frac{P(x_1)P(y_1/x_1)}{P(x_1)P(y_1/x_1) + P(x_2)P(y_1/x_2)} = \frac{(1/2)(127/128)}{(1/2)(127/128) + (1/2)(1/128)}$$

$$= 127/128$$

以及 $P(x_2/y_1) = 1/128$; $P(x_1/y_2) = 1/128$; $P(x_2/y_2) = 127/128$。

而条件信息量 $H(x/y)$ 可以按照式(4.6-2)写为

$$H(x/y) = -\sum_{j=1}^{m} P(y_j) \sum_{i=1}^{n} [P(x_i/y_j)\log_2 P(x_i/y_j)] =$$
$$-\{P(y_1)[P(x_1/y_1)\log_2 P(x_1/y_1) + P(x_2/y_1)\log_2 P(x_2/y_1)] +$$
$$P(y_2)[P(x_1/y_2)\log_2 P(x_1/y_2) + P(x_2/y_2)\log_2 P(x_2/y_2)]\}$$

将上面求出的各条件概率值代入上式,并且考虑到 $P(y_1) = P(y_2) = 1/2$,可以得出

$$H(x/y) = -[(127/128)\log_2(127/128) + (1/128)\log_2(1/128)] =$$
$$-[(127/128) \times (-0.01) + (1/128) \times (-7)] \approx 0.065$$

上面已经计算出 $\mathrm{H}(x) = 1$,故此信道的容量为

$$C = \max_{P(x)}[H(x) - H(x/y)] = 0.935 \qquad (\text{b/ 符号})$$

由式(4. 6-6),求出：$C_t = \max_{P(x)}\{r[H(x)-H(x/y)]\} = 1000\times0.935 = 935 \qquad (\text{b/s})$

4.6.2 连续信道容量

连续信道的容量也有两种不同的计量单位。这里,我们只介绍按单位时间计算的容量。

对于带宽有限、平均功率有限的高斯白噪声连续信道,可以证明[2,3],其信道容量为

$$C_t = B\log_2\left(1 + \frac{S}{N}\right) \qquad (\text{b/s}) \qquad (4.6-5)$$

式中：S 为信号平均功率(W);N 为噪声功率(W);B 为带宽(Hz)。

设噪声单边功率谱密度为 n_0(W/Hz),则 $N=n_0B$;故式(4.6-5)可以改写成：

$$C_t = B\log_2\left(1 + \frac{S}{n_0B}\right) \qquad (\text{b/s}) \qquad (4.6-6)$$

由式(4.6-6)可见,连续信道的容量 C_t 和信道带宽 B、信号功率 S 及噪声功率谱密度 n_0 三个因素有关。增大信号功率 S 或减小噪声功率谱密度 n_0,都可以使信道容量 C_t 增大。当 $S\to\infty$ 或 $n_0\to0$ 时,$C_t\to\infty$ 。但是,当 $B\to\infty$ 时,C_t 将趋向何值？为了回答这个问题,令 $x=S/n_0B$,这样式(4.6-6)可以改写为

$$C_t = \frac{S}{n_0}\ \frac{Bn_0}{S}\log_2\left(1 + \frac{S}{n_0B}\right) = \frac{S}{n_0}\log_2(1 + x)^{1/x} \qquad (4.6-7)$$

利用关系式

$$\lim_{x\to0}\ln(1 + x)^{1/x} = 1 \qquad (4.6-8)$$

及

$$\log_2 a = \log_2 \mathrm{e} \cdot \ln a \qquad (4.6-9)$$

可以从式(4. 6-7)写出：

$$\lim_{B\to\infty}C_t = \lim_{x\to0}\frac{S}{n_0}\log_2(1 + x)^{1/x} = \frac{S}{n_0}\log_2\mathrm{e} \approx 1.44\frac{S}{n_0} \qquad (\text{b/s}) \qquad (4.6-10)$$

式(4. 6-10)表明,当给定 S/n_0 时,若带宽 B 趋于无穷大,信道容量不会趋于无限大,而只是 S/n_0 的 1. 44 倍。这是因为当带宽 B 增大时,噪声功率也随之增大。图 4-23 示出按照式(4. 6-5)画出的信道容量 C_t 和带宽 B 的关系曲线。

式(4. 6-6)还可以改写成如下形式：

$$C_t = B\log_2\left(1 + \frac{S}{n_0B}\right) = B\log_2\left(1 + \frac{E_b/T_b}{n_0B}\right) =$$

$$B\log_2\left(1 + \frac{E_b}{n_0}\right) \qquad (4.6-11)$$

式中：E_b 为每比特能量；$T_b = 1/B$，为每比特持续时间。

式(4.6-11)表明，为了得到给定的信道容量 C_t，可以增大带宽 B 以换取 E_b 的减小；另一方面，在接收功率受限的情况下，由于 $E_b = ST_b$，可以增大 T_b 以减小 S 来保持 E_b 和 C_t 不变。例如在宇宙飞行和深空探测时，接收信号的功率 S 很微弱，就可以用增大带宽 B 和比特持续时间 T_b 的办法，保证对信道容量 C_t 的要求。

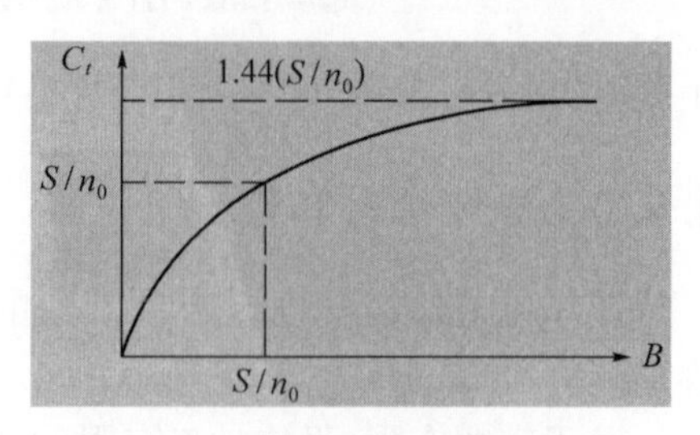

图 4-23　信道容量和带宽关系

【例 4-2】　已知黑白电视图像信号每帧(frame)有 30 万个像素(pixel)，每个像素有 8 个亮度电平，各电平独立地以等概率出现，图像每秒发送 25 帧。若要求接收图像信噪比达到 30dB，试求所需传输带宽。

【解】　因为每个像素独立地以等概率取 8 个亮度电平，故每个像素的信息量为

$$I_p = -\log_2(1/8) = 3 \qquad (\text{b/pix})$$

并且每帧图像的信息量为

$$I_F = 300000 \times 3 = 900000 \qquad (\text{b/F})$$

因为每秒传输 25 帧图像，所以要求传输速率为

$$R_b = 900000 \times 25 = 22500000 = 22.5 \times 10^6 \qquad (\text{b/s})$$

信道的容量 C_t 必须不小于此 R_b 值。将上述数值代入式(4.6-5)：

$$C_t = B\log_2(1 + S/N)$$

得到

$$22.5 \times 10^6 = B\log_2(1 + 1000) \approx 9.97B$$

最后得出所需带宽

$$B = (22.5 \times 10^6)/9.97 \approx 2.26 \qquad (\text{MHz})$$

4.7　小　　结

本章介绍有关信道的基础知识，包括信道特性及其对信号传输的影响，为后续各章奠定基础。本章首先介绍各种实际的无线信道和有线信道的知识，使读者对信道建立起具体概念，再从中抽象出信道模型。然后根据信道模型，给出信道的一般特性，并讨论信道特性对于信号传输的影响。

无线信道按照传播方式区分，基本上有地波、天波和视线传播三种；另外，还有散射传播，包括对流层散射、电离层散射和流星余迹散射。为了增大通信距离，可以采用转发站转发信号。用地面转发站转发视距传输信号的方法称为无线电中继通信；用人造卫星转发信号的方法称为卫星通信。

有线信道分为有线电信道和有线光信道两大类。有线电信道有明线、对称电缆、同轴

电缆之分。有线光信道中的光信号在光纤中传输。光纤按照传输模式分为单模光纤和多模光纤。按照光纤中折射率变化的不同,光纤又分为阶跃型光纤和梯度型光纤。

信道的数学模型分为调制信道模型和编码信道模型两类。调制信道模型用加性干扰和乘性干扰表示信道对于信号传输的影响。加性干扰是叠加在信号上的各种噪声。乘性干扰使信号产生各种失真,包括线性失真、非线性失真、时间延迟以及衰减等。乘性干扰随机变化的信道称为随参信道;乘性干扰基本保持恒定的信道称为恒参信道。由于编码信道包含调制信道在内,故加性和乘性干扰都对编码信道有影响。这种影响的结果是使编码信道中传输的数字码元产生错误。所以编码信道模型主要用定量表示错误的转移概率描述其特性。

恒参信道产生的失真主要是线性失真,它可以用振幅—频率特性(插入损耗)和相位—频率特性(群延迟)来描述。线性失真通常可以用线性网络补偿,得到克服。随参信道对于信号传输的影响主要是多径效应。多径效应会使数字信号的码间串扰增大。

经过信道传输后的数字信号分为三类:第一类称为确知信号;第二类称为随相信号;第三类称为起伏信号。

噪声对于信号的传输是有害的,它能使模拟信号失真,使数字信号发生错码,并限制着信息的传输速率。按照来源分类,噪声可以分成人为噪声和自然噪声两大类。人为噪声是由人类的活动产生的;自然噪声是自然界中存在的各种电磁波辐射和热噪声。热噪声来自一切电阻性元器件中电子的热运动。

热噪声本身是白色的。但是,热噪声经过接收机带通滤波器的过滤后,其带宽受到了限制,成为窄带噪声。

信道容量是指信道能够传输的最大平均信息量。按照离散信道和连续信道的不同,信道容量分别有不同的计算方法。信道容量的单位是 b/s。

由连续信道容量的公式得知,带宽、信噪比是容量的决定因素。带宽和信噪功率比可以互换,增大带宽可以降低信噪功率比而保持信道容量不变。但是,无限增大带宽,并不能无限增大信道容量。当 S/n_0 给定时,无限增大带宽得到的容量只趋近于 $1.44(S/n_0)$ b/s。

思　考　题

4-1　无线信道有哪些种?

4-2　地波传播距离能达到多远?它适用在什么频段?

4-3　天波传播距离能达到多远?它适用在什么频段?

4-4　视距传播距离和天线高度有什么关系?

4-5　散射传播有哪些种?各适用在什么频段?

4-6　何谓多径效应?

4-7　什么是快衰落?什么是慢衰落?

4-8　何谓恒参信道?何谓随参信道?它们分别对信号传输有哪些主要影响?

4-9　何谓加性干扰?何谓乘性干扰?

4-10　有线电信道有哪些种?

4-11　何谓阶跃型光纤？何谓梯度型光纤？

4-12　何谓多模光纤？何谓单模光纤？

4-13　适合在光纤中传输的光波波长有哪几个？

4-14　信道中的噪声有哪几种？

4-15　热噪声是如何产生的？

4-16　信道模型有哪几种？

4-17　试述信道容量的定义。

4-18　试写出连续信道容量的表示式。由此式看出信道容量的大小决定于哪些参量？

习　　题

4-1　设一条无线链路采用视距传播方式通信，其收发天线的架设高度都等于40m，若不考虑大气折射率的影响，试求其最远通信距离。

4-2　设一条天波无线电信道，用高度等于400km的F_2层电离层反射电磁波，地球的等效半径等于(6370×4/3)km，收发天线均架设在地平面，试计算其通信距离大约可以达到多少千米？

4-3　若有一平流层平台距离地面20km，试按上题给定的条件计算其覆盖地面的半径等于多少千米。

4-4　设一个接收机输入电路的等效电阻等于600Ω，输入电路的带宽等于6MHz，环境温度为27℃，试求该电路产生的热噪声电压有效值。

4-5　某个信息源由A、B、C和D等四个符号组成，发送速率为1000Boud。设每个符号独立出现，其出现概率分别为1/4、1/4、3/16、5/16，经过信道传输后，每个符号正确接收的概率为1021/1024，错为其他符号的条件概率$P(x_i/y_j)$均为1/1024。试求出该信道的容量C_t等于多少。

4-6　若习题4-5中的四个符号分别用二进制码组00、01、10、11表示，每个二进制码元用宽度为5ms的脉冲传输，试求出该信道的容量C_t等于多少b/s。

4-7　设一幅黑白数字相片有400万个像素，每个像素有16个亮度等级。若用3kHz带宽的信道传输它，且信号噪声功率比等于10dB，试问需要传输多少时间？

参考文献

[1]　Rodger E.Ziemer, William H.Tranter.Principles of Communications.Fifth Edition.New York:John Wiley & Sons, Inc., 2002,3.

[2]　傅祖芸.信息论—基础理论与应用.北京:电子工业出版社,2001.

[3]　Simon Haykin.Communication Systems, Fourth Edition, Beijing:Publishing House of Electronics Industry,2003,3.

第5章　模拟调制系统

调制就是把信号转换成适合在信道中传输的形式的一种过程。广义的调制分为基带调制和带通调制(也称载波调制)。在无线通信中和其他大多数场合,调制一词均指载波调制。

载波调制就是用调制信号去控制载波的参数的过程,使载波的某一个或某几个参数按照调制信号的规律而变化。调制信号是指来自信源的消息信号(基带信号),这些信号可以是模拟的,也可以是数字的。未受调制的周期性振荡信号称为载波,它可以是正弦波,也可以是非正弦波(如周期性脉冲序列)。载波受调制后称为**已调信号**,它含有调制信号的全部特征。**解调**(也称检波)则是调制的逆过程,其作用是将已调信号中的调制信号恢复出来。

调制的作用和目的:第一,在无线传输中,为了获得较高的辐射效率,天线的尺寸必须与发射信号波长相比拟。而基带信号包含的较低频率分量,若直接发射,将使天线过长而难以实现。例如,天线长度一般应大于$\lambda/4$,其中λ为波长;对于3000Hz的基带信号,若直接发射,则需要尺寸约为25km的天线。显然,实现困难且不经济。但若通过调制,把基带信号的频谱搬至较高的频率上,就可以提高发射效率。第二,把多个基带信号分别搬移到不同的载频处,以实现信道的多路复用,提高信道利用率。第三,扩展信号带宽,提高系统抗干扰、抗衰落能力。因此,调制对通信系统的有效性和可靠性有着很大的影响和作用。

调制方式有很多。根据调制信号是模拟信号还是数字信号,载波是连续波(通常是正弦波)还是脉冲序列,相应的调制方式有模拟连续波调制(简称模拟调制)、数字连续波调制(简称数字调制)、模拟脉冲调制和数字脉冲调制等,详见表1-1。

本章及第7章和第8章将分别介绍上述的各种调制系统,并将重点放在发展迅猛的数字调制上。由于模拟调制的理论与技术是数字调制的基础,且现用设备中还有不少模拟通信设备,故本章将讨论模拟调制系统的原理及其抗噪声性能。

最常用和最重要的模拟调制方式是用正弦波作为载波的幅度调制和角度调制。常见的调幅(AM)、双边带(DSB)、单边带(SSB)和残留边带(VSB)等调制就是幅度调制的几个典型实例;而频率调制(FM)是角度调制中被广泛采用的一种。

5.1　幅度调制(线性调制)的原理

幅度调制是由调制信号去控制高频载波的幅度,使之随调制信号作线性变化的过程。

设正弦型载波为

$$c(t) = A\cos(\omega_c t + \varphi_0) \tag{5.1-1}$$

式中:A为载波幅度;ω_c为载波角频率;φ_0为载波初始相位(以后可假定为φ_0为0,而不失讨论的一般性)。

幅度调制信号(已调信号)一般可表示成

$$s_m(t) = Am(t)\cos\omega_c t \tag{5.1-2}$$

式中：$m(t)$为基带调制信号。

设调制信号 $m(t)$的频谱为 $M(\omega)$,则由式(5.1-2)不难得到已调信号 $s_m(t)$的频谱 $S_m(\omega)$：

$$S_m(\omega) = \frac{A}{2}[M(\omega + \omega_c) + M(\omega - \omega_c)] \tag{5.1-3}$$

由式(5.1-2)可见,在波形上,已调信号的幅度随基带信号的规律而呈正比地变化;由式(5.1-3)可见,在频谱结构上,它的频谱完全是基带信号频谱在频域内的简单搬移。由于这种搬移是线性的,因此,幅度调制通常又称为**线性调制**。但应注意,这里的“线性”并不意味着已调信号与调制信号之间符合线性变换关系。事实上,任何调制过程都是一种非线性的变换过程。

5.1.1 调幅

调幅就是常规双边带调制,简称调幅(AM)。假设调制信号 $m(t)$的平均值为0,将其叠加一个直流偏量 A_0 后与载波相乘(图5-1),即可形成调幅信号。其时域表示式为

$$s_{AM}(t) = [A_0 + m(t)]\cos\omega_c t = A_0\cos\omega_c t + m(t)\cos\omega_c t \tag{5.1-4}$$

式中：A_0 为外加的直流分量;$m(t)$可以是确知信号,也可以是随机信号。

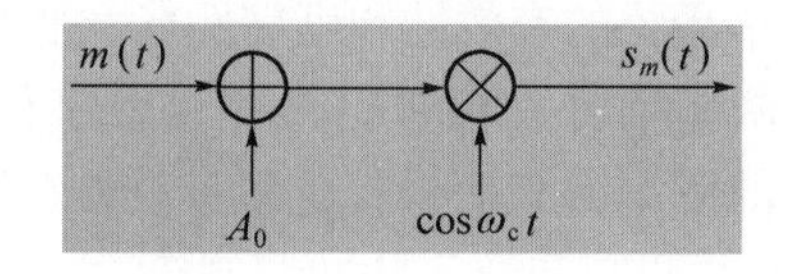

图5-1 AM调制模型

若 $m(t)$为确知信号,则AM信号的频谱为

$$S_{AM}(\omega) = \pi A_0[\delta(\omega + \omega_c) + \delta(\omega - \omega_c)] + \frac{1}{2}[M(\omega + \omega_c) + M(\omega - \omega_c)] \tag{5.1-5}$$

其典型波形和频谱(幅度谱)如图5-2所示。

若 $m(t)$为随机信号,则已调信号的频域表示必须用功率谱描述。

由波形可以看出,当满足条件：

$$|m(t)|_{max} \leqslant A_0 \tag{5.1-6}$$

时,AM波的包络与调制信号 $m(t)$的形状完全一样,因此,用包络检波的方法很容易恢复出原始调制信号;如果上述条件没有满足,就会出现“过调幅”现象,这时用包络检波将会发生失真。但是,可以采用其他的解调方法,如同步检波。

由频谱可以看出,AM信号的频谱由载频分量、上边带、下边带三部分组成。上边带

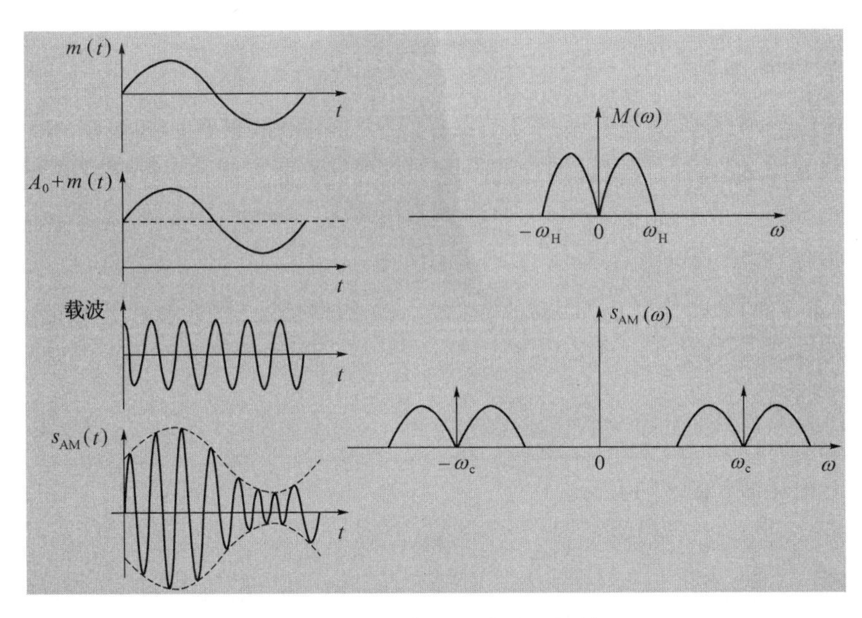

图 5-2　AM 信号的波形和频谱

的频谱结构与原调制信号的频谱结构相同，下边带是上边带的镜像。因此，AM 信号是带有载波分量的双边带信号，它的带宽是基带信号带宽 f_H 的 2 倍，即

$$B_{AM} = 2f_H \tag{5.1-7}$$

AM 信号在 1Ω 电阻上的平均功率等于 $s_{AM}(t)$ 的均方值。当 $m(t)$ 为确知信号时，$s_{AM}(t)$ 的均方值等于其平方的时间平均，即

$$P_{AM} = \overline{s_{AM}^2(t)} = \overline{[A_0 + m(t)]^2 \cos^2\omega_c t} =$$
$$\overline{A_0^2 \cos^2\omega_c t} + \overline{m^2(t)\cos^2\omega_c t} + \overline{2A_0 m(t)\cos^2\omega_c t}$$

由于已假设 $\overline{m(t)} = 0$。因此

$$P_{AM} = \frac{A_0^2}{2} + \frac{\overline{m^2(t)}}{2} = P_c + P_s \tag{5.1-8}$$

式中：$P_c = A_0^2/2$，为载波功率；$P_s = \overline{m^2(t)}/2$，为边带功率。

由此可见，AM 信号的总功率包括载波功率和边带功率两部分。只有边带功率才是传输信息的有用功率，它占信号总功率的比例可以写为

$$\eta_{AM} = \frac{P_s}{P_{AM}} = \frac{\overline{m^2(t)}}{A_0^2 + \overline{m^2(t)}} \tag{5.1-9}$$

我们把 η_{AM} 称为调制效率。当调制信号为单音余弦信号时，即 $m(t) = A_m \cos\omega_m t$ 时，$\overline{m^2(t)} = A_m^2/2$。此时

$$\eta_{AM} = \frac{\overline{m^2(t)}}{A_0^2 + \overline{m^2(t)}} = \frac{A_m^2}{2A_0^2 + A_m^2} \tag{5.1-10}$$

在“满调幅”（$|m(t)|_{max} = A_0$ 时，也称 100% 调制）条件下，调制效率的最大值为 $\eta_{AM} = 1/3$。因此，AM 信号的功率利用率比较低。

AM 的优点在于系统结构简单，价格低廉。所以至今调幅制仍广泛用于无线电广播。

5.1.2 双边带调制

在 AM 信号中,载波分量并不携带信息,信息完全由边带传送。如果在 AM 调制模型图 5-1 中将直流 A_0 去掉,即可得到一种高调制效率的调制方式——抑制载波双边带信号(DSB-SC),简称双边带调制(DSB)。其时域表示式为

$$s_{DSB}(t) = m(t)\cos\omega_c t \tag{5.1-11}$$

式中,假设 $m(t)$ 的平均值为 0。DSB 的频谱与 AM 的谱相近,只是没有了在 $\pm\omega_c$ 处的 δ 函数,即

$$S_{DSB}(\omega) = \frac{1}{2}[M(\omega+\omega_c) + M(\omega-\omega_c)] \tag{5.1-12}$$

其典型波形和频谱如图 5-3 所示。

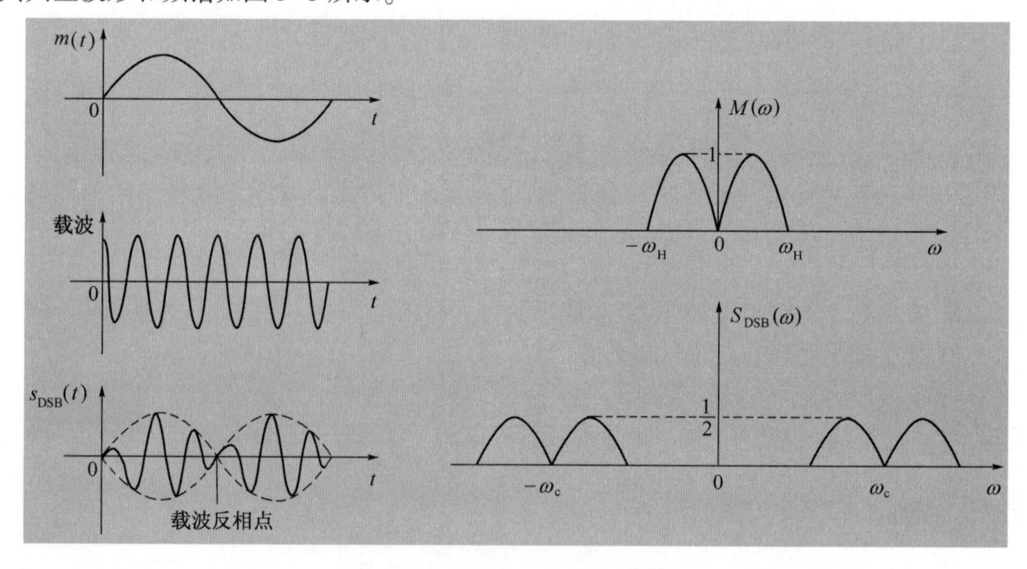

图 5-3 DSB 信号的波形和频谱

DSB 信号的调制效率是 100%,即全部功率都用于信息传输。但由于 DSB 信号的包络不再与调制信号的变化规律一致,因而不能采用简单的包络检波来恢复调制信号。DSB 信号解调时需采用相干解调,它将在后面的 5.1.5 小节中讨论。

DSB 信号虽然节省了载波功率,但它所需的传输带宽仍是调制信号带宽的 2 倍。我们注意到 DSB 信号两个边带中的任意一个都包含了 $M(\omega)$ 的所有频谱成分,因此仅传输其中一个边带即可,这种方式称为单边带调制。

5.1.3 单边带调制

单边带调制(SSB)信号是将双边带信号中的一个边带滤掉而形成的。根据滤除方法的不同,产生 SSB 信号的方法有滤波法和相移法。

1. 滤波法及 SSB 信号的频域表示

产生 SSB 信号最直观的方法是,先产生一个双边带信号,然后让其通过一个边带滤波器,滤除不要的边带,即可得到单边带信号。我们把这种方法称为滤波法,它是最简单

也是最常用的方法，其原理框图如图 5-4 所示。图 5-4 中，$H(\omega)$为单边带滤波器的传输函数，若它具有如下理想高通特性：

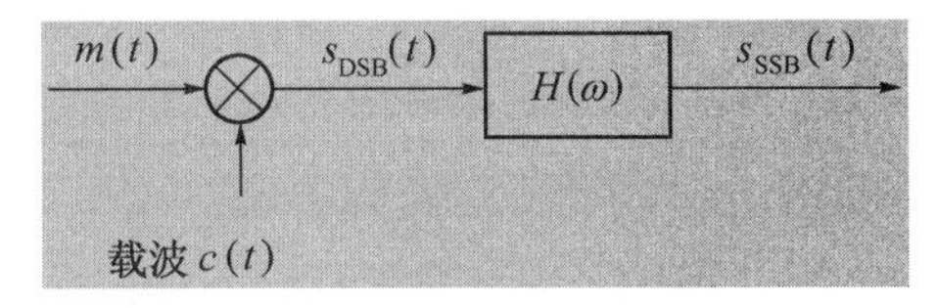

图 5-4 滤波法 SSB 信号调制器

$$H(\omega)=H_{\mathrm{USB}}(\omega)=\begin{cases}1 & |\omega|>\omega_c\\ 0 & |\omega|\leqslant\omega_c\end{cases} \tag{5.1-13}$$

则可滤除下边带，保留上边带（USB）；若 $H(\omega)$具有如下理想低通特性：

$$H(\omega)=H_{\mathrm{LSB}}(\omega)=\begin{cases}1 & |\omega|<\omega_c\\ 0 & |\omega|\geqslant\omega_c\end{cases} \tag{5.1-14}$$

则可滤除上边带，保留下边带（LSB）。

因此，SSB 信号的频谱可表示为

$$S_{\mathrm{SSB}}(\omega)=S_{\mathrm{DSB}}(\omega)\cdot H(\omega) \tag{5.1-15}$$

图 5-5 示出了用滤波法形成上边带（USB）信号的频谱图。

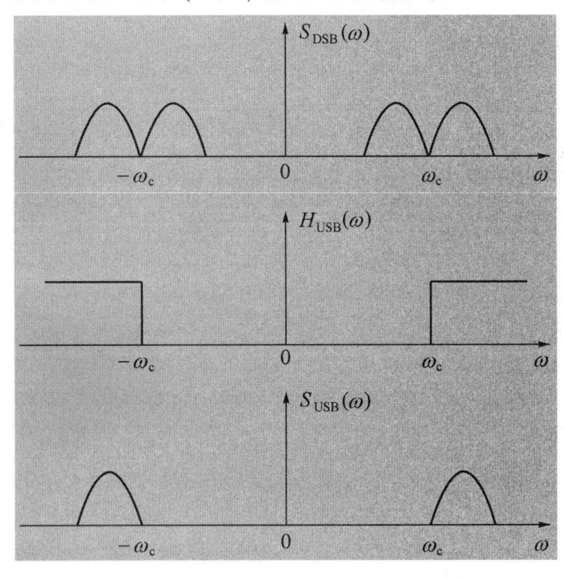

图 5-5 滤波法形成上边带信号的频谱图

实际滤波器在载频 f_c 处并不具有如式（5.1-13）或式（5.1-14）所描述的理想特性，而是有一定的过渡带。滤波器制作的难易程度与过渡带相对载频的归一化值有关，该值越小，边带滤波器就越难实现。应当注意，当调制信号中含有直流及低频分量时，滤波法就不适用了。

2. 相移法和 SSB 信号的时域表示

SSB 信号的频域表示式的推导比较困难。为简单起见，我们以单频调制为例，然后推广到一般情况。

设单频调制信号为

$$m(t) = A_m \cos\omega_m t \tag{5.1-16}$$

载波为

$$c(t) = \cos\omega_c t$$

则 DSB 信号的时域表示式为

$$\begin{aligned} s_{\mathrm{DSB}}(t) &= A_m \cos\omega_m t \cos\omega_c t = \\ &\frac{1}{2}A_m \cos(\omega_c + \omega_m)t + \frac{1}{2}A_m \cos(\omega_c - \omega_m)t \end{aligned}$$

保留上边带,则有

$$\begin{aligned} s_{\mathrm{USB}}(t) &= \frac{1}{2}A_m \cos(\omega_c + \omega_m)t = \\ &\frac{1}{2}A_m \cos\omega_m \cos\omega_c t - \frac{1}{2}A_m \sin\omega_m \sin\omega_c t \end{aligned} \tag{5.1-17}$$

保留下边带,则有

$$\begin{aligned} s_{\mathrm{LSB}}(t) &= \frac{1}{2}A_m \cos(\omega_c - \omega_m)t = \\ &\frac{1}{2}A_m \cos\omega_m t \cos\omega_c t + \frac{1}{2}A_m \sin\omega_m t \sin\omega_c t \end{aligned} \tag{5.1-18}$$

把上、下边带公式合并起来写,可以写成

$$s_{\mathrm{SSB}}(t) = \frac{1}{2}A_m \cos\omega_m t \cos\omega_c t \mp \frac{1}{2}A_m \sin\omega_m t \sin\omega_c t \tag{5.1-19}$$

式中:“-”表示上边带信号;“+”表示下边带信号。

在式(5.1-19)中,$A_m \sin\omega_m t$ 可以看成是 $A_m \cos\omega_m t$ 相移$\frac{\pi}{2}$的结果,而幅度大小保持不变。我们把这一过程称为希尔伯特变换,记为“∧”,则有

$$A_m \hat{\cos}\omega_m t = A_m \sin\omega_m t$$

故式(5.1-19)可以改写为

$$s_{\mathrm{SSB}}(t) = \frac{1}{2}A_m \cos\omega_m t \cos\omega_c t \mp \frac{1}{2}A_m \hat{\cos}\omega_m t \sin\omega_c t \tag{5.1-20}$$

上述关系虽然是在单频调制下得到的,但是它不失一般性,因为任意一个基带波形总可以表示成许多正弦信号之和。所以,把式(5.1-20)推广到一般情况,则可得到调制信号为任意信号时 SSB 信号的时域表示式,即

$$s_{\mathrm{SSB}}(t) = \frac{1}{2}m(t)\cos\omega_c t \mp \frac{1}{2}\hat{m}(t)\sin\omega_c t \tag{5.1-21}$$

式中:$\hat{m}(t)$是将基带信号 $m(t)$ 频谱中每个分量的相位移 $\pi/2$ 得出的。

式(5.1-21)表明,用一个宽带相移网络,对 $m(t)$ 中的每一频率分量均相移 $-\frac{\pi}{2}$,即可得到 $\hat{m}(t)$。

由式(5.1-21)可画出相移法 SSB 调制器的一般模型,如图 5-6 所示。

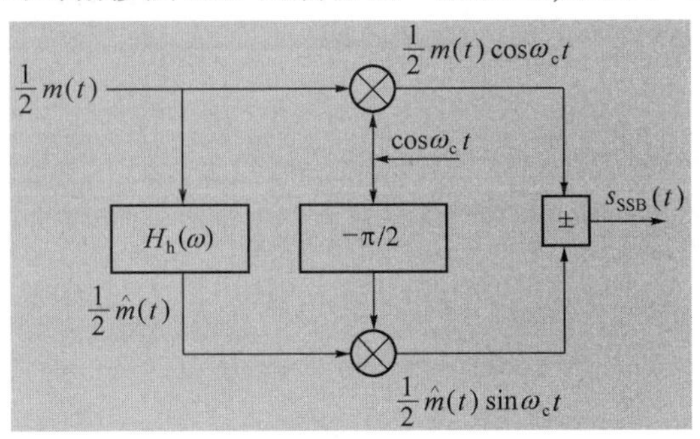

图 5-6 相移法 SSB 信号调制器

相移法是利用相移网络,对载波和调制信号进行适当的相移,以便在合成过程中将其中的一个边带抵消而获得 SSB 信号。相移法不需要滤波器具有陡峭的截止特性,不论载频有多高,均可一次实现 SSB 调制。

相移法的技术难点是宽带相移网络 $H_h(\omega)$ 的制作。该网络必须对调制信号 $m(t)$ 的所有频率分量均精确相移 $\frac{\pi}{2}$,这一点即使近似达到也是困难的。为解决这个难题,可以采用维弗 (Weaver)法[1]。限于篇幅,这里不作介绍。

综上所述,SSB 信号的实现比 AM、DSB 要复杂,但 SSB 调制方式在传输信息时,不仅可节省发射功率,而且它所占用的频带宽度为 $B_{SSB}=f_H$,比 AM、DSB 减少了一半。它目前已成为短波通信中一种重要的调制方式。SSB 信号的解调和 DSB 一样,仍需采用相干解调。

5.1.4 残留边带调制

残留边带(Vestigial Side-Band,VSB)调制是介于 SSB 与 DSB 之间的一种折中方式,它既克服了 DSB 信号占用频带宽的缺点,又解决了 SSB 信号实现中的困难。在这种调制方式中,不像 SSB 中那样完全抑制 DSB 信号的一个边带,而是逐渐切割,使其残留一小部分,如图 5-7 所示。

用滤波法实现残留边带调制的原理框图与图 5-4 相同 。不过,这时图中滤波器的特性 $H(\omega)$ 应按残留边带调制的要求来进行设计,而不再要求十分陡峭的截止特性,因而它比单边带滤波器容易制作。

现在我们来确定残留边带滤波器的特性。假设 $H(\omega)$ 是所需的残留边带滤波器的传输特性,由滤波法可知,残留边带信号的频谱为

$$S_{VSB}(\omega)=S_{DSB}(\omega)\cdot H(\omega)=\frac{1}{2}[M(\omega+\omega_c)+M(\omega-\omega_c)]H(\omega) \tag{5.1-22}$$

为了确定上式中残留边带滤波器传输特性 $H(\omega)$ 应满足的条件,我们来分析一下接

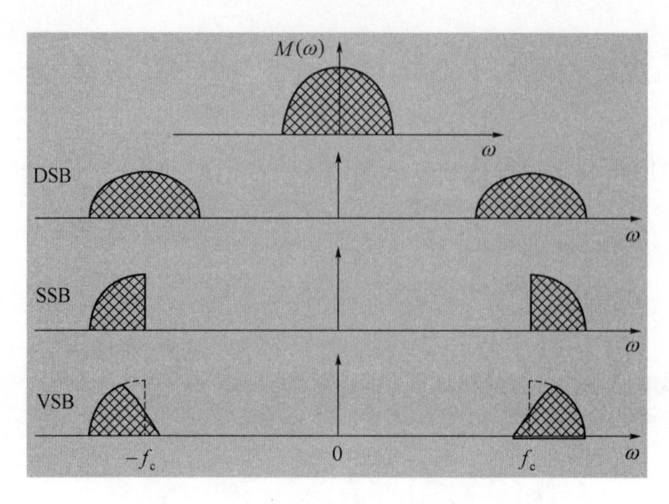

图 5-7 DSB、SSB 和 VSB 信号的频谱

收端是如何从该信号中恢复原基带信号的。VSB 信号也不能简单地采用包络检波，而必须采用如图5-8所示的相干解调。

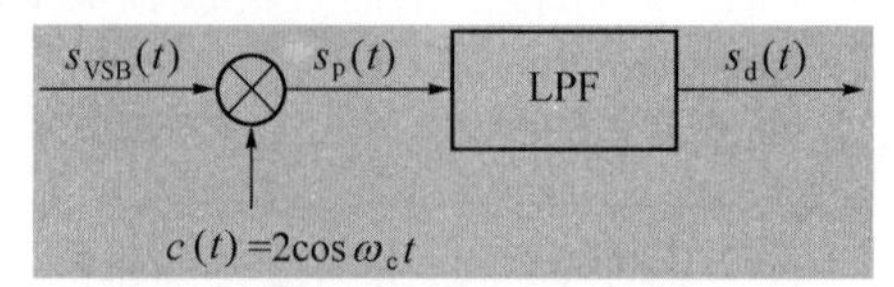

图 5-8 VSB 信号的相干解调

图中，残留边带信号 $s_{VSB}(t)$ 与相干载波 $2\cos\omega_c t$ 的乘积为

$$s_p(t) = 2s_{VSB}(t)\cos\omega_c t$$

因为

$$s_{VSB}(t) \Leftrightarrow S_{VSB}(\omega)$$

$$\cos\omega_c t \Leftrightarrow \pi[\delta(\omega + \omega_c) + \delta(\omega - \omega_c)]$$

根据频域卷积定理可知，乘积 $s_p(t)$ 对应的频谱为

$$S_p(\omega) = [S_{VSB}(\omega + \omega_c) + S_{VSB}(\omega - \omega_c)] \tag{5.1-23}$$

将式(5.1-22)代入式(5.1-23)，得

$$S_p(\omega) = \frac{1}{2}[M(\omega + 2\omega_c) + M(\omega)]H(\omega + \omega_c) + \frac{1}{2}[M(\omega) + M(\omega - 2\omega_c)]H(\omega - \omega_c) \tag{5.1-24}$$

式中：$M(\omega-2\omega_c)$ 及 $M(\omega+2\omega_c)$ 是 $M(\omega)$ 搬移到 $\pm 2\omega_c$ 处的频谱，它们可以由解调器中的低通滤波器滤除。

于是，低通滤波器的输出频谱 $S_d(\omega)$ 为

$$S_d(\omega) = \frac{1}{2}M(\omega)[H(\omega + \omega_c) + H(\omega - \omega_c)] \tag{5.1-25}$$

显然，为了保证相干解调的输出无失真地恢复调制信号 $m(t)$，必须要求

$$H(\omega + \omega_c) + H(\omega - \omega_c) = \text{常数} \qquad |\omega| \leqslant \omega_H \tag{5.1-26}$$

式中：ω_H 是调制信号的截止角频率。

式(5.1-26)就是确定残留边带滤波器传输特性 $H(\omega)$ 所必须遵循的条件。该条件的含义是：残留边带滤波器的特性 $H(\omega)$ 在 $\pm\omega_c$ 处必须具有互补对称(奇对称)特性，相干解调时才能无失真地从残留边带信号中恢复所需的调制信号。

满足式(5.1-26)的残留边带滤波器特性 $H(\omega)$ 有两种形式，如图5-9所示。并且注意，每一种形式的滚降特性曲线并不是唯一的。

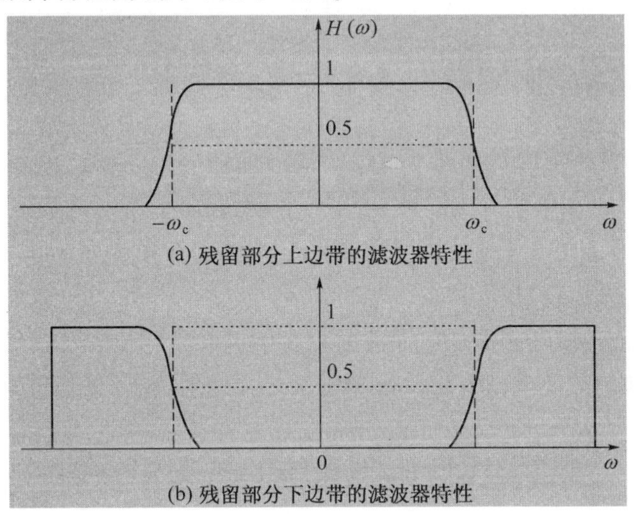

图5-9 残留边带的滤波器特性

5.1.5 相干解调与包络检波

解调是调制的逆过程，其作用是从接收的已调信号中恢复原基带信号(即调制信号)。解调的方法可分为两类：相干解调和非相干解调(包络检波)。

1. 相干解调

相干解调也叫同步检波。相干解调器的一般模型示于图5-10中，它适用于所有线性调制信号的解调。

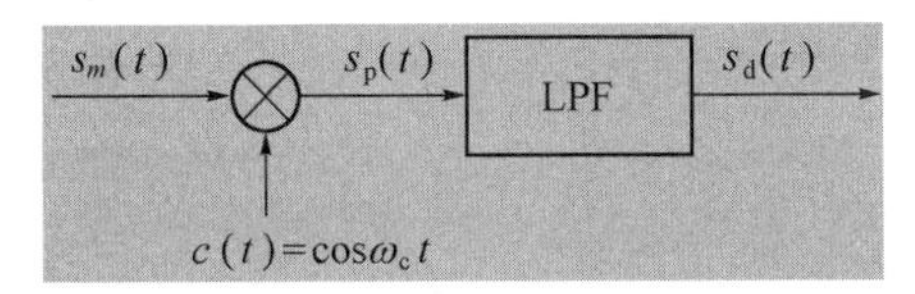

图5-10 相干解调器的一般模型

相干解调时，为了无失真地恢复原基带信号，接收端必须提供一个与接收的已调载波严格同步(同频同相)的本地载波(称为相干载波)，它与接收的已调信号相乘后，经低通滤波器取出低频分量，即可得到原始的基带调制信号。

2. 包络检波

AM信号在满足 $|m(t)|_{\max}\leq A_0$ 的条件下，其包络与调制信号 $m(t)$ 的形状完全一样。因此，AM信号除了可以采用相干解调外，一般都采用简单的包络检波法来恢复信号。

包络检波器通常由半波或全波整流器和低通滤波器组成。它属于非相干解调，因此不需要相干载波，广播接收机中多采用此法。一个二极管包络检波器如图 5-11 所示，它由二极管 VD 和 RC 低通滤波器组成。

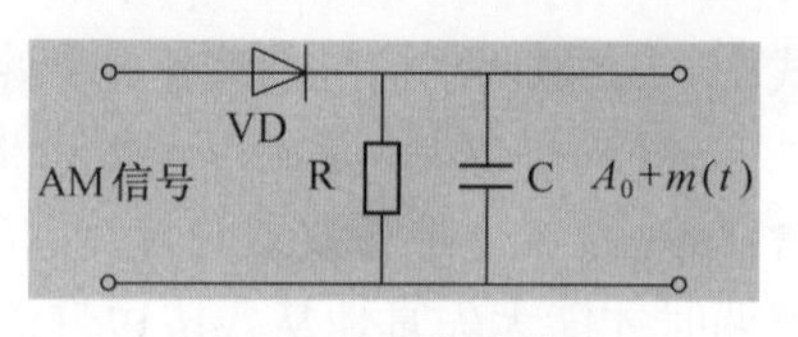

图 5-11　包络检波器

设输入信号是 AM 信号

$$s_{AM}(t)=[A_0+m(t)]\cos\omega_c t$$

在大信号检波时（一般大于 0.5V），二极管处于受控的开关状态。选择 RC 满足如下关系：

$$f_H \ll \frac{1}{RC} \ll f_c \tag{5.1-27}$$

式中：f_H 是调制信号的最高频率；f_c 是载波的频率。

在满足式（5.1-27）的条件下，检波器的输出为

$$s_d(t)=A_0+m(t) \tag{5.1-28}$$

隔去直流后即可得到原信号 $m(t)$。

可见，包络检波器就是直接从已调波的幅度中提取原调制信号。其结构简单，且解调输出是相干解调输出的 2 倍。因此，AM 信号几乎无例外地采用包络检波。

5.2　线性调制系统的抗噪声性能

实际中，任何通信系统都避免不了噪声的影响。本节将要研究的问题是，在加性高斯白噪声的背景下，各种线性调制系统的抗噪声性能。

5.2.1　分析模型

由于加性噪声被认为只对已调信号的接收产生影响，因而通信系统的抗噪声性能可以用解调器的抗噪声性能来衡量，其分析模型示于图 5-12 中。图中，$s_m(t)$ 为已调信号，$n(t)$ 为信道加性高斯白噪声。带通滤波器的作用是滤除已调信号频带以外的噪声，因此，经过带通滤波器后到达解调器输入端的信号仍可认为是 $s_m(t)$，而噪声为 $n_i(t)$。解调器输出的有用信号为 $m_o(t)$，噪声为 $n_o(t)$。

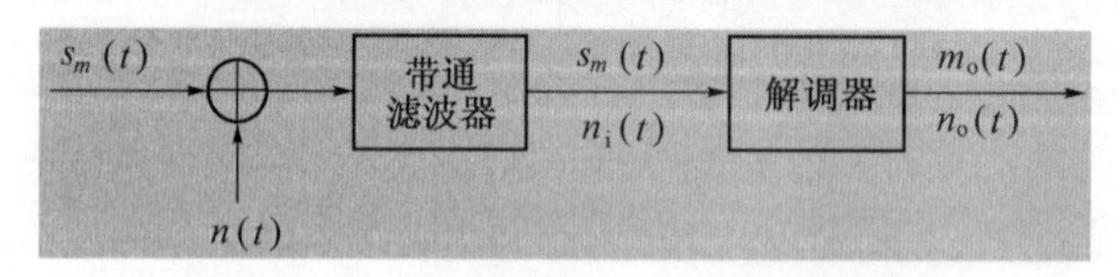

图 5-12　解调器抗噪声性能分析模型

对于不同的调制系统，将有不同形式的信号 $s_m(t)$，但解调器输入端的噪声 $n_i(t)$ 形式却是相同的，它是由平稳高斯白噪声 $n(t)$ 经过带通滤波器而得到的。由 3.7 节可知，当带通滤波器的带宽远小于其中心频率 ω_0 时，可视为窄带滤波器，故 $n_i(t)$ 为平稳窄带高斯噪声，它的表示式为

$$n_i(t)=n_c(t)\cos\omega_0 t-n_s(t)\sin\omega_0 t \tag{5.2-1}$$

或者

$$n_i(t) = V(t)\cos[\omega_0 t + \theta(t)] \tag{5.2-2}$$

由随机过程知识可知，窄带噪声 $n_i(t)$ 及其同相分量 $n_c(t)$ 和正交分量 $n_s(t)$ 的均值都为0，且具有相同的方差，即

$$\overline{n_i^2(t)} = \overline{n_c^2(t)} = \overline{n_s^2(t)} = N_i \tag{5.2-3}$$

式中：N_i 为解调器输入噪声的平均功率。

若白噪声的单边功率谱密度为 n_0，带通滤波器是高度为1、带宽为 B 的理想矩形函数，则解调器的输入噪声功率为

$$N_i = n_0 B \tag{5.2-4}$$

这里的带宽 B 应等于已调信号的频带宽度，既保证已调信号无失真地进入解调器，同时又最大限度地抑制噪声。

模拟通信系统的主要质量指标是解调器的输出信噪比。输出信噪比定义为

$$\frac{S_o}{N_o} = \frac{\text{解调器输出有用信号的平均功率}}{\text{解调器输出噪声的平均功率}} = \frac{\overline{m_o^2(t)}}{\overline{n_o^2(t)}} \tag{5.2-5}$$

输出信噪比与调制方式和解调方式均密切相关。因此在已调信号平均功率相同，而且信道噪声功率谱密度也相同的情况下，输出信噪比 S_o/N_o 反映了解调器的抗噪声性能。显然，S_o/N_o 越大越好。

为了便于比较同类调制系统采用不同解调器时的性能，还可用输出信噪比和输入信噪比的比值来表示，即

$$G = \frac{S_o/N_o}{S_i/N_i} \tag{5.2-6}$$

G 称为调制制度增益。显然，同一调制方式，增益 G 越大，则解调器的抗噪声性能越好；同时，G 的大小也反映了这种调制制度的优劣。式中的 S_i/N_i 为输入信噪比，定义为

$$\frac{S_i}{N_i} = \frac{\text{解调器输入已调信号的平均功率}}{\text{解调器输入噪声的平均功率}} = \frac{\overline{s_m^2(t)}}{\overline{n_i^2(t)}} \tag{5.2-7}$$

现在的任务就是在给定 $s_m(t)$ 和 $n_i(t)$ 的情况下，推导出各种解调器的输入及输出信噪比，并在此基础上对各种调制系统的抗噪声性能作出评述。

5.2.2 DSB 调制系统的性能

在分析 DSB 及 SSB、VSB 系统的抗噪声性能时，图5-12模型中的解调器应为相干解调器，如图5-13所示。由于是线性系统，所以可以分别计算解调器输出的信号功率和噪声功率。

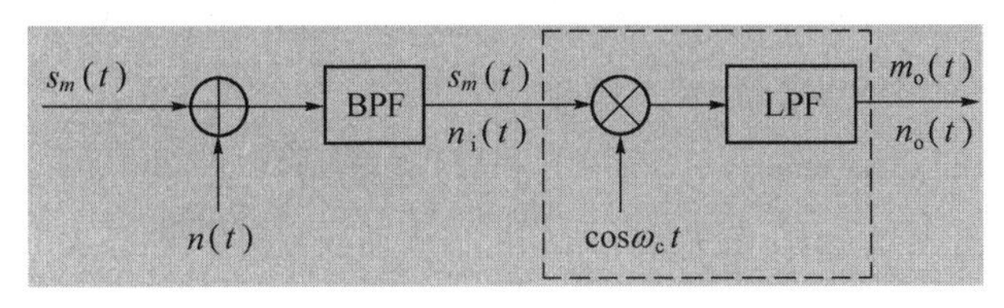

图5-13 DSB 相干解调抗噪声性能分析模型

设解调器输入信号为

$$s_m(t) = m(t)\cos\omega_c t \tag{5.2-8}$$

与相干载波 $\cos\omega_c t$ 相乘后，得

$$m(t)\cos^2\omega_c t = \frac{1}{2}m(t) + \frac{1}{2}m(t)\cos 2\omega_c t$$

经低通滤波器后，输出信号为

$$m_o(t) = \frac{1}{2}m(t) \tag{5.2-9}$$

因此，解调器输出端的有用信号功率为

$$S_o = \overline{m_o^2(t)} = \frac{1}{4}\overline{m^2(t)} \tag{5.2-10}$$

解调 DSB 信号时，接收机中的带通滤波器的中心频率 ω_0 与调制载频 ω_c 相同，因此解调器输入端的窄带噪声 $n_i(t)$ 可表示为

$$n_i(t) = n_c(t)\cos\omega_c t - n_s(t)\sin\omega_c t \tag{5.2-11}$$

它与相干载波 $\cos\omega_c t$ 相乘后，得

$$n_i(t)\cos\omega_c t = [n_c(t)\cos\omega_c t - n_s(t)\sin\omega_c t]\cos\omega_c t =$$

$$\frac{1}{2}n_c(t) + \frac{1}{2}[n_c(t)\cos 2\omega_c t - n_s(t)\sin 2\omega_c t]$$

经低通滤波器后，解调器最终的输出噪声为

$$n_o(t) = \frac{1}{2}n_c(t) \tag{5.2-12}$$

故输出噪声功率为

$$N_o = \overline{n_o^2(t)} = \frac{1}{4}\overline{n_c^2(t)} \tag{5.2-13}$$

根据式(5.2-3)和式(5.2-4)，有

$$N_o = \frac{1}{4}\overline{n_i^2(t)} = \frac{1}{4}N_i = \frac{1}{4}n_0 B \tag{5.2-14}$$

这里，$B=2f_H$，为 DSB 信号的带通滤波器的带宽。

解调器输入信号平均功率为

$$S_i = \overline{s_m^2(t)} = \overline{[m(t)\cos\omega_c t]^2} = \frac{1}{2}\overline{m^2(t)} \tag{5.2-15}$$

与式(5.2-4)相比，可得解调器的输入信噪比

$$\frac{S_i}{N_i} = \frac{\frac{1}{2}\overline{m^2(t)}}{n_0 B} \tag{5.2-16}$$

又根据式(5.2-10)和式(5.2-14)可得解调器的输出信噪比

$$\frac{S_o}{N_o}=\frac{\frac{1}{4}\overline{m^2(t)}}{\frac{1}{4}N_i}=\frac{\overline{m^2(t)}}{n_0B} \tag{5.2-17}$$

因此制度增益为

$$G_{DSB}=\frac{S_o/N_o}{S_i/N_i}=2 \tag{5.2-18}$$

由此可见,DSB 调制系统的制度增益为 2。也就是说,DSB 信号的解调器使信噪比改善 1 倍。这是因为采用相干解调,使输入噪声中的一个正交分量 $n_s(t)$ 被消除的缘故。

5.2.3 SSB 调制系统的性能

SSB 信号的解调方法与 DSB 信号相同,其区别仅在于解调器之前的带通滤波器的带宽和中心频率不同。因此,SSB 信号解调器的输出噪声与输入噪声的功率关系仍可由式(5.2-14)给出,即

$$N_o=\frac{1}{4}N_i=\frac{1}{4}n_0B \tag{5.2-19}$$

这里,$B=f_H$ 为 SSB 信号的带通滤波器的带宽。因为 SSB 信号的表示式与 DSB 信号的不同,故两者的功率也不同。SSB 信号的表示式由式(5.1-21)给出,即

$$s_m(t)=\frac{1}{2}m(t)\cos\omega_c t\mp\frac{1}{2}\hat{m}(t)\sin\omega_c t \tag{5.2-20}$$

与相干载波相乘后,再经低通滤波可得解调器输出信号

$$m_o(t)=\frac{1}{4}m(t) \tag{5.2-21}$$

因此,输出信号平均功率

$$S_o=\overline{m_o^2(t)}=\frac{1}{16}\overline{m^2(t)} \tag{5.2-22}$$

输入信号平均功率

$$S_i=\overline{s_m^2(t)}=\frac{1}{4}\overline{[m(t)\cos\omega_c t\mp\hat{m}(t)\sin\omega_c t]^2}=$$

$$\frac{1}{4}\left[\frac{1}{2}\overline{m^2(t)}+\frac{1}{2}\overline{\hat{m}^2(t)}\right]$$

因为 $\hat{m}(t)$ 与 $m(t)$ 幅度相同,所以两者具有相同的平均功率,故上式变为

$$S_i=\frac{1}{4}\overline{m^2(t)} \tag{5.2-23}$$

于是,单边带解调器的输入信噪比为

$$\frac{S_i}{N_i}=\frac{\frac{1}{4}\overline{m^2(t)}}{n_0B}=\frac{\overline{m^2(t)}}{4n_0B} \tag{5.2-24}$$

输出信噪比为

$$\frac{S_o}{N_o}=\frac{\frac{1}{16}\overline{m^2(t)}}{\frac{1}{4}n_0B}=\frac{\overline{m^2(t)}}{4n_0B} \tag{5.2-25}$$

因而制度增益为

$$G_{SSB}=\frac{S_o/N_o}{S_i/N_i}=1 \tag{5.2-26}$$

比较式(5.2-18)与式(5.2-26)可知,$G_{DSB}=2G_{SSB}$。这能否说明 DSB 系统的抗噪声性能比 SSB 系统好呢?回答是否定的。因为,两者的输出信噪比是在不同条件下得到的。如果我们在相同的输入信号功率 S_i,相同的输入噪声功率谱密度 n_0,相同的基带信号带宽 f_H 条件下,对这两种调制方式进行比较,可以发现它们的输出信噪比是相等的。这就是说,两者的抗噪声性能是相同的。但 SSB 所需的传输带宽仅是 DSB 的一半,因此 SSB 得到普遍应用。

VSB 调制系统的抗噪声性能的分析方法与上面的相似。但是,由于采用的残留边带滤波器的频率特性形状不同,所以,抗噪声性能的计算是比较复杂的。但是在边带的残留部分不是太大的时候,可以近似认为其抗噪声性能与 SSB 调制系统的抗噪声性能相同。

5.2.4 AM 包络检波的性能

如前所述,AM 信号可用相干解调和包络检波两种方法解调。AM 信号相干解调系统的性能分析与前面双边带(或单边带)的相同,可自行分析。这里,我们将对 AM 信号采用包络检波的性能进行讨论。此时,图 5-12 分析模型中的解调器为一包络检波器,如图 5-14 所示,其检波输出电压正比于输入信号的包络变化。

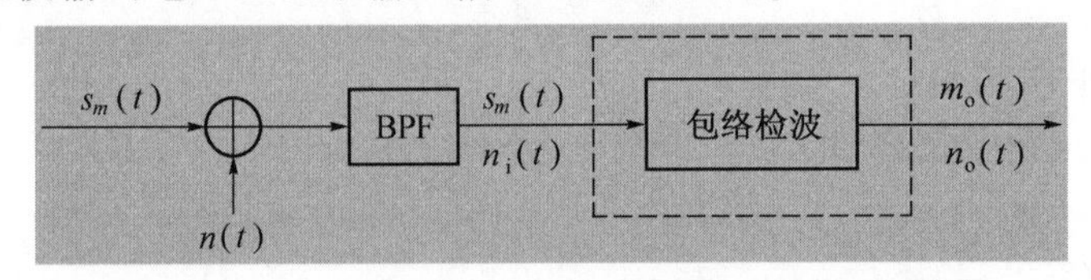

图 5-14 AM 包络检波的抗噪声性能分析模型

设解调器输入信号为

$$s_m(t)=[A_0+m(t)]\cos\omega_c t \tag{5.2-27}$$

这里仍假设调制信号 $m(t)$ 的均值为 0,且 $|m(t)|_{max}\leqslant A_0$。解调器输入噪声为

$$n_i(t)=n_c(t)\cos\omega_c t-n_s(t)\sin\omega_c t \tag{5.2-28}$$

则解调器输入的信号功率 S_i 和噪声功率 N_i 分别为

$$S_i=\overline{s_m^2(t)}=\frac{A_0^2}{2}+\frac{\overline{m^2(t)}}{2} \tag{5.2-29}$$

$$N_i=\overline{n_i^2(t)}=n_0B \tag{5.2-30}$$

输入信噪比为

$$\frac{S_i}{N_i}=\frac{A_0^2+\overline{m^2(t)}}{2n_0B} \tag{5.2-31}$$

由于解调器输入是信号加噪声的混合波形,即

$$s_m(t)+n_i(t)=[A_0+m(t)+n_c(t)]\cos\omega_c t-n_s(t)\sin\omega_c t=$$
$$E(t)\cos[\omega_c t+\psi(t)]$$

其中

$$E(t)=\sqrt{[A_0+m(t)+n_c(t)]^2+n_s^2(t)} \tag{5.2-32}$$

$$\psi(t)=\arctan\left[\frac{n_s(t)}{A_0+m(t)+n_c(t)}\right] \tag{5.2-33}$$

很明显,$E(t)$便是所求的合成包络。当包络检波器的传输系数为 1 时,则检波器的输出就是 $E(t)$。

由式(5.2-32)可以看出,检波输出 $E(t)$中的信号和噪声存在非线性关系。因此,计算输出信噪比是件困难的事。为使讨论简明,我们来考虑两种特殊情况。

1. 大信噪比情况

此时,输入信号幅度远大于噪声幅度,即

$$[A_0+m(t)]\gg\sqrt{n_c^2(t)+n_s^2(t)}$$

因而式(5.2-32)可简化为

$$E(t)=\sqrt{[A_0+m(t)]^2+2[A_0+m(t)]n_c(t)+n_c^2(t)+n_s^2(t)}\approx$$
$$\sqrt{[A_0+m(t)]^2+2[A_0+m(t)]n_c(t)}\approx$$
$$[A_0+m(t)]\left[1+\frac{2n_c(t)}{A_0+m(t)}\right]^{1/2}\approx$$
$$[A_0+m(t)]\left[1+\frac{n_c(t)}{A_0+m(t)}\right]=$$
$$A_0+m(t)+n_c(t) \tag{5.2-34}$$

这里,我们利用了近似公式

$$(1+x)^{1/2}\approx 1+\frac{x}{2}\qquad |x|\ll 1$$

由式(5.2-34)可见,当直流分量 A_0 被电容器阻隔后,有用信号与噪声独立地分成两项,因而可分别计算它们的功率。输出信号功率

$$S_o=\overline{m^2(t)} \tag{5.2-35}$$

输出噪声功率

$$N_o=\overline{n_c^2(t)}=\overline{n_i^2(t)}=n_0B \tag{5.2-36}$$

输出信噪比

$$\frac{S_o}{N_o}=\frac{\overline{m^2(t)}}{n_0B} \tag{5.2-37}$$

由式(5.2-31)和(5.2-37)可得调制制度增益

$$G_{AM}=\frac{S_o/N_o}{S_i/N_i}=\frac{2\overline{m^2(t)}}{A_0^2+\overline{m^2(t)}} \tag{5.2-38}$$

显然,AM 信号的调制制度增益 G_{AM} 随 A_0 的减小而增加。但对包络检波器来说,为了不发生过调制现象,应有 $A_0 \geqslant |m(t)|_{max}$,所以 G_{AM} 总是小于 1,这说明包络检波器对输入信噪比没有改善,而是恶化了。例如:对于 100%的调制(即 $A_0=|m(t)|_{max}$),且 $m(t)$ 是单频正弦信号,这时 AM 的最大信噪比增益为

$$G_{AM}=\frac{2}{3} \tag{5.2-39}$$

可以证明,采用同步检测法解调 AM 信号时,得到的调制制度增益 G_{AM} 与式(5.2-38)给出的结果相同。由此可见,对于 AM 调制系统,在大信噪比时,采用包络检波器解调时的性能与同步检测器时的性能几乎一样。但应该注意,后者的调制制度增益不受信号与噪声相对幅度假设条件的限制。

2. 小信噪比情况

此时,输入信号幅度远小于噪声幅度,即

$$[A_0+m(t)] \ll \sqrt{n_c^2(t)+n_s^2(t)}$$

式(5.2-32)变成

$$\begin{aligned}E(t)&=\sqrt{[A_0+m(t)]^2+n_c^2(t)+n_s^2(t)+2n_c(t)[A_0+m(t)]}\approx\\&\sqrt{n_c^2(t)+n_s^2(t)+2n_c(t)[A_0+m(t)]}=\\&\sqrt{[n_c^2(t)+n_s^2(t)]\left\{1+\frac{2n_c(t)[A_0+m(t)]}{n_c^2(t)+n_s^2(t)}\right\}}=\\&R(t)\sqrt{1+\frac{2[A_0+m(t)]}{R(t)}\cos\theta(t)}\end{aligned} \tag{5.2-40}$$

其中 $R(t)$ 及 $\theta(t)$ 代表噪声 $n_i(t)$ 的包络及相位:

$$R(t)=\sqrt{n_c^2(t)+n_s^2(t)}$$

$$\theta(t)=\arctan\left[\frac{n_s(t)}{n_c(t)}\right]$$

$$\cos\theta(t)=\frac{n_c(t)}{R(t)}$$

因为 $R(t)\gg[A_0+m(t)]$,所以我们可以利用数学近似式 $(1+x)^{1/2}\approx1+\frac{x}{2}$ ($|x|\ll1$ 时)把 $E(t)$ 进一步近似为

$$\begin{aligned}E(t)&\approx R(t)\left[1+\frac{A_0+m(t)}{R(t)}\cos\theta(t)\right]=\\&R(t)+[A_0+m(t)]\cos\theta(t)\end{aligned} \tag{5.2-41}$$

此时,$E(t)$中没有单独的信号项,只有受到$\cos\theta(t)$调制的$m(t)\cos\theta(t)$项。由于$\cos\theta(t)$是一个随机噪声。因而,有用信号$m(t)$被噪声扰乱,致使$m(t)\cos\theta(t)$也只能看作是噪声。这时候,输出信噪比不是按比例随着输入信噪比下降,而是急剧恶化,通常把这种现象称为解调器的**门限效应**。开始出现门限效应的输入信噪比称为门限值。这种门限效应是由包络检波器的非线性解调作用所引起的。

有必要指出,用相干解调的方法解调各种线性调制信号时不存在门限效应。原因是信号与噪声可分别进行解调,解调器输出端总是单独存在有用信号项。

由以上分析可得如下结论:在大信噪比情况下,AM 信号包络检波器的性能几乎与相干解调法相同。但当输入信噪比低于门限值时,将会出现门限效应,这时解调器的输出信噪比将急剧恶化,系统无法正常工作。

5.3 非线性调制(角度调制)原理

正弦载波有三个参量:幅度、频率和相位。我们不仅可以把调制信号的信息载荷于载波的幅度变化中,还可以载荷于载波的频率或相位变化中。在调制时,若载波的频率随调制信号变化,称为**频率调制**或**调频**(Frequency Modulation,FM);若载波的相位随调制信号而变称为**相位调制**或**调相**(Phase Modulation,PM)。在这两种调制过程中,载波的幅度都保持恒定不变,而频率和相位的变化都表现为载波瞬时相位的变化,故把调频和调相统称为**角度调制**。

角度调制与幅度调制不同的是,已调信号频谱不再是原调制信号频谱的线性搬移,而是频谱的非线性变换,会产生与频谱搬移不同的新的频率成分,故又称为**非线性调制**。

FM 和 PM 在通信系统中的使用都非常广泛。FM 广泛应用于高保真音乐广播、电视伴音信号的传输、卫星通信和蜂窝电话系统等。PM 除直接用于传输外,也常用作间接产生 FM 信号的过渡。调频与调相之间存在密切的关系。

与幅度调制技术相比,角度调制最突出的优势是其较高的抗噪声性能。然而有得就有失,获得这种优势的代价是角度调制占用比幅度调制信号更宽的带宽。

5.3.1 角度调制的基本概念

1. FM 和 PM 信号的一般表达式

角度调制信号的一般表达式为

$$s_m(t)=A\cos[\omega_c t+\varphi(t)] \tag{5.3-1}$$

式中:A为载波的恒定振幅;$[\omega_c t+\varphi(t)]$为信号的瞬时相位,记为$\theta(t)$;$\varphi(t)$为相对于载波相位$\omega_c t$的瞬时相位偏移;$\mathrm{d}[\omega_c t+\varphi(t)]/\mathrm{d}t$是信号的瞬时角频率,记为$\omega(t)$;而$\mathrm{d}\varphi(t)/\mathrm{d}t$称为相对于载频$\omega_c$的瞬时频偏。

所谓相位调制(PM),是指瞬时相位偏移随调制信号$m(t)$作线性变化,即

$$\varphi(t)=K_P m(t) \tag{5.3-2}$$

式中:K_P为调相灵敏度(rad/V),含义是单位调制信号幅度引起 PM 信号的相位偏移量。

将式(5.3-2)代入式(5.3-1),则可得调相信号为

$$s_{PM}(t) = A\cos[\omega_c t + K_P m(t)] \tag{5.3-3}$$

所谓频率调制(FM),是指瞬时频率偏移随调制信号 $m(t)$ 成比例变化,即

$$\frac{d\varphi(t)}{dt} = K_f m(t) \tag{5.3-4}$$

式中:K_f 为调频灵敏度(rad/(s·V))。

这时相位偏移为

$$\varphi(t) = K_f \int m(\tau) d\tau \tag{5.3-5}$$

代入式(5.3-1),则可得调频信号为

$$s_{FM}(t) = A\cos\left[\omega_c t + K_f \int m(\tau) d\tau\right] \tag{5.3-6}$$

由式(5.3-3)和式(5.3-6)可见,PM 与 FM 的区别仅在于,PM 是相位偏移随调制信号 $m(t)$ 线性变化,FM 是相位偏移随 $m(t)$ 的积分呈线性变化。如果预先不知道调制信号 $m(t)$ 的具体形式,则无法判断已调信号是调相信号还是调频信号。

2. 单音调制 FM 与 PM

设调制信号为单一频率的正弦波,即

$$m(t) = A_m \cos\omega_m t = A_m \cos 2\pi f_m t \tag{5.3-7}$$

当它对载波进行相位调制时,由式(5.3-3)可得 PM 信号

$$s_{PM}(t) = A\cos[\omega_c t + K_P A_m \cos\omega_m t] = A\cos[\omega_c t + m_P \cos\omega_m t] \tag{5.3-8}$$

式中:$m_P = K_P A_m$ 称为调相指数,表示最大的相位偏移。

如果进行频率调制,则由式(5.3-6)可得 FM 信号

$$s_{FM}(t) = A\cos\left[\omega_c t + K_f A_m \int \cos\omega_m \tau d\tau\right] = A\cos[\omega_c t + m_f \sin\omega_m t] \tag{5.3-9}$$

式中:m_f 为调频指数

$$m_f = \frac{K_f A_m}{\omega_m} = \frac{\Delta\omega}{\omega_m} = \frac{\Delta f}{f_m} \tag{5.3-10}$$

表示最大的相位偏移;其中的 $\Delta\omega = K_f A_m$,为最大角频偏;$\Delta f = m_f \cdot f_m$,为最大频偏。

由式(5.3-8)和式(5.3-9)画出的单音 PM 信号和 FM 信号波形如图 5-15 所示。

3. FM 与 PM 之间的关系

由于频率和相位之间存在微分与积分的关系,所以 FM 与 PM 之间是可以相互转换的。比较式(5.3-3)和式(5.3-6)可以看出,如果将调制信号先微分,而后进行调频,则得到的是调相波,这种方式叫间接调相;同样,如果将调制信号先积分,而后进行调相,则得到的是调频波,这种方式叫间接调频。

FM 与 PM 这种密切的关系使我们可以对两者作并行的分析,仅需要强调一下它们的主要区别即可。鉴于在实际中 FM 波用得较多,下面将主要讨论频率调制。

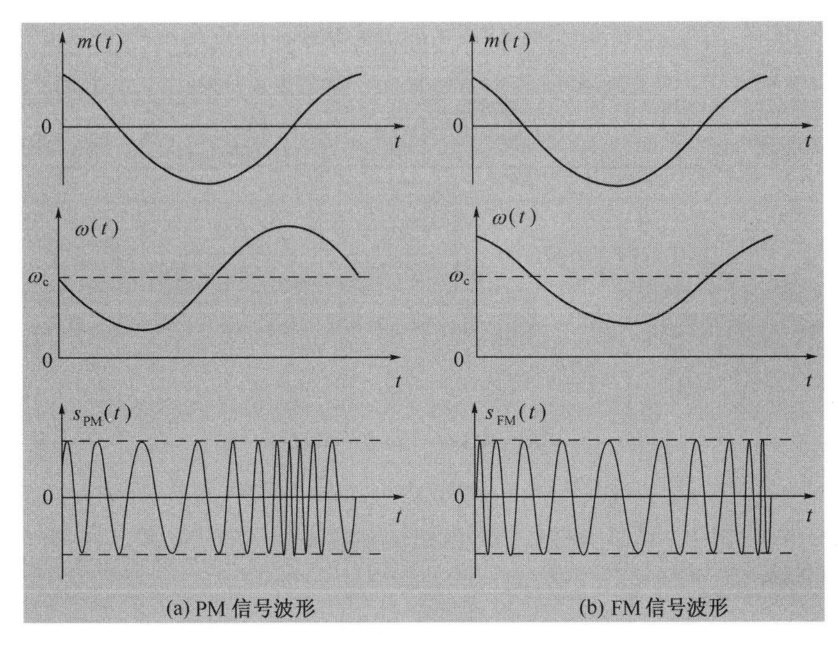

图 5-15　单音 PM 信号和 FM 信号波形

5.3.2　窄带调频

如果 FM 信号的最大瞬时相位偏移满足以下条件

$$\left| K_f \int m(\tau)\mathrm{d}\tau \right| \ll \frac{\pi}{6} \quad (\text{或} 0.5) \tag{5.3-11}$$

时,FM 信号的频谱宽度比较窄,称为窄带调频(NBFM)。当式(5.3-11)条件不满足时,FM 信号的频谱宽度比较宽,称为宽带调频(WBFM)。

将 FM 信号一般表示式(5.3-6)展开得到

$$s_{FM}(t) = A\cos\left[\omega_c t + K_f \int m(\tau)\mathrm{d}\tau\right] =$$

$$A\cos\omega_c t\cos\left[K_f \int m(\tau)\mathrm{d}\tau\right] - A\sin\omega_c t\sin\left[K_f \int m(\tau)\mathrm{d}\tau\right] \tag{5.3-12}$$

当满足式(5.3-11)的条件时,有

$$\cos\left[K_f \int m(\tau)\mathrm{d}\tau\right] \approx 1$$

$$\sin\left[K_f \int m(\tau)\mathrm{d}\tau\right] \approx K_f \int m(\tau)\mathrm{d}\tau$$

故式(5.3-12)可简化为

$$s_{NBFM}(t) \approx A\cos\omega_c t - \left[AK_f \int m(\tau)\mathrm{d}\tau\right]\sin\omega_c t \tag{5.3-13}$$

利用以下傅里叶变换对

$$m(t) \Leftrightarrow M(\omega)$$

$$\cos\omega_c t \Leftrightarrow \pi[\delta(\omega+\omega_c)+\delta(\omega-\omega_c)]$$

$$\sin\omega_c t \Leftrightarrow \mathrm{j}\pi[\delta(\omega+\omega_c)-\delta(\omega-\omega_c)]$$

$$\int m(t)\,\mathrm{d}t \Leftrightarrow \frac{M(\omega)}{\mathrm{j}\omega} \qquad (设\ m(t)\ 的均值为\ 0)$$

$$\left[\int m(t)\,\mathrm{d}t\right]\sin\omega_c t \Leftrightarrow \frac{1}{2}\left[\frac{M(\omega+\omega_c)}{\omega+\omega_c}-\frac{M(\omega-\omega_c)}{\omega-\omega_c}\right]$$

可得 NBFM 信号的频域表达式

$$s_{\mathrm{NBFM}}(\omega)=\pi A[\delta(\omega+\omega_c)+\delta(\omega-\omega_c)]+\frac{AK_f}{2}\left[\frac{M(\omega-\omega_c)}{\omega-\omega_c}-\frac{M(\omega+\omega_c)}{\omega+\omega_c}\right] \tag{5.3-14}$$

式(5.3-13)和式(5.3-14)是 NBFM 信号的时域和频域的一般表达式。将式(5.3-14)与式(5.1-5)表述的 AM 信号的频谱,即

$$S_{\mathrm{AM}}(\omega)=\pi A[\delta(\omega+\omega_c)+\delta(\omega-\omega_c)]+\frac{1}{2}[M(\omega+\omega_c)+M(\omega-\omega_c)]$$

相比较,可以清楚地看出 NBFM 和 AM 这两种调制的相似性和不同处。两者都含有一个载波和位于$\pm\omega_c$ 处的两个边带,所以它们的带宽相同,都是调制信号最高频率的两倍。不同的是,NBFM 的两个边频分别乘了因式 $1/(\omega-\omega_c)$ 和 $1/(\omega+\omega_c)$,由于因式是频率的函数,所以这种加权是频率加权,加权的结果引起调制信号频谱的失真。另外,NBFM 的一个边带和 AM 反相。

下面以单音调制为例。设调制信号

$$m(t)=A_m\cos\omega_m t$$

则可以计算出 NBFM 信号为

$$\begin{aligned}s_{\mathrm{NBFM}}(t) &\approx A\cos\omega_c t-\left[AK_f\int m(\tau)\,\mathrm{d}\tau\right]\sin\omega_c t=\\ &A\cos\omega_c t-AA_mK_f\frac{1}{\omega_m}\sin\omega_m t\sin\omega_c t=\\ &A\cos\omega_c t+\frac{AA_mK_f}{2\omega_m}[\cos(\omega_c+\omega_m)t-\cos(\omega_c-\omega_m)t]\end{aligned} \tag{5.3-15}$$

AM 信号为

$$\begin{aligned}s_{\mathrm{AM}}=(A+A_m\cos\omega_m t)\cos\omega_c t &= A\cos\omega_c t+A_m\cos\omega_m\cos\omega_c t=\\ &A\cos\omega_c t+\frac{A_m}{2}[\cos(\omega_c+\omega_m)t+\cos(\omega_c-\omega_m)t]\end{aligned} \tag{5.3-16}$$

由式(5.3-15)和式(5.3-16)画出它们的矢量图如图 5-16 所示。在 AM 中,两个边频的合成矢量与载波同相,所以只有幅度的变化,无相位的变化;而在 NBFM 中,由于下边频为负,两个边频的合成矢量与载波则是正交相加,所以 NBFM 不仅有相位的变化 $\Delta\varphi$,幅度

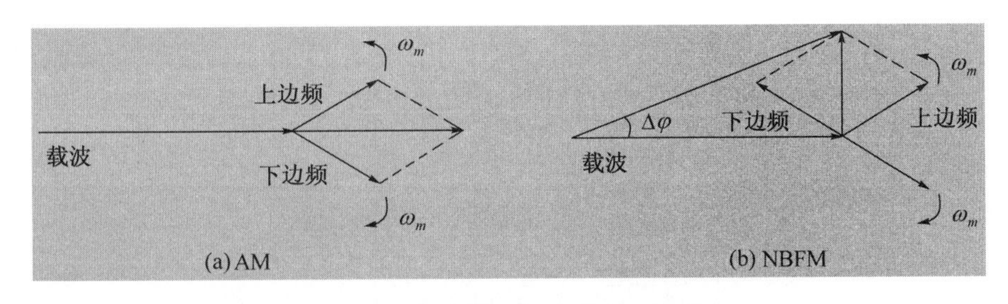

图 5-16　AM 与 NBFM 的矢量表示

也有很小的变化。当最大相位偏移满足式(5.3-11)时,NBFM 信号幅度基本不变。这正是两者的本质区别。

由于 NBFM 信号占据的带宽较窄,但是其抗干扰性能比 AM 系统要好得多,因此得到较广泛的应用。

5.3.3　宽带调频

当不满足式(5.3-11)的条件时,调频信号的时域表达式不能简化,因而给宽带调频的频谱分析带来了困难。为使问题简化,我们只研究单音调制的情况,然后把分析的结论推广到多音调制的情况。

1. 调频信号表达式

设单音调制信号

$$m(t) = A_m \cos\omega_m t = A_m \cos 2\pi f_m t$$

由式(5.3-9)可知,单音调制 FM 信号的时域表达式为

$$s_{\mathrm{FM}}(t) = A\cos[\omega_c t + m_f \sin\omega_m t] \tag{5.3-17}$$

对式(5.3-17)利用三角公式展开,有

$$s_{\mathrm{FM}}(t) = A\cos\omega_c t \cdot \cos(m_f \sin\omega_m t) - A\sin\omega_c t \cdot \sin(m_f \sin\omega_m t) \tag{5.3-18}$$

将式(5.3-18)中的两个因子分别展成傅里叶级数

$$\cos(m_f \sin\omega_m t) = J_0(m_f) + \sum_{n=1}^{\infty} 2J_{2n}(m_f)\cos 2n\omega_m t \tag{5.3-19}$$

$$\sin(m_f \sin\omega_m t) = 2\sum_{n=1}^{\infty} J_{2n-1}(m_f)\sin(2n-1)\omega_m t \tag{5.3-20}$$

式中,$J_n(m_f)$为第一类 n 阶贝塞尔(Bessel)函数,它是调频指数 m_f 的函数。图 5-17 给出了 $J_n(m_f)$随 m_f 变化的关系曲线,详细数据可参看贝塞尔函数值表(附录 B)。将式(5.3-19)和式(5.3-20)代入式(5.3-18),并利用三角公式

$$\cos A\cos B = \frac{1}{2}\cos(A-B) + \frac{1}{2}\cos(A+B)$$

$$\sin A\sin B = \frac{1}{2}\cos(A-B) - \frac{1}{2}\cos(A+B)$$

及贝塞尔函数性质

$$J_{-n}(m_f) = -J_n(m_f) \qquad n\ \text{为奇数时}$$

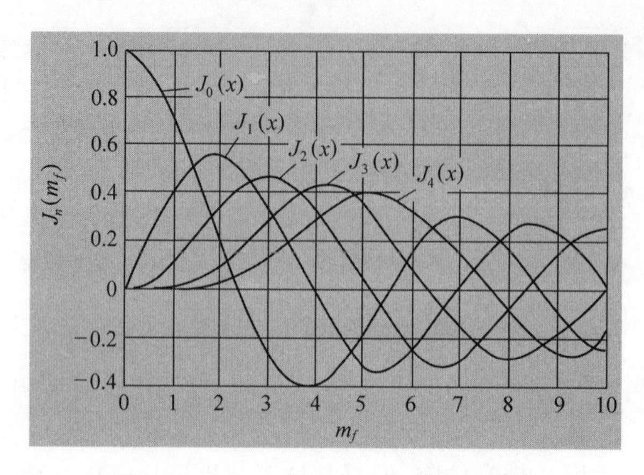

图 5-17 $J_n(m_f)$随 m_f 变化的关系曲线

$$J_{-n}(m_f) = J_n(m_f) \qquad n\text{ 为偶数时}$$

则得到 FM 信号的级数展开式

$$\begin{aligned} s_{FM}(t) = & AJ_0(m_f)\cos\omega_c t - AJ_1(m_f)[\cos(\omega_c - \omega_m)t - \cos(\omega_c + \omega_m)t] + \\ & AJ_2(m_f)[\cos(\omega_c - 2\omega_m)t + \cos(\omega_c + 2\omega_m)t] - \\ & AJ_3(m_f)[\cos(\omega_c - 3\omega_m)t - \cos(\omega_c + 3\omega_m)t] + \cdots = \\ & A\sum_{n=-\infty}^{\infty} J_n(m_f)\cos(\omega_c + n\omega_m)t \end{aligned} \tag{5.3-21}$$

对上式进行傅里叶变换,即得 FM 信号的频域表达式

$$S_{FM}(\omega) = \pi A \sum_{-\infty}^{\infty} J_n(m_f)[\delta(\omega - \omega_c - n\omega_m) + \delta(\omega + \omega_c + n\omega_m)] \tag{5.3-22}$$

由式(5.3-21)和式(5.3-22)可见,调频信号的频谱由载波分量 ω_c 和无数边频 $\omega_c \pm n\omega_m$ 组成。当 $n=0$ 时是载波分量 ω_c,其幅度为$AJ_0(m_f)$;当 $n \neq 0$ 时就是对称分布在载频两侧的边频分量 $\omega_c \pm n\omega_m$,其幅度为$AJ_n(m_f)$,相邻边频之间的间隔为 ω_m;且当 n 为奇数时,上下边频极性相反;当 n 为偶数时极性相同。由此可见,FM 信号的频谱不再是调制信号频谱的线性搬移,而是一种非线性过程。图 5-18 示出了某单音宽带调频波的频谱(图中只画出了单边振幅谱)。

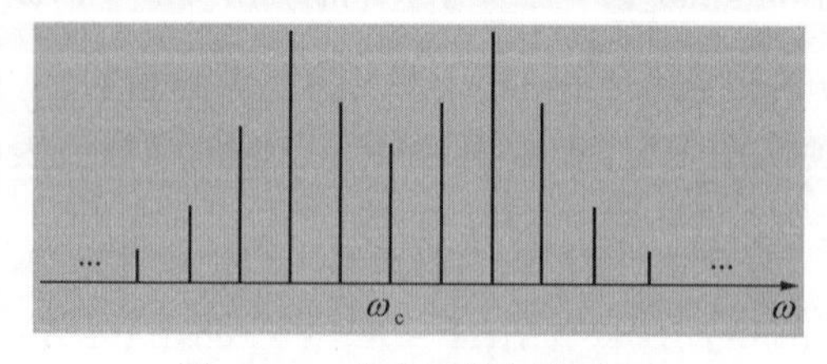

图 5-18 单音宽带调频波频

2. 调频信号的带宽

调频信号的频谱包含无穷多个频率分量,因此理论上调频信号的频带宽度为无限宽。但是,实际上边频幅度 $J_n(m_f)$ 随着 n 的增大而逐渐减小,因此只要取适当的 n 值使边频分量小到可以忽略的程度,调频信号可近似认为具有有限频谱。通常采用的原则是,信号

的频带宽度应包括幅度大于未调载波的10%以上的边频分量，即 $|J_n(m_f)| \geqslant 0.1$。当 $m_f \geqslant 1$ 以后，取边频数 $n=m_f+1$ 即可。因为 $n>m_f+1$ 以上的边频幅度 $J_n(m_f)$ 均小于0.1，这意味着大于未调载波幅度10%以上的边频分量均被保留。因为被保留的上、下边频数共有 $2n=2(m_f+1)$ 个，相邻边频之间的频率间隔为 f_m，所以调频波的有效带宽为

$$B_{FM} = 2(m_f + 1)f_m = 2(\Delta f + f_m) \tag{5.3-23}$$

式(5.3-23)就是广泛用于计算调频信号带宽的卡森(Carson)公式。

当 $m_f \ll 1$ 时，式(5.3-23)可近似为

$$B_{FM} \approx 2f_m \qquad (\text{NBFM}) \tag{5.3-24}$$

这就是窄带调频的带宽，与前面的分析相一致。这时，带宽由第一对边频分量决定，带宽只随调制频率 f_m 变化，而与最大频偏 Δf 无关。

当 $m_f \gg 1$ 时，式(5.3-23)可近似为

$$B_{FM} \approx 2\Delta f \qquad (\text{WBFM}) \tag{5.3-25}$$

这时，带宽由最大频偏 Δf 决定，而与调制频率 f_m 无关。

以上讨论的是单音调频的频谱和带宽。当调制信号不是单一频率时，由于调频是一种非线性过程，其频谱分析更加复杂。根据分析和经验，对于多音或任意带限信号调制时的调频信号的带宽仍可用卡森公式来估算，即

$$B_{FM} = 2(m_f + 1)f_m = 2(\Delta f + f_m) \tag{5.3-26}$$

但是，这里的 f_m 是调制信号的最高频率，m_f 是最大频偏 Δf 与 f_m 的比值。

例如，调频广播中规定的最大频偏 Δf 为75kHz，最高调制频率 f_m 为15kHz，故调频指数 $m_f=5$，由式(5.3-26)可计算出此FM信号的频带宽度为180kHz。

3. 调频信号的功率分配

调频信号 $s_{FM}(t)$ 在1Ω电阻上消耗的平均功率为

$$P_{FM} = \overline{s_{FM}^2(t)} \tag{5.3-27}$$

由式(5.3-21)，并利用帕塞瓦尔定理可知

$$P_{FM} = \overline{s_{FM}^2(t)} = \frac{A^2}{2}\sum_{n=-\infty}^{\infty} J_n^2(m_f) \tag{5.3-28}$$

根据贝塞尔函数具有

$$\sum_{n=-\infty}^{\infty} J_n^2(m_f) = 1 \tag{5.3-29}$$

性质，因此有

$$P_{FM} = \frac{A^2}{2} = P_c \tag{5.3-30}$$

此式说明，调频信号的平均功率等于未调载波的平均功率，即调制后总的功率不变，只是

将原来载波功率中的一部分分配给每个边频分量。所以,调制过程只是进行功率的重新分配,而分配的原则与调频指数 m_f 有关。

5.3.4 调频信号的产生与解调

1. 调频信号的产生

调频的方法主要有两种:直接调频和间接调频。

1) 直接调频法

直接调频就是用调制信号直接去控制载波振荡器的频率,使其按调制信号的规律线性地变化。

由外部电压控制振荡频率的振荡器叫做压控振荡器(VCO)。每个压控振荡器自身就是一个FM调制器,因为它的振荡频率正比于输入控制电压,即

$$\omega_i(t) = \omega_0 + K_f m(t)$$

若用调制信号作控制电压信号,就能产生FM波,如图5-19所示。

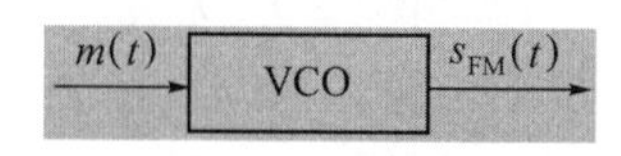

图5-19 FM调制器

若被控制的振荡器是LC振荡器,则只需控制振荡回路的某个电抗元件(L或C),使其参数随调制信号变化。目前常用的电抗元件是变容二极管。用变容二极管实现直接调频,由于电路简单,性能良好,已成为目前最广泛采用的调频电路之一。

在直接调频法中,振荡器与调制器合二为一。这种方法的主要优点是在实现线性调频的要求下,可以获得较大的频偏;其主要缺点是频率稳定度不高。因此往往需要采用自动频率控制系统来稳定中心频率。

应用如图5-20所示的锁相环(PLL)调制器,可以获得高质量的FM或PM信号。这种方案的载频稳定度很高,可以达到晶体振荡器的频率稳定度。

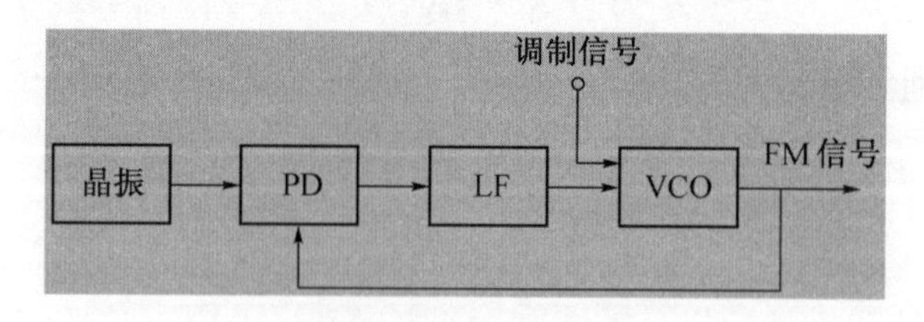

图5-20 PLL调制器

PD—相位检测器;LF—环路滤波器;VCO—压控振荡器。

2) 间接调频法

间接调频法(简称间接法)是先将调制信号积分,然后对载波进行调相,即可产生一个NBFM信号,再经 n 次倍频器得到WBFM信号,其原理框图如图5-21所示。这种产生WBFM的方法称为阿姆斯特朗(Armstrong)法或间接法。

由式(5.3-13)可知,NBFM信号可看成由正交分量与同相分量合成,即

$$s_{\mathrm{NBFM}}(t) \approx A\cos\omega_c t - \left[AK_f\int m(\tau)\mathrm{d}\tau\right]\sin\omega_c t \tag{5.3-31}$$

因此,采用图 5-22 所示的方框图可实现 NBFM。

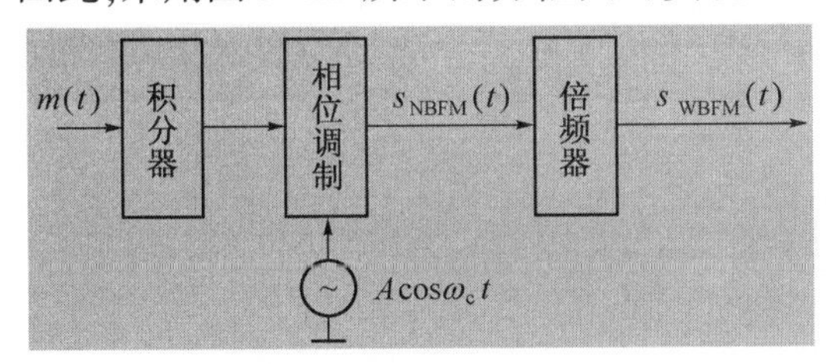

图 5-21　间接法产生 WBFM

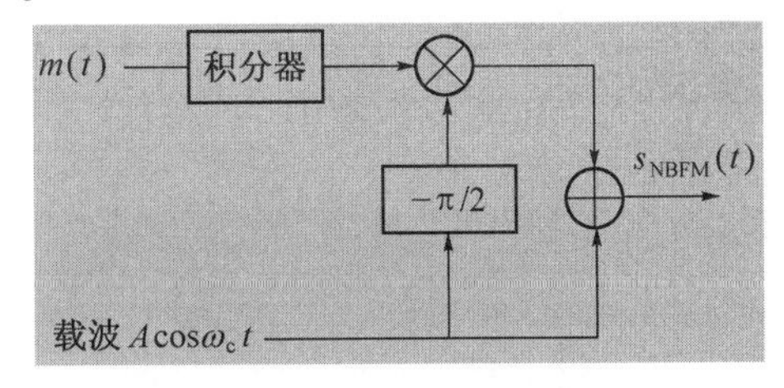

图 5-22　NBFM 信号的产生

图 5-21 中倍频器的作用是提高调频指数 m_f,从而获得宽带调频 WBFM。倍频器可以用非线性器件实现,然后用带通滤波器滤去不需要的频率分量。以理想平方律器件为例,其输出/输入特性为

$$s_o = as_i^2(t) \tag{5.3-32}$$

当输入信号 $s_i(t)$ 为调频信号时,有

$$s_i(t) = A\cos[\omega_c t + \varphi(t)]$$

$$s_o(t) = \frac{1}{2}aA^2\{1 + \cos[2\omega_c t + 2\varphi(t)]\} \tag{5.3-33}$$

由式(5.3-33)可知,滤除直流成分后可得到一个新的调频信号,其载频和相位偏移均增为 2 倍,由于相位偏移增为 2 倍,因而调频指数也必然增为 2 倍。同理,经 n 次倍频后可以使调频信号的载频和调频指数增为 n 倍。

2. 调频信号的解调

调频信号的解调也分为相干解调和非相干解调。相干解调仅适用于 NBFM 信号,而非相干解调对 NBFM 信号和 WBFM 信号均适用。

1) 非相干解调

调频信号的一般表达式为

$$s_{\mathrm{FM}}(t) = A\cos\left[\omega_c t + K_f\int m(\tau)\mathrm{d}\tau\right] \tag{5.3-34}$$

解调器的输出应为

$$m_o(t) \propto K_f m(t) \tag{5.3-35}$$

这就是说,调频信号的解调是要产生一个与输入调频信号的频率呈线性关系的输出电压。完成这种频率-电压转换关系的器件是频率检波器,简称鉴频器。

鉴频器有多种,图 5-23 描述了一种用振幅鉴频器进行非相干解调的特性与原理框图。图中,微分器和包络检波器构成了具有近似理想鉴频特性的鉴频器。微分器的作用是把幅度恒定的调频波 $s_{\mathrm{FM}}(t)$ 变成幅度和频率都随调制信号 $m(t)$ 变化的调幅调频波 $s_d(t)$,即

$$s_d(t) = -A[\omega_c + K_f m(t)]\sin[\omega_c t + K_f \int m(\tau)\mathrm{d}\tau] \tag{5.3-36}$$

包络检波器则将其幅度变化检出并滤去直流，再经低通滤波后即得解调输出

$$m_o(t) = K_d K_f m(t) \tag{5.3-37}$$

式中：K_d 为鉴频器灵敏度(V/(rad/s))。

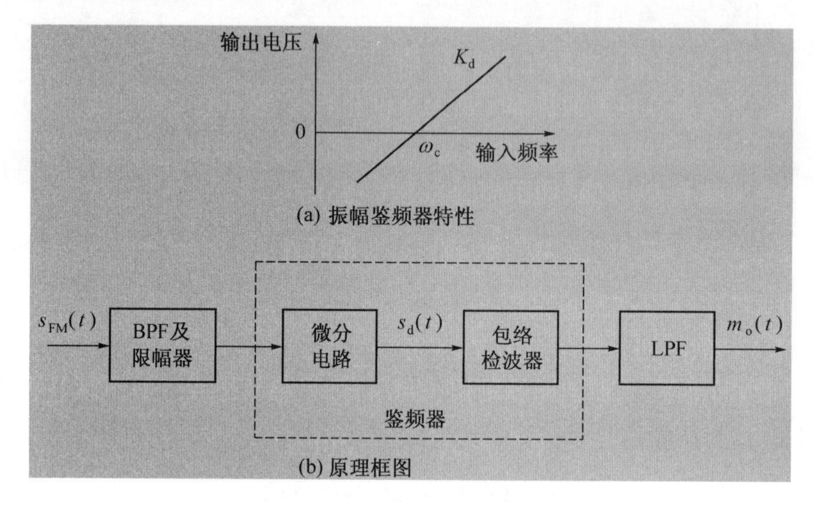

图 5-23　振幅鉴频器特性与原理框图

图 5-23 中，限幅器的作用是消除信道中噪声和其他原因引起的调频波的幅度起伏，带通滤波器(BPF)是让调频信号顺利通过，同时滤除带外噪声及高次谐波分量。

鉴频器的种类很多，除了上述的振幅鉴频器之外，还有相位鉴频器、比例鉴频器、正交鉴频器、斜率鉴频器、频率负反馈解调器、锁相环(PLL)鉴频器等。这些电路和原理在高频电子线路课程中都有详细的讨论，这里不再赘述。

2）相干解调

由于 NBFM 信号可分解成同相分量与正交分量之和，因而可以采用线性调制中的相干解调法来进行解调，如图 5-24 所示。

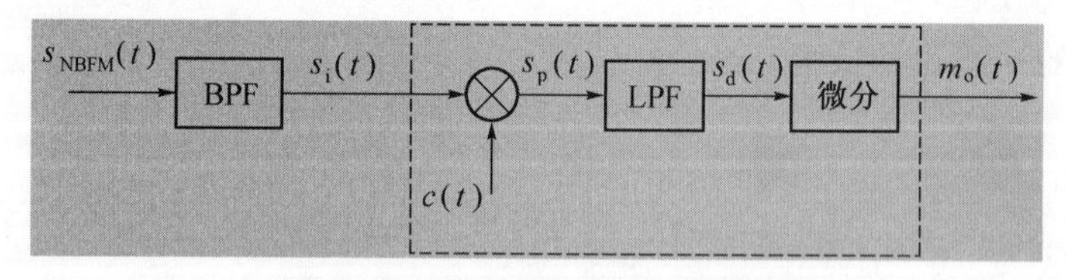

图 5-24　NBFM 信号的相干解调

根据式(5.3-13)，设窄带调频信号

$$s_{NBFM}(t) = A\cos\omega_c t - A\left[K_f \int m(\tau)\mathrm{d}\tau\right] \cdot \sin\omega_c t \tag{5.3-38}$$

并设相干载波

$$c(t) = -\sin\omega_c t \tag{5.3-39}$$

则相乘器的输出为

$$s_p(t)=-\frac{A}{2}\sin 2\omega_c t+\frac{A}{2}\left[K_f\int m(\tau)\mathrm{d}\tau\right]\cdot(1-\cos 2\omega_c t)$$

经低通滤波器取出其低频分量

$$s_d(t)=\frac{A}{2}K_f\int m(\tau)\mathrm{d}\tau$$

再经微分器,即得解调输出

$$m_o(t)=\frac{AK_f}{2}m(t) \tag{5.3-40}$$

可见,相干解调可以恢复原调制信号。这种解调方法与线性调制中的相干解调一样,要求本地载波与调制载波同步,否则将使解调信号失真。

5.4 调频系统的抗噪声性能

如前所述,调频信号的解调有相干解调和非相干解调两种。相干解调仅适用于窄带调频信号,且需同步信号,故应用范围受限;而非相干解调不需同步信号,且对于 NBFM 信号和 WBFM 信号均适用,因此是 FM 系统的主要解调方式。下面我们将重点讨论 FM 非相干解调时的抗噪声性能,其分析模型如图 5-25 所示。图中,$n(t)$是均值为零,单边功率谱密度为 n_0 的高斯白噪声;BPF 的作用是抑制调频信号带宽以外的噪声;限幅器的作用是消除信道中噪声和其他原因引起的调频波的幅度起伏。

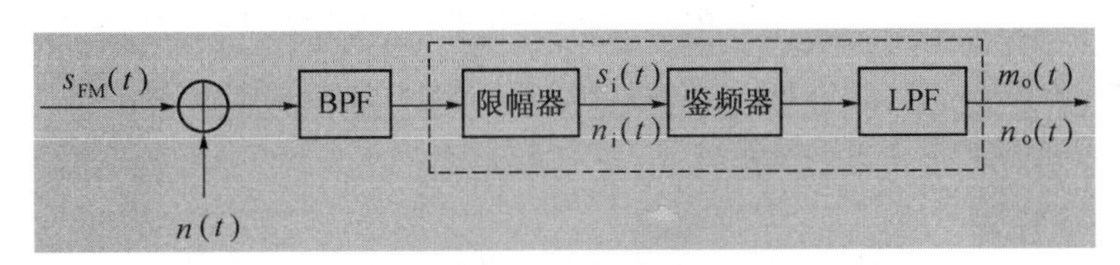

图 5-25 FM 非相干解调抗噪声性能分析模型

FM 非相干解调时的抗噪声性能分析方法,也和线性调制系统的一样,先分别计算解调器的输入信噪比和输出信噪比,最后通过信噪比增益来反映系统的抗噪声性能。

5.4.1 输入信噪比

我们先来计算解调器的输入信噪比。设输入调频信号为

$$s_{FM}(t)=A\cos\left[\omega_c t+K_f\int m(\tau)\mathrm{d}\tau\right]$$

故其输入信号功率为

$$S_i=\frac{A^2}{2} \tag{5.4-1}$$

输入噪声功率为

$$N_i=n_0 B_{FM} \tag{5.4-2}$$

式中:B_{FM}为调频信号的带宽,即带通滤波器(BPF)的带宽。

因此输入信噪比为

$$\frac{S_i}{N_i}=\frac{A^2}{2n_0B_{FM}} \tag{5.4-3}$$

在计算输出信噪比时,由于鉴频器的非线性作用,使得无法分别分析信号与噪声的输出。因此,也和 AM 信号的非相干解调一样,考虑两种极端情况,即大信噪比情况和小信噪比情况。

5.4.2 大信噪比时的解调增益

在输入信噪比足够大的条件下,信号和噪声的相互作用可以忽略,这时可以把信号和噪声分开来计算。

设输入噪声为 0 时,由式(5.3-37)可知,解调输出信号为

$$m_o(t)=K_dK_fm(t)$$

故输出信号平均功率为

$$S_o=\overline{m_o^2(t)}=(K_dK_f)^2\,\overline{m^2(t)} \tag{5.4-4}$$

式中: K_d 为鉴频器灵敏度。

现在来计算解调器输出端噪声的平均功率。假设调制信号 $m(t)=0$,则加到解调器输入端的是未调载波与窄带高斯噪声之和,即

$$\begin{aligned}A\cos\omega_ct+n_i(t)=A\cos\omega_ct+n_c(t)\cos\omega_ct-n_s(t)\sin\omega_ct=\\ [A+n_c(t)]\cos\omega_ct-n_s(t)\sin\omega_ct=\\ A(t)\cos[\omega_ct+\psi(t)]\end{aligned} \tag{5.4-5}$$

式中: 包络 $$A(t)=\sqrt{[A+n_c(t)]^2+n_s^2(t)} \tag{5.4-6}$$

相位偏移 $$\psi(t)=\arctan\frac{n_s(t)}{A+n_c(t)} \tag{5.4-7}$$

在大信噪比时,即 $A\gg n_c(t)$ 和 $A\gg n_s(t)$,相位偏移 $\psi(t)$ 可近似为

$$\psi(t)=\arctan\frac{n_s(t)}{A+n_c(t)}\approx\arctan\frac{n_s(t)}{A} \tag{5.4-8}$$

当 $x\ll1$ 时,有 $\arctan x\approx x$,故

$$\psi(t)\approx\frac{n_s(t)}{A} \tag{5.4-9}$$

由于鉴频器的输出正比于输入的频率偏移,故鉴频器的输出噪声(在假设调制信号为 0 时)为

$$n_d(t)=K_d\frac{\mathrm{d}\psi(t)}{\mathrm{d}t}=\frac{K_d}{A}\frac{\mathrm{d}n_s(t)}{\mathrm{d}t} \tag{5.4-10}$$

式中: $n_s(t)$ 为窄带高斯噪声 $n_i(t)$ 的正交分量,由第 3 章的随机过程分析可知,$n_s(t)$ 的平均功率在数值上与 $n_i(t)$ 的功率相同,但应注意,$n_i(t)$ 是带通型噪声,而 $n_s(t)$ 是解调后的

低通型噪声，其功率谱密度在 $|f| \leqslant B_{FM}$ 范围内均匀分布。

由于 $\frac{\mathrm{d}n_s(t)}{\mathrm{d}t}$ 实际上就是 $n_s(t)$ 通过理想微分电路的输出，故它的功率谱密度应等于 $n_s(t)$ 的功率谱密度乘以理想微分电路的功率传输函数。

设 $n_s(t)$ 的功率谱密度为 $P_i(f)=n_0$，理想微分电路的功率传输函数为

$$|H(f)|^2 = |\mathrm{j}2\pi f|^2 = (2\pi)^2 f^2 \tag{5.4-11}$$

则鉴频器输出噪声 $n_d(t)$ 的功率谱密度为

$$P_d(f) = \left(\frac{K_d}{A}\right)^2 |H(f)|^2 P_i(f) = \left(\frac{K_d}{A}\right)^2 (2\pi)^2 f^2 n_0, \quad |f| < \frac{B_{FM}}{2} \tag{5.4-12}$$

鉴频器前、后的噪声功率谱密度如图 5-26 所示。

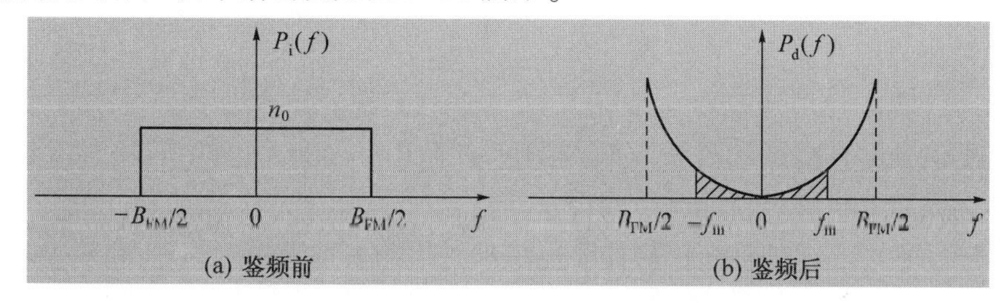

图 5-26　鉴频器前、后的噪声功率谱密度

由图 5-26 可见，鉴频器输出噪声 $n_d(t)$ 的功率谱密度已不再是均匀分布，而是与 f^2 成正比。该噪声再经过低通滤波器的滤波，滤除调制信号带宽 $f_m\left(f_m<\frac{1}{2}B_{FM}\right)$ 以外的频率分量，故最终解调器输出（LPF 输出）的噪声功率（图中阴影部分）为

$$N_o = \int_{-f_m}^{f_m} P_d(f)\,\mathrm{d}f = \int_{-f_m}^{f_m} \frac{4\pi^2 K_d^2 n_0}{A^2} f^2 \mathrm{d}f = \frac{8\pi^2 K_d^2 n_0 f_m^3}{3A^2} \tag{5.4-13}$$

于是，FM 非相干解调器输出端的输出信噪比

$$\frac{S_o}{N_o} = \frac{3A^2 K_f^2 \overline{m^2(t)}}{8\pi^2 n_0 f_m^3} \tag{5.4-14}$$

为使式(5.4-14)具有简明的结果，我们考虑 $m(t)$ 为单一频率余弦波时的情况，即

$$m(t) = \cos\omega_m t$$

这时的调频信号为

$$s_{FM}(t) = A\cos[\omega_c t + m_f \sin\omega_m t] \tag{5.4-15}$$

其中

$$m_f = \frac{K_f}{\omega_m} = \frac{\Delta\omega}{\omega_m} = \frac{\Delta f}{f_m} \tag{5.4-16}$$

将以上这些关系式代入式(5.4-14)可得

$$\frac{S_o}{N_o}=\frac{3}{2}m_f^2\frac{A^2/2}{n_0 f_m} \tag{5.4-17}$$

因此,由式(5.4-3)和式(5.4-17)可得解调器的制度增益为

$$G_{FM}=\frac{S_o/N_o}{S_i/N_i}=\frac{3}{2}m_f^2\frac{B_{FM}}{f_m} \tag{5.4-18}$$

考虑在宽带调频时,信号带宽为

$$B_{FM}=2(m_f+1)f_m=2(\Delta f+f_m)$$

所以,式(5.4-18)还可以写成

$$G_{FM}=3m_f^2(m_f+1) \tag{5.4-19}$$

当 $m_f \gg 1$ 时有近似式

$$G_{FM}\approx 3m_f^3 \tag{5.4-20}$$

式(5.4-20)结果表明,在大信噪比情况下,宽带调频系统的制度增益是很高的,即抗噪声性能好。例如,调频广播中常取 $m_f=5$,则制度增益 $G_{FM}=450$。也就是说,加大调制指数 m_f,可使调频系统的抗噪声性能迅速改善。

但应注意,调频系统的这一优越性是以增加其传输宽带来换取的。

5.4.3 小信噪比时的门限效应

以上分析结果都是在输入信噪比 $(S_i/N_i)_{FM}$ 足够大的条件下得到的。当 S_i/N_i 低于一定数值时,解调器的输出信噪比 S_o/N_o 急剧恶化,这种现象称为调频信号解调的门限效应。出现门限效应时所对应的输入信噪比值称为门限值,记为 $(S_i/N_i)_b$。

图 5-27 画出了单音调制时在不同调制指数 m_f 下,调频解调器的输出信噪比与输入信噪比的关系曲线。由图 5-27 可见:

(1) 门限值与调制指数 m_f 有关。m_f 越大,门限值越高。不过不同 m_f 时,门限值在 8dB~11dB 的范围内变化,一般认为门限值为 10dB 左右。

(2) 在门限值以上时,$(S_o/N_o)_{FM}$ 与 $(S_i/N_i)_{FM}$ 呈线性关系,且 m_f 越大,输出信噪比的改善越明显。

(3) 在门限值以下时,$(S_o/N_o)_{FM}$ 将随 $(S_i/N_i)_{FM}$ 的下降而急剧下降。且 m_f 越大,$(S_o/N_o)_{FM}$ 下降越快。

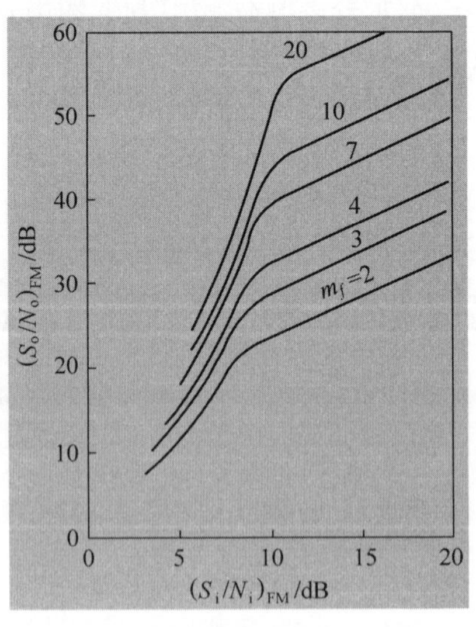

图 5-27 调频解调器的输出信噪比与输入信噪比的关系曲线

门限效应是 FM 系统存在的一个实际问题。尤其在采用调频制的远距离通信和卫星通信等领域中,对调频接收机的门限效应十分关注,希望门限点向低输入信噪比方向扩展。

降低门限值(也称门限扩展)的方法有很多,例如,可以采用锁相环解调器和负反馈解调器,它们的门限比一般鉴频器的门限电平低 6dB~10dB。

5.4.4 预加重和去加重

如前所述,鉴频器输出噪声功率谱随 f 呈抛物线形状增大。但在调频广播中所传送的话音和音乐信号的能量却主要分布在低频端,且其功率谱密度随频率的增高而下降。因此,在调制频率高频端的信号谱密度最小,而噪声谱密度却是最大,致使高频端的输出信噪比明显下降,这对解调信号质量会带来很大的影响。

为了改善调频解调器的输出信噪比,针对鉴频器输出噪声谱呈抛物线形状这一特点,在调频系统中广泛采用了加重技术,包括预加重和去加重措施。“预加重”是在调制器前加入一个预加重网络 $H_p(f)$,其目的是人为地提升调制信号的高频分量,以达到提高输出信噪比的目的。“去加重”就是在解调器输出端接一个去加重网络 $H_d(f)$,将调制信号高频分量的信号功率降低,以恢复发端原始基带信号的频谱特性,同时也使高频端的噪声衰减。显然,为了使传输信号不失真,应该有

$$H_p(f)=\frac{1}{H_d(f)} \tag{5.4-21}$$

这是保证输出信号不变的必要条件。图 5-28 示出了预加重和去加重网络在调频系统中所处的位置。

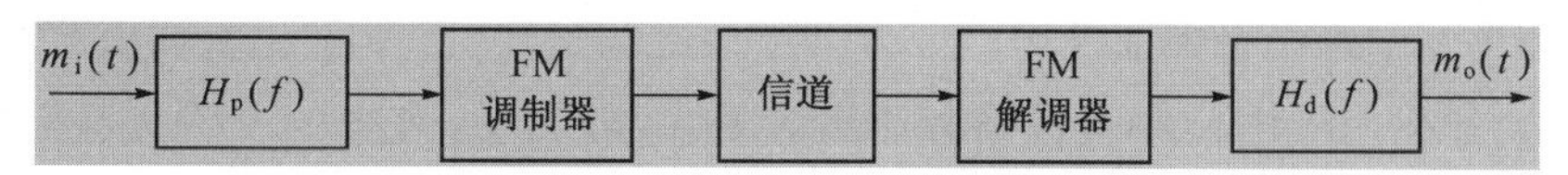

图 5-28 加有预加重和去加重的调频系统

可见,预加重网络是在信道噪声介入之前加入的,它对噪声没有影响(并未提升噪声),而输出端的去加重网络将输出噪声降低,因此有效地提高了调制信号高频端的输出信噪比,进一步改善了调频系统的噪声性能。

由于采用预加重/去加重系统的输出信号功率与没有采用预加重/去加重系统的功率相同,所以调频解调器的输出信噪比的改善程度可用加重前的输出噪声功率与加重后的输出噪声功率的比值确定,即

$$\gamma=\frac{\int_{-f_m}^{f_m}P_d(f)\,\mathrm{d}f}{\int_{-f_m}^{f_m}P_d(f)\,|H_d(f)|^2\mathrm{d}f} \tag{5.4-22}$$

式(5.4-22)进一步说明,输出信噪比的改善程度取决于去加重网络 $H_d(f)$ 的特性。图 5-29 给出了一种实际中常采用的预加重和去加重电路,它在保持信号传输带宽不变的条件下,可使输出信噪比提高 6dB 左右。

加重技术不但在调频系统中得到了实际应用,也常用在音频传输和录音系统的录音和放音设备中。例如,录音和放音设备中广泛应用的杜比(Dolby)降噪声系统就采用了加重技术。

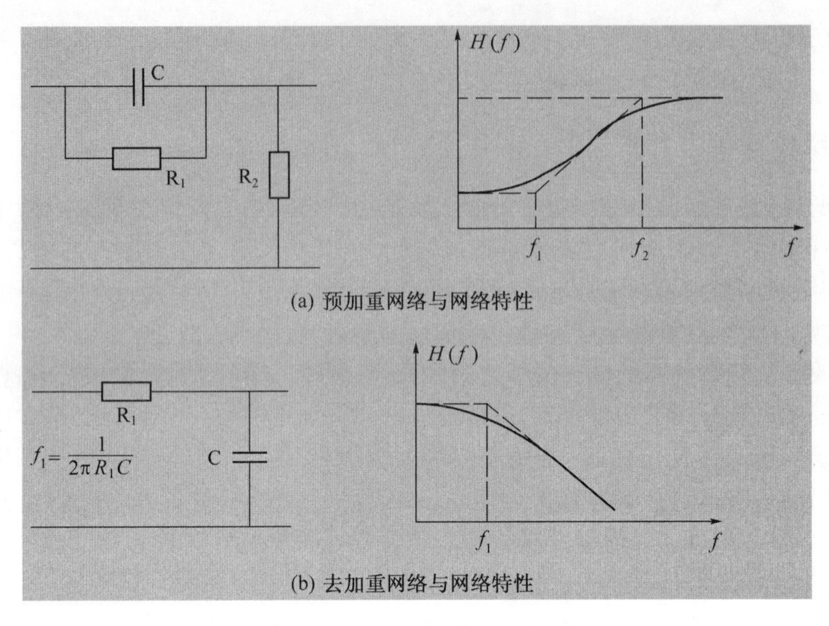

图 5-29　预加重和去加重电路

5.5　各种模拟调制系统的比较

为了便于在实际中合理地选用以上各种模拟调制系统，表 5-1 归纳列出了各种系统的传输带宽、输出信噪比 S_o/N_o、设备复杂程度和主要应用。表中的 S_o/N_o 一栏是在“同等条件”下，由式(5.2-37)、式(5.2-17)、式(5.2-25)及式(5.4-17)计算的结果。

表 5-1　各种模拟调制系统的比较

调制方式	传输带宽	S_o/N_o	设备复杂程度	主 要 应 用
AM	$2f_m$	$\left(\dfrac{S_o}{N_o}\right)_{AM}=\dfrac{1}{3}\left(\dfrac{S_i}{n_0 f_m}\right)$	简单	中短波无线电广播
DSB	$2f_m$	$\left(\dfrac{S_o}{N_o}\right)_{DSB}=\left(\dfrac{S_i}{n_0 f_m}\right)$	中等	应用较少
SSB	f_m	$\left(\dfrac{S_o}{N_o}\right)_{SSB}=\left(\dfrac{S_i}{n_0 f_m}\right)$	复杂	短波无线电广播、话音频分复用、载波通信、数据传输
VSB	略大于 f_m	近似 SSB	复杂	电视广播、数据传输
FM	$2(m_f+1)f_m$	$\left(\dfrac{S_o}{N_o}\right)_{FM}=\dfrac{3}{2}m_f^2\left(\dfrac{S_i}{n_0 f_m}\right)$	中等	超短波小功率电台(窄带 FM)；调频立体声广播等高质量通信(宽带 FM)

这里的“同等条件”是指：假设所有系统在接收机输入端具有相等的输入信号功率 S_i，且加性噪声都是均值为 0、双边功率谱密度为 $n_0/2$ 的高斯白噪声，基带信号 $m(t)$ 的带宽均为 f_m，并在所有系统中都满足：

$$
\begin{cases}
\overline{m(t)} = 0 \\
\overline{m^2(t)} = \dfrac{1}{2} \\
|m(t)|_{\max} = 1
\end{cases}
\tag{5.5 - 1}
$$

例如 $m(t)$ 为正弦型信号;同时,所有的调制与解调系统都具有理想的特性。其中 AM 的调幅度为 100%。

1. 抗噪声性能

WBFM 抗噪声性能最好,DSB、SSB、VSB 抗噪声性能次之,AM 抗噪声性能最差。图 5-30画出了各种模拟调制系统的性能曲线,图中的圆点表示门限点。门限点以下,曲线迅速下跌;门限点以上,DSB、SSB 的信噪比比 AM 高 4.7dB 以上,而 FM($m_f=6$)的信噪比比 AM 高 22dB。由此可见:当输入信噪比较高时,FM 的调频指数 m_f 越大,抗噪声性能越好。

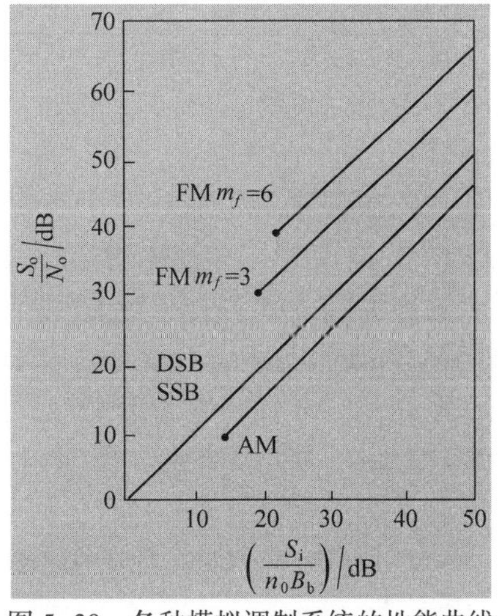

图 5-30　各种模拟调制系统的性能曲线

2. 频带利用率

SSB 的带宽最窄,其频带利用率最高;FM 占用的带宽随调频指数 m_f 的增大而增大,其频带利用率最低。可以说,FM 是以牺牲有效性来换取可靠性的。因此,m_f 值的选择要从通信质量和带宽限制两方面考虑。对于高质量通信(高保真音乐广播,电视伴音、双向式固定或移动通信、卫星通信和蜂窝电话系统)采用 WBFM,m_f 值选大些。对于一般通信,要考虑接收微弱信号,带宽窄些,噪声影响小,常选用 m_f 较小的调频方式。

3. 特点与应用

(1) AM 调制的优点是接收设备简单;缺点是功率利用率低,抗干扰能力差。AM 制式主要用在中波和短波的调幅广播中。

(2) DSB 调制的优点是功率利用率高,且带宽与 AM 相同,但接收要求同步解调,设备较复杂。应用较少,一般只用于点对点的专用通信。

(3) SSB 调制的优点是功率利用率和频带利用率都较高,抗干扰能力和抗选择性衰落能力均优于 AM,而带宽只有 AM 的一半;缺点是发送和接收设备都复杂。鉴于这些特点,SSB 常用于频分多路复用系统中。

(4) VSB 的抗噪声性能和频带利用率与 SSB 相当。VSB 的诀窍在于部分抑制了发送边带,同时又利用平缓滚降滤波器补偿了被抑制部分,这对包含有低频和直流分量的基带信号特别适合,因此,VSB 在电视广播等系统中得到了广泛应用。

(5) FM 波的幅度恒定不变,这使它对非线性器件不甚敏感,给 FM 带来了抗快衰落能力。利用自动增益控制和带通限幅还可以消除快衰落造成的幅度变化效应。宽带 FM 的抗干扰能力强,可以实现带宽与信噪比的互换,因而宽带 FM 广泛应用于长距离高质量的通信系统中,如空间和卫星通信、调频立体声广播、超短波电台等。宽带 FM 的缺点是频带利用率低,存在门限效应,因此在接收信号弱、干扰大的情况下宜采用窄带 FM。

5.6 频分复用

当一条物理信道的传输能力高于一路信号的需求时,该信道就可以被多路信号共享,例如电话系统的干线通常有数千路信号在一根光纤中传输。**复用**就是解决如何利用一条信道同时传输多路信号的技术,其目的是为了充分利用信道的频带或时间资源,提高信道的利用率。

信号多路复用有两种常用的方法:频分复用(FDM)和时分复用(TDM)。时分复用通常用于数字信号的多路传输,将在第9章中阐述。频分复用主要用于模拟信号的多路传输,也可用于数字信号。本节将要讨论的是FDM的原理及其应用。

频分复用是一种按频率来划分信道的复用方式。在FDM中,信道的带宽被分成多个相互不重叠的频段(子通道),每路信号占据其中一个子通道,并且各路之间必须留有未被使用的频带(防护频带)进行分隔,以防止信号重叠。在接收端,采用适当的带通滤波器将多路信号分开,从而恢复出所需要的信号。

图5-31示出了频分复用系统的原理框图。在发送端,首先使各路基带话音信号通过低通滤波器(LPF),以便限制各路信号的最高频率。然后,将各路信号调制到不同的载波频率上,使得各路信号搬移到各自的频段范围内,合成后送入信道传输。在接收端,采用一系列不同中心频率的带通滤波器分离出各路已调信号,它们被解调后即恢复出各路相应的基带信号。

为了防止相邻信号之间产生相互干扰,应合理选择载波频率$f_{c1}, f_{c2}, \cdots, f_{cn}$,以使各路已调信号频谱之间留有一定的防护频带。

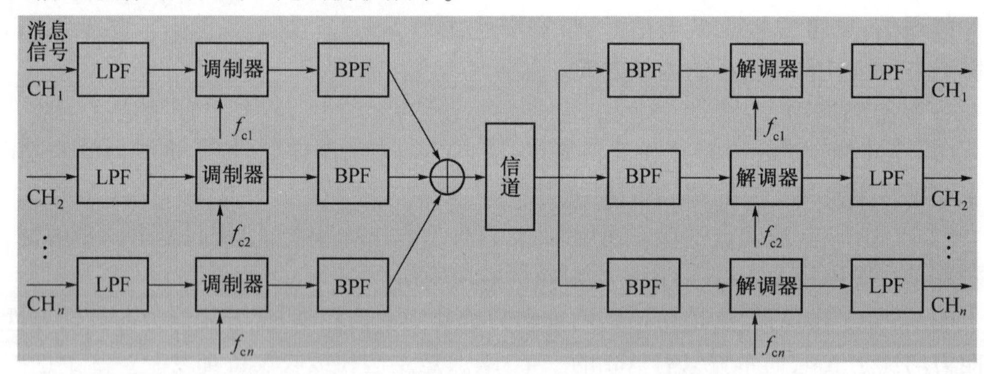

图5-31 频分复用系统组成原理框图

FDM最典型的一个例子是在一条物理线路上传输多路话音信号的多路载波电话系统。该系统一般采用单边带调制频分复用,旨在最大限度地节省传输频带,并且使用层次结构:由12路电话复用为一个基群(Basic Group);5个基群复用为一个超群(Super Group),共60路电话;由10个超群复用为一个主群(Master Group),共600路电话。如果需要传输更多路电话,可以将多个主群进行复用,组成巨群(Jumbo Group)。每路电话信号的频带限制在300Hz~3 400Hz,为了在各路已调信号间留有防护频带,每路电话信号取4 000Hz作为标准带宽。

作为示例，图 5-32 给出了多路载波电话系统的基群频谱结构示意图。该电话基群有 12 路 LSB(下边带)，占用 60kHz~108kHz 的频率范围，其中每路电话信号取 4kHz 作为标准带宽。复用中所有的载波都由一个振荡器合成，起始频率为 64kHz，间隔为 4kHz。因此，可以计算出各载波频率为

$$f_{cn} = 64 + 4(12 - n) \quad (\mathrm{kHz})$$

式中：f_{cn}为第 n 路信号的载波频率，$n = 1 \sim 12$。

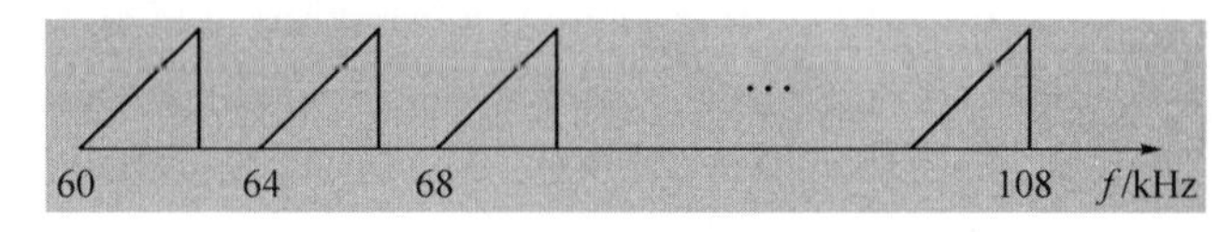

图 5-32　12 路电话基群频谱结构示意图

FDM 技术主要用于模拟信号，普遍应用在多路载波电话系统中。其主要优点是信道利用率高，技术成熟；缺点是设备复杂，滤波器难以制作，并且在复用和传输过程中，调制、解调等过程会不同程度地引入非线性失真，而产生各路信号的相互干扰。

5.7　小　　结

调制在通信系统中的作用至关重要，它的主要作用和目的是：

(1) 将基带信号(调制信号)变换成适合在信道中传输的已调信号；

(2) 实现信道的多路复用；

(3) 改善系统抗噪声性能。

所谓调制，是指按调制信号的变化规律去控制高频载波的某个参数的过程。根据正弦载波受调参数的不同，模拟调制分为：幅度调制和角度调制。

幅度调制，是指高频载波的振幅按照基带信号振幅瞬时值的变化规律而变化的调制方式。它是一种线性调制，其“线性”的含义是：已调信号的频谱仅是基带信号频谱的平移。

幅度调制包括：调幅(AM)、双边带(DSB)、单边带(SSB)和残留边带(VSB)调制。AM 信号的包络与调制信号 $m(t)$ 的形状完全一样，因此可采用简单的包络检波器进行解调；DSB 信号抑制了 AM 信号中的载波分量，因此调制效率是 100%；SSB 信号只传输 DSB 信号中的一个边带，所以频谱最窄、效率最高；VSB 是 SSB 与 DSB 之间的一种折中方式，它不像 SSB 中那样完全抑制 DSB 信号中的一个边带，而是使其残留一小部分，因此它既克服了 DSB 信号占用频带宽的缺点，又解决了 SSB 信号实现中的困难。

线性调制的通用模型有：滤波法和相移法。它们适用于所有线性调制，只要在模型中适当选择边带滤波器的特性，便可以得到各种幅度调制信号。

解调(也称检波)是调制的逆过程，其作用是将已调信号中的基带调制信号恢复出来。解调方法分为：相干解调和非相干解调(包络检波)。

相干解调也叫同步检波，它适用于所有线性调制信号的解调。实现相干解调的关键是接收端要恢复出一个与调制载波严格同步的相干载波。

包络检波就是直接从已调波的幅度中恢复原调制信号。它属于非相干解调，因此不需要相干载波。AM 信号一般都采用包络检波。

角度调制,是指高频载波的频率或相位按照基带信号的规律而变化的一种调制方式。它是一种非线性调制,已调信号的频谱不再保持原来基带频谱的结构。

角度调制包括调频(FM)和调相(PM)。FM 信号的瞬时频偏与调制信号 $m(t)$ 成正比;PM 信号的瞬时相偏与 $m(t)$ 成正比。FM 与 PM 之间是密切相关的。角度调制的频谱与调制信号的频谱是非线性变换关系,因此信号带宽随调频指数 m_f 增加而增加。调频波的有效带宽一般可由卡森(Carson)公式来计算。当 $m_f \ll 1$ 时(NBFM),$B_{FM} \approx 2f_m$;当 $m_f \gg 1$ 时(WBFM),$B_{FM} \approx 2\Delta f$。NBFM 信号的带宽约为调制信号带宽的 2 倍(与 AM 信号相同)。

与幅度调制技术相比,角度调制最突出的优势是其较高的抗噪声性能。这种优势的代价是占用比调幅信号更宽的带宽。加大调制指数 m_f,可使调频系统的抗噪声性能迅速改善,但传输带宽也随之增加。因此,m_f 值的选择要从通信质量和带宽限制两方面考虑。

FM 信号的平均功率等于未调载波的平均功率。即调制后总的功率不变,调制的过程只是进行功率的重新分配,而分配的原则与调频指数 m_f 有关。

加重技术是 FM 系统以及录音和放音设备中实际采用的技术,目的是提高调制频率高频端的输出信噪比。

FM 信号的非相干解调和 AM 信号的非相干解调(包络检波)一样,都存在"门限效应"。当输入信噪比低于门限值时,解调器的输出信噪比将急剧恶化。因此,解调器应工作在门限值以上。门限效应是因非相干解调的非线性作用引起的。相干解调不存在门限效应。

频分复用(FDM)是一种按频率来划分信道的复用方式;FDM 的特征是各路信号在频域上是分开的,而在时间上是重叠的。FDM 技术主要用于模拟信号,普遍应用在多路载波电话系统中。

思 考 题

5-1 何谓调制?调制在通信系统中的作用是什么?

5-2 什么是线性调制?常见的线性调制方式有哪些?

5-3 AM 信号的波形和频谱有哪些特点?

5-4 与未调载波的功率相比,AM 信号在调制过程中功率增加了多少?

5-5 为什么要抑制载波?相对 AM 信号来说,抑制载波的双边带信号可以增加多少功效?

5-6 SSB 信号的产生方法有哪些?各有何技术难点?

5-7 VSB 滤波器的传输特性应满足什么条件?为什么?

5-8 如何比较两个模拟通信系统的抗噪声性能?

5-9 DSB 和 SSB 调制系统的抗噪声性能是否相同?为什么?

5-10 什么是频率调制?什么是相位调制?两者关系如何?

5-11 什么是门限效应?AM信号采用包络检波时为什么会产生门限效应?

5-12 为什么相干解调不存在门限效应?

5-13 比较调幅系统和调频系统的抗噪声性能。

5-14 为什么调频系统可进行带宽与信噪比的互换，而调幅不能？

5-15 FM 系统的调制制度增益和信号带宽的关系如何？这一关系说明什么问题？

5-16 FM 系统产生门限效应的主要原因是什么？

5-17 FM 系统中采用加重技术的原理和目的是什么？

5-18 什么是频分复用？

习　题

5-1 已知线性调制信号表示式如下：

(1) $\cos\Omega t\cos\omega_c t$

(2) $(1+0.5\sin\Omega t)\cos\omega_c t$

式中，$\omega_c=6\Omega$。试分别画出它们的波形图和频谱图。

5-2 根据图 P5-1 所示的调制信号波形，试画出 DSB 及 AM 信号的波形图，并比较它们分别通过包络检波器后的波形差别。

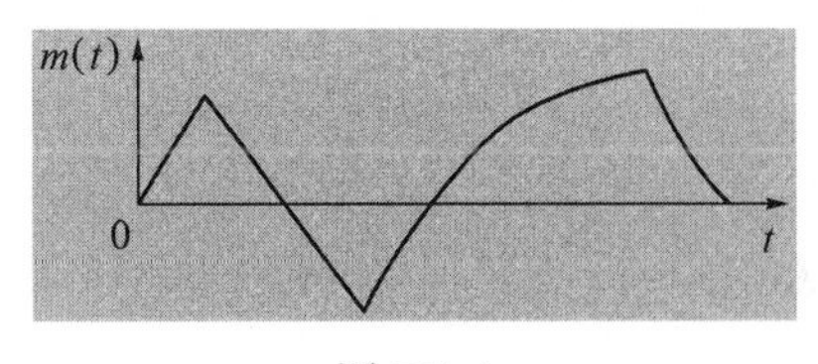

图 P5-1

5-3 已知调制信号 $m(t)=\cos(2\ 000\pi t)+\cos(4\ 000\pi t)$ 载波为 $\cos10^4\pi t$，进行单边带调制，试确定该单边带信号的表示式，并画出频谱图。

5-4 将调幅波通过残留边带滤波器产生残留边带信号。若此滤波器的传输函数 $H(\omega)$ 如图 P5-2 所示（斜线段为直线）。当调制信号为 $m(t)=A[\sin100\pi t+\sin6\ 000\pi t]$ 时，试确定所得残留边带信号的表达式。

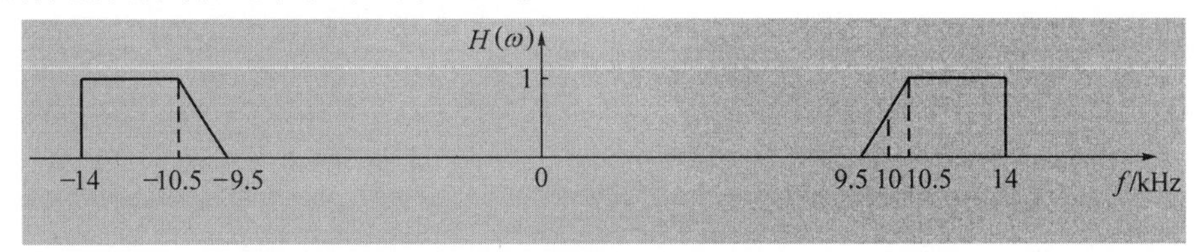

图 P5-2

5-5 某调制方框图如图 P5-3(b) 所示。已知 $m(t)$ 的频谱如图 P5-3(a) 所示，载频 $\omega_1\ll\omega_2$，$\omega_1>\omega_H$，且理想低通滤波器的截止频率为 ω_1，试求输出信号 $s(t)$，并说明 $s(t)$ 为何种已调信号。

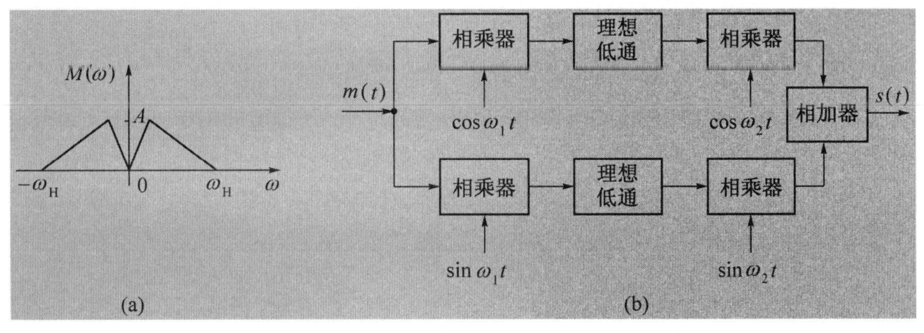

图 P5-3

5-6　某调制系统如图 P5-4 所示。为了在输出端同时分别得到 $f_1(t)$ 及 $f_2(t)$，试确定接收端的 $c_1(t)$ 和 $c_2(t)$。

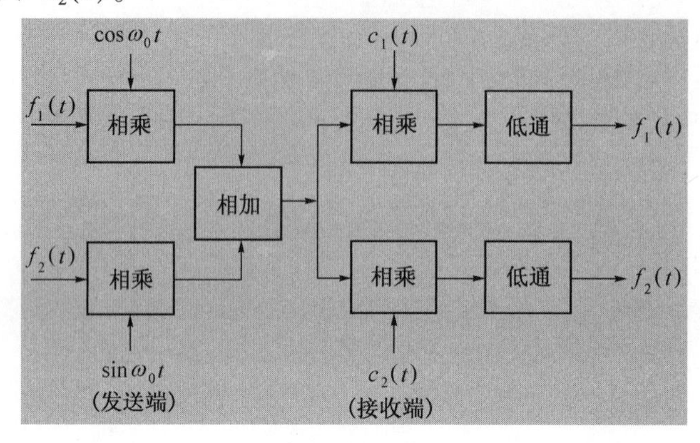

图 P5-4

5-7　设某信道具有均匀的双边噪声功率谱密度 $P_n(f)=0.5\times10^{-3}\,\text{W/Hz}$，在该信道中传输抑制载波的双边带信号，并设调制信号 $m(t)$ 的频带限制在 5kHz，而载波为 100kHz，已调信号的功率为 10kW。若接收机的输入信号在加至解调器之前，先经过一理想带通滤波器滤波，试问：

(1) 该理想带通滤波器的中心频率和通带宽度为多大？

(2) 解调器输入端的信噪功率比为多少？

(3) 解调器输出端的信噪功率比为多少？

(4) 求出解调器输出端的噪声功率谱密度，并用图形表示出来。

5-8　若对某一信号用 DSB 进行传输，设加至接收机的调制信号 $m(t)$ 的功率谱密度为

$$P_m(f)=\begin{cases}\dfrac{n_m}{2}\cdot\dfrac{|f|}{f_m} & |f|\leqslant f_m\\[2ex] 0 & |f|>f_m\end{cases}$$

试求：

(1) 接收机的输入信号功率；

(2) 接收机的输出信号功率；

(3) 若叠加于 DSB 信号的白噪声具有双边功率谱密度为 $n_0/2$，设解调器的输出端接有截止频率为 f_m 的理想低通滤波器，那么，输出信噪功率比为多少？

5-9　设某信道具有均匀的双边噪声功率谱密度 $P_n(f)=0.5\times10^{-3}\,\text{W/Hz}$，在该信道中传输抑制载波的单边带（上边带）信号，并设调制信号 $m(t)$ 的频带限制在 5kHz，而载频是 100kHz，已调信号功率是 10kW。若接收机的输入信号在加至解调器之前，先经过带宽为 5kHz 的理想带通滤波器滤波，试问：

(1) 该理想带通滤波器的中心频率为多大？

(2) 解调器输入端的信噪功率比为多少？

(3) 解调器输出端的信噪功率比为多少？

5-10　某线性调制系统的输出信噪比为20dB,输出噪声功率为10^{-9}W,由发射机输出端到解调器输入端之间总的传输损耗为100dB,试求:

(1) DSB/SC时的发射机输出功率;

(2) SSB/SC时的发射机输出功率。

5-11　设调制信号$m(t)$的功率谱密度与题5-8相同,若用SSB调制方式进行传输(忽略信道的影响),试求:

(1) 接收机的输入信号功率;

(2) 接收机的输出信号功率;

(3) 若叠加于SSB信号的白噪声具有双边功率谱密度为$n_0/2$,设解调器的输出端接有截止频率为f_m的理想低通滤波器,那么,输出信噪功率比为多少?

(4) 该系统的调制制度增益G为多大?

5-12　试证明:当AM信号采用同步检测法进行解调时,其制度增益G与公式(5.2-38)的结果相同。

5-13　设某信道具有均匀的双边噪声功率谱密度$P_n(f)=0.5\times10^{-3}$W/Hz,在该信道中传输振幅调制信号,并设调制信号$m(t)$的频带限制在5kHz,而载频是100kHz,边带功率为10kW,载波功率为40kW。若接收机的输入信号先经过一个合适的理想带通滤波器,然后再加至包络检波器进行解调。试求:

(1) 解调器输入端的信噪功率比;

(2) 解调器输出端的信噪功率比;

(3) 制度增益G。

5-14　设被接收的调幅信号为:$s_m(t)=A[1+m(t)]\cos\omega_c t$,采用包络检波法解调,其中$m(t)$的功率谱密度与题5-8相同,若一双边功率谱密度为$n_0/2$噪声叠加于已调信号,试求解调器输出的信噪功率比。

5-15　试证明:若在VSB信号中加入大的载波,则可采用包络检波器进行解调。

5-16　设一宽带FM系统,载波振幅为100V,频率为100MHz,调制信号$m(t)$的频带限制在5kHz,$\overline{m^2(t)}=5000\text{V}^2$,$K_f=500\pi\text{rad}/(\text{s}\cdot\text{V})$,最大频偏为$\Delta f=75$kHz,并设信道噪声功率谱密度是均匀的,其单边谱密度为$P_n(f)=10^{-3}$W/Hz,试求:

(1) 接收机输入端理想带通滤波器的传输特性$H(\omega)$;

(2) 解调器输入端的信噪功率比;

(3) 解调器输出端的信噪功率比;

(4) 若$m(t)$以AM调制方法传输,并以包络检波器进行解调,试比较在输出信噪比和所需带宽方面与FM系统有何不同。

5-17　已知某单频调频波的振幅是10V,瞬时频率为

$$f(t)=10^6+10^4\cos2\pi\times10^3t\quad(\text{Hz})$$

试求:

(1) 此调频波的表达式;

(2) 此调频波的频率偏移、调频指数和频带宽度;

(3) 若调制信号频率提高到2×10^3Hz,则调频波的频偏、调频指数和频带宽度如何

变化？

5-18　已知调制信号是 8MHz 的单频余弦信号，且设信道噪声单边功率谱密度 $n_0 = 5\times10^{-15}$ W/Hz，信道损耗 α 为 60dB。若要求输出信噪比为 40dB，试求：

（1）100%调制时 AM 信号的带宽和发射功率；

（2）调频指数为 5 时 FM 信号的带宽和发射功率。

5-19　有 60 路模拟话音信号采用频分复用方式传输。已知每路话音信号频率范围为 0~4kHz（已含防护频带），副载波采用 SSB 调制，主载波采用 FM 调制，调制指数 $m_f=2$。

（1）试计算副载波调制合成信号带宽；

（2）试求信道传输信号带宽。

参考文献

[1] Weaver D K.A Third Method of Generating and Detection of Single Sideband Signals.Proceedings of the IRE，1956，(44) 12:1703-1705.

第6章　数字基带传输系统

第1章中曾指出，与模拟通信相比，数字通信具有许多优良的特性。此外，数字处理的灵活性使得数字传输系统中传输的数字信息既可以来自计算机、电传机等数据终端的各种数字代码，也可以来自模拟信号经数字化处理后的脉冲编码（PCM）信号等。未经调制的数字信号所占据的频谱是从零频或很低频率开始，称为**数字基带**（baseband）**信号**。在某些具有低通特性的有线信道中，特别是在传输距离不太远的情况下，基带信号可以不经过载波调制而直接进行传输。例如，在计算机局域网中直接传输基带脉冲。这种不经载波调制而直接传输数字基带信号的系统，称为**数字基带传输系统**。而把包括调制和解调过程的传输系统称为数字带通（或频带）传输系统。

目前，虽然数字基带传输不如带通传输那样应用广泛，但对于基带传输系统的研究仍是十分有意义的。这是因为，第一，在利用对称电缆构成的近程数据通信系统中广泛采用了这种传输方式；第二，随着数字通信技术的发展，基带传输方式也有迅速发展的趋势，目前，它不仅用于低速数据传输，而且还用于高速数据传输；第三，基带传输中包含带通传输的许多基本问题，也就是说，基带传输系统的许多问题也是带通传输系统必须考虑的问题；第四，理论上也可证明，任何一个采用线性调制的带通传输系统，可以等效为一个基带传输系统来研究。因此，这一章先来讨论数字基带传输系统，而数字带通传输系统的内容将在第7章中介绍。

本章在信号波形、传输码型及其谱特性的分析基础上，重点研究如何设计基带传输总特性，以消除码间干扰；如何有效地减小信道加性噪声的影响，以提高系统抗噪声性能。然后介绍一种利用实验手段直观估计系统性能的方法——眼图，并提出改善数字基带传输性能的两个措施——部分响应和时域均衡。

6.1　数字基带信号及其频谱特性

原理上数字信息可以表示成一个数字代码序列。例如，计算机中的信息是以约定的二进制代码“0”和“1”的形式存储。但是，在实际传输中，为了匹配信道的特性以获得令人满意的传输效果，一般需要进行不同形式的编码，并且选用一组取值有限的传输波形来表示消息代码。因此，我们有必要先来了解数字基带信号波形及其频谱特性。

6.1.1　数字基带信号

如前所述，数字基带信号是数字信息的电波形表示，它可以用不同的电平或脉冲来表示相应的消息代码。数字基带信号（以下简称为基带信号）的类型有很多。现在以矩形脉冲为例，介绍几种基本的基带信号波形，如图6-1所示。

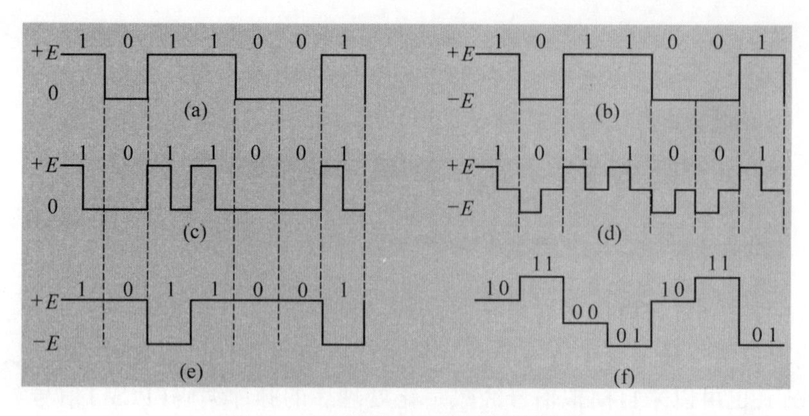

图 6-1　几种基本的基带信号波形

1. 单极性波形

如图 6-1(a)所示,这是一种最简单的基带信号波形。它用正电平和零电平分别对应二进制码“1”和“0”;或者说,它在一个码元时间内用脉冲的有或无来表示“1”和“0”。该波形的特点是电脉冲之间无间隔,极性单一,易于用 TTL、CMOS 电路产生;缺点是有直流分量,要求传输线路具有直流传输能力,因而不适应有交流耦合的远距离传输,只适用于计算机内部或极近距离(如印制电路板内和机箱内)的传输。

2. 双极性波形

如图 6-1(b)所示 ,它用正、负电平的脉冲分别表示二进制代码“1”和“0”。因其正负电平的幅度相等、极性相反,故当“1”和“0”等概率出现时无直流分量,有利于在信道中传输,并且在接收端恢复信号的判决电平为零值,因而不受信道特性变化的影响,抗干扰能力也较强。在 ITU-T 制定的 V.24 接口标准和美国电工协会(EIA)制定的 RS-232C 接口标准中均采用双极性波形。

3. 单极性归零波形

所谓归零(Return-to-zero,RZ)波形是指它的有电脉冲宽度 τ 小于码元宽度 T_s,即信号电压在一个码元终止时刻前总要回到零电平,如图 6-1(c)中所示。通常,归零波形使用半占空码,即占空比(τ/T_s)为 50%,从单极性 RZ 波形可以直接提取定时信息,它是其他码型提取位同步信息时常采用的一种过渡波形。

与归零波形相对应,上面的单极性波形和双极性波形属于非归零(Nonreturn-To-Zero,NRZ)波形,其占空比 $\tau/T_s=100\%$。

4. 双极性归零波形

它是双极性波形的归零形式,如图 6-1(d)所示。它兼有双极性和归零波形的特点。由于其相邻脉冲之间存在零电位的间隔,使得接收端很容易识别出每个码元的起止时刻,从而使收发双方能保持正确的位同步。这一优点使双极性归零波形得到了一定的应用。

5. 差分波形

这种波形是用相邻码元的电平的跳变和不变来表示消息代码,而与码元本身的电位或极性无关,如图 6-1(e)所示。图中,以电平跳变表示“1”,以电平不变表示“0”,当然上述规定也可以反过来。由于差分波形是以相邻脉冲电平的相对变化来表示代码,因此也称**相对码波形**,而相应地称前面的单极性或双极性波形为**绝对码波形**。用差分波形传送代码可以消除设备初始状态的影响,特别是在相位调制系统中(参见第 7 章)可用于解决载波相位模糊问题。

6. 多电平波形

上述波形的电平取值只有两种,即一个二进制码对应一个脉冲。为了提高频带利用率,可以采用多电平波形或多值波形。例如,图 6-1(f)给出了一个四电平波形 2B1Q(两个比特用四级电平中的一级表示),其中 11 对应+3E,10 对应+E,00 对应-E,01 对应-3E。由于多电平波形的一个脉冲对应多个二进制码,在波特率相同(传输带宽相同)的条件下,比特率提高了,因此多电平波形在频带受限的高速数据传输系统中得到了广泛应用。

需要指出的是,表示信息码元的单个脉冲的波形并非一定是矩形的。根据实际需要和信道情况,还可以是高斯脉冲、升余弦脉冲等其他形式。但无论采用什么形式的波形,数字基带信号都可用数学式表示出来。若表示各码元的波形相同而电平取值不同,则数字基带信号可表示为

$$s(t) = \sum_{n=-\infty}^{\infty} a_n g(t - nT_s) \tag{6.1-1}$$

式中: a_n 为第 n 个码元所对应的电平值(0,+1 或-1,+1 等);T_s 为码元持续时间;$g(t)$ 为某种脉冲波形。

由于 a_n 是一个随机量,因而在实际中遇到的基带信号 $s(t)$ 都是一个随机的脉冲序列。一般情况下,数字基带信号可表示为

$$s(t) = \sum_{n=-\infty}^{\infty} s_n(t) \tag{6.1-2}$$

其中,$s_n(t)$ 可以有 N 种不同的脉冲波形。

6.1.2 基带信号的频谱特性

从传输的角度研究基带信号的频谱结构是十分必要的。通过频谱分析,我们可以确定信号需要占据的频带宽度,还可以获得信号谱中的直流分量、位定时分量、主瓣宽度和谱滚降衰减速度等信息。这样,我们可以针对信号谱的特点来选择相匹配的信道,或者说根据信道的传输特性来选择适合的信号形式或码型。

由于数字基带信号是一个随机脉冲序列,没有确定的频谱函数,所以只能用功率谱来描述它的频谱特性。第 3 章中介绍的由随机过程的相关函数去求功率谱密度的方法就是一种典型的分析广义平稳随机过程的方法。这里,我们准备介绍另一种比较简明的方法,这种方法是以随机过程功率谱的原始定义为出发点,求出数字随机序列的功率谱公式。

设一个二进制的随机脉冲序列如图 6-2 所示。其中,$g_1(t)$ 和 $g_2(t)$ 分别表示消息码"0"和"1",T_s 为码元宽度。应当指出,图中虽然把 $g_1(t)$ 和 $g_2(t)$ 都画成了三角波(高度不同),但实际中 $g_1(t)$ 和 $g_2(t)$ 可以是任意形状的脉冲。

现在假设序列中任一码元时间 T_s 内 $g_1(t)$ 和 $g_2(t)$ 出现的概率分别为 P 和 $1-P$,且认为它们的出现是统计独立的,则该序列 $s(t)$ 可用式(6.1-2)表征,即

$$s(t) = \sum_{n=-\infty}^{\infty} s_n(t) \tag{6.1-3}$$

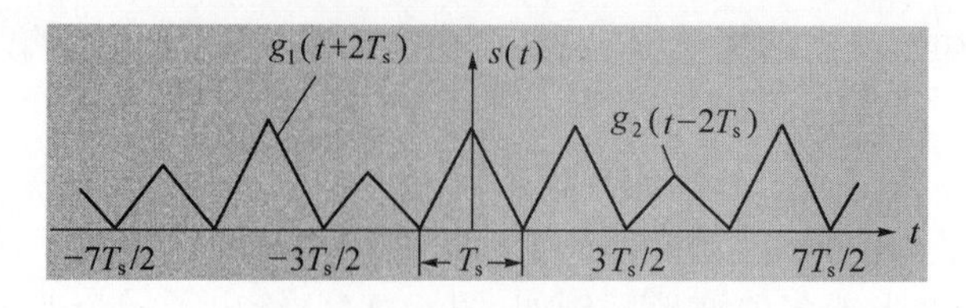

图 6-2　随机脉冲序列示意波形

其中
$$s_n(t)=\begin{cases}g_1(t-nT_s) & \text{以概率 } P \text{ 出现}\\ g_2(t-nT_s) & \text{以概率}(1-P)\text{ 出现}\end{cases} \tag{6.1-4}$$

为了使频谱分析的物理概念清楚，推导过程简化，我们可以把 $s(t)$ 分解成稳态波 $v(t)$ 和交变波 $u(t)$。所谓稳态波，即随机序列 $s(t)$ 的统计平均分量，它取决于每个码元内出现 $g_1(t)$、$g_2(t)$ 的概率加权平均，因此可表示成

$$v(t)=\sum_{n=-\infty}^{\infty}[Pg_1(t-nT_s)+(1-P)g_2(t-nT_s)]=\sum_{n=-\infty}^{\infty}v_n(t) \tag{6.1-5}$$

由于 $v(t)$ 在每个码元内的统计平均波形相同，故 $v(t)$ 是以 T_s 为周期的周期信号。

交变波 $u(t)$ 是 $s(t)$ 与 $v(t)$ 之差，即

$$u(t)=s(t)-v(t) \tag{6.1-6}$$

其中第 n 个码元为

$$u_n(t)=s_n(t)-v_n(t) \tag{6.1-7}$$

于是

$$u(t)=\sum_{n=-\infty}^{\infty}u_n(t) \tag{6.1-8}$$

其中，$u_n(t)$ 可以根据式(6.1-4) 和式(6.1-5)表示为

$$u_n(t)=\begin{cases}g_1(t-nT_s)-Pg_1(t-nT_s)-(1-P)g_2(t-nT_s)=\\ \quad(1-P)[g_1(t-nT_s)-g_2(t-nT_s)] & \text{以概率 } P\\ g_2(t-nT_s)-Pg_1(t-nT_s)-(1-P)g_2(t-nT_s)=\\ \quad-P[g_1(t-nT_s)-g_2(t-nT_s)] & \text{以概率}(1-P)\end{cases}$$

或写成

$$u_n(t)=a_n[g_1(t-nT_s)-g_2(t-nT_s)] \tag{6.1-9}$$

其中
$$a_n=\begin{cases}1-P & \text{以概率 } P\\ -P & \text{以概率}(1-P)\end{cases} \tag{6.1-10}$$

显然，$u(t)$ 是一个随机脉冲序列。

下面我们根据式(6.1-5)和式(6.1-8)，分别计算出稳态波 $v(t)$ 和交变波 $u(t)$ 的功率谱，然后根据式(6.1-6)的关系，就可得到随机基带脉冲序列 $s(t)$ 的频谱特性。

1. $v(t)$ 的功率谱密度 $P_v(f)$

由于 $v(t)$ 是以 T_s 为周期的周期信号，故

$$v(t)=\sum_{n=-\infty}^{\infty}\left[Pg_1(t-nT_s)+(1-P)g_2(t-nT_s)\right]$$

可以展成傅里叶级数

$$v(t)=\sum_{m=-\infty}^{\infty}C_m \mathrm{e}^{\mathrm{j}2\pi mf_s t} \tag{6.1-11}$$

其中

$$C_m=\frac{1}{T_s}\int_{-\frac{T_s}{2}}^{\frac{T_s}{2}}v(t)\mathrm{e}^{-\mathrm{j}2\pi mf_s t}\mathrm{d}t \tag{6.1-12}$$

由于在$(-T_s/2,T_s/2)$范围内(相当$n=0$),$v(t)=Pg_1(t)+(1-P)g_2(t)$,所以

$$C_m=\frac{1}{T_s}\int_{-\frac{T_s}{2}}^{\frac{T_s}{2}}\left[Pg_1(t)+(1-P)g_2(t)\right]\mathrm{e}^{-\mathrm{j}2\pi mf_s t}\mathrm{d}t$$

又由于$Pg_1(t)+(1-P)g_2(t)$只存在于$(-T_s/2,T_s/2)$范围内,所以上式的积分限可以改为从$-\infty$到∞,因此

$$C_m=\frac{1}{T_s}\int_{-\infty}^{\infty}\left[Pg_1(t)+(1-P)g_2(t)\right]\mathrm{e}^{-\mathrm{j}2\pi mf_s t}\mathrm{d}t=$$
$$f_s\left[PG_1(mf_s)+(1-P)G_2(mf_s)\right] \tag{6.1-13}$$

其中

$$G_1(mf_s)=\int_{-\infty}^{\infty}g_1(t)\mathrm{e}^{-\mathrm{j}2\pi mf_s t}\mathrm{d}t$$

$$G_2(mf_s)=\int_{-\infty}^{\infty}g_2(t)\mathrm{e}^{-\mathrm{j}2\pi mf_s t}\mathrm{d}t$$

于是,根据周期信号的功率谱密度与傅里叶系数C_m的关系式(参见式(2.2-48)),得到$v(t)$的功率谱密度为

$$P_v(f)=\sum_{m=-\infty}^{\infty}\left|f_s\left[PG_1(mf_s)+(1-P)G_2(mf_s)\right]\right|^2\delta(f-mf_s) \tag{6.1-14}$$

式(6.1-14)表明,稳态波的功率谱$P_v(f)$是冲激强度取决于$|C_m|^2$的离散线谱,根据离散谱可以确定随机序列是否包含直流分量($m=0$)和定时分量($m=1$)。

2. $u(t)$的功率谱密度$P_u(f)$

由于$u(t)$是一个功率型的随机脉冲序列,它的功率谱密度可采用截短函数和统计平均的方法来求。参照第3章中的功率谱密度的原始定义式(3.2-15),有

$$P_u(f)=\lim_{T\to\infty}\frac{E\left[\,|U_T(f)|^2\right]}{T} \tag{6.1-15}$$

式中:$U_T(f)$为$u(t)$的截短函数$u_T(t)$所对应的频谱函数;E表示统计平均;T为截取时间,设它等于$(2N+1)$个码元的长度,即

$$T=(2N+1)T_s \tag{6.1-16}$$

其中,N是一个足够大的整数。此时,式(6.1-15)可以写成

$$P_u(f) = \lim_{N\to\infty} \frac{E[\,|U_T(f)|^2\,]}{(2N+1)T_s} \tag{6.1-17}$$

现在先求出 $u_T(t)$ 的频谱函数 $U_T(f)$。由式(6.1-8),显然有

$$u_T(t) = \sum_{n=-N}^{N} u_n(t) = \sum_{n=-N}^{N} a_n[g_1(t-nT_s) - g_2(t-nT_s)] \tag{6.1-18}$$

则

$$U_T(f) = \int_{-\infty}^{\infty} u_T(t) e^{-j2\pi ft} dt =$$

$$\sum_{n=-N}^{N} a_n \int_{-\infty}^{\infty} [g_1(t-nT_s) - g_2(t-nT_s)] e^{-j2\pi ft} dt =$$

$$\sum_{n=-N}^{N} a_n e^{-j2\pi fnT_s}[G_1(f) - G_2(f)] \tag{6.1-19}$$

其中

$$G_1(f) = \int_{-\infty}^{\infty} g_1(t) e^{-j2\pi ft} dt$$

$$G_2(f) = \int_{-\infty}^{\infty} g_2(t) e^{-j2\pi ft} dt$$

于是

$$|U_T(f)|^2 = U_T(f) U_T^*(f) =$$

$$\sum_{m=-N}^{N}\sum_{n=-N}^{N} a_m a_n e^{j2\pi f(n-m)T_s}[G_1(f) - G_2(f)][G_1(f) - G_2(f)]^* \tag{6.1-20}$$

其统计平均为

$$E[\,|U_T(f)|^2\,] = \sum_{m=-N}^{N}\sum_{n=-N}^{N} E(a_m a_n) e^{j2\pi f(n-m)T_s}[G_1(f) - G_2(f)][G_1^*(f) - G_2^*(f)] \tag{6.1-21}$$

因为当 $m=n$ 时

$$a_m a_n = a_n^2 = \begin{cases} (1-P)^2 & \text{以概率 } P \\ P^2 & \text{以概率}(1-P) \end{cases}$$

所以

$$E[a_n^2] = P(1-P)^2 + (1-P)P^2 = P(1-P) \tag{6.1-22}$$

当 $m \neq n$ 时

$$a_m a_n = \begin{cases} (1-P)^2 & \text{以概率 } P^2 \\ P^2 & \text{以概率}(1-P)^2 \\ -P(1-P) & \text{以概率 } 2P(1-P) \end{cases}$$

所以

$$E[a_m a_n] = P^2(1-P)^2 + (1-P)^2P^2 + 2P(1-P)(P-1)P = 0 \tag{6.1-23}$$

由以上计算可知,式(6.1-21)的统计平均值仅在 $m=n$ 时存在,故有

$$E[\,|U_{\mathrm{T}}(f)|^2\,] = \sum_{n=-N}^{N} E[a_n^2]\,|G_1(f)-G_2(f)|^2 =$$

$$(2N+1)P(1-P)\,|G_1(f)-G_2(f)|^2 \qquad (6.1-24)$$

将其代入式(6.1-17),则可求得 $u(t)$ 的功率谱密度

$$P_u(f) = \lim_{N\to\infty}\frac{(2N+1)P(1-P)\,|G_1(f)-G_2(f)|^2}{(2N+1)T_{\mathrm{s}}} =$$

$$f_{\mathrm{s}}P(1-P)\,|G_1(f)-G_2(f)|^2 \qquad (6.1-25)$$

式(6.1-25)表明,交变波的功率谱 $P_u(f)$ 是连续谱,它与 $g_1(t)$ 和 $g_2(t)$ 的频谱以及概率 P 有关。通常,根据连续谱可以确定随机序列的带宽。

3. $s(t)$ 的功率谱密度 $P_{\mathrm{s}}(f)$

由于 $s(t)=u(t)+v(t)$,所以将式(6.1-25)与式(6.1-14)进行相加,即可得到随机序列 $s(t)$ 的功率谱密度,即

$$P_{\mathrm{s}}(f) = P_u(f) + P_v(f) = f_{\mathrm{s}}P(1-P)\,|G_1(f)-G_2(f)|^2 +$$

$$\sum_{m=-\infty}^{\infty}|f_{\mathrm{s}}[PG_1(mf_{\mathrm{s}})+(1-P)G_2(mf_{\mathrm{s}})]|^2\delta(f-mf_{\mathrm{s}}) \qquad (6.1-26)$$

上式为双边的功率谱密度表示式。如果写成单边的,则有

$$P_{\mathrm{s}}(f) = 2f_{\mathrm{s}}P(1-P)\,|G_1(f)-G_2(f)|^2 + f_{\mathrm{s}}^2\,|PG_1(0)+(1-P)G_2(0)|^2\delta(f) +$$

$$2f_{\mathrm{s}}^2\sum_{m=1}^{\infty}|PG_1(mf_{\mathrm{s}})+(1-P)G_2(mf_{\mathrm{s}})|^2\delta(f-mf_{\mathrm{s}}) \quad f\geqslant 0 \qquad (6.1-27)$$

式中:$f_{\mathrm{s}}=1/T_{\mathrm{s}}$ 为码元速率;T_{s} 为码元宽度(持续时间);$G_1(f)$,$G_2(f)$ 分别为 $g_1(t)$,$g_2(t)$ 的傅里叶变换。

由式(6.1-26)我们可以得到以下结论:

(1) 二进制随机脉冲序列的功率谱 $P_{\mathrm{s}}(f)$ 可能包含连续谱(第一项)和离散谱(第二项)。

(2) 连续谱总是存在的,这是因为代表数据信息的 $g_1(t)$ 和 $g_2(t)$ 波形不能完全相同,故有 $G_1(f)\neq G_2(f)$。谱的形状取决于 $g_1(t)$,$g_2(t)$ 的频谱以及出现的概率 P。

(3) 离散谱是否存在,取决于 $g_1(t)$ 和 $g_2(t)$ 的波形及其出现的概率 P。一般情况下,它也总是存在的,但对于双极性信号 $g_1(t)=-g_2(t)=g(t)$,且概率 $P=1/2$(等概)时,则没有离散分量 $\delta(f-mf_{\mathrm{s}})$。根据离散谱可以确定随机序列是否有直流分量和定时分量。

下面举例说明功率谱密度的计算。

【例 6-1】 求单极性 NRZ 和 RZ 矩形脉冲序列的功率谱。

【解】 对于单极性波形:若设 $g_1(t)=0$,$g_2(t)=g(t)$,则由式(6.1-26)可得到由其构成的随机脉冲序列的双边功率谱密度为

$$P_{\mathrm{s}}(f) = f_{\mathrm{s}}P(1-P)\,|G(f)|^2 + \sum_{m=-\infty}^{\infty}|f_{\mathrm{s}}(1-P)G(mf_{\mathrm{s}})|^2\delta(f-mf_{\mathrm{s}})$$

$$(6.1-28)$$

等概($P=1/2$)时,式(6.1-28)简化为

$$P_s(f)=\frac{1}{4}f_s\,|G(f)|^2+\frac{1}{4}f_s^2\sum_{m=-\infty}^{\infty}|G(mf_s)|^2\delta(f-mf_s) \qquad (6.1-29)$$

(1) 若表示“1”码的波形 $g_2(t)=g(t)$ 为不归零(NRZ)矩形脉冲,即

$$g(t)=\begin{cases}1 & |t|\leqslant \dfrac{T_s}{2}\\ 0 & 其他\end{cases}$$

其频谱函数为

$$G(f)=T_s\left(\frac{\sin\pi f T_s}{\pi f T_s}\right)=T_s\mathrm{Sa}(\pi f T_s)$$

当 $f=mf_s$ 时,$G(mf_s)$ 的取值情况为:$m=0$,$G(0)=T_s\mathrm{Sa}(0)\neq 0$,因此式(6.1-29)中有直流分量 $\delta(f)$;m 为不等于零的整数时,$G(mf_s)=T_s\mathrm{Sa}(n\pi)=0$,故式(6.1-29)中离散谱为零,因而无定时分量 $\delta(f-f_s)$。

这时,式(6.1-29)变成

$$P_s(f)=\frac{1}{4}f_sT_s^2\left(\frac{\sin\pi f T_s}{\pi f T_s}\right)^2+\frac{1}{4}\delta(f)=$$

$$\frac{T_s}{4}\mathrm{Sa}^2(\pi f T_s)+\frac{1}{4}\delta(f) \qquad (6.1-30)$$

(2) 若表示“1”码的波形 $g_2(t)=g(t)$ 为半占空归零矩形脉冲,即脉冲宽度 $\tau=T_s/2$ 时,其频谱函数为

$$G(f)=\frac{T_s}{2}\mathrm{Sa}\left(\frac{\pi f T_s}{2}\right)$$

当 $f=mf_s$ 时,$G(mf_s)$ 的取值情况为:$m=0$,$G(0)=T_s\mathrm{Sa}(0)/2\neq 0$,因此式(6.1-29)中有直流分量;$m$ 为奇数时,$G(mf_s)=\dfrac{T_s}{2}\mathrm{Sa}\left(\dfrac{m\pi}{2}\right)\neq 0$,此时有离散谱,因而有定时分量(当 $m=1$ 时);m 为偶数时,$G(mf_s)=\dfrac{T_s}{2}\mathrm{Sa}\left(\dfrac{m\pi}{2}\right)=0$,此时无离散谱。

这时,式(6.1-29)变成

$$P_s(f)=\frac{T_s}{16}\mathrm{Sa}^2\left(\frac{\pi f T_s}{2}\right)+\frac{1}{16}\sum_{m=-\infty}^{\infty}\mathrm{Sa}^2\left(\frac{m\pi}{2}\right)\delta(f-mf_s) \qquad (6.1-31)$$

单极性信号的功率谱密度分别如图 6-3(a)中的实线和虚线所示。

【例 6-2】 求双极性 NRZ 和 RZ 矩形脉冲序列的功率谱。

【解】 对于双极性波形:若设 $g_1(t)=-g_2(t)=g(t)$,则由式(6.1-26)可得

$$P_s(f)=4f_sP(1-P)\mid G(f)\mid^2+\sum_{m=-\infty}^{\infty}\mid f_s(2P-1)G(mf_s)\mid^2\delta(f-mf_s)$$

$$(6.1-32)$$

等概($P=1/2$)时,式(6.1-32)变为

$$P_s(f)=f_s\mid G(f)\mid^2 \tag{6.1-33}$$

(1) 若 $g(t)$ 是高度为 1 的 NRZ 矩形脉冲,那么式(6.1-33)可写成

$$P_s(f)=T_s\mathrm{Sa}^2(\pi f T_s) \tag{6.1-34}$$

(2) 若 $g(t)$ 是高度为 1 的半占空 RZ 矩形脉冲,则有

$$P_s(f)=\frac{T_s}{4}\mathrm{Sa}^2\left(\frac{\pi}{2}f T_s\right) \tag{6.1-35}$$

双极性信号的功率谱密度曲线如图 6-3(b)中的实线和虚线所示。

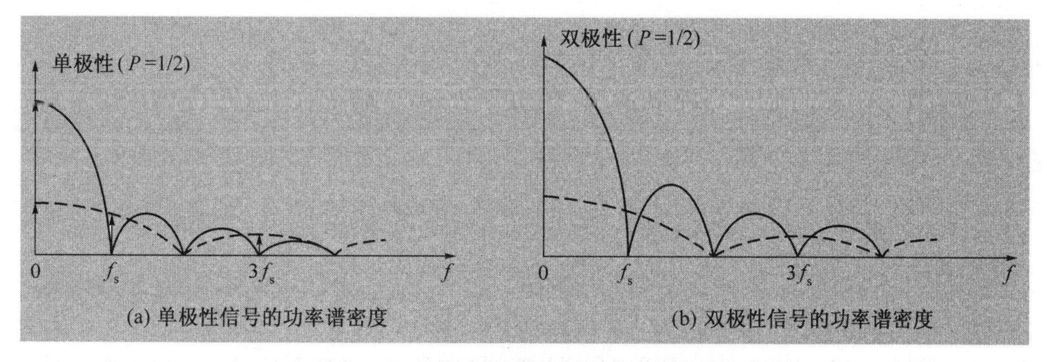

图 6-3　二进制基带信号的功率谱密度

实线—NRZ；虚线—RZ。

从以上两例可以看出:

(1) 二进制基带信号的带宽主要依赖单个码元波形的频谱函数 $G_1(f)$ 和 $G_2(f)$。时间波形的占空比越小,占用频带越宽。若以谱的第 1 个零点计算, NRZ($\tau=T_s$)基带信号的带宽为 $B_s=1/\tau=f_s$;RZ($\tau=T_s/2$)基带信号的带宽为 $B_s=1/\tau=2f_s$。其中 $f_s=1/T_s$,是位定时信号的频率,它在数值上与码元速率 R_B 相等。

(2) 单极性基带信号是否存在离散线谱取决于矩形脉冲的占空比。单极性 NRZ 信号中没有定时分量,若想获取定时分量,要进行波形变换;单极性 RZ 信号中含有定时分量,可以直接提取它。"0"、"1"等概的双极性信号没有离散谱,也就是说没有直流分量和定时分量。

综上分析,研究随机脉冲序列的功率谱是十分有意义的。一方面我们可以根据它的连续谱来确定序列的带宽;另一方面根据它的离散谱是否存在这一特点,使我们明确能否从脉冲序列中直接提取定时分量,以及采用怎样的方法可以从基带脉冲序列中获得所需的离散分量。这一点,在研究位同步、载波同步等问题时将是十分重要的。

应该指出,在以上的分析方法中没有限定 $g_1(t)$ 和 $g_2(t)$ 的波形。因此,式(6.1-26)不仅适用于计算二进制数字基带信号的功率谱,也可以用来计算数字调制信号的功率谱,

只要满足上述分析方法中的条件。事实上，由式(6.1-26)很容易得到二进制幅度键控(ASK)、相移键控(PSK)和频移键控(FSK)的功率谱(参见第7章)。

6.2 基带传输的常用码型

在实际的基带传输系统中，并不是所有的基带波形都适合在信道中传输。例如，含有丰富直流和低频分量的单极性基带波形就不适宜在低频传输特性差的信道中传输，因为这有可能造成信号严重畸变。又如，当消息代码中包含长串的连续"1"或"0"符号时，非归零波形呈现出连续的固定电平，因而无法获取定时信息。单极性归零码在传送连"0"时，也存在同样的问题。因此，对传输用的基带信号主要有以下两个方面的要求。

(1) 对代码的要求：原始消息代码必须编成适合于传输用的码型；

(2) 对所选码型的电波形要求：电波形应适合于基带系统的传输。

前者属于传输码型的选择，后者是基带脉冲的选择。这是两个既独立又有联系的问题。本节先讨论码型的选择问题，后一问题将在以后讨论。

6.2.1 传输码的码型选择原则

传输码(或称线路码)的结构将取决于实际信道特性和系统工作的条件。在选择传输码型时，一般应考虑以下原则：

(1) 不含直流，且低频分量尽量少；

(2) 应含有丰富的定时信息，以便于从接收码流中提取定时信号；

(3) 功率谱主瓣宽度窄，以节省传输频带；

(4) 不受信息源统计特性的影响，即能适应于信息源的变化；

(5) 具有内在的检错能力，即码型应具有一定规律性，以便利用这一规律性进行宏观监测。

(6) 编译码简单，以降低通信延时和成本。

满足或部分满足以上特性的传输码型种类很多，下面将介绍目前常用的几种。

6.2.2 几种常用的传输码型

1. AMI码

AMI(Alternative Mark Inversion)码的全称是传号交替反转码，其编码规则是将消息码的"1"(传号)交替地变换为"+1"和"-1"，而"0"(空号)保持不变。例如：

消息码：0 1 1 0 0 0 0 0 0 0 1 1 0 0 1 1…

AMI码：0 -1 +1 0 0 0 0 0 0 0 -1 +1 0 0 -1 +1…

AMI码对应的波形是具有正、负、零三种电平的脉冲序列。它可以看成是单极性波形的变形，即"0"仍对应零电平，而"1"交替对应正、负电平。

AMI码的优点是，没有直流成分，且高、低频分量少，能量集中在频率为1/2码速处(图6-4)；编解码电路简单，且可利用传号极性交替这一规律观察误码情况；如果它是AMI-RZ波形，接收后只要全波整流，就可变为单极性RZ波形，从中可以提取位定时分量。鉴于上述优点，AMI码成为较常用的传输码型之一。

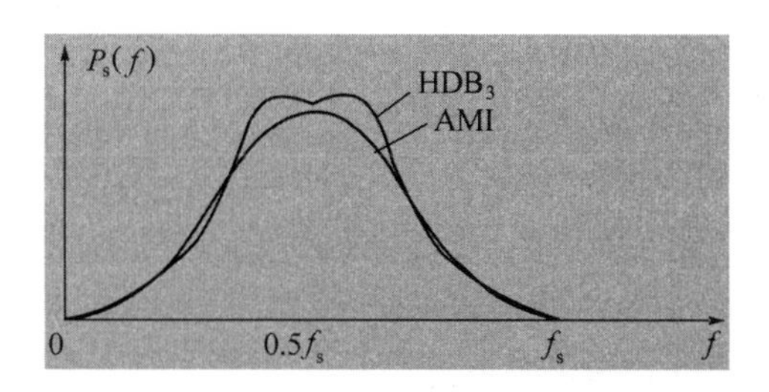

图 6-4　AMI 码和 HDB_3 码的功率谱

AMI 码的缺点是，当原信码出现长连“0”串时，信号的电平长时间不跳变，造成提取定时信号的困难。解决连“0”码问题的有效方法之一是采用 HDB_3 码。

2. HDB_3 码

HDB_3(3rd Order High Density Bipolar)码的全称是三阶高密度双极性码。它是 AMI 码的一种改进型，改进目的是为了保持 AMI 码的优点而克服其缺点，使连“0”个数不超过三个。其编码规则是：

(1) 检查消息码中“0”的个数。当连“0”数目小于等于 3 时，HDB_3 码与 AMI 码一样，+1 与-1 交替。

(2) 当连“0”数目超过 3 时，将每四个连“0”化作一小节，定义为 B00V，称为破坏节，其中 V 称为破坏脉冲，而 B 称为调节脉冲。

(3) V 与前一个相邻的非“0”脉冲的极性相同(这破坏了极性交替的规则，所以 V 称为破坏脉冲)，并且要求相邻的 V 码之间极性必须交替。V 的取值为+1 或-1。

(4) B 的取值可选 0、+1 或-1，以使 V 同时满足(3)中的两个要求。

(5) V 码后面的传号码极性也要交替。例如：

消息码：　1 0 0 0　0 1 0 0 0　0 1　1 0 0 0　0　0 0 0　0 1 1

AMI 码：　-1 0 0 0　0 +1 0 0 0　0 -1 +1 0 0 0　0　0 0 0　0 -1 +1

HDB_3 码：　-1 [0 0 0 -V] +1 [0 0 0 +V] -1 +1 [-B 0 0 -V] [+B 0 0 +V] -1 +1

其中的±V 脉冲和±B 脉冲与±1 脉冲波形相同，用 V 或 B 符号表示的目的是为了示意该非“0”码是由原信码的“0”变换而来的。

HDB_3 码的编码虽然比较复杂，但解码却比较简单。从上述编码规则看出，每一个破坏脉冲 V 总是与前一非“0”脉冲同极性(包括 B 在内)。这就是说，从收到的符号序列中可以容易地找到破坏点 V，于是也断定 V 符号及其前面的三个符号必是连“0”符号，从而恢复四个连“0”码，再将所有-1 变成+1 后便得到原消息代码。

HDB_3 码除了具有 AMI 码的优点外，同时还将连“0”码限制在三个以内，使得接收时能保证定时信息的提取。因此，HDB_3 码是目前应用最为广泛的码型，A 律 PCM 四次群以下的接口码型均为 HDB_3 码。

在上述 AMI 码、HDB_3 码中，每位二进制信码都被变换成一位三电平取值(+1,0,-1)的码，因此也称这类码为 1B1T 码。

3. 双相码

双相码又称曼彻斯特(Manchester)码。它用一个周期的正负对称方波表示“0”，而用其反相波形表示“1”。编码规则之一是：“0”码用“01”两位码表示，“1”码用“10”两位码表示，例如：

消息码： 1　1　0　0　1　0　1

双相码：10　10　01　01　10　01　10

双相码波形是一种双极性 NRZ 波形，只有极性相反的两个电平。它在每个码元间隔的中心点都存在电平跳变，所以含有丰富的位定时信息，且没有直流分量，编码过程也简单。缺点是占用带宽加倍，使频带利用率降低。

双相码适用于数据终端设备近距离上传输，局域网常采用该码作为传输码型。

4. 密勒码

密勒(Miller)码又称延迟调制码，它是双相码的一种变形。它的编码规则如下："1"码用码元中心点出现跃变来表示，即用"10"或"01"表示。"0"码有两种情况：单个"0"时，在码元持续时间内不出现电平跃变，且与相邻码元的边界处也不跃变，连"0"时，在两个"0"码的边界处出现电平跃变，即"00"与"11"交替。

为了便于理解，图 6-5(a)和(b)示出了代码序列为 1 1 0 1 0 0 1 0 时，双相码和密勒码的波形。图 6-5(a)是双相码的波形；图 6-5(b)为密勒码的波形。由图 6-5(b)可见，若两个"1"码中间有一个"0"码时，密勒码流中出现最大宽度为 $2T_s$ 的波形，即两个码元周期。这一性质可用来进行宏观检错。

比较图 6-5 中的(a)和(b)两个波形还可以看出，双相码的下降沿正好对应于密勒码的跃变沿。因此，用双相码的下降沿去触发双稳电路，即可输出密勒码。密勒码最初用于气象卫星和磁记录，现在也用于低速基带数传机中。

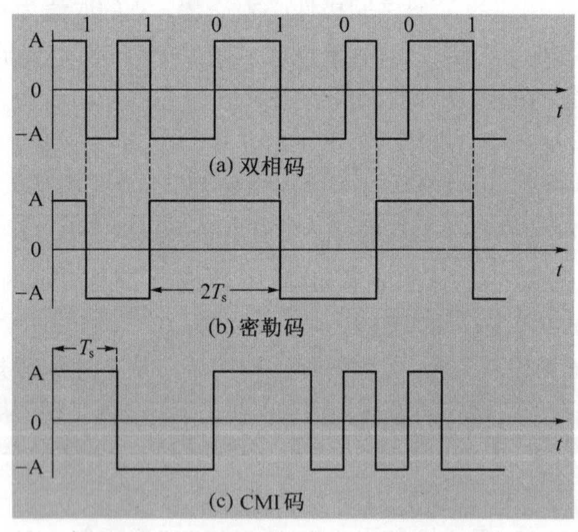

图 6-5　双相码、密勒码、CMI 码的波形

5. CMI 码

CMI(Coded Mark Inversion)码是传号反转码的简称，与双相码类似，它也是一种双极性二电平码。其编码规则是："1"码交替用"1 1"和"0 0"两位码表示；"0"码固定地用"01"表示，其波形如图 6-5(c)所示。

CMI 码易于实现，含有丰富的定时信息。此外，由于 10 为禁用码组，不会出现三个以上的连码，这个规律可用来宏观检错。该码已被 ITU-T 推荐为 PCM 四次群的接口码型，有时也用在速率低于 8.448Mb/s 的光缆传输系统中。

6. 块编码

为了提高线路编码性能，需要某种冗余来确保码型的同步和检错能力。引入块编码可以在某种程度上达到这两个目的。块编码的形式有 nBmB 码，nBmT 码等。

nBmB 码是一类块编码，它把原信息码流的 n 位二进制码分为一组，并置换成 m 位二进制码的新码组，其中 $m>n$。由于 $m>n$，新码组可能有 2^m 种组合，故多出(2^m-2^n)种组合。在 2^m 种组合中，以某种方式选择有利码组作为许用码组，其余作为禁用码组，以获得好的编码性能。例如，在 4B5B 编码中，用 5 位的编码代替 4 位的编码，对于 4 位分组，只有 $2^4=16$ 种不同的组合，对于 5 位分组，则有 $2^5=32$ 种不同的组合。为了实现同步，我们可以按照不超过一个前导“0”和两个后缀“0”的方式选用码组，其余为禁用码组。这样，如果接收端出现了禁用码组，则表明传输过程中出现误码，从而提高了系统的检错能力 。前面介绍的双相码、密勒码和 CMI 码都可看作 1B2B 码。

在光纤通信系统中，常选择 $m=n+1$，取 1B2B 码、2B3B 码、3B4B 码及 5B6B 码等。其中，5B6B 码型已实用化，用作三次群和四次群以上的线路传输码型。

nBmB 码提供了良好的同步和检错功能，但是也会为此付出一定的代价，即所需的带宽随之增加。

nBmT 码的设计思想是将 n 个二进制码变换成 m 个三进制码的新码组，且 $m<n$。例如，4B3T 码，它把四个二进制码变换成三个三进制码。显然，在相同的码速率下，4B3T 码的信息容量大于 1B1T，因而可提高频带利用率。

4B3T 码、8B6T 码等适用于较高速率的数据传输系统，如高次群同轴电缆传输系统。

6.3 数字基带信号传输与码间串扰

6.3.1 数字基带信号传输系统的组成

在前两节中，我们从不同的角度了解了基带信号的特点。从现在开始，我们将要讨论基带信号的传输问题。本小节先定性描述数字基带信号传输的物理过程。下一小节将对有关问题进行定量分析。

图 6-6 是一个典型的数字基带信号传输系统方框图。它主要由发送滤波器(信道信号形成器)、信道、接收滤波器和抽样判决器等组成。为了保证系统可靠有序地工作，还应有同步系统。

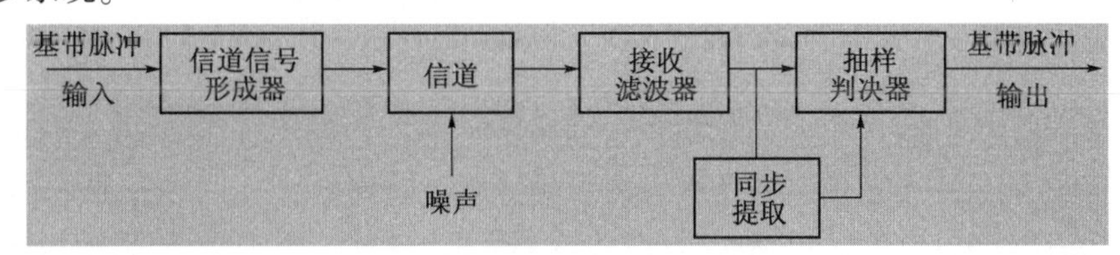

图 6-6 数字基带传输系统方框图

图中各方框的功能和信号传输的物理过程简述如下：

(1) **信道信号形成器(发送滤波器)**。它的功能是产生适合于信道传输的基带信号波形。因为其输入一般是经过码型编码器产生的传输码,相应的基本波形通常是矩形脉冲,其频谱很宽,不利于传输。发送滤波器用于压缩输入信号频带,把传输码变换成适宜于信道传输的基带信号波形。

(2) **信道**。是允许基带信号通过的媒质,通常为有线信道,如双绞线、同轴电缆等。信道的传输特性一般不满足无失真传输条件,因此会引起传输波形的失真。另外信道还会引入噪声 $n(t)$,并假设它是均值为零的高斯白噪声。

(3) **接收滤波器**。它用来接收信号,尽可能滤除信道噪声和其他干扰,对信道特性进行均衡,使输出的基带波形有利于抽样判决。

(4) **抽样判决器**。则是在传输特性不理想及噪声背景下,在规定时刻(由位定时脉冲控制)对接收滤波器的输出波形进行抽样判决,以恢复或再生基带信号。

(5) **定时脉冲和同步提取**。用来抽样的位定时脉冲依靠同步提取电路从接收信号中提取,位定时的准确与否将直接影响判决效果。这一点将在第 12 章中详细讨论。

图 6-7 画出了基带系统的各点波形示意图 。图 6-7 中(a)是输入的基带信号,这是最常见的单极性 NRZ 信号;(b)是进行码型变换后的波形;(c)对(a)而言进行了码型及波形的变换,是一种适合在信道中传输的波形;(d)是信道输出信号,显然由于信道传输特性的不理想,使波形产生了失真并叠加上了噪声;(e)为接收滤波器输出波形,它与(d)相比,失真和噪声减弱;(f)是位定时同步脉冲;(g)为恢复的信息,其中第 7 个码元发生误码。

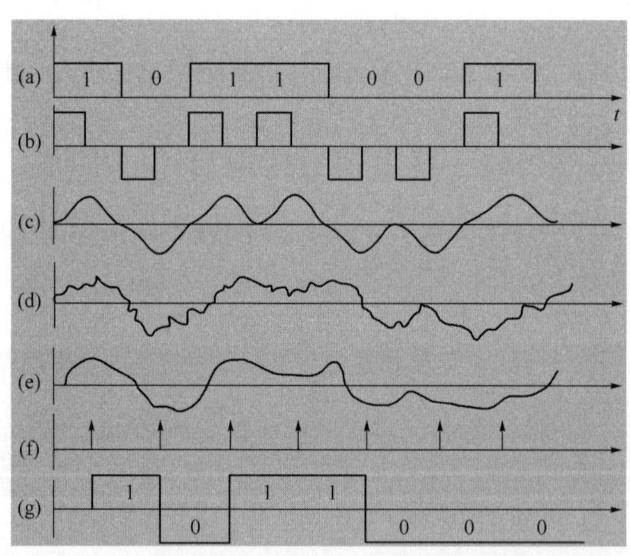

图 6-7 基带系统的各点波形示意图

误码是由接收端抽样判决器的错误判决造成的,而造成错误判决的原因主要有两个:一个是码间串扰,另一个是信道加性噪声的影响。所谓**码间串扰**(InterSymbol Interference,ISI)是由于系统传输总特性(包括收、发滤波器和信道的特性)不理想,导致前后码元的波形畸变、展宽,并使前面波形出现很长的拖尾,蔓延到当前码元的抽样时刻上,从而对当前码元的判决造成干扰。码间串扰严重时,会造成错误判决,如图 6-8 所示。

此时,实际抽样判决值不仅有本码元的值,还有其他码元在该码元抽样时刻的串扰值

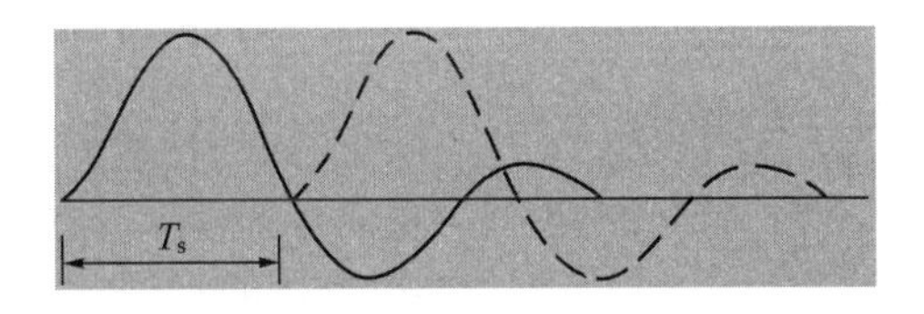

图 6-8 码间串扰示意图

及噪声。显然,接收端能否正确恢复信息,在于能否有效地抑制噪声和减小码间串扰。

6.3.2 数字基带信号传输的定量分析

在 6.3.1 小节中,我们定性分析了基带信号传输系统的工作原理,并对码间串扰和噪声的影响有了直观的认识。本节将用定量的关系式来表述数字基带信号传输的过程。数字基带信号传输系统模型如图 6-9 所示。

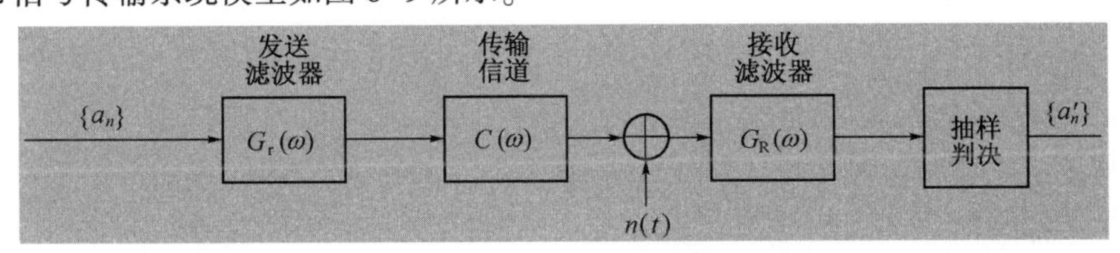

图 6-9 数字基带信号传输系统模型

图 6-9 中,假设 $\{a_n\}$ 为发送滤波器的输入符号序列,在二进制的情况下,符号 a_n 的取值为 0,1 或-1,+1。为分析方便,我们把这个序列对应的基带信号表示成

$$d(t) = \sum_{n=-\infty}^{\infty} a_n \delta(t - nT_s) \tag{6.3-1}$$

这个信号是由时间间隔为 T_s 的单位冲激函数 $\delta(t)$ 构成的序列,其每一个 $\delta(t)$ 的强度则由 a_n 决定。当 $d(t)$ 激励发送滤波器(即信道信号形成器)时,发送滤波器产生的输出信号为

$$s(t) = d(t) * g_T(t) = \sum_{n=-\infty}^{\infty} a_n g_T(t - nT_s) \tag{6.3-2}$$

式中:“ * ”是卷积符号;$g_T(t)$ 是单个 $\delta(t)$ 作用下形成的发送基本波形,即发送滤波器的冲激响应。

设发送滤波器的传输特性为 $G_T(\omega)$,则 $g_T(t)$ 由式(6.3-3)确定

$$g_T(t) = \frac{1}{2\pi}\int_{-\infty}^{\infty} G_T(\omega)\mathrm{e}^{\mathrm{j}\omega t}\mathrm{d}\omega \tag{6.3-3}$$

若再设信道的传输特性为 $C(\omega)$,接收滤波器的传输特性为 $G_R(\omega)$,则图 6-9 所示的基带传输系统的总传输特性为

$$H(\omega) = G_T(\omega)C(\omega)G_R(\omega) \tag{6.3-4}$$

其单位冲激响应为

$$h(t) = \frac{1}{2\pi}\int_{-\infty}^{\infty} H(\omega)\mathrm{e}^{\mathrm{j}\omega t}\mathrm{d}\omega \tag{6.3-5}$$

$h(t)$是在单个$\delta(t)$作用下,$H(\omega)$形成的输出波形。因此在冲激脉冲序列 $d(t)$作用下,接收滤波器输出信号 $r(t)$可表示为

$$r(t) = d(t) * h(t) + n_R(t) = \sum_{n=-\infty}^{\infty} a_n h(t - nT_s) + n_R(t) \qquad (6.3-6)$$

式中:$n_R(t)$是加性噪声 $n(t)$经过接收滤波器后输出的噪声。

然后,抽样判决器对 $r(t)$进行抽样判决,以确定所传输的数字信息序列$\{a_n\}$。例如,我们为了确定第 k 个码元 a_k 的取值,首先应在 $t=kT_s+t_0$ 时刻上(t_0 是信道和接收滤波器所造成的延迟)对 $r(t)$进行抽样,以确定 $r(t)$在该样点上的值。由式(6.3-6)可得

$$r(kT_s + t_0) = a_k h(t_0) + \sum_{n \neq k} a_n h[(k-n)T_s + t_0] + n_R(kT_s + t_0) \qquad (6.3-7)$$

式中:$a_k h(t_0)$是第 k 个接收码元波形的抽样值,它是确定 a_k 的依据;$\sum_{n \neq k} a_n h[(k-n)T_s + t_0]$ 是除第 k 个码元以外的其他码元波形在第 k 个抽样时刻上的总和(代数和),它对当前码元 a_k 的判决起着干扰的作用,所以称之为码间串扰值,由于 a_n 是以概率出现的,故码间串扰值通常是一个随机变量;$n_R(kT_s+t_0)$是输出噪声在抽样瞬间的值,它是一种随机干扰,也会影响对第 k 个码元的正确判决。

此时,实际抽样值 $r(kT_s+t_0)$不仅有本码元的值,还有码间串扰值及噪声,故当 $r(kT_s+t_0)$加到判决电路时,对 a_k 取值的判决可能判对也可能判错。例如,在二进制数字通信时,a_k 的可能取值为"0"或"1",若判决电路的判决门限为 V_d,则这时判决规则为:

当 $r(kT_s+t_0)>V_d$ 时,判 a_k 为"1";当 $r(kT_s+t_0)<V_d$ 时,判 a_k 为"0"。

显然,只有当码间串扰值和噪声足够小时,才能基本保证上述判决的正确;否则,有可能发生错判,造成误码。因此,为使基带脉冲传输获得足够小的误码率,必须最大限度地减小码间串扰和随机噪声的影响。这也正是研究基带脉冲传输的基本出发点。

6.4 无码间串扰的基带传输特性

上节分析表明,码间串扰和信道噪声是影响基带传输系统性能的两个主要因素。因此,如何减小它们的影响,使系统的误码率达到规定要求,则是我们必须研究的两个问题。由于码间串扰和信道噪声产生的机理不同,并且为了简化分析,突出主要问题,我们把这两个问题分别考虑。本节先讨论在不考虑噪声情况下,如何消除码间串扰;6.5 再讨论无码间串扰情况下,如何减小信道噪声的影响。

6.4.1 消除码间串扰的基本思想

由式(6.3-7)可知,若想消除码间串扰,应使

$$\sum_{n \neq k} a_n h[(k-n)T_s + t_0] = 0 \qquad (6.4-1)$$

由于 a_n 是随机的,要想通过各项相互抵消使码间串扰为 0 是不行的,这就需要对 $h(t)$的波形提出要求。如果相邻码元的前一个码元的波形到达后一个码元抽样判决时刻已经衰减到 0,如图 6-10(a)所示的波形,就能满足要求。但是,这样的波形不易实现,因为实际

中的 $h(t)$ 波形有很长的"拖尾"，也正是由于每个码元的"拖尾"造成了对相邻码元的串扰，但只要让它在 T_s+t_0、$2T_s+t_0$ 等后面码元抽样判决时刻上正好为 0，就能消除码间串扰，如图 6-10(b)所示。这就是消除码间串扰的基本思想。

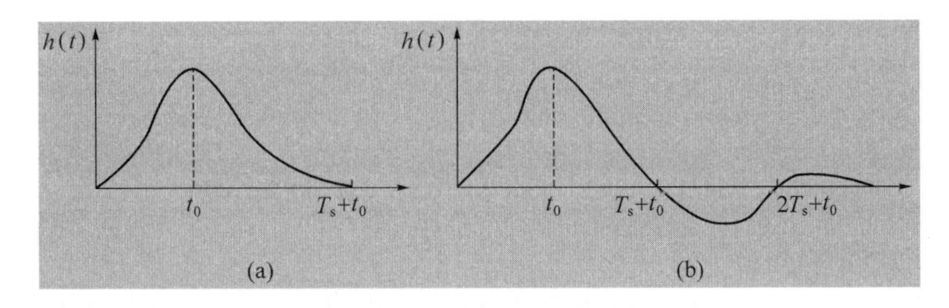

图 6-10　消除码间串扰基本思想

6.4.2　无码间串扰的条件

如上所述，只要基带传输系统的冲激响应波形 $h(t)$ 仅在本码元的抽样时刻上有最大值，并在其他码元的抽样时刻上均为 0，则可消除码间串扰。也就是说，若对 $h(t)$ 在时刻 $t=kT_s$（这里假设信道和接收滤波器所造成的延迟 $t_0=0$）抽样，则应有下式成立

$$h(kT_s)=\begin{cases}1 & k=0\\ 0 & k\text{ 为其他整数}\end{cases} \tag{6.4-2}$$

式(6.4-2)称为**无码间串扰的时域条件**。也就是说，若 $h(t)$ 的抽样值除了在 $t=0$ 时不为零外，在其他所有抽样点上均为零，就不存在码间串扰。

根据 $h(t)\Leftrightarrow H(\omega)$ 的关系可知，$h(t)$ 是由基带系统 $H(\omega)$ 形成的传输波形。因此，如何形成无码间串扰的传输波形 $h(t)$，实际是如何设计基带传输总特性 $H(\omega)$ 的问题。下面我们来寻找满足式(6.4-2)的 $H(\omega)$。

因为

$$h(t)=\frac{1}{2\pi}\int_{-\infty}^{\infty}H(\omega)\mathrm{e}^{\mathrm{j}\omega t}\mathrm{d}\omega \tag{6.4-3}$$

所以在 $t=kT_s$ 时，有

$$h(kT_s)=\frac{1}{2\pi}\int_{-\infty}^{\infty}H(\omega)\mathrm{e}^{\mathrm{j}\omega kT_s}\mathrm{d}\omega \tag{6.4-4}$$

现把上式的积分区间用分段积分求和代替，每段长为 $2\pi/T_s$，则上式可写成

$$h(kT_s)=\frac{1}{2\pi}\sum_i\int_{(2i-1)\pi/T_s}^{(2i+1)\pi/T_s}H(\omega)\mathrm{e}^{\mathrm{j}\omega kT_s}\mathrm{d}\omega \tag{6.4-5}$$

作变量代换：令 $\omega'=\omega-\dfrac{2i\pi}{T_s}$，则有 $\mathrm{d}\omega'=\mathrm{d}\omega$，$\omega=\omega'+\dfrac{2i\pi}{T_s}$。且当 $\omega=\dfrac{(2i\pm1)\pi}{T_s}$ 时，$\omega'=\pm\dfrac{\pi}{T_s}$，于是

$$h(kT_s)=\frac{1}{2\pi}\sum_i\int_{-\pi/T_s}^{\pi/T_s}H\left(\omega'+\frac{2i\pi}{T_s}\right)e^{j\omega' kT_s}e^{j2\pi ik}d\omega'=$$

$$\frac{1}{2\pi}\sum_i\int_{-\pi/T_s}^{\pi/T_s}H\left(\omega'+\frac{2i\pi}{T_s}\right)e^{j\omega' kT_s}d\omega' \tag{6.4-6}$$

当上式右边一致收敛时,求和与积分的次序可以互换,于是有

$$h(kT_s)=\frac{1}{2\pi}\int_{-\pi/T_s}^{\pi/T_s}\sum_i H\left(\omega+\frac{2i\pi}{T_s}\right)e^{j\omega kT_s}d\omega \tag{6.4-7}$$

这里,我们已把ω'重新换为ω。

由傅里叶级数可知,若$F(\omega)$是周期为$2\pi/T_s$的频率函数,则可用指数型傅里叶级数表示

$$F(\omega)=\sum_n f_n e^{-jn\omega T_s}$$

$$f_n=\frac{T_s}{2\pi}\int_{-\pi/T_s}^{\pi/T_s}F(\omega)e^{jn\omega T_s}d\omega \tag{6.4-8}$$

将式(6.4-8)与式(6.4-7)对照,我们发现,$h(kT_s)$就是$\frac{1}{T_s}\sum_i H\left(\omega+\frac{2i\pi}{T_s}\right)$的指数型傅里叶级数的系数,即有

$$\frac{1}{T_s}\sum_i H\left(\omega+\frac{2\pi i}{T_s}\right)=\sum_k h(kT_s)e^{-j\omega kT_s} \tag{6.4-9}$$

在式(6.4-2)无码间串扰时域条件的要求下,我们得到无码间串扰时的基带传输特性应满足

$$\frac{1}{T_s}\sum_i H\left(\omega+\frac{2\pi i}{T_s}\right)=1 \qquad |\omega|\leqslant\frac{\pi}{T_s} \tag{6.4-10}$$

或写成

$$\sum_i H\left(\omega+\frac{2\pi i}{T_s}\right)=T_s \qquad |\omega|\leqslant\frac{\pi}{T_s} \tag{6.4-11}$$

该条件称为**奈奎斯特**(Nyquist)**第一准则**。它为我们提供了检验一个给定的传输系统特性$H(\omega)$是否产生码间串扰的一种方法。基带系统的总特性$H(\omega)$凡是能符合此要求的,均能消除码间串扰。

式(6.4-11)的物理意义是:将$H(\omega)$在ω轴上以$2\pi/T_s$为间隔切开,然后分段沿ω轴平移到$\left(-\frac{\pi}{T_s},\frac{\pi}{T_s}\right)$区间内,将它们进行叠加,其结果应当为一常数(不必一定是T_s)。这一过程可以归述为:一个实际的$H(\omega)$特性若能等效成一个理想(矩形)低通滤波器,则可实现无码间串扰。

例如,图6-11中的$H(\omega)$是对$\omega=\pm\pi/T_s$呈奇对称的低通滤波器特性,经过切割、平移、叠加,可得到

$$\sum_i H\left(\omega+\frac{2\pi i}{T_s}\right)=H\left(\omega-\frac{2\pi}{T_s}\right)+H(\omega)+H\left(\omega+\frac{2\pi}{T_s}\right)=T_s \qquad |\omega|\leqslant\frac{\pi}{T_s}$$

故该$H(\omega)$满足式(6.4-11)的要求,具有等效理想低通特性,所以它是无码间串扰的$H(\omega)$。

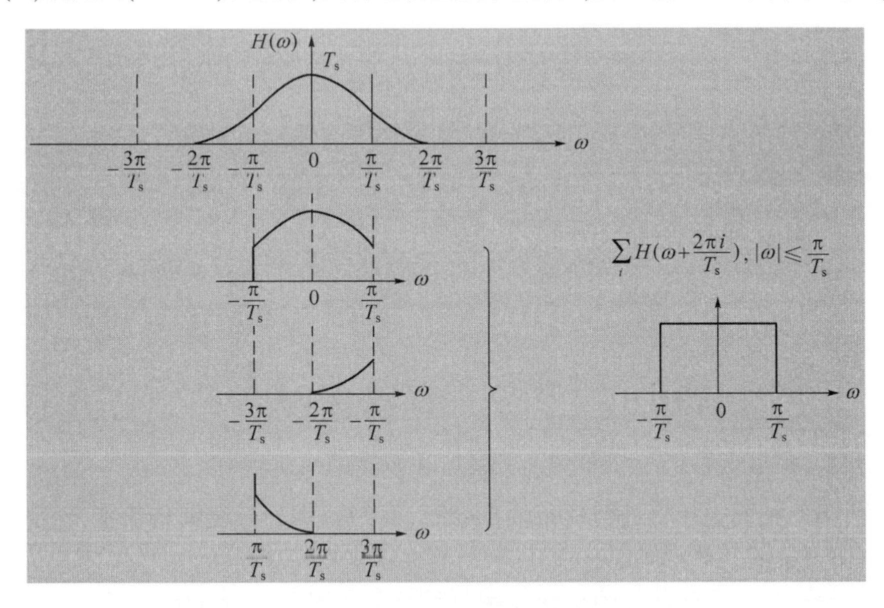

图 6-11　$H(\omega)$特性的检验

满足奈奎斯特第一准则的传输特性$H(\omega)$并不是唯一的要求。如何设计或选择满足式(6.4-11)的$H(\omega)$是我们接下来要讨论的问题。

6.4.3　无码间串扰的传输特性的设计

1. 理想低通特性

满足奈奎斯特第一准则的$H(\omega)$有很多种,容易想到的一种极限情况,就是$H(\omega)$为理想低通型,相当于式(6.4-11)中只有$i=0$项,即

$$H(\omega)=\begin{cases}T_s & |\omega|\leqslant\dfrac{\pi}{T_s}\\[2mm] 0 & |\omega|>\dfrac{\pi}{T_s}\end{cases} \tag{6.4-12}$$

如图 6-12(a)所示。它的冲激响应为

$$h(t)=\frac{\sin\dfrac{\pi}{T_s}t}{\dfrac{\pi}{T_s}t}=\mathrm{Sa}(\pi t/T_s) \tag{6.4-13}$$

如图 6-12(b)所示。由图可见,$h(t)$在$t=\pm kT_s(k\neq0)$时有周期性零点,当发送序列的时间间隔为T_s时,正好巧妙地利用了这些零点(图 6-12(b)中虚线),只要接收端在$t=kT_s$时间点上抽样,就能实现无码间串扰。

由图 6-12 及式(6.4-12)还可以看出,对于带宽为

$$B = 1/2T_s (\text{Hz})$$

的理想低通传输特性，若输入数据以 $R_B = 1/T_s$ 波特的速率进行传输，则在抽样时刻上不存在码间串扰。若以高于 $1/T_s$ 波特的码元速率传送时，将存在码间串扰。此时，基带系统所能提供的最高频带利用率为

$$\eta = R_B/B = 2 \quad (\text{Baud/Hz})$$

这是在无码间串扰条件下，基带系统所能达到的极限情况。

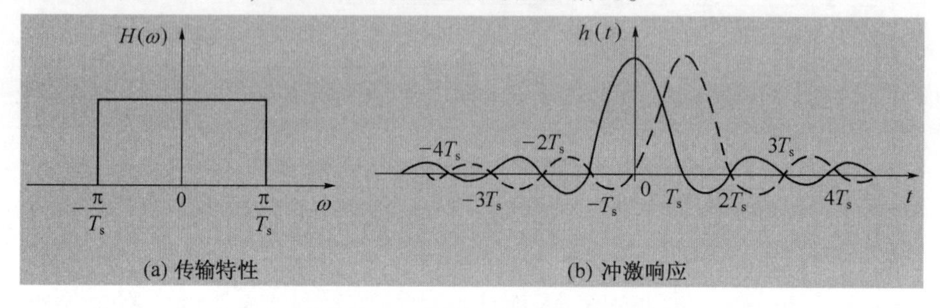

图 6-12　理想低通传输系统特性

通常，我们把此理想低通传输特性的带宽（$1/2T_s$）称为**奈奎斯特带宽**，记为 f_N；将该系统无码间串扰的最高传输速率（$2f_N$ 波特）称为**奈奎斯特速率**。

令人遗憾的是，虽然理想的低通传输特性达到了基带系统的极限传输速率（$2f_N$ 波特）和极限频带利用率（2Baud/Hz），可是这种特性在物理上是无法实现的。而且，即使获得了相当逼近理想的特性，把它的冲激响应 $h(t)$ 作为传输波形仍然是不适宜的。这是因为，理想特性的冲激响应波形 $h(t)$ 的"尾巴"——衰减振荡幅度较大；如果定时（抽样时刻）稍有偏差，就会出现严重的码间串扰。考虑到实际的传输系统总是可能存在定时误差的，所以对理想低通传输特性的研究只有理论上的指导意义，还需寻找物理可实现的等效理想低通特性。

2. 余弦滚降特性

为了解决理想低通特性存在的问题，可以使理想低通滤波器特性的边沿缓慢下降，这称为"滚降"。一种常用的滚降特性是余弦滚降特性，如图 6-13 所示。只要 $H(\omega)$ 在滚降段中心频率处（与奈奎斯特带宽 f_N 相对应）呈奇对称的振幅特性，就必然可以满足奈奎斯特第一准则，从而实现无码间串扰传输。这种设计也可看成是理想低通特性以奈奎斯特带宽 f_N 为中心，按奇对称条件进行滚降的结果。按余弦特性滚降的传输函数 $H(\omega)$ 可表示为

$$H(\omega) = \begin{cases} T_s & 0 \leqslant |\omega| < \dfrac{(1-\alpha)\pi}{T_s} \\[2ex] \dfrac{T_s}{2}\left[1 + \sin \dfrac{T_s}{2\alpha}\left(\dfrac{\pi}{T_s} - \omega\right)\right] & \dfrac{(1-\alpha)\pi}{T_s} \leqslant |\omega| < \dfrac{(1+\alpha)\pi}{T_s} \\[2ex] 0 & |\omega| \geqslant \dfrac{(1+\alpha)\pi}{T_s} \end{cases} \tag{6.4-14}$$

其相应的 $h(t)$ 为

$$h(t)=\frac{\sin\pi t/T_s}{\pi t/T_s}\cdot\frac{\cos\alpha\pi t/T_s}{1-4\alpha^2t^2/T_s^2} \tag{6.4-15}$$

式中：α 为滚降系数,用于描述滚降程度。它定义为

$$\alpha=f_\Delta/f_N \tag{6.4-16}$$

式中：f_N 为奈奎斯特带宽；f_Δ 是超出奈奎斯特带宽的扩展量。

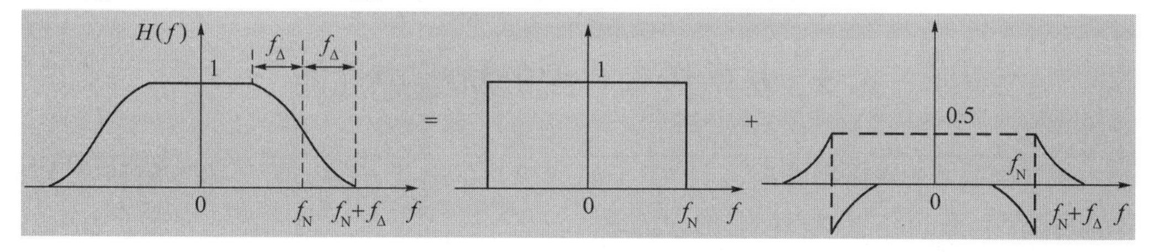

图 6-13　奇对称的余弦滚降特性

显然,$0\leqslant\alpha\leqslant1$。对应不同的 α 有不同的滚降特性。图 6-14 画出了滚降系数 $\alpha=0$, 0.5, 0.75, 1 时的几种滚降特性和冲激响应。可见,滚降系数 α 越大,$h(t)$ 的拖尾衰减越快,对位定时精度要求越低。但是,滚降使带宽增大为 $B=f_N+f_\Delta=(1+\alpha)f_N$,所以频带利用率降低。因此,余弦滚降系统的最高频带利用率为

$$\eta=\frac{R_B}{B}=\frac{2f_N}{(1+\alpha)f_N}=\frac{2}{(1+\alpha)}\quad(\text{Baud/Hz}) \tag{6.4-17}$$

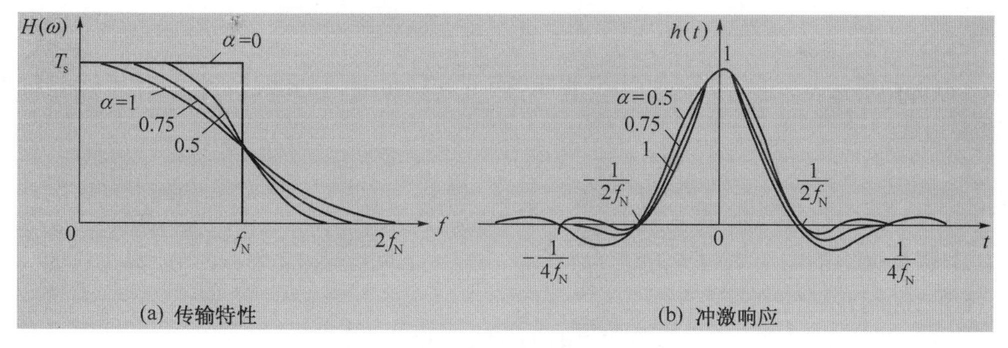

图 6-14　余弦滚降特性示例

由图 6-14 可以看出：$\alpha=0$ 时,即为前面所述的理想低通系统；$\alpha=1$ 时,就是在图 6-11中所示的升余弦频谱特性,这时 $H(\omega)$ 可表示为

$$H(\omega)=\begin{cases}\dfrac{T_s}{2}\left(1+\cos\dfrac{\omega T_s}{2}\right) & |\omega|\leqslant\dfrac{2\pi}{T_s}\\[2ex] 0 & |\omega|>\dfrac{2\pi}{T_s}\end{cases} \tag{6.4-18}$$

其单位冲激响应为

$$h(t)=\frac{\sin\pi t/T_s}{\pi t/T_s}\cdot\frac{\cos\pi t/T_s}{1-4t^2/T_s^2} \tag{6.4-19}$$

由图 6-14 和式(6.4-19)可知,$\alpha=1$ 的升余弦滚降特性的 $h(t)$ 满足抽样值上无串扰的传输条件,且各抽样值之间又增加了一个零点,而且它的尾部衰减较快(与 t^3 成反比),这有利于减小码间串扰和位定时误差的影响。但这种系统所占频带最宽,是理想低通系统的 2 倍,因而频带利用率为 1Baud/Hz,是基带系统最高利用率的一半。

应当指出,在以上讨论中并没有涉及 $H(\omega)$ 的相移特性。实际上它的相移特性一般不为零,故需要加以考虑。然而,在推导式(6.4-11)的过程中,我们并没有指定 $H(\omega)$ 是实函数,所以,式(6.4-11)对于一般特性的 $H(\omega)$ 均适用。

6.5 基带传输系统的抗噪声性能

6.4 节在不考虑噪声影响时,讨论了无码间串扰的基带传输特性。本节将研究在无码间串扰条件下,由信道噪声引起的误码率。

在图 6-9 所示的基带传输系统模型中,信道加性噪声 $n(t)$ 通常被假设为均值为 0、双边功率谱密度为 $n_0/2$ 的平稳高斯白噪声,而接收滤波器又是一个线性网络,故判决电路输入噪声 $n_R(t)$ 也是均值为 0 的平稳高斯噪声,且它的功率谱密度 $P_n(f)$ 为

$$P_n(f)=\frac{n_0}{2}|G_R(f)|^2$$

方差(噪声平均功率)为

$$\sigma_n^2=\int_{-\infty}^{\infty}\frac{n_0}{2}|G_R(f)|^2\mathrm{d}f \qquad (6.5-1)$$

故 $n_R(t)$ 是均值为 0、方差为 σ_n^2 的高斯噪声,因此它的瞬时值的统计特性可用下述一维概率密度函数描述

$$f(V)=\frac{1}{\sqrt{2\pi}\sigma_n}\mathrm{e}^{-V^2/2\sigma_n^2} \qquad (6.5-2)$$

式中,V 就是噪声的瞬时取值 $n_R(kT_s)$。

1. 二进制双极性基带系统

对于二进制双极性信号,假设它在抽样时刻的电平取值为 $+A$ 或 $-A$(分别对应信码“1”或“0”),则在一个码元持续时间内,抽样判决器输入端的混合波形(信号+噪声)$x(t)$ 在抽样时刻的取值为

$$x(kT_s)=\begin{cases}A+n_R(kT_s) & 发送“1”时\\ -A+n_R(kT_s) & 发送“0”时\end{cases} \qquad (6.5-3)$$

根据式(6.5-2),当发送“1”时,$A+n_R(kT_s)$ 的一维概率密度函数为

$$f_1(x)=\frac{1}{\sqrt{2\pi}\sigma_n}\exp\left(-\frac{(x-A)^2}{2\sigma_n^2}\right) \qquad (6.5-4)$$

而当发送“0”时,$-A+n_R(kT_s)$ 的一维概率密度函数为

$$f_0(x)=\frac{1}{\sqrt{2\pi}\sigma_n}\exp\left(-\frac{(x+A)^2}{2\sigma_n^2}\right) \tag{6.5-5}$$

与它们相应的曲线分别示于图 6-15 中。

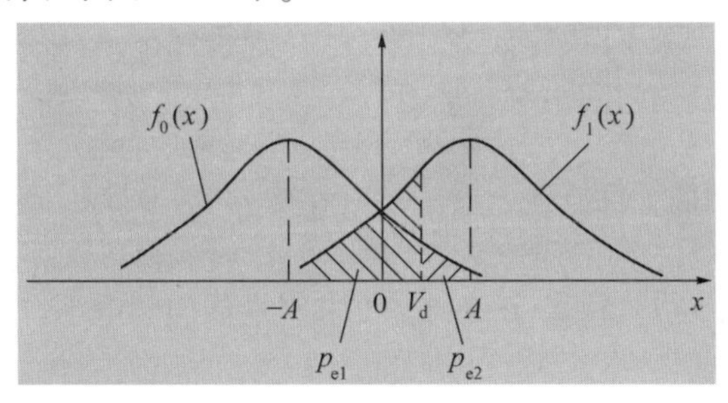

图 6-15　x 的概率密度曲线

在$-A$ 到$+A$ 之间选择一个适当的电平 V_d 作为判决门限,根据判决规则将会出现以下几种情况:

对"1"码 $\begin{cases}\text{当 } x > V_d & \text{判为"1"码(正确)}\\ \text{当 } x < V_d & \text{判为"0"码(错误)}\end{cases}$

对"0"码 $\begin{cases}\text{当 } x < V_d & \text{判为"0"码(正确)}\\ \text{当 } x > V_d & \text{判为"1"码(错误)}\end{cases}$

可见,在二进制基带信号传输过程中,噪声引起的误码有两种差错形式:发送的是"1"码,却被判为"0"码;发送的是"0"码,却被判为"1"码。下面分别计算这两种差错概率。

发"1"错判为"0"的概率 $P(0/1)$ 为

$$P(0/1)=P(x<V_d)=\int_{-\infty}^{V_d}f_1(x)\,dx=$$

$$\int_{-\infty}^{V_d}\frac{1}{\sqrt{2\pi}\sigma_n}\exp\left(-\frac{(x-A)^2}{2\sigma_n^2}\right)dx=\frac{1}{2}+\frac{1}{2}\mathrm{erf}\left(\frac{V_d-A}{\sqrt{2}\sigma_n}\right) \tag{6.5-6}$$

发"0"错判为"1"的概率 $P(1/0)$ 为

$$P(1/0)=P(x>V_d)=\int_{V_d}^{\infty}f_0(x)\,dx=$$

$$\int_{V_d}^{\infty}\frac{1}{\sqrt{2\pi}\sigma_n}\exp\left(-\frac{(x+A)^2}{2\sigma_n^2}\right)dx=\frac{1}{2}-\frac{1}{2}\mathrm{erf}\left(\frac{V_d+A}{\sqrt{2}\sigma_n}\right) \tag{6.5-7}$$

它们分别如图 6-15 中的阴影部分所示。假设信源发送"1"码的概率为 $P(1)$,发送"0"码的概率为 $P(0)$,则二进制基带传输系统的总误码率为

$$P_e = P(1)P(0/1) + P(0)P(1/0) \tag{6.5-8}$$

将式(6.5-6)和式(6.5-7)代入式(6.5-8)可以看出，误码率与发送概率 $P(1)$、$P(0)$，信号的峰值 A，噪声功率 σ_n^2，以及判决门限电平 V_d 有关。因此，在 $P(1)$、$P(0)$给定时，误码率最终由 A、σ_n^2 和判决门限 V_d 决定。在 A 和 σ_n^2 一定条件下，可以找到一个使误码率最小的判决门限电平，称为最佳门限电平。若令

$$\frac{\partial P_e}{\partial V_d} = 0$$

则由式(6.5-6)、式(6.5-7) 和式(6.5-8) 可求得最佳门限电平

$$V_d^* = \frac{\sigma_n^2}{2A}\ln\frac{P(0)}{P(1)} \tag{6.5-9}$$

若 $P(1)=P(0)=1/2$，则有

$$V_d^* = 0 \tag{6.5-10}$$

这时，基带传输系统总误码率为

$$P_e = \frac{1}{2}[P(0/1) + P(1/0)] =$$

$$\frac{1}{2}\left[1 - \operatorname{erf}\left(\frac{A}{\sqrt{2}\sigma_n}\right)\right] = \frac{1}{2}\operatorname{erfc}\left(\frac{A}{\sqrt{2}\sigma_n}\right) \tag{6.5-11}$$

由式(6.5-11)可见，在发送概率相等，且在最佳门限电平下，双极性基带系统的总误码率仅依赖于信号峰值 A 与噪声均方根值 σ_n 的比值，而与采用什么样的信号形式无关(当然，这里的信号形式必须是能够消除码间干扰的)。且比值 A/σ_n 越大，P_e 就越小。

2. 二进制单极性基带系统

对于单极性信号，若设它在抽样时刻的电平取值为$+A$ 或 0(分别对应信码“1”或“0”)，则只需将图 6-15 中 $f_0(x)$ 曲线的分布中心由$-A$ 移到 0 即可。这时式(6.5-9)、式(6.5-10)和式(6.5-11)将分别变成

$$V_d^* = \frac{A}{2} + \frac{\sigma_n^2}{A}\ln\frac{P(0)}{P(1)} \tag{6.5-12}$$

当 $P(1)=P(0)=1/2$ 时

$$V_d^* = \frac{A}{2} \tag{6.5-13}$$

$$P_e = \frac{1}{2}\operatorname{erfc}\left(\frac{A}{2\sqrt{2}\sigma_n}\right) \tag{6.5-14}$$

比较式(6.5-14)和式(6.5-11)可见，当比值 A/σ_n 一定时，双极性基带系统的误码率比单极性的低，抗噪声性能好。此外，在等概条件下，双极性的最佳判决门限电平为 0，与信号幅度无关，因而不随信道特性变化而变，故能保持最佳状态。而单极性的最佳判决门限电平为 $A/2$，它易受信道特性变化的影响，从而导致误码率增大。因此，双极性基带系统

比单极性基带系统应用更为广泛。

6.6 眼 图

从理论上讲,在信道特性确知的条件下,人们可以精心设计系统传输特性以达到消除码间串扰的目的。但是,在实际的基带传输系统中时,由于难免存在滤波器的设计误差和信道特性的变化,所以无法实现理想的传输特性,使得抽样时刻上存在码间串扰,从而导致系统性能的下降。而且计算由于这些因素所引起的误码率非常困难,尤其在码间串扰和噪声同时存在的情况下,系统性能的定量分析更是难以进行,因此在实际应用中需要用简便的实验手段来定性评价系统的性能。下面我们将介绍一种有效的实验方法——眼图。

所谓眼图,是指通过用示波器观察接收端的基带信号波形,从而估计和调整系统性能的一种方法。这种方法的具体做法是:用一个示波器跨接在抽样判决器的输入端,然后调整示波器水平扫描周期,使其与接收码元的周期同步。此时可以从示波器显示的图形上,观察码间干扰和信道噪声等因素影响的情况,从而估计系统性能的优劣程度。因为在传输二进制信号波形时,示波器显示的图形很像人的眼睛,故名"眼图"。

现在,让我们借助图 6-16 来了解眼图形成原理。为了便于理解,暂先不考虑噪声的影响。图 6-16(a)是接收滤波器输出的无码间串扰的双极性基带波形,用示波器观察它,并将示波器扫描周期调整到码元周期 T_s,由于示波器的余辉作用,扫描所得的每一个码元波形将重叠在一起,形成如图 6-16(b)所示的线迹细而清晰的大"眼睛";图(c)是有码间串扰的双极性基带波形,由于存在码间串扰,此波形已经失真,示波器的扫描迹线就不完全重合,于是形成的眼图线迹杂乱,"眼睛" 张开的较小,且眼图不端正,如图6-16(d)所示。对比图(b)和(d)可知,眼图的"眼睛"张开越大,且眼图越端正,表示码间串扰越小;反之,表示码间串扰越大。

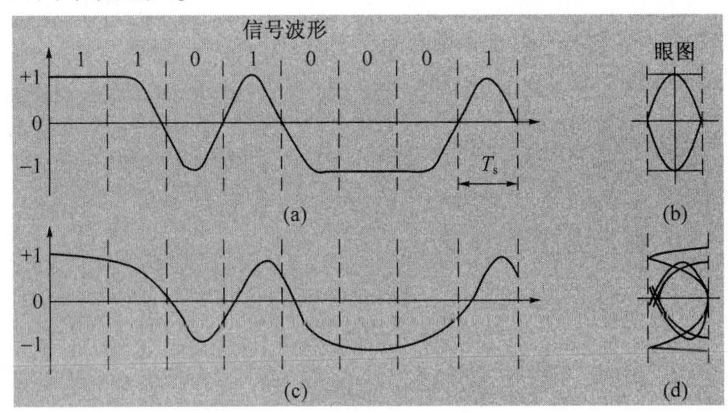

图 6-16 基带信号波形及眼图

当存在噪声时,眼图的线迹变成了比较模糊的带状的线,噪声越大,线条越粗,越模糊,"眼睛"张开得越小。不过,应该注意,从图形上并不能观察到随机噪声的全部形态,例如出现机会少的大幅度噪声,由于它在示波器上一晃而过,因而用人眼是观察不到的。所以,在示波器上只能大致估计噪声的强弱。

从以上分析可知,眼图可以定性反映码间串扰的大小和噪声的大小,眼图还可以用来指示接收滤波器的调整,以减小码间串扰,改善系统性能。同时,通过眼图我们还可以获得有关传输系统性能的许多信息。为了说明眼图和系统性能之间的关系,我们把眼图简化为一个模型,如图6-17所示。由该图可以获得以下信息:

(1) 最佳抽样时刻是“眼睛”张开最大的时刻。

(2) 定时误差灵敏度是眼图斜边的斜率。斜率越大,对位定时误差越敏感。

(3) 图的阴影区的垂直高度表示抽样时刻上信号受噪声干扰的畸变程度。

(4) 图中央的横轴位置对应于判决门限电平。

(5) 抽样时刻时,上下两阴影区的间隔距离之半为噪声容限,若噪声瞬时值超过它就可能发生错判。

(6) 图中倾斜阴影带与横轴相交的区间表示了接收波形零点位置的变化范围,即过零点畸变,它对于利用信号零交点的平均位置来提取定时信息的接收系统有很大影响。

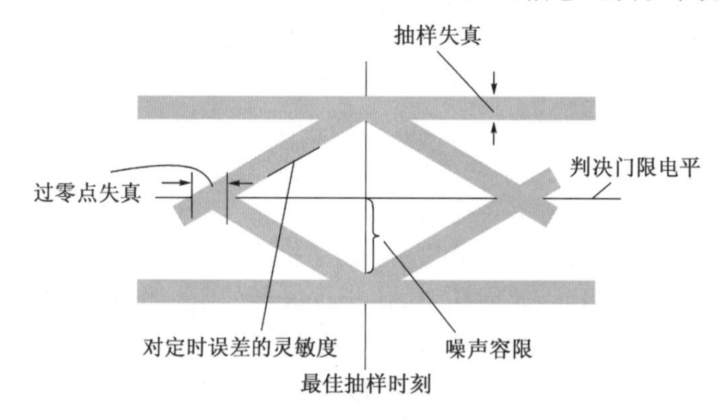

图6-17　眼图的模型

图6-18(a)和(b)分别是二进制双极性升余弦频谱信号在示波器上显示的两张眼图照片。其中(a)是在几乎无噪声和无码间干扰下得到的,而图(b)则是在一定噪声和码间干扰下得到的。

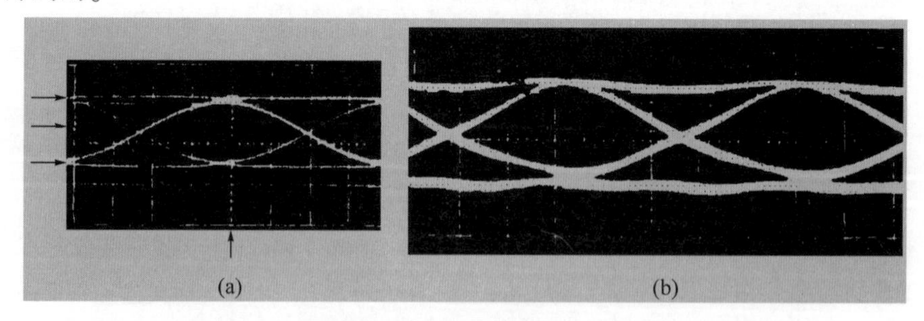

图6-18　眼图照片

6.7　部分响应和时域均衡

到目前为止,我们从理论上研究了数字基带传输系统的基本问题。本节将针对实际系统介绍两种改善系统性能的措施：一是针对提高频带利用率而采用的部分响应技术；另一个是针对减小码间串扰而采用的时域均衡技术。

6.7.1 部分响应系统

在6.4节中，我们根据奈奎斯特第一准则，重点讨论了两种无码间串扰的基带传输特性：理想低通特性和升余弦滚降特性。理想低通传输特性的频带利用率可以达到基带系统的理论极限值2Baud/Hz，但它不能物理实现，且响应波形 $\sin x/x$ 的尾巴振荡幅度大、收敛慢，从而对定时要求十分严格；升余弦滚降特性虽然能解决理想低通系统存在的问题，但代价是所需频带加宽，频带利用率下降，因此不利于高速传输的发展。

那么，能否找到频率利用率既高又使“尾巴”衰减大、收敛快的传输波形呢？奈奎斯特第二准则回答了这个问题。该准则告诉我们：人为地、有规律地在码元的抽样时刻引入码间串扰，并在接收端判决前加以消除，从而可以达到改善频谱特性，压缩传输频带，使频带利用率提高到理论上的最大值，并加速传输波形尾巴的衰减和降低对定时精度要求的目的。通常把这种波形称为部分响应波形。利用部分响应波形传输的基带系统称为部分响应系统。

1. 第Ⅰ类部分响应波形

我们已经熟知，波形 $\sin x/x$“拖尾”严重。但通过观察图6-12所示的 $\sin x/x$ 波形，我们发现相距一个码元间隔的两个 $\sin x/x$ 波形的“拖尾”刚好正负相反，利用这样的波形组合肯定可以构成“拖尾”衰减很快的脉冲波形。根据这一思路，我们可用两个间隔为一个码元长度 T_s 的 $\sin x/x$ 的合成波形来代替 $\sin x/x$，如图6-19(a)所示。合成波形的表达式为

$$g(t)=\frac{\sin\frac{\pi}{T_s}\left(t+\frac{T_s}{2}\right)}{\frac{\pi}{T_s}\left(t+\frac{T_s}{2}\right)}+\frac{\sin\frac{\pi}{T_s}\left(t-\frac{T_s}{2}\right)}{\frac{\pi}{T_s}\left(t-\frac{T_s}{2}\right)} \tag{6.7-1}$$

经简化后得

$$g(t)=\frac{4}{\pi}\left(\frac{\cos\pi t/T_s}{1-4t^2/T_s^2}\right) \tag{6.7-2}$$

由式(6.7-2)可见，$g(t)$ 的“拖尾”幅度随 t^2 下降，这说明它比 $\sin x/x$ 波形收敛快，衰减大。这是因为，相距一个码元间隔的两个 $\sin x/x$ 波形的“拖尾”正负相反而相互抵消，使得合成波形的“拖尾”衰减速度加快了。此外，由图6-19(a)还可以看出，$g(t)$ 除了在相邻的取样时刻 $t=\pm T_s/2$ 处，$g(t)=1$ 外，其余的取样时刻上，$g(t)$ 具有等 T_s 间隔的零点。

对式(6.7-2)进行傅里叶变换，可得 $g(t)$ 的频谱函数为

$$G(\omega)=\begin{cases}2T_s\cos\frac{\omega T_s}{2} & |\omega|\leqslant\frac{\pi}{T_s}\\ 0 & |\omega|>\frac{\pi}{T_s}\end{cases} \tag{6.7-3}$$

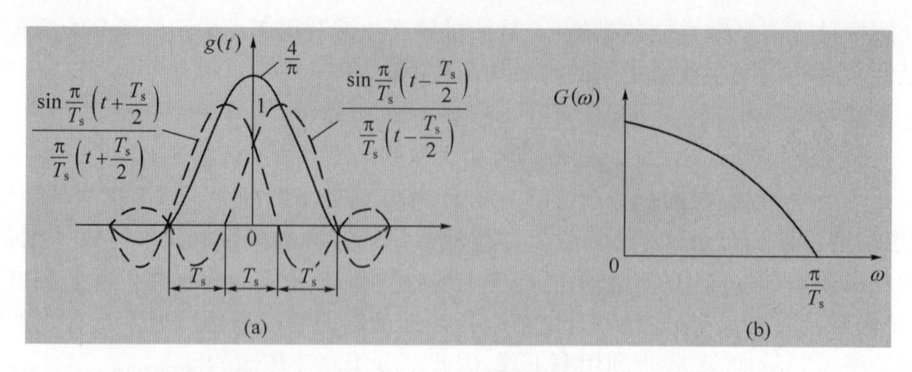

图 6-19　$g(t)$及其频谱

如图 6-19(b)所示(只画出了正频率部分),$g(t)$的频谱限制在$(-\pi/T_s,\pi/T_s)$内,且呈余弦滤波特性。这种缓变的滚降过渡特性是在理想矩形滤波器的带宽(即奈奎斯特带宽)范围内,所以其带宽为 $B=1/2T_s$(Hz),与理想矩形滤波器的相同,频带利用率为 $\eta=R_B/B=\frac{1}{T_s}\Big/\frac{1}{2T_s}=2$(Baud/Hz),达到了基带系统的理论极限值。

如果用上述构造的部分响应波形 $g(t)$ 作为传送信号的波形,且发送码元间隔为 T_s,则在抽样时刻上仅发生前一码元对本码元抽样值的干扰,而与其他码元不发生串扰(图 6-20)。表面上看,由于前后码元的串扰很大,似乎无法按 $1/T_s$ 的速率进行传送。但由于这种"串扰"是确定的,在接收端可以消除掉,故仍可按 $1/T_s$ 传输速率传送码元。

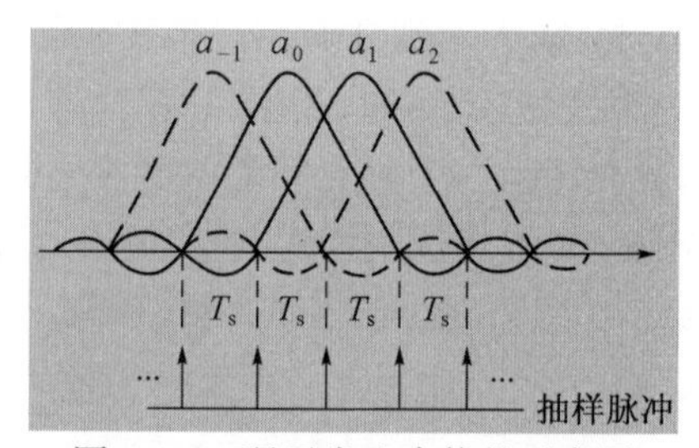

图 6-20　码元发生串扰的示意图

例如,设输入的二进制码元序列为$\{a_k\}$,并设 a_k 的取值为+1 及-1(对应于"1"及"0")。这样,当发送码元 a_k 时,接收波形 $g(t)$在相应时刻上(第 k 个时刻上)的抽样值 C_k 由下式确定:

$$C_k=a_k+a_{k-1} \tag{6.7-4}$$

或

$$a_k=C_k-a_{k-1} \tag{6.7-5}$$

式中:a_{k-1}是 a_k 的前一码元在第 k 个时刻上的抽样值(即串扰值)。由于串扰值和信码抽样值相等,因此 $g(t)$的抽样值 C_k 将有-2,0,+2 三种取值,即成为伪三进制序列。如果前一码元 a_{k-1}已经接收判定,则接收端可根据收到的 C_k,由式(6.7-5)得到 a_k 的取值。

从上面例子可以看到,实际中确实还能够找到频带利用率高(达到 2Baud/Hz)和尾巴衰减大、收敛也快的传送波形。这说明,通过有控制地引入码间串扰,有可能达到 2Baud/Hz 的理想频带利用率,并使波形尾巴振荡衰减加快这样两个目的。

但是,上述判决方法存在这样一个问题:因为 a_k 的恢复不仅由 C_k 来确定,而是必须参考前一码元 a_{k-1}的判决结果,如果$\{C_k\}$序列中某个抽样值因干扰而发生差错,则不但会造成当前恢复的 a_k 值错误,而且还会影响到以后所有的 $a_{k+1},a_{k+2},\cdots$的正确判决,出现一连串的错误。这一现象叫做差错传播。例如:

输入信码	1	0	1	1	0	0	0	1	0	1	1
发送端$\{a_k\}$	+1	−1	+1	+1	−1	−1	−1	+1	−1	+1	+1
发送端$\{C_k\}$		0	0	+2	0	−2	−2	0	0	0	+2
接收端$\{C'_k\}$		0	0	+2	0	−2	$0_\times$	0	0	0	+2
恢复的$\{a'_k\}$	<u>+1</u>	−1	+1	+1	−1	−1	$+1_\times$	$-1_\times$	$+1_\times$	$-1_\times$	$+3_\times$

可见,自$\{C'_k\}$出现错误之后,接收端恢复出来的$\{a'_k\}$全部是错误的。此外,在接收端恢复$\{a'_k\}$时还必须有正确的起始值(+1),否则,即使没有传输差错也不可能得到正确的$\{a'_k\}$序列。

产生差错传播的原因是,因为在$g(t)$的形成过程中,首先要形成相邻码元的串扰,然后再经过响应网络形成所需要的波形。所以,在有控制地引入码间串扰的过程中,使原本互相独立的码元变成了相关码元,也正是码元之间的这种相关性导致了接收判决的差错传播。这种串扰所对应的运算称为相关运算,所以式(6.7-4)称为**相关编码**。可见,**相关编码是为了得到预期的部分响应信号频谱所必需的**,但却带来了差错传播问题。

为了避免因相关编码而引起的差错传播问题,可以在发送端相关编码之前进行**预编码**(实质是把输入信码a_k变换成"差分码"b_k),其编码规则是

$$b_k = a_k \oplus b_{k-1} \tag{6.7-6}$$

即

$$a_k = b_k \oplus b_{k-1} \tag{6.7-7}$$

式中:$\oplus$表示模2加。

然后,把$\{b_k\}$作为发送滤波器的输入码元序列,形成由式(6.7-1)决定的$g(t)$波形序列,于是,参照式(6.7-4)可得到

$$C_k = b_k + b_{k-1} \tag{6.7-8}$$

显然,若对式(6.7-8)进行模2处理,则有

$$[C_k]_{\text{mod}2} = [b_k + b_{k-1}]_{\text{mod}2} = b_k \oplus b_{k-1} = a_k$$

即

$$a_k = [C_k]_{\text{mod}2} \tag{6.7-9}$$

式(6.7-9)表明,对接收到的C_k作模2处理后便直接得到发送端的a_k,此时不需要预先知道a_{k-1},因而不存在错误传播现象。这是因为,预编码后的部分响应信号各抽样值之间解除了码元之间的相关性,所以由当前C_k值可直接得到当前的a_k。

通常,把式(6.7-6)的变换称为**预编码**,而把式(6.7-4)或式(6.7-8)的关系称为**相关编码**。因此,整个上述处理过程可概括为**"预编码—相关编码—模2判决"**过程。

下面的例子说明了这一过程(其中的a_k和b_k为二进制双极性码,其取值为+1及−1

（对应于“1”及“0”））：

a_k	1	0	1	1	0	0	0	1	0	1	1
b_{k-1}	0	1	1	0	1	1	1	1	0	0	1
b_k	1	1	0	1	1	1	1	0	0	1	0
C_k	0	+2	0	0	+2	+2	+2	0	−2	0	0
C'_k	0	+2	0	0	+2	+2	+2	0	$0_{\times}$	0	0
a'_k	1	0	1	1	0	0	0	1	$1_{\times}$	1	1

判决规则是

$$C_k = \begin{cases} \pm 2 & 判 0 \\ 0 & 判 1 \end{cases}$$

此例说明，由当前 C_k 值可直接得到当前的 a_k，所以错误不会传播下去，而是局限在受干扰码元本身位置。

上面讨论的属于第Ⅰ类部分响应波形，其系统组成方框如图 6-21 所示。

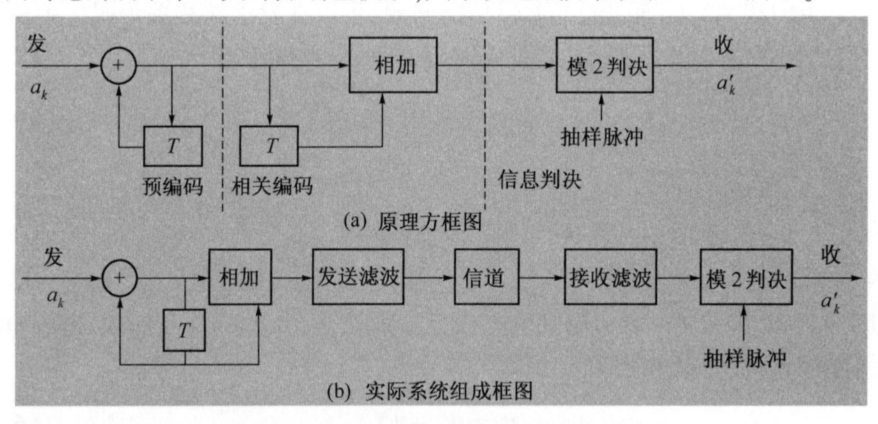

图 6-21　第Ⅰ类部分响应系统组成框图

应当指出，部分响应信号是由预编码器、相关编码器、发送滤波器、信道和接收滤波器共同产生的。这意味着：如果相关编码器输出为 δ 脉冲序列，发送滤波器、信道和接收滤波器的传输函数应为理想低通特性。但由于部分响应信号的频谱是滚降衰减的，因此对理想低通特性的要求可以略有放松。

2. 部分响应波形的一般形式

部分响应波形的一般形式可以是 N 个相继间隔 T_s 的 $\sin x/x$ 波形之和，其表达式为

$$g(t) = R_1 \frac{\sin \frac{\pi}{T_s} t}{\frac{\pi}{T_s} t} + R_2 \frac{\sin \frac{\pi}{T_s}(t - T_s)}{\frac{\pi}{T_s}(t - T_s)} + \cdots + R_N \frac{\sin \frac{\pi}{T_s}[t - (N-1)T_s]}{\frac{\pi}{T_s}[t - (N-1)T_s]} \tag{6.7-10}$$

式中：$R_1, R_2, \cdots, R_N$ 为加权系数，其取值为正整数、负整数和零，例如，当取 $R_1=1, R_2=1$，其余系数 $R_m=0$ 时，就是前面所述的第 I 类部分响应波形。

由式(6.7-10)可得，$g(t)$ 的频谱函数为

$$G(\omega)=\begin{cases} T_s \sum_{m=1}^{N} R_m e^{-j\omega(m-1)T_s} & |\omega| \leqslant \dfrac{\pi}{T_s} \\ 0 & |\omega| > \dfrac{\pi}{T_s} \end{cases} \tag{6.7-11}$$

可见，$G(\omega)$ 仅在 $(-\pi/T_s, \pi/T_s)$ 范围内存在。

显然，$R_m (m=1,2,\cdots,N)$ 不同，将有不同类别的的部分响应信号，相应地有不同的相关编码方式。相关编码是为了得到预期的部分响应信号频谱所必需的。若设输入数据序列为 $\{a_k\}$，相应的相关编码电平为 $\{C_k\}$，则仿照式(6.7-4)有

$$C_k = R_1 a_k + R_2 a_{k-1} + \cdots + R_N a_{k-(N-1)} \tag{6.7-12}$$

由此看出，C_k 的电平数将依赖于 a_k 的进制数 L 及 R_m 的取值。无疑，一般 C_k 的电平数将要超过 a_k 的进制数。

为了避免因相关编码而引起的“差错传播”现象，一般要经过类似于前面介绍的“预编码—相关编码—模 2 判决”过程。

仿照式(6.7-7)对 a_k 进行预编码，即

$$a_k = R_1 b_k + R_2 b_{k-1} + \cdots + R_N b_{k-(N-1)} [\text{Mod } L] \tag{6.7-13}$$

注意：式中 a_k 和 b_k 已假设为 L 进制，所以式中“+”为“模 L 相加”。

然后，将预编码后的 b_k 进行相关编码，即

$$C_k = R_1 b_k + R_2 b_{k-1} + \cdots + R_N b_{k-(N-1)} \quad (\text{算术加}) \tag{6.7-14}$$

再对 C_k 作模 L 处理，则由式(6.7-13)和式(6.7-13)可得

$$a_k = [C_k]_{\text{mod } L} \tag{6.7-15}$$

这正是所期望的结果。此时不存在错误传播问题，且接收端的译码十分简单，只需直接对 C_k 按模 L 判决即可得 a_k。

表 6-1 列出了常见的五类部分响应波形、频谱特性和加权系数 R_m，分别命名为 I 类、II 类、III 类、IV 类、V 类部分响应信号，为了便于比较，把具有 $\sin x/x$ 波形的理想低通也列在表内并称为第 0 类。从表中看出，各类部分响应波形的频谱均不超过理想低通的频带宽度，但他们的频谱结构和对临近码元抽样时刻的串扰不同。目前应用较多的是第 I 类和第 IV 类。第 I 类频谱主要集中在低频段，适于信道频带高频严重受限的场合。第 IV 类无直流分量，且低频分量小，便于边带滤波，实现单边带调制，因而在实际应用中，第 IV 类部分响应用得最为广泛。当 $R_1=1, R_2=0, R_3=-1$，其余系数 $R_m=0$ 时，即为第 IV 类部分响应，其系统组成方框可参照图 6-21 画出。此外，以上两类的抽样值电平数比其他类别的少，这也是它们得以广泛应用的原因之一，当输入为 L 进制信号时，经部分响应传输系统得到的第 I 类、IV 类部分响应信号的电平数为 $(2L-1)$。

表 6-1　五类部分响应波形、频谱特性和加权系数的比较

类别	R_1	R_2	R_3	R_4	R_5	$g(t)$	$\lvert G(\omega)\rvert, \lvert\omega\rvert \leqslant \frac{\pi}{T_s}$	二进输入时 C_R 的电平数
0	1							2
Ⅰ	1	1					$2T_s\cos\frac{\omega T_s}{2}$	3
Ⅱ	1	2	1				$4T_s\cos^2\frac{\omega T_s}{2}$	5
Ⅲ	2	1	-1				$2T_s\cos\frac{\omega T_s}{2}\sqrt{5-4\cos\omega T_s}$	5
Ⅳ	1	0	-1				$2T_s\sin\omega T_s$	3
Ⅴ	-1	0	2	0	-1		$4T_s\sin^2\omega T_s$	5

综上所述,采用部分响应系统的优点是,能实现 2B/Hz 的频带利用率,且传输波形的"尾巴"衰减大和收敛快。

部分响应系统的缺点是:当输入数据为 L 进制时,部分响应波形的相关编码电平数要超过 L 个。因此,在同样输入信噪比条件下,部分响应系统的抗噪声性能要比 0 类响应系统差。

6.7.2　时域均衡

在 6.4 节中,我们从理论上找到了消除码间串扰的方法,即使基带系统的传输总特性 $H(f)$ 满足奈奎斯特第一准则。但实际实现时,由于难免存在滤波器的设计误差和信道特性的变化,无法实现理想的传输特性,故在抽样时刻上总会存在一定的码间串扰,从而导致系统性能的下降。为了减小码间串扰的影响,通常需要在系统中插入一种可调滤波器来校正或补偿系统特性。这种起补偿作用的滤波器称为均衡器。

均衡器的种类很多,但按研究的角度和领域,可分为频域均衡器和时域均衡器两大类。频域均衡器是从校正系统的频率特性出发,利用一个可调滤波器的频率特性去补偿信道或系统的频率特性,使包括可调滤波器在内的基带系统的总特性接近无失真传输条件;时域均衡器用来直接校正已失真的响应波形,使包括可调滤波器在内的整个系统的冲激响应满足无码间串扰条件。

频域均衡在信道特性不变,且在传输低速数据时是适用的。而时域均衡可以根据信道特性的变化进行调整,能够有效地减小码间串扰,故在数字传输系统中,尤其是高速数据传输中得以广泛应用。

1. 时域均衡原理

在实际中,当数字基带传输系统(图 6-9)的总特性 $H(\omega)=G_T(\omega)C(\omega)G_R(\omega)$ 不满足奈奎斯特第一准则时,就会产生有码间串扰的响应波形。现在我们来证明:如果在接收滤波器和抽样判决器之间插入一个称之为横向滤波器的可调滤波器,其冲激响应为

$$h_T(t)=\sum_{n=-\infty}^{\infty}C_n\delta(t-nT_s) \tag{6.7-16}$$

其中,C_n 完全依赖于 $H(\omega)$,那么,理论上就可消除抽样时刻上的码间串扰。

设插入滤波器的频率特性为 $T(\omega)$,则当

$$T(\omega)H(\omega)=H'(\omega) \tag{6.7-17}$$

满足式(6.4-11),即满足

$$\sum_i H'\left(\omega+\frac{2\pi i}{T_s}\right)=T_s \quad |\omega|\leqslant\frac{\pi}{T_s} \tag{6.7-18}$$

时,包括 $T(\omega)$ 在内的总特性 $H'(\omega)$ 将能消除码间串扰。

将式(6.7-17)代入式(6.7-18),有

$$\sum_i H\left(\omega+\frac{2\pi i}{T_s}\right)T\left(\omega+\frac{2\pi i}{T_s}\right)=T_s \quad |\omega|\leqslant\frac{\pi}{T_s} \tag{6.7-19}$$

如果 $T(\omega)$ 是以 $2\pi/T_s$ 为周期的周期函数,即 $T\left(\omega+\frac{2\pi i}{T_s}\right)=T(\omega)$,则 $T(\omega)$ 与 i 无关,可拿到 $\sum\limits_i$ 外边,于是有

$$T(\omega)=\frac{T_s}{\sum\limits_i H\left(\omega+\frac{2\pi i}{T_s}\right)} \quad |\omega|\leqslant\frac{\pi}{T_s} \tag{6.7-20}$$

使得式(6.7-18)成立。

既然 $T(\omega)$ 是按式(6.7-20)开拓的周期为 $2\pi/T_s$ 的周期函数,则 $T(\omega)$ 可用傅里叶级数来表示,即

$$T(\omega)=\sum_{n=-\infty}^{\infty}C_n e^{-jnT_s\omega} \tag{6.7-21}$$

其中
$$C_n = \frac{T_s}{2\pi}\int_{-\pi/T_s}^{\pi/T_s} T(\omega)\mathrm{e}^{\mathrm{j}n\omega T_s}\mathrm{d}\omega \tag{6.7-22}$$

或
$$C_n = \frac{T_s}{2\pi}\int_{-\pi/T_s}^{\pi/T_s} \frac{T_s}{\sum_i H\left(\omega + \frac{2\pi i}{T_s}\right)}\mathrm{e}^{\mathrm{j}n\omega T_s}\mathrm{d}\omega \tag{6.7-23}$$

由上式看出,傅里叶系数 C_n 由 $H(\omega)$决定。

对式(6.7-21)求傅里叶反变换,则可求得其单位冲激响应 $h_T(t)$ 为

$$h_T(t) = F^{-1}[T(\omega)] = \sum_{n=-\infty}^{\infty} C_n\delta(t - nT_s) \tag{6.7-24}$$

这就是我们需要证明的式(6.7-16)。

由式(6.7-24)看出,这里的 $h_T(t)$是图 6-22 所示网络的单位冲激响应。该网络是由无限多的按横向排列的迟延单元 T_s 和抽头加权系数 C_n 组成的,因此称为**横向滤波器**。它的功能是利用它产生的无限多个响应波形之和,将接收滤波器输出端抽样时刻上有码间串扰的响应波形变换成抽样时刻上无码间串扰的响应波形。由于横向滤波器的均衡原理是建立在响应波形上的,故把这种均衡称为时域均衡。

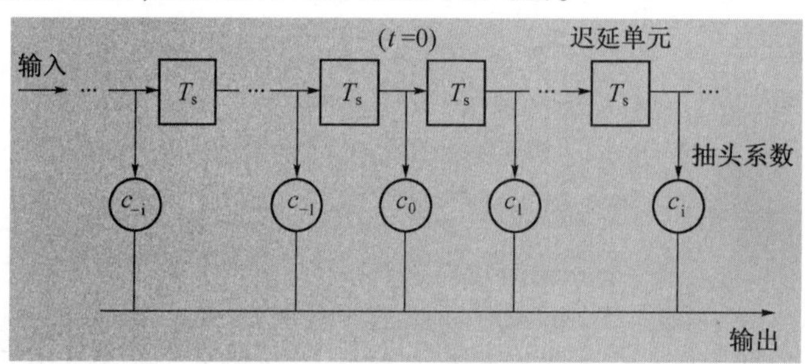

图 6-22　横向滤波器

不难看出,横向滤波器的特性将取决于各抽头系数 C_n。如果 C_n 是可调整的,则图 6-23所示的滤波器是通用的;特别当 C_n 可自动调整时,则它能够适应信道特性的变化,可以动态校正系统的时间响应。

理论上,无限长的横向滤波器可以完全消除抽样时刻上的码间串扰,但实际中是不可能实现的。因为,不仅均衡器的长度受限制,并且系数 C_n 的调整准确度也受到限制。如果 C_n 的调整准确度得不到保证,即使增加长度也不会获得显著的效果。因此,有必要进一步讨论有限长横向滤波器的抽头增益调整问题。

设一个具有 $2N+1$ 个抽头的横向滤波器,如图 6-23(a)所示,其单位冲激响应为 $e(t)$,则参照式(6.7-24)有

$$e(t) = \sum_{i=-N}^{N} C_i\delta(t - iT_s) \tag{6.7-25}$$

又设它的输入为 $x(t)$,$x(t)$是被均衡的对象,并设它没有附加噪声,如图 6-23(b)所示。则均衡后的输出波形 $y(t)$ 为

$$y(t)=x(t)*e(t)=\sum_{i=-N}^{N}C_i x(t-iT_s) \tag{6.7-26}$$

在抽样时刻 $t=kT_s$（设系统无延时）上，有

$$y(kT_s)=\sum_{i=-N}^{N}C_i x(kT_s-iT_s)=\sum_{i=-N}^{N}C_i x[(k-i)T_s]$$

将其简写为

$$y_k=\sum_{i=-N}^{N}C_i x_{k-i} \tag{6.7-27}$$

式(6.7-27)说明，均衡器在第 k 个抽样时刻上得到的样值 y_k 将由 $2N+1$ 个 C_i 与 x_{k-i}乘积之和来确定。显然，其中除 y_0 以外的所有 y_k 都属于波形失真引起的码间串扰。当输入波形 $x(t)$ 给定，即各种可能的 x_{k-i}确定时，通过调整 C_i 使指定的 y_k 等于零是容易办到的，但同时要求所有的 y_k(除 $k=0$ 外)都等于零却是一件很难的事。下面我们通过一个例子来说明。

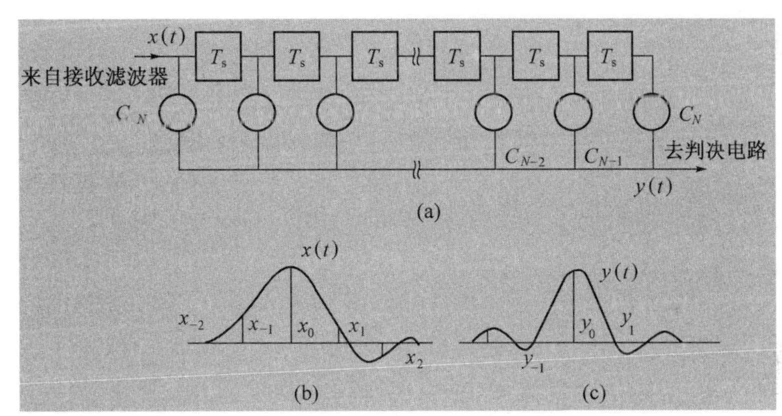

图 6-23　有限长横向滤波器及其输入和输出波形

【例 6-3】　设有一个三抽头的横向滤波器，其 $C_{-1}=-1/4$，$C_0=1$，$C_{+1}=-1/2$；均衡器输入 $x(t)$ 在各抽样点上的取值分别为：$x_{-1}=1/4$，$x_0=1$，$x_{+1}=1/2$，其余都为零。试求均衡器输出 $y(t)$ 在各抽样点上的值。

【解】　根据式(6.7-27)有

$$y_k=\sum_{i=-1}^{1}C_i x_{k-i}$$

当 $k=0$ 时，可得

$$y_0=\sum_{i=-1}^{1}C_i x_{-i}=C_{-1}x_1+C_0x_0+C_1x_{-1}=\frac{3}{4}$$

当 $k=1$ 时，可得

$$y_{+1}=\sum_{i=-1}^{1}C_i x_{1-i}=C_{-1}x_2+C_0x_1+C_1x_0=0$$

当 $k=-1$ 时,可得

$$y_{-1}=\sum_{i=-1}^{1}C_i x_{-1-i}=C_{-1}x_0+C_0x_{-1}+C_1x_{-2}=0$$

同理可求得: $y_{-2}=-1/16$, $y_{+2}=-1/4$,其余均为零。

由此例可见,除 y_0 外,均衡使 y_{-1} 及 y_1 为零,但 y_{-2} 及 y_2 不为零。这说明,利用有限长的横向滤波器减小码间串扰是可能的,但完全消除是不可能的。

那么,如何确定和调整抽头系数 C_i,获得最佳的均衡效果呢?

2. 均衡准则与实现

如上所述,有限长横向滤波器不可能完全消除码间串扰,其输出将有剩余失真。为了反映这些失真的大小,需要建立度量均衡效果的标准。通常采用峰值失真和均方失真来衡量。

峰值失真定义为

$$D=\frac{1}{y_0}\sum_{\substack{k=-\infty\\k\neq 0}}^{\infty}|y_k| \tag{6.7-28}$$

式中,除 $k=0$ 以外的各值的绝对值之和反映了码间串扰的最大值。y_0 是有用信号样值,所以峰值失真 D 是码间串扰最大可能值(峰值)与有用信号样值之比。显然,对于完全消除码间干扰的均衡器而言,应有 $D=0$;对于码间干扰不为零的场合,希望 D 越小越好。因此,若以峰值失真为准则调整抽头系数时,应使 D 最小。

均方失真定义为

$$e^2=\frac{1}{y_0^2}\sum_{\substack{k=-\infty\\k\neq 0}}^{\infty}y_k^2 \tag{6.7-29}$$

其物理意义与峰值失真相似。

以最小峰值失真为准则,或以最小均方失真为准则来确定或调整均衡器的抽头系数,均可获得最佳的均衡效果,使失真最小。

注意:以上两种准则都是根据均衡器输出的单个脉冲响应来规定的。另外,还有必要指出,在分析横向滤波器时,我们均把时间原点($t=0$)假设在滤波器中心点处(即 C_0 处)。如果时间参考点选择在别处,则滤波器输出的波形形状是相同的,所不同的仅仅是整个波形的提前或推迟。

1) 最小峰值法——迫零调整法

现以最小峰值失真准则为依据,讨论均衡器的实现与调整。

与式(6.7-28)相应,未均衡前的输入峰值失真(称为初始失真)可表示为

$$D_0=\frac{1}{x_0}\sum_{\substack{k=-\infty\\k\neq 0}}^{\infty}|x_k| \tag{6.7-30}$$

若 x_k 是归一化的,且令 $x_0=1$,则上式变为

$$D_0=\sum_{\substack{k=-\infty\\k\neq 0}}^{\infty}|x_k| \tag{6.7-31}$$

为方便起见,将样值 y_k 也归一化,且令 $y_0=1$,则根据式(6.7-27)可得

$$y_0=\sum_{i=-N}^{N}C_i x_{-i}=1 \tag{6.7-32}$$

或有

$$C_0x_0+\sum_{\substack{i=-N\\k\neq 0}}^{N}C_i x_{-i}=1$$

于是

$$C_0=1-\sum_{\substack{i=-N\\k\neq 0}}^{N}C_i x_{-i} \tag{6.7-33}$$

将式(6.7-33)代入式(6.7-27),则可得

$$y_k=\sum_{\substack{i=-N\\k\neq 0}}^{N}C_i(x_{k-i}-x_k x_{-i})+x_k \tag{6.7-34}$$

再将式(6.7-34)代入式(6.7-28),则有

$$D=\sum_{\substack{k=-\infty\\k\neq 0}}^{\infty}\left|\sum_{\substack{i=-N\\k\neq 0}}^{N}C_i(x_{k-i}-x_k x_{-i})+x_k\right| \tag{6.7-35}$$

可见,在输入序列$\{x_k\}$给定的情况下,峰值畸变 D 是各抽头系数 C_i(除 C_0 外)的函数。显然,求解使 D 最小的 C_i 是我们所关心的。Lucky 曾证明[1]:如果初始失真 $D_0<1$,则 D 的最小值必然发生在 y_0 前后的 y_k 都等于零的情况下。这一定理的数学意义是,所求的系数$\{C_i\}$应该是下式

$$y_k=\begin{cases}0 & 1\leqslant |k|\leqslant N\\ 1 & k=0\end{cases} \tag{6.7-36}$$

成立时的 $2N+1$ 个联立方程的解。

由式(6.7-36)和式(6.7-27)可列出抽头系数必须满足的这 $2N+1$ 个线性方程,即

$$\begin{cases}\sum\limits_{i=-N}^{N}C_i x_{k-i}=0 & k=\pm 1,\ \pm 2,\cdots,\ \pm N\\ \sum\limits_{i=-N}^{N}C_i x_{-i}=1 & k=0\end{cases} \tag{6.7-37}$$

将它写成矩阵形式,有

$$
\begin{bmatrix} x_0 & x_{-1} & \cdots & x_{-2N} \\ \vdots & \vdots & \cdots & \vdots \\ x_N & x_{N-1} & \cdots & x_{-N} \\ \vdots & \vdots & \cdots & \vdots \\ x_{2N} & x_{2N-1} & \cdots & x_0 \end{bmatrix} \begin{bmatrix} C_{-N} \\ C_{-N+1} \\ \vdots \\ C_0 \\ \vdots \\ C_{N-1} \\ C_N \end{bmatrix} = \begin{bmatrix} 0 \\ \vdots \\ 0 \\ 1 \\ 0 \\ \vdots \\ 0 \end{bmatrix} \tag{6.7-38}
$$

这个联立方程的解的物理意义是：在输入序列$\{x_k\}$给定时，如果按上式方程组调整或设计各抽头系数C_i，可迫使均衡器输出的各抽样值$y_k(|k|\leqslant N, k\neq 0)$为零。这种调整叫做**"迫零"调整**，所设计的均衡器称为"迫零"均衡器。它能保证在$D_0<1$（这个条件等效于在均衡之前有一个睁开的眼图，即码间串扰不足以严重到闭合眼图）时，调整除C_0外的$2N$个抽头增益，并迫使y_0前后各有N个取样点上无码间串扰，此时D取最小值，均衡效果达到最佳。

【例 6-4】 设计一个具有三个抽头的迫零均衡器，以减小码间串扰。已知，$x_{-2}=0$，$x_{-1}=0.1$，$x_0=1$，$x_1=-0.2$，$x_2=0.1$，求三个抽头的系数，并计算均衡前后的峰值失真。

【解】 根据式(6.7-38)和$2N+1=3$，列出矩阵方程为

$$
\begin{bmatrix} x_0 & x_{-1} & x_{-2} \\ x_1 & x_0 & x_{-1} \\ x_2 & x_1 & x_0 \end{bmatrix} \begin{bmatrix} C_{-1} \\ C_0 \\ C_1 \end{bmatrix} = \begin{bmatrix} 0 \\ 1 \\ 0 \end{bmatrix}
$$

将样值代入上式，可列出方程组

$$
\begin{cases} C_{-1} + 0.1C_0 = 0 \\ -0.2C_{-1} + C_0 + 0.1C_1 = 1 \\ 0.1C_{-1} - 0.2C_0 + C_1 = 0 \end{cases}
$$

解联立方程可得

$$
C_{-1} = -0.09606, \quad C_0 = 0.9606, \quad C_1 = 0.2017
$$

然后通过式(6.7-27)可算出

$$
y_{-1} = 0, \quad y_0 = 1, \quad y_1 = 0
$$

$$
y_{-3} = 0, \quad y_{-2} = 0.0096, \quad y_2 = 0.0557, \quad y_3 = 0.02016
$$

输入峰值失真为

$$
D_0 = \frac{1}{x_0} \sum_{\substack{k=-\infty \\ k\neq 0}}^{\infty} |x_k| = 0.4
$$

输出峰值失真为

$$D_0 = \frac{1}{y_0}\sum_{\substack{k=-\infty \\ k\neq 0}}^{\infty} |y_k| = 0.0869$$

均衡后的峰值失真减小 4.6 倍。

可见,三抽头均衡器可以使 y_0 两侧各有一个零点,但在远离 y_0 的一些抽样点上仍会有码间串扰。这就是说抽头有限时,总不能完全消除码间串扰,但适当增加抽头数可以将码间串扰减小到相当小的程度。

“迫零”均衡器的具体实现方法有许多种。一种最简单的方法是预置式自动均衡器,其原理方框图如图 6-24 所示。它的输入端每隔一段时间送入一个来自发端的测试单脉冲波形(此单脉冲波形是指基带系统在单个单位脉冲作用下,其接收滤波器的输出波形)。当该波形每隔 T_s 秒依次输入时,在输出端就将获得各样值为 $y_k(k=-N,-N+1,\cdots,N-1,N)$ 的波形,根据“迫零”调整原理,若得到的某一 y_k 为正极性时,则相应的抽头增益 C_k 应下降一个适当的增量 Δ;若 y_k 为负极性,则相应的 C_k 应增加一个增量 Δ。为了实现这个调整,在输出端将每个 y_k 依次进行抽样并进行极性判决,判决的两种可能结果以“极性脉冲”表示,并加到控制电路。控制电路将在某一规定时刻(例如测试信号的终了时刻)将所有“极性脉冲”分别作用到相应的抽头上,让它们作增加 Δ 或下降 Δ 的改变。这样,经过多次调整,就能达到均衡的目的。可以看到,这种自动均衡器的精度与增量 Δ 的选择和允许调整时间有关。Δ 愈小,精度就愈高,但调整时间就需要愈长。

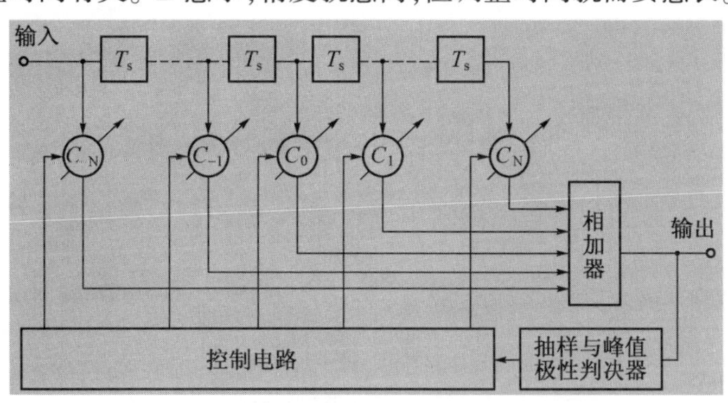

图 6-24 预置式自动均衡器的原理方框图

2) 最小均方失真法自适应均衡器

按最小峰值失真准则设计的“迫零”均衡器存在一个缺点,那就是必须限制初始失真 $D_0<1$。若用最小均方失真准则也可导出抽头系数必须满足的 $2N+1$ 个方程,从中也可解得使均方失真最小的 $2N+1$ 个抽头系数,不过,这时不需对初始失真 D_0 提出限制。下面介绍一种按最小均方误差准则来构成的自适应均衡器。

自适应均衡与预置式均衡一样,都是通过调整横向滤波器的抽头增益来实现均衡的。但自适应均衡器不再利用专门的测试单脉冲进行误差的调整,而是在传输数据期间借助信号本身来调整增益,从而实现自动均衡的目的。由于数字信号通常是一种随机信号,所以,自适应均衡器的输出波形不再是单脉冲响应,而是实际的数据信号。

设发送序列为 $\{a_k\}$,均衡器输入为 $x(t)$,均衡后输出的样值序列为 $\{y_k\}$,此时误差信

号为

$$e_k = y_k - a_k \qquad (6.7-39)$$

均方误差定义为

$$\overline{e^2} = E(y_k - a_k)^2 \qquad (6.7-40)$$

当$\{a_k\}$是随机数据序列时，上式最小化与均方失真最小化是一致的。

根据式(6.7-27)可知

$$y_k = \sum_{i=-N}^{N} C_i x_{k-i}$$

将其代入式(6.7-40)，有

$$\overline{e^2} = E\left(\sum_{i=-N}^{N} C_i x_{k-i} - a_k\right)^2 \qquad (6.7-41)$$

可见，均方误差$\overline{e^2}$是各抽头增益的函数。我们期望对于任意的k，都应使均方误差最小，故将上式对C_i求偏导数，有

$$\frac{\partial \overline{e^2}}{\partial C_i} = 2E[e_k x_{k-i}] \qquad (6.7-42)$$

其中

$$e_k = y_k - a_k = \sum_{i=-N}^{N} C_i x_{k-i} - a_k \qquad (6.7-43)$$

表示误差值。这里误差的起因包括码间串扰和噪声，而不仅仅是波形失真。

从式(6.7-42)可见，要使$\overline{e^2}$最小，应有$\frac{\partial \overline{e^2}}{\partial C_i}=0$，即$E[e_k x_{k-i}]=0$，这就要求误差$e_k$与均衡器输入样值$x_{k-i}(|i| \leqslant N)$应互不相关。这就说明，抽头增益的调整可以借助对误差e_k和样值x_{k-i}乘积的统计平均值。若这个平均值不等于零，则应通过增益调整使其向零值变化，直到使其等于零为止。

图6-25给出了一个三抽头自适应均衡器原理框图。图中，统计平均器可以是一个求算术平均的部件。

由于自适应均衡器的各抽头系数可随信道特性的时变而自适应调节，故调整精度高，不需预调时间。在高速数传系统中，普遍采用自适应均衡器来克服码间串扰。

自适应均衡器还有多种实现方案，经典的自适应均衡器准则或算法有：迫零算法(ZF)、最小均方误差算法(LMS)、递推最小二乘算法(RLS)、卡尔曼算法等。

另外，上述均衡器属于线性均衡器(因为横向滤波器是一种线性滤波器)，它对于像电话线这样的信道来说性能良好，对于在无线信道传输中，若信道严重失真造成的码间干扰以致线性均衡器不易处理时，可采用非线性均衡器。目前已经开发出三个非常有效的非线性均衡算法：判决反馈均衡(DFE)、最大似然符号检测、最大似然序列估

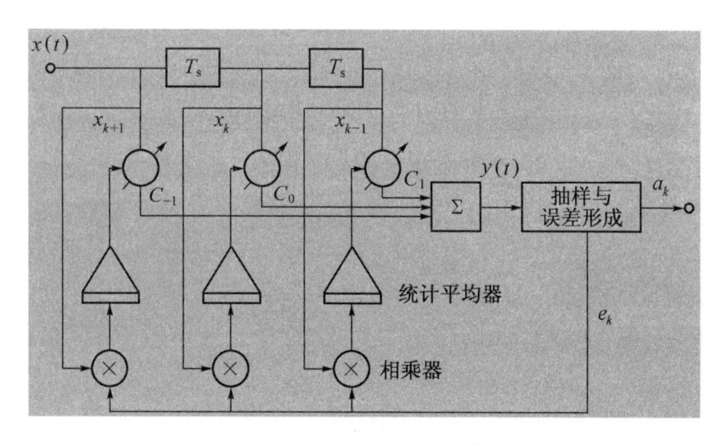

图 6-25 自适应均衡器

值。其中,判决反馈均衡器被证明是解决该问题的一个有效途径,关于它的详细介绍可参考文献[2]。

6.8 小 结

本章主要讨论了五个方面的问题:

(1) 发送信号的码型与波形选择及其功率谱特征;

(2) 码间串扰及奈奎斯特第一准则;

(3) 无码间串扰的基带系统抗噪声性能;

(4) 改善系统性能的两种措施——部分响应和均衡;

(5) 直观估计接收信号质量的实验方法——眼图。

基带信号,指未经调制的信号。这些信号的特征是其频谱从零频或很低频率开始,占据较宽的频带。

基带信号在传输前,必须经过一些处理或某些变换(如码型变换、波形和频谱变换)才能送入信道中传输。处理或变换的目的是使信号的特性与信道的传输特性相匹配。

数字基带信号是消息代码的电波形表示。表示形式有多种,有单极性和双极性波形、归零和非归零波形、差分波形、多电平波形之分,各自有不同的特点。等概双极性波形无直流分量,有利于在信道中传输;单极性 RZ 波形中含有位定时频率分量,常作为提取位同步信息时的过渡性波形;差分波形可以消除设备初始状态的影响。

码型编码用来把原始消息代码变换成适合于基带信道传输的码型。常见的传输码型有 AMI 码、HDB_3 码、密勒码、CMI 码、nBmB 码和 nBmT 码等。这些码各有自己的特点,可针对具体系统的要求来选择,如 HDB_3 码常用于 A 律 PCM 四次群以下的接口码型。

功率谱分析的意义在于,可以确定信号的带宽,还可以明确能否从脉冲序列中直接提取定时分量,以及采取怎样的方法可以从基带脉冲序列中获得所需的离散分量。

码间串扰和信道噪声是造成误码的两个主要因素。如何消除码间串扰和减小噪声对误码率的影响是数字基带传输中必须研究的问题。

奈奎斯特第一准则为消除码间串扰奠定了理论基础。$\alpha=0$ 的理想低通系统可以达到 2Baud/Hz 的理论极限值,但它不能物理实现;实际中应用较多的是 $\alpha>0$ 的余弦滚降特性,其中 $\alpha=1$ 的升余弦频谱特性易于实现,且响应波形的尾部衰减收敛快,有利于减小码间串扰和位定时误差的影响,但占用带宽最大,频带利用率下降为 1Baud/Hz。

在二进制基带信号传输过程中,噪声引起的误码有两种差错形式:发“1”错判为“0”,发“0”错判为“1 ”。在相同条件下,双极性基带系统的误码率比单极性的低,抗噪声性能好,且在等概条件下,双极性的最佳判决门限电平为 0,与信号幅度无关,因而不随信道特性变化而变,而单极性的最佳判决门限电平为 $A/2$,易受信道特性变化的影响,从而导致误码率增大。

部分响应技术通过有控制地引入码间串扰(在接收端加以消除),可以达到 2Baud/Hz 的理想频带利用率,并使波形“尾巴”振荡衰减加快这样两个目的。

部分响应信号是由预编码器、相关编码器、发送滤波器、信道和接收滤波器共同产生的。其中,相关编码是为了得到预期的部分响应信号频谱所必需的。预编码解除了码元之间的相关性。

实际中为了减小码间串扰的影响,需要采用均衡器进行补偿。实用的均衡器是有限长的横向滤波器,其均衡原理是直接校正接收波形,尽可能减小码间串扰。峰值失真和均方失真是评价均衡效果的两种度量准则。

眼图为直观评价接收信号的质量提供了一种有效的实验方法。它可以定性反映码间串扰和噪声的影响程度,还可以用来指示接收滤波器的调整,以减小码间串扰,改善系统性能。

思 考 题

6-1 数字基带传输系统的基本结构及各部分的功能如何?

6-2 数字基带信号有哪些常用的形式?它们各有什么特点?它们的时域表示式如何?

6-3 研究数字基带信号功率谱的意义何在?信号带宽怎么确定?

6-4 构成 AMI 码和 HDB_3 码的规则是什么?它们各有什么优缺点?

6-5 简述双相码和差分双相码的优缺点。

6-6 什么是码间串扰?它是怎样产生的?对通信质量有什么影响?

6-7 为了消除码间串扰,基带传输系统的传输函数应满足什么条件?其相应的冲激响应应具有什么特点?

6-8 何谓奈奎斯特速率和奈奎斯特带宽?此时的频带利用率有多大?

6-9 什么是最佳判决门限电平?

6-10 在二进制基带传输过程中,有哪两种误码?它们各在什么情况下发生?

6-11 当 $P(1)=P(0)=1/2$ 时,对于传送单极性基带波形和双极性基带波形的最佳判决门限电平各为多少?为什么?

6-12 无码间串扰时,基带系统的误码率与哪些因素有关?如何降低系统的误码率?

6-13　什么是眼图？它有什么用处？由眼图模型可以说明基带传输系统的哪些性能？具有升余弦脉冲波形的 HDB_3 码的眼图应是什么样的图形？

6-14　什么是部分响应波形？什么是部分响应系统？

6-15　部分响应技术解决了什么问题？第Ⅳ类部分响应的特点是什么？

6-16　什么是频域均衡？什么是时域均衡？横向滤波器为什么能实现时域均衡？

6-17　时域均衡器的均衡效果是如何衡量的？什么是峰值失真准则？什么是均方失真准则？

习　题

6-1　设二进制符号序列为 10010011，试以矩形脉冲为例，分别画出相应的单极性、双极性、单极性归零、双极性归零、二进制差分波形和四电平波形。

6-2　设二进制随机序列由 $g_1(t)$ 和 $g_2(t)$ 组成，出现 $g_1(t)$ 的概率为 P，出现 $g_2(t)$ 的概率为 $(1-P)$。试证明：

如果

$$P = \frac{1}{1 - \dfrac{g_1(t)}{g_2(t)}} = k(\text{常数})$$

且 $0<k<1$，则脉冲序列将无离散谱。

6-3　设二进制随机序列中的"0"和"1"分别由 $g(t)$ 和 $-g(t)$ 组成，它们的出现概率分别为 P 及 $(1-P)$：

(1) 求其功率谱密度及功率；

(2) 若 $g(t)$ 为如图 P6-1(a) 所示波形，T_s 为码元宽度，问该序列是否存在离散分量 $f_s=1/T_s$？

(3) 若 $g(t)$ 改为图 P6-1(b)，重新回答题(2)所问。

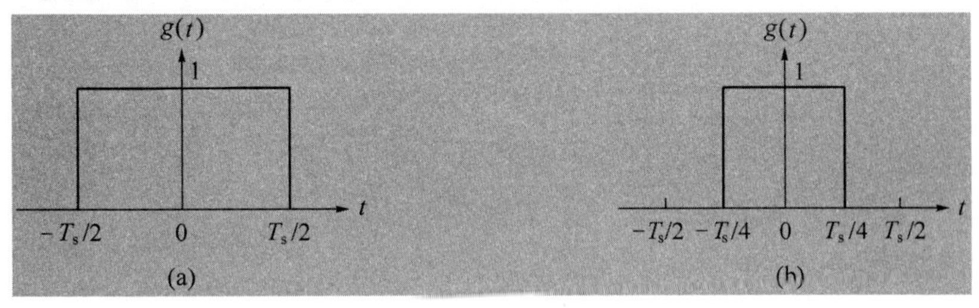

图 P6-1

6-4　设某二进制数字基带信号的基本脉冲为三角形脉冲，如图 P6-2 所示。图中 T_s 为码元间隔，数字信息"1"和"0"分别用 $g(t)$ 的有无表示，且"1"和"0"出现的概率相等：

(1) 求该数字基带信号的功率谱密度，并画出功率谱密度图；

(2) 能否从该数字基带信号中提取码元同步所需的频率 $f_s=1/T_s$ 的分量？若能，试计算该分量的功率。

6-5　设某二进制数字基带信号中,数字信息"1"和"0" 分别用 $g(t)$ 和 $-g(t)$ 表示,且"1"和"0"出现的概率相等,$g(t)$ 是升余弦频谱脉冲,即

$$g(t)=\frac{1}{2}\frac{\cos\left(\frac{\pi t}{T_s}\right)}{1-\frac{4t^2}{T_s^2}}\mathrm{Sa}\left(\frac{\pi t}{T_s}\right)$$

(1) 写出该数字基带信号的连续谱,并画出示意图;

(2) 从该数字基带信号中能否直接提取频率 $f_s=1/T_s$ 的位定时分量?

(3) 若码元间隔 $T_s=10^{-3}(\mathrm{s})$,试求该数字基带信号的传码率及频带宽度。

6-6　设某双极性数字基带信号的基本脉冲波形如图 P6-3 所示。它是高度为 1,宽度 $\tau=T_s/3$ 的矩形脉冲。且已知数字信息"1"出现概率 3/4,"0"出现概率 1/4:

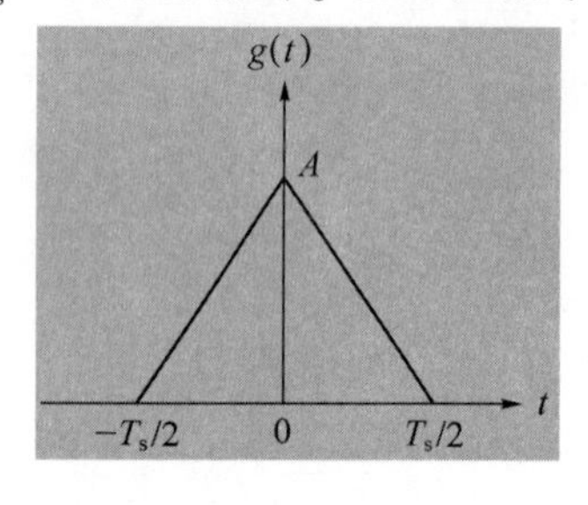

图 P6-2

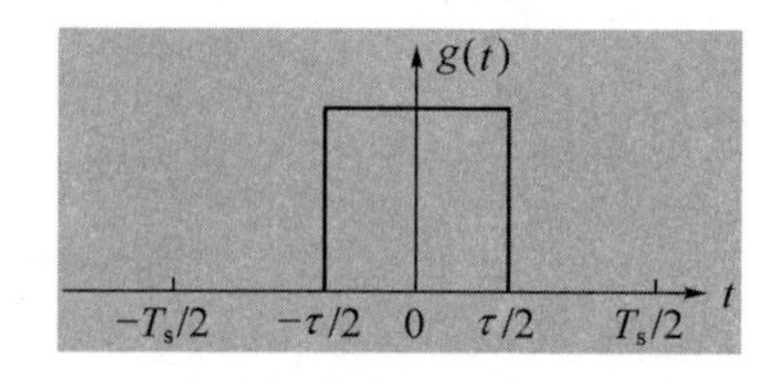

图 P6-3

(1) 写出该双极性信号的功率谱密度的表示式,并画出功率谱密度图;

(2) 从该双极性信号中能否直接提取频率 $f_s=1T_s$ 的分量?若能,试计算该分量的功率。

6-7　已知信息代码为 1011000000000101,试确定相应的 AMI 码及 HDB_3 码,并分别画出它们的波形图。

6-8　已知信息代码为 101100101,试确定相应的双相码和 CMI 码,并分别画出它们的波形图。

6-9　某基带传输系统接收滤波器输出信号的基本脉冲为如图 P6-4 所示的三角形脉冲。

(1) 求该基带传输系统的传输函数 $H(\omega)$;

(2) 假设信道的传输函数 $C(\omega)=1$,发送滤波器和接收滤波器具有相同的传输函数,即 $G_T(\omega)=G_R(\omega)$,试求这时 $G_T(\omega)$ 或 $G_R(\omega)$ 的表示式。

6-10　某基带传输系统具有如图 P6-5 所示的三角形传输函数:

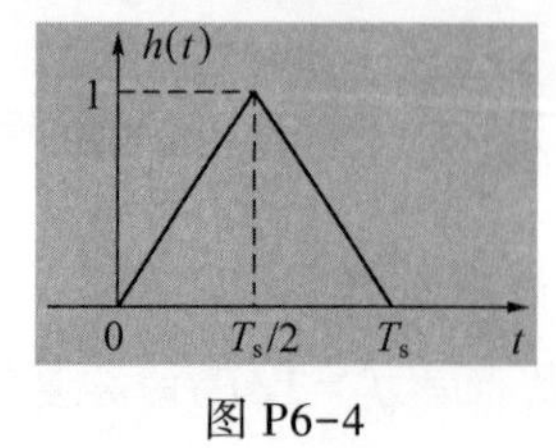

图 P6-4

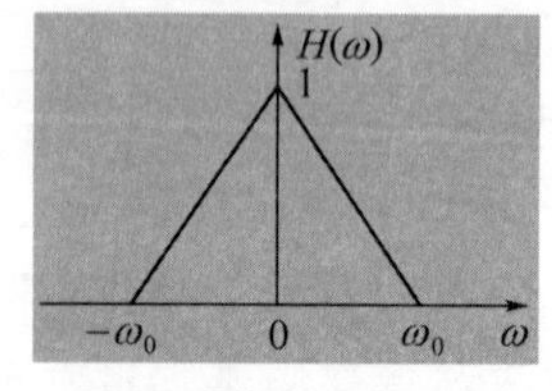

图 P6-5

（1）求系统接收滤波器输出的冲激响应 $h(t)$；

（2）当数字信号的传码率为 $R_B=\omega_0/\pi$ 时，用奈奎斯特准则验证该系统能否实现无码间串扰传输？

6-11　设基带传输系统的发送滤波器、信道及接收滤波器组成总特性为 $H(\omega)$，若要求以 $2/T_s$ 波特的速率进行数据传输，试验证图 P6-6 所示的各种 $H(\omega)$ 能否满足抽样点上无码间串扰的条件？

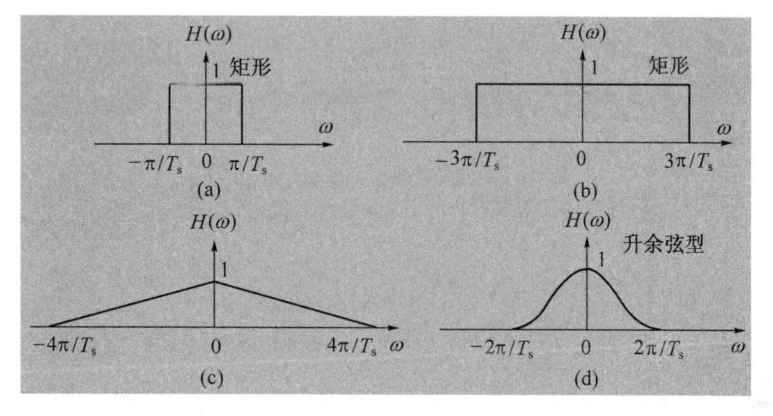

图 P6-6

6-12　设某数字基带系统的传输特性 $H(\omega)$ 如图 P6-7 所示。其中 α 为某个常数（$0\leqslant\alpha\leqslant1$）：

（1）试检验该系统能否实现无码间串扰的条件？

（2）试求该系统的最高码元传输速率为多大？这时的系统频带利用率为多大？

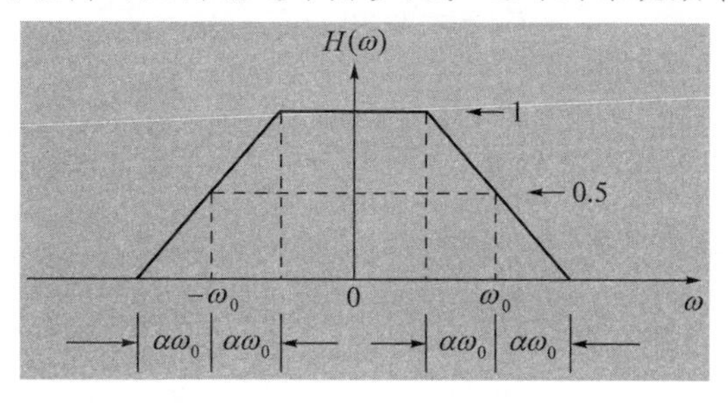

图 P6-7

6-13　为了传送码元速率 $R_B=10^3$Bd 的数字基带信号，试问系统采用图 P6-8 中所画的哪一种传输特性较好？并简要说明其理由。

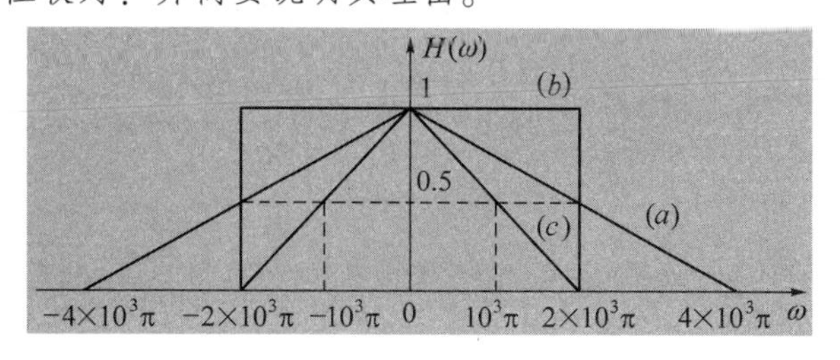

图 P6-8

6-14　设二进制基带系统模型如6.3.2小节中图6-9所示，现已知

$$H(\omega)=\begin{cases}\tau_0(1+\cos\omega\pi_0) & |\omega|\leqslant\dfrac{\pi}{\tau_0}\\ 0 & \text{其他 }\omega\end{cases}$$

试确定该系统最高的码元传输速率 R_B 及相应码元间隔 T_s。

6-15　若上题中

$$H(\omega)=\begin{cases}\dfrac{T_s}{2}\left(1+\cos\dfrac{\omega T_s}{2}\right) & |\omega|\leqslant\dfrac{2\pi}{T_s}\\ 0 & \text{其他 }\omega\end{cases}$$

试证明其单位冲激响应为

$$h(t)=\frac{\sin\pi t/T_s}{\pi t/T_s}\cdot\frac{\cos\pi T_s}{1-4t^2/T_s^2}$$

并画出 $h(t)$ 的示意波形和说明用 $1/T_s$ 波特速率传送数据时，抽样时刻上是否存在码间串扰？

6-16　对于单极性基带信号，试证明下式

$$V_d^*=\frac{A}{2}+\frac{\sigma_n^2}{A}\ln\frac{p(0)}{p(1)}$$

$$P_e=\frac{1}{2}\operatorname{erfc}\left(\frac{A}{2\sqrt{2}\sigma_n}\right)$$

成立。

6-17　若二进制数字基带传输系统如图6-9所示，并设 $C(\omega)=1, G_T(\omega)=G_R(\omega)=\sqrt{H(\omega)}$。现已知

$$H(\omega)=\begin{cases}\tau_0(1+\cos\omega\pi_0) & |\omega|\leqslant\dfrac{\pi}{\tau_0}\\ 0 & \text{其他 }\omega\end{cases}$$

(1) 若 $n(t)$ 的双边功率谱密度为 $n_0/2$(W/Hz)，试确定 $G_R(\omega)$ 的输出噪声功率；

(2) 若在抽样时刻 kT(k 为任意正整数)上，接收滤波器的输出信号以相同概率取0、A 电平，而输出噪声取值 V 服从下述概率密度分布的随机变量

$$f(V)=\frac{1}{2\lambda}e^{-\frac{|V|}{\lambda}}\quad \lambda>0(\text{常数})$$

试求系统最小误码率 P_e。

6-18　某二进制数字基带系统所传送的是单极性基带信号，且数字信息"1"和"0"的出现概率相等。

(1) 若数字信息为"1"时，接收滤波器输出信号在抽样判决时刻的值 $A=1$(V)，且接收滤波器输出噪声是均值为0、均方根值为0.2(V)的高斯噪声，试求这时的误码率 P_e；

(2) 若要求误码率 P_e 不大于 10^{-5},试确定 A 至少应该是多少?

6-19　若将上题中的单极性基带信号改为双极性基带信号,而其他条件不变,重做上题中的各问,并进行比较。

6-20　一随机二进制序列为 10110001,“1”码对应的基带波形为升余弦波形,持续时间为 T_s;“0”码对应的基带波形与“1”码相反。

(1) 当示波器扫描周期 $T_0=T_s$ 时,试画出眼图;

(2) 当 $T_0=2T_s$ 时,试画出眼图;

(3) 比较以上两种眼图的最佳抽样判决时刻、判决门限电平及噪声容限值。

6-21　一相关编码系统如图 P6-9 所示。图中,理想低通滤波器的截止频率为 $1/2T_s$,通带增益为 T_s。试求该系统的单位冲激响应和频率特性。

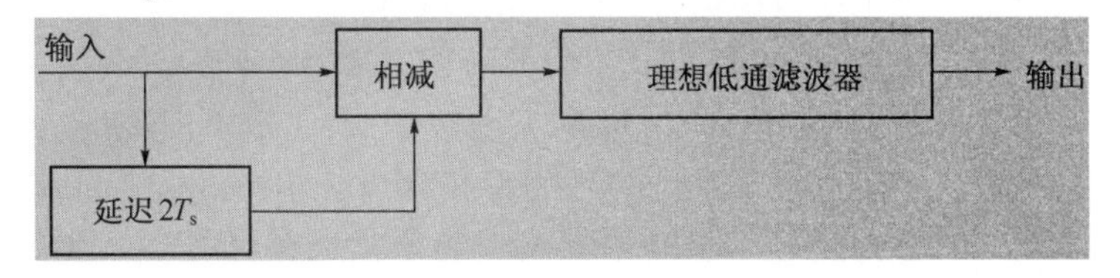

图 P6-9

6-22　若上题中的输入数据为二进制,相关电平数有几个?若数据为四进制,相关电平数又为何值?

6-23　以表 6-1 中第Ⅳ类部分响应系统为例,试画出包括预编码在内的第Ⅳ类部分响应系统的方框图。

6-24　设有一个三抽头的时域均衡器,如图 P6-10 所示,输入信号 $x(t)$ 在各抽样点的值依次为 $x_{-2}=1/8$、$x_{-1}=1/3$、$x_0=1$、$x_{+1}=1/4$、$x_{+2}=1/16$,在其他抽样点均为零,试求均衡器输入波形 $x(t)$ 的峰值失真及输出波形 $y(t)$ 的峰值失真。

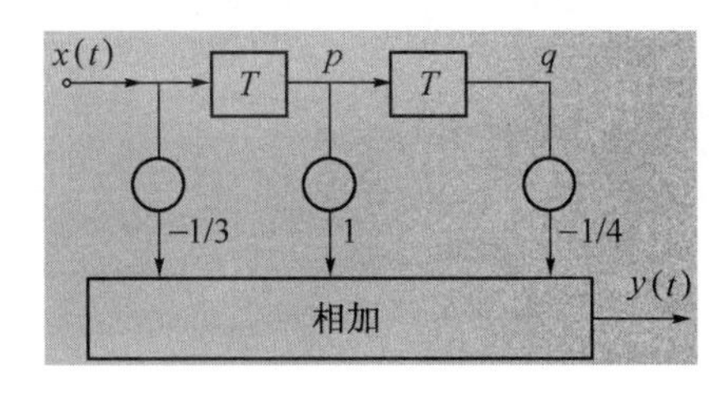

图 P6-10

6-25　设计一个三抽头的迫零均衡器。已知输入信号 $x(t)$ 在各抽样点的值依次为 $x_{-2}=0$, $x_{-1}=0.2$, $x_0=1$, $x_{+1}=-0.3$, $x_{+2}=0.1$,其余均为零。

(1) 求三个抽头的最佳系数;

(2) 比较均衡前后的峰值失真。

参考文献

[1] Lucky R W. Automatic Equalization for Digital Communications. Bell Syst. Tech. J., 1965, (44)4:547-588.

[2] John G. Proakis. Digital Communications. Third Edition 1995.

第7章　数字带通传输系统

数字信号的传输方式分为基带传输(baseband transmission)和带通传输(bandpass transmission)。第6章已经详细地描述了数字信号的基带传输。然而,实际中的大多数信道(如无线信道)因具有带通特性而不能直接传送基带信号,这是因为数字基带信号往往具有丰富的低频分量。为了使数字信号在带通信道中传输,必须用数字基带信号对载波进行调制,以使信号与信道的特性相匹配。这种用数字基带信号控制载波,把数字基带信号变换为数字带通信号(已调信号)的过程称为**数字调制**(digital modulation)。在接收端通过解调器把带通信号还原成数字基带信号的过程称为数字解调(digital demodulation)。通常把包括调制和解调过程的数字传输系统叫做**数字带通传输系统**。为了与"基带"一词相对应,带通传输也称为频带传输,又因为是借助于正弦载波的幅度、频率和相位来传递数字基带信号的,所以带通传输也叫载波传输。

一般来说,数字调制与模拟调制的基本原理相同,但是数字信号有离散取值的特点。因此数字调制技术有两种方法:① 利用模拟调制的方法去实现数字式调制,即把数字调制看成是模拟调制的一个特例,把数字基带信号当做模拟信号的特殊情况处理;② 利用数字信号的离散取值特点通过开关键控载波,从而实现数字调制。这种方法通常称为**键控法**,比如对载波的振幅、频率和相位进行键控,便可获得**振幅键控**(Amplitude Shift Keying,ASK)、**频移键控**(Frequency Shift Keying, FSK)和**相移键控**(Phase Shift Keying, PSK)三种基本的数字调制方式。图7-1给出了相应的信号波形的示例。

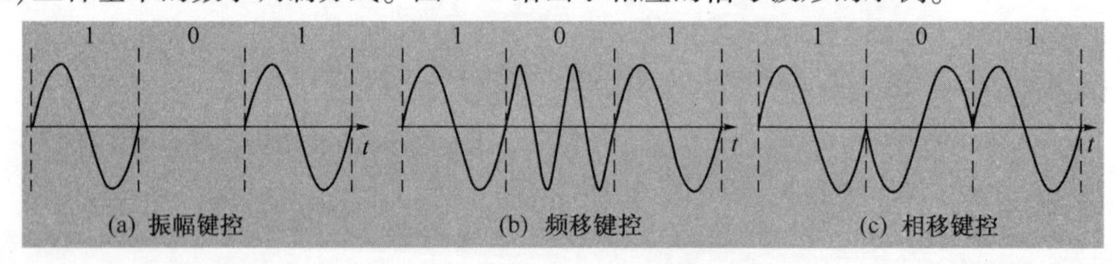

图7-1　正弦载波的三种键控波形

数字信息有二进制和多进制之分,因此,数字调制可分为二进制调制和多进制调制。在二进制调制中,信号参量只有两种可能的取值;而在多进制调制中,信号参量可能有 M ($M>2$)种取值。本章主要讨论二进制数字调制系统的原理及其抗噪声性能,并简要介绍多进制数字调制基本原理。一些改进的、现代的、特殊的调制方式如QAM、MSK、GMSK、OFDM等将放在第8章中进行讨论。

7.1　二进制数字调制原理

在二进制数字调制中,载波的幅度、频率和相位只有两种变化状态。相应的调制方式有二进制振幅键控(2ASK)、二进制频移键控(2FSK)和二进制相移键控(2PSK)。

7.1.1 二进制振幅键控

1. 基本原理

振幅键控是利用载波的幅度变化来传递数字信息,而其频率和初始相位保持不变。在 2ASK 中,载波的幅度只有两种变化状态,分别对应二进制信息"0"或"1"。一种常用的、也是最简单的二进制振幅键控方式称为**通-断键控**(On Off Keying,OOK),其表达式为

$$e_{\mathrm{OOK}}(t)=\begin{cases}A\cos\omega_{c}t & \text{以概率 } P \text{ 发送"1" 时}\\ 0 & \text{以概率 } 1-P \text{ 发送"0" 时}\end{cases} \tag{7.1-1}$$

典型波形如图 7-2 所示。可见,载波在二进制基带信号 $s(t)$ 控制下通—断变化,所以这种键控又称为通—断键控。在 OOK 中,某一种符号("0"或"1")用没有电压来表示。

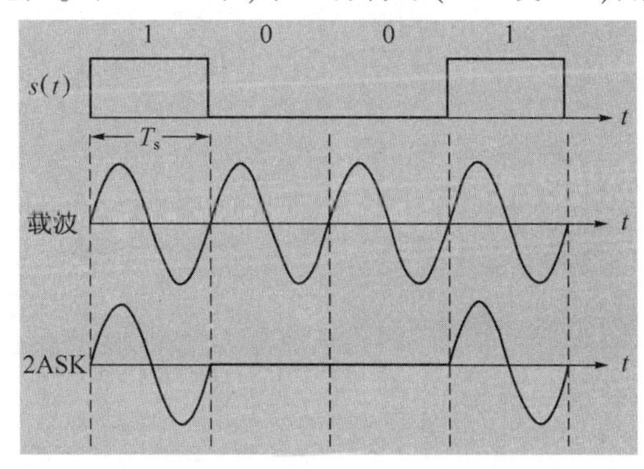

图 7-2 2ASK/OOK 信号时间波形

2ASK 信号的一般表达式为

$$e_{2\mathrm{ASK}}(t)=s(t)\cos\omega_{c}t \tag{7.1-2}$$

其中

$$s(t)=\sum_{n}a_{n}g(t-nT_{s}) \tag{7.1-3}$$

式中: T_s 为码元持续时间;$g(t)$为持续时间为 T_s 的基带脉冲波形。为简便起见,通常假设 $g(t)$是高度为 1、宽度等于 T_s 的矩形脉冲;a_n 是第 n 个符号的电平取值,若取

$$a_{n}=\begin{cases}1 & \text{概率为 } P\\ 0 & \text{概率为 } 1-P\end{cases} \tag{7.1-4}$$

则相应的 2ASK 信号就是 OOK 信号。

2ASK/OOK 信号的产生方法通常有两种:**模拟调制法**(相乘器法)和**键控法**,相应的调制器如图 7-3 所示。图(a)就是一般的模拟幅度调制的方法,用乘法器(multiplier)实现;图(b)是一种数字键控法,其中的开关电路受 $s(t)$控制。

与 AM 信号的解调方法一样。2ASK/OOK 信号也有两种基本的解调方法:**非相干**

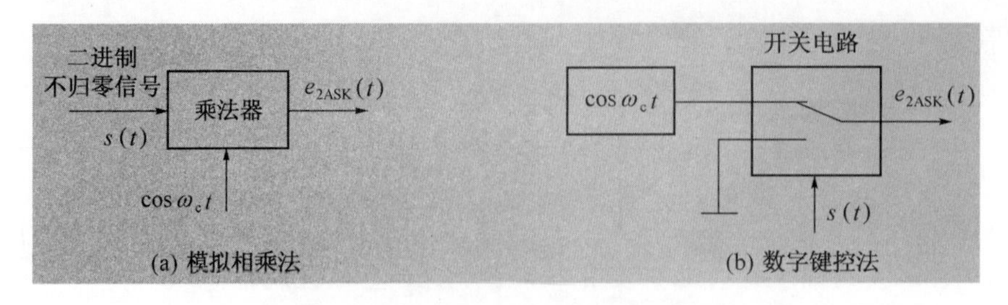

图 7-3　2ASK/OOK 信号调制器原理框图

(noncoherent)**解调(包络检波法)**和**相干**(coherent)**解调(同步检测法)**,相应的接收系统组成方框图如图 7-4 所示。与模拟信号的接收系统相比,这里增加了一个"抽样判决器"方框,这对于提高数字信号的接收性能是必要的。

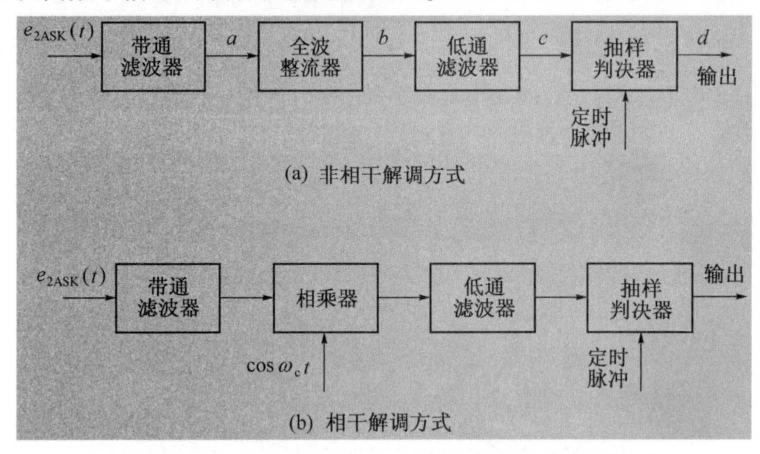

图 7-4　2ASK/OOK 信号的接收系统组成方框图

图 7-5 给出了 2ASK/OOK 信号非相干解调过程的时间波形。

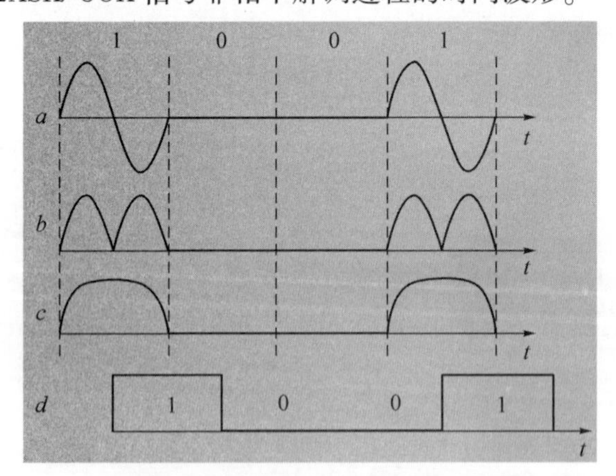

图 7-5　2ASK/OOK 信号非相干解调过程的时间波形

2ASK 是 20 世纪初最早运用于无线电报中的数字调制方式之一。但是,ASK 传输技术受噪声影响很大(详见 7.3 节,现已较少应用)。

2. 功率谱密度

由于 2ASK 信号是随机的功率信号,故研究它的频谱特性时,应该讨论它的功率谱密度。

根据式(7.1-2),一个 2ASK 信号可以表示成

$$e_{2ASK}(t)=s(t)\cos\omega_c t \tag{7.1-5}$$

其中,二进制基带信号 $s(t)$ 是随机的单极性(single-polarity)矩形脉冲序列。

若设 $s(t)$ 的功率谱密度为 $P_s(f)$,2ASK 信号的功率谱密度为 $P_{2ASK}(f)$,则由式(7.1-5)可得

$$P_{2ASK}(f)=\frac{1}{4}[P_s(f+f_c)+P_s(f-f_c)] \tag{7.1-6}$$

可见,2ASK 信号的功率谱是基带信号功率谱 $P_s(f)$ 的线性搬移(属线性调制)。知道了 $P_s(f)$ 即可确定 $P_{2ASK}(f)$。

由 6.1.2 节知,单极性的随机脉冲序列功率谱的一般表达式为

$$P_s(f)=f_sP(1-P)|G(f)|^2+\sum_{m=-\infty}^{\infty}|f_s(1-P)G(mf_s)|^2\delta(f-mf_s) \tag{7.1-7}$$

式中:$f_s=1/T_s$;$G(f)$ 是单个基带信号码元 $g(t)$ 的频谱函数。

对于全占空矩形脉冲序列,根据矩形波形 $g(t)$ 的频谱特点,对于所有的 $m\neq0$ 的整数,有 $G(mf_s)=T_s\mathrm{Sa}(n\pi)=0$,故式(7.1-7)可简化为

$$P_s(f)=f_sP(1-P)|G(f)|^2+f_s^2(1-P)^2|G(0)|^2\delta(f) \tag{7.1-8}$$

将其代入式(7.1-6),得

$$\begin{aligned}P_{2ASK}=&\frac{1}{4}f_sP(1-P)[|G(f+f_c)|^2+|G(f-f_c)|^2]+\\&\frac{1}{4}f_s^2(1-P)^2|G(0)|^2[\delta(f+f_c)+\delta(f-f_c)]\end{aligned} \tag{7.1-9}$$

当概率 $P=1/2$ 时,并考虑到 $G(f)=T_s\mathrm{Sa}(\pi fT_s)$,$G(0)=T_s$,则 2ASK 信号的功率谱密度为

$$\begin{aligned}P_{2ASK}(f)=&\frac{T_s}{16}\left[\left|\frac{\sin\pi(f+f_c)T_s}{\pi(f+f_c)T_s}\right|^2+\left|\frac{\sin\pi(f-f_c)T_s}{\pi(f-f_c)T_s}\right|^2\right]+\\&\frac{1}{16}[\delta(f+f_c)+\delta(f-f_c)]\end{aligned} \tag{7.1-10}$$

其曲线如图 7-6 所示。

从以上分析及图 7-6 可以看出:第一,2ASK 信号的功率谱由连续谱和离散谱两部分组成;连续谱取决于 $g(t)$ 经线性调制后的双边带谱,而离散谱由载波分量确定。第二,2ASK 信号的带宽 B_{2ASK} 是基带信号带宽的 2 倍,若只计谱的主瓣(main lobe)(第一个谱零点位置),则有

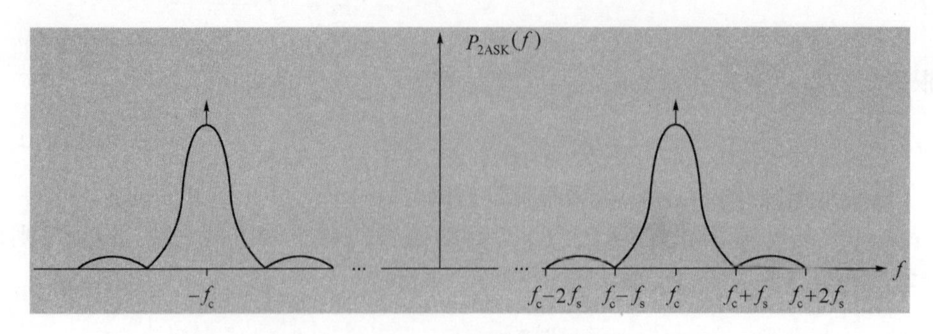

图 7-6 2ASK 信号的功率谱密度示意图

$$B_{2ASK} = 2f_s \tag{7.1-11}$$

其中,$f_s = 1/T_s$。

由此可见,2ASK 信号的传输带宽是码元速率的 2 倍。

7.1.2 二进制频移键控

1. 基本原理

频移键控是利用载波的频率变化来传递数字信息。在 2FSK 中,载波的频率随二进制基带信号在 f_1 和 f_2 两个频率点间变化。故其表达式为

$$e_{2FSK}(t) = \begin{cases} A\cos(\omega_1 t + \varphi_n) & \text{发送“1”时} \\ A\cos(\omega_2 t + \theta_n) & \text{发送“0”时} \end{cases} \tag{7.1-12}$$

典型波形如图 7-7 所示。由图可见,2FSK 信号的波形(a)可以分解为波形(b)和波形(c),也就是说,一个 2FSK 信号可以看成是两个不同载频的 2ASK 信号的叠加。因此,2FSK 信号的时域表达式又可写成

$$e_{2FSK}(t) = \left[\sum_n a_n g(t - nT_s)\right]\cos(\omega_1 t + \varphi_n) + \left[\sum_n \bar{a}_n g(t - nT_s)\right]\cos(\omega_2 t + \theta_n) \tag{7.1-13}$$

式中:$g(t)$ 为单个矩形脉冲,脉宽为 T_s;

$$a_n = \begin{cases} 1 & \text{概率为 } P \\ 0 & \text{概率为 } 1 - P \end{cases} \tag{7.1-14}$$

$\bar{a}_n$ 是 a_n 的反码,若 $a_n = 1$,则 $\bar{a}_n = 0$;若 $a_n = 0$,则 $\bar{a}_n = 1$,于是

$$\bar{a}_n = \begin{cases} 1 & \text{概率为 } 1 - P \\ 0 & \text{概率为 } P \end{cases} \tag{7.1-15}$$

φ_n 和 θ_n 分别是第 n 个信号码元(1 或 0)的初始相位。在移频键控中,φ_n 和 θ_n 不携带信息,通常可令 φ_n 和 θ_n 为零。因此,2FSK 信号的表达式可简化为

$$e_{2FSK}(t) = s_1(t)\cos\omega_1 t + s_2(t)\cos\omega_2 t \tag{7.1-16}$$

其中

$$s_1(t) = \sum_n a_n g(t - nT_s) \tag{7.1-17}$$

$$s_2(t) = \sum_n \bar{a}_n g(t - nT_s) \tag{7.1-18}$$

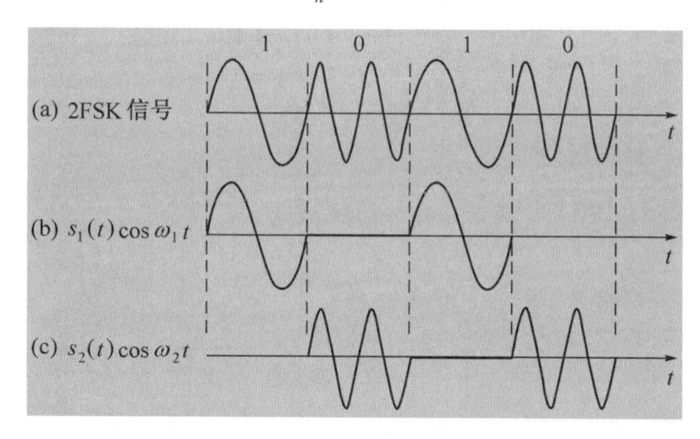

图 7-7　2FSK 信号的时间波形

2FSK 信号的产生方法主要有两种。一种可以采用模拟调频电路来实现;另一种可以采用键控法来实现,即在二进制基带矩形脉冲序列的控制下通过开关电路对两个不同的独立频率源进行选通,使其在每一个码元 T_s 期间输出 f_1 或 f_2 两个载波之一,如图 7-8 所示。这两种方法产生 2FSK 信号的差异在于:由调频法产生的 2FSK 信号在相邻码元之间的相位是连续变化的(这是一类特殊的 FSK,称为连续相位 FSK(Continuous-Phase FSK, CPFSK));而键控法产生的 2FSK 信号,是由电子开关在两个独立的频率源之间转换形成,故相邻码元之间的相位不一定连续。

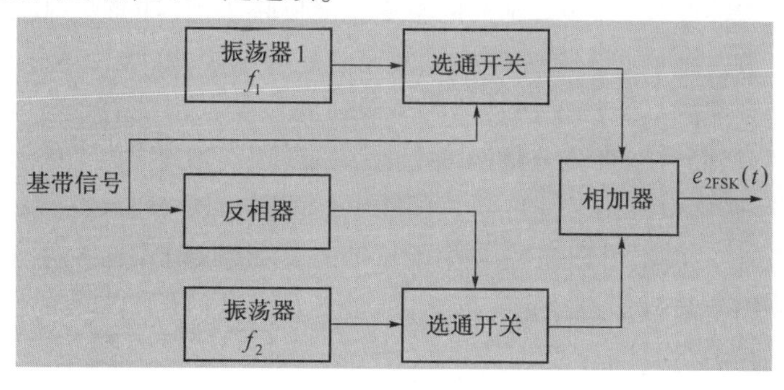

图 7-8　键控法产生 2FSK 信号的原理图

2FSK 信号的常用解调方法是采用如图 7-9 所示的非相干解调(包络检波)和相干解调。其解调原理是将 2FSK 信号分解为上下两路 2ASK 信号分别进行解调,然后进行判决(decision)。这里的抽样判决是直接比较两路信号抽样值的大小,可以不专门设置门限。判决规则应与调制规则相呼应,如调制时若规定“1”符号对应载波频率 f_1,则接收时上支路的样值较大,应判为“1”;反之则判为“0”。

除此之外,2FSK 信号还有其他解调方法,比如鉴频法、差分检测法、过零(zero crossing)检测法等。图 7-10 给出了**过零检测法**的原理框图及各点时间波形。过零检测的原理基于 2FSK 信号的过零点数随不同频率而异,通过检测过零点数目的多少,从而区

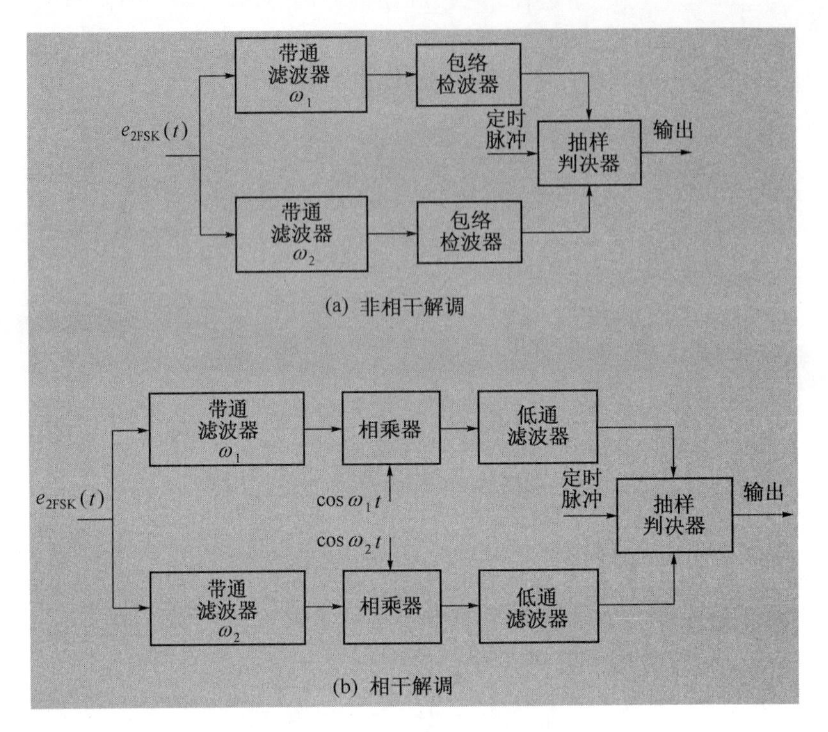

图 7-9　2FSK 信号解调原理图

分两个不同频率的信号码元。在图 7-10 中,2FSK 信号经限幅、微分、整流后形成与频率变化相对应的尖脉冲序列,这些尖脉冲的密集程度反映了信号的频率高低,尖脉冲的个数就是信号过零点数。把这些尖脉冲变换成较宽的矩形脉冲,以增大其直流分量,该直流分量的大小和信号频率的高低成正比。然后经低通滤波器取出此直流分量,这样就完成了频率—幅度变换,从而根据直流分量幅度上的区别还原出数字信号“1”和“0”。

2FSK 在数字通信中应用较为广泛。国际电信联盟(ITU)建议在数据率低于 1200b/s 时采用 2FSK 体制。2FSK 可以采用非相干接收方式,接收时不必利用信号的相位信息,因此特别适合应用于衰落信道/随参信道(如短波无线电信道)的场合,这些信道会引起信号的相位和振幅随机抖动和起伏。

2. 功率谱密度

对相位不连续的 2FSK 信号,可以看成由两个不同载频的 2ASK 信号的叠加,因此,2FSK 频谱可以近似表示成中心频率分别为 f_1 和 f_2 的两个 2ASK 频谱的组合。根据这一思路,我们可以直接利用 2ASK 频谱的结果来分析 2FSK 的频谱。

由式(7.1-16),一个相位不连续 2FSK 信号可表示为

$$e_{2FSK}(t) = s_1(t)\cos\omega_1 t + s_2(t)\cos\omega_2 t \qquad (7.1-19)$$

其中,$s_1(t)$ 和 $s_2(t)$ 为两路二进制基带信号。

根据 2ASK 信号功率谱密度的表示式,不难写出这种 2FSK 信号的功率谱密度的表示式:

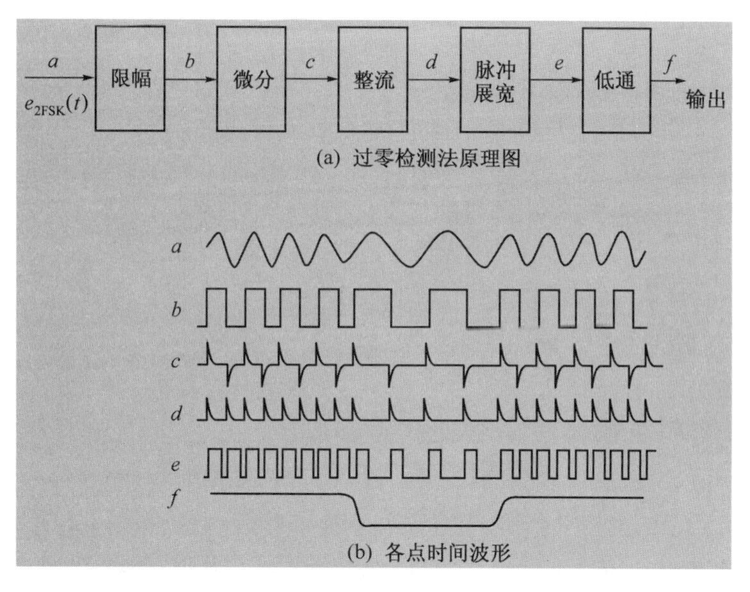

图 7-10 过零检测法原理图及各点时间波形

$$P_{2FSK}(f)=\frac{1}{4}[P_{s1}(f-f_1)+P_{s1}(f+f_1)]+\frac{1}{4}[P_{s2}(f-f_2)+P_{s2}(f+f_2)] \qquad (7.1-20)$$

令概率 $P=\frac{1}{2}$，参照式(7.1-10)，只需将其中的 f_c 分别替换为 f_1 和 f_2，然后代入式(7.1-20)即可得

$$P_{2FSK}(f)=\frac{T_s}{16}\left[\left|\frac{\sin\pi(f+f_1)T_s}{\pi(f+f_1)T_s}\right|^2+\left|\frac{\sin\pi(f-f_1)T_s}{\pi(f-f_1)T_s}\right|^2\right]+\frac{T_s}{16}\left[\left|\frac{\sin\pi(f+f_2)T_s}{\pi(f+f_2)T_s}\right|^2+\left|\frac{\sin\pi(f-f_2)T_s}{\pi(f-f_2)T_s}\right|^2\right]+\frac{1}{16}[\delta(f+f_1)+\delta(f-f_1)+\delta(f+f_2)+\delta(f-f_2)] \qquad (7.1-21)$$

其典型曲线如图 7-11 所示。

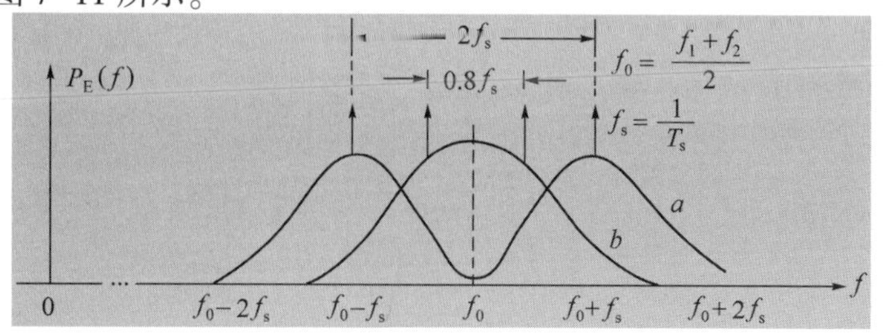

图 7-11 相位不连续 2FSK 信号的功率谱示意图

由式(7.1-21)及图7-11可以看出：第一，相位不连续2FSK信号的功率谱由连续谱和离散谱组成。其中，连续谱由两个中心位于f_1和f_2处的双边谱叠加而成，离散谱位于两个载频f_1和f_2处。第二，连续谱的形状随着两个载频之差$|f_1-f_2|$的大小而变化，若$|f_1-f_2|<f_s$，连续谱在f_0处出现单峰；若$|f_1-f_2|>f_s$，出现双峰。第三，若以功率谱第一个零点之间的频率间隔计算2FSK信号的带宽，则其带宽近似为

$$B_{2FSK} \approx |f_2 - f_1| + 2f_s \tag{7.1-22}$$

其中，$f_s=\dfrac{1}{T_s}$为基带信号的带宽。

7.1.3 二进制相移键控

1. 基本原理

相移键控是利用载波的相位变化来传递数字信息，而振幅和频率保持不变。在2PSK中，通常用初始相位0和π分别表示二进制“1”和“0”。因此，2PSK信号的时域表达式为

$$e_{2PSK}(t) = A\cos(\omega_c t + \varphi_n) \tag{7.1-23}$$

其中，φ_n表示第n个符号的绝对相位：

$$\varphi_n = \begin{cases} 0 & \text{发送“0”时} \\ \pi & \text{发送“1”时} \end{cases} \tag{7.1-24}$$

因此，式(7.1-23)可以改写为

$$e_{2PSK}(t) = \begin{cases} A\cos\omega_c t & \text{概率为} P \\ -A\cos\omega_c t & \text{概率为} 1-P \end{cases} \tag{7.1-25}$$

典型波形如图7-12所示。由于表示信号的两种码元的波形相同，极性相反，故2PSK信号一般可以表述为一个双极性(bipolarity)全占空(100% duty ratio)矩形脉冲序列与一个正弦载波的相乘，即

$$e_{2PSK}(t) = s(t)\cos\omega_c t \tag{7.1-26}$$

其中

$$s(t) = \sum_n a_n g(t - nT_s)$$

这里，$g(t)$是脉宽为T_s的单个矩形脉冲，而a_n的统计特性为

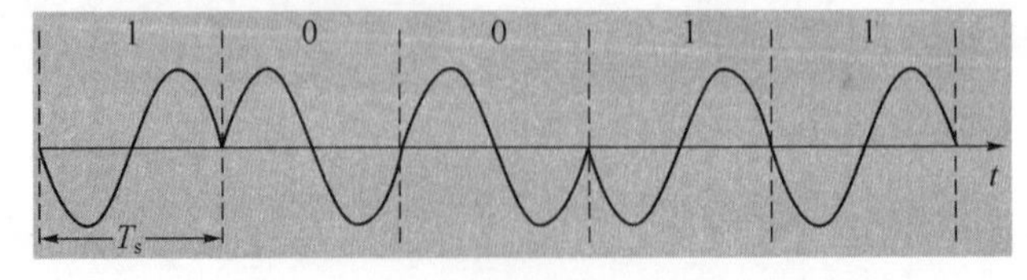

图7-12 2PSK信号的时间波形

$$a_n = \begin{cases} 1 & \text{概率为 } P \\ -1 & \text{概率为 } 1-P \end{cases} \tag{7.1-27}$$

即发送二进制符号"0"时(a_n 取+1),$e_{2PSK}(t)$取 0 相位;发送二进制符号"1"时(a_n 取-1),$e_{2PSK}(t)$取 π 相位。这种以载波的不同相位直接去表示相应二进制数字信号的调制方式,称为二进制**绝对相移方式**。

2PSK 信号的调制原理框图如图 7-13 所示。与 2ASK 信号的产生方法相比较,只是对$s(t)$的要求不同,在 2ASK 中 $s(t)$是单极性的,而在 2PSK 中 $s(t)$是双极性的基带信号。

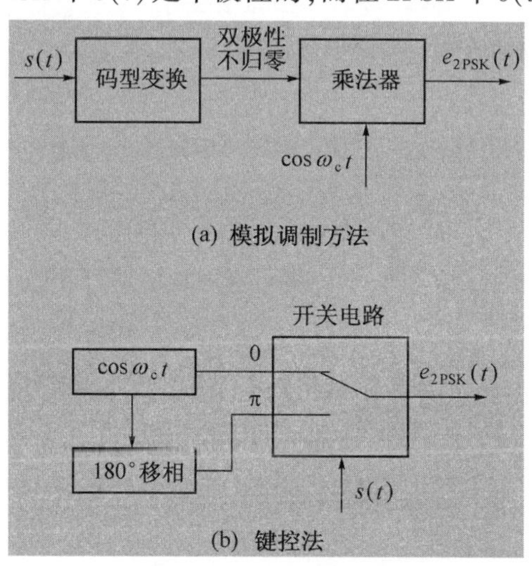

图 7-13 2PSK 信号的调制原理框图

2PSK 信号的解调通常采用相干解调法,解调器原理框图如图 7-14 所示。在相干解调中,如何得到与接收的 2PSK 信号同频同相的相干载波是个关键问题。这一问题将在第 12 章同步原理中介绍。

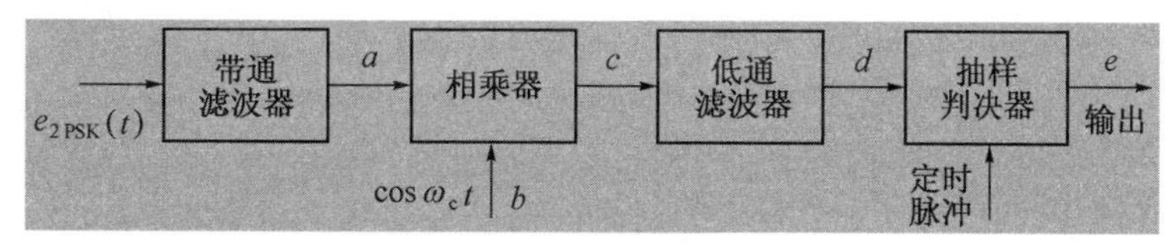

图 7-14 2PSK 信号的解调原理框图

2PSK 信号相干解调各点时间波形如图 7-15 所示。图中,假设相干载波的基准相位与 2PSK 信号的调制载波的基准相位一致(通常默认为 0 相位)。但是,由于在 2PSK 信号的载波恢复过程中存在着 180°的相位模糊(phase ambiguity)(原因详见第 12 章),即恢复的本地载波与所需的相干载波可能同相,也可能反相,这种相位关系的不确定性将会造成解调出的数字基带信号与发送的数字基带信号正好相反,即"1"变为"0","0"变为"1",判决器输出数字信号全部出错。这种现象称为 2PSK 方式的"**倒 π**"**现象**或"**反相工作**"。这也是 2PSK 方式在实际中很少采用的主要原因。另外,在随机信号码元序列中,信号波形有可能出现长时间连续的正弦波形,致使在接收端无法辨认信号码元的起止时刻。

为了解决上述问题,可以采用 7.1.4 节中将要讨论的差分相移键控(DPSK)体制。

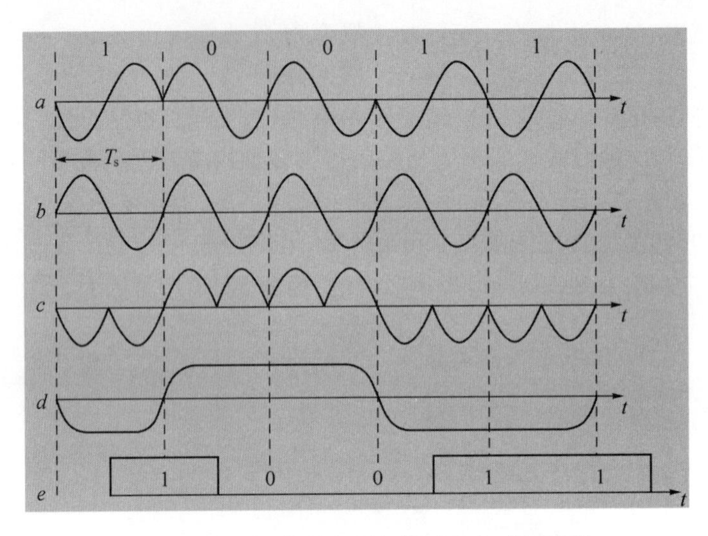

图 7-15　2PSK 信号相干解调时各点时间波形

2. 功率谱密度

比较 2ASK 信号的表达式(7.1-2)和 2PSK 信号的表达式(7.1-25) 可知,两者的表示形式完全一样,区别仅在于基带信号 $s(t)$ 不同(a_n 不同),前者为单极性,后者为双极性。因此,我们可以直接引用 2ASK 信号功率谱密度的公式(7.1-6)来表述 2PSK 信号的功率谱,即

$$P_{2PSK}(f)=\frac{1}{4}[P_s(f+f_c)+P_s(f-f_c)] \qquad (7.1-28)$$

应当注意,这里的 $P_s(f)$ 是双极性的随机矩形脉冲序列的功率谱。

由 6.1.2 节知,双极性的全占空矩形随机脉冲序列的功率谱密度为

$$P_s(f)=4f_sP(1-P)|G(f)|^2+f_s^2(1-2P)^2|G(0)|^2\delta(f) \qquad (7.1-29)$$

将其代入式(7.1-28),得

$$P_{2PSK}(f)=f_sP(1-P)[|G(f+f_c)|^2+|G(f-f_c)|^2]+$$
$$\frac{1}{4}f_s^2(1-2P)^2|G(0)|^2[\delta(f+f_c)+\delta(f-f_c)] \qquad (7.1-30)$$

若等概($P=1/2$),并考虑到矩形脉冲的频谱 $G(f)=T_s\mathrm{Sa}(\pi fT_s)$,$G(0)=T_s$,则 2PSK 信号的功率谱密度为

$$P_{2PSK}(f)=\frac{T_s}{4}\left[\left|\frac{\sin\pi(f+f_c)T_s}{\pi(f+f_c)T_s}\right|^2+\left|\frac{\sin\pi(f-f_c)T_s}{\pi(f-f_c)T_s}\right|^2\right] \qquad (7.1-31)$$

其曲线如图 7-16 所示。

从以上分析可见,二进制相移键控信号的频谱特性与 2ASK 的十分相似,带宽也是基带信号带宽的 2 倍。区别仅在于当 $P=1/2$ 时,其谱中无离散谱(即载波分量),此时 2PSK 信号实际上相当于抑制载波的双边带信号。因此,它可以看作是双极性基带信号作用下

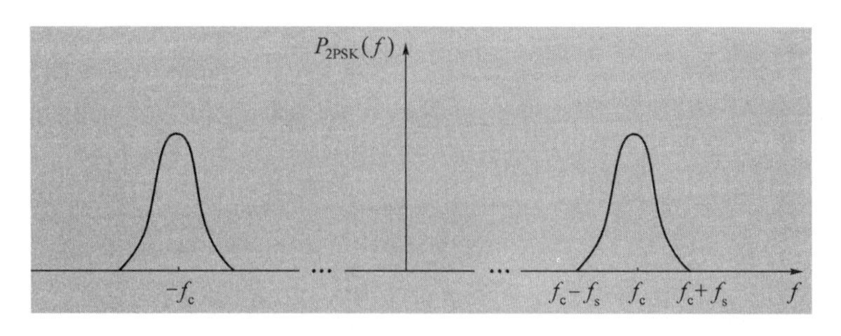

图 7-16　2PSK(2DPSK)信号的功率谱密度

的调幅信号。

7.1.4　二进制差分相移键控

1. 基本原理

前面讨论的 2PSK 信号中,相位变化是以未调载波的相位作为参考基准的。由于它利用载波相位的绝对数值表示数字信息,所以又称为绝对相移。已经指出,2PSK 相干解调时,由于载波恢复中相位有 0、π 模糊性,导致解调过程出现"反向工作"现象,恢复出的数字信号"1"和"0"倒置,从而使 2PSK 难以实际应用。为了克服此缺点,提出了二进制差分相移键控(2DPSK)方式。

2DPSK 是利用前后相邻码元的载波相对相位变化传递数字信息,所以又称**相对相移键控**。假设 $\Delta\varphi$ 为当前码元与前一码元的载波相位差,可定义一种数字信息与 $\Delta\varphi$ 之间的关系为

$$\Delta\varphi=\begin{cases}0 & \text{表示数字信息“0”}\\ \pi & \text{表示数字信息“1”}\end{cases} \tag{7.1 - 32}$$

于是可以将一组二进制数字信息与其对应的 2DPSK 信号的载波相位关系示例如下:

二进制数字信息:		1	1	0	1	0	0	1	1	0
2DPSK 信号相位:	(0)	π	0	0	π	π	π	0	π	π
或	(π)	0	π	π	0	0	0	π	0	0

相应的 2DPSK 信号的典型波形如图 7-17 所示。数字信息与 $\Delta\varphi$ 之间的关系也可定义为

$$\Delta\varphi=\begin{cases}0 & \text{表示数字信息“1”}\\ \pi & \text{表示数字信息“0”}\end{cases}$$

由此示例可知,对于相同的基带数字信息序列,由于初始相位不同,2DPSK 信号的相位可以不同。也就是说,2DPSK 信号的相位并不直接代表基带信号,而前后码元相对相位的差才唯一决定信息符号。

为了更加直观地说明信号码元的相位关系,我们可以用矢量图来表述。按照式(7.1-32)的定义关系,我们可以用如图 7-18(a)所示的矢量图来表示,图中,虚线矢量位置称为基准相位。在绝对相移中,它是未调制载波的相位;在相对相移中,它是前一码

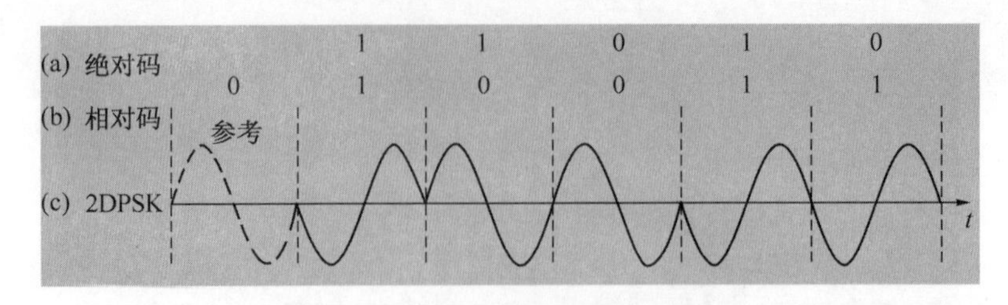

图 7-17　2DPSK 信号调制过程波形图

元的载波相位,当前码元的相位可能是 0 或 π。但是按照这种定义,在某个长的码元序列中,信号波形的相位可能仍没有突跳点,致使在接收端无法辨认信号码元的起止时刻。这样,2DPSK 方式虽然解决了载波相位不确定性问题,但是码元的定时问题仍没有解决。

为了解决定时问题,可以采用图 7-18(b)所示的相移方式。这时,当前码元的相位相对于前一码元的相位改变±π/2。因此,在相邻码元之间必定有相位突跳。在接收端检测此相位突跳就能确定每个码元的起止时刻,即可提供码元定时信息(此问题将在第 12 章中讨论)。根据 ITU-T 建议,图 7-18(a)所示的相移方式称为 A 方式;图 7-18(b)所示的相移方式称为 B 方式。由于后者的优点,目前被广泛采用。

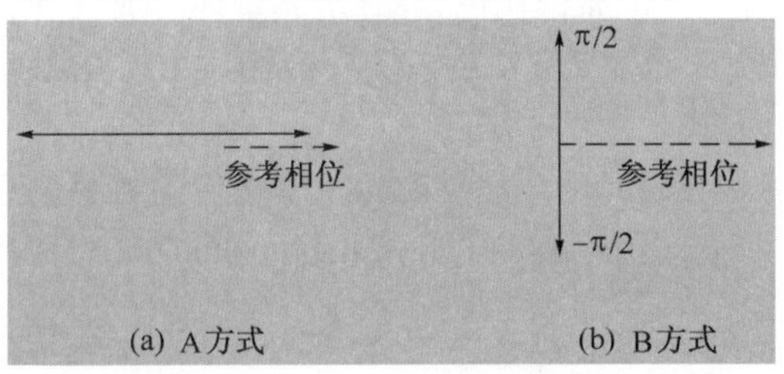

图 7-18　2DPSK 信号的矢量图

2DPSK 信号的产生方法可以通过观察图 7-17 得到一种启示:先对二进制数字基带信号进行差分编码,即把表示数字信息序列的绝对码变换成**相对码**(差分码),然后再根据相对码进行绝对调相,从而产生二进制差分相移键控信号。2DPSK 信号调制器原理框图如图 7-19 所示。

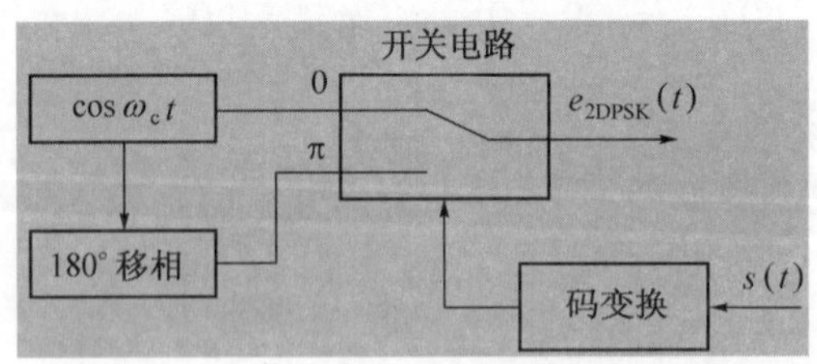

图 7-19　2DPSK 信号调制器原理框图

这里的差分码概念就是 6.1.1 节中介绍的一种差分波形。差分码可取传号差分码或空号差分码。其中,传号差分码的编码规则为

$$b_n = a_n \oplus b_{n-1} \tag{7.1-33}$$

式中:$\oplus$为模 2 加;b_{n-1}为 b_n 的前一码元,最初的 b_{n-1}可任意设定。

由图 7-17 中已调信号的波形可知,这里使用的就是传号差分码,即载波的相位遇到

原数字信息“1”变化,遇到“0”则不变,载波相位的这种相对变化就携带了数字信息。

式(7.1-33)称为差分编码(码变换),即把绝对码变换为相对码;其逆过程称为差分译码(码反变换),即

$$a_n = b_n \oplus b_{n-1} \tag{7.1-34}$$

2DPSK 信号的解调方法之一是相干解调(极性比较法)加码反变换法。其解调原理是:对 2DPSK 信号进行相干解调,恢复出相对码,再经码反变换器变换为绝对码,从而恢复出发送的二进制数字信息。在解调过程中,由于载波相位模糊性的影响,使得解调出的相对码也可能是“1”和“0”倒置,但经差分译码(码反变换)得到的绝对码不会发生任何倒置的现象,从而解决了载波相位模糊性带来的问题。2DPSK 的相干解调器原理框图和各点波形如图 7-20 所示。

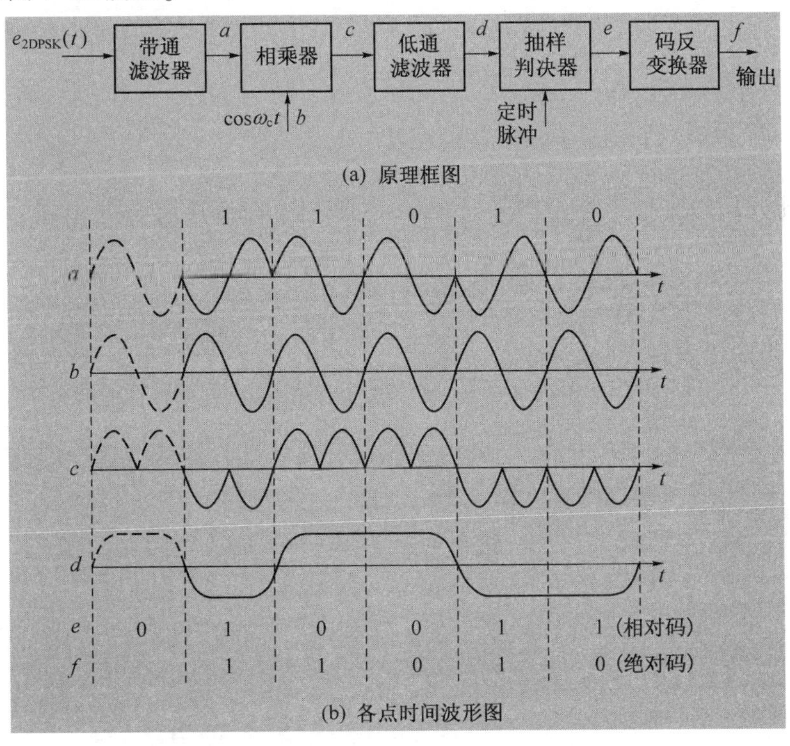

图 7-20　2DPSK 相干解调器原理框图和各点波形

2DPSK 信号的另一种解调方法是差分相干解调(相位比较法),其原理框图和解调过程各点时间波形如图 7-21 所示。用这种方法解调时不需要专门的相干载波,只需由收到的 2DPSK 信号延时一个码元间隔 T_s,然后与 2DPSK 信号本身相乘。相乘器起着相位比较的作用,相乘结果反映了前后码元的相位差,经低通滤波后再抽样判决,即可直接恢复出原始数字信息,故解调器中不需要码反变换器。

2DPSK 系统是一种实用的数字调相系统,但其抗加性白噪声性能比 2PSK 的要差。

2. 功率谱密度

从前面讨论的 2DPSK 信号的调制过程及其波形可以知道,2DPSK 可以与 2PSK 具有相同形式的表达式,见式(7.1-26)。所不同的是 2PSK 中的基带信号 $s(t)$ 对应的是绝对

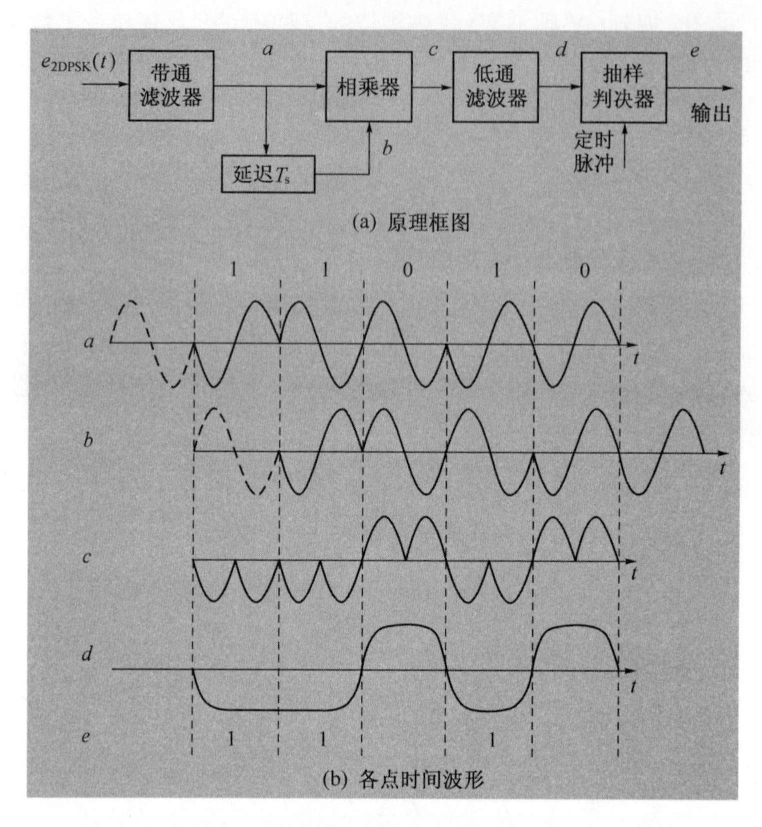

图 7-21　2DPSK 差分相干解调器原理框图和各点时间波形

码序列;而 2DPSK 中的基带信号$s(t)$对应的是码变换后的相对码序列。因此,2DPSK 信号和 2PSK 信号的功率谱密度是完全一样的,即上一节中的式(7.1-31)及图 7-16 也可用来表述 2DPSK 信号功率谱。信号带宽为

$$B_{2DPSK} = B_{2PSK} = 2f_s$$

与 2ASK 相同,也是码元速率的 2 倍。

7.2　二进制数字调制系统的抗噪声性能

以上我们详细讨论了二进制数字调制系统的原理。本节将分别讨论 2ASK、2FSK、2PSK、2DPSK 系统的抗噪声性能。

通信系统的抗噪声性能是指系统克服加性噪声影响的能力。在数字通信系统中,信道噪声有可能使传输码元产生错误,错误程度通常用误码率来衡量。因此,与分析数字基带系统的抗噪声性能一样,分析数字调制系统的抗噪声性能,也就是求系统在信道噪声干扰下的总误码率。

分析条件:假设信道特性是恒参信道,在信号的频带范围内具有理想矩形的传输特性(可取其传输系数为 K);信道噪声是加性高斯白噪声。并且认为噪声只对信号的接收带来影响,因而分析系统性能是在接收端进行的。

7.2.1 2ASK 系统的抗噪声性能

由 7.1 节可知,2ASK 信号的解调方法有包络检波法和同步检测法。下面将分别讨论这两种解调方法的误码率。

1. 同步检测法的系统性能

对 2ASK 信号,同步检测法的系统性能分析模型如图 7-22 所示。

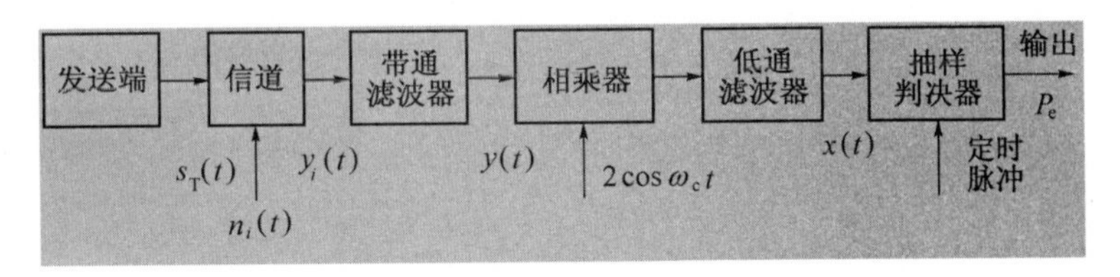

图 7-22 2ASK 信号同步检测法的系统性能分析模型

对于 2ASK 系统,设在一个码元的持续时间 T_s 内,其发送端输出的信号波形 $s_T(t)$ 可以表示为

$$s_T(t)=\begin{cases}u_T(t) & \text{发送“1”时}\\ 0 & \text{发送“0”时}\end{cases} \tag{7.2-1}$$

其中

$$u_T(t)=\begin{cases}A\cos\omega_c t & 0<t<T_s\\ 0 & \text{其他}\end{cases} \tag{7.2-2}$$

则在每一段时间 $(0,T_s)$ 内,接收端的输入波形 $y_i(t)$ 为

$$y_i(t)=\begin{cases}u_i(t)+n_i(t) & \text{发送“1”时}\\ n_i(t) & \text{发送“0”时}\end{cases} \tag{7.2-3}$$

其中,$u_i(t)$ 为 $u_T(t)$ 经信道传输后的波形。为简明起见,认为信号经过信道传输后只受到固定衰减,未产生失真(信道传输系数取为 K),令 $a=AK$,则有

$$u_i(t)=\begin{cases}a\cos\omega_c t & 0<t<T_s\\ 0 & \text{其他}\end{cases} \tag{7.2-4}$$

而 $n_i(t)$ 是均值为 0 的加性高斯白噪声。

假设接收端带通滤波器具有理想矩形传输特性,恰好使信号无失真通过,则带通滤波器的输出波形 $y(t)$ 为

$$y(t)=\begin{cases}u_i(t)+n(t) & \text{发送“1”时}\\ n(t) & \text{发送“0”时}\end{cases} \tag{7.2-5}$$

其中,$n(t)$ 是高斯白噪声 $n_i(t)$ 经过带通滤波器的输出噪声。由第 3 章随机信号分析可知,$n(t)$ 为窄带高斯噪声,其均值为 0,方差为 σ_n^2,且可表示为

$$n(t)=n_c(t)\cos\omega_c t-n_s(t)\sin\omega_c t \tag{7.2-6}$$

于是

$$y(t)=\begin{cases}a\cos\omega_c t+n_c(t)\cos\omega_c t-n_s(t)\sin\omega_c t\\ n_c(t)\cos\omega_c t-n_s(t)\sin\omega_c t\end{cases}$$

$$=\begin{cases}[a+n_c(t)]\cos\omega_c t-n_s(t)\sin\omega_c t & 发“1”时\\ n_c(t)\cos\omega_c t-n_s(t)\sin\omega_c t & 发“0”时\end{cases} \tag{7.2-7}$$

$y(t)$与相干载波 $2\cos\omega_c t$ 相乘,然后由低通滤波器滤除高频分量,在抽样判决器输入端得到的波形 $x(t)$ 为

$$x(t)=\begin{cases}a+n_c(t) & 发送“1”符号\\ n_c(t) & 发送“0”符号\end{cases} \tag{7.2-8}$$

其中,a 为信号成分,由于 $n_c(t)$ 也是均值为 0,方差为 σ_n^2 的高斯噪声,所以 $x(t)$ 也是一个高斯随机过程,其均值分别为 a(发“1”时)和 0(发“0”时),方差等于 σ_n^2。

设对第 k 个符号的抽样时刻为 kT_s,则 $x(t)$ 在 kT_s 时刻的抽样值

$$x=x(kT_s)=\begin{cases}a+n_c(kT_s) & 发送“1”时\\ n_c(kT_s) & 发送“0”时\end{cases} \tag{7.2-9}$$

是一个高斯随机变量。因此,发送“1”时,x 的一维概率密度函数 $f_1(x)$ 为

$$f_1(x)=\frac{1}{\sqrt{2\pi}\sigma_n}\exp\left\{-\frac{(x-a)^2}{2\sigma_n^2}\right\} \tag{7.2-10}$$

发送“0”时,x 的一维概率密度函数 $f_0(x)$ 为

$$f_0(x)=\frac{1}{\sqrt{2\pi}\sigma_n}\exp\left\{-\frac{x^2}{2\sigma_n^2}\right\} \tag{7.2-11}$$

$f_1(x)$ 和 $f_0(x)$ 的曲线形状如图 7-23 所示。

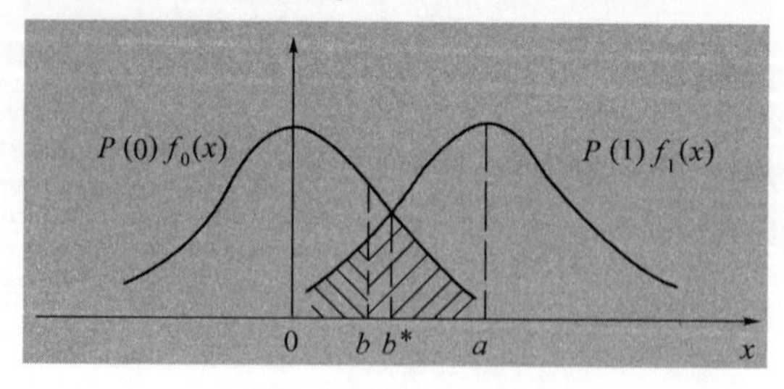

图 7-23　2ASK 同步检测时误码率的几何表示

若取判决门限为 b,规定判决规则为

$$x>b\ 时,判为“1”$$

$$x \leqslant b \text{ 时，判为“0”}$$

则当发送“1”时，错误接收为“0”的概率是抽样值 $x \leqslant b$ 的概率，即

$$P(0/1) = P(x \leqslant b) = \int_{-\infty}^{b} f_1(x)\,\mathrm{d}x = 1 - \frac{1}{2}\mathrm{erfc}\left(\frac{b-a}{\sqrt{2}\sigma_n}\right) \tag{7.2-12}$$

其中 $\mathrm{erfc}(x) = \dfrac{2}{\sqrt{\pi}}\displaystyle\int_{x}^{\infty} \mathrm{e}^{-u^2}\mathrm{d}u$

同理，发送“0”时，错误接收为“1”的概率是抽样值 $x>b$ 的概率，即

$$P(1/0) = P(x > b) = \int_{0}^{\infty} f_0(x)\,\mathrm{d}x = \frac{1}{2}\mathrm{erfc}\left(\frac{b}{\sqrt{2}\sigma_n}\right) \tag{7.2-13}$$

设发“1”的概率为 $P(1)$，发“0”的概率为 $P(0)$，则同步检测时 2ASK 系统的总误码率为

$$P_e = P(1)P(0/1) + P(0)P(0/1) = P(1)\int_{-\infty}^{b} f_1(x)\,\mathrm{d}x + P(0)\int_{0}^{\infty} f_0(x)\,\mathrm{d}x \tag{7.2-14}$$

式(7.2-14)表明，当 $P(1)$、$P(0)$ 及 $f_1(x)$、$f_0(x)$ 一定时，系统的误码率 P_e 与判决门限 b 的选择密切相关，其几何表示如图 7-23 阴影部分所示。可见，误码率 P_e 等于图中阴影的面积。若改变判决门限 b，阴影的面积将随之改变，即误码率 P_e 的大小将随判决门限 b 而变化。进一步分析可得，当判决门限 b 取 $P(1)f_1(x)$ 与 $P(0)f_0(x)$ 两条曲线相交点 b^* 时，阴影的面积最小。即判决门限取为 b^* 时，系统的误码率 P_e 最小。这个门限 b^* 称为最佳判决门限。

最佳判决门限也可通过求误码率 P_e 关于判决门限 b 的最小值的方法得到，令

$$\frac{\partial P_e}{\partial b} = 0 \tag{7.2-15}$$

可得

$$P(1)f_1(b^*) - P(0)f_0(b^*) = 0$$

即

$$P(1)f_1(b^*) = P(0)f_0(b^*) \tag{7.2-16}$$

将式(7.2-10)和式(7.2-11)代入式(7.2-16)可得

$$\frac{P(1)}{\sqrt{2\pi}\sigma_n}\exp\left\{-\frac{(b^*-a)^2}{2\sigma_n^2}\right\} = \frac{P(0)}{\sqrt{2\pi}\sigma_n}\exp\left\{-\frac{(b^*)^2}{2\sigma_n^2}\right\}$$

化简上式，整理后可得

$$b^* = \frac{a}{2} + \frac{\sigma_n^2}{a}\ln\frac{P(0)}{P(1)} \tag{7.2-17}$$

式(7.2-17)就是所需的最佳判决门限。

若发送“1”和“0”的概率相等，即 $P(1)=P(0)$，则最佳判决门限为

$$b^{*}=\frac{a}{2} \tag{7.2-18}$$

此时，2ASK 信号采用相干解调（同步检测）时系统的误码率 P_e 为

$$P_e=\frac{1}{2}\operatorname{erfc}\left(\sqrt{\frac{r}{4}}\right) \tag{7.2-19}$$

式中：$r=\dfrac{a^2}{2\sigma_n^2}$，为解调器输入端的信噪比。

当 $r\gg1$，即大信噪比时，式(7.2-19)可近似表示为

$$P_e\approx\frac{1}{\sqrt{\pi r}}\mathrm{e}^{-r/4} \tag{7.2-20}$$

2. 包络检波法的系统性能

参照图 7-4，只需将图 7-22 中的相干解调器（相乘—低通）替换为包络检波器（整流—低通），则可以得到 2ASK 采用包络检波法的系统性能分析模型，故这里不再重画。显然，带通滤波器的输出波形 $y(t)$ 与相干解调法的相同，同为式(7.2-7)。

由式(7.2-7)可知，当发送“1”符号时，包络检波器的输出波形 $V(t)$ 为

$$V(t)=\sqrt{[a+n_c(t)]^2+n_s^2(t)} \tag{7.2-21}$$

当发送“0”符号时，包络检波器的输出波形 $V(t)$ 为

$$V(t)=\sqrt{n_c^2(t)+n_s^2(t)} \tag{7.2-22}$$

由 3.6 节的讨论可知，发“1”时的抽样值是广义瑞利型随机变量；发“0”时的抽样值是瑞利型随机变量，它们的一维概率密度函数分别为

$$f_1(V)=\frac{V}{\sigma_n^2}I_0\left(\frac{aV}{\sigma_n^2}\right)\mathrm{e}^{-(V^2+a^2)/2\sigma_n^2} \tag{7.2-23}$$

$$f_0(V)=\frac{V}{\sigma_n^2}\mathrm{e}^{-V^2/2\sigma_n^2} \tag{7.2-24}$$

式中：σ_n^2 为窄带高斯噪声 $n(t)$ 的方差。

设判决门限为 b，规定判决规则为，抽样值 $V>b$ 时，判为“1”；抽样值 $V\leqslant b$ 时，判为“0”。则发送“1”时错判为“0”的概率为

$$P(0/1)=P(V\leqslant b)=\int_0^b f_1(V)\,\mathrm{d}V=1-\int_b^{\infty}f_1(V)\,\mathrm{d}V=$$

$$1-\int_b^{\infty}\frac{V}{\sigma_n^2}I_0\left(\frac{aV}{\sigma_n^2}\right)\mathrm{e}^{-(V^2+a^2)/2\sigma_n^2}\mathrm{d}V \tag{7.2-25}$$

式(7.2-25)中的积分值可以用 Marcum Q 函数计算，Marcum Q 函数的定义是

$$Q(\alpha,\beta)=\int_{\beta}^{\infty}tI_0(\alpha t)\mathrm{e}^{-(t^2+\alpha^2)/2}\mathrm{d}t \tag{7.2-26}$$

令式(7.2-26)中

$$\alpha=\frac{a}{\sigma_{\mathrm{n}}},\quad \beta=\frac{b}{\sigma_{\mathrm{n}}},\quad t=\frac{V}{\sigma_{\mathrm{n}}}$$

则式(7.2-25)可借助 Marcum Q 函数表示为

$$P(0/1)=1-Q\left(\frac{a}{\sigma_{\mathrm{n}}},\frac{b}{\sigma_{\mathrm{n}}}\right)=1-Q(\sqrt{2r},b_0) \tag{7.2-27}$$

式中：$r=\dfrac{a^2}{2\sigma_{\mathrm{n}}^2}$为信号噪声功率比；$b_0=\dfrac{b}{\sigma_{\mathrm{n}}}$为归一化门限值。

同理，当发送“0”时错判为“1”的概率为

$$P(1/0)=P(V>b)=\int_b^{\infty}f_0(V)\mathrm{d}V=$$

$$\int_b^{\infty}\frac{V}{\sigma_{\mathrm{n}}^2}\mathrm{e}^{-V^2/2\sigma_{\mathrm{n}}^2}\mathrm{d}V=\mathrm{e}^{-b^2/2\sigma_{\mathrm{n}}^2}=\mathrm{e}^{-b_0^2/2} \tag{7.2-28}$$

故系统的总误码率 P_e 为

$$P_{\mathrm{e}}=P(1)P(0/1)+P(0)P(1/0)=$$

$$P(1)[1-Q(\sqrt{2r},b_0)]+P(0)\mathrm{e}^{-b_0^2/2} \tag{7.2-29}$$

当 $P(1)=P(0)$ 时，有

$$P_{\mathrm{e}}=\frac{1}{2}[1-Q(\sqrt{2r},b_0)]+\frac{1}{2}\mathrm{e}^{-b_0^2/2} \tag{7.2-30}$$

式(7.2-30)表明，包络检波法的系统误码率取决于信噪比 r 和归一化门限值 b_0。按照式(7.2-30)计算出的误码率 P_{e} 等于图 7-24 中阴影面积的一半。由图可见，若 b_0 变化，阴影部分的面积也随之而变；当 b_0 处于 $f_1(V)$ 和 $f_0(V)$ 两条曲线的相交点 b_0^* 时，阴影部分的面积最小，即此时系统的总误码率最小。b_0^* 为归一化最佳判决门限值。

最佳门限也可通过求极值的方法得到，令

$$\frac{\partial P_{\mathrm{e}}}{\partial b}=0$$

可得

$$P(1)f_1(b^*)=P(0)f_0(b^*) \tag{7.2-31}$$

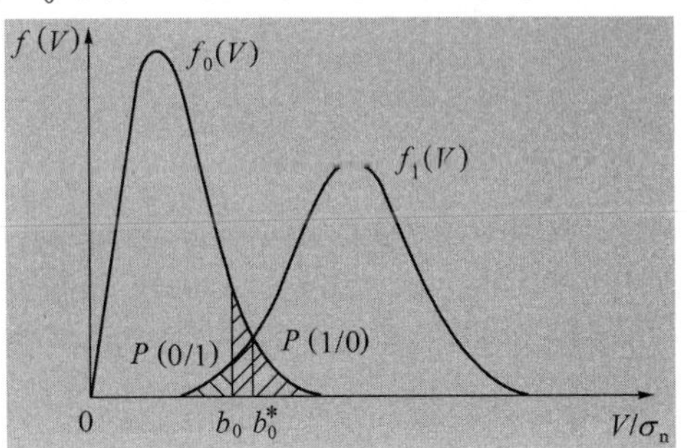

图 7-24 2ASK 包络检波法误码率 P_{e} 的几何表示

当 $P(1)=P(0)$ 时，有

$$f_1(b^*)=f_0(b^*) \tag{7.2-32}$$

即$f_1(V)$和$f_0(V)$两条曲线交点处的包络值V就是最佳判决门限值，记为b^*。b^*和归一化最佳门限值b_0^*的关系为$b^*=b_0^*\sigma_n$。由式(7.2-23)、式(7.2-24)和式(7.2-32)可得

$$r=\frac{a^2}{2\sigma_n^2}=\ln I_0\left(\frac{ab^*}{\sigma_n^2}\right) \tag{7.2-33}$$

式(7.2-33)为一超越方程，求解最佳门限值b^*的运算比较困难，下面我们给出其近似解为

$$b^*\approx\frac{a}{2}\left(1+\frac{8\sigma_n^2}{a^2}\right)^{\frac{1}{2}}=\frac{a}{2}\left(1+\frac{4}{r}\right)^{\frac{1}{2}} \tag{7.2-34}$$

因此，有

$$b^*=\begin{cases}\dfrac{a}{2} & \text{大信噪比}(r\gg 1)\text{时}\\ \sqrt{2}\sigma_n & \text{小信噪比}(r\ll 1)\text{时}\end{cases} \tag{7.2-35}$$

而归一化最佳门限值b_0^*为

$$b_0^*=\frac{b^*}{\sigma_n}=\begin{cases}\sqrt{\dfrac{r}{2}} & \text{大信噪比}(r\gg 1)\text{时}\\ \sqrt{2} & \text{小信噪比}(r\ll 1)\text{时}\end{cases} \tag{7.2-36}$$

对于任意的信噪比r，b_0^*介于$\sqrt{2}$和$\sqrt{r/2}$之间。

在实际工作中，系统总是工作在大信噪比的情况下，因此最佳门限应取$b_0^*=\sqrt{r/2}$，即$b^*=\dfrac{a}{2}$。此时系统的总误码率P_e为

$$P_e=\frac{1}{4}\mathrm{erfc}\left(\sqrt{\frac{r}{4}}\right)+\frac{1}{2}\mathrm{e}^{-r/4} \tag{7.2-37}$$

当$r\to\infty$时，式(7.2-37)的下界为

$$P_e=\frac{1}{2}\mathrm{e}^{-r/4} \tag{7.2-38}$$

比较同步检测法(即相干解调)的误码率公式(7.2-19)、式(7.2-20)和包络检波法的误码率公式(7.2-38)可以看出：在相同的信噪比条件下，同步检测法的抗噪声性能优于包络检波法，但在大信噪比时，两者性能相差不大。然而，包络检波法不需要相干载波，因而设备比较简单。另外，包络检波法存在门限效应，同步检测法无门限效应。

【例7-1】 设有一2ASK信号传输系统，其码元速率为$R_B=4.8\times10^6$Baud，发“1”和发“0”的概率相等，接收端分别采用同步检测法和包络检波法解调。已知接收端输入信号的幅度$a=1$mV，信道中加性高斯白噪声的单边功率谱密度$n_0=2\times10^{-15}$W/Hz。试求：

（1）同步检测法解调时系统的误码率；

（2）包络检波法解调时系统的误码率。

【解】（1）根据2ASK信号的频谱分析可知，2ASK信号所需的传输带宽近似为码元速率的2倍，所以接收端带通滤波器带宽为

$$B = 2R_{\mathrm{B}} = 9.6 \times 10^{6}(\mathrm{Hz})$$

带通滤波器输出噪声平均功率为

$$\sigma_{\mathrm{n}}^{2} = n_{0}B = 1.92 \times 10^{-8}(\mathrm{W})$$

信噪比为

$$r = \frac{a^{2}}{2\sigma_{\mathrm{n}}^{2}} = \frac{1 \times 10^{-6}}{2 \times 1.92 \times 10^{-8}} \approx 26 \gg 1$$

于是，同步检测法解调时系统的误码率为

$$P_{\mathrm{e}} \approx \frac{1}{\sqrt{\pi r}}\mathrm{e}^{-r/4} = \frac{1}{\sqrt{3.1416 \times 26}} \times \mathrm{e}^{-6.5} = 1.66 \times 10^{-4}$$

（2）包络检波法解调时系统的误码率为

$$P_{\mathrm{e}} = \frac{1}{2}\mathrm{e}^{-r/4} = \frac{1}{2}\mathrm{e}^{-6.5} = 7.5 \times 10^{-4}$$

可见，在大信噪比的情况下，包络检波法解调性能接近同步检测法解调性能。

7.2.2 2FSK系统的抗噪声性能

由7.1节分析可知，2FSK信号的解调方法有多种，而误码率和接收方法相关。下面仅就同步检测法和包络检波法这两种方法的系统性能进行分析。

1. 同步检测法的系统性能

2FSK信号采用同步检测法的性能分析模型如图7-25所示。

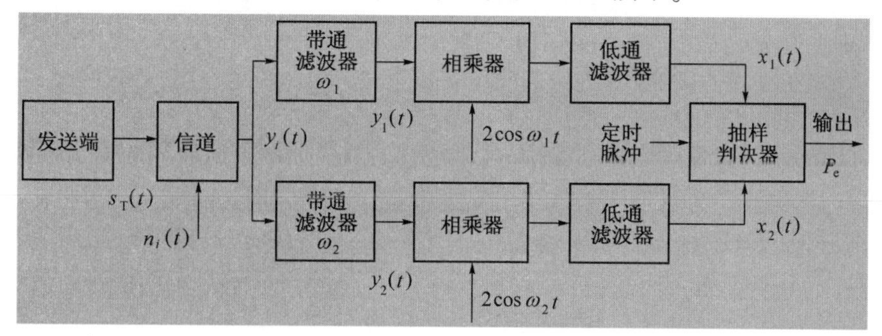

图7-25 2FSK信号采用同步检测法性能分析模型

设“1”符号对应载波频率$f_1(\omega_1)$，“0”符号对应载波频率$f_2(\omega_2)$，则在一个码元的持续时间T_{s}内，发送端产生的2FSK信号可表示为

$$s_T(t)=\begin{cases}u_{1T}(t) & 发送“1”时\\ u_{0T}(t) & 发送“0”时\end{cases} \tag{7.2-39}$$

其中

$$u_{1T}(t)=\begin{cases}A\cos\omega_1 t & 0<t<T_s\\ 0 & 其他\end{cases} \tag{7.2-40}$$

$$u_{0T}(t)=\begin{cases}A\cos\omega_2 t & 0<t<T_s\\ 0 & 其他\end{cases} \tag{7.2-41}$$

因此,在$(0,T_s)$时间内,接收端的输入合成波形$y_i(t)$为

$$y_i(t)=\begin{cases}Ku_{1T}(t)+n_i(t) & 发送“1”时\\ Ku_{0T}(t)+n_i(t) & 发送“0”时\end{cases}$$

即

$$y_i(t)=\begin{cases}a\cos\omega_1 t+n_i(t) & 发送“1”时\\ a\cos\omega_2 t+n_i(t) & 发送“0”时\end{cases} \tag{7.2-42}$$

式中:$n_i(t)$为加性高斯白噪声,其均值为0。

在图7-25中,解调器采用两个带通滤波器来区分中心频率分别为f_1和f_2的信号。中心频率为f_1的带通滤波器只允许中心频率为f_1的信号频谱成分通过,而滤除中心频率为f_2的信号频谱成分;中心频率为f_2的带通滤波器只允许中心频率为f_2的信号频谱成分通过,而滤除中心频率为f_1的信号频谱成分。这样,接收端上下支路两个带通滤波器的输出波形$y_1(t)$和$y_2(t)$分别为

$$y_1(t)=\begin{cases}a\cos\omega_1 t+n_1(t) & 发送“1”时\\ n_1(t) & 发送“0”时\end{cases} \tag{7.2-43}$$

$$y_2(t)=\begin{cases}n_2(t) & 发送“1”时\\ a\cos\omega_2 t+n_2(t) & 发送“0”时\end{cases} \tag{7.2-44}$$

式中:$n_1(t)$和$n_2(t)$分别为高斯白噪声$n_i(t)$经过上下两个带通滤波器的输出噪声——窄带高斯噪声,其均值同为0,方差同为σ_n^2,只是中心频率不同而已,即

$$n_1(t)=n_{1c}(t)\cos\omega_1 t-n_{1s}(t)\sin\omega_1 t$$

$$n_2(t)=n_{2c}(t)\cos\omega_2 t-n_{2s}(t)\sin\omega_2 t$$

现在假设在$(0,T_s)$时间内发送“1”符号(对应ω_1),则上下支路两个带通滤波器的输出波形$y_1(t)$和$y_2(t)$分别为

$$y_1(t)=[a+n_{1c}(t)]\cos\omega_1 t-n_{1s}(t)\sin\omega_1 t \tag{7.2-45}$$

$$y_2(t) = n_{2c}(t)\cos\omega_2 t - n_{2s}(t)\sin\omega_2 t \tag{7.2-46}$$

它们分别经过相干解调（相乘—低通）后，送入抽样判决器进行比较。比较的两路输入波形分别为

上支路 $$x_1(t) = a + n_{1c}(t) \tag{7.2-47}$$

下支路 $$x_2(t) = n_{2c}(t) \tag{7.2-48}$$

式中：a 为信号成分；$n_{1c}(t)$ 和 $n_{2c}(t)$ 均为低通型高斯噪声，其均值为零，方差为 σ_n^2。

因此，$x_1(t)$ 和 $x_2(t)$ 抽样值的一维概率密度函数分别为

$$f(x_1) = \frac{1}{\sqrt{2\pi}\sigma_n}\exp\left\{-\frac{(x_1 - a)^2}{2\sigma_n^2}\right\} \tag{7.2-49}$$

$$f(x_2) = \frac{1}{\sqrt{2\pi}\sigma_n}\exp\left\{-\frac{x_2^2}{2\sigma_n^2}\right\} \tag{7.2-50}$$

当 $x_1(t)$ 的抽样值 x_1 小于 $x_2(t)$ 的抽样值 x_2 时，判决器输出“0”符号，造成将“1”判为“0”的错误，故这时错误概率为

$$P(0/1) = P(x_1 < x_2) = P(x_1 - x_2 < 0) = P(z < 0) \tag{7.2-51}$$

其中，$z=x_1-x_2$，则 z 是高斯型随机变量，其均值为 a，方差为 $\sigma_z^2=2\sigma_n^2$。

设 z 的一维概率密度函数为 $f(z)$，则由式(7.2-51)得到

$$P(0/1) = P(z < 0) = \int_{-\infty}^{0} f(z)\,\mathrm{d}z = \frac{1}{\sqrt{2\pi}\sigma_z}\int_{-\infty}^{0}\exp\left\{-\frac{(x-a)^2}{2\sigma_z^2}\right\}\mathrm{d}z =$$

$$\frac{1}{2}\operatorname{erfc}\left(\sqrt{\frac{r}{2}}\right) \tag{7.2-52}$$

同理可得，发送“0”错判为“1”的概率

$$P(1/0) = P(x_1 > x_2) = \frac{1}{2}\operatorname{erfc}\left(\sqrt{\frac{r}{2}}\right) \tag{7.2-53}$$

显然，由于上下支路的对称性，以上两个错误概率相等。于是，采用同步检测时 2FSK 系统的总误码率为

$$P_e = \frac{1}{2}\operatorname{erfc}\left(\sqrt{\frac{r}{2}}\right) \tag{7.2-54}$$

式中，$r=\dfrac{a^2}{2\sigma_n^2}$为解调器输入端（带通滤波器输出端）的信噪比。在大信噪比（$r\gg1$）条件下，式(7.2-54)可近似表示为

$$P_e \approx \frac{1}{\sqrt{2\pi r}}\mathrm{e}^{-\frac{r}{2}} \tag{7.2-55}$$

2. 包络检波法的系统性能

接收 2FSK 信号的包络检波法的系统性能分析模型，可参照图 7-9，只需将图 7-25

中的相干解调器(相乘—低通)替换为包络检波器(整流—低通)即可,故不再重画。

在前面讨论的基础上,我们很容易求得采用包络检波法接收2FSK信号的系统性能。

仍然假定在$(0,T_s)$时间内发送“1”符号(对应ω_1),由式(7.2-45)和式(7.2-46)可得到这时两路包络检波器的输出(即送入抽样判决器进行比较的两路输入包络)分别为

上支路
$$V_1(t)=\sqrt{[a+n_{1c}(t)]^2+n_{1s}^2(t)} \tag{7.2-56}$$

下支路
$$V_2(t)=\sqrt{n_{2c}^2(t)+n_{2s}^2(t)} \tag{7.2-57}$$

由随机信号分析可知,$V_1(t)$的抽样值V_1服从广义瑞利分布,$V_2(t)$的抽样值V_2服从瑞利分布。其一维概率密度函数分别为

$$f(V_1)=\frac{V_1}{\sigma_n^2}I_0\left(\frac{aV_1}{\sigma_n^2}\right)e^{-(V_1^2+a^2)/2\sigma_n^2} \tag{7.2-58}$$

$$f(V_2)=\frac{V_2}{\sigma_n^2}e^{-V_2^2/2\sigma_n^2} \tag{7.2-59}$$

显然,发送“1”时,若V_1小于V_2,则发生判决错误,其错误概率为

$$P(0/1)=P(V_1\leqslant V_2)=\iint\limits_c f(V_1)f(V_2)\mathrm{d}V_1\mathrm{d}V_2=$$

$$\int_0^\infty f(V_1)\left[\int_{V_2=V_1}^\infty f(V_2)\mathrm{d}V_2\right]\mathrm{d}V_1=$$

$$\int_0^\infty \frac{V_1}{\sigma_n^2}I_0\left(\frac{aV_1}{\sigma_n^2}\right)\exp[(-2V_1^2-a^2)/2\sigma_n^2]\mathrm{d}V_1=$$

$$\int_0^\infty \frac{V_1}{\sigma_n^2}I_0\left(\frac{aV_1}{\sigma_n^2}\right)e^{-(2V_1^2+a^2)/2\sigma_n^2)}\mathrm{d}V_1 \tag{7.2-60}$$

令

$$t=\frac{\sqrt{2}V_1}{\sigma_n},\quad z=\frac{a}{\sqrt{2}\sigma_n}$$

并代入上式,经过简化可得

$$P(0/1)=\frac{1}{2}e^{-z^2/2}\int_0^\infty tI_0(zt)e^{-(t^2+z^2)/2}\mathrm{d}t \tag{7.2-61}$$

根据 Marcum Q 函数的性质,有

$$Q(z,0)=\int_0^\infty tI_0(zt)e^{-(t^2+z^2)/2}\mathrm{d}t=1$$

所以

$$P(0/1)=\frac{1}{2}e^{-z^2/2}=\frac{1}{2}e^{-r/2} \tag{7.2-62}$$

式中：$r=z^2=\dfrac{a^2}{2\sigma_n^2}$。

同理可求得发送“0”时判为“1”的错误概率 $P(1/0)$，其结果与式(7.2-62)完全一样，即有

$$P(1/0)=P(V_1>V_2)=\frac{1}{2}e^{-r/2} \tag{7.2-63}$$

于是，2FSK 信号包络检波时系统的总误码率 P_e 为

$$P_e=\frac{1}{2}e^{-r/2} \tag{7.2-64}$$

将式(7.2-64)与 2FSK 同步检波时系统的误码率公式(7.2-55)比较可见，在大信噪比条件下，2FSK 信号包络检波时的系统性能与同步检测时的性能相差不大，但同步检测法的设备却复杂得多。因此，在满足信噪比要求的场合，多采用包络检波法。另外，对 2FSK 信号还可以采用其他方式进行解调，有兴趣的读者可以参考其他有关书籍。

【例 7-2】 采用 2FSK 方式在等效带宽为 2400Hz 的传输信道上传输二进制数字。2FSK 信号的频率分别为 $f_1=980\text{Hz}$，$f_2=1580\text{Hz}$，码元速率 $R_B=300\text{Baud}$。接收端输入(即信道输出端)的信噪比为 6dB。试求：

(1) 2FSK 信号的带宽；

(2) 包络检波法解调时系统的误码率；

(3) 同步检测法解调时系统的误码率。

【解】 (1) 根据式(7.1-22)，该 2FSK 信号的带宽为

$$B_{2FSK}=|f_2-f_1|+2f_s=1580-980+2\times300=1200(\text{Hz})$$

(2) 由式(7.2-64)可知，误码率 P_e 取决于带通滤波器输出端的信噪比 r。由于 FSK 接收系统中上、下支路带通滤波器的带宽近似为

$$B=2f_s=2R_B=600(\text{Hz})$$

它仅是信道等效带宽(2400Hz)的 1/4，故噪声功率也减小为 1/4，因而带通滤波器输出端的信噪比 r 比输入信噪比提高了 4 倍。又由于接收端输入信噪比为 6dB，即 4 倍，故带通滤波器输出端的信噪比应为

$$r=4\times4=16$$

将此信噪比值代入式(7.2-64)，可得包络检波法解调时系统的误码率

$$P_e=\frac{1}{2}e^{-r/2}=\frac{1}{2}e^{-8}=1.7\times10^{-4}$$

(3) 同理，由式(7.2-55) 可得同步检测法解调时系统的误码率

$$P_e\approx\frac{1}{\sqrt{2\pi r}}e^{-\frac{r}{2}}=\frac{1}{\sqrt{32\pi}}e^{-8}=3.39\times10^{-5}$$

7.2.3 2PSK 和 2DPSK 系统的抗噪声性能

由 7.1.3 节和 7.1.4 节我们了解到，2PSK 可分为绝对相移和相对相移两种。并且指

出,无论是 2PSK 信号还是 2DPSK,从信号波形上看,无非是一对倒相信号的序列,或者说,其表达式的形式完全一样。因此,不管是 2PSK 信号还是 2DPSK 信号,在一个码元的持续时间 T_s 内,都可表示为

$$s_T(t)=\begin{cases}u_{1T}(t) & \text{发送“1”时}\\ u_{0T}(t)=-u_{1T}(t) & \text{发送“0”时}\end{cases} \tag{7.2-65}$$

其中 $u_{1T}(t)=\begin{cases}A\cos\omega_c t & 0<t<T_s\\ 0 & \text{其他}\end{cases}$

当然,$s_T(t)$代表 2PSK 信号时,上式中“1”及“0”是原始数字信息(绝对码);当 $s_T(t)$代表 2DPSK 信号时,上式中“1”及“0”并非原始数字信息,而是绝对码变换成相对码后的“1”及“0”。

下面,我们将分别讨论 2PSK 相干解调(极性比较法)系统、2DPSK 相干解调(极性比较—码反变换)系统以及 2DPSK 差分相干解调系统的误码性能。

1. 2PSK 相干解调系统性能

2PSK 相干解调方式又称为极性比较法,其性能分析模型如图 7-26 所示。

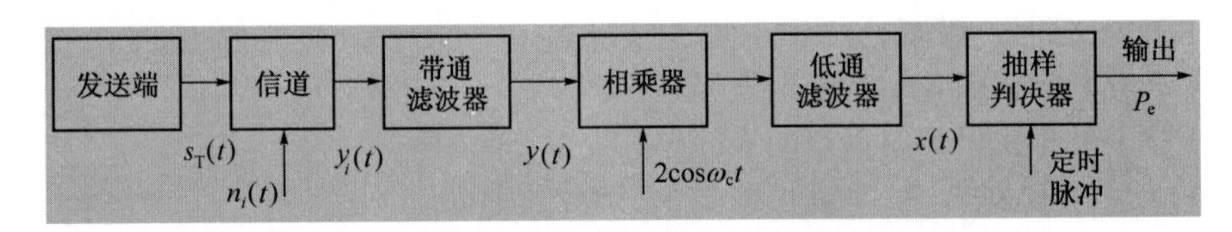

图 7-26 2PSK 信号相干解调系统性能分析模型

设发送端发出的信号如式(7.2-65)所示,则接收端带通滤波器输出波形 $y(t)$为

$$y(t)=\begin{cases}[a+n_c(t)]\cos\omega_c t-n_s(t)\sin\omega_c t & \text{发送“1”时}\\ [-a+n_c(t)]\cos\omega_c t-n_s(t)\sin\omega_c t & \text{发送“0”时}\end{cases} \tag{7.2-66}$$

$y(t)$经过相干解调(相乘—低通)后,送入抽样判决器的输入波形为

$$x(t)=\begin{cases}a+n_c(t) & \text{发送“1”符号}\\ -a+n_c(t) & \text{发送“0”符号}\end{cases} \tag{7.2-67}$$

由于 $n_c(t)$是均值为 0,方差为 σ_n^2 的高斯噪声,所以 $x(t)$的一维概率密度函数为

$$f_1(x)=\frac{1}{\sqrt{2\pi}\sigma_n}\exp\left\{-\frac{(x-a)^2}{2\sigma_n^2}\right\} \quad \text{发送“1”时} \tag{7.2-68}$$

$$f_0(x)=\frac{1}{\sqrt{2\pi}\sigma_n}\exp\left\{-\frac{(x+a)^2}{2\sigma_n^2}\right\} \quad \text{发送“0”时} \tag{7.2-69}$$

由最佳判决门限分析可知,在发送“1”符号和发送“0”符号概率相等时,即 $P(1)=P(0)$时,最佳判决门限 $b^*=0$。此时,发“1”而错判为“0”的概率为

$$P(0/1)=P(x\leqslant 0)=\int_{-\infty}^{0}f_1(x)\,\mathrm{d}x=\frac{1}{2}\mathrm{erfc}(\sqrt{r}) \tag{7.2-70}$$

式中：$r=\dfrac{a^2}{2\sigma_n^2}$。

同理，发送“0”而错判为“1”的概率为

$$P(1/0)=P(x>0)=\int_0^{\infty}f_0(x)\,\mathrm{d}x=\frac{1}{2}\mathrm{erfc}(\sqrt{r}) \tag{7.2-71}$$

故 2PSK 信号相干解调时系统的总误码率为

$$P_e=P(1)P(0/1)+P(0)P(1/0)=\frac{1}{2}\mathrm{erfc}(\sqrt{r}) \tag{7.2-72}$$

在大信噪比（$r\gg1$）条件下，上式可近似为

$$P_e\approx\frac{1}{2\sqrt{\pi r}}\mathrm{e}^{-r} \tag{7.2-73}$$

2. 2DPSK 信号相干解调系统性能

2DPSK 的相干解调法，又称极性比较—码反变换法，其模型如图 7-27 所示。其解调原理是：对 2DPSK 信号进行相干解调，恢复出相对码序列$\{b_n\}$，再通过码反变换器变换为绝对码序列$\{a_n\}$，从而恢复出发送的二进制数字信息。因此，码反变换器输入端的误码率 P_e 可由 2PSK 信号采用相干解调时的误码率公式（7.2-72）来确定。于是，2DPSK 信号采用极性比较—码反变换法的系统误码率，只需在式（7.2-72）基础上再考虑码反变换器对误码率的影响即可。简化模型如图 7-27 所示。

图 7-27　简化模型

为了分析码反变换器对误码的影响，我们用图 7-28 来加以说明。图中将分别考虑相对码序列$\{b_n\}$中 1 个错码、连续 2 个错码、…、连续 n 个错码情况下，码反变换器输出的绝对码序列$\{a_n\}$中错码的情况：

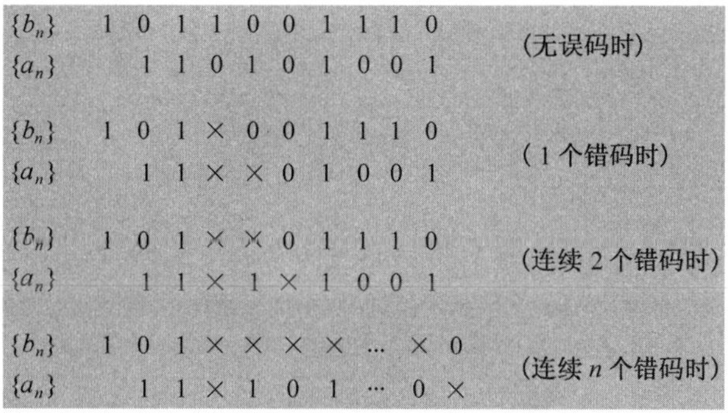

$\{b_n\}$	1	0	1	1	0	0	1	1	1	0	（无误码时）
$\{a_n\}$		1	1	0	1	0	1	0	0	1	
$\{b_n\}$	1	0	1	×	0	0	1	1	1	0	（1 个错码时）
$\{a_n\}$		1	1	×	×	0	1	0	0	1	
$\{b_n\}$	1	0	1	×	×	0	1	1	1	0	（连续 2 个错码时）
$\{a_n\}$		1	1	×	1	×	1	0	0	1	
$\{b_n\}$	1	0	1	×	×	×	×	…	×	0	（连续 n 个错码时）
$\{a_n\}$		1	1	×	1	0	1	…	0	×	

图 7-28　码反变换器对错码的影响

图 7-28 中，用×表示错码位置。通过分析可见：相对码序列$\{b_n\}$中的 1 位错码通过码反变换器后将使输出的绝对码序列$\{a_n\}$产生 2 位错码；若$\{b_n\}$中连续错 2 个，通过码反

变换器后,$\{a_n\}$也只错 2 个;即使$\{b_n\}$中有连续 n 个($n>2$)错码,码反变换器输出的$\{a_n\}$中也只有 2 个错码,并且错码位置在两头。

设 P_e 为码反变换器输入端相对码序列$\{b_n\}$的误码率,并假设每个码出错概率相等且统计独立,P'_e 为码反变换器输出端绝对码序列$\{a_n\}$的误码率,由以上分析可得

$$P'_e = 2P_1 + 2P_2 + \cdots + 2P_n + \cdots \tag{7.2-74}$$

式中 P_n 为码反变换器输入端$\{b_n\}$序列连续出现 n 个错码的概率,进一步讲,它是"n 个码元同时出错,而其两端都有 1 个码元不错"这一事件的概率。由图 7-28 分析可得

$$P_1 = (1 - P_e)P_e(1 - P_e) = (1 - P_e)^2 P_e$$

$$P_2 = (1 - P_e)P_e^2(1 - P_e) = (1 - P_e)^2 P_e^2$$

$$\vdots$$

$$P_n = (1 - P_e)P_e^n(1 - P_e) = (1 - P_e)^2 P_e^n \tag{7.2-75}$$

将式(7.2-75)代入式(7.2-74)可得

$$P'_e = 2(1 - P_e)^2(P_e + P_e^2 + \cdots + P_e^n + \cdots) =$$

$$2(1 - P_e)^2 P_e(1 + P_e + P_e^2 + \cdots + P_e^n + \cdots) \tag{7.2-76}$$

因为误码率 P_e 总小于 1,所以下式必成立

$$(1 + P_e + P_e^2 + \cdots + P_e^n + \cdots) = \frac{1}{1 - P_e}$$

将上式代入式(7.2-76),可得

$$P'_e = 2(1 - P_e)P_e \tag{7.2-77}$$

由式(7.2-77)可见,若 P_e 很小,则有

$$\frac{P'_e}{P_e} \approx 2 \tag{7.2-78}$$

若 P_e 很大,即 $P_e \approx 1/2$,则有

$$\frac{P'_e}{P_e} \approx 1 \tag{7.2-79}$$

这意味着 P'_e 总是大于 P_e。也就是说,反变换器总是使误码率增加,增加的系数在 1~2 之间变化。将式(7.2-72)代入式(7.2-77),则可得到 2DPSK 信号采用相干解调加码反变换器方式时的系统误码率为

$$P'_e = \frac{1}{2}[1 - (\mathrm{erf}\sqrt{r})^2] \tag{7.2-80}$$

当 $P_e \ll 1$ 时,式(7.2-77)可近似为

$$P'_e = 2P_e \tag{7.2-81}$$

3. 2DPSK 信号差分相干解调系统性能

2DPSK 信号差分相干解调方式,也称为相位比较法,是一种非相干解调方式,其性能分析模型如图 7-29 所示。

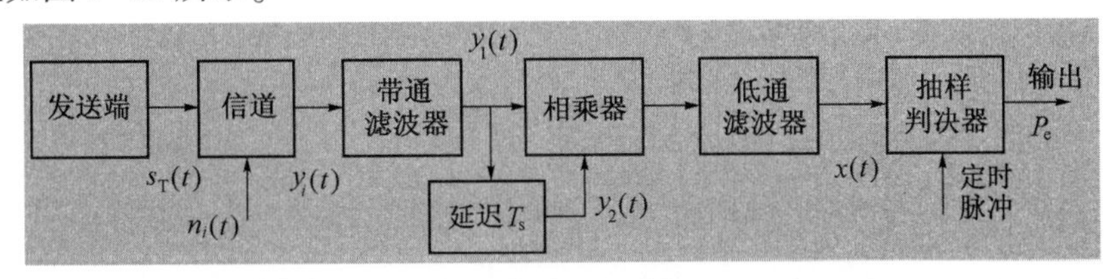

图 7-29　2DPSK 信号差分相干解调误码率分析模型

由图 7-29 可见,解调过程中需要对间隔为 T_s 的前后两个码元进行比较,并且前后两个码元中都含有噪声。假设当前发送的是"1",且令前一个码元也是"1"(也可以令其为"0"),则送入相乘器的两个信号 $y_1(t)$ 和 $y_2(t)$(延迟器输出)可表示为

$$y_1(t) = a\cos\omega_c t + n_1(t) = [a + n_{1c}(t)]\cos\omega_c t - n_{1s}(t)\sin\omega_c t \qquad (7.2-82)$$

$$y_2(t) = a\cos\omega_c t + n_2(t) = [a + n_{2c}(t)]\cos\omega_c t - n_{2s}(t)\sin\omega_c t \qquad (7.2-83)$$

式中:a 为信号振幅;$n_1(t)$ 为叠加在前一码元 $y_1(t)$ 上窄带高斯噪声;$n_2(t)$ 为叠加在后一码元 $y_2(t)$ 上的窄带高斯噪声,并且 $n_1(t)$ 和 $n_2(t)$ 相互独立。

则低通滤波器的输出 $x(t)$ 为

$$x(t) = \frac{1}{2}\{[a + n_{1c}(t)][a + n_{2c}(t)] + n_{1s}(t)n_{2s}(t)\} \qquad (7.2-84)$$

经抽样后的样值为

$$x = \frac{1}{2}[(a + n_{1c})(a + n_{2c}) + n_{1s}n_{2s}] \qquad (7.2-85)$$

然后,按下述判决规则判决:若 $x>0$,则判为"1"——正确接收;若 $x<0$,则判为"0"——错误接收。这时将"1"错判为"0"的错误概率为

$$P(0/1) = P\{x < 0\} = P\left\{\frac{1}{2}[(a + n_{1c})(a + n_{2c}) + n_{1s}n_{2s}] < 0\right\} \qquad (7.2-86)$$

利用恒等式

$$x_1x_2 + y_1y_2 = \frac{1}{4}\{[(x_1 + x_2)^2 + (y_1 + y_2)^2] - [(x_1 - x_2)^2 + (y_1 - y_2)^2]\} \qquad (7.2-87)$$

令式(7.2-87)中

$$x_1 = a + n_{1c},\quad x_2 = a + n_{2c};\quad y_1 = n_{1s},\quad y_2 = n_{2s}$$

则式(7.2-86)可以改写为

$$P(0/1)=P\{[(2a+n_{1c}+n_{2c})^2+(n_{1s}+n_{2s})^2-(n_{1c}-n_{2c})^2-(n_{1s}-n_{2s})^2]<0\} \tag{7.2-88}$$

令

$$R_1=\sqrt{(2a+n_{1c}+n_{2c})^2+(n_{1s}+n_{2s})^2} \tag{7.2-89}$$

$$R_2=\sqrt{(n_{1c}-n_{2c})^2+(n_{1s}-n_{2s})^2} \tag{7.2-90}$$

则式(7.2-88)化简为

$$P(0/1)=P\{R_1<R_2\} \tag{7.2-91}$$

因为n_{1c}、n_{2c}、n_{1s}、n_{2s}是相互独立的高斯随机变量,且均值为0,方差相等为σ_n^2。根据高斯随机变量的代数和仍为高斯随机变量,且均值为各随机变量的均值的代数和、方差为各随机变量方差之和的性质,则$n_{1c}+n_{2c}$是零均值且方差为$2\sigma_n^2$的高斯随机变量。同理,$n_{1s}+n_{2s}$、$n_{1c}-n_{2c}$、$n_{1s}-n_{2s}$都是零均值且方差为$2\sigma_n^2$的高斯随机变量。由随机信号分析理论可知,R_1的一维分布服从广义瑞利分布,R_2的一维分布服从瑞利分布,其概率密度函数分别为

$$f(R_1)=\frac{R_1}{2\sigma_n^2}I_0\left(\frac{aR_1}{\sigma_n^2}\right)\mathrm{e}^{-(R_1^2+4a^2)/4\sigma_n^2} \tag{7.2-92}$$

$$f(R_2)=\frac{R_2}{2\sigma_n^2}\mathrm{e}^{-R_2^2/4\sigma_n^2} \tag{7.2-93}$$

将以上两式代入(7.2-91),并应用式(7.2-62)的分析方法,可以得到

$$P(0/1)=P\{R_1<R_2\}=\int_0^{\infty}f(R_1)\left[\int_{R_2=R_1}^{\infty}f(R_2)\mathrm{d}R_2\right]\mathrm{d}R_1=\int_0^{\infty}\frac{R_1}{2\sigma_n^2}I_0\left(\frac{aR_1}{\sigma_n^2}\right)\mathrm{e}^{-2(R_1^2+4a^2)/4\sigma_n^2}\mathrm{d}R_1=\frac{1}{2}\mathrm{e}^{-r} \tag{7.2-94}$$

式中:$r=\dfrac{a^2}{2\sigma_n^2}$为解调器输入端信噪比。

同理,可以求得将"0"错判为"1"的概率,即

$$P(1/0)=P(0/1)=\frac{1}{2}\mathrm{e}^{-r} \tag{7.2-95}$$

因此,2DPSK信号差分相干解调系统的总误码率为

$$P_e=\frac{1}{2}\mathrm{e}^{-r} \tag{7.2-96}$$

【例 7-3】 假设采用 2DPSK 方式在微波线路上传送二进制数字信息。已知码元速率 $R_B=10^6$ Baud，信道中加性高斯白噪声的单边功率谱密度 $n_0=2\times10^{-10}$ W/Hz。今要求误码率不大于 10^{-4}。试求：

（1）采用差分相干解调时，接收机输入端所需的信号功率；

（2）采用相干解调—码反变换时，接收机输入端所需的信号功率。

【解】（1）接收端带通滤波器的带宽为

$$B = 2R_B = 2\times10^6(\text{Hz})$$

其输出的噪声功率为

$$\sigma_n^2 = n_0B = 2\times10^{-10}\times2\times10^6 = 4\times10^{-4}(\text{W})$$

根据式（7.2-96），2DPSK 采用差分相干接收的误码率为

$$P_e = \frac{1}{2}e^{-r} \leqslant 10^{-4}$$

求解可得

$$r \geqslant 8.52$$

又因为

$$r = \frac{a^2}{2\sigma_n^2}$$

所以，接收机输入端所需的信号功率为

$$\frac{a^2}{2} \geqslant 8.52\times\sigma_n^2 = 8.52\times4\times10^{-4} = 3.4\times10^{-3}(\text{W})$$

（2）对于相干解调—码反变换的 2DPSK 系统，由式（7.2-81）可得

$$P'_e \approx 2P_e = 1-\text{erf}(\sqrt{r})$$

根据题意有

$$P'_e \leqslant 10^{-4}$$

因而有

$$1-\text{erf}(\sqrt{r}) \leqslant 10^{-4}$$

即

$$\text{erf}(\sqrt{r}) \geqslant 1-10^{-4} = 0.9999$$

查误差函数表，可得

$$\sqrt{r} \geqslant 2.75，即 \quad r \geqslant 7.56$$

由 $r=\dfrac{a^2}{2\sigma_n^2}$，可得接收机输入端所需的信号功率为

$$\frac{a^2}{2} \geqslant 7.56\times\sigma_n^2 = 7.56\times4\times10^{-4} = 3.02\times10^{-3}(\text{W})$$

7.3 二进制数字调制系统的性能比较

第1章中已经指出,衡量一个数字通信系统性能好坏的指标有多种,但最为主要的是有效性和可靠性。基于前面的讨论,下面将针对二进制数字调制系统的误码率性能、频带利用率、对信道的适应能力等方面的性能作一简要的比较。通过比较,可以为在不同的应用场合选择什么样的调制和解调方式提供一定的参考依据。

1. 误码率

误码率是衡量一个数字通信系统性能的重要指标。通过上一节的分析可知,在信道高斯白噪声的干扰下,各种二进制数字调制系统的误码率取决于解调器输入信噪比,而误码率表达式的形式则取决于解调方式:相干解调时为互补误差函数 $\mathrm{erfc}\left(\sqrt{\frac{r}{k}}\right)$ 形式(k 只取决于调制方式),非相干解调时为指数函数形式。如表7-1所列。

表7-1 二进制数字调制系统的误码率公式一览表

P_e 解调方式 / 调制方式	相干解调	非相干解调
2ASK	$\frac{1}{2}\mathrm{erfc}\left(\sqrt{\frac{r}{4}}\right)$	$\frac{1}{2}e^{-r/4}$
2FSK	$\frac{1}{2}\mathrm{erfc}\left(\sqrt{\frac{r}{2}}\right)$	$\frac{1}{2}e^{-r/2}$
2PSK	$\frac{1}{2}\mathrm{erfc}(\sqrt{r})$	
2DPSK	$\mathrm{erfc}(\sqrt{r})$	$\frac{1}{2}e^{-r}$

由表7-1可以看出,从横向来比较,对同一调制方式,采用相干解调方式的误码率低于采用非相干解调方式的误码率。从纵向来比较,若采用相同的解调方式(如相干解调),在误码率 P_e 相同的情况下,所需要的信噪比2ASK比2FSK高3dB,2FSK比2PSK高3dB,2ASK比2PSK高6dB。反过来,若信噪比 r 一定,2PSK系统的误码率比2FSK的小,2FSK系统的误码率比2ASK的小。由此看来,在抗加性高斯白噪声方面,相干2PSK性能最好,2FSK次之,2ASK最差。

根据表7-1所画出的三种数字调制系统的误码率 P_e 与信噪比 r 的关系曲线如图7-30所示。可以看出,在相同的信噪比 r 下,相干解调的2PSK系统的误码率 P_e 最小。

2. 频带宽度

由7.1节可知,当信号码元宽度为 T_s 时,2ASK系统和2PSK(2DPSK)系统的频带宽度近似为 $2/T_s$,即

$$B_{2ASK}=B_{2PSK}=\frac{2}{T_s} \tag{7.3-1}$$

2FSK系统的频带宽度近似为

$$B_{2FSK}=|f_2-f_1|+\frac{2}{T_s} \tag{7.3-2}$$

因此,从频带宽度或频带利用率上看,2FSK系统的频带利用率最低。

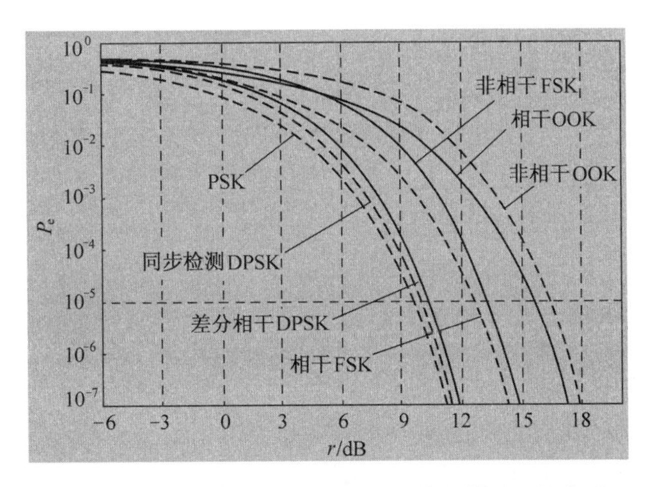

图 7-30　三种数字调制系统的误码率与信噪比的关系

3. 对信道特性变化的敏感性

上一节分析二进制数字调制系统抗噪声性能时,假定了信道参数恒定的条件。在实际通信系统中,除恒参信道之外,还有很多信道属于随参信道,即信道参数随时间变化。因此,在选择数字调制方式时,还应考虑系统的最佳判决门限对信道特性的变化是否敏感。在 2FSK 系统中,判决器是根据上下两个支路解调输出样值的大小来作出判决,不需要人为地设置判决门限,因而对信道的变化不敏感。在 2PSK 系统中,当发送不同符号的概率相等时,判决器的最佳判决门限为零,与接收机输入信号的幅度无关。因此,判决门限不随信道特性的变化而变化,接收机总能保持工作在最佳判决门限状态。对于 2ASK 系统,判决器的最佳判决门限为 $a/2$(当 $P(1)=P(0)$时),它与接收机输入信号的幅度有关。当信道特性发生变化时,接收机输入信号的幅度将随着发生变化,从而导致最佳判决门限也将随之而变。这时,接收机不容易保持在最佳判决门限状态,因此,2ASK 对信道特性变化敏感,性能最差。

通过以上几个方面的比较可以看出,对调制和解调方式的选择需要考虑的因素较多。通常,只有对系统的要求作全面的考虑,并且还应抓住其中最主要的要求,才能作出比较恰当的抉择。如果抗噪声性能是最主要的,则应考虑相干 2PSK 和 2DPSK,而 2ASK 最不可取;如果要求较高的频带利用率,则应选择相干 2PSK、2DPSK 及 2ASK,而 2FSK 最不可取;如果要求较高的功率利用率,则应选择相干 2PSK 和 2DPSK,而 2ASK 最不可取;若传输信道是随参信道,则 2FSK 具有更好的适应能力。另外,若从设备复杂度方面考虑,则非相干方式比相干方式更适宜。这是因为相干解调需要提取相干载波,故设备相对复杂些,成本也略高。目前用得最多的数字调制方式是相干 2DPSK 和非相干 2FSK。相干 2DPSK 主要用于高速数据传输,而非相干 2FSK 则用于中、低速数据传输中,特别是在衰落信道中传输数据时,它有着广泛的应用。

7.4　多进制数字调制原理

带通二进制键控系统中,每个码元只传输 1bit 信息,其频带利用率不高。而频率资源是极其宝贵和紧缺的。为了提高频带利用率,最有效的办法是使一个码元传输多个比特的信息。这就是在这里将要讨论的多进制键控体制。多进制键控可以看作是二进制键控体制的推广。这时,为了得到相同的误码率,和二进制系统相比,接收信号信噪比需要更大,即需要用更大的发送信号功率。这就是为了传输更多信息量所要付出的代价。由7.3节中的讨论得知,各种键控体制的误码率都决定于信噪比:

$$r = a^2/2\sigma_n^2 \tag{7.4-1}$$

式(7.4-1)表示 r 是信号码元功率($a^2/2$)和噪声功率 σ_n^2 之比。它还可以改写为码元能量 E 和噪声单边功率谱密度 n_0 之比:

$$r = E/n_0 \tag{7.4-2}$$

式(7.4-2)中已经利用了关系 $\sigma_n^2 = n_0 B$ 和 $B=1/T$,其中 B 为接收机带宽,T 为码元持续时间。在本节中,仍令 r 表示此信噪比。

现在,设多进制码元的进制数为 M,码元能量为 E,一个码元中包含信息 k 比特,则有

$$k = \log_2 M \tag{7.4-3}$$

若码元能量 E 平均分配给每个比特,则每比特的能量 $E_b = E/k$。故有

$$\frac{E_b}{n_0} = \frac{E}{kn_0} = \frac{r}{k} = r_b \tag{7.4-4}$$

式中 r_b 是每比特的能量和噪声单边功率谱密度之比。在 M 进制中,由于每个码元包含的比特数 k 和进制数 M 有关,故在研究不同 M 值下的错误率时,适合用 r_b 为单位来比较不同体制的性能优劣。

和二进制类似,基本的多进制键控也有 ASK、FSK、PSK 和 DPSK 等几种。相应的键控方式可以记为多进制振幅键控(MASK)、多进制频移键控(MFSK)、多进制相移键控(MPSK)和多进制差分相移键控(MDPSK)。下面将分别予以讨论。

7.4.1 多进制振幅键控

在6.1节中介绍过多电平波形,它是一种基带多进制信号。若用这种单极性多电平信号去键控载波,就得到 MASK 信号。在图7-31中给出了这种基带信号和相应的 MASK 信号的波形举例。图中的信号是4ASK 信号,即 $M=4$。每个码元含有2bit 的信息。多进制振幅键控又称**多电平调制**,它是2ASK 体制的推广。和2ASK 相比,这种体制的优点在于单位频带的信息传输速率高,即频带利用率高。

在6.4.2节中讨论奈奎斯特准则时曾经指出,在二进制条件下,对于基带信号,信道频带利用率最高可达2b/(s·Hz),即每赫带宽每秒可以传输2bit 的信息。按照这一准则,由于2ASK 信号的带宽是基带信号的2倍,故其频带利用率最高是1b/(s·Hz)。由于 MASK 信号的带宽和2ASK 信号的带宽相同,故 MASK 信号的频带利用率可以超过1b/(s·Hz)。

在图7-31(a)中示出的基带信号是多进制单极性不归零脉冲,它有直流分量。若改用多进制双极性不归零脉冲作为基带调制信号,如图7-31(c)所示,则在不同码元出现概率相等条件下,得到的是抑制载波的 MASK 信号,如图7-31(d)所示。需要注意,这里每

个码元的载波初始相位是不同的。例如,第一个码元的初始相位是 π,第二个码元的初始相位是 0。在 7.1.3 节中提到过,二进制抑制载波双边带信号就是 2PSK 信号。不难看出,这里的抑制载波 MASK 信号是振幅键控和相位键控结合的已调信号。

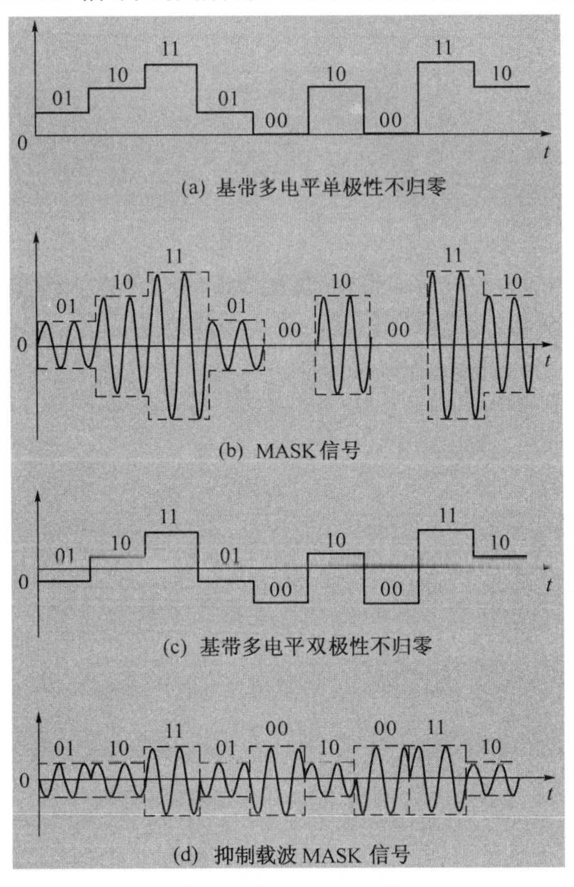

图 7-31 MASK 信号波形

二进制抑制载波双边带信号和不抑制载波的信号相比,可以节省载波功率。现在的抑制载波 MASK 信号同样可以节省载波功率。

7.4.2 多进制频移键控

多进制频移键控(MFSK)体制同样是 2FSK 体制的简单推广。例如在 4 进制频移键控(4FSK)中采用 4 个不同的频率分别表示 4 进制的码元,每个码元含有 2bit 的信息,如图 7-32 所示。这时仍和 2FSK 时的条件相同,即要求每个载频之间的距离足够大,使不同频率的码元频谱能够用滤波器分离开,或者说使不同频率的码元互相正交。由于 MFSK 的码元采用 M 个不同频率的载波,所以它占用较宽的频带。设 f_1 为其最低载频,f_M 为其最高载频,则 MFSK 信号的带宽近似等于

$$B = f_M - f_1 + \Delta f \tag{7.4 - 5}$$

式中:Δf 为单个码元的带宽,它决定于信号传输速率。

MFSK 调制器原理和 2FSK 的基本相同,这里不另作讨论。MFSK 解调器也分为非相

干解调和相干解调两类。MFSK 非相干解调器的原理方框图示于图 7-33 中。图中有 M 路带通滤波器用于分离 M 个不同频率的码元。当某个码元输入时,M 个带通滤波器的输出中仅有一个是信号加噪声,其他各路都是只有噪声。因为通常有信号的一路检波输出电压最大,故在判决时将按照该路检波电压作判决。

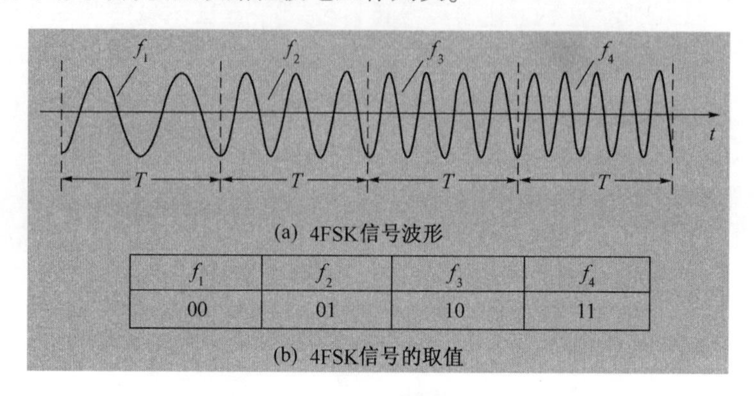

f_1	f_2	f_3	f_4
00	01	10	11

图 7-32　4FSK 信号举例

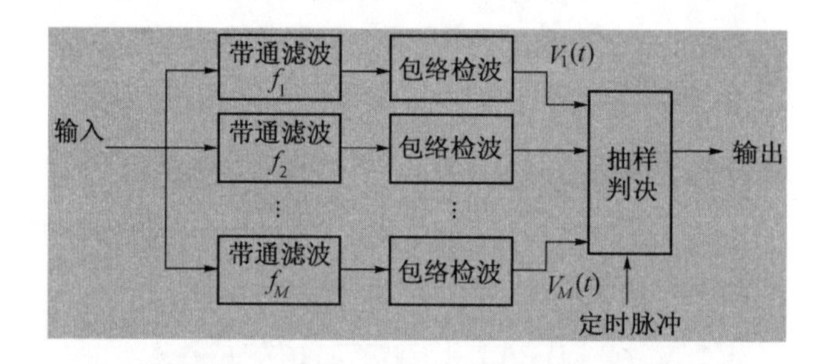

图 7-33　MFSK 非相干解调原理方框图

MFSK 相干解调器的原理方框图和上述非相干解调器类似,只是用相干检波器代替了图中的包络检波器而已。由于 MFSK 相干解调器较复杂,应用较少,这里不再专门介绍。

7.4.3　多进制相移键控

1. 基本原理

在 2PSK 信号的表示式中一个码元的载波初始相位 θ 可以等于 0 或 π。将其推广到多进制时,θ 可以取多个可能值。所以,一个 MPSK 信号码元可以表示为

$$s_k(t) = A\cos(\omega_0 t + \theta_k) \qquad k = 1,2,\cdots,M \tag{7.4-6}$$

式中: A 为常数;θ_k 为一组间隔均匀的受调制相位,其值决定于基带码元的取值。所以它可以写为

$$\theta_k = \frac{2\pi}{M}(k-1) \quad k = 1,2,\cdots,M \tag{7.4-7}$$

通常 M 取 2 的某次幂:

$$M = 2^k \quad k = \text{正整数} \tag{7.4-8}$$

在图 7-34 中示出当 $k=3$ 时，θ_k 取值的一例。图中示出当发送信号的相位为 $\theta_1=0$ 时，能够正确接收的相位范围在 $\pm\pi/8$ 内。对于多进制 PSK 信号，不能简单地采用一个相干载波进行相干解调。例如，若用 $\cos 2\pi f_0 t$ 作为相干载波时，因为 $\cos\theta_k=\cos(2\pi-\theta_k)$，使解调存在模糊。只有在 2PSK 中才能够仅用一个相干载波进行解调。这时需要用两个正交的相干载波解调。在后面分析中，不失一般性，我们可以令式(7.4-6)中的 $A=1$，然后将 MPSK 信号码元表示式展开写成

$$s_k(t)=\cos(\omega_0 t+\theta_k)=a_k\cos\omega_0 t-b_k\sin\omega_0 t \tag{7.4-9}$$

式中：$a_k=\cos\theta_k$，$b_k=\sin\theta_k$。

式(7.4-9)表明，MPSK 信号码元 $s_k(t)$ 可以看作是由正弦和余弦两个正交分量合成的信号，它们的振幅分别是 a_k 和 b_k，并且 $a_k^2+b_k^2=1$。这就是说，MPSK 信号码元可以看作是两个特定的 MASK 信号码元之和。因此，其带宽和 MASK 信号的带宽相同。

本节下面主要以 $M=4$ 为例，对 4PSK 作进一步的分析。4PSK 常称为**正交相移键控**（Quadrature Phase Shift Keying，QPSK）。它的每个码元含有 2b 的信息，现用 ab 代表这两个比特。发送码元序列在编码时需要先将每两个比特分成一组，然后用四种相位之一 θ_k 去表示它。两个比特有四种组合，即 00、01、10 和 11。它们和相位 θ_k 之间的关系通常都按**格雷**（Gray）**码**的规律安排，如表 7-2 所列，其矢量图如图 7-35 所示。

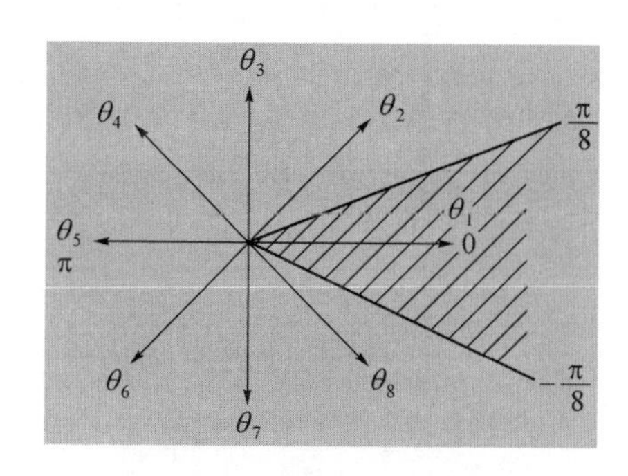

图 7-34　8PSK 信号相位

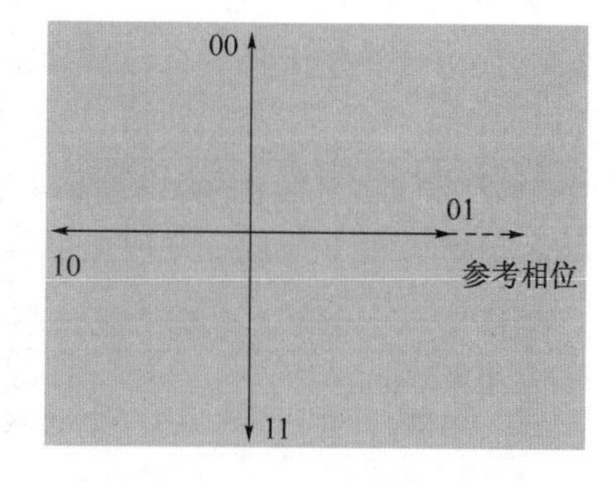

图 7-35　QPSK 信号的矢量图

由表 7-2 和图 7-35 可以看出，采用格雷码的好处在于相邻相位所代表的两个比特只有一位不同。由于因相位误差造成错判至相邻相位上的概率最大，故这样编码使之仅造成一个比特误码的概率最大。在表 7-2 中只给出了 2 位格雷码的编码规则。在表7-3中我们给出了多位格雷码的编码方法。由此表可见，在 2 位格雷码的基础上，若要产生 3 位格雷码，只需将序号为 0~3 的 2 位格雷码（表中黑体字）按相反的次序（即成镜像）排列写出序号为 4~7 的码组，并在序号为0~3的格雷码组前加一个"0"，在序号为4~7的码组前加一个"1"，得出 3 位的格雷码。3 位格雷码可以用于 8PSK 调制。若要产生 4 位的格雷码，则可以在 3 位格雷码的基础上，仿照上述方法，将序号为 0~7 的格雷码按相反次序写出序号为 8~15 的码组，并在序号为 0~7 的格雷码组前加一个"0"，在序号为 8~15 的码组前加一个"1"。依此类推可以产生更多位的格雷码。由于格雷码的这种产生规律，格雷码又称反射码。由此表可见，这样构成的相邻码组仅有 1bit 差别。在表7-3中还给出了二进码作为比较。

表 7-2　QPSK 信号的编码

a	b	θ_k	a	b	θ_k
0	0	90°	1	1	270°
0	1	0°	1	0	180°

表 7-3　格雷码编码规则

序号	格雷码				二进码				序号	格雷码				二进码			
0	0	0	**0**	**0**	0	0	0	0	8	1	1	0	0	1	0	0	0
1	0	0	**0**	**1**	0	0	0	1	9	1	1	0	1	1	0	0	1
2	0	0	**1**	**1**	0	0	1	0	10	1	1	1	1	1	0	1	0
3	0	0	**1**	**0**	0	0	1	1	11	1	1	1	0	1	0	1	1
4	0	1	1	0	0	1	0	0	12	1	0	1	0	1	1	0	0
5	0	1	1	1	0	1	0	1	13	1	0	1	1	1	1	0	1
6	0	1	0	1	0	1	1	0	14	1	0	0	1	1	1	1	0
7	0	1	0	0	0	1	1	1	15	1	0	0	0	1	1	1	1

最后,需要对码元相位的概念着重给予说明。在码元的表示式(7.4-6)中,θ_k 称为初始相位,常简称为相位,而把$(\omega_0 t+\theta_k)$称为信号的瞬时相位。当码元中包含整数个载波周期时,初始相位相同的相邻码元的波形和瞬时相位才是连续的,如图 7-36(a)所示。若每个码元中的载波周期数不是整数,则即使初始相位相同,波形和瞬时相位也可能不连续,如图 7-36(b)所示;或者波形连续而相位不连续,如图 7-36(c)所示。在码元边界,当相位不连续时,信号的频谱将展宽,包络也将出现起伏。通常这是我们不希望并想尽量避免的。在后面讨论各种调制体制时,还将遇到这个问题。并且有时将码元中包含整数个载波周期的假设隐含不提,认为 PSK 信号的初始相位相同,则码元边界的瞬时相位一定连续。

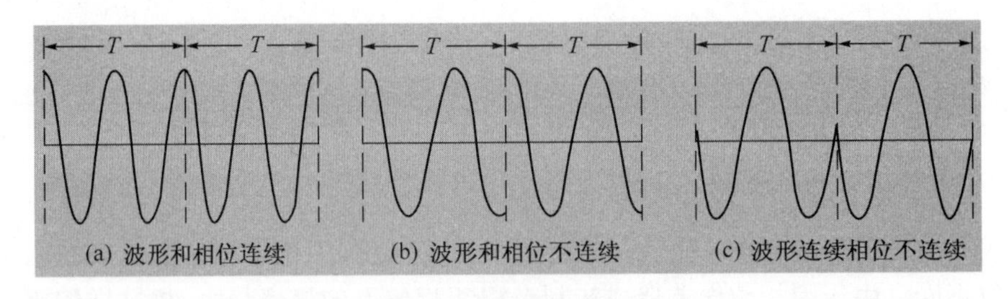

(a) 波形和相位连续　(b) 波形和相位不连续　(c) 波形连续相位不连续

图 7-36　码元相位关系

2. QPSK 调制

QPSK 信号的产生方法有两种方法。第一种是用相乘电路,如图 7-37 所示。图中输入基带信号 $A(t)$是二进制不归零双极性码元,它被“串/并变换”电路变成两路码元 a 和 b。变成并行码元 a 和 b 后,其每个码元的持续时间是输入码元的 2 倍如图 7-38 所示。这两路并行码元序列分别用以和两路正交载波相乘。相乘结果用虚线矢量示于图 7-39 中。图中矢量 $a(1)$代表 a 路的信号码元二进制“1”,$a(0)$代表 a 路信号码元二进制“0”;类似地,$b(1)$代表 b 路信号码元二进制“1”,$b(0)$代表 b 路信号码元二进制“0”。这两路信号在相加电路中相加后得到输出矢量 $s(t)$,每个矢量代表 2bit,如图中实线矢量所示。应当注意的是,上述二进制信号码元“0”和“1”在相乘电路中与不归零双极性矩形脉冲振幅的关系如下：

二进制码元“1”→双极性脉冲“+1”；

二进制码元“0” → 双极性脉冲“-1”。

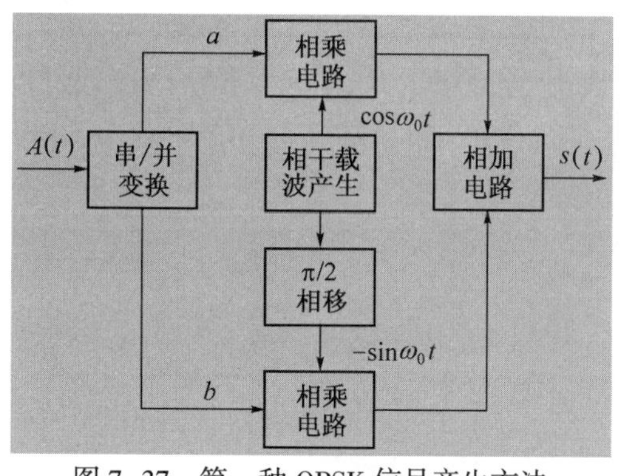

图 7-37 第一种 QPSK 信号产生方法

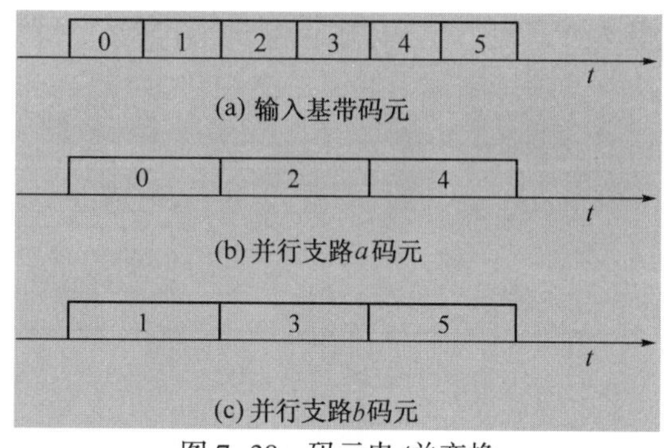

图 7-38 码元串/并变换

第二种产生方法是选择法，其原理方框图示于图 7-40 中。这时输入基带信号经过串/并变换后用于控制一个相位选择电路，按照当时的输入双比特 ab，决定选择哪个相位的载波输出。候选的四个相位 θ_1、θ_2、θ_3 和 θ_4 仍然可以是图 7-39 中的四个实线矢量，也可以是按 A 方式规定的四个相位。

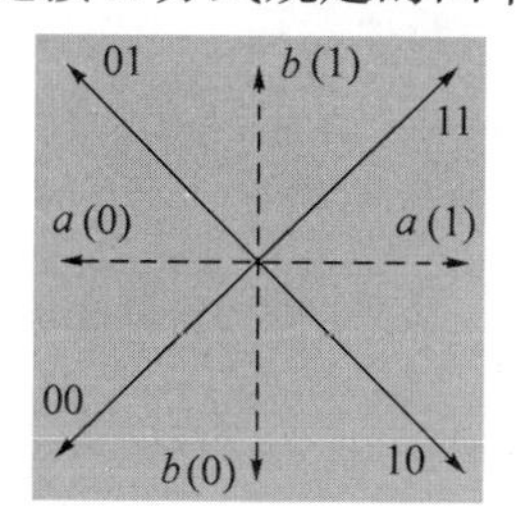

图 7-39 QPSK 矢量的产生

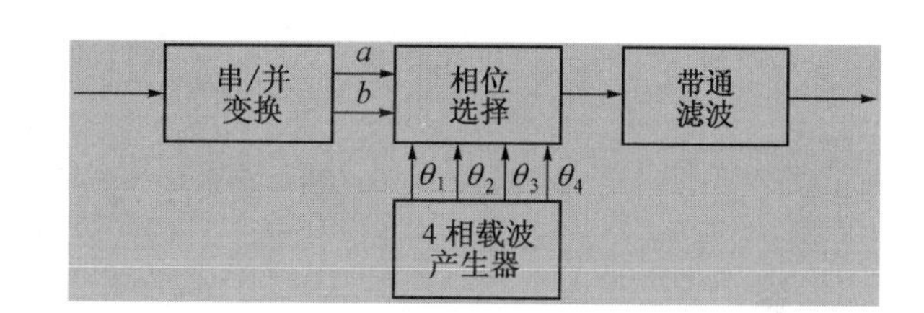

图 7-40 选择法产生 QPSK 信号

3. QPSK 解调

QPSK 信号的解调原理方框图示于图 7-41 中。由于 QPSK 信号可以看作是两个正交 2PSK 信号的叠加，如图 7-39 所示，所以用两路正交的相干载波去解调，可以很容易地分离这两路正交的 2PSK 信号。相干解调后的两路并行码元 a 和 b，经过并/串变换后，成为串行数据输出。

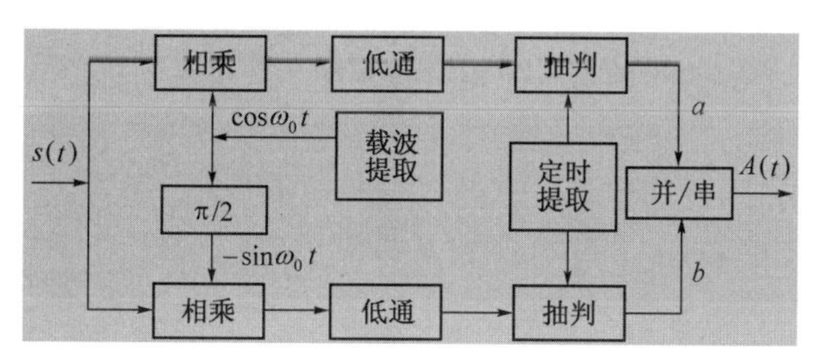

图 7-41 QPSK 信号解调原理方框图

4. 偏置 QPSK

在 QPSK 体制中，它的相邻码元最大相位差达到 180°。由于这样的相位突变在频带受限的系统中会引起信号包络的很大起伏，这是我们不希望的。所以为了减小此相位突变，将两个正交分量的两个比特 a 和 b 在时间上错开半个码元，使之不可能同时改变。由表 7-2 可见，这样安排后相邻码元相位差的最大值仅为 90°，从而减小了信号振幅的起伏。这种体制称为**偏置正交相移键控**（Offset QPSK，OQPSK）。在图 7-42 中示出 QPSK 信号的波形与 OQPSK 信号波形的比较。

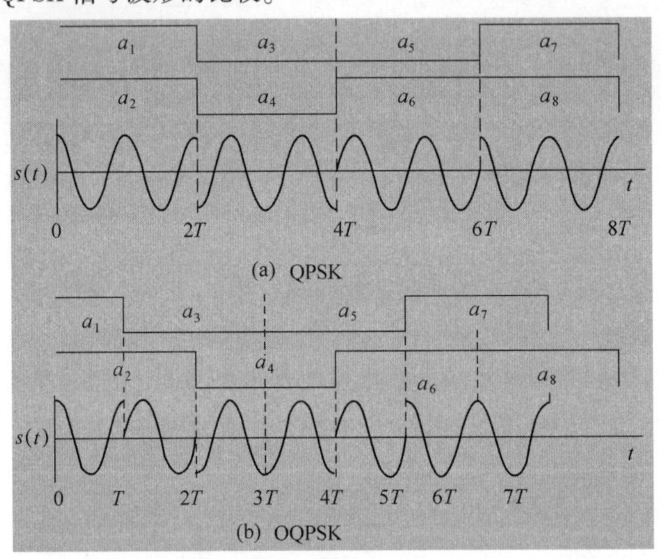

图 7-42　QPSK 信号波形与 OQPSK 信号波形比较

OQPSK 和 QPSK 的唯一区别在于：对于 QPSK，表 7-2 中的两个比特 a 和 b 的持续时间原则上可以不同；而对于 OQPSK，a 和 b 的持续时间必须相同。

7.4.4　多进制差分相移键控

1. 基本原理

在 7.4.3 节中，我们讨论了 MPSK。在 MPSK 体制中，类似于 2DPSK 体制，也有多进制差分相移键控（MDPSK）。在较详细地讨论了 MPSK 之后，很容易理解 MDPSK 的原理和实现方法。7.4.3 节中讨论 MPSK 信号用的式（7.4-6）、式（7.4-7）、表 7-2 和矢量图 7-35 对于分析 MDPSK 信号仍然适用，只是需要把其中的参考相位当作是前一码元的相位，把相移 θ_k 当作是相对于前一码元相位的相移。这里我们仍以 4 进制 DPSK 信号为例作进一步的讨论。

4 进制 DPSK 通常记为 QDPSK。QDPSK 信号编码方式示于表 7-4。表中 $\Delta\theta_k$ 是相对于前一相邻码元的相位变化。这里有 A 和 B 两种方式。在 ITU-T 的建议 V. 22 中采用的就是 A 方式的编码规则。

B 方式中相邻码元间总有相位改变，故有利于在接收端提取码元同步。另外，由于其相邻码元相位的最大相移为±135°，比 A 方式的最大相移小，故在通过频带受限的系统传输后其振幅起伏也较小。B 方式 QDPSK 有时又称为 π/4 QDPSK。

表 7-4 QDPSK 编码规则

a	b	$\Delta\theta_k$		a	b	$\Delta\theta_k$	
		A 方式	B 方式			A 方式	B 方式
0	0	90°	135°	1	1	270°	315°
0	1	0°	45°	1	0	180°	225°

2. 产生方法

QDPSK 信号的产生方法和 QPSK 信号的产生方法类似,只是需要把输入基带信号先经过码变换器把绝对码变成相对码再去调制(或选择)载波。在图 7-43 中给出用第一种方法产生 A 方式 QDPSK 信号的原理方框图。图中 a 和 b 为经过串/并变换后的一对码元,它需要再经过码变换器变换成相对码 c 和 d 后才与载波相乘。c 和 d 对载波的相乘实际是完成绝对相移键控。这部分电路和产生 QPSK 信号的原理方框图 7-37 完全一样,只是为了改用 A 方式编码,而采用两个 $\pi/4$ 相移器代替一个 $\pi/2$ 相移器。码变换器的功用是使由 cd 产生的绝对相移符合由 ab 产生的相对相移的规则。由于当前的一对码元 ab 产生的相移是附加在前一时刻已调载波相位之上的,而前一时刻载波相位有 4 种可能取值,故码变换器的输入 ab 和输出 cd 间有 16 种可能的关系。ITU-T 建议 V.32 规定的码变换器的这 16 种变换关系示于表 7-5 中。从表中可以看出,它属于 A 方式。

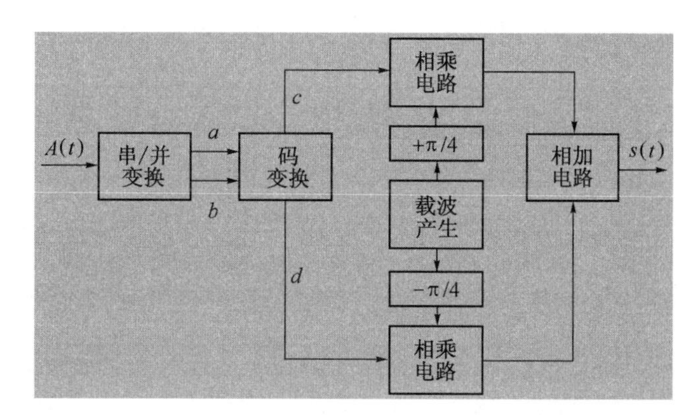

图 7-43 第一种方法产生 A 方式 QDPSK 信号的原理方框图

例如,在表 7-5 中,若当前时刻输入的一对码元 $a_k b_k$ 为“00”,则应该产生相对相移 $\Delta\theta_k = 90°$。另一方面,前一时刻的载波相位有四种可能取值,即 90°,0°,270°,180°,它们分别对应前一时刻变换后的一对码元 $c_{k-1}d_{k-1}$ 的四种取值。所以,现在的相移 $\Delta\theta_k = 90°$ 应该视前一时刻的状态加到对应的前一时刻载波相位 θ_{k-1} 上。设前一时刻的载波相位 θ_{k-1} 为 180°,则现在应该在 180°基础上增加到 270°,故要求的 $c_k d_k$ 为“10”。也就是说,这时的码变换器应该将输入一对码元“00”变换为“10”。码变换器可以用图 7-44 所示的电路实现。

应当注意,在上面叙述中我们用“0”和“1”代表二进制码元。但是,在电路中用于相乘的信号应该是不归零二进制双极性矩形脉冲。设此脉冲的幅度为“+1”和“-1”,则对应关系是:

表 7-5 QDPSK 码变换关系

当前输入的一对码元及要求的相对相移			前一时刻经过码变换后的一对码元及所产生的相位			当前时刻应当给出的变换后一对码元和相位		
a_k	b_k	$\Delta\theta_k$	c_{k-1}	d_{k-1}	θ_{k-1}	c_k	d_k	θ_k
0	**0**	**90°**	0	0	0°	0	1	90°
			0	1	90°	1	1	180°
			1	1	**180°**	1	0	**270°**
			1	**0**	270°	0	0	0°
0	1	0°	0	0	0°	0	0	0°
			0	1	90°	0	1	90°
			1	1	180°	1	1	180°
			1	0	270°	1	0	270°
1	1	270°	0	0	0°	1	0	270°
			0	1	90°	0	0	0°
			1	1	180°	0	1	90°
			1	0	270°	1	1	180°
1	0	180°	0	0	0°	1	1	180°
			0	1	90°	1	0	270°
			1	1	180°	0	0	0°
			1	0	270°	0	1	90°

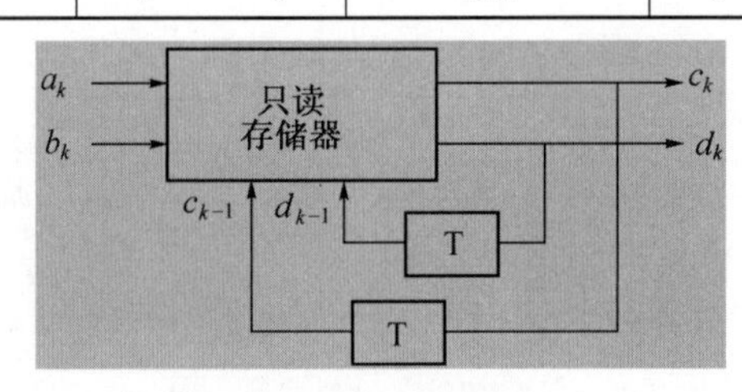

图 7-44 码变换器

二进制码元“0” →“+1”;二进制码元“1”→“-1”。符合上述关系才能得到 A 方式的编码。

3. 解调方法

QDPSK 信号的解调方法和 QPSK 信号的解调方法类似也有两类,即极性比较法和相位比较法。下面将分别予以讨论。

A 方式 QDPSK 信号极性比较法解调原理方框图如图 7-45 所示。由图可见 QDPSK 信号的极性比较法解调原理和 QPSK 信号的一样,只是多一步逆码变换,将相对码变成绝对码。因此,这里将重点讨论与逆码变换有关的原理。逆码变换器原理方框图如图7-46 所示。

这时,设第 k 个接收信号码元可以表示为

$$s_k(t) = \cos(\omega_0 t + \theta_k) \quad kT < t \leqslant (k+1)T \qquad (7.4-10)$$

式中: k=整数。

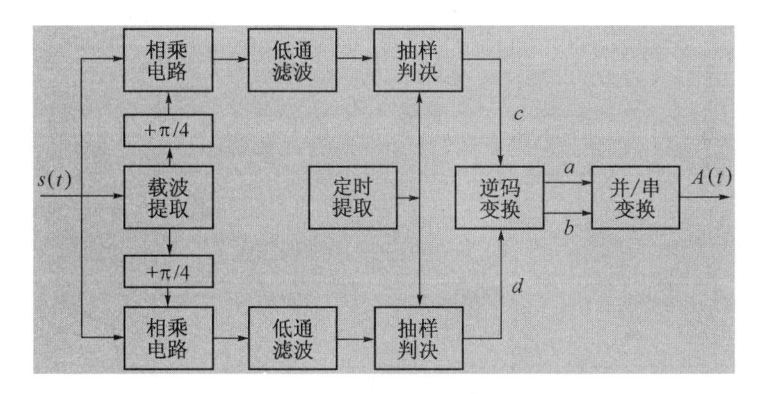

图 7-45 A 方式 QDPSK 信号极性比较法解调原理方框图

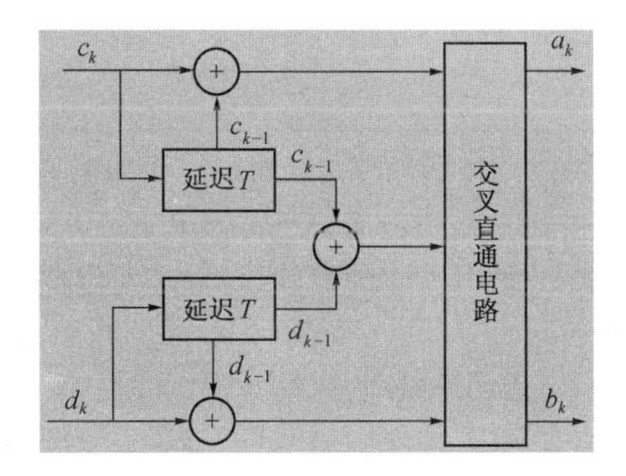

图 7-46 逆码变换器原理方框图

图 7-45 中上下两个相乘电路的相干载波分别可以写为

上支路
$$\cos\left(\omega_0 t + \frac{\pi}{4}\right)$$

下支路
$$\cos\left(\omega_0 t - \frac{\pi}{4}\right)$$

于是输入信号 $s(t)$ 和相干载波在相乘电路中相乘的结果为

上支路
$$\cos(\omega_0 t + \theta_k)\cos\left(\omega_0 t + \frac{\pi}{4}\right) = \frac{1}{2}\cos\left[2\omega_0 t + \left(\theta_k + \frac{\pi}{4}\right)\right] + \frac{1}{2}\cos\left(\theta_k - \frac{\pi}{4}\right)$$

下支路
$$\cos(\omega_0 t + \theta_k)\cos\left(\omega_0 t - \frac{\pi}{4}\right) = \frac{1}{2}\cos\left[2\omega_0 t + \left(\theta_k - \frac{\pi}{4}\right)\right] + \frac{1}{2}\cos\left(\theta_k + \frac{\pi}{4}\right)$$

经过低通滤波后,滤除了 2 倍载频的高频分量,得到抽样判决前的电压:

上支路 $\qquad \frac{1}{2}\cos\left(\theta_k - \frac{\pi}{4}\right)$

下支路 $\qquad \frac{1}{2}\cos\left(\theta_k + \frac{\pi}{4}\right)$

按照 θ_k 的取值不同,此电压可能为正,也可能为负,故是双极性电压。在编码时曾经规定:二进制码元“0”→“+1”;二进制码元“1”→“-1”。现在进行判决时,也把正电压判为二进制码元“0”,负电压判为“1”,即“+”→二进制码元“0”;“-”→二进制码元“1”。

因此得出判决规则,如表 7-6 所列。

表 7-6　判决规则

信号码元相位 θ_k	上支路输出	下支路输出	判决器输出	
			c	d
0°	+	+	0	0
90°	+	-	0	1
180°	-	-	1	1
270°	-	+	1	0

两路判决输出将送入逆码变换器恢复出绝对码。设逆码变换器的当前输入码元为 c_k 和 d_k,当前输出码元为 a_k 和 b_k,前一输入码元为 c_{k-1} 和 d_{k-1}。为了正确地进行逆码变换,这些码元之间的关系应该符合表 7-5 中的规则。为此,现在把表 7-5 中的各行按 c_{k-1} 和 d_{k-1} 的组合为序重新排列,构成表 7-7。从这个表中可以找出由逆码变换器的当前输入 $c_k d_k$ 和前一时刻输入 $c_{k-1}d_{k-1}$ 得到逆码变换器当前输出 $a_k b_k$ 的规律。表 7-7 中的码元关系可以分为两类:

(1) 当 $c_{k-1}\oplus d_{k-1}=0$ 时
$$\begin{cases} a_k = c_k \oplus c_{k-1} \\ b_k = \overline{d_k \oplus d_{k-1}} \end{cases} \tag{7.4-11}$$

表 7-7　QDPSK 逆码变换关系

前一时刻输入的一对码元		当前时刻输入的一对码元		当前时刻应当给出的逆变换后的一对码元	
c_{k-1}	d_{k-1}	c_k	d_k	a_k	b_k
0	0	0	0	0	1
		0	1	0	0
		1	1	1	0
		1	0	1	1
0	1	0	0	1	1
		0	1	0	1
		1	1	0	0
		1	0	1	0
1	1	0	0	1	0
		0	1	1	1
		1	1	0	1
		1	0	0	0
1	0	0	0	0	0
		0	1	1	0
		1	1	1	1
		1	0	0	1

（2）当 $c_{k-1} \oplus d_{k-1} = 1$ 时
$$\begin{cases} a_k = d_k \oplus d_{k-1} \\ b_k = \overline{c_k \oplus c_{k-1}} \end{cases} \tag{7.4-12}$$

式(7.4-11)和式(7.4-12)表明,按照前一时刻码元 c_{k-1} 和 d_{k-1} 之间的关系不同,逆码变换的规则也不同,并且可以从中画出逆码变换器的原理方框图(图 7-46)。图中将 c_k 和 c_{k-1} 以及 d_k 和 d_{k-1} 分别作模 2 加法运算,运算结果送到交叉直通电路。另一方面,将延迟一个码元后的 c_{k-1} 和 d_{k-1} 也作模 2 加法运算,并将运算结果去控制交叉直通电路;若 $c_{k-1} \oplus d_{k-1} = 0$,则将 $c_k \oplus c_{k-1}$ 结果直接作为 a_k 输出;若 $c_{k-1} \oplus d_{k-1} = 1$,则将 $\overline{c_k \oplus c_{k-1}}$ 结果作为 b_k 输出。对于 $d_k \oplus d_{k-1}$ 的结果也按照式(7.4-11)和式(7.4-12)作类似处理。这样就能得到正确的并行绝对码输出 a_k 和 b_k。它们经过并/串变换后就变成为串行码输出。

上面讨论了 A 方式的 QDPSK 信号极性比较法解调原理。下面再简要介绍相位比较法解调的原理。QDPSK 信号相位比较法解调原理方框图如图 7-47 所示。由此图可见,它和 2DPSK 信号相位比较法解调的原理基本一样,只是由于现在的接收信号包含正交的两路已调载波,故需用两个支路差分相干解调。

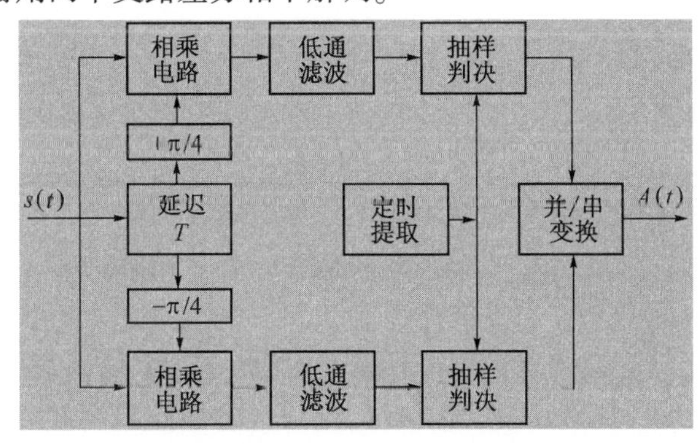

图 7-47 A 方式 QDPSK 信号相位比较法解调原理方框图

7.5 多进制数字调制系统的抗噪声性能

7.5.1 MASK 系统的抗噪声性能

下面就抑制载波 MASK 信号在白色高斯噪声信道条件下的误码率进行分析。

设抑制载波 MASK 信号的基带调制码元可以有 M 个电平,如图 7-48 所示。这些电平位于 $\pm d$, $\pm 3d, \cdots, \pm (M-1)d$,相邻电平的振幅相距 $2d$。于是,此抑制载波 MASK 信号的表示式可以写为

$$s(t) = \begin{cases} \pm d\cos 2\pi f_0 t & \text{当发送电平 } \pm d \text{ 时} \\ \pm 3d\cos 2\pi f_0 t & \text{当发送电平 } \pm 3d \text{ 时} \\ \vdots & \vdots \\ \pm (M-1)d\cos 2\pi f_0 t & \text{当发送电平 } \pm (M-1)d \text{ 时} \end{cases} \tag{7.5-1}$$

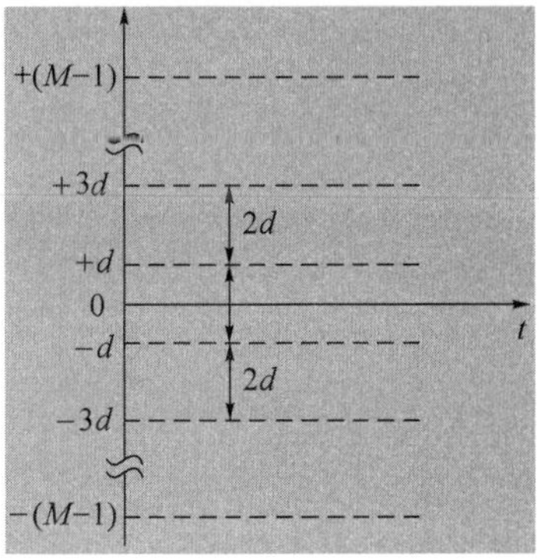

+(M−1)
+3d
2d
+d
0
−d
2d
−3d
−(M−1)
t

图 7-48 基带信号的 M 个电平

式中：f_0 为载频。

若接收端的解调前信号无失真，仅附加有窄带高斯噪声，则在忽略常数衰减因子后，解调前的接收信号可以表示为

$$s(t)=\begin{cases}\pm d\cos 2\pi f_0 t+n(t) & \text{当发送电平 }\pm d\text{ 时}\\ \pm 3d\cos 2\pi f_0 t+n(t) & \text{当发送电平 }\pm 3d\text{ 时}\\ \vdots & \vdots\\ \pm(M-1)d\cos 2\pi f_0 t+n(t) & \text{当发送电平 }\pm(M-1)d\text{ 时}\end{cases} \tag{7.5-2}$$

式中：$n(t)=n_c(t)\cos 2\pi f_0 t-n_s(t)\sin 2\pi f_0 t$，为窄带高斯噪声。

设接收机采用相干解调，则噪声中只有和信号同相的分量有影响。这时，信号和噪声在相干解调器中相乘，并滤除高频分量之后，得到解调器输出电压为

$$v(t)=\begin{cases}\pm d+n_c(t) & \text{当发送电平 }\pm d\text{ 时}\\ \pm 3d+n_c(t) & \text{当发送电平 }\pm 3d\text{ 时}\\ \vdots & \vdots\\ \pm(M-1)d+n_c(t) & \text{当发送电平 }\pm(M-1)d\text{ 时}\end{cases} \tag{7.5-3}$$

式中已经忽略了常数因子 1/2。

这个电压将被抽样判决。对于抑制载波 MASK 信号，由图 7-48 可见，判决电平应该选择在 $0,\pm 2d,\cdots,\pm(M-2)d$。当噪声抽样值 $|n_c|$ 超过 d 时，会发生错误判决。但是，也有例外情况发生，这就是对于信号电平等于 $\pm(M-1)d$ 的情况。当信号电平等于 $+(M-1)d$ 时，若 $n_c>+d$，不会发生错判；同理，当信号电平等于 $-(M-1)d$ 时，若 $n_c<-d$，也不会发生错判。所以，当抑制载波 MASK 信号以等概率发送时，即每个电平的发送概率等于 $1/M$ 时，平均误码率

$$P_e=\frac{M-2}{M}P(|n_c|>d)+\frac{2}{M}\cdot\frac{1}{2}P(|n_c|>d)=$$

$$\left(1-\frac{1}{M}\right)P(|n_c|>d) \tag{7.5-4}$$

式中：$P(|n_c|>d)$ 为噪声抽样绝对值大于 d 的概率。

因为 n_c 是均值为 0、方差为 σ_n^2 的正态随机变量，故有

$$P(|n_c|>d)=\frac{2}{\sqrt{2\pi}\sigma_n}\int_d^{\infty}e^{-x^2/2\sigma_n^2}dx \tag{7.5-5}$$

将式(7.5-5)代入式(7.5-4)，并经过较复杂的推导[7]，得到如下误码率公式：

$$P_e=\left(1-\frac{1}{M}\right)\operatorname{erfc}\left(\sqrt{\frac{3}{M^2-1}r}\right) \tag{7.5-6}$$

式中：$r=P_s/\sigma_n^2$ 为信噪比；P_s 为 MASK 信号的平均功率。

按照式(7.5-6)画出的误码率曲线如图 7-49 所示。

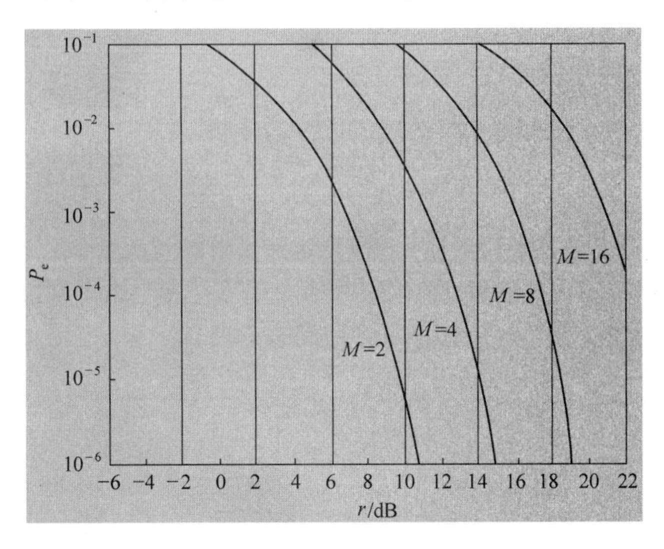

图 7-49 MASK 信号的误码率曲线

当 $M=2$ 时,式(7.5-6)变为

$$P_e = \frac{1}{2}\text{erfc}(\sqrt{r}) \tag{7.5-7}$$

它就是 2PSK 系统的误码率公式,见式(7.2-72)。不难理解,当 $M=2$ 时,抑制载波 MASK 信号就变成 2PSK 信号了,故两者的误码率相同。

MASK 信号是用信号振幅传递信息的。信号振幅在传输时受信道衰落的影响大,故在远距离传输的衰落信道中应用较少。

7.5.2 MFSK 系统的抗噪声性能

1. 非相干解调时的误码率

MFSK 信号非相干解调器有 M 路带通滤波器用于分离 M 个不同频率的码元,如图 7-50所示。当某个码元输入时,M 个带通滤波器的输出中仅有一个是信号加噪声,其他各路都是只有噪声。现在假设 M 路带通滤波器中的噪声是互相独立的窄带高斯噪声,由 3.5.2 节的分析可知其包络服从瑞利分布,故这($M-1$)路噪声的包络都不超过某个门

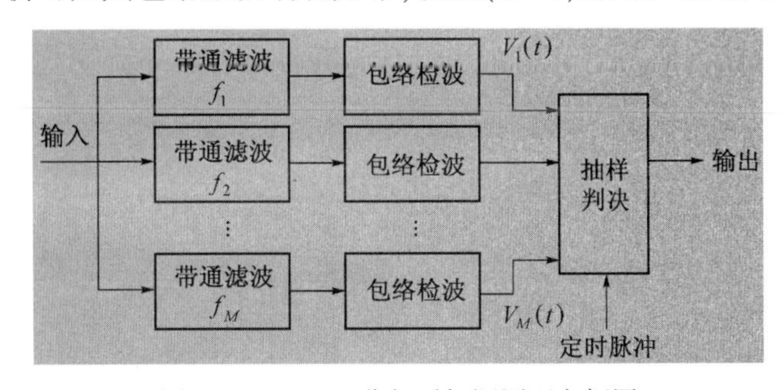

图 7-50 MFSK 非相干解调原理方框图

限电平 h 的概率为

$$[1-P(h)]^{M-1} \tag{7.5-8}$$

其中 $P(h)$ 是一路滤波器的输出噪声包络超过此门限 h 的概率，由瑞利分布

$$P(h)=\int_h^{\infty}\frac{N}{\sigma_n^2}e^{-N^2/2\sigma_n^2}dN=e^{-h^2/2\sigma_n^2} \tag{7.5-9}$$

式中：N 为滤波器输出噪声的包络；σ_n^2 为滤波器输出噪声的功率。

假设这(M-1)路噪声都不超过此门限电平 h 就不会发生错误判决，则式(7.5-8)的概率就是不发生错判的概率。因此，有任意一路或一路以上噪声输出的包络超过此门限就将发生错误判决，此错判的概率为

$$P_e(h)=1-[1-P(h)]^{M-1}=1-[1-e^{-h^2/2\sigma_n^2}]^{M-1}=$$

$$\sum_{n=1}^{M-1}(-1)^{n-1}\binom{M-1}{n}e^{-nh^2/2\sigma_n^2} \tag{7.5-10}$$

显然，它和门限值 h 有关。

其他路中任何路的输出电压值超过了有信号这路的输出电压值 x 就将发生错判。因此，这里的输出信号和噪声之和 x 就是上面的门限值 h。因此，发生错误判决的概率是

$$P_e=\int_0^{\infty}p(h)P_e(h)dh \tag{7.5-11}$$

将式(7.5-11)进行较繁推导[7]，得到计算结果为

$$P_e\leqslant\frac{M-1}{2}e^{-E/2\sigma_0^2}=\frac{M-1}{2}e^{-r/2} \tag{7.5-12}$$

式中：E 为码元能量；σ_0^2 为噪声单边功率谱密度；$r=E/\sigma_0^2$ 为信噪比。

由于一个 M 进制码元含有 k 比特信息，所以每比特占有的能量等于 E/k，这表示每比特的信噪比

$$r_b=E/k\sigma_0^2=r/k \tag{7.5-13}$$

将 $r=kr_b$ 代入式(7.5-12)得出

$$P_e\leqslant\frac{M-1}{2}\exp(-kr_b/2) \tag{7.5-14}$$

在式(7.5-14)中若用 M 代替(M-1)/2，不等式右端的值将增大，但是此不等式仍然成立，所以有

$$P_e<M\exp(-kr_b/2) \tag{7.5-15}$$

这是一个比较弱的上界，但是它可以用来说明下面的问题。因为

$$M=2^k=e^{\ln 2^k} \tag{7.5-16}$$

所以式(7.5-16)可以改写为

$$P_e < \exp\left[-k\left(\frac{r_b}{2} - \ln 2\right)\right] \quad (7.5-17)$$

由式(7.5-17)可以看出,当 $k \to \infty$ 时,P_e 按指数规律趋近于0,但要保证

$$\frac{r_b}{2} - \ln 2 > 0, \quad 即\ r_b > 2\ln 2 \quad (7.5-18)$$

式(7.5-18)条件表示,只要保证比特信噪比 r_b 大于 $2\ln 2 = 1.39 = 1.42\text{dB}$,则不断增大 k,就能得到任意小的误码率。对于MFSK体制而言,就是以增大占用带宽换取误码率的降低。但是,随着 k 的增大,设备的复杂程度也按指数规律增大。所以 k 的增大是受到实际应用条件的限制的。

上面求出的是误码率,即码元错误概率。现在来看MFSK信号的码元错误率 P_e 和比特错误率 P_b 之间的关系。我们假定当一个 M 进制码元发生错误时,将随机地错成其他 $(M-1)$ 个码元之一。由于 M 进制信号共有 M 种不同的码元,每个码元中含有 k 个比特,$M=2^k$。所以,在一个码元中的任一给定比特的位置上,出现"1"和"0"的码元各占一半,即出现信息"1"的码元有 $M/2$ 种,出现信息"0"的码元有 $M/2$ 种。在图7-51中给出一个例子。图中,$M=8$,$k=3$,在任一列中均有4个"0"和4个"1"。所以若一个码元错成另一个码元时,在给定的比特位置上发生错误的概率只有4/7。一般而言,在一个给定的码元中,任一比特位置上的信息和其他 $(2^{k-1}-1)$ 种码元在同一位置上的信息相同,和其他 2^{k-1} 种码元在同一位置上的信息则不同。所以,比特错误率 P_b 和码元错误率 P_e 之间的关系为

$$P_b = \frac{2^{k-1}}{2^k - 1}P_e = \frac{P_e}{2[1 - (1/2^k)]} \quad (7.5-19)$$

当 k 很大时,

$$P_b \approx P_e/2 \quad (7.5-20)$$

码元	比特	码元	比特
0	000	4	100
1	001	5	101
2	010	6	110
3	011	7	111

图7-51　$M=8$ 时的码元

按以上分析画出的MFSK信号的误码率曲线如图7-52(a)所示。图中横坐标是 r_b,即每比特的能量和噪声功率谱密度之比。由图可见,对于给定的误码率,需要的 r_b 随 M 的增大而下降,即所需信号功率随 M 的增大而下降。但是由于 M 的增大,MFSK信号占据的带宽也随之增加。这正如上面提到过的用频带换取了功率。

2. 相干解调时的误码率

MFSK信号在相干解调时的设备复杂,所以应用较少。其误码率的分析计算原理和2FSK时的相似,这里不另作讨论,仅将计算结果给出如下[3]:

$$P_e = 1 - \frac{1}{\sqrt{2\pi}}\int_{-\infty}^{\infty} e^{-A^2/2}\left[\frac{1}{\sqrt{2\pi}}\int_{-\infty}^{A+\sqrt{2r}} e^{-u^2/2}\,du\right]^{M-1} dA \quad (7.5-21)$$

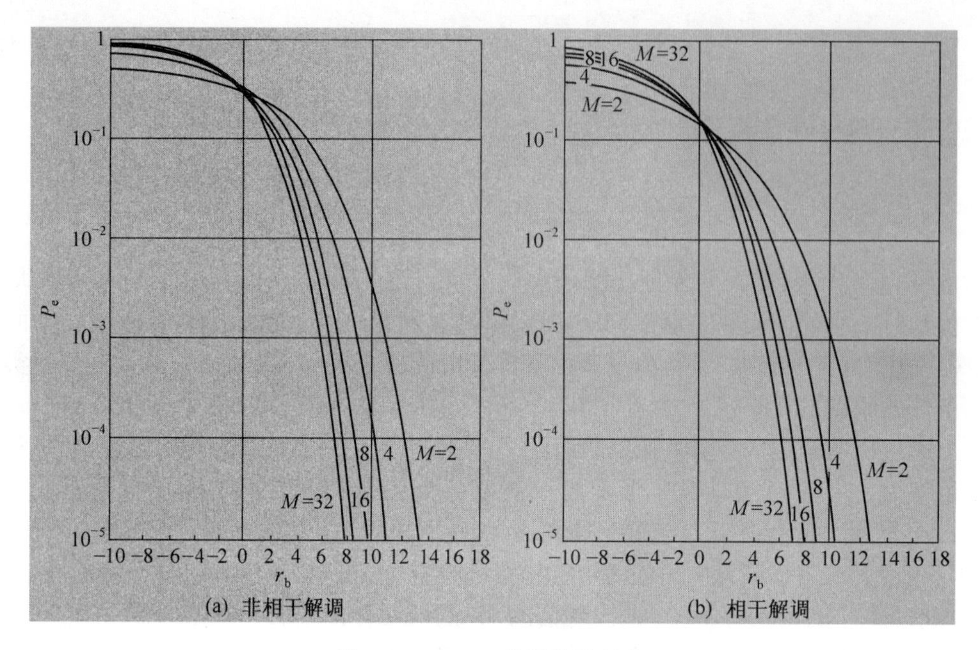

图 7-52　MFSK 信号的误码率

按照式(7.5-21)画出的 MFSK 信号的误码率曲线如图 7-53(b)所示。由此图可见,当信息传输速率和误码率给定时,增大 M 值也可以降低对信噪比 r_b 的要求。

式(7.5-21)较难作数值计算,为了估计相干解调时 MFSK 信号的误码率,可以采用下式给出的误码率上界公式[4]:

$$P_e \leqslant (M-1)\operatorname{erfc}(\sqrt{r}) \tag{7.5-22}$$

比较相干和非相干解调的两个误码率曲线图可见,当 $k>7$ 时,两者的区别可以忽略。这时相干和非相干解调误码率的上界都可以用式(7.5-12)表示。

7.5.3 MPSK 系统的抗噪声性能

我们首先对于 QPSK 系统的性能作较详细的分析。在 QPSK 体制中,由其矢量图(图 7-53)可以看出,错误判决是由于信号矢量的相位因噪声而发生偏离造成的。例如,设发送矢量的相位为 45°,它代表基带信号码元“11”,若因噪声的影响使接收矢量的相位变成 135°,则将错判为“01”。当不同发送矢量以等概率出现时,合理的判决门限应该设定在和相邻矢量等距离的位置。在图中对于矢量“11”来说,判决门限应该设在 0°和 90°。当发送“11”时,接收信号矢量的相位若超出这一范围(图中阴影区),则将发生错判。设 $f(\theta)$ 为接收矢量(包括信号和噪声)相位的概率密度,则发生错误的概率

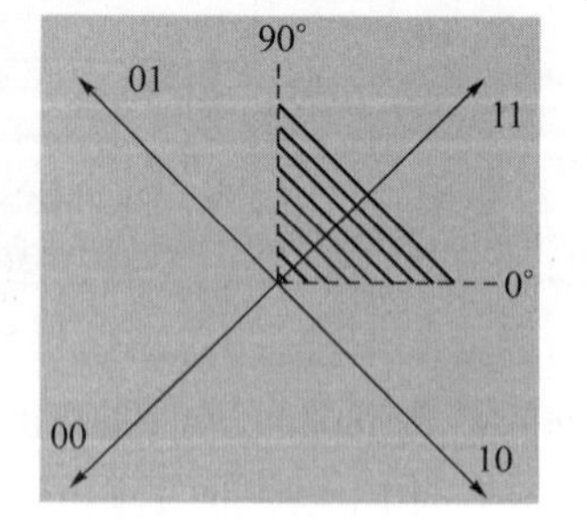

图 7-53　QPSK 的噪声容限

$$P_e = 1 - \int_0^{\pi/2} f(\theta)\,d\theta \tag{7.5-23}$$

这一误码率公式的计算步骤很繁。我们现在用一个简单的方法来分析。由式(7.4-9):

$$s_k(t)=\cos(\omega_0 t+\theta_k)=a_k\cos\omega_0 t-b_k\sin\omega_0 t$$

可知,当 QPSK 码元的相位 $\theta_k=45°$时,

$$a_k=b_k=1/\sqrt{2}$$

故信号码元相当于是互相正交的两个 2PSK 码元,其幅度分别为接收信号幅度的 $1/\sqrt{2}$ 倍,功率为接收信号功率的 1/2 倍。另一方面,由 3.6 节分析得知,接收信号与噪声之和为

$$r(t)=A\cos(\omega_c t+\theta)+n(t)$$

式中:$n(t)=n_c(t)\cos\omega_c t-n_s(t)\sin\omega_c t$;$n(t)$的方差为 σ_n^2,噪声的两个正交分量的方差为 $\sigma_c^2=\sigma_s^2=\sigma_n^2$。

若把此 QPSK 信号当作两个 2PSK 信号分别在两个相干检测器中解调时,只有和 2PSK 信号同相的噪声才有影响。由于误码率决定于各个相干检测器输入的信噪比,而此处的信号功率为接收信号功率的 1/2 倍,噪声功率为 σ_n^2。若输入信号的信噪比为 r,则每个解调器输入端的信噪比将为 $r/2$。在 7.2 节中已经给出 2PSK 相干解调的误码率为

$$P_e=\frac{1}{2}\operatorname{erfc}\sqrt{r}$$

其中 r 为解调器输入端的信噪比,故现在应该用 $r/2$ 代替 r,即误码率为

$$P_e=\frac{1}{2}\operatorname{erfc}\sqrt{r/2}$$

所以,正确概率为$[1-(1/2)\operatorname{erfc}\sqrt{r/2}]$。因为只有两路正交的相干检测都正确,才能保证 QPSK 信号的解调输出正确。由于两路正交相干检测都正确的概率为$[1-(1/2)\operatorname{erfc}\sqrt{r}]^2$,所以 QPSK 信号解调错误的概率为

$$P_e=1-\left[1-\frac{1}{2}\operatorname{erfc}\sqrt{r/2}\right]^2 \tag{7.5-24}$$

式(7.5-24)计算出的是 QPSK 信号的误码率。若考虑其误比特率,则由图 7-46 可见,正交的两路相干解调方法和 2PSK 中采用的解调方法一样。所以其误比特率的计算公式和 2PSK 的误码率公式一样。

对于任意 M 进制 PSK 信号,其误码率公式为[5]

$$P_e=1-\frac{1}{2\pi}\int_{-\pi/M}^{\pi/M}e^{-r}\left[1+\sqrt{4\pi r}\cos\theta e^{r\cos^2\theta}\frac{1}{\sqrt{2\pi}}\int_{-\infty}^{\sqrt{2r}\cos\theta}e^{-x^2/2}dx\right]d\theta \tag{7.5-25}$$

按照上式画出的曲线示于图 7-54 中。图中横坐标 r_b 是每比特的信噪比。它与码元信噪比 r 的关系是

$$r_b=r/k=r/\log_2 M \tag{7.5-26}$$

从此图曲线可以看出,当保持误码率 P_e 和信息传输速率不变时,随着 M 的增大,需要使 r_b

增大,即需要增大发送功率,但需用的传输带宽降低了,即用增大功率换取了节省带宽。

当 M 大时,MPSK 误码率公式可以近似写为[6]

$$P_e \approx \text{erfc}\left(\sqrt{r}\sin\frac{\pi}{M}\right) \tag{7.5-27}$$

OQPSK 的抗噪声性能和 QPSK 完全一样。

7.5.4 MDPSK 系统的抗噪声性能

对于 MDPSK 信号,误码率计算近似公式为[5]:

$$P_e \approx \text{erfc}\left(\sqrt{2r}\sin\frac{\pi}{2M}\right) \tag{7.5-28}$$

在图 7-55 中给出了 MDPSK 信号的误码率曲线。

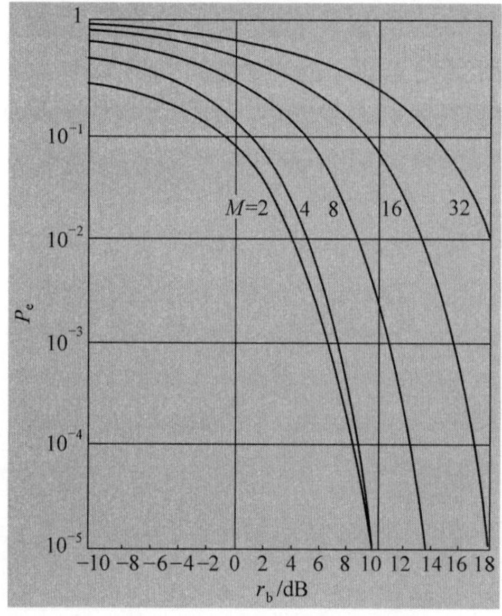

图 7-54 MPSK 信号的误码率曲线

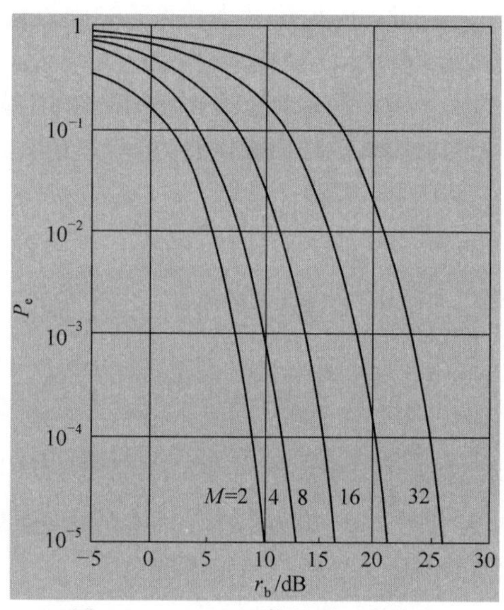

图 7-55 MDPSK 信号误码率曲线

7.6 小 结

二进制数字调制的基本方式有:二进制振幅键控(2ASK)——载波信号的振幅变化;二进制频移键控(2FSK)——载波信号的频率变化;二进制相移键控(2PSK)——载波信号的相位变化。由于 2PSK 体制中存在相位不确定性,又发展出了差分相移键控 2DPSK。

2ASK 和 2PSK 所需的带宽是码元速率的 2 倍;2FSK 所需的带宽比 2ASK 和 2PSK 都要高。

各种二进制数字调制系统的误码率取决于解调器输入信噪比 r。在抗加性高斯白噪声方面,相干 2PSK 性能最好,2FSK 次之,2ASK 最差。

ASK 是一种应用最早的基本调制方式。其优点是设备简单,频带利用率较高;缺点是抗噪声性能差,并且对信道特性变化敏感,不易使抽样判决器工作在最佳判决门限状态。

FSK 是数字通信中不可或缺的一种调制方式。其优点是抗干扰能力较强,不受信道参数变化的影响,因此 FSK 特别适合应用于衰落信道;缺点是占用频带较宽,尤其是 MFSK,频带利用率较低。目前,调频体制主要应用于中、低速数据传输中。

PSK 或 DPSK 是一种高传输效率的调制方式,其抗噪声能力比 ASK 和 FSK 都强,且不易受信道特性变化的影响,因此在高、中速数据传输中得到了广泛的应用。绝对相移(PSK)在相干解调时存在载波相位模糊度的问题,在实际中很少采用于直接传输。MDPSK 应用更为广泛。

和 ASK、FSK、PSK 和 DPSK 对应,分别有 MASK、MFSK、MPSK 和 MDPSK。这些多进制数字键控的一个码元中包括更多的信息量。但是,为了得到相同的误比特率,它们需要使用更大的功率或占用更宽的频带。OQPSK 是 QPSK 的改进体制,它能降低信号振幅的起伏。

思 考 题

7-1 什么是数字调制?它与模拟调制相比有哪些异同点?

7-2 数字调制的基本方式有哪些?其时间波形上各有什么特点?

7-3 什么是振幅键控?OOK 信号的产生和解调方法有哪些?

7-4 2ASK 信号传输带宽与波特率或基带信号的带宽有什么关系?

7-5 什么是频移键控?2FSK 信号产生和解调方法有哪些?

7-6 2FSK 信号相邻码元的相位是否连续变化与其产生方法有何关系?

7-7 相位不连续 2FSK 信号的传输带宽与波特率或基带信号的带宽有什么关系?

7-8 什么是绝对相移?什么是相对相移?它们有何区别?

7-9 2PSK 信号和 2DPSK 信号可以用哪些方法产生和解调?

7-10 2PSK 信号和 2DPSK 信号的功率谱及传输带宽有何特点?它们与 OOK 的有何异同?

7-11 二进制数字调制系统的误码率与哪些因素有关?

7-12 试比较 OOK 系统、2FSK 系统、2PSK 系统和 2DPSK 系统的抗噪声性能。

7-13 2FSK 与 2ASK 相比有哪些优势?

7-14 2PSK 与 2ASK 和 2FSK 相比有哪些优势?

7-15 2DPSK 与 2PSK 相比有哪些优势?

7-16 何谓多进制数字调制?与二进制数字调制相比较,多进制数字调制有哪些优缺点?

7-17 何谓偏置正交相移键控?其英文缩写字是什么?它和 QPSK 体制有什么区别?

习 题

7-1 设发送的二进制信息为 1011001,试分别画出 OOK、2FSK、2PSK 及 2DPSK 信号的波形示意图,并注意观察其时间波形上各有什么特点。

7-2　设某OOK系统的码元传输速率为1 000Baud,载波信号为$A\cos(4\pi\times10^6 t)$:

(1) 每个码元中包含多少个载波周期?

(2) 求OOK信号的第一零点带宽。

7-3　设某2FSK传输系统的码元速率为1 000Baud,已调信号的载频分别为1 000Hz和2 000Hz。发送数字信息为011010:

(1) 试画出一种2FSK信号调制器原理框图,并画出2FSK信号的时间波形;

(2) 试讨论这时的2FSK信号应选择怎样的解调器解调?

(3) 试画出2FSK信号的功率谱密度示意图。

7-4　设二进制信息为0101,采用2FSK系统传输。码元速率为1 000Baud,已调信号的载频分别为3 000Hz(对应"1"码)和1 000Hz(对应"0"码)。

(1) 若采用包络检波方式进行解调,试画出各点时间波形;

(2) 若采用相干方式进行解调,试画出各点时间波形;

(3) 求2FSK信号的第一零点带宽。

7-5　设某2PSK传输系统的码元速率为1 200Baud,载波频率为2 400Hz。发送数字信息为0100110:

(1) 画出2PSK信号调制器原理框图,并画出2PSK信号的时间波形;

(2) 若采用相干解调方式进行解调,试画出各点时间波形;

(3) 若发送"0"和"1"的概率分别为0.6和0.4,试求出该2PSK信号的功率谱密度表示式。

7-6　设发送的绝对码序列为0110110,采用2DPSK方式传输。已知码元传输速率为2 400Baud,载波频率为2 400Hz。

(1) 试构成一种2DPSK信号调制器原理框图;

(2) 若采用相干解调-码反变换器方式进行解调,试画出各点时间波形;

(3) 若采用差分相干方式进行解调,试画出各点时间波形。

7-7　设发送的绝对码序列为011010,采用2DPSK方式传输。已知码元传输速率为1 200Baud,载波频率为1 800Hz。定义相位差$\Delta\varphi$为后一码元起始相位和前一码元结束相位之差:

(1) 若$\Delta\varphi=0°$代表"0",$\Delta\varphi=180°$代表"1",试画出这时的2DPSK信号波形;

(2) 若$\Delta\varphi=270°$代表"0",$\Delta\varphi=90°$代表"1",则这时的2DPSK信号波形又如何?

7-8　在2ASK系统中,已知码元传输速率$R_B=2\times10^6$Baud,信道加性高斯白噪声的单边功率谱密度$n_0=6\times10^{-18}$W/Hz,接收端解调器输入信号的峰值振幅$a=40\mu$V。试求:

(1) 非相干接收时,系统的误码率;

(2) 相干接收时,系统的误码率。

7-9　在OOK系统中,已知发送端发送的信号振幅为5V,接收端带通滤波器输出噪声功率$\sigma_n^2=3\times10^{-12}$W,若要求系统误码率$P_e=10^{-4}$。试求:

(1) 非相干接收时,从发送端到解调器输入端信号的衰减量;

(2) 相干接收时,从发送端到解调器输入端信号的衰减量。

7-10　对 OOK 信号进行相干接收,已知发送"1"符号的概率为 P,发送"0"符号的概率为 $1-P$,接收端解调器输入信号振幅为 a,窄带高斯噪声方差为 σ_n^2。

(1) 若 $P=\dfrac{1}{2}$,$r=10$,求最佳判决门限 b^* 和误码率 P_e;

(2) 若 $P<\dfrac{1}{2}$,试分析此时的最佳判决门限值比 $P=\dfrac{1}{2}$时的大还是小?

7-11　若某 2FSK 系统的码元传输速率 $R_B=2\times10^6$Baud,发送"1"符号的频率 f_1 为 10MHz,发送"0"符号的频率 f_2 为 10.4MHz,且发送概率相等。接收端解调器输入信号的峰值振幅 $a=40\mu V$,信道加性高斯白噪声的单边功率谱密度 $n_0=6\times10^{-18}$W/Hz。试求:

(1) 2FSK 信号的第一零点带宽;

(2) 非相干接收时,系统的误码率;

(3) 相干接收时,系统的误码率。

7-12　若采用 2FSK 方式传输二进制信息,其他条件与题 7-9 相同。试求:

(1) 非相干接收时,从发送端到解调器输入端信号的衰减量;

(2) 相干接收时,从发送端到解调器输入端信号的衰减量。

7-13　在二进制相位调制系统中,已知解调器输入信噪比 $r=10$dB。试分别求出相干解调 2PSK、相干解调—码反变换 2DPSK 和差分相干解调 2DPSK 信号时的系统误码率。

7-14　若采用 2DPSK 方式传输二进制信息,其他条件与题 7-9 相同。试求:

(1) 非相干接收时,从发送端到解调器输入端信号的衰减量;

(2) 相干接收时,从发送端到解调器输入端信号的衰减量。

7-15　在二进制数字调制系统中,已知码元传输速率 $R_B=1000$Baud,接收机输入高斯白噪声的双边功率谱密度$\dfrac{n_0}{2}=10^{-10}$W/Hz,若要求解调器输出误码率 $P_e\leqslant10^{-5}$,试求相干解调 OOK、非相干解调 2FSK、差分相干解调 2DPSK 以及相干解调 2PSK 等系统所要求的输入信号功率。

7-16　已知数字信息为"1"时,发送信号的功率为 1kW,信道功率损耗为 60dB,接收端解调器输入的噪声功率为 10^{-4}W,试求非相干解调 OOK 及相干解调 2PSK 系统的误码率。

7-17　设发送二进制信息为 101100101,试按照表 7-2 和表 7-4 所示的 A 方式编码规则,分别画出 QPSK 和 QDPSK 信号波形。

7-18　设发送二进制信息为 10110001,试按表 7-4 所示的 B 方式编码规则画出 QDPSK 信号波形。

7-19　在四进制数字相位调制系统中,已知解调器输入端信噪比 $r=20$,试求 QPSK 和 QDPSK 方式系统误码率。

7-20　采用 4PSK 调制传输 2 400b/s 数据:

(1) 最小理论带宽是多少?

(2) 若传输带宽不变,而比特率加倍,则调制方式应作何改变?

参 考 文 献

[1] Schwartz M, Bennett W R, Stein S. Communication Systems and Techniques. New York; McGraw-Hill Book CO., 1996.

[2] 雷日克 И M,格拉德什坦 И C.函数表与积分表.北京:高等教育出版社,1959.

[3] Viterbi A J. On Coded Phase Coherent Communication. Jet Propulsion Lab. Technical Report No.32-35, Pasadena, California: JPL, August 15, 1960.

[4] Lindsey W C, Simon M K. Telecommunication Systems Engineering. Englewood Cliffs, N.J: Prentice-Hall, Inc., 1973.

[5] Cahn C R. Performance of Digital Phase-Modulation Communication Systems. IRE Trans. on Commun. Systems, 1959, 7 (1): 3-6.

[6] Jones J Jay. Modern Communication Principles with Application to Digital Signaling. New York: McGraw Hill Book Company, 1967.

[7] 樊昌信,曹丽娜.通信原理(第6版),北京: 国防工业出版社,2006.

第8章 新型数字带通调制技术

第7章中讨论了基本的二进制和多进制数字带通传输系统。为了提高其性能，人们对这些数字调制体制不断加以改进，提出了多种新的调制解调体制。这些新型调制解调体制，各有所长，分别在不同方面有其优势。虽然这些新型体制较为复杂，但是随着超大规模集成电路和数字信号处理技术的发展，使得复杂的设计可以用少量集成电路模块实现，有些硬件电路的功能还可以用软件实现。因此使得一些复杂的调制解调体制能够容易地用单片集成电路实现，并出现单片系统（System on Chip，SOC）。本章将介绍几种较常用的有代表性的新型调制体制。

8.1 正交振幅调制

正交振幅调制（Quatrature Amplitude Modulation，QAM）是一种振幅和相位联合键控。在前面讨论的多进制键控体制中，相位键控的带宽和功率占用方面都具有优势，即带宽占用小和比特信噪比要求低。因此，MPSK 和 MDPSK 体制为人们所喜用。但是，由图7-34可见，在 MPSK 体制中，随着 M 的增大，相邻相位的距离逐渐减小，使噪声容限随之减小，误码率难于保证。为了改善在 M 大时的噪声容限，发展出了 QAM 体制。在 QAM 体制中，信号的振幅和相位作为两个独立的参量同时受到调制。这种信号的一个码元可以表示为

$$s_k(t)=A_k\cos(\omega_0 t+\theta_k) \qquad kT<t\leqslant(k+1)T \tag{8.1-1}$$

式中：k=整数；A_k 和 θ_k 分别可以取多个离散值。

式(8.1-1)可以展开为

$$s_k(t)=A_k\cos\theta_k\cos\omega_0 t-A_k\sin\theta_k\sin\omega_0 t \tag{8.1-2}$$

令
$$X_k=A_k\cos\theta_k,\quad Y_k=-A_k\sin\theta_k$$

则式(8.1-1)变为

$$s_k(t)=X_k\cos\omega_0 t+Y_k\sin\omega_0 t \tag{8.1-3}$$

X_k 和 Y_k 也是可以取多个离散值的变量。从式(8.1-3)看出，$s_k(t)$ 可以看作是两个正交的振幅键控信号之和。

在式(8.1-1)中，若 θ_k 值仅可以取 $\pi/4$ 和 $-\pi/4$，A_k 值仅可以取 $+A$ 和 $-A$，则此 QAM 信号就成为 QPSK 信号，如图8-1(a)所示。所以，QPSK 信号就是一种最简单的 QAM 信号。有代表性的 QAM 信号是16进制的，记为16QAM，它的矢量图如图8-1(b)所示。图中用黑点表示每个码元的位置，并且示出它是由两个正交矢量合成的。类似地，有64QAM 和 256QAM 等 QAM 信号，如图8-1(c)和(d)所示。它们总称为 MQAM 调制。由于从其矢量图看像是星座，故又称星座（Constellation）调制。

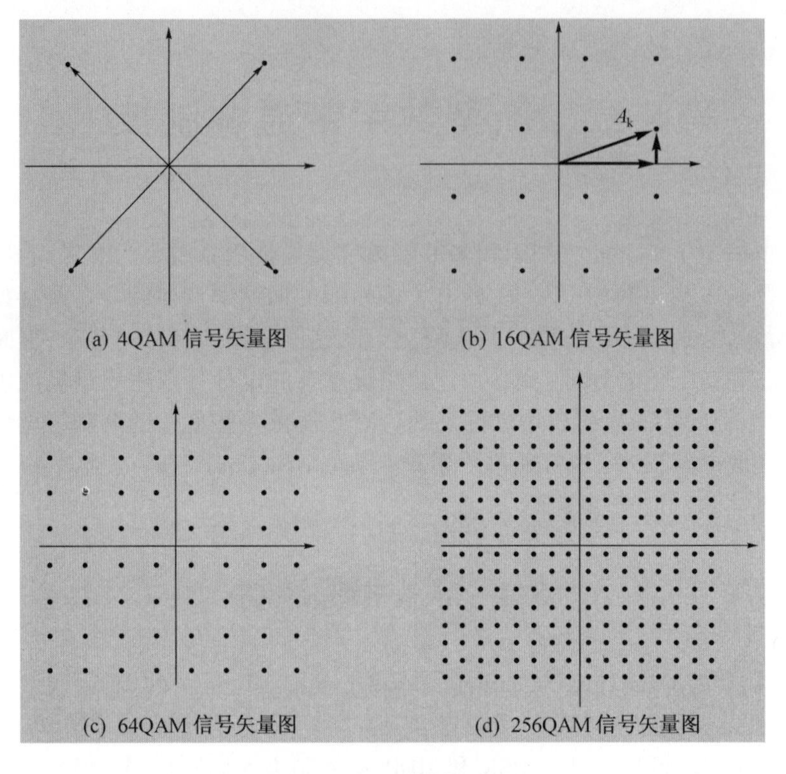

图 8-1 QAM 信号矢量图

下面以 16QAM 信号为例作进一步的分析。16QAM 信号的产生方法主要有两种。第一种是正交调幅法，即用两路独立的正交 4ASK 信号叠加，形成 16QAM 信号，如图 8-2(a) 所示。第二种方法是复合相移法，它用两路独立的 QPSK 信号叠加，形成 16QAM 信号，如图 8-2(b) 所示。图中虚线大圆上的 4 个大黑点表示第一个 QPSK 信号矢量的位置。在这 4 个位置上可以叠加上第二个 QPSK 矢量，后者的位置用虚线小圆上的 4 个小黑点表示。

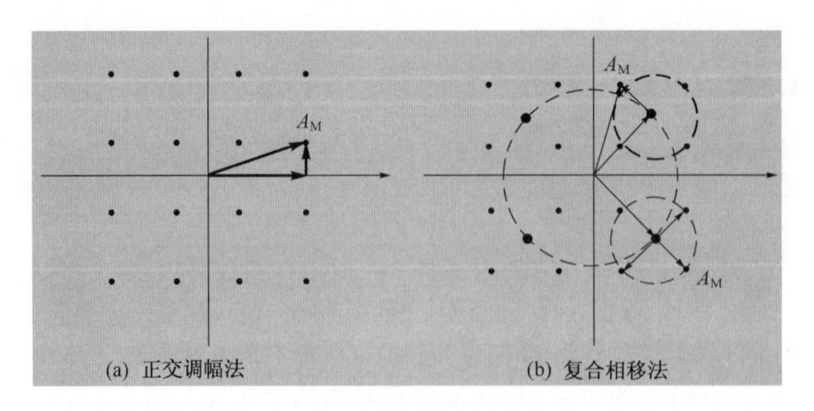

图 8-2 16QAM 信号产生方法

现在我们将 16QAM 信号和 16PSK 信号的性能作一比较。在图 8-3 中,按最大振幅相等,画出这两种信号的星座图。设其最大振幅为 A_M,则 16PSK 信号的相邻矢量端点的欧氏距离

$$d_1 \approx A_M\left(\frac{\pi}{8}\right) = 0.393A_M \tag{8.1-4}$$

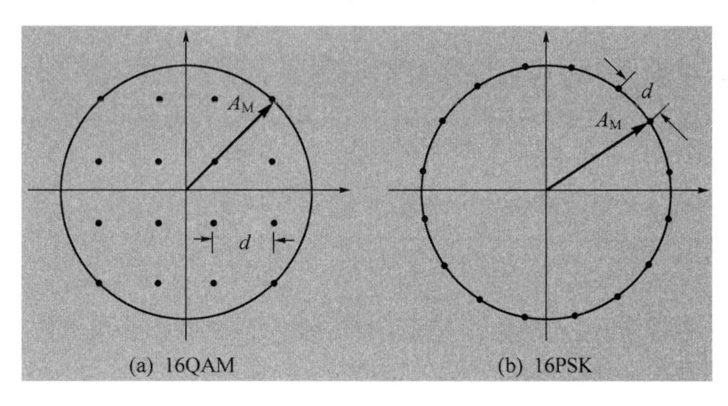

图 8-3　16QAM 和 16PSK 信号的矢量图

而 16QAM 信号的相邻点欧氏距离

$$d_2 = \frac{\sqrt{2}A_M}{3} = 0.471A_M \tag{8.1-5}$$

此距离直接代表着噪声容限的大小。所以,d_2 和 d_1 的比值就代表这两种体制的噪声容限之比。按式(8.1-4)和式(8.1-5)计算,d_2 超过 d_1 约 1.57dB。但是,这时是在最大功率(振幅)相等的条件下比较的,没有考虑这两种体制的平均功率差别。16PSK 信号的平均功率(振幅)就等于其最大功率(振幅)。而 16QAM 信号,在等概率出现条件下,可以计算出其最大功率和平均功率之比等于 1.8 倍,即 2.55dB。因此,在平均功率相等条件下,16QAM 比 16PSK 信号的噪声容限大 4.12dB。

QAM 特别适合用于频带资源有限的场合。例如,由于电话信道的带宽通常限制在话音频带(300Hz~3400Hz)范围内,若希望在此频带中提高通过调制解调器(Modem)传输数字信号的速率,则 QAM 是非常适用的。在图 8-4 中示出一种用于调制解调器的传输速率为 9600b/s 的 16QAM 方案,其载频为 1650Hz,滤波器带宽为 2400Hz,滚降系数为 10%。

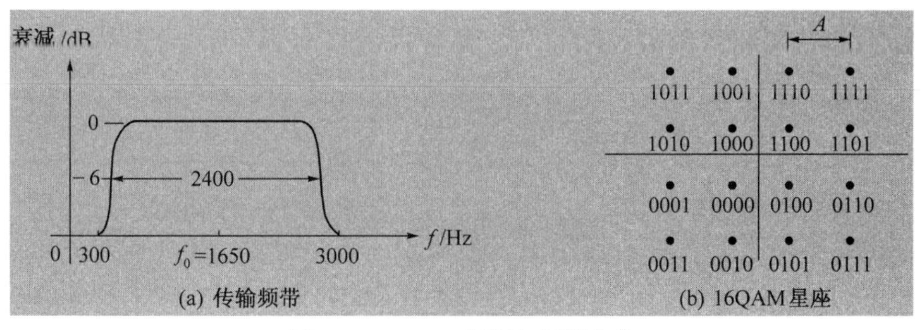

图 8-4　16QAM 调制解调器方案

在 ITU-T 的建议 V.29 和 V.32 中均采用 16QAM 体制以 2.4kB 的码元速率传输 9.6kb/s 的数字信息。

QAM 的星座形状并不是像图 8-1 中的正方形为最好,实际上以边界越接近圆形越好。例如,在图 8-5 中给出了一种改进的 16QAM 方案,其中星座各点的振幅分别等于±1、±3 和±5。将其和图 8-4 相比较,不难看出,其星座中各信号点的最小相位差比后者大,因此容许较大的相位抖动。目前最新的调制解调器的传输速率更高,所用的星座图也更复杂,但仍然占据一个话路的带宽。例如,在 ITU-T 的建议 V.34 中采用 960QAM 体制使调制解调器的传输速率达到 28.8kb/s。

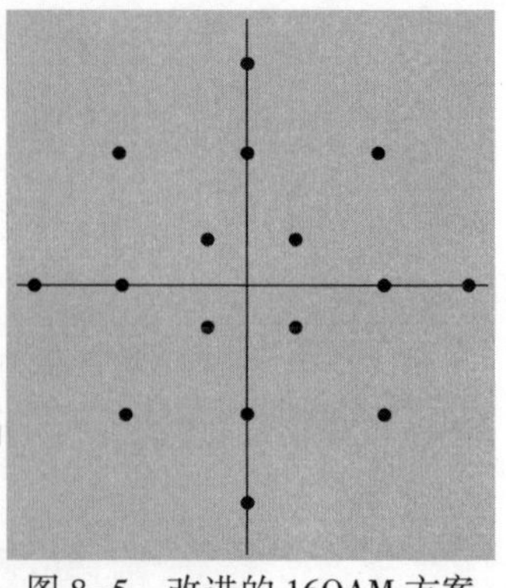

图 8-5 改进的 16QAM 方案

8.2 最小频移键控和高斯最小频移键控

最小频移键控(Minimum Shift Keying, MSK)是 7.1.2 节中讨论的 2FSK 的改进。2FSK 体制虽然性能优良、易于实现,并得到了广泛的应用,但是它也有一些不足之处。首先,它占用的频带宽度比 2PSK 大,即频带利用率较低。其次,若用开关法产生 2FSK 信号,则相邻码元波形的相位可能不连续,因此在通过带通特性的电路后由于通频带的限制,使得信号波形的包络产生较大起伏。这种起伏是我们不希望有的。此外,一般说来,2FSK 信号的两种码元波形不一定严格正交。由第 10 章的分析可知,若二进制信号的两种码元互相正交,则其误码率性能将更好。

为了克服上述缺点,对于 2FSK 信号作了改进,发展出 MSK 信号。MSK 信号是一种包络恒定、相位连续、带宽最小并且严格正交的 2FSK 信号,其波形图如图 8-6 所示。下面将对 MSK 信号的特性作详细分析。

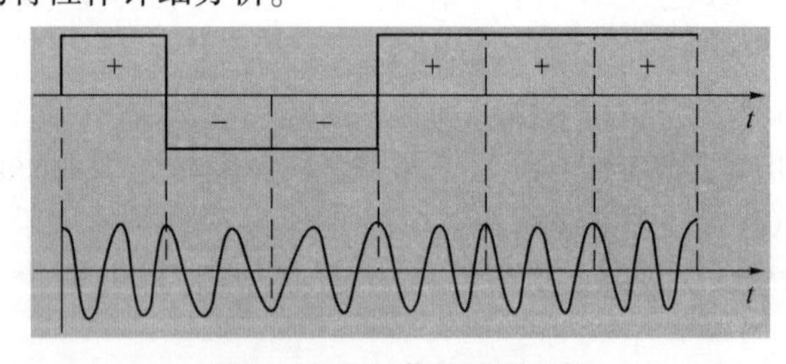

图 8-6 MSK 信号波形示例

8.2.1 正交 2FSK 信号的最小频率间隔

在正式讨论 MSK 信号之前,作为理论准备,我们先来考虑正交 2FSK 信号两种码元的最小容许频率间隔。在原理上,若两个信号互相正交,就可以把它完全分开。假设 2FSK 信号码元的表示式为

$$s(t)=\begin{cases}A\cos(\omega_1 t+\varphi_1) & \text{当发送“1”时}\\ A\cos(\omega_0 t+\varphi_0) & \text{当发送“0”时}\end{cases} \tag{8.2-1}$$

式中：$\omega_1 \neq \omega_0$。

现在，为了满足正交条件，要求

$$\int_0^{T_s} [\cos(\omega_1 t + \varphi_1) \cdot \cos(\omega_0 t + \varphi_0)] dt = 0 \tag{8.2-2}$$

即要求

$$\frac{1}{2}\int_0^{T_s} \{\cos[(\omega_1 + \omega_0)t + \varphi_1 + \varphi_0] + \cos[(\omega_1 - \omega_0)t + \varphi_1 - \varphi_0]\} dt = 0 \tag{8.2-3}$$

式(8.2-3)积分结果为

$$\frac{\sin[(\omega_1 + \omega_0)T_s + \varphi_1 + \varphi_0]}{\omega_1 + \omega_0} + \frac{\sin[(\omega_1 - \omega_0)T_s + \varphi_1 - \varphi_0]}{\omega_1 - \omega_0} - \frac{\sin(\varphi_1 + \varphi_0)}{(\omega_1 + \omega_0)} - \frac{\sin(\varphi_1 - \varphi_0)}{(\omega_1 - \omega_0)} = 0 \tag{8.2-4}$$

假设 $\omega_1+\omega_0 \gg 1$，式(8.2-4)左端第 1 和 3 项近似等于零，则它可以化简为

$$\cos(\varphi_1 - \varphi_0)\sin(\omega_1 - \omega_0)T_s + \sin(\varphi_1 - \varphi_0)[\cos(\omega_1 - \omega_0)T_s - 1] = 0 \tag{8.2-5}$$

由于 φ_1 和 φ_0 是任意常数，故必须同时有

$$\sin(\omega_1 - \omega_0)T_s = 0 \tag{8.2-6}$$

$$\cos(\omega_1 - \omega_0)T_s = 1 \tag{8.2-7}$$

式(8.2-5)才等于零。

式(8.2-6)要求$(\omega_1-\omega_0)T_s=n\pi$，式(8.2-7)要求$(\omega_1-\omega_0)T_s=2m\pi$，其中 n 和 m 均为不等于 0 的整数。为了同时满足这两个要求，应当令

$$(\omega_1 - \omega_0)T_s = 2m\pi \tag{8.2-8}$$

即要求

$$f_1 - f_0 = m/T_s \tag{8.2-9}$$

所以，当取 $m=1$ 时是最小频率间隔。故最小频率间隔等于 $1/T_s$。

上面讨论中，假设初始相位 φ_1 和 φ_0 是任意的，它在接收端无法预知，所以只能采用非相干检波法接收。对于相干接收，则要求初始相位是确定的，在接收端是预知的，这时可以令 $\varphi_1-\varphi_0=0$。于是，式(8.2-5)化简为

$$\sin(\omega_1 - \omega_0)T_s = 0 \tag{8.2-10}$$

因此，仅要求满足

$$f_1 - f_0 = n/2T_s \tag{8.2-11}$$

所以，对于相干接收，保证正交的 2FSK 信号的最小频率间隔等于 $1/2T_s$。

8.2.2 MSK 信号的基本原理

上面已经提到，MSK 信号是一种相位连续、包络恒定并且占用带宽最小的二进制正

交 2FSK 信号。下面将证明 MSK 的这些特性。

1. MSK 信号的频率间隔

MSK 信号的第 k 个码元可以表示为

$$s_k(t)=\cos\left(\omega_c t+\frac{a_k\pi}{2T_s}t+\varphi_k\right) \qquad kT_s<t\leqslant(k+1)T_s \tag{8.2-12}$$

式中：$\omega_c=2\pi f_c$，为载波角载频；$a_k=\pm1$（当输入码元为“1”时，$a_k=+1$；当输入码元为“0”时，$a_k=-1$）；T_s 为码元宽度；φ_k 为第 k 个码元的初始相位，它在一个码元宽度中是不变的。

由式(8.2-12)可以看出，当输入码元为“1”时，$a_k=+1$，故码元频率 f_1 等于 $f_c+1/(4T_s)$；当输入码元为“0”时，$a_k=-1$，故码元频率 f_0 等于 $f_c-1/(4T_s)$。所以，f_1 和 f_0 的差等于 $1/(2T_s)$。在 8.2.1 节已经证明，这是 2FSK 信号的最小频率间隔。

2. MSK 码元中波形的周期数

式(8.2-12)可以改写为

$$s_k(t)=\begin{cases}\cos(2\pi f_1 t+\varphi_k) & \text{当 } a_k=+1\\ \cos(2\pi f_0 t+\varphi_k) & \text{当 } a_k=-1\end{cases} \qquad (k-1)T_s<t\leqslant kT_s \tag{8.2-13}$$

式中：

$$f_1=f_c+1/(4T_s);\quad f_0=f_c-1/(4T_s) \tag{8.2-14}$$

由于 MSK 信号是一个正交 2FSK 信号，它应该满足式(8.2-4)，即

$$\frac{\sin[(\omega_1+\omega_0)T_s+2\varphi_k]}{\omega_1+\omega_0}+\frac{\sin[(\omega_1-\omega_0)T_s+\varphi_k]}{\omega_1-\omega_0}-$$

$$\frac{\sin(2\varphi_k)}{(\omega_1+\omega_0)}-\frac{\sin(0)}{(\omega_1-\omega_0)}=0$$

上式左端 4 项应分别等于零，所以将第 3 项 $\sin(2\varphi_k)=0$ 的条件代入第 1 项，得到要求

$$\sin(2\omega_c T_s)=0 \tag{8.2-15}$$

即要求

$$4\pi f_c T_s=n\pi \quad n=1,2,3,\cdots \tag{8.2-16}$$

或

$$T_s=n\frac{1}{4f_c} \qquad n=1,2,3,\cdots \tag{8.2-17}$$

式(8.2-17)表示，MSK 信号每个码元持续时间 T_s 内包含的波形周期数必须是 1/4 载波周期的整数倍，即式(8.2-17)可以改写为

$$f_c=\frac{n}{4T_s}=\left(N+\frac{m}{4}\right)\frac{1}{T_s} \tag{8.2-18}$$

式中：N 为正整数；$m=0,1,2,3$。

以及有

$$\begin{cases}f_1=f_c+\dfrac{1}{4T_s}=\left(N+\dfrac{m+1}{4}\right)\dfrac{1}{T_s}\\[2ex] f_0=f_c-\dfrac{1}{4T_s}=\left(N+\dfrac{m-1}{4}\right)\dfrac{1}{T_s}\end{cases} \tag{8.2-19}$$

由式(8.2-19)可以得知：

$$T_s = \left(N + \frac{m+1}{4}\right)T_1 = \left(N + \frac{m-1}{4}\right)T_0 \tag{8.2-20}$$

式中：$T_1 = 1/f_1$；$T_0 = 1/f_0$。

式(8.2-20)给出一个码元持续时间 T_s 内包含的正弦波周期数。由此式看出，无论两个信号频率 f_1 和 f_0 等于何值，这两种码元包含的正弦波数均相差1/2个周期。例如，当 $N=1, m=3$ 时，对于比特“1”和“0”，一个码元持续时间内分别有2个和1.5个正弦波周期(图8-6)。

3. MSK信号的相位连续性

在7.4.3节和图7-36中讨论过相位连续性问题。波形(相位)连续的一般条件是前一码元末尾的总相位等于后一码元开始时的总相位，即

$$\omega_c kT_s + \varphi_{k-1} = \omega_c kT_s + \varphi_k \tag{8.2-21}$$

由式(8.2-12)可知，这就是要求

$$\frac{a_{k-1}\pi}{2T_s} \cdot kT_s + \varphi_{k-1} = \frac{a_k \pi}{2T_s} \cdot kT_s + \varphi_k \tag{8.2-22}$$

由式(8.2-22)可以容易地写出下列递归条件

$$\varphi_k = \varphi_{k-1} + \frac{k\pi}{2}(a_{k-1} - a_k) = \begin{cases} \varphi_{k-1} & \text{当 } a_k = a_{k-1} \text{ 时} \\ \varphi_{k-1} \pm k\pi & \text{当 } a_k \neq a_{k-1} \text{ 时} \end{cases} \pmod{2\pi} \tag{8.2-23}$$

由式(8.2-23)可以看出，第 k 个码元的相位 φ_k 不仅和当前的输入 a_k 有关，而且和前一码元的相位 φ_{k-1} 及 a_{k-1} 有关。这就是说，要求MSK信号的前后码元之间存在相关性。在用相干法接收时，可以假设 φ_{k-1} 的初始参考值等于0。这时，由式(8.2-23)可知

$$\varphi_k = 0 \text{ 或 } \pi \pmod{2\pi} \tag{8.2-24}$$

式(8.2-12)可以改写为

$$s_k(t) = \cos[\omega_c t + \theta_k(t)] \qquad (k-1)T_s < t \leqslant kT_s \tag{8.2-25}$$

式中：

$$\theta_k(t) = \frac{a_k \pi}{2T_s} t + \varphi_k \tag{8.2-26}$$

$\theta_k(t)$ 称作第 k 个码元的附加相位。由式(8.2-26)可见，在此码元持续时间内它是 t 的直线方程。并且，在一个码元持续时间 T_s 内，它变化 $a_k\pi/2$，即变化 $\pm\pi/2$。按照相位连续性的要求，在第 $k-1$ 个码元的末尾，即当 $t=(k-1)T_s$ 时，其附加相位 $\theta_{k-1}(kT_s)$ 就应该是第 k 个码元的初始附加相位 $\theta_k(kT_s)$。所以，每经过一个码元的持续时间，MSK码元的附加相位就改变 $\pm\pi/2$；若 $a_k=+1$，则第 k 个码元的附加相位增加 $\pi/2$；若 $a_k=-1$，则第 k 个码元的附加相位减小 $\pi/2$。按照这一规律，可以画出MSK信号附加相位 $\theta_k(t)$ 的轨迹图，如图8-7所示。图8-7(a)中给出的曲线所对应的输入数据序列是：$a_k=+1,+1,+1,-1,-1,+1,+1,+1,-1,-1,-1,-1,-1$。图8-7(b)示出附加相位的全部可能路径；图8-7(c)示出mod2π运算后的附加相位路径。由此图也可以看出，附加相位在码元间是连续的。

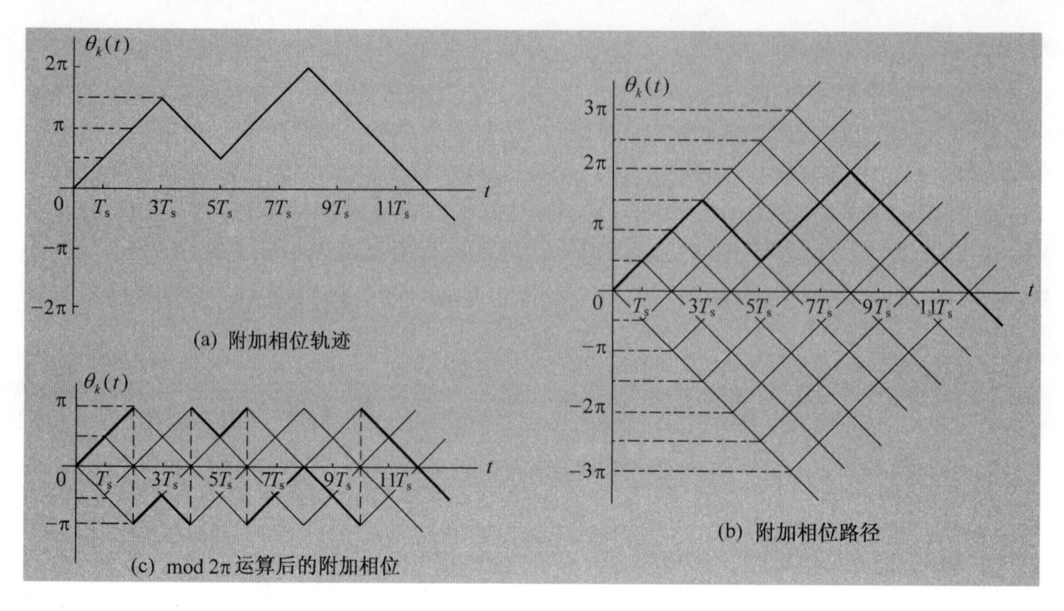

图 8-7　MSK 信号附加相位图

4. MSK 信号的正交表示法

下面将证明式(8.2-12)可以用频率为 f_s 的两个正交分量表示。将式(8.2-12)用三角公式展开:

$$s_k(t)=\cos\left(\frac{a_k\pi}{2T_s}t+\varphi_k\right)\cos\omega_c t-\sin\left(\frac{a_k\pi}{2T_s}t+\varphi_k\right)\sin\omega_c t=$$

$$\left(\cos\frac{a_k\pi t}{2T_s}\cos\varphi_k-\sin\frac{a_k\pi t}{2T_s}\sin\varphi_k\right)\cos\omega_c t-$$

$$\left(\sin\frac{a_k\pi t}{2T_s}\cos\varphi_k+\cos\frac{a_k\pi t}{2T_s}\sin\varphi_k\right)\sin\omega_c t \qquad (8.2-27)$$

考虑到式(8.2-24),有

$$\sin\varphi_k=0,\quad \cos\varphi_k=\pm1$$

以及考虑到 $a_k=\pm1$, $\cos\frac{a_k\pi}{2T_s}t=\cos\frac{\pi t}{2T_s}$,及 $\sin\frac{a_k\pi}{2T_s}t=a_k\sin\frac{\pi t}{2T_s}$,式(8.2-27)变为

$$s_k(t)=\cos\varphi_k\cos\frac{\pi t}{2T_s}\cos\omega_c t-a_k\cos\varphi_k\sin\frac{\pi t}{2T_s}\sin\omega_c t=$$

$$p_k\cos\frac{\pi t}{2T_s}\cos\omega_c t-q_k\sin\frac{\pi t}{2T_s}\sin\omega_c t \qquad (k-1)T_s<t\leqslant kT_s \qquad (8.2-28)$$

式中:

$$p_k=\cos\varphi_k=\pm1 \qquad (8.2-29a)$$

$$q_k=a_k\cos\varphi_k=a_kp_k=\pm1 \qquad (8.2-29b)$$

式(8.2-28)表示,此 MSK 信号可以分解为同相分量(I)和正交分量(Q)两部分。I 分量的载波为 $\cos\omega_c t$,p_k 中包含输入码元信息,$\cos(\pi t/2T_s)$是其正弦形加权函数;Q 分量的载波为 $\sin\omega_c t$,q_k 中包含输入码元信息,$\sin(\pi t/2T_s)$是其正弦形加权函数。

虽然每个码元的持续时间为 T_s,似乎 p_k 和 q_k 每 T_s 秒可以改变一次,但是 p_k 和 q_k 不可能同时改变。因为由式(8.2-23)得知,仅当 $a_k\neq a_{k-1}$,且 **k 为奇数时,p_k 才可能改变。**

但是由式(8.2-29b)看出,当 p_k 和 a_k 同时改变时,q_k 不改变;另外,仅当 $a_k \neq a_{k-1}$,且 k 为偶数时,p_k 不改变,q_k 才改变。换句话说,当 **k 为奇数时,q_k 不会改变**。所以两者不能同时改变。

此外,对于第 k 个码元,它处于 $(k-1)T_s<t\leqslant kT_s$ 范围内,其起点是 $(k-1)T_s$。由于 k 为奇数时 p_k 才可能改变,所以只有在起点为 $2nT_s$(n 为整数)处,即 $\cos(\pi t/2T_s)$ 的过零点处 p_k 才可能改变。同理,q_k 只能在 $\sin(\pi t/2T_s)$ 的过零点改变。因此,加权函数 $\cos(\pi t/2T_s)$ 和 $\sin(\pi t/2T_s)$ 都是正负符号不同的半个正弦波周期。这样就保证了波形的连续性。在表 8-1 和图 8-8 中给出了一个例子。其中设 $k=0$ 时为初始状态,输入序列 a_k 是:+1,-1,+1,-1,-1,+1,+1,-1,+1。由此例可以看出,p_k 仅当 k 等于奇数时才可能改变符号,而 q_k 仅当 k 等于偶数时才可能改变符号,即两者不可能同时改变符号。另外,由此图可见,MSK 信号波形相当于一种特殊的 OQPSK 信号波形,其正交的两路码元也是偏置的,特殊之处主要在于其包络是正弦形,而不是矩形。

表 8-1 MSK 信号举例

k	0	1	2	3	4	5	6	7	8	9
t	$(-T_s,0)$	$(0,T_s)$	$(T_s,2T_s)$	$(2T_s,3T_s)$	$(3T_s,4T_s)$	$(4T_s,5T_s)$	$(5T_s,6T_s)$	$(6T_s,7T_s)$	$(7T_s,8T_s)$	$(8T_s,9T_s)$
a_k	+1	+1	−1	+1	−1	−1	+1	+1	−1	+1
b_k	+1	+1	−1	−1	+1	−1	−1	1	+1	+1
φ_k	0	0	0	π	π	π	π	π	π	0
p_k	+1	+1	+1	−1	−1	−1	−1	−1	−1	+1
q_k	+1	+1	−1	−1	+1	+1	−1	−1	+1	+1

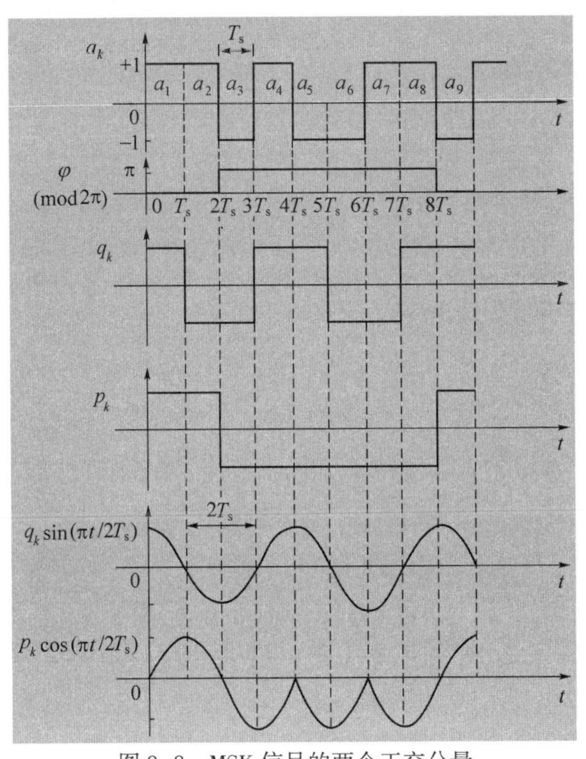

图 8-8 MSK 信号的两个正交分量

上面较详细地讨论了 MSK 信号的正交表示法。下面将介绍根据这种表示法来构成 MSK 信号产生器。

8.2.3 MSK 信号的产生和解调

1. MSK 信号的产生方法

由式(8.2-28)可知,MSK 信号可以用两个正交的分量表示:

$$s_k(t) = p_k\cos\frac{\pi t}{2T_s}\cos\omega_c t - q_k\sin\frac{\pi t}{2T_s}\sin\omega_c t \quad (k-1)T_s < t \leqslant kT_s$$

式中:右端第 1 项称作同相分量,其载波为 $\cos\omega_c t$;第 2 项称作正交分量,其载波为 $\sin\omega_c t$。

根据上式构成的方框图如图 8-9 所示。

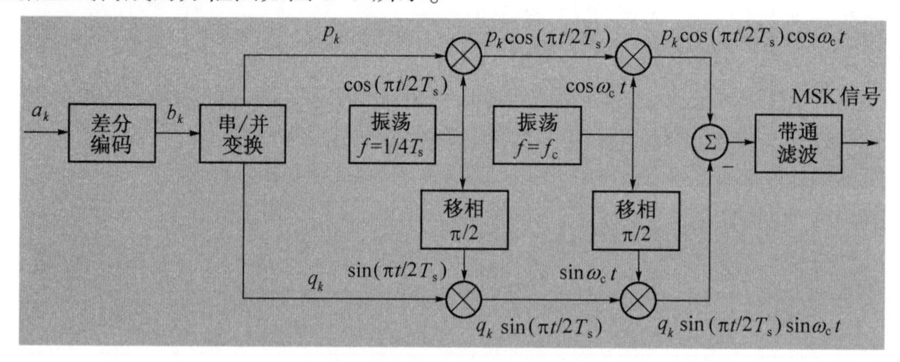

图 8-9 MSK 信号的产生方法之一

图 8-9 中输入数据序列为 a_k,它经过差分编码后变成序列 b_k,差分波形见 6.1.1 节。差分编码器就是 DPSK 调制中采用的码变换器(双稳触发器),但是令这时的双稳触发器仅当输入数据为“-1”时才反转。在表 8-1 给出的例子中,输入序列:

$$a_k = a_1, a_2, a_3, a_4, \cdots = +1,\ -1,\ +1,\ -1,\ -1,\ +1,\ +1,\ -1,\ +1 \tag{8.2-30}$$

它经过此差分编码器后得到输出序列:

$$b_k = b_1, b_2, b_3, b_4, \cdots = +1,\ -1,\ -1,\ +1,\ -1,\ -1,\ -1,\ +1,\ +1 \tag{8.2-31}$$

序列 b_k 经过串/并变换,分成 p_k 支路和 q_k 支路,b_k 的码元交替变成上下支路的码元,即有

$$b_1, b_2, b_3, b_4, b_5, b_6, \cdots = p_1, q_2, p_3, q_4, p_5, q_6, \cdots \tag{8.2-32}$$

串/并变换输出的支路码元长度为输入码元长度的 2 倍,即 $2T_s$,若仍然采用表 8-1 中原来的序号 k,将支路第 k 个码元长度仍当作为 T_s,则可以写成

$$b_1 = p_1 = p_2,\quad b_2 = q_2 = q_3,\quad b_3 = p_3 = p_4,\quad b_4 = q_4 = q_5, \cdots \tag{8.2-33}$$

即 p_k 支路的码元为:$p_1, p_2, p_3, p_4, p_5, p_6, p_7, p_8 \cdots = b_1, b_1, b_3, b_3, b_5, b_5, b_7, b_7, \cdots$

q_k 支路的码元为：$q_1,q_2,q_3,q_4,q_5,q_6,q_7,q_8\cdots=b_0,b_2,b_2,b_4,b_4,b_6,b_6,b_8,\cdots$这里的 p_k 和 q_k 的长度仍是原来的 T_s。换句话说，因为 $p_1=p_2=b_1$，所以由 p_1 和 p_2 构成一个长度等于 $2T_s$ 的取值为 b_1 的码元。

这两路数据 p_k 和 q_k 再经过两次相乘，就能合成 MSK 信号了。

现在我们证明为什么 a_k 和 b_k 之间是差分编码关系。

由式(8.2-32)可知，序列 b_k 由 $p_1,q_2,p_3,q_4,\cdots,p_{k-1},q_k,p_{k+1},q_{k+2},\cdots$组成，所以按照差分编码的定义，需要证明仅当输入码元为“-1”时，b_k 变号，即需要证明当输入码元为“-1”时，$q_k=-p_{k-1}$，或 $p_k=-q_{k-1}$。

(1) 当 k 为偶数时，式(8.2-32)右端中的码元为 q_k。由式(8.2-23)可知，这时$p_k=p_{k-1}$，将其代入式(8.2-29)，得到

$$q_k = a_k p_k = a_k p_{k-1} \tag{8.2 - 34}$$

所以，当且仅当 $a_k=-1$ 时，$q_k=-p_{k-1}$，即 b_k 变号。

(2) 当 k 为奇数时，式(8.2-32)右端中的码元为 p_k。由式(8.2-23)可知，此时若 a_k 变号，则 φ_k 改变 π，即 p_k 变号，否则 p_k 不变号，故有

$$p_k = (a_k \cdot a_{k-1})p_{k-1} = a_k(a_{k-1}p_{k-1}) = a_k q_{k-1} \tag{8.2 - 35}$$

将 $a_k=-1$ 代入式(8.2-35)，得到

$$p_k = -q_{k-1}$$

上面证明了 a_k 和 b_k 之间是差分编码关系。

2. MSK 信号的解调方法

现在来讨论 MSK 信号的解调。由于 MSK 信号是一种 2FSK 信号，所以它也像 2FSK 信号那样，可以采用相干解调或非相干解调方法。在这里，我们将介绍另一种解调方法，即延时判决相干解调法的原理。

现在先考察 $k=1$ 和 $k=2$ 的两个码元。设 $\varphi_1(t)=0$，则由图 8-7(b)可知，在 $t=2T$ 时，$\theta_k(t)$的相位可能为 0 或±π。将图 8-7(b)中的这部分放大画在图 8-10(a)中。

在解调时，若用 $\cos(\omega_c t+\pi/2)$作为相干载波与此信号相乘，则得到

$$\cos[\omega_c t + \theta_k(t)]\cos(\omega_c t + \pi/2) = \frac{1}{2}\cos\left[\theta_k(t) - \frac{\pi}{2}\right] + \frac{1}{2}\cos\left[2\omega_c t + \theta_k(t) + \frac{\pi}{2}\right] \tag{8.2 - 36}$$

式(8.2-36)中右端第二项的频率为 $2\omega_c$。将它用低通滤波器滤除，并省略掉常数 1/2 后，得到输出电压

$$v_o = \cos\left[\theta_k(t) - \frac{\pi}{2}\right] = \sin\theta_k(t) \tag{8.2 - 37}$$

按照输入码元 a_k 的取值不同，输出电压 v_o 的轨迹图如图 8-10(b)所示。若输入的两个码元为“+1,+1”或“+1,-1”，则 $\theta_k(t)$的值在 $0<t\leqslant 2T_s$ 期间始终为正。若输入的一对码元为“-1,+1”或“-1,-1”，则 $\theta_k(t)$的值始终为负。因此，若在此 $2T_s$ 期间对式(8.2-37)积分，则积分结果为正值时，说明第一个接收码元为“+1”；若积分结果为负值，则说明

第 1 个接收码元为“-1”。按照此法,在 $T_s<t\leqslant 3T_s$ 期间积分,就能判断第 2 个接收码元的值,依此类推。

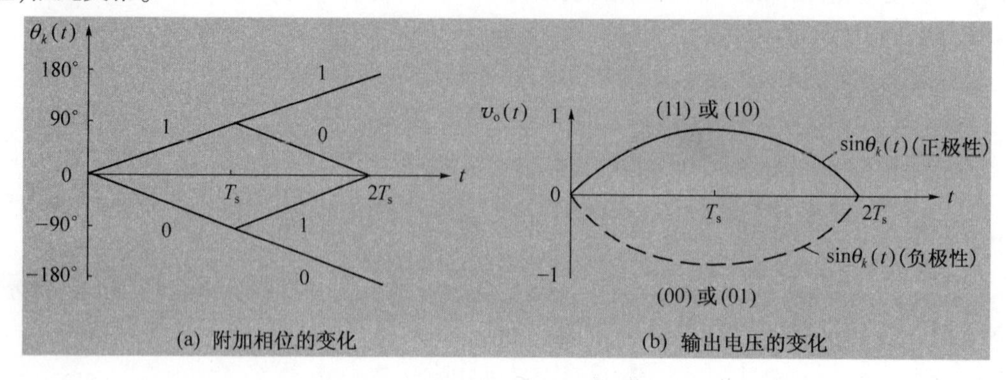

图 8-10　MSK 信号的解调

用这种方法解调,由于利用了前后两个码元的信息对于前一个码元作判决,故可以提高数据接收的可靠性。图 8-11 给出了按照这一原理画出的 MSK 信号延迟解调法方框图。图中两个积分判决器的积分时间长度均为 $2T_s$,但是错开时间 T_s。上支路的积分判决器先给出第 $2i$ 个码元输出,然后下支路给出第$(2i+1)$个码元输出。

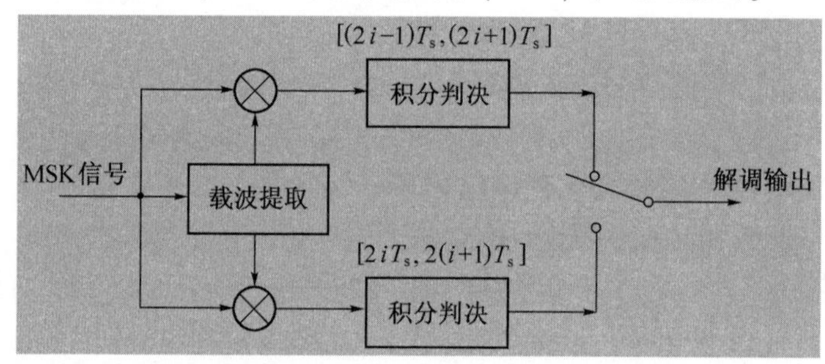

图 8-11　MSK 信号延迟解调法方框图

8.2.4　MSK 信号的功率谱

MSK 信号的归一化(平均功率=1W 时)单边功率谱密度 $P_s(f)$ 的计算结果如下[1]:

$$P_s(f)=\frac{32T_s}{\pi^2}\left[\frac{\cos 2\pi(f-f_c)T_s}{1-16(f-f_c)^2T_s^2}\right]^2 \qquad (\mathrm{W/Hz}) \qquad (8.2-38)$$

式中:f_c 为信号载频;T_s 为码元持续时间。

按照式(8.2-38)画出的曲线在图 8-12 中用实线示出。应当注意,图中横坐标是以载频为中心画的,即横坐标代表频率 $f-f_c$。图中还给出了其他几种调制信号的功率谱密度曲线作为比较。由此图可见,与 QPSK 和 OQPSK 信号相比,MSK 信号的功率谱密度更为集中,即其旁瓣下降得更快。故它对于相邻频道的干扰较小。计算表明[2],包含 90%信号功率的带宽 B 近似值如下。

对于 QPSK、OQPSK、MSK:　　$B\approx 1/T_s(\mathrm{Hz})$

对于 BPSK:　　$B\approx 2/T_s(\mathrm{Hz})$

而包含 99%信号功率的带宽近似值为

对于 MSK：　　　　　　$B \approx 1.2/T_s$(Hz)

对于 QPSK 及 OPQSK：$B \approx 6/T_s$(Hz)

对于 BPSK：　　　　　$B \approx 9/T_s$(Hz)

由此可见，MSK 信号的带外功率下降非常快。

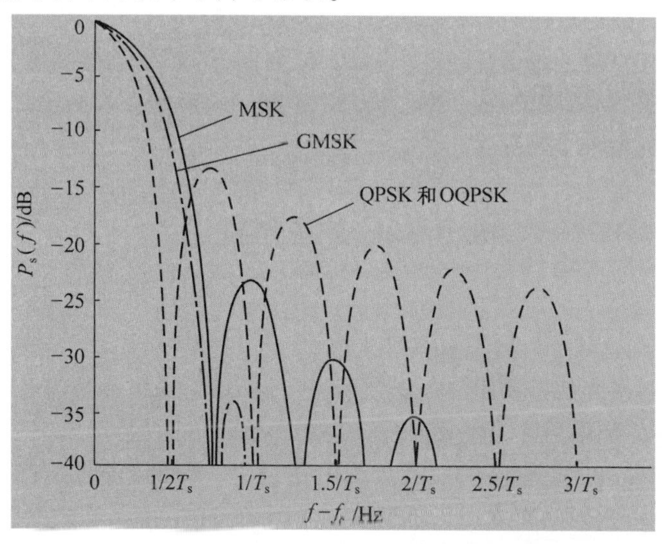

图 8-12　MSK、GMSK 和 OQPSK 等信号的功率谱密度

8.2.5　MSK 信号的误码率性能

在第 7 章中我们曾经提到 2PSK 信号和 QPSK 信号的误比特率性能相同，因为可以把 QPSK 信号看作是两路正交的 2PSK 信号，在作相干接收时这两路信号是不相关的。OQPSK 信号只是将这两路信号偏置了，所以其误比特率也和前两种信号的相同。现在的 MSK 信号是用极性相反的半个正(余)弦波形去调制两个正交的载波。因此，当用匹配滤波器分别接收每个正交分量时，MSK 信号的误比特率性能和 2PSK、QPSK 及 OQPSK 等的性能一样。但是，若把它当作 FSK 信号用相干解调法在每个码元持续时间 T_s 内解调，则其性能将比 2PSK 信号的性能差 3dB[3]。

8.2.6　高斯最小频移键控

上面讨论的 MSK 信号的主要优点是包络恒定，并且带外功率谱密度下降快。为了进一步使信号的功率谱密度集中和减小对邻道的干扰。可以在进行 MSK 调制前将矩形信号脉冲先通过一个高斯型的低通滤波器。这样的体制称为**高斯最小频移键控**(Gaussian MSK，GMSK)。此高斯型低通滤波器的频率特性表示式为

$$H(f) = \exp[-(\ln 2/2)(f/B)^2] \qquad (8.2-39)$$

式中：B 为滤波器的 3dB 带宽。

将式(8.2-39)作逆傅里叶变换，得到此滤波器的冲激响应 $h(t)$：

$$h(t) = \frac{\sqrt{\pi}}{\alpha}\exp\left[\left(-\frac{\pi}{\alpha}t\right)^2\right] \qquad (8.2-40)$$

式中：$\alpha=\sqrt{\frac{\ln 2}{2}}\frac{1}{B}$。

由于$h(t)$为高斯特性，故称为高斯型滤波器。

GMSK 信号的功率谱密度很难分析计算，用计算机仿真方法得到的结果[4]也示于图 8-12中。仿真时采用的$BT_s=0.3$，即滤波器的 3dB 带宽B等于码元速率的 0.3 倍。在 GSM 制的蜂窝网中就是采用$BT_s=0.3$的 GMSK 调制，这是为了得到更大的用户容量，因为在那里对带外辐射的要求非常严格。GMSK 体制的缺点是有码间串扰(ISI)。BT_s值越小，码间串扰越大。

8.3 正交频分复用

8.3.1 概述

上述各种调制系统都是采用一个正弦形振荡作为载波，将基带信号调制到此载波上。若信道不理想，在已调信号频带上很难保持理想传输特性时，会造成信号的严重失真和码间串扰。例如，在具有多径衰落的短波无线电信道上，即使传输低速(1200Baud)的数字信号，也会产生严重的码间串扰。为了解决这个问题，除了采用均衡器外，途径之一就是采用多个载波，将信道分成许多子信道。将基带码元均匀分散地对每个子信道的载波调制。假设有 10 个子信道，则每个载波的调制码元速率将降低至 1/10，每个子信道的带宽也随之减小为 1/10。若子信道的带宽足够小，则可以认为信道特性接近理想信道特性，码间串扰可以得到有效的克服。在图 8-13 中画出了单载波调制和多载波调制特性的比较。在单载波体制的情况下，码元持续时间T短，但占用带宽B大；由于信道特性$|C(f)|$不理想，产生码间串扰。采用多载波后码元持续时间$T_s=NT$，码间串扰将得到改善。早在 1957 年出现的 Kineplex 系统就是著名的这样一种系统[5]，它采用了 20 个正弦子载波并行传输低速率(150B)的码元，使系统总信息传输速率达到 3kb/s，从而克服了短波信道

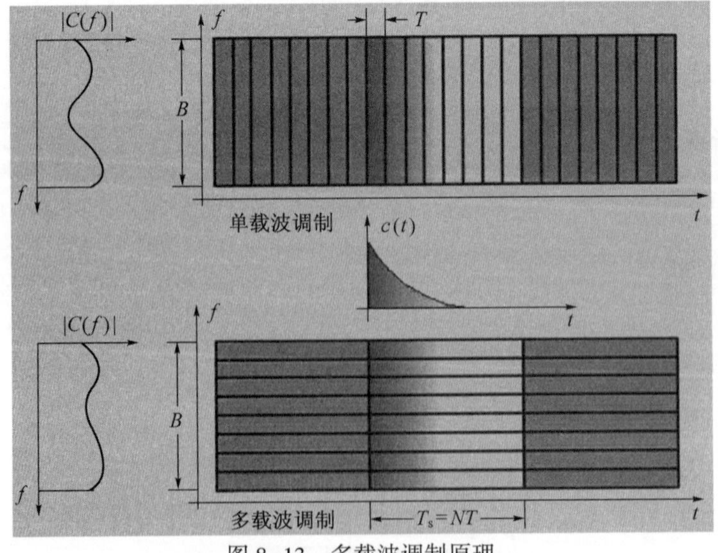

图 8-13　多载波调制原理

上严重多径效应的影响。

随着要求传输的码元速率不断提高,传输带宽也越来越宽。今日多媒体通信的信息传输速率要求已经达到若干 Mb/s,并且移动通信的传输信道可能是在大城市中多径衰落严重的无线信道。为了解决这个问题,并行调制的体制再次受到重视。**正交频分复用**(Orthogonal Frequency Division Multiplexing, OFDM)就是在这种形势下得到发展的。OFDM 也是一类多载波并行调制的体制。它和 20 世纪 50 年代类似系统的区别主要有:

(1) 为了提高频率利用率和增大传输速率,各路子载波的已调信号频谱有部分重叠;

(2) 各路已调信号是严格正交的,以便接收端能完全地分离各路信号;

(3) 每路子载波的调制是多进制调制;

(4) 每路子载波的调制制度可以不同,根据各个子载波处信道特性的优劣不同采用不同的体制。例如,将 2DPSK 和 256QAM 用于不同的子信道,从而得到不同的信息传输速率,并且可以自适应地改变调制体制以适应信道特性的变化。

目前,OFDM 已经较广泛地应用于**非对称数字用户环路**(ADSL)、**高清晰度电视**(HDTV)信号传输、**数字视频广播**(DVB)、**无线局域网**(WLAN)等领域,并且开始应用于无线广域网(WWAN)和正在研究将其应用在下一代蜂窝网中。IEEE 的 5GHz 无线局域网标准 802.11a 和 2GHz~11GHz 的标准 802.16a 均采用 OFDM 作为它的物理层标准。欧洲电信标准化组织(ETSI)的宽带射频接入网(BRAN)的局域网标准也把 OFDM 定为它的调制标准技术。

OFDM 的缺点主要有两个:① 对信道产生的频率偏移和相位噪声很敏感;② 信号峰值功率和平均功率的比值较大,这将会降低射频功率放大器的效率。

8.3.2 OFDM 的基本原理

设在一个 OFDM 系统中有 N 个子信道,每个子信道采用的子载波为

$$x_k(t) = B_k\cos(2\pi f_k t + \varphi_k) \qquad k = 0,1,\cdots,N-1 \tag{8.3-1}$$

式中:B_k 为第 k 路子载波的振幅,它受基带码元的调制;f_k 为第 k 路子载波的频率;φ_k 为第 k 路子载波的初始相位。则在此系统中的 N 路子信号之和可以表示为

$$s(t) = \sum_{k=0}^{N-1} x_k(t) = \sum_{k=0}^{N-1} B_k\cos(2\pi f_k t + \varphi_k) \tag{8.3-2}$$

式(8.3-2)还可以改写成复数形式如下:

$$s(t) = \sum_{k=0}^{N-1} \boldsymbol{B}_k e^{j2\pi f_k t + \varphi_k} \tag{8.3-3}$$

式中:$\boldsymbol{B}_k$ 是一个复数,为第 k 路子信道中的复输入数据。

因此,式(8.3-3)右端是一个复函数,但是,物理信号 $s(t)$ 是实函数。所以若希望用上式的形式表示一个实函数,式中的输入复数据 $\boldsymbol{B}_k$ 应该使上式右端的虚部等于零。如何做到这一点,将在以后讨论。

为了使这 N 路子信道信号在接收时能够完全分离,要求它们满足正交条件。在码元持续时间 T_s 内任意两个子载波都正交的条件是:

$$\int_0^{T_s}\cos(2\pi f_k t+\varphi_k)\cos(2\pi f_i t+\varphi_i)\,dt=0 \tag{8.3-4}$$

式(8.3-4)可以用三角公式改写成

$$\int_0^{T_s}\cos(2\pi f_k t+\varphi_k)\cos(2\pi f_i t+\varphi_i)\,dt=$$

$$\frac{1}{2}\int_0^{T_s}\cos[(2\pi(f_k-f_i)t+\varphi_k-\varphi_i]\,dt+\frac{1}{2}\int_0^{T_s}\cos[(2\pi(f_k+f_i)t+\varphi_k+\varphi_i]\,dt=0 \tag{8.3-5}$$

它的积分结果为

$$\frac{\sin[2\pi(f_k+f_i)T_s+\varphi_k+\varphi_i]}{2\pi(f_k+f_i)}+\frac{\sin[2\pi(f_k-f_i)T_s+\varphi_k-\varphi_i]}{2\pi(f_k-f_i)}-$$

$$\frac{\sin(\varphi_k+\varphi_i)}{2\pi(f_k+f_i)}-\frac{\sin(\varphi_k-\varphi_i)}{2\pi(f_k-f_i)}=0 \tag{8.3-6}$$

令式(8.3-6)等于0的条件是:

$$(f_k+f_i)T_s=m \qquad 和 \qquad (f_k-f_i)T_s=n \tag{8.3-7}$$

其中,m 和 n 均为整数,并且 φ_k 和 φ_i 可以取任意值。

由式(8.3-7)解出,要求

$$f_k=(m+n)/2T_s, \qquad f_i=(m-n)/2T_s$$

即要求子载频满足

$$f_k=k/2T_s \tag{8.3-8}$$

式中:k 为整数;且要求子载频间隔

$$\Delta f=f_k-f_i=n/T_s \tag{8.3-9}$$

故要求的最小子载频间隔为

$$\Delta f_{\min}=1/T_s \tag{8.3-10}$$

上面求出了子载频正交的条件。现在来考察 OFDM 系统在频域中的特点。

设在一个子信道中,子载波的频率为 f_k、码元持续时间为 T_s,则此码元的波形和其频谱密度如图 8-14 所示(频谱密度图中仅画出正频率部分)。

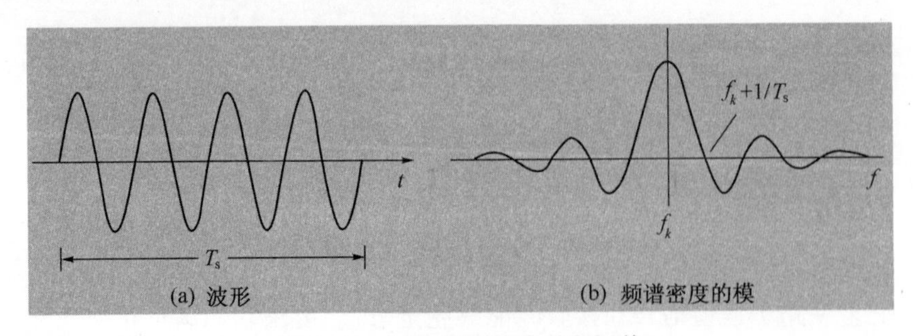

图 8-14　子载波码元波形和频谱

在 OFDM 中,各相邻子载波的频率间隔等于最小容许间隔

$$\Delta f = 1/T_s \tag{8.3-11}$$

故各子载波合成后的频谱密度曲线如图 8-15 所示。虽然由图上看,各路子载波的频谱重叠,但是实际上在一个码元持续时间内它们是正交的,见式(8.3-4)。故在接收端很容易利用此正交特性将各路子载波分离开。采用这样密集的子载频,并且在子信道间不需要保护频带间隔,因此能够充分利用频带。这是 OFDM 的一大优点。在子载波受调制后,若采用的是 BPSK、QPSK、4QAM、64QAM 等类调制制度,则其各路频谱的位置和形状没有改变,仅幅度和相位有变化,故仍保持其正交性,因为 φ_k 和 φ_i 可以取任意值而不影响正交性。各路子载波的调制制度可以不同,按照各个子载波所处频段的信道特性采用不同的调制制度,并且可以随信道特性的变化而改变,具有很大的灵活性。这是 OFDM 体制的又一个重大优点。

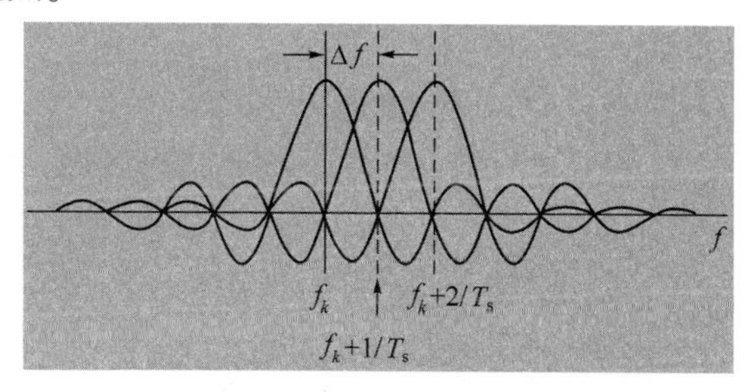

图 8-15　多路子载波频谱的模

现在来具体分析一下 OFDM 体制的频带利用率。设一 OFDM 系统中共有 N 路子载波,子信道码元持续时间为 T_s,每路子载波均采用 M 进制的调制,则它占用的频带宽度等于

$$B_{\text{OFDM}} = \frac{N+1}{T_s} \quad (\text{Hz}) \tag{8.3-12}$$

频带利用率为单位带宽传输的比特率:

$$\eta_{\text{b/OFDM}} = \frac{N\log_2 M}{T_s} \cdot \frac{1}{B_{\text{OFDM}}} = \frac{N}{N+1}\log_2 M \quad (\text{b/s} \cdot \text{Hz}) \tag{8.3-13}$$

当 N 很大时,

$$\eta_{\text{b/OFDM}} \approx \log_2 M \quad (\text{b/s} \cdot \text{Hz}) \tag{8.3-14}$$

若用单个载波的 M 进制码元传输,为得到相同的传输速率,则码元持续时间应缩短为 T_s/N,而占用带宽等于 $2N/T_s$,故频带利用率为

$$\eta_{\text{b/}M} = \frac{N\log_2 M}{T_s} \cdot \frac{T_s}{2N} = \frac{1}{2}\log_2 M \quad (\text{b/s} \cdot \text{Hz}) \tag{8.3-15}$$

比较式(8.3-14)和式(8.3-15)可见,并行的 OFDM 体制和串行的单载波体制相比,频带利用率大约可以增至 2 倍。

8.3.3　OFDM 的实现

我们将以 MQAM 调制为例,简要地讨论 OFDM 的实现方法。由于 OFDM 信号表示式

(8.3-3)的形式如同逆离散傅里叶变换(IDFT)式,所以可以用计算 IDFT 和 DFT 的方法进行 OFDM 调制和解调。下面首先来复习一下 DFT 的公式。

设一个时间信号 $s(t)$ 的抽样函数为 $s(k)$,其中 $k=0,1,2,\cdots,K-1$,则 $s(k)$ 的离散傅里叶变换(DFT)定义为

$$\boldsymbol{S}(n)=\frac{1}{\sqrt{K}}\sum_{k=0}^{K-1}s(k)\mathrm{e}^{-\mathrm{j}(2\pi/K)nk}\qquad(n=0,1,2,\cdots,K-1)\tag{8.3-16}$$

并且 $\boldsymbol{S}(n)$ 的逆离散傅里叶变换为

$$s(k)=\frac{1}{\sqrt{K}}\sum_{n=0}^{K-1}\boldsymbol{S}(n)\mathrm{e}^{\mathrm{j}(2\pi/K)nk}\qquad(k=0,1,2,\cdots,K-1)\tag{8.3-17}$$

若信号的抽样函数 $s(k)$ 是实函数,则其 K 点 DFT 的值 $\boldsymbol{S}(n)$ 一定满足对称性条件:

$$\boldsymbol{S}(K-k)=\boldsymbol{S}^*(k)\qquad(k=0,1,2,\cdots,K-1)\tag{8.3-18}$$

式中 $\boldsymbol{S}^*(k)$ 是 $\boldsymbol{S}(k)$ 的复共轭。

现在,令式(8.3-3)中 OFDM 信号的 $\varphi_k=0$,则该式变为

$$s(t)=\sum_{k=0}^{N-1}\boldsymbol{B}_k\mathrm{e}^{\mathrm{j}2\pi f_k t}\tag{8.3-19}$$

式(8.3-19)和式(8.3-17)非常相似。若暂时不考虑两式常数因子的差异以及求和项数(K 和 N)的不同,则可以将式(8.3-17)中的 K 个离散值 $\boldsymbol{S}(n)$ 当作是 K 路 OFDM 并行信号的子信道中信号码元取值 $\boldsymbol{B}_k$,而式(8.3-17)的左端就相当式(8.3-19)左端的 OFDM 信号 $s(t)$。这就是说,可以用计算 IDFT 的方法来获得 OFDM 信号。下面就来讨论如何具体解决这个计算问题。

设 OFDM 系统的输入信号为串行二进制码元,其码元持续时间为 T,先将此输入码元序列分成帧,每帧中有 F 个码元,即有 F 比特。然后将此 F 比特分成 N 组,每组中的比特数可以不同,如图 8-16 所示。设第 i 组中包含的比特数为 b_i,则有

$$F=\sum_{i=0}^{N-1}b_i\tag{8.3-20}$$

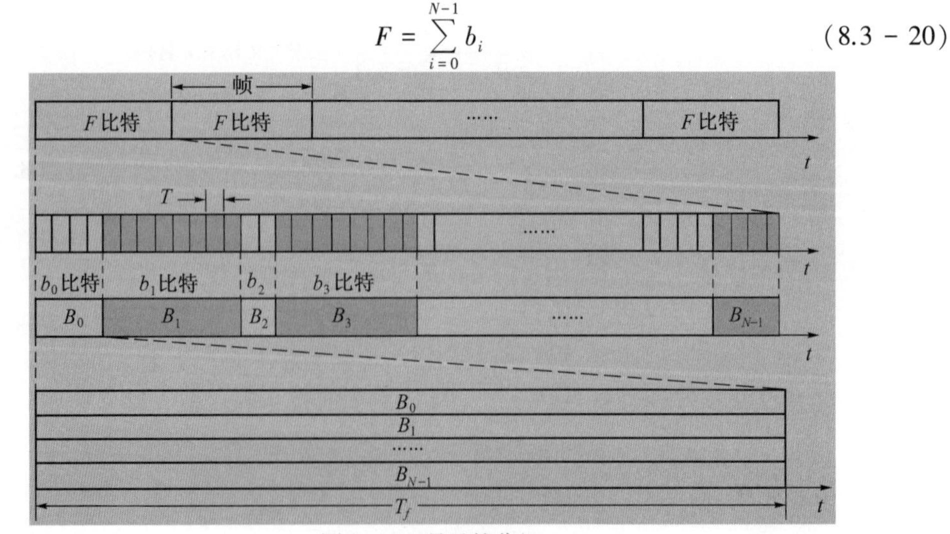

图 8-16 码元的分组

将每组中的 b_i 个比特看作是一个 M_i 进制码元 B_i，其中 $b_i=\log_2 M_i$，并且经过串/并变换将 F 个串行码元 b_i 变为 N 个（路）并行码元 B_i。各路并行码元 B_i 持续时间相同，均为一帧时间 $T_f=F\cdot T$，但是各路码元 B_i 包含的比特数不同。这样得到的 N 路并行码元 B_i 用来对于 N 个子载波进行不同的 MQAM 调制。这时的各个码元 B_i 可能属于不同的 M_i 进制，所以它们各自进行不同的 MQAM 调制。在 MQAM 调制中一个码元可以用平面上的一个点表示，而平面上的一个点可以用一个矢量或复数表示。在下面我们用复数 $\boldsymbol{B}_i$ 表示此点。将 M_i 进制的码元 B_i 变成一一对应的复数 $\boldsymbol{B}_i$ 的过程称为映射过程。例如，若有一个码元 B_i 是 16 进制的，它由二进制的输入码元“1100”构成，则它应进行 16QAM 调制。设其星座图如图 8-4 所示，则此 16 进制码元调制后的相位应该为 45°，振幅为 $A/\sqrt{2}$。此映射过程就应当将输入码元“1100”映射为 $\boldsymbol{B}_i=(A/\sqrt{2})\mathrm{e}^{\mathrm{j}\pi/4}$。

为了用 IDFT 实现 OFDM，首先令 OFDM 的最低子载波频率等于 0，以满足式(8.3-17)右端第一项(即 $n=0$ 时)的指数因子等于 1。为了得到所需的已调信号最终频率位置，可以用上变频的方法将所得 OFDM 信号的频谱向上搬移到指定的高频上。

其次，我们令 $K=2N$，使 IDFT 的项数等于子信道数目 N 的 2 倍，并用式(8.3-18)对称性条件，由 N 个并行复数码元序列 $\{\boldsymbol{B}_i\}$，(其中 $i=0,1,2,\cdots,N-1$)，生成 $K=2N$ 个等效的复数码元序列 $\{\boldsymbol{B}'_n\}$，(其中 $n=0,1,2,\cdots,2N-1$)，即令 $\{\boldsymbol{B}'_n\}$ 中的元素等于：

$$\boldsymbol{B}'_{K-n-1}=\boldsymbol{B}_n^* \qquad n=1,2,\cdots,N-1 \tag{8.3-21}$$

$$\boldsymbol{B}'_{K-n-1}=\boldsymbol{B}_{K-n-1} \qquad n=N,N+1,N+2,\cdots,2N-2 \tag{8.3-22}$$

$$\boldsymbol{B}'_0=\mathrm{Re}(\boldsymbol{B}_0) \tag{8.3-23}$$

$$\boldsymbol{B}'_{K-1}=\boldsymbol{B}'_{2N-1}=\mathrm{Im}(\boldsymbol{B}_0) \tag{8.3-24}$$

这样将生成的新码元序列 $\{\boldsymbol{B}'_n\}$ 作为 $\boldsymbol{S}(n)$，代入 IDFT 公式(8.3-17)，得到

$$s(k)=\frac{1}{\sqrt{K}}\sum_{n=0}^{K-1}\boldsymbol{B}'_n\mathrm{e}^{\mathrm{j}(2\pi/K)nk}, \qquad k=0,1,2,\cdots,K-1 \tag{8.3-25}$$

式中 $s(k)=s(kT_f/K)$，相当于 OFDM 信号 $s(t)$ 的抽样值。故 $s(t)$ 可以表示为

$$s(t)=\frac{1}{\sqrt{K}}\sum_{n=0}^{K-1}\boldsymbol{B}'_n\mathrm{e}^{\mathrm{j}(2\pi/T_f)nt} \qquad (0\leqslant t\leqslant T_f) \tag{8.3-26}$$

子载波频率 $f_k=n/T_f$，$(n=0,1,2,\cdots,N-1)$。

式(8.3-25)中的离散抽样信号 $s(k)$ 经过 D/A 变换后就得到式(8.3-26)的 OFDM 信号 $s(t)$。

如前所述，OFDM 信号采用多进制、多载频、并行传输的主要优点是使传输码元的持续时间大为增长，从而提高了信号的抗多径传输能力。为了进一步克服码间串扰的影响，一般利用计算 IDFT 时添加一个循环前缀的方法，在 OFDM 的相邻码元之间增加一个保护间隔，使相邻码元分离。

按照上述原理画出的 OFDM 调制原理方框图如图 8-17 所示。在接收端 OFDM 信号的解调过程是其调制的逆过程，这里不再赘述。

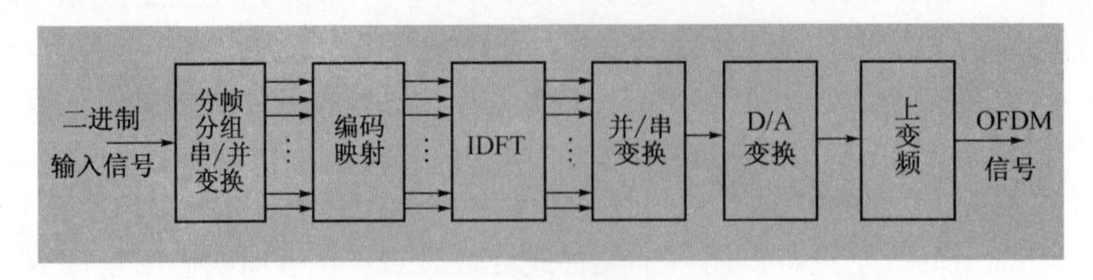

图 8-17 OFDM 调制原理方框图

8.4 小 结

本章讨论先进的数字带通调制体制。这些体制是在第 7 章讨论的基本调制体制基础上发展出来的,它们的抗干扰性能更好,适应信道变化能力更强,并且频带利用率更高。但是,两者之间并没有明确的界限。这些体制包括 QAM、MSK、GMSK、OFDM。

MQAM 是一种振幅和相位联合键控的体制,其矢量图像星座又称星座调制。它比 MPSK 有更大的噪声容限,特别适合频带资源有限的场合。

MSK 和 GMSK 都属于改进的 FSK 体制。它们能够消除 FSK 体制信号的相位不连续性,并且其信号是严格正交的。此外,GMSK 信号的功率谱密度比 MSK 信号的更为集中。

OFDM 信号是一种多频率的频分调制体制。它具有优良的抗多径衰落能力,和对信道变化的自适应能力。适用于衰落严重的无线信道中。

思 考 题

8-1 何谓 MSK? 其中文全称是什么? MSK 信号对每个码元持续时间 T_s 内包含的载波周期数有何约束?

8-2 试述 MSK 信号的 6 个特点?

8-3 何谓 GMSK? 其中文全称是什么? GMSK 信号有何优缺点?

8-4 何谓 OFDM? 其中文全称是什么? OFDM 信号的主要优点是什么?

8-5 在 OFDM 信号中,对各路子载频的间隔有何要求?

8-6 OFDM 体制和串行单载波体制相比,其频带利用率可以提高多少?

习 题

8-1 设发送数字序列为+1-1-1-1-1-1+1,试画出用其调制后的 MSK 信号相位变化图。若码元速率为 1000Baud,载频为 3000Hz,试画出此 MSK 信号的波形。

8-2 设有一个 MSK 信号,其码元速率为 1000Baud,分别用频率 f_1 和 f_0 表示码元"1"和"0"。若 f_1 等于 1250Hz,试求其 f_0 应等于多少,并画出三个码元"101"的波形。

8-3 试证明式(8.2-40)的傅里叶变换是式(8.2-39)。

8-4 试证明式(8.3-18)。

参考文献

[1] Gronemeyer S A, McBride A L. MSK and Offset QPSK Modulation. IEEE Trans. on Commun., 1976, 24(8): 809-820.

[2] Ziemer R E, Tranter W H. Principles of Communications. 5th Edition, New York: John Wiley & Sons, Inc., 2002.

[3] Pasupathy S. Minimum Shift Keying: A Specially Efficient Modulation. IEEE Communications Magazine, 1979, 17(7): 14-22.

[4] Muroto K. GMSK Modulation for Digital Mobile Radio Telephony. IEEE Trans. on Communications. 1981, 29(7): 1044-1050.

[5] Doelz M L, Heald E T, Martin D L. Binary Data Transmission Techniques for Linear Systems. Proc. IRE. 1957, 45(5): 656-661.

第 9 章　模拟信号的数字传输

9.1 引　言

本章讨论模拟信号的数字传输。第 1 章中提到过,通信系统的信源有两大类:模拟信号和数字信号。例如,话筒输出的话音信号属于模拟信号;而文字、计算机数据等属于数字信号。若输入是模拟信号,则在数字通信系统的信源编码部分需对输入模拟信号进行数字化,或称为“模/数”变换,将模拟输入信号变为数字信号。数字化过程包括三个步骤:抽样(sampling)、量化(quantization)和编码(coding),如图 9-1 所示。

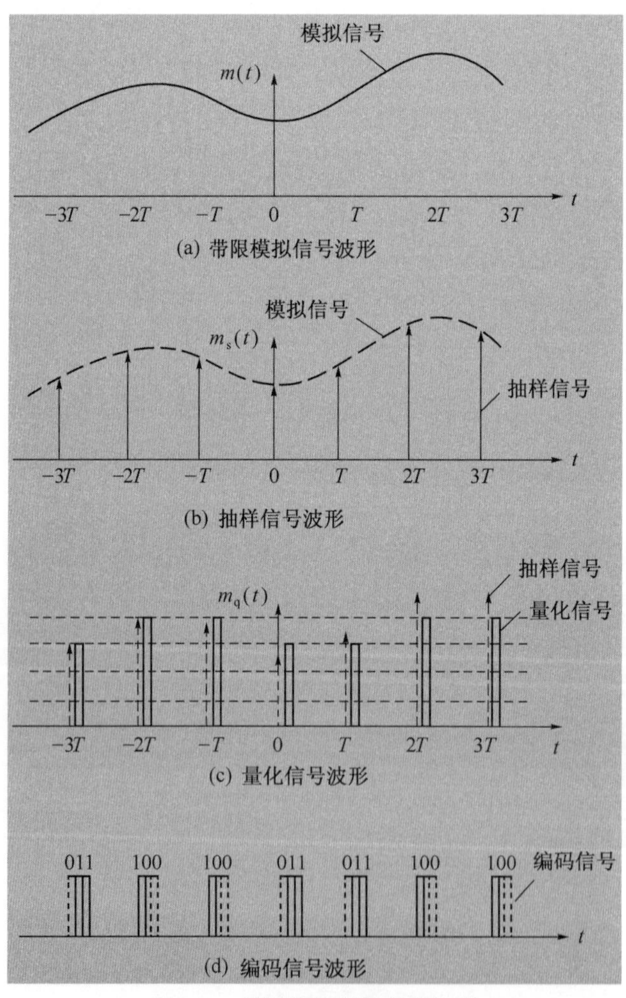

图 9-1　模拟信号的数字化过程

模拟信号首先被抽样。通常抽样是按照等时间间隔进行的,虽然在理论上并不是必须如此的。模拟信号被抽样后,成为抽样信号,它在时间上是离散的,但是其取值仍然是连续的,所以是离散模拟信号。第二步是量化。量化的结果使抽样信号变成量化信号,其取值是离散的。故量化信号已经是数字信号了,它可以看成是多进制的数字脉冲信号。第三步是编码。最基本和最常用的编码方法是脉冲编码调制(Pulse Code Modulation, PCM),它将量化后的信号变成二进制码元。由于编码方法直接和系统的传输效率有关,为了提高传输效率,常常将这种 PCM 信号进一步作压缩编码,再在通信系统中传输。在本章中将介绍一些较简单的压缩编码方法,例如增量调制和差分脉冲编码调制。

9.2 模拟信号的抽样

9.2.1 低通模拟信号的抽样定理

模拟信号通常是在时间上连续的信号。在一系列离散点上,对这种信号抽取样值称为抽样,如图 9-1(b)所示。图中 $m(t)$ 是一个模拟信号。在等时间间隔 T 上,对它抽取样值。在理论上,抽样过程可以看作是用周期性单位冲激脉冲(impulse)和此模拟信号相乘。抽样结果得到的是一系列周期性的冲激脉冲,其面积和模拟信号的取值成正比。冲激脉冲在图 9-1(b)中用一些箭头表示。在实际上,是用周期性窄脉冲代替冲激脉冲与模拟信号相乘。

抽样所得离散冲激脉冲显然和原始连续模拟信号形状不一样。但是,可以证明,对一个带宽有限的连续模拟信号进行抽样时,若抽样速率足够大,则这些抽样值就能够完全代表原模拟信号,并且能够由这些抽样值准确地恢复出原模拟信号波形。因此,不一定要传输模拟信号本身,可以只传输这些离散的抽样值,接收端就能恢复原模拟信号。描述这一抽样速率条件的定理就是著名的抽样定理[1~5]。抽样定理为模拟信号的数字化奠定了理论基础。

抽样定理指出:设一个连续模拟信号 $m(t)$ 中的最高频率 $<f_H$,则以间隔时间为 $T\leqslant 1/2f_H$ 的周期性冲激脉冲对它抽样时,$m(t)$ 将被这些抽样值所完全确定。由于抽样时间间隔相等,所以此定理又称均匀抽样定理。

下面就来证明这个定理。

设有一个最高频率小于 f_H 的信号 $m(t)$,如图 9-2(a)所示。将这个信号和周期性单位冲激脉冲 $\delta_T(t)$ 相乘。$\delta_T(t)$ 如图 9-2(c)所示,其重复周期为 T,重复频率为 $f_s=1/T$。乘积就是抽样信号,它是一系列间隔为 T 秒的强度不等的冲激脉冲,如图 9-2(e)所示。这些冲激脉冲的强度等于相应时刻上信号的抽样值。现用 $m_s(t)=\sum m(kT)$ 表示此抽样信号序列。故有

$$m_s(t)=m(t)\delta_T(t) \tag{9.2 - 1}$$

现在令 $M(f)$、$\Delta_\Omega(f)$ 和 $M_s(f)$ 分别表示 $m(t)$、$\delta_T(t)$ 和 $m_s(t)$ 的频谱。按照频率卷积定理,$m(t)\delta_T(t)$ 的傅里叶变换等于 $M(f)$ 和 $\Delta_\Omega(f)$ 的卷积。因此,$m_s(t)$ 的傅里叶变换 $M_s(f)$ 可以写为

$$M_s(f) = M(f) * \Delta_\Omega(f) \tag{9.2-2}$$

而 $\Delta_\Omega(f)$ 是周期性单位冲激脉冲的频谱：

$$\Delta_\Omega(f) = \frac{1}{T}\sum_{n=-\infty}^{\infty}\delta(f - nf_s) \tag{9.2-3}$$

式中：$f_s = 1/T$。此频谱如图 9-2(d)所示。

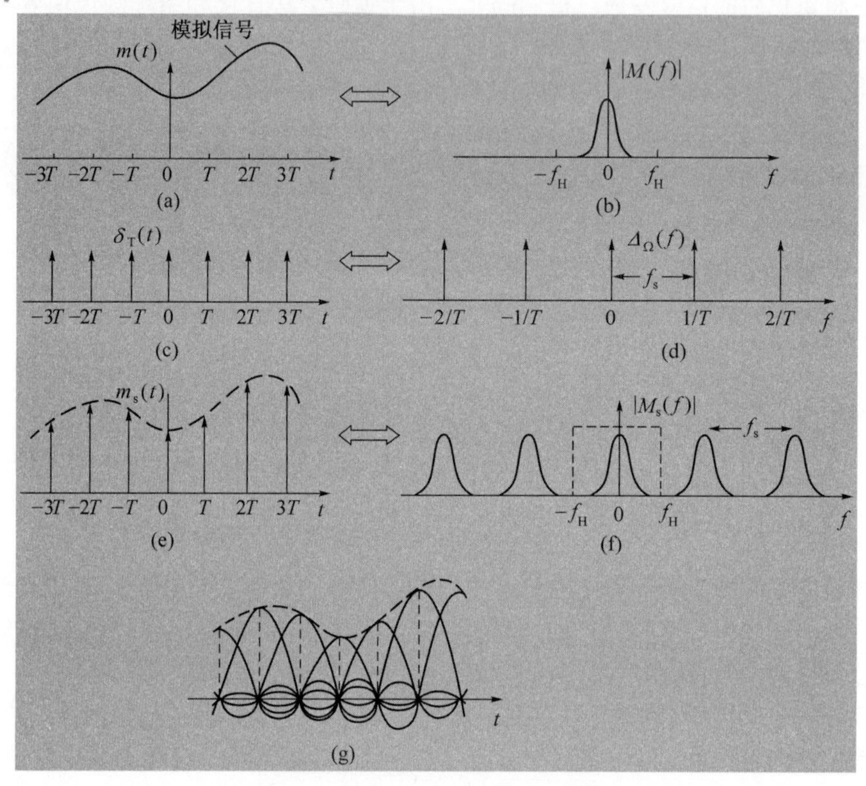

图 9-2　模拟信号的抽样过程

将式(9.2-3)代入式(9.2-2)，得到：

$$M_s(f) = \frac{1}{T}\left[M(f) * \sum_{n=-\infty}^{\infty}\delta(f - nf_s)\right] \tag{9.2-4}$$

式(9.2-4)中的卷积可以利用卷积公式：

$$f(t) * \delta(t) = \int_{-\infty}^{\infty} f(\tau)\delta(t-\tau)\mathrm{d}\tau = f(t)$$

进行计算，得到

$$M_s(f) = \frac{1}{T}\left[M(f) * \sum_{n=-\infty}^{\infty}\delta(f - nf_s)\right] = \frac{1}{T}\sum_{-\infty}^{\infty} M(f - nf_s) \tag{9.2-5}$$

式(9.2-5)表明，由于 $M(f-nf_s)$ 是信号频谱 $M(f)$ 在频率轴上平移了 nf_s 的结果，所以抽样信号的频谱 $M_s(f)$ 是无数间隔频率为 f_s 的原信号频谱 $M(f)$ 相叠加而成。因为已经假设信号 $m(t)$ 的最高频率小于 f_H，所以若式(9.2-4)中的频率间隔 $f_s \geq 2f_H$，则 $M_s(f)$ 中包含的每个原信号频谱 $M(f)$ 之间互不重叠(superposition)，如图 9-2(f)所示。这样就能

够从 $M_s(f)$ 中用一个低通滤波器分离出信号 $m(t)$ 的频谱 $M(f)$，也就是能从抽样信号中恢复原信号，或者说能由抽样信号决定原信号。

这里，恢复原信号的条件是：

$$f_s \geqslant 2f_H \tag{9.2-6}$$

即抽样频率 f_s 应不小于 f_H 的 2 倍。这一最低抽样速率 $2f_H$ 称为**奈奎斯特(Nyquist)抽样速率**。与此相应的最大抽样时间间隔称为**奈奎斯特抽样间隔**。

若抽样速率低于奈奎斯特抽样速率，则由图 9-2(f) 可以看出，相邻周期的频谱间将发生频谱重叠(又称混叠)，因而不能正确分离出原信号频谱 $M(f)$。

由图 9-2(f) 还可以看出，在频域上，抽样的效果相当于把原信号的频谱分别平移到周期性抽样冲激函数 $\delta_T(t)$ 的每根谱线上，即以 $\delta_T(t)$ 的每根谱线为中心，把原信号频谱的正负两部分平移到其两侧。或者说，是将 $\delta_T(t)$ 作为载波，用原信号对其调幅。

现在来考虑由抽样信号恢复原信号的方法。从图 9-2(f) 可以看出，当 $f_s \geqslant 2f_H$ 时，用一个截止频率为 f_H 的理想低通滤波器就能够从抽样信号中分离出原信号。从时域中看，当用图 9-2(e) 中的抽样脉冲序列冲激此理想低通滤波器时，滤波器的输出就是一系列冲激响应之和，如图 9-2(g) 所示。这些冲激响应之和就构成了原信号。

理想滤波器是不能实现的。实用滤波器的截止边缘不可能做到如此陡峭。所以，实用的抽样频率 f_s 必须比 $2f_H$ 大多一些。例如，典型电话信号的最高频率通常限制在 3400Hz，而抽样频率通常采用 8000Hz。

9.2.2 带通模拟信号的抽样定理

上节讨论了低通模拟信号的抽样。现在来考虑带通模拟信号的抽样。设带通模拟信号的频带限制在 f_L 和 f_H 之间，如图 9-3 所示，即其频谱最低频率大于 f_L，最高频率小于 f_H，信号带宽 $B=f_H-f_L$。可以证明，此带通模拟信号所需最小抽样频率 f_s 等于

$$f_s = 2B\left(1 + \frac{k}{n}\right) \tag{9.2-7}$$

式中：B 为信号带宽；n 为商 (f_H/B) 的整数部分，$n = 1, 2, \cdots$；k 为商 (f_H/B) 的小数部分，$0<k<1$。

按照式(9.2-7)画出的 f_s 和 f_L 关系曲线如图 9-4 所示。

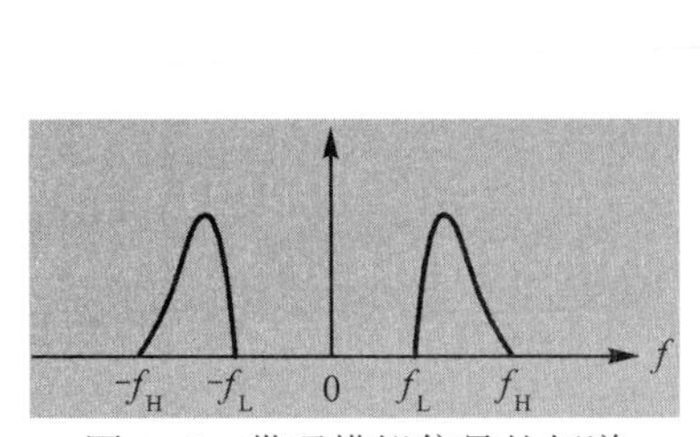

图 9-3　带通模拟信号的频谱

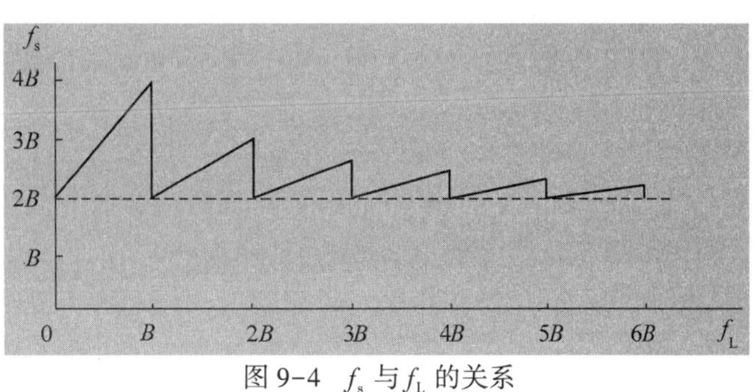

图 9-4　f_s 与 f_L 的关系

由于原信号频谱的最低频率f_L和最高频率f_H之差永远等于信号带宽B，所以当$0 \leqslant f_L < B$时，有$B \leqslant f_H < 2B$。这时$n=1$，而式(9.2-1)变成了$f_s = 2B(1+k)$。故当k从0变到1时，f_s从$2B$变到$4B$，即图9-4中左边第一段曲线。当$f_L = B$时，$f_H = 2B$，这时$n=2$。故当$k=0$时，式(9.2-1)变成了$f_s = 2B$，即f_s从$4B$跳回$2B$。当$B \leqslant f_L < 2B$时，有$2B \leqslant f_H < 3B$。这时，$n=2$，式(9.2-1)变成了$f_s = 2B(1+k/2)$，故若k从0变到1，则f_s从$2B$变到$3B$，即图9-4中左边第二段曲线。当$f_L = 2B$时，$f_H = 3B$，这时$n=3$。当$k=0$时，式(9.2-1)又变成了$f_s = 2B$，即f_s从$3B$又跳回$2B$。依此类推。

由图9-4可见，当$f_L = 0$时，$f_s = 2B$，就是低通模拟信号的抽样情况；当f_L很大时，f_s趋近于$2B$。f_L很大意味着这个信号是一个窄带信号。许多无线电信号，例如在无线电接收机的高频和中频系统中的信号，都是这种窄带信号。所以对于这种信号抽样，无论f_H是否为B的整数倍，在理论上，都可以近似地将f_s取为略大于$2B$。此外，顺便指出，对于频带受限的广义平稳随机信号，上述抽样定理也同样适用。

必须指出，图9-4中的曲线表示要求的最小抽样频率f_s，但是这并不意味着用任何大于该值的频率抽样都能保证频谱不混叠。

9.3 模拟脉冲调制

在上面讨论抽样定理时，我们用冲激函数去抽样，如图9-2所示。但是实际的抽样脉冲的宽度和高度都是有限的。可以证明，这样抽样时，抽样定理仍然正确。从另一个角度看，可以把周期性脉冲序列看作是非正弦载波，而抽样过程可以看作是用模拟信号（图9-5(a)）对它进行振幅调制。这种调制称为**脉冲振幅调制**(Pulse Amplitude Modulation, PAM)，如图9-5(b)所示。我们知道，一个周期性脉冲序列有四个参量：脉冲重复周期、脉冲振幅、脉冲宽度和脉冲相位（位置）。其中脉冲重复周期即抽样周期，其值一般由抽样定理决定，故只有其他三个参量可以受调制。因此，可以将PAM信号的振幅变化按比例地变换成脉冲宽度的变化，得到**脉冲宽度调制**(Pulse Duration Modulation, PDM)，如图9-5(c)所示。或者，变换成脉冲相位（位置）的变化，得到**脉冲位置调制**(Pulse Position Modulation, PPM)，如图9-5(d)所示。这些种类的调制，虽然在时间上都是离散的，但是仍然是模拟调制，因为其代表信息的参量仍然是可以连续变化的。这些已调信号当然也属于模拟信号。

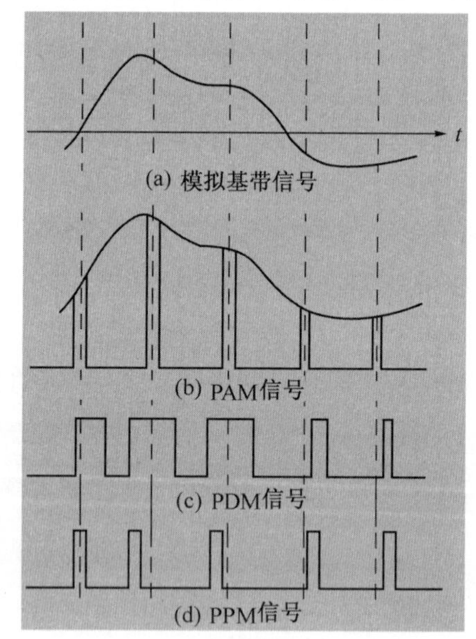

图9-5 模拟脉冲调制

现在，将仅对PAM作进一步的分析，因为PAM是一种最基本的模拟脉冲调制，它往往是模拟信号数字化过程的必经之路。

设基带模拟信号的波形为$m(t)$，其频谱为$M(f)$；用这个信号对一个脉冲载波$s(t)$

调幅，$s(t)$的周期为T，其频谱为$S(f)$；脉冲宽度为τ，幅度为A；并设抽样信号$m_s(t)$是$m(t)$和$s(t)$的乘积。则抽样信号$m_s(t)$的频谱就是两者频谱的卷积：

$$M_s(f) = M(f) * S(f) = \frac{A\tau}{T}\sum_{n=-\infty}^{\infty}\mathrm{sinc}(\pi n\pi f_H)M(f - 2nf_H) \qquad (9.3-1)$$

其中
$$\mathrm{sinc}(\pi n\tau f_H) = \sin(\pi n\tau f_H)/(\pi n\tau f_H)$$

图 9-6 中示出 PAM 调制过程的波形和频谱。将其和图 9-2 中的抽样过程比较可见，现在的周期性矩形脉冲$s(t)$的频谱$|S(f)|$的包络呈$|\sin x/x|$形，而不是一条水平直线。并且 PAM 信号$m_s(t)$的频谱$|M_s(f)|$的包络也呈$|\sin x/x|$形。若$s(t)$的周期$T \leqslant (1/2f_H)$，或其重复频率$f_s \geqslant 2f_H$，则采用一个截止频率为f_H的低通滤波器仍可以分离出原模拟信号，如图 9-6(f)所示。

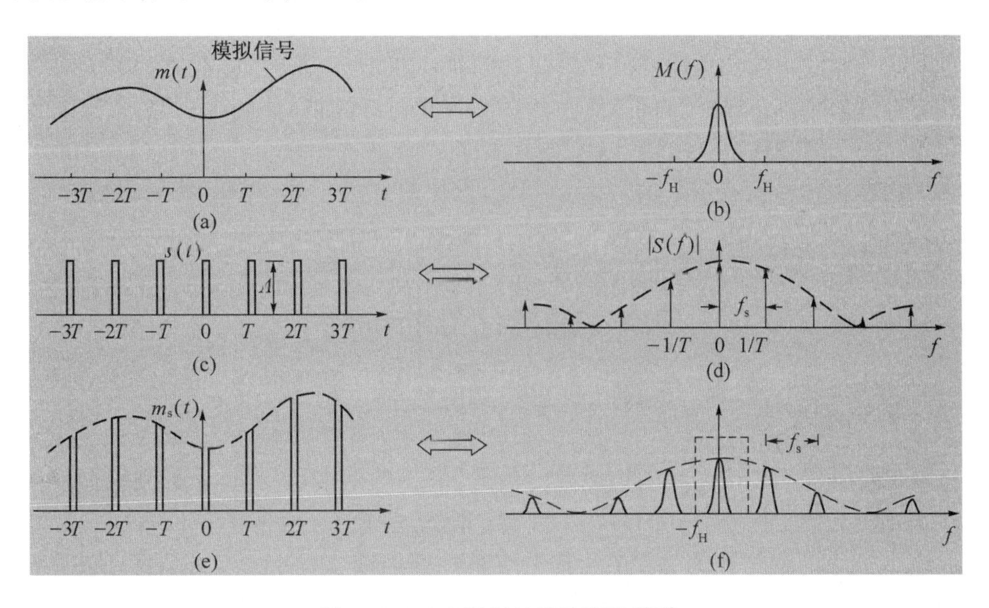

图 9-6 PAM 调制过程波形和频谱

在上述 PAM 调制中，得到的已调信号$m_s(t)$的脉冲顶部和原模拟信号波形相同。这种 PAM 常称为自然抽样。在实际应用中，则常用“抽样保持电路”产生 PAM 信号。这种电路的原理方框图可以用图 9-7 表示。图中，模拟信号$m(t)$和非常窄的周期性脉冲（近似冲激函数）$\delta_T(t)$相乘，得到乘积$m_s(t)$，然后通过一个保持电路，将抽样电压保持一定时间。这样，保持电路的输出脉冲波形保持平顶，如图 9-8 所示。

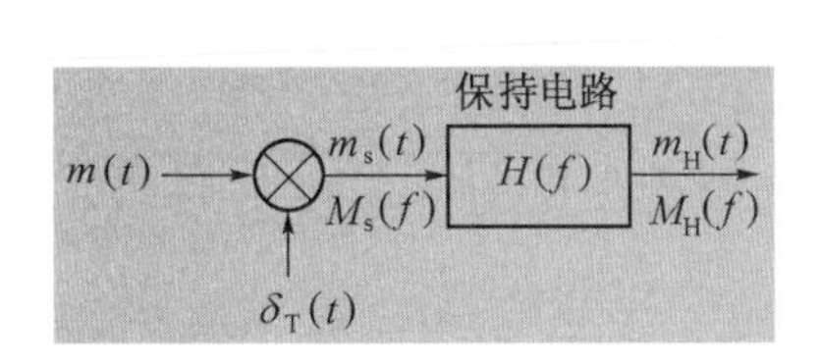

图 9-7 抽样保持电路

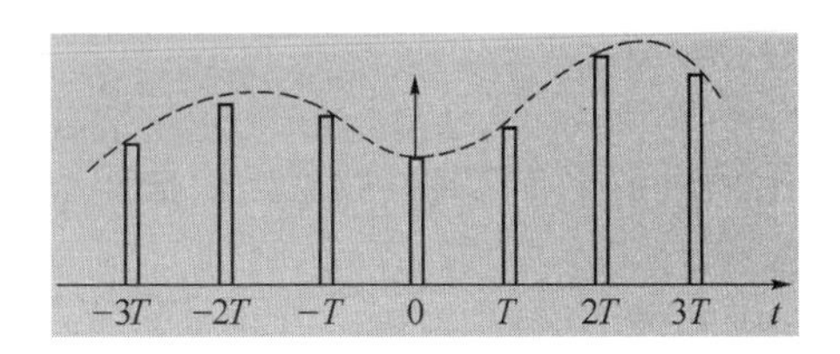

图 9-8 平顶 PAM 信号波形

设保持电路的传输函数为 $H(f)$，则其输出信号的频谱 $M_H(f)$ 为

$$M_H(f) = M_s(f)H(f) \tag{9.3-2}$$

式(9.3-2)中的 $M_s(f)$ 用式(9.2-5)

$$M_s(f) = \frac{1}{T}\sum_{n=-\infty}^{\infty} M(f - nf_s)$$

代入，得到

$$M_H(f) = \frac{1}{T}\sum_{n=-\infty}^{\infty} H(f)M(f - nf_s) \tag{9.3-3}$$

$M_s(f)$ 的曲线见图 9-2(f)。由此曲线看出，用低通滤波器就能滤出原模拟信号。现在，比较 $M_H(f)$ 的表示式(9.3-3)和 $M_s(f)$ 的表示式可见，其区别在于和式中的每一项都被 $H(f)$ 加权。因此，不能用低通滤波器恢复(解调)原始模拟信号了。但是从原理上看，若在低通滤波器之前加一个传输函数为 $1/H(f)$ 的修正滤波器，就能无失真地恢复原模拟信号了。

为了将模拟信号变成数字信号，必须采用量化的办法。下一节就将讨论抽样信号的量化。

9.4 抽样信号的量化

9.4.1 量化原理

模拟信号抽样后变成在时间上离散的信号，但仍然是模拟信号。这个抽样信号必须经过量化才成为数字信号。我们将在下面讨论模拟抽样信号的量化。

设模拟信号的抽样值为 $m(kT)$，其中 T 是抽样周期，k 是整数。此抽样值仍然是一个取值连续的变量，即它可以有无数个可能的连续取值。若我们仅用 N 个二进制数字码元来代表此抽样值的大小，则 N 个二进制码元只能代表 $M=2^N$ 个不同的抽样值。因此，必须将抽样值的范围划分成 M 个区间，每个区间用一个电平表示。这样，共有 M 个离散电平，它们称为量化电平。用这 M 个量化电平表示连续抽样值的方法称为量化。在图 9-9 中给出了一个量化过程的例子。图中，$m(kT)$ 表示模拟信号抽样值，$m_q(kT)$ 表示量化后的量化信号值，$q_1, q_2, \cdots, q_i, \cdots, q_6$ 是量化后信号的 6 个可能输出电平，m_1，$m_2, \cdots, m_i, \cdots, m_5$ 为量化区间的端点。这样，我们可以写出一般公式：

$$m_q(kT) = q_i, \quad 当\ m_{i-1} \leqslant m(kT) < m_i \tag{9.4-1}$$

按照式(9.4-1)作变换，就把模拟抽样信号 $m(kT)$ 变换成了量化后的离散抽样信号，即量化信号。

在原理上，量化过程可以认为是在一个量化器(quantizer)中完成的。量化器的输入信号为 $m(kT)$，输出信号为 $m_q(kT)$，如图 9-10 所示。在实际中，量化过程常是和后续的编码过程结合在一起完成的，不一定存在独立的量化器。

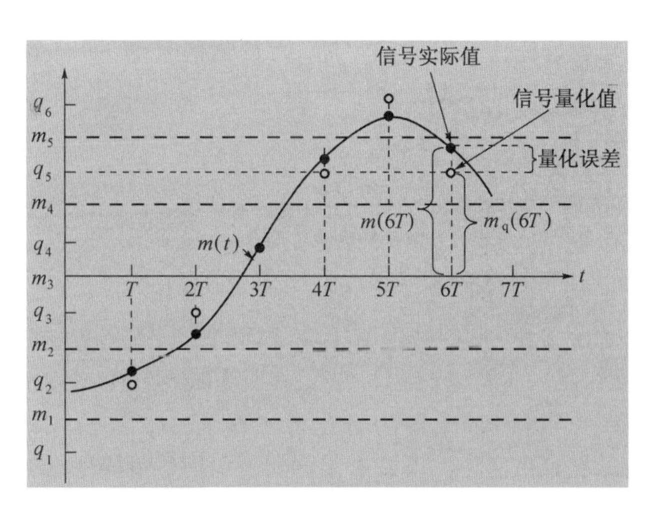

图 9-9 量化过程

●—信号实际值；○—信号量化值。

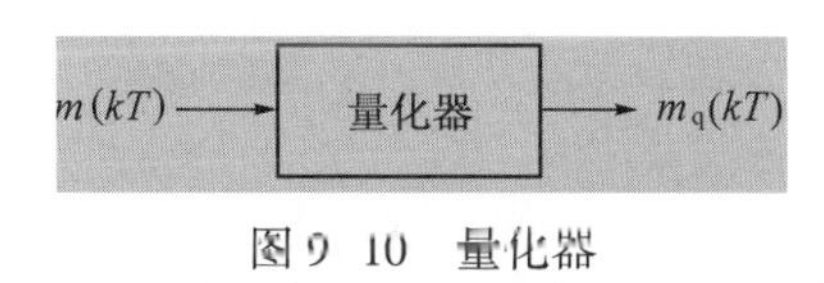

图 9-10 量化器

在图 9-9 中 M 个抽样值区间是等间隔划分的,这称为均匀量化。M 个抽样值区间也可以不均匀划分,称为非均匀量化。下面将分别讨论这两种量化方法。

9.4.2 均匀量化

设模拟抽样信号的取值范围在 a 和 b 之间,量化电平数为 M,则在均匀量化时的量化间隔为

$$\Delta v = \frac{b-a}{M} \tag{9.4-2}$$

且量化区间的端点

$$m_i = a + i\Delta v \qquad i = 0,1,\cdots,M \tag{9.4-3}$$

若量化输出电平 q_i 取为量化间隔的中点,则

$$q_i = \frac{m_i + m_{i-1}}{2} \qquad i = 1,2,\cdots,M \tag{9.4-4}$$

显然,量化输出电平和量化前信号的抽样值一般不同,即量化输出电平有误差。这个误差常称为量化噪声(quantization noise),并用信号功率与量化噪声之比(简称信号量噪比)衡量此误差对于信号影响的大小。对于给定的信号最大幅度,量化电平数越多,量化噪声越小,信号量噪比越高。信号量噪比是量化器的主要指标之一。下面将对均匀量化时的平均信号量噪比作定量分析。

在均匀量化时,量化噪声功率的平均值 N_q 可以用下式表示:

$$N_q = E[(m_k - m_q)^2] = \int_a^b (m_k - m_q)^2 f(m_k)\mathrm{d}m_k = \sum_{i=1}^{M} \int_{m_{i-1}}^{m_i} (m_k - q_i)^2 f(m_k)\mathrm{d}m_k \tag{9.4-5}$$

式中：m_k 为模拟信号的抽样值，即 $m(kT)$；m_q 为量化信号值，即 $m_q(kT)$；$f(m_k)$ 为信号抽样值 m_k 的概率密度；E 表示求统计平均值；M 为量化电平数；$m_i = a+i\Delta v$；$q_i = a+i\Delta v-\dfrac{\Delta v}{2}$。

信号 m_k 的平均功率可以表示为

$$S_0 = E(m_k^2) = \int_a^b m_k^2 f(m_k)\,\mathrm{d}m_k \tag{9.4-6}$$

若已知信号 m_k 的概率密度函数，则由式(9.4-5)和式(9.4-6)可以计算出平均信号量噪比。

【例 9-1】 设一个均匀量化器的量化电平数为 M，其输入信号抽样值在区间 $[-a,a]$ 内具有均匀的概率密度。试求该量化器的平均信号量噪比。

【解】 由式(9.4-5)得到

$$N_q = \sum_{i=1}^{M}\int_{m_{i-1}}^{m_i}(m_k-q_i)^2 f(m_k)\,\mathrm{d}m_k = \sum_{i=1}^{M}\int_{m_{i-1}}^{m_i}(m_k-q_i)^2\left(\frac{1}{2a}\right)\mathrm{d}m_k =$$

$$\sum_{i=1}^{M}\int_{-a+(i-1)\Delta v}^{-a+i\Delta v}\left(m_k+a-i\Delta v+\frac{\Delta v}{2}\right)^2\left(\frac{1}{2a}\right)\mathrm{d}m_k =$$

$$\sum_{i=1}^{M}\left(\frac{1}{2a}\right)\left(\frac{\Delta v^3}{12}\right) = \frac{M(\Delta v)^3}{24a}$$

因为

$$M\Delta v = 2a$$

所以有

$$N_q = \frac{(\Delta v)^2}{12} \tag{9.4-7}$$

另外，由于此信号具有均匀的概率密度，故从式(9.4-6)得到信号功率

$$S_0 = \int_{-a}^{a} m_k^2\left(\frac{1}{2a}\right)\mathrm{d}m_k = \frac{M^2}{12}(\Delta v)^2 \tag{9.4-8}$$

所以，平均信号量噪比为

$$\frac{S_0}{N_q} = M^2 \tag{9.4-9}$$

或写成

$$\left(\frac{S_0}{N_q}\right)_{\mathrm{dB}} = 20\lg M \quad (\mathrm{dB}) \tag{9.4-10}$$

由式(9.4-10)可以看出，量化器的平均输出信号量噪比随量化电平数 M 的增大而提高。

在实际应用中，对于给定的量化器，量化电平数 M 和量化间隔 Δv 都是确定的。所以，由式(9.4-7)可知，量化噪声 N_q 也是确定的。但是，信号的强度可能随时间变化，像话音信号就是这样。当信号小时，信号量噪比也小。所以，这种均匀量化器对于小输入信

号很不利。为了克服这个缺点,改善小信号时的信号量噪比,在实际应用中常采用下节将要讨论的非均匀量化。

9.4.3 非均匀量化

在非均匀量化时,量化间隔是随信号抽样值的不同而变化的。信号抽样值小时,量化间隔 Δv 也小;信号抽样值大时,量化间隔 Δv 也变大。实际中,非均匀量化的实现方法通常是在进行量化之前,先将信号抽样值压缩(compression),再进行均匀量化。这里的压缩是用一个非线性电路将输入电压 x 变换成输出电压 y:

$$y = f(x) \tag{9.4-11}$$

如图 9-11 所示(在此图中仅画出了曲线的正半部分,在第三象限奇对称的负半部分没有画出)。图中纵坐标 y 是均匀刻度的,横坐标 x 是非均匀刻度的。所以输入电压 x 越小,量化间隔也就越小。也就是说,小信号的量化误差也小,从而使信号量噪比有可能不致变坏。下面将就这个问题作定量分析。

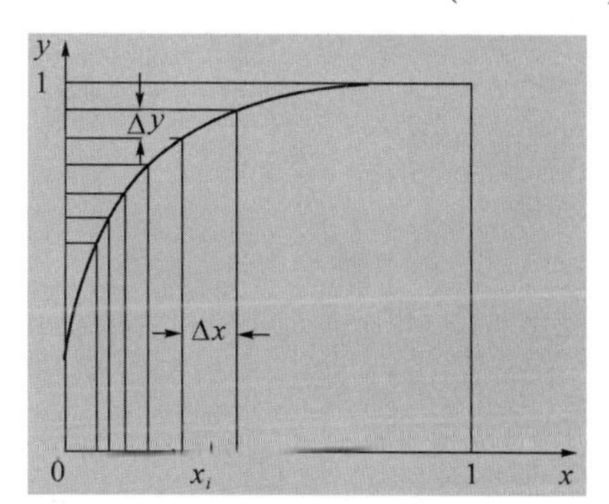

图 9-11 压缩特性

在图 9-11 中,当量化区间划分很多时,在每一量化区间内压缩特性曲线可以近似看作为一段直线。因此,这段直线的斜率(slope)可以写为

$$\frac{\Delta y}{\Delta x} = \frac{\mathrm{d}y}{\mathrm{d}x} = y' \tag{9.4-12}$$

并且有

$$\Delta x = \frac{\mathrm{d}x}{\mathrm{d}y}\Delta y \tag{9.4-13}$$

设此压缩器的输入和输出电压范围都限制在 0 和 1 之间,即作归一化,且纵坐标 y 在 0 和 1 之间均匀划分成 N 个量化区间,则每个量化区间的间隔

$$\Delta y = \frac{1}{N}$$

将其代入式(9.4-13),得到

$$\Delta x = \frac{\mathrm{d}x}{\mathrm{d}y}\Delta y = \frac{1}{N}\frac{\mathrm{d}x}{\mathrm{d}y}$$

故

$$\frac{\mathrm{d}x}{\mathrm{d}y} = N\Delta x \tag{9.4-14}$$

为了对不同的信号强度保持信号量噪比恒定,当输入电压 x 减小时,应当使量化间隔 Δx 按比例地减小,即要求

$$\Delta x \propto x$$

因此式(9.4-14)可以写成

$$\frac{dx}{dy} \propto x$$

或

$$\frac{dx}{dy} = kx \tag{9.4-15}$$

式中：k 为比例常数。

式(9.4-15)是一个线性微分方程(linear differential equation)，其解为

$$\ln x = ky + c \tag{9.4-16}$$

为了求出常数 c，将边界条件(boundary condition)(当 $x=1$ 时，$y=1$)，代入式(9.4-16)，得到

$$k + c = 0$$

故求出

$$c = -k$$

将上式中 c 的值代入式(9.4-16)，得到

$$\ln x = ky - k$$

即要求 $y=f(x)$ 具有如下形式：

$$y = 1 + \frac{1}{k}\ln x \tag{9.4-17}$$

由式(9.4-17)看出，为了对不同的信号强度保持信号量噪比恒定，在理论上要求压缩特性具有式(9.4-17)的对数(logarithm)特性。但是，式(9.4-17)不符合因果律(the law of causation)，是不能物理实现的，因为当输入 $x=0$ 时，输出 $y=-\infty$，其曲线与图 9-11 中的曲线不同。所以，在实用中这个理想压缩特性的具体形式，按照不同情况，还要作适当修正，使当 $x=0$ 时，$y=0$。

关于电话信号的压缩特性，ITU 制定了两种建议，即 A 压缩律和 μ 压缩律，以及相应的近似算法——13 折线法和 15 折线法。我国大陆、欧洲各国以及国际间互连时采用 A 压缩律及相应的 13 折线法，北美、日本和韩国等少数国家和地区采用 μ 压缩律及 15 折线法。下面将分别讨论这两种压缩律及其近似实现方法。

1. A 压缩律

A 压缩律(简称 A 律)是指符合下式的对数压缩规律：

$$y = \begin{cases} \dfrac{Ax}{1+\ln A} & 0 < x \leqslant \dfrac{1}{A} \quad (9.4-18a) \\[2ex] \dfrac{1+\ln Ax}{1+\ln A} & \dfrac{1}{A} \leqslant x \leqslant 1 \quad (9.4-18b) \end{cases}$$

式中：x 为压缩器归一化输入电压；y 为压缩器归一化输出电压；A 为常数，它决定压缩程度。

A 律是从式(9.4-17)修正而来的。它由两个表示式组成。第一个表示式(9.4-18a)中的 y 和 x 成正比，是一条直线方程；第二个表示式(9.4-18b)中的 y 和 x 是对数关系，类似

理论上为保持信号量噪比恒定所需的理想特性(式(9.4-17))的关系。

由式(9.4-17)画出的曲线如图 9-12 所示。为了使此曲线通过原点,修正的办法是通过原点对此曲线作切线 Ob,用直线段 Ob 代替原曲线段,就得到 A 律。此切点 b 的坐标 (x_1,y_1) 为(推导过程见附录 F):

$$(e^{1-k},\quad 1/k)\quad 或\quad (1/A,\quad Ax_1/(1+\ln A))$$

A 律是物理可实现的。其中的常数 A 不同,则压缩曲线的形状不同,这将特别影响小电压时的信号量噪比的大小。在实用中,选择 $A=87.6$。

2. 13 折线压缩特性——A 律的近似

上面得到的 A 律表示式是一条连续的平滑曲线,用电子线路很难准确地实现。现在由于数字电路技术的发展,这种特性很容易用数字电路来近似实现。13 折线特性就是近似于 A 律的特性。在图 9-13 中示出了这种特性曲线。

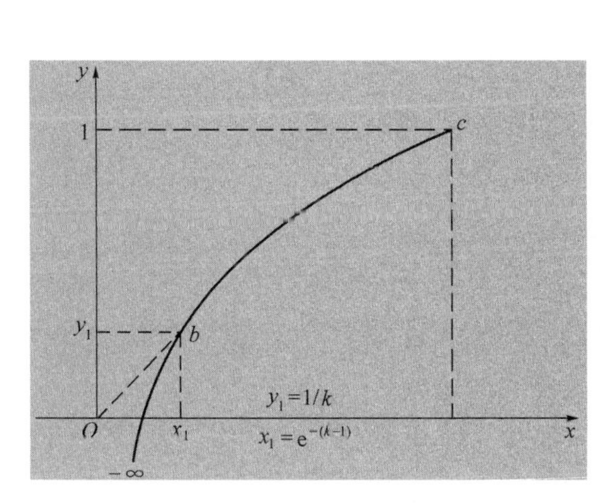

图 9-12　理想压缩特性

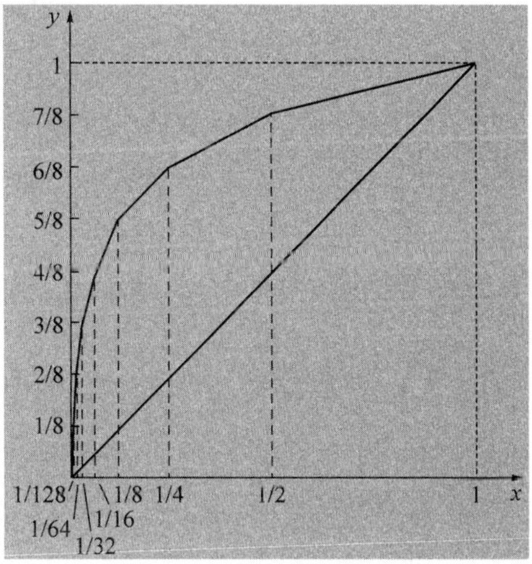

图 9-13　13 折线特性

图中横坐标 x 在 0 至 1 区间中分为不均匀的 8 段。1/2~1 间的线段称为第八段;1/4~1/2 间的线段称为第七段;1/8~1/4 间的线段称为第六段;依此类推,直到 0~1/128 间的线段称为第一段。图中纵坐标 y 则均匀地划分作 8 段。将与这 8 段相应的坐标点 (x,y) 相连,就得到了一条折线。由图可见,除第一和二段外,其他各段折线的斜率都不相同。在表 9-1 中列出了这些斜率。

表 9-1　各段折线的斜率

折线段号	1	2	3	4	5	6	7	8
斜　率	16	16	8	4	2	1	1/2	1/4

因为话音信号为交流信号,即输入电压 x 有正负极性。所以,上述的压缩特性只是实用的压缩特性曲线的一半。x 的取值应该还有负的一半。这就是说,在坐标系(coordinate)的第三象限(quadrant)还有对原点奇对称的另一半曲线,如图 9-14 所示。在图9-14中,第一象限中的第一和第二段折线斜率相同,所以构成一条直线。同样,在第三象限中的第一和第二段折线斜率也相同,并且和第一象限中的斜率相同。所以,这四段折

线构成了一条直线。因此,在这正负两个象限中的完整压缩曲线共有 13 段折线,故称 13 折线压缩特性。

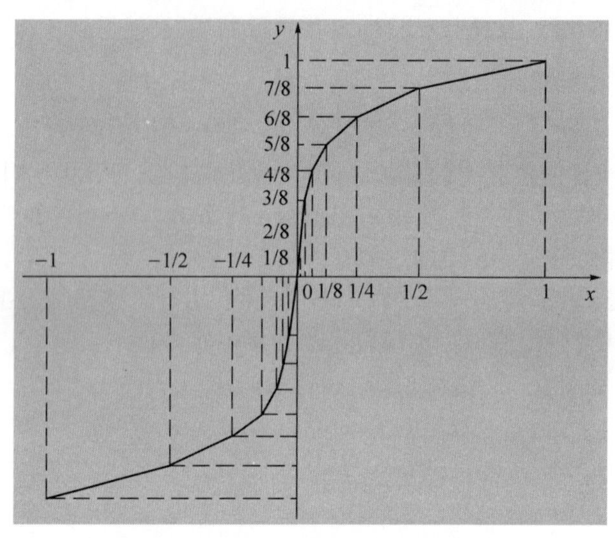

图 9-14 对称输入 13 折线压缩特性

现在,我们考察此 13 折线特性和 A 律特性之间有多大误差。

为了方便起见,我们仅在折线的各转折点和端点上比较这两条曲线的坐标值。各转折点的纵坐标(ordinate)y 值是已知的,即分别为 0,1/8,2/8,3/8,…,1。

对于 A 律压缩曲线,当采用的 A 值等于 87.6 时,其切点的横坐标(abscissa):

$$x_1 = \frac{1}{A} = \frac{1}{87.6} \approx 0.0114 \tag{9.4-19}$$

所以,将此 x_1 值代入 y_1 的表示式,就可以求出此切点的纵坐标:

$$y_1 = \frac{Ax_1}{1+\ln A} = \frac{1}{1+\ln 87.6} \approx 0.183 \tag{9.4-20}$$

这表明,A 律曲线的直线段在坐标原点和此切点之间,即(0,0)和(0.0114,0.183)之间。所以,此直线的方程可以写为

$$x = \frac{1+\ln A}{A}y = \frac{1+\ln 87.6}{87.6}y \approx \frac{1}{16}y \tag{9.4-21}$$

13 折线的第一个转折点纵坐标 $y=1/8=0.125$,它小于 y_1,故此点位于 A 律的直线段,按式(9.4-21)即可求出相应的 x 值为 1/128。

当 $y>0.183$ 时,应按 A 律对数曲线段的公式计算 x 值。此时,由式(9.4-18b)可以推出 x 的表示式:

$$y = \frac{1+\ln Ax}{1+\ln A} = 1 + \frac{1}{1+\ln A}\ln x$$

$$y - 1 = \frac{\ln x}{1+\ln A} = \frac{\ln x}{\ln(eA)}$$

$$\ln x = (y-1)\ln(eA)$$

$$x = \frac{1}{(eA)^{1-y}} \tag{9.4-22}$$

按照式(9.4-22)可以求出在此曲线段中对应各转折点纵坐标 y 的横坐标值。当用 $A=87.6$ 代入式(9.4-22)时,计算结果见表 9-2。

表 9-2 中对这两种压缩方法作了比较。从表中看出,13 折线法和 $A=87.6$ 时的 A 律压缩法十分接近。

表 9-2　A 律和 13 折线法比较

i	8	7	6	5	4	3	2	1	0
$y=1-i/8$	0	1/8	2/8	3/8	4/8	5/8	6/8	7/8	1
A 律的 x 值	0	1/128	1/60.6	1/30.6	1/15.4	1/7.79	1/3.93	1/1.98	1
13 折线法的 $x=1/2^i$	0	1/128	1/64	1/32	1/16	1/8	1/4	1/2	1

折线段号	1	2	3	4	5	6	7	8
折线斜率	16	16	8	4	2	1	1/2	1/4

注:仅在 $i=8$ 时,折线 x 值不符合 $x=1/2^i$

3. μ 压缩律和 15 折线压缩特性

在上面讨论的 A 律中,选用 $A=87.6$ 有两个目的。第一是使曲线在原点附近的斜率等于 16(见式(9.4-21)),使 16 段折线简化成仅有 13 段;第二是使在 13 折线的转折点上 A 律曲线的横坐标 x 值接近 $1/2^i(i=0,1,2,\cdots,7)$,如表 9-2 所列。

若仅为满足第二个目的,则可以选用更恰当的 A 值。由表 9-2 可见,当仅要求满足 $x=1/2^i$ 时,$y=1-i/8$,则将此条件代入式(9.4-22),得到:

$$\frac{1}{2^i} = \frac{1}{(eA)^{1-(1-i/8)}} = \frac{1}{(eA)^{i/8}} \qquad 2^i = [(eA)^{1/8}]^i$$

$$(eA)^{1/8} = 2 \qquad eA = 2^8 = 256$$

因此,求出

$$A = 256/e \approx 94.18$$

将此 A 值代入式(9.4-18b),得到:

$$y = \frac{1+\ln(Ax)}{1+\ln A} = \frac{\ln(eAx)}{\ln(eA)} = \frac{\ln 256x}{\ln 256} \tag{9.4-23}$$

若按式(9.4-23)计算,当 $x=0$ 时,$y\to-\infty$;当 $y=0$ 时,$x=1/2^8$。而我们的要求是当 $x=0$ 时,$y=0$,以及当 $x=1$ 时,$y=1$。为此,需要对上式作一些修正。在 μ 压缩律(简称 μ 律)中,修正后的表示式如下:

$$y = \frac{\ln(1+255x)}{\ln(1+255)} \tag{9.4-24}$$

由式(9.4-24)可以看出,它满足当 $x=0$ 时,$y=0$;当 $x=1$ 时,$y=1$。但是,在其他点上自然存在一些误差。不过,只在小电压($x<1/128$)时,才有稍大误差。通常用参数 μ 表示式(9.4-24)中的常数 255。这样,式(9.4-24)变成:

$$y = \frac{\ln(1+\mu x)}{\ln(1+\mu)} \tag{9.4-25}$$

这就是美国等地采用的μ律的特性。

由于μ律同样不易用电子线路准确实现，所以目前实用中是采用特性近似的 15 折线代替μ律。这时，和A律一样，也把纵坐标y从 0 到 1 之间划分为 8 等份。对应于各转折点的横坐标x值可以按照式(9.4-24)计算：

$$x = \frac{256^y - 1}{255} = \frac{256^{i/8} - 1}{255} = \frac{2^i - 1}{255} \tag{9.4-26}$$

计算结果列于表 9-3 中。将这些转折点用直线相连，就构成了 8 段折线。表中还列出了各段直线的斜率。

表 9-3　μ 律的斜率

i	0	1	2	3	4	5	6	7	8
$y=i/8$	0	1/8	2/8	3/8	4/8	5/8	6/8	7/8	1
$x=(2^i-1)/255$	0	1/255	3/255	7/255	15/255	31/255	63/255	127/255	1
斜率/255		1/8	1/16	1/32	1/64	1/128	1/256	1/512	1/1024
段号		1	2	3	4	5	6	7	8

由于其第一段和第二段的斜率不同，不能合并为一条直线，故当考虑到信号的正负电压时，仅正电压第一段和负电压第一段的斜率相同，可以连成一条直线。所以，得到的是 15 段折线，称为 15 折线压缩特性。在图 9-15 中给出了 15 折线的图形。

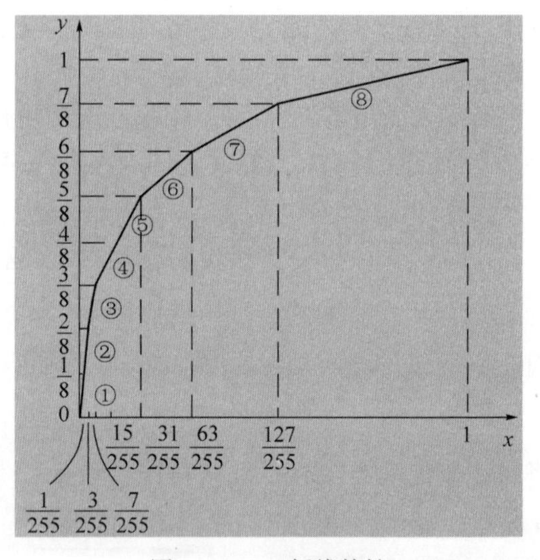

图 9-15　15 折线特性

比较 13 折线特性和 15 折线特性的第一段斜率可知，15 折线特性第一段的斜率(255/8)大约是 13 折线特性第一段斜率(16)的 2 倍。所以，15 折线特性给出的小信号的信号量噪比约是 13 折线特性的 2 倍。但是，对于大信号而言，15 折线特性给出的信号量噪比要比 13 折线特性时稍差。这可以从对数压缩式(9.4-18b)看出，在A律中，$A=87.6$；但是在μ律中，相当$A=94.18$。A值越大，在大电压段曲线的斜率越小，即信号量噪比越差。

上面已经详细地讨论了A律和μ律以及相应的折线法压缩信号的原理。至于恢复原信号大小的扩张(expansion)原理，完全和压缩的过程相反。这里不再赘述。

现在，以 13 折线法为例，将非均匀量化和均匀量化作一比较。若用 13 折线法中的(第一段和第二段)最小量化间隔作为均匀量化时的量化间隔，则 13 折线法中第一段至第八段包含的均匀量化间隔数分别为 16、16、32、64、128、256、512、1024，共有 2048 个均匀量化间隔，而非均匀量化时只有 128 个量化间隔。因此，在保证小信号的量化间隔相等的条件下，均匀量化需要 11b 编码，而非均匀量化只要 7b 就够了。

最后指出，上面讨论的均匀和非均匀量化，都属于无记忆标量(scalar)量化。关于有记忆的标量量化，将在以后的章节中讨论。

9.5 脉冲编码调制

9.5.1 脉冲编码调制的基本原理

量化后的信号，已经是取值离散的数字信号。下一步的问题是如何将这个数字信号编码。最常用的编码是用二进制的符号，例如“0”和“1”，表示此离散数值。通常把从模拟信号抽样、量化，直到变换成为二进制符号的基本过程，称为脉冲编码调制(Pulse Code Modulation，PCM)，简称脉码调制。

在图 9-16 中示出一个例子。图中，模拟信号的抽样值为 3.15，3.96，5.00，6.38，6.80 和 6.42。若按照“四舍五入”的原则量化为整数值，则抽样值量化后变为 3，4，5，6，7 和 6。在按照二进制数编码后，量化值(quantized value)就变成二进制符号：011，100，101，110，111 和 110。

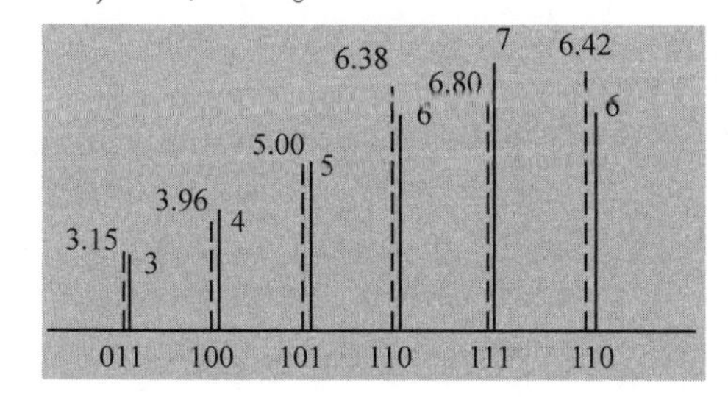

抽样值	3.15	3.96	5.00	6.38	6.80	6.42
量化值	3	4	5	6	7	6
编码后	011	100	101	110	111	110

图 9-16　二进制编码原理

脉码调制是将模拟信号变换成二进制信号的常用方法。于 20 世纪 40 年代，在通信技术中就已经实现了这种编码技术。由于当时是从信号调制的观点研究这种技术的，所以称为脉码调制。目前，它不仅用于通信领域，还广泛应用于计算机、遥控遥测、数字仪表、广播电视等许多领域。在这些领域中，有时将其称为“模拟/数字(A/D)变换”。实质上，脉码调制和 A/D 变换的原理是一样的。

上面已经提到，最常用的编码是用二进制符号表示量化值。但是，这不是必需的。编码也可以用多进制的编码。例如，若采用 4 进制编码，用 0，1，2，3 代表 4 进制的符号，则图 9-16 中的量化值例子在编码后将变成 03，10，11，12，13，12。

PCM 系统的原理方框图如图 9-17 所示。在编码器(图 9-17(a))中由冲激脉冲对模拟信号抽样，得到在抽样时刻上的信号抽样值。这个抽样值仍是模拟量。在它量化之前，通常用保持电路(holding circuit)将其作短暂保存，以便电路有时间对其进行量化。在实际电路中，常把抽样和保持电路作在一起，称为抽样保持电路。图中的量化器把模拟抽样信号变成离散的数字量，然后在编码器中进行二进制编码。这样，每个二进制码组就代表一个量化后的信号抽样值。图 9-17(b)中译码器的原理和编码过程相反，这里不再赘述。

在用电路实现时，图 9-17(a)中的量化器和编码器常构成一个不能分离的编码电路。

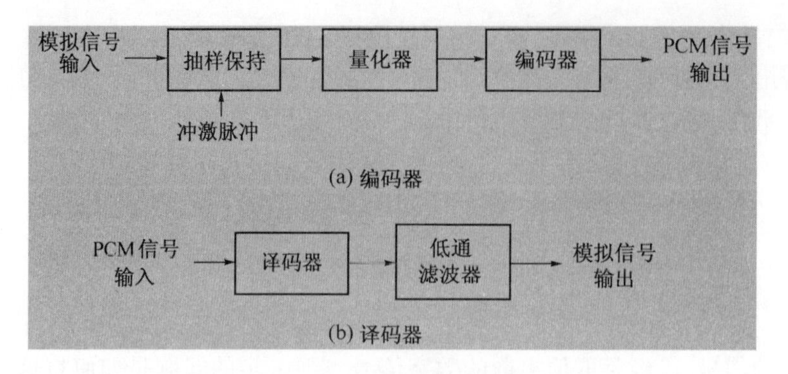

图 9-17　PCM 原理方框图

这种编码电路有不同的实现方案,最常用的一种方案称为逐次比较法编码,其基本原理方框图如图 9-18 所示。此图示出的是一个 3 位编码器。编码器的输入信号抽样脉冲值在 0 和 7.5 之间。它将输入的信号模拟抽样脉冲编成 3 位二进制编码 $c_1c_2c_3$,如表 9-4 所列。

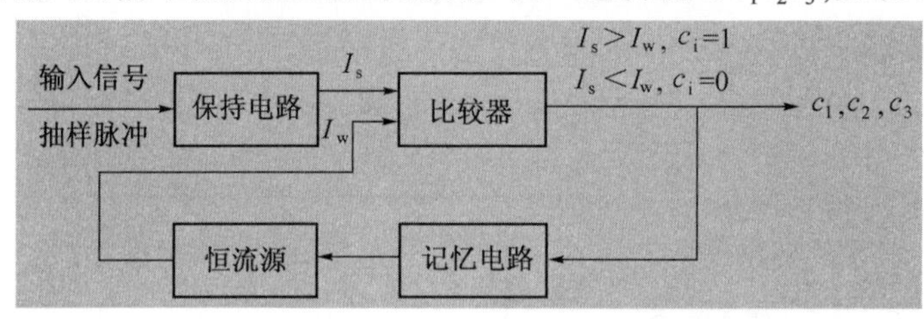

图 9-18　逐次比较法编码原理方框图

在图 9-18 中,输入信号抽样脉冲电流(或电压)I_s 由保持电路短时间保持,并和几个称为权值电流的标准电流 I_w 逐次比较。每比较一次,得出 1 位二进制码。权值(weighting)电流 I_w 是在电路中预先产生的。I_w 的个数决定于编码的位数,现在共有三个不同的 I_w 值。因为表示量化值的二进制码有 3 位,即 $c_1c_2c_3$。它们能够表示 8 个十进制数,从 0~7,如表 9-4 所列。因此,若按照"四舍五入"原则编码,则此编码器能够对 -0.5~+7.5 的输入抽样值正确编码。由此表可推知,用于判定 c_1 值的权值电流 $I_w=3.5$,即若抽样值 $I_s<3.5$,则比较器输出 $c_1=0$;若 $I_s>3.5$,则比较器输出 $c_1=1$。c_1 除输出外,还送入记忆电路暂存。第二次比较时,需要根据此暂存的 c_1 值,决定第二个权值电流值。若 $c_1=0$,则第二个权值电流值 $I_w=1.5$;若 $c_1=1$,则 $I_w=5.5$。第二次比较按照此规则进行:若 $I_s<I_w$,则 $c_2=0$;若 $I_s>I_w$,则 $c_2=1$。此 c_2 值除输出外,也送入记忆电路。在第三次比较时,所用的权值电流值须根据 c_1 和 c_2 的值决定。例如,若 $c_1c_2=00$,则 $I_w=0.5$;若 $c_1c_2=10$,则 $I_w=4.5$;依此类推。

表 9-4　编码表

量化值	c_1	c_2	c_3	量化值	c_1	c_2	c_3
0	0	0	0	4	1	0	0
1	0	0	1	5	1	0	1
2	0	1	0	6	1	1	0
3	0	1	1	7	1	1	1

9.5.2 自然二进制码和折叠二进制码

在表 9-4 中给出的二进制编码,是按照二进制数的自然规律排列的,称为自然二进制码。但是,这不是唯一一种编码方法。对电话信号的编码,除自然二进制码外,还常用另外一种编码,称为折叠二进制码。我们以 4 位二进制码为例,将这两种编码列于表9-5中。因为电话信号是交流信号,故在此表中将 4 位二进制码代表的 16 个双极性量化值分成两部分。第 0 至第 7 个量化值对应于负极性电压;第 8 至第 15 个量化值对应于正极性电压。显然,对于自然二进制码,这两部分之间没有什么对应联系。但是,对于折叠二进制码则不然,除了其最高位符号相反外,其上下两部分还呈现映像(image)关系,或称折叠关系。这种码用最高位表示电压的极性正负,而用其他位来表示电压的绝对值。这就是说,在用最高位表示极性后,双极性电压可以采用单极性编码方法处理,从而使编码电路和编码过程大为简化。

表 9-5 自然二进制码和折叠二进制码比较

量化值序号	量化电压极性	自然二进制码	折叠二进制码	量化值序号	量化电压极性	自然二进制码	折叠二进制码
15	正极性	1111	1111	7	负极性	0111	0000
14		1110	1110	6		0110	0001
13		1101	1101	5		0101	0010
12		1100	1100	4		0100	0011
11		1011	1011	3		0011	0100
10		1010	1010	2		0010	0101
9		1001	1001	1		0001	0110
8		1000	1000	0		0000	0111

折叠码的另一个优点是误码对于小电压的影响较小。例如,若有一个码组为"1000",在传输或处理时发生一个符号错误,变成"0000"。从表中可见,若它为自然码,则它所代表的电压值将从 8 变成 0,误差为 8;若它为折叠码,则它将从 8 变成 7,误差为 1。但是,若一个码组从"1111"错成"0111",则自然码将从 15 变成 7,误差仍为 8;而折叠码则将从 15 错成为 0,误差增大为 15。这表明,折叠码对于小信号有利。由于话音信号小电压出现的概率较大,所以折叠码有利于减小话音信号的平均量化噪声。

了解了 PCM 的编码原理后,不难推论出译码的原理,这里不另作讨论。

无论是自然码还是折叠码,码组中符号的位数都直接和量化值数目有关。量化间隔越多,量化值也越多,则码组中符号的位数也随之增多。同时,信号量噪比也越大。当然,位数增多后,会使信号的传输量和存储量增大。编码器也将较复杂。在话音通信中,通常采用 8 位的 PCM 编码就能够保证满意的通信质量。下面将结合我国采用的 13 折线法的编码,介绍一种码位排列方法。

在 13 折线法中采用的折叠码有 8 位。其中第一位 c_1 表示量化值的极性正负。后面的 7 位分为段落码和段内码两部分,用于表示量化值的绝对值。其中第 2 至 4 位($c_2c_3c_4$)是段落码,共计 3 位,可以表示 8 种斜率的段落;其他 4 位($c_5 \sim c_8$)为段内码,可以表示每一段落内的 16 种量化电平。段内码代表的 16 个量化电平是均匀划分的。所以,这 7 位

码总共能表示 $2^7=128$ 种量化值。在表 9-6 和表 9-7 中给出了段落码和段内码的编码规则。

表 9-6 段落码

段落序号	段落码 $c_2c_3c_4$	段落范围（量化单位）
8	111	1024～2048
7	110	512～1024
6	101	256～512
5	100	128～256
4	011	64～128
3	010	32～64
2	001	16～32
1	000	0～16

表 9-7 段内码

量化间隔	段内码 $c_5c_6c_7c_8$	量化间隔	段内码 $c_5c_6c_7c_8$
15	1111	7	0111
14	1110	6	0110
13	1101	5	0101
12	1100	4	0100
11	1011	3	0011
10	1010	2	0010
9	1001	1	0001
8	1000	0	0000

在上述编码方法中，虽然段内码是按量化间隔均匀编码的，但是因为各个段落的斜率不等，长度不等，故不同段落的量化间隔是不同的。其中第 1 和 2 段最短，斜率最大，其横坐标 x 的归一化动态范围（dynamic range）只有 1/128。再将其等分为 16 小段后，每一小段的动态范围只有 $(1/128)\times(1/16)=1/2048$。这就是最小量化间隔，后面将此最小量化间隔（1/2048）称为 1 个量化单位。第八段最长，其横坐标 x 的动态范围为 1/2。将其 16 等分后，每段长度为 1/32。假若采用均匀量化而仍希望对于小电压保持有同样的动态范围 1/2048，则需要用 11 位的码组才行。现在采用非均匀量化，只需要 7 位就够了。由于目前在电话网中采用这类非均匀量化的 PCM 体制，故这类 PCM 电路已经作成了单片 IC，并得到广泛使用。

典型电话信号的抽样频率是 8000Hz，故在采用这类非均匀量化编码器时，典型的数字电话传输比特率为 64kb/s。这个速率被 ITU 制定的建议所采用。

9.5.3 电话信号的编译码器

在图 9-19 中给出了用于电话信号编码的 13 折线折叠码的量化编码器原理方框图。此编码器给出 8 位编码 $c_1 \sim c_8$。c_1 为极性码，其他位表示抽样的绝对值。比较图 9-19 和图 9-18，其主要区别有两处。① 输入信号抽样值经过一个整流器，它将双极性值变成单极性值，并给出极性码 c_1。② 在记忆电路后接一个 7/11 变换电路，其功能是将 7 位的非均匀量化码变换成 11 位的均匀量化码，以便于恒流源（constant current source）能够按照图 9-18 的原理产生权值电流。下面将用一个实例作具体说明。

【例 9-2】 设输入电话信号抽样值的归一化动态范围在 -1 至 +1 之间，将此动态范围划分为 4096 个量化单位，即将 1/2048 作为 1 个量化单位。当输入抽样值为 +1270 个量化单位时，试用逐次比较法编码将其按照 13 折线 A 律特性编码。

【解】 设编出的 8 位码组用 $c_1c_2c_3c_4c_5c_6c_7c_8$ 表示，则有：

（1）确定极性码 c_1：因为输入抽样值 +1270 为正极性，所以 $c_1=1$。

（2）确定段落码 $c_2c_3c_4$：段落码和抽样值的关系见表 9-8。由此表可见，c_2 值决定于

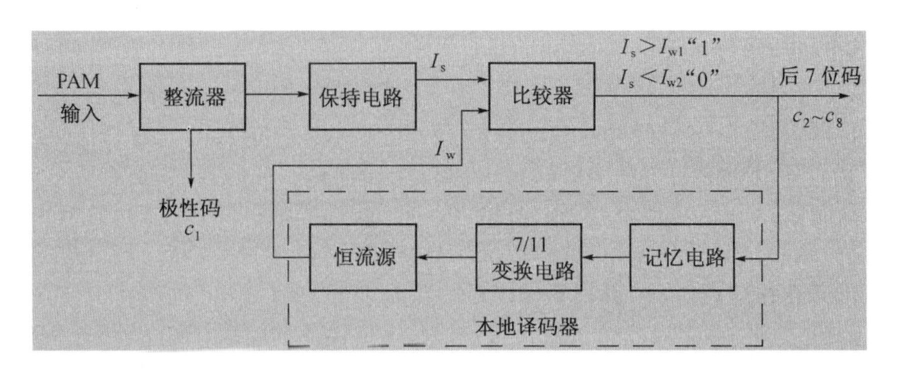

图 9-19　用于电话信号编码的逐次比较法非均匀编码器原理方框图

信号抽样值大于还是小于 128，即此时的权值电流 $I_w = 128$。现在输入抽样值等于 1270，故 $c_2 = 1$。

表 9-8　段落码的确定

段落序号	段落码 $c_2c_3c_4$	段落范围（量化单位）	段落序号	段落码 $c_2c_3c_4$	段落范围（量化单位）
1	000	0～16	5	100	128～256
2	001	16～32	6	101	256～512
3	010	32～64	7	110	512～1024
4	011	64～128	8	111	1024～2048

在确定 $c_2 = 1$ 后，由此表可见，c_3 决定于信号抽样值大于还是小于 512，即此时的权值电流 $I_w = 512$。因此判定 $c_3 = 1$。同理，在 $c_2c_3 = 11$ 的条件下，决定 c_4 的权值电流 $I_w = 1024$。将其和抽样值 1270 比较后，得到 $c_4 = 1$。这样，就求出了 $c_2c_3c_4 = 111$，并且得知抽样值位于第 8 段落内。

（3）确定段内码 $c_5c_6c_7c_8$：段内码是按量化间隔均匀编码的，每一段落均被均匀地划分为 16 个量化间隔。但是，因为各个段落的斜率和长度不等，故不同段落的量化间隔是不同的。对于第 8 段落，其量化间隔如图 9-20 所示。由表 9-8 可见，决定 c_5 等于"1"还是等于"0"的权值电流值在量化间隔 7 和 8 之间，即有 $I_w = 1536$。现在信号抽样值 $I_s = 1270$，所以 $c_5 = 0$。同理，决定 c_6 值的权值电流值在量化间隔 3 和 4 之间，故 $I_w = 1280$，因此仍有 $I_s < I_w$，所以 $c_6 = 0$。如此继续下去，决定 c_7 值的权值电流 $I_w = 1152$，现在 $I_s > I_w$，所以 $c_7 = 1$。最后，决定 c_8 值的权值电流 $I_w = 1216$，仍有 $I_s > I_w$，所以 $c_8 = 1$。

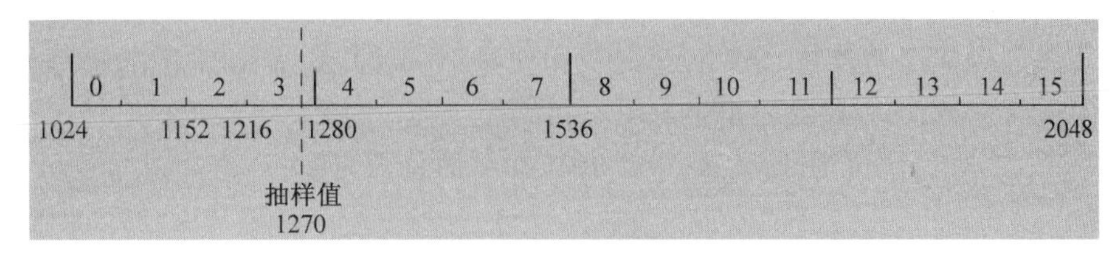

图 9-20　第八段落量化间隔

这样编码得到的 8 位码组为 $c_1c_2c_3c_4c_5c_6c_7c_8 = 11110011$，它表示的量化值应该在第 8 段落的量化间隔 3 中间；换句话说，只要抽样值落在 1216 和 1280 之间，则得到的码组都是 11110011。在接收端译码时，通常是将此码组转换成此量化间隔的中间值输出，即输出电压等于(1280+1216)/2=1248(量化单位)。将此量化值和上面的信号抽样值相比，得知量化误差等于 1270-1248=22(量化单位)。

顺便指出，除极性码外，若用自然二进制码表示此折叠二进制码所代表的量化值(1248)，则需要 11 位二进制数(10011100000)。

最后，将结合图 9-19 简要说明这种编码的逐次比较法译码原理。由此图可见，图中虚线方框内是本地译码器，而接收端译码器的核心部分原理就和本地译码器的原理一样。在图 9-19 中，本地译码器的记忆电路得到输入 c_7 值后，使恒流源产生为下次比较所需要的权值电流 I_w。在编码器输出 c_8 值后，对此抽样值的编码已经完成，所以比较器要等待下一个抽样值到达，暂不需要恒流源产生新的权值电流。

在接收端的译码器中，仍保留本地译码器部分。由记忆电路接收发送来的码组。当记忆电路接收到码组的最后一位 c_8 后，使恒流源再产生一个权值电流，它等于最后一个间隔的中间值。在上例中，此中间值等于 1248。由于编码器中的比较器只是比较抽样的绝对值，本地译码器也只是产生正值权值电流，所以在接收端的译码器中，最后一步要根据接收码组的第一位 c_1 值控制输出电流的正负极性。在图 9-21 中示出接收端译码器的基本原理方框图。

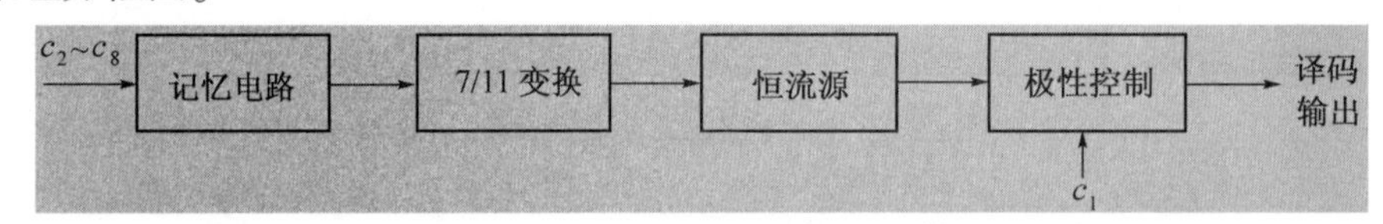

图 9-21　接收译码器原理方框图

9.5.4 PCM 系统中噪声的影响

PCM 系统中的噪声有两种，即量化噪声和传输中引入的加性噪声。下面将先分别对其讨论，再给出考虑两者后的总信噪比。

首先讨论加性噪声的影响。加性噪声将使接收码组中产生错码，造成信噪比下降。通常仅需考虑在码组中有一位错码的情况，因为在同一码组中出现两个以上错码的概率非常小，可以忽略。例如，当误码率为 $P_e=10^{-4}$ 时，在一个 8 位码组中出现一位错码的概率为 $P_1=8P_e=8\times10^{-4}$，而出现 2 位错码的概率为

$$P_2 = C_8^2 P_e^2 = \frac{8 \cdot 7}{2} \times (10^{-4})^2 = 2.8 \times 10^{-7}$$

所以 $P_2 \ll P_1$。现在仅对较简单的情况分析，即仅讨论白色高斯加性噪声对均匀量化的自然码的影响。这时，可以认为码组中出现的错码是彼此独立的和均匀分布的。设码组的构成如图 9-22 所示，即码组长度为 N 位，每位的权值分别为 $2^0, 2^1, \cdots, 2^{N-1}$。

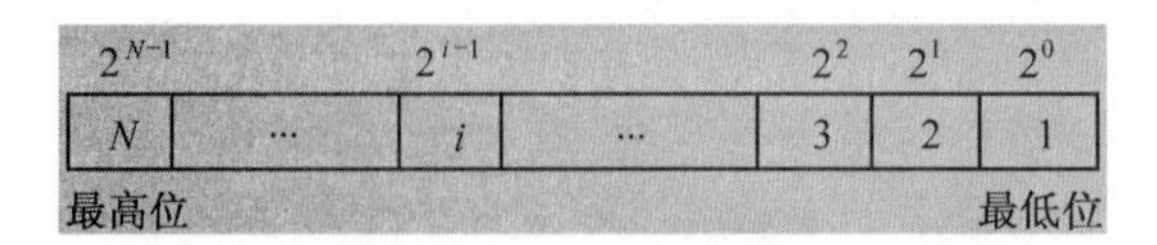

图 9-22　码组的构成

在考虑噪声对每个码元的影响时，要知道该码元所代表的权值。设量化间隔为 Δv，则第 i 位码元代表的信号权值为 $2^{i-1}\Delta v$。若该位码元发生错误，由"0"变成"1"或由"1"变成"0"，则产生的权值误差将为 $+2^{i-1}\Delta v$ 或 $-2^{i-1}\Delta v$。由于已假设错码是均匀分布的，若一个码组中有一个错误码元引起的误差电压为 Q_Δ，则一个错误码元引起的该码组误差功率的（统计）平均值

$$E[Q_\Delta^2] = \frac{1}{N}\sum_{i=1}^{N}(2^{i-1}\Delta v)^2 = \frac{(\Delta v)^2}{N}\sum_{i=1}^{N}(2^{i-1})^2 = \frac{2^{2N}-1}{3N}(\Delta v)^2 \approx \frac{2^{2N}}{3N}(\Delta v)^2 \tag{9.5-1}$$

由于错码产生的平均间隔为 $1/P_e$ 个码元，每个码组包含 N 个码元，所以有错码码组产生的平均间隔为 $1/NP_e$ 个码组。这相当于平均间隔时间为 T_s/NP_e，其中 T_s 为码组的持续时间，即抽样间隔时间。故考虑到此错码码组的平均间隔后，将式(9.5-1)中的误差功率按时间平均，得到误差功率的时间平均值为

$$E_t[Q_\Delta^2] = (NP_e)E[Q_\Delta^2] = NP_e\frac{2^{2N}}{3N}(\Delta v)^2 = \frac{2^{2N}P_e}{3}(\Delta v)^2 \tag{9.5-2}$$

它的等效误差电压为式(9.5-2)的平方根：

$$Q_{\Delta e} = \left(\frac{2^{2N}P_e}{3}\right)^{1/2}(\Delta v) \tag{9.5-3}$$

另一方面，假设发送端送出的是抽样冲激脉冲，则接收端也是对抽样冲激脉冲译码。所以误差电压（冲激脉冲）的频谱

$$G(f) = \int_{-\infty}^{\infty} Q_{\Delta e}\delta(t-kT_s)\mathrm{e}^{-\mathrm{j}\omega t}\mathrm{d}t = Q_{\Delta e}\mathrm{e}^{-\mathrm{j}\omega kT_s} \tag{9.5-4}$$

这时，误差的功率谱密度可以按照式(6.1-33)计算：

$$P_{\Delta e}(f) = f_s|G(f)|^2 \tag{9.5-5}$$

式中：$f_s = 1/T_s$，为抽样频率。

将式(9.5-4)代入式(9.5-5)，得出误差的功率谱密度

$$P_{\Delta e}(f) = f_s Q_{\Delta e}^2 \tag{9.5-6}$$

经过接收端截止频率为 f_H 的输出低通滤波器后，输出加性噪声功率

$$N_a = \int_{-f_H}^{f_H} P_{\Delta e}(f)\mathrm{d}f = f_s\left(\frac{2^{2N}P_e}{3}\right)(\Delta v)^2(2f_H) = \frac{2^{2N}P_e(\Delta v)^2}{3T_s^2} \tag{9.5-7}$$

式中：$f_s = 2f_H = 1/T_s$

现在来讨论量化误差的影响。式(9.5-4)表示的是冲激脉冲和其频谱的傅里叶变换关系。虽然式中的误差电压 $Q_{\Delta e}$ 是因噪声引起的，但是此式对于任何冲激脉冲都成立。所以，对于量化误差，也可以从量化误差功率 N_q 的公式(9.4-7)，仿照上面的分析直接写出。

量化误差电压：

$$Q_q = N_q^{1/2} = \frac{\Delta v}{\sqrt{12}} \tag{9.5-8}$$

量化误差的频谱：

$$G_q(f)=\int_{-\infty}^{\infty}Q_q\delta(t-kT_s)e^{-j\omega t}dt=Q_qe^{-j\omega kT_s} \tag{9.5-9}$$

量化误差的功率谱密度：

$$P_q(f)=f_s|G_q(f)|^2=f_sQ_q^2 \tag{9.5-10}$$

经过低通滤波器后，输出的量化噪声功率：

$$N_q=\int_{-f_H}^{f_H}P_q(f)df=f_s\left(\frac{(\Delta v)^2}{12}\right)(2f_H)=\frac{1}{T_s^2}\frac{(\Delta v)^2}{12} \tag{9.5-11}$$

上面已经分别求出了输出加性噪声和量化噪声的功率。我们注意到，它们和低通滤波前的相应功率相比，都是相差一个因子$(1/T_s^2)$。

为了得到输出信噪比，现在来求输出信号功率。由式(9.4-8)可知，在低通滤波前信号(冲激脉冲)的平均功率可以表示成

$$S_0=\int_{-a}^{a}m_k^2\left(\frac{1}{2a}\right)dm_k=\frac{M^2}{12}(\Delta v)^2$$

按照上述分析噪声的方法，同理可得接收端低通滤波后的信号功率是低通滤波前的$(1/T_s^2)$倍，即有输出信号功率

$$S=\frac{M^2}{12T_s^2}(\Delta v)^2 \tag{9.5-12}$$

最后得到PCM系统的总输出信噪功率比

$$\frac{S}{N}=\frac{S}{N_a+N_q}=\frac{\dfrac{M^2}{12T_s^2}(\Delta v)^2}{\dfrac{2^{2N}P_e(\Delta v)^2}{3T_s^2}+\dfrac{(\Delta v)^2}{12T_s^2}}=\frac{M^2}{2^{2(N+1)}P_e+1}=\frac{2^{2N}}{1+2^{2(N+1)}P_e} \tag{9.5-13}$$

式中　$M=2^N$。

在大信噪比条件下，即当$2^{2(N+1)}P_e\ll 1$时，式(9.5-13)变成

$$S/N\approx 2^{2N} \tag{9.5-14}$$

在小信噪比条件下，即当$2^{2(N+1)}P_e\gg 1$时，式(9.5-13)变成

$$S/N\approx 1/(4P_e) \tag{9.5-15}$$

顺便指出，由式(9.5-12)和式(9.5-11)可以得出输出信号量噪比

$$\frac{S}{N_q}=M^2=2^{2N} \tag{9.5-16}$$

式(9.5-16)表示，PCM系统的输出信号量噪比仅和编码位数N有关，且随N按指数规律增大。另一方面，对于一个频带限制在f_H的低通信号，按照抽样定理，要求抽样速率不低于$2f_H$次/s。对于PCM系统，这相当于要求传输速率至少为$2Nf_H$(b/s)。故要求系统带宽B至少等于Nf_H(Hz)。用B表示N代入式(9.5-16)，得到

$$\frac{S}{N_q}=2^{2(B/f_H)} \tag{9.5-17}$$

式(9.5-17)表明,当低通信号最高频率f_H给定时,PCM系统的输出信号量噪比随系统的带宽B按指数规律增长。

9.6 差分脉冲编码调制

9.6.1 预测编码简介

上节介绍的PCM体制需要用64kb/s的速率传输1路数字电话信号,而传输1路模拟电话仅占用3kHz带宽。相比之下,传输PCM信号占用更大带宽。为了降低数字电话信号的比特率,改进办法之一是采用预测编码(prediction coding)方法。预测编码方法有多种。**差分脉冲编码调制**(Differential PCM,DPCM),简称**差分脉码调制**,是其中广泛应用的一种基本的预测方法。下面将在介绍预测编码的基本原理基础之上,给出DPCM的编码方法。

在预测编码中,每个抽样值不是独立地编码,而是先根据前几个抽样值计算出一个预测值,再取当前抽样值和预测值之差。将此差值编码并传输。此差值称为预测误差。话音信号等连续变化的信号,其相邻抽样值之间有一定的相关性,这个相关性使信号中含有冗余(redundant)信息。由于抽样值及其预测值之间有较强的相关性,即抽样值和其预测值非常接近,使此预测误差的可能取值范围,比抽样值的变化范围小。所以,可以少用几位编码比特来对预测误差编码,从而降低其比特率。此预测误差的变化范围较小,它包含的冗余度(redundancy)也小。这就是说,利用减小冗余度的办法,降低了编码比特率。

若利用前面的几个抽样值的线性组合(linear combination)来预测当前的抽样值,则称为线性预测(linear prediction)。若仅用前面的1个抽样值预测当前的抽样值,则就是将要讨论的DPCM。在图9-23中示出了线性预测编码、译码原理方框图。编码器的输入为原始模拟话音信号$m(t)$。它在时刻kT_s被抽样,抽样信号$m(kT_s)$在图中简写为m_k;其中T_s为抽样间隔时间,k为整数。此抽样信号和预测器输出的预测值m'_k相减,得到预测误差e_k。此预测误差经过量化后得到量化预测误差r_k。r_k除了送到编码器编码并输出外,还用于更新预测值。它和原预测值m'_k相加,构成预测器新的输入m_k^*。为了说明这个m_k^*的意义,我们暂时假定量化器的量化误差为零,即$e_k=r_k$,则由图9-23可见:

$$m_k^* = r_k + m'_k = e_k + m'_k = (m_k - m'_k) + m'_k = m_k \tag{9.6-1}$$

式(9.6-1)表示$m_k^*=m_k$。所以,可以把m_k^*看作是带有量化误差的抽样信号m_k。

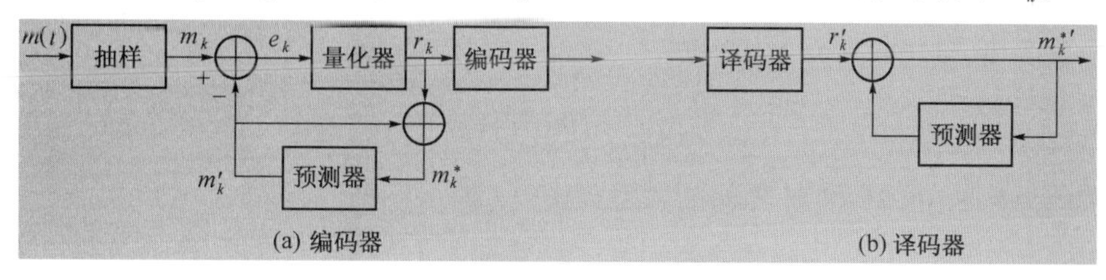

图9-23　线性预测编码、译码器原理方框图

预测器的输出和输入关系由下列线性方程式决定：

$$m'_k = \sum_{i=1}^{p} a_i m^*_{k-i} \tag{9.6-2}$$

式中：p 是预测阶数(prediction order)；a_i 是预测系数(prediction coefficient)，它们都是常数。

式(9.6-2)表明，预测值 m'_k 是前面 p 个带有量化误差的抽样信号值的加权和。

由图 9-23 可见，编码器中预测器输入端和相加器的连接电路和译码器中的完全一样。故当无传输误码时，即当编码器的输出就是译码器的输入时，这两个相加器的输入信号相同，即 $r_k = r'_k$。所以，此时译码器的输出信号 $m^{*\prime}_k$ 和编码器中相加器输出信号 m^*_k 相同，即等于带有量化误差的信号抽样值 m_k。

9.6.2 差分脉冲编码调制原理及性能

在 DPCM 中，只将前一个抽样值当作预测值，再取当前抽样值和预测值之差进行编码并传输。这相当于在式(9.6-2)中，$p=1$，$a_1=1$，故 $s'_k = s^*_{k-1}$。这时，图 9-23(a)中的预测器就简化成为一个延迟电路，其延迟时间为一个抽样间隔时间 T_s。在图 9-24 中画出了 DPCM 系统的原理方框图。

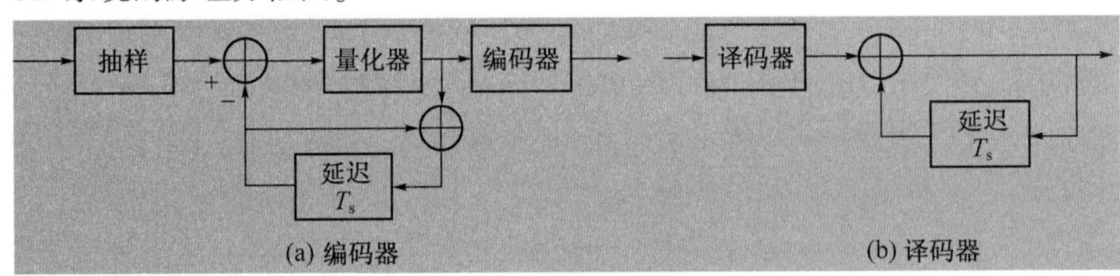

图 9-24　DPCM 系统原理方框图

为了改善 DPCM 体制的性能，将自适应技术引入量化和预测过程，得出**自适应差分脉码调制**(Adaptive DPCM，ADPCM)体制。它能大大提高信号量噪比和动态范围。适用于话音编码的 ADPCM 体制，已经由 ITU-T 制定出建议，并得到广泛应用，这里不再赘述。

下面将分析 DPCM 系统的量化误差，即量化噪声。DPCM 系统的量化误差 q_k 定义为编码器输入模拟信号抽样值 m_k 与量化后带有量化误差的抽样值 m^*_k 之差：

$$q_k = m_k - m^*_k = (m'_k + e_k) - (m'_k + r_k) = e_k - r_k \tag{9.6-3}$$

设预测误差 e_k 的范围是$(+\sigma, -\sigma)$，量化器的量化电平数为 M，量化间隔为 Δv，则有

$$\Delta v = \frac{2\sigma}{(M-1)} \qquad \sigma = \frac{(M-1)}{2}\Delta v \tag{9.6-4}$$

当 $M=5$ 时，σ，Δv 和 M 之间的关系如图 9-25 所示。

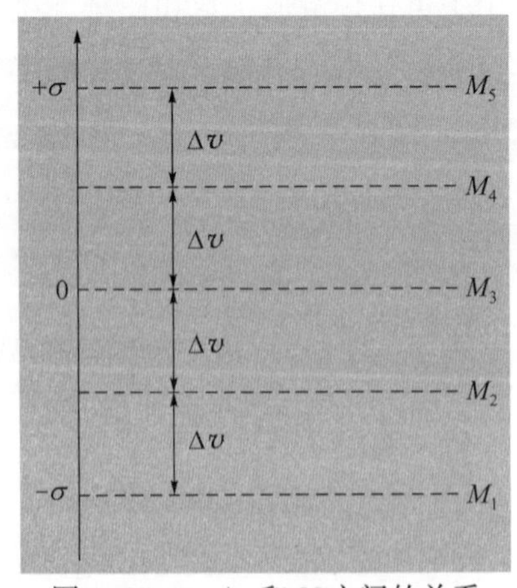

图 9-25　σ，Δv 和 M 之间的关系

由于量化误差仅为量化间隔的一半，因此预测误差经过量化后，产生的量化误差 q_k 在$(-\Delta v/2, +\Delta v/2)$内。

我们假设此量化误差 q_k 在$(-\Delta v/2,+\Delta v/2)$内是均匀分布的。若 DPCM 编码器输出的码元速率为 Nf_s，其中 f_s 为抽样频率；$N=\log_2 M$ 是每个抽样值编码的码元数，则 q_k 的概率密度 $f(q_k)$ 可以表示为

$$f(q_k)=\frac{1}{\Delta v} \tag{9.6-5}$$

故 q_k 的平均功率可以表示成

$$E(q_k^2)=\int_{-\Delta v/2}^{\Delta v/2} q_k^2 f(q_k)\,\mathrm{d}q_k=\frac{1}{\Delta v}\int_{-\Delta v/2}^{\Delta v/2} q_k^2\,\mathrm{d}q_k=\frac{(\Delta v)^2}{12} \tag{9.6-6}$$

若我们还假设此功率平均分布在从 0 至 Nf_s 的频率范围内，即其功率谱密度

$$P_q(f)=\frac{(\Delta v)^2}{12Nf_s} \qquad 0<f<f_s \tag{9.6-7}$$

则此量化噪声通过截止频率为 f_m 的低通滤波器之后，其功率

$$N_q=P_q(f)f_m=\frac{(\Delta v)^2}{12N}\left(\frac{f_m}{f_s}\right) \tag{9.6-8}$$

上面求出了输出量化噪声的功率。为了计算信号量噪比，还需要知道信号功率。由 DPCM 编码的原理可知，当预测误差 e_k 的范围限制在$(+\sigma,-\sigma)$时，同时也限制了信号的变化速度。这就是说，在相邻抽样点之间，信号抽样值的增减不能超过此范围。一旦超过此范围，编码器将发生过载(overload)，即产生超过允许范围的误差。若抽样点间隔为 $T=1/f_s$，则将限制信号的斜率不能超过 σ/T。

现在假设输入信号是一个正弦波：

$$m(t)=A\sin\omega_k t \tag{9.6-9}$$

式中：A 为振幅；ω_k 为角频率。
它的变化速度决定于其斜率：

$$\frac{\mathrm{d}m(t)}{\mathrm{d}t}=A\omega_k\cos\omega_k t \tag{9.6-10}$$

式(9.6-10)给出最大斜率等于 $A\omega_k$。为了不发生过载，信号的最大斜率不应超过σ/T，即

$$A\omega_k\leqslant\frac{\sigma}{T}=\sigma f_s \tag{9.6-11}$$

所以最大允许信号振幅 A_{max} 等于

$$A_{max}=\frac{\sigma f_s}{\omega_k} \tag{9.6-12}$$

这时的信号功率为

$$S=\frac{A_{max}^2}{2}=\frac{\sigma^2 f_s^2}{2\omega_k^2}=\frac{\sigma^2 f_s^2}{8\pi^2 f_k^2} \tag{9.6-13}$$

将式(9.6-4)中的 σ 代入式(9.6-13)，得到

$$S=\frac{\left(\frac{M-1}{2}\right)^2(\Delta v)^2f_s^2}{8\pi^2f_k^2}=\frac{(M-1)^2(\Delta v)^2f_s^2}{32\pi^2f_k^2} \tag{9.6-14}$$

最后,由式(9.6-8)和式(9.6-14)可以求出信号量噪比

$$\frac{S}{N_q}=\frac{3N(M-1)^2}{8\pi^2}\cdot\frac{f_s^3}{f_k^2f_m} \tag{9.6-15}$$

式(9.6-15)表明,信号量噪比随编码位数 N 和抽样频率 f_s 的增大而增加。

9.7 增量调制

9.7.1 增量调制原理

增量调制(Delta Modulation,ΔM 或 DM)可以看成是一种最简单的 DPCM。当 DPCM 系统中量化器的量化电平数取为 2 时,此 DPCM 系统就成为增量调制系统。图 9-26 示出其原理方框图。图 9-26(a)中预测误差 $e_k=m_k-m'_k$ 被量化成两个电平 $+\sigma$ 和 $-\sigma$。σ 值称为量化台阶(quantization step)。这就是说,量化器输出信号 r_k 只取两个值 $+\sigma$ 或 $-\sigma$。因此,r_k 可以用一个二进制符号表示。例如,用“1”表示“$+\sigma$”,及用“0”表示“$-\sigma$”。译码器由“延迟相加电路”组成,它和编码器中的相同。所以当无传输误码时,$m^{*\prime}_k=m_k^*$。

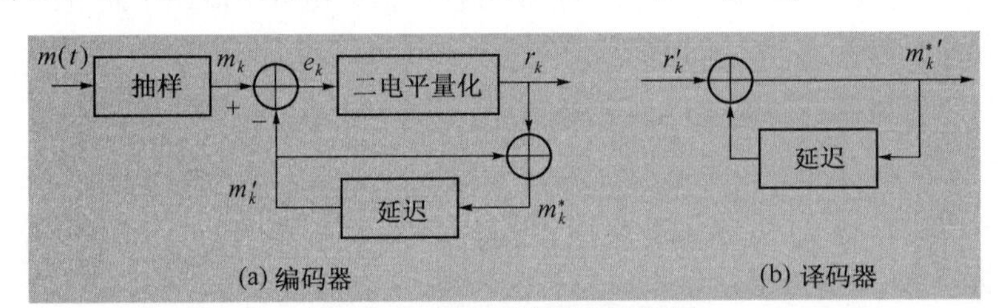

图 9-26 增量调制原理方框图

在实用中,为了简单起见,通常用一个积分器(integrator)来代替上述“延迟相加电路”,并将抽样器放到相加器后面,与量化器合并为抽样判决器,如图 9-27 所示。图中编码器输入模拟信号为 $m(t)$,它与预测信号 $m'(t)$ 值相减,得到预测误差 $e(t)$。预测误差 $e(t)$ 被周期为 T_s 的抽样冲激序列 $\delta_T(t)$ 抽样。若抽样值为正值,则判决输出电压 $+\sigma$(用“1”代表);若抽样值为负值,则判决输出电压 $-\sigma$(用“0”代表)。这样就得到二进制输出数字信号。图 9-28 中示出了这一过程。因积分器含抽样保持电路,故图中 $m'(t)$ 为阶梯波形。

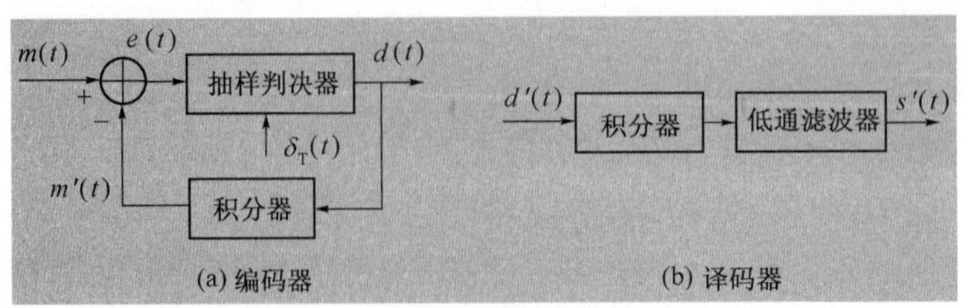

图 9-27 增量调制原理方框图

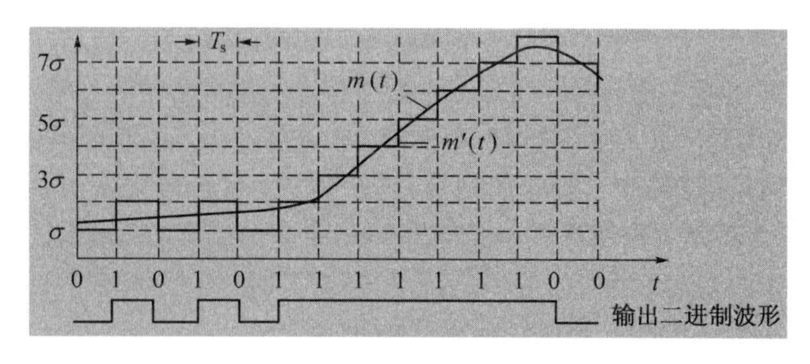

图 9-28 增量调制波形图

在解调器中,积分器只要每收到一个"1"码元就使其输出升高 σ,每收到一个"0"码元就使其输出降低 σ,这样就可以恢复出图 9-28 中的阶梯形电压。这个阶梯电压通过低通滤波器平滑(smoothing)后,就得到十分接近编码器原输入的模拟信号。

9.7.2 增量调制系统中的量化噪声

由上述增量调制原理可知,译码器恢复的信号是阶梯形电压经过低通滤波平滑后的解调电压。它与编码器输入模拟信号的波形近似,但是存在失真。将这种失真称为量化噪声(quantization noise)。这种量化噪声产生的原因有两个。第一个原因是由于编码、译码时用阶梯波形去近似表示模拟信号波形,由阶梯本身的电压突跳产生失真,见图 9-29(a)。这是增量调制的基本量化噪声,又称**一般量化噪声**。它伴随着信号永远存在,即只要有信号,就有这种噪声。第二个原因是信号变化过快引起失真;这种失真称为**过载量化噪声**,见图 9-29(b)。它发生在输入信号斜率的绝对值过大时。由于当抽样频率和量化台阶一定时,阶梯波的最大可能斜率是一定的。若信号上升的斜率超过阶梯波的最大可能斜率,则阶梯波的上升速度赶不上信号的上升速度,就发生了过载量化噪声。图 9-29 示出的这两种量化噪声是经过输出低通滤波器前的波形。

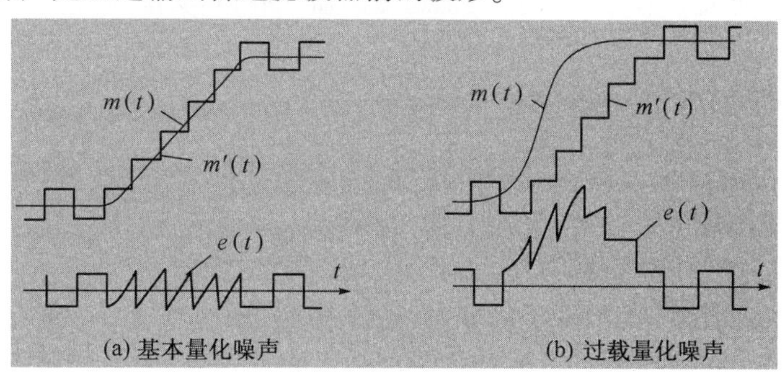

图 9-29 增量调制的量化噪声

设抽样周期为 T_s,抽样频率为 $f_s = 1/T_s$,量化台阶为 σ,则一个阶梯台阶的斜率 k 为

$$k = \sigma / T_s = \sigma f_s \quad (\mathrm{V/s}) \tag{9.7 - 1}$$

它也就是阶梯波的最大可能斜率,或称为译码器的最大跟踪斜率。当增量调制器的输入信号斜率超过这个最大值时,将发生过载量化噪声。所以,为了避免发生过载量化噪声,必须使 σ 和 f_s 的乘积足够大,使信号的斜率不会超过这个值。另一方面,σ 值直接和基本量化噪声的大小有关,若取 σ 值太大,势必增大基本量化噪声。所以,用增大 f_s 的办法

增大乘积 σf_s，才能保证基本量化噪声和过载量化噪声两者都不超过要求。实际中增量调制采用的抽样频率 f_s 值比 PCM 和 DPCM 的抽样频率值都大很多；对于话音信号而言，增量调制采用的抽样频率在几十千赫到百余千赫。

顺便指出，当增量调制编码器输入电压的峰—峰值为 0 或小于 σ 时，编码器的输出就成为“1”和“0”交替的二进制序列。因为译码器的输出端接有低通滤波器，故这时译码器的输出电压为 0。只有当输入的峰值电压大于 $\sigma/2$ 时，输出序列才随信号的变化而变化。故称 $\sigma/2$ 为增量调制编码器的起始编码电平。

现在我们转到讨论增量调制系统中的量化噪声计算和信号量噪比。这时仅考虑基本量化噪声，并假定在设计时已经考虑到使系统不会产生过载量化噪声。这样，图 9-28 中的阶梯波 $m'(t)$ 就是译码积分器输出波形，而 $m'(t)$ 和 $m(t)$ 之差就是低通滤波前的量化噪声 $e(t)$。由图 9-29(a) 可知，$e(t)$ 随时间在区间 $(-\sigma, +\sigma)$ 内变化。假设它在此区间内均匀分布，则 $e(t)$ 的概率分布密度为

$$f(e) = \frac{1}{2\sigma} \qquad -\sigma \leqslant e \leqslant +\sigma \tag{9.7-2}$$

故 $e(t)$ 的平均功率可以表示成：

$$E[e^2(t)] = \int_{-\sigma}^{\sigma} e^2 f(e)\,\mathrm{d}e = \frac{1}{2\sigma}\int_{-\sigma}^{\sigma} e^2\,\mathrm{d}e = \frac{\sigma^2}{3} \tag{9.7-3}$$

假设这个功率的频谱均匀分布在从 0 到抽样频率 f_s 之间，即其功率谱密度 $P(f)$ 可以近似地表示为

$$P(f) = \frac{\sigma^2}{3f_s} \qquad 0 < f < f_s \tag{9.7-4}$$

因此，此量化噪声通过截止频率为 f_m 的低通滤波器之后，其功率

$$N_q = P(f)f_m = \frac{\sigma^2}{3}\left(\frac{f_m}{f_s}\right) \tag{9.7-5}$$

由式(9.4-5)可以看出，此基本量化噪声功率只和量化台阶 σ 与 (f_m/f_s) 有关，和输入信号大小无关。

下面我们将讨论信号量噪比。

首先来考虑信号功率。设输入信号为

$$m(t) = A\sin\omega_k t \tag{9.7-6}$$

式中：A 为振幅；ω_k 为角频率。

则其斜率由下式决定：

$$\frac{\mathrm{d}m(t)}{\mathrm{d}t} = A\omega_k\cos\omega_k t \tag{9.7-7}$$

此斜率的最大值等于 $A\omega_k$。

为了保证不发生过载，要求信号的最大斜率不超过译码器的最大跟踪斜率（见式(9.7-1)）。现在信号的最大斜率为 $A\omega_k$，所以要求

$$A\omega_k \leqslant \frac{\sigma}{T} = \sigma \cdot f_s \quad (9.7-8)$$

式(9.7-8)表明,保证不过载的临界振幅

$$A_{max} = \frac{\sigma \cdot f_s}{\omega_k} \quad (9.7-9)$$

即临界振幅 A_{max} 与量化台阶 σ 和抽样频率 f_s 成正比,与信号角频率 ω_k 成反比。这个条件限制了信号的最大功率。由式(9.7-9)不难导出这时的最大信号功率

$$S_{max} = \frac{A_{max}^2}{2} = \frac{\sigma^2 f_s^2}{2\omega_k^2} = \frac{\sigma^2 f_s^2}{8\pi^2 f_k^2} \quad (9.7-10)$$

式中:$f_k = \omega_k / 2\pi$。

因此,最大信号量噪比可以由式(9.7-5)和式(9.7-10)求出:

$$\frac{S_{max}}{N_q} = \frac{\sigma^2 f_s^2}{8\pi^2 f_k^2}\left[\frac{3}{\sigma^2}\left(\frac{f_s}{f_m}\right)\right] = \frac{3}{8\pi^2}\left(\frac{f_s^3}{f_k^2 f_m}\right) \approx 0.04\frac{f_s^3}{f_k^2 f_m} \quad (9.7-11)$$

式(9.7-11)表明,最大信号量噪比和抽样频率 f_s 的三次方成正比,而和信号频率 f_k 的平方成反比。所以在增量调制系统中,提高抽样频率将能显著增大信号量噪比。

比较 DPCM 系统和增量调制系统的信号量噪比可以看出,在 DPCM 系统中,若 $M=2$,$N=1$,则式(9.6-15)将变成和式(9.7-11)相同。这时,每个抽样值仅用一位编码,DPCM 系统变成为增量调制系统。所以,增量调制系统可以看成是 DPCM 系统的一个最简单的特例。

增量调制系统用于对话音编码时,要求的抽样频率达到几十 kb/s 以上,而且话音质量也不如 PCM 系统。为了提高增量调制的质量和降低编码速率,出现了一些改进方案,例如"增量总和(Δ-Σ)"调制、压扩式自适应增量调制等。这里不再作介绍[6]。

9.8 时分复用和复接

9.8.1 基本概念

复用的目的是为了扩大通信链路的容量,在一条链路上传输多路独立的信号,即实现多路通信。在第 4 章中介绍过频分复用(FDM)。但是,复用的方法有多种。**时分复用**(Time Division Multiplexing,TDM)是另一种重要的复用方法,如今它比频分复用的应用更为广泛。

时分多路复用的原理示意图如图 9-30(a)所示。图中在发送和接收端分别有一个机械旋转开关,以抽样频率同步地旋转。在发送端,此开关依次对输入信号抽样,开关旋转 1 周得到的多路信号抽样值合为 1 帧。各路信号是断续地发送的。在 9.2 节中的抽样定理已经证明,时间上连续的信号可以用它的离散抽样来表示,只要其抽样速率足够高。因此,可以利用抽样的间隔时间传输其他路的抽样信号。例如,若话音信号用 8kHz 的速率抽样,则旋转开关应旋转 8 000 周/s。设旋转周期为 T_s,共有 N 路信号,则每路信号在每

周中占用 T_s/N 的时间。此旋转开关采集到的信号如图 9-30(b),(c)和(d)所示。每路信号实际上是 PAM 调制(见 9.3 节)的信号。在接收端,若开关同步地旋转,则对应各路的低通滤波器输入端能得到相应路的 PAM 信号。模拟脉冲调制信号目前几乎不再用于传输。抽样信号一般都在量化和编码后以数字信号的形式传输。故图 9-30(a)仅示出了时分复用的基本原理。

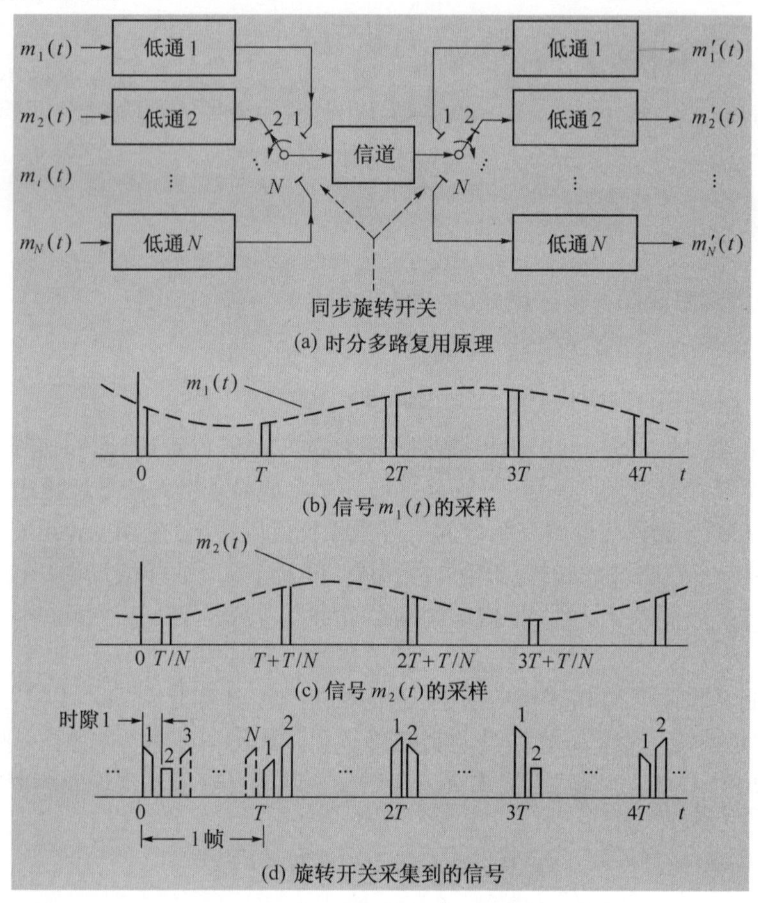

图 9-30 时分多路复用的原理示意图

与频分复用相比,时分复用的主要优点是:便于实现数字通信、易于制造、适于采用集成电路实现、生产成本较低。

上述时分复用基本原理中的机械旋转开关,在实际电路中是用抽样脉冲取代的。因此,各路抽样脉冲的频率必须严格相同,而且相位也需要有确定的关系,使各路抽样脉冲保持等间隔的距离。在一个多路复用设备中使各路抽样脉冲严格保持这种关系并不难,因为可以由同一时钟提供各路抽样脉冲。

但是,随着通信网的发展,时分复用设备的各路输入信号不再只是单路模拟信号。在通信网中往往有多次复用,由若干链路来的多路时分复用信号,再次复用,构成高次复用信号。这时,对于高次复用设备而言,其各路输入信号可能是来自不同地点的多路时分复用信号,并且通常来自各地的输入信号的时钟(频率和相位)之间存在误差。所以在低次群合成高次群时,需要将各路输入信号的时钟调整统一。这种将低次群合并成高次群的过程称为**复**

接(multiple connection);反之,将高次群分解为低次群的过程称为**分接**(demultiple connection)。目前大容量链路的复接几乎都是 TDM 信号的复接。这时,多路 TDM 信号时钟的统一和定时就成为关键技术问题。这个问题将在 12.5 节网同步中作具体讨论。

对于时分制多路电话通信系统,ITU 制定了两种**准同步数字体系**(Plesiochronous Digital Hierarchy,PDH)和两种**同步数字体系**(Synchronous Digital Hierarchy,SDH)的建议,下面将分别对其进行讨论。

9.8.2 准同步数字体系

ITU 提出了两个 PDH 体系的建议,即 **E 体系和 T 体系**[7]。前者被我国大陆、欧洲及国际间连接采用;后者仅被北美、日本和其他少数国家和地区采用,并且北美和日本采用的标准也不完全相同。这两种建议的层次、路数和比特率的规定见表 9-9。下面将主要对 E 体系作详细介绍。

表 9-9 准同步数字体系

	层 次	比特率/(Mb/s)	路数(每路 64kb/s)		层 次	比特率/(Mb/s)	路数(每路 64kb/s)
E体系	E-1	2.048	30	T体系	T-1	1.544	24
					T-2	6.312	96
	E-2	8.448	120		T-3	32.064(日本)	480
						44.736(北美)	672
	E-3	34.368	480		T-4	97.728(日本)	1440
						274.176(北美)	4032
	E-4	139.264	1920		T-5	397.200(日本)	5760
						560.160(北美)	8064
	E-5	565.148	7680				

E 体系的结构如图 9-31 所示。它以 30 路 PCM 数字电话信号的复用设备为基本层(E-1),每路 PCM 信号的比特率为 64kb/s。由于需要加入群同步码元和信令码元等额外开销(overhead),所以实际占用 32 路 PCM 信号的比特率。故其输出总比特率为 2.048Mb/s,此输出称为**一次群信号**。4 个一次群信号进行二次复用,得到**二次群信号**,其

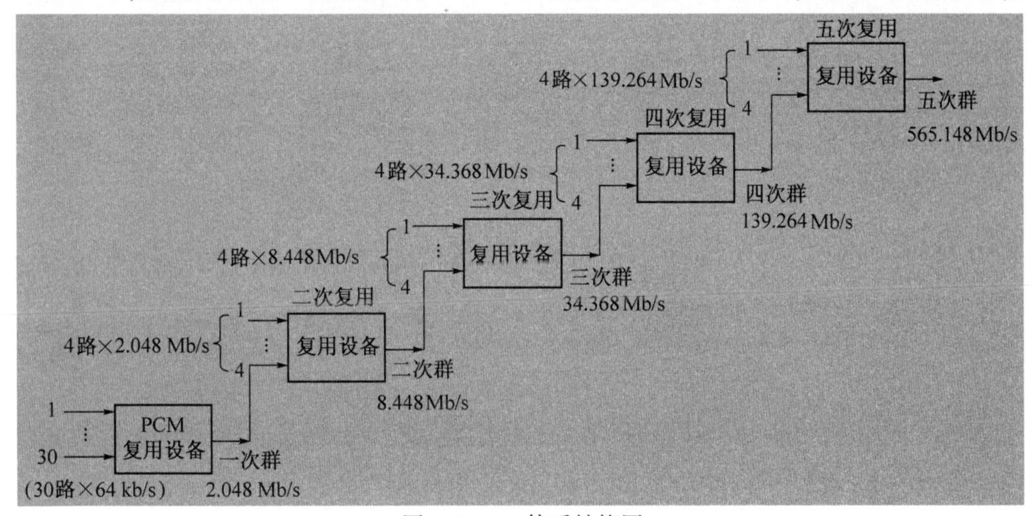

图 9-31 *E* 体系结构图

比特率为 8.448Mb/s。按照同样的方法再次复用,得到比特率为 34.368Mb/s 的三次群信号和比特率为 139.264Mb/s 的四次群信号等。由此可见,相邻层次群之间路数成 4 倍关系,但是比特率之间不是严格的 4 倍关系。和一次群需要额外开销一样,高次群也需要额外开销,故其输出比特率都比相应的 1 路输入比特率的 4 倍还高一些。此额外开销占总比特率很小百分比,但是当总比特率增高时,此开销的绝对值还是不小的,这很不经济。所以,当比特率更高时,就不采用这种准同步数字体系了,转而采用同步数字体系(SDH)。

现在,我们对 E 体系的一次群作详细介绍,因为它是 E 体系的基础。如前所述,E 体系是以 64 kb/s 的 PCM 信号为基础的。它将 30 路 PCM 信号合为一次群,如图 9-31 所示。由于 1 路 PCM 电话信号的抽样频率为 8000Hz,即抽样周期为 125μs,这就是一帧的时间。将此 125μs 时间分为 32 个时隙(TS),每个时隙容纳 8b。这样每个时隙正好可以传输一个 8b 的码组。在 32 个时隙中,30 个时隙传输 30 路话音信号,另外 2 个时隙可以传输信令和同步码。PCM 一次群的帧结构如图 9-32 所示,其中时隙 TS0 和 TS16 规定用于传输帧同步码和信令等信息;其他 30 个时隙,即 TS1 ~ TS15 和 TS17 ~ TS31,用于传输 30 路话音抽样值的 8bit 码组。时隙 TS0 的功能在偶数帧和奇数帧又有不同。由于帧同步码每两帧发送一次,故规定在偶数帧的时隙 TS0 发送。每组帧同步码含 7bit,为"0011011",规定占用时隙 TS0 的后 7 位。时隙 TS0 的第 1 位"*"供国际通信用;若不是国际链路,则它也可以给国内通信用。TS0 的奇数帧留作告警(alarm)等其他用途。在奇数帧中,TS0 第 1 位"*"的用途和偶数帧的相同;第 2 位的"1"用以区别偶数帧的"0",辅助表明其后不是帧同步码;第 3 位"A"用于远端告警,"A"在正常状态时为"0",在告警状态时为"1";第 4 位~第 8 位保留作维护(maintenance)、性能监测(monitoring)等其他用途,在没有其他用途时,在跨国链路上应该全为"1"(如图9-32所示)。

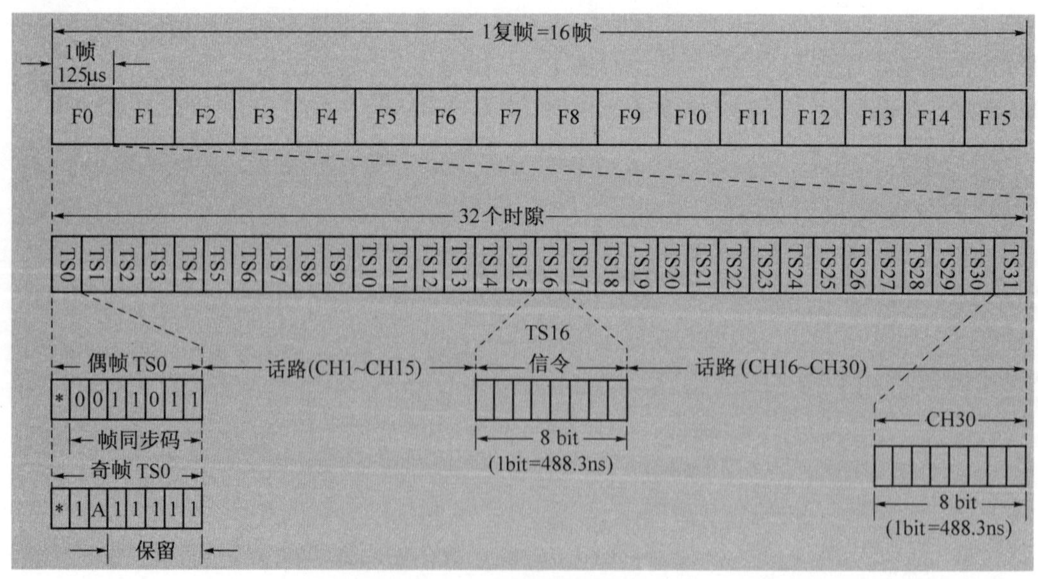

图 9-32 PCM 一次群的帧结构

时隙 TS16 可以用于传输信令(signaling),但是当无需用于传输信令时,它也可以像其他 30 路一样用于传输话音。信令是电话网中传输的各种控制和业务信息,例如电话机上由键盘发出的电话号码信息等。在电话网中传输信令的方法有两种。一种称为共路信令(Common Channel Signaling,CCS),另一种称为随路信令(Channel Associated Signaling,CAS)。共路信令是将各路信令通过一个独立的信令网络集中传输;随路信令则是将各路信令放在传输各路信息的信道中和各路信息一起传输。在此建议中为随路信令作了具体规定。采用随路信令时,需将 16 个帧组成一个复帧,时隙 TS16 依次分配给各路使用,如图 9-32 第一行所示。在一个复帧中按表 9-10 所示的结构共用此信令时隙。在 F0 帧中,前 4 个比特“0000”是复帧同步码组,后 4 个比特中“x”为备用,无用时它全置为“1”,“y”用于向远端指示告警,在正常工作状态它为“0”,在告警状态它为“1”。在其他帧(F1~F15)中,此时隙的 8 个比特用于传送 2 路信令,每路 4bit。由于复帧的速率是 500 帧/s,所以每路的信令传送速率为 2kb/s。

表 9-10 随路信令

帧	比特							
	1	2	3	4	5	6	7	8
F0	0	0	0	0	x	y	x	x
F1	CH1				CH16			
F2	CH2				CH17			
F3	CH3				CH18			
…	…				…			
F15	CH15				CH30			

9.8.3 同步数字体系

随着数字通信的速率不断提高,PDH 体系已经不能满足需要。另外,由于 ITU 的建议中 PDH 有 E 和 T 两种体系,它们分别用于不同地区,这样不利于国际间的互连互通。于是,在 1989 年 ITU 参照美国的同步光网络(SONET)体系制定出了同步数字体系(SDH)的建议[8]。SDH 针对更高速率的传输系统制定出全球统一的标准,并且整个网络中各设备的时钟来自同一个极精确的时间标准(例如铯原子钟),没有准同步系统中各设备定时存在误差的问题。在 SDH 中,信息是以**同步传送模块**(Synchronous Transport Module,STM)的信息结构传送的。一个 STM 主要由信息有效负荷和**段开销**(Section OverHead,SOH)组成块状帧结构,其重复周期为 125μs。按照模块的大小和传输速率不同,SDH 分为若干等级,如表 9-11 所列。目前 SDH 制定了 4 级标准,其容量(路数)每级翻为 4 倍,而且速率也是 4 倍的关系,在各级间没有额外开销。STM 的基本模块是 STM-1。STM-1 包含一个管理单元群(AUG)和段开销(SOH)。STM-N 包含 N 个 AUG 和相应的 SOH。

表 9-11 SDH 的速率等级

等级	比特率/(Mb/s)	等级	比特率/(Mb/s)
STM-1	155.52	STM-16	2,488.32
STM-4	622.08	STM-64	9,953.28

由上述可见,在 SDH 中,4 路 STM-1 可以合并成 1 路 STM-4,4 路 STM-4 可以合并成 1 路 STM-16,等等。但是,在 PDH 体系和 SDH 体系之间的连接关系就稍微复杂些。通常都是将若干路 PDH 接入 STM-1 内,即在 155.52Mb/s 处接口。这时,PDH 信号的速

率都必须低于155.52Mb/s,并将速率调整到155.52上。例如,可以将63路E-1,或3路E-3,或1路E-4,接入STM-1中。对于T体系也可以作类似的处理。这样,在SDH体系中,各地区的PDH体制就得到了统一。

9.9 小　结

本章讨论了模拟信号数字化的原理和基本方法。模拟信号数字化的目的是使模拟信号能够在数字通信系统中传输,特别是能够和其他数字信号一起在宽带综合业务数字通信网中同时传输。模拟信号数字化需要经过三个步骤,即抽样、量化和编码。

抽样的理论基础是抽样定理。抽样定理指出,对于一个频带限制在$0 \leqslant f < f_H$内的低通模拟信号抽样时,若最低抽样速率不小于奈奎斯特抽样速率$2f_H$,则能够无失真地恢复原模拟信号。对于一个带宽为B的带通信号而言,抽样频率应不小于$[2B+2(f_H-nB)/n]$;但是,需要注意,这并不是说任何大于$[2B+2(f_H-nB)/n]$的抽样频率都可以从抽样信号无失真地恢复原模拟信号。已抽样的信号仍然是模拟信号,但是在时间上是离散的。离散的模拟信号可以变换成不同的模拟脉冲调制信号,包括PAM,PDM和PPM。

抽样信号的量化有两种方法,一种是均匀量化,另一种是非均匀量化。抽样信号量化后的量化误差又称为量化噪声。电话信号的非均匀量化可以有效地改善其信号量噪比。ITU对电话信号制定了具有对数特性的非均匀量化标准建议,即A律和μ律。欧洲和我国大陆采用A律,北美、日本和其他一些国家和地区采用μ律。13折线法和15折线法的特性近似A律和μ律的特性。为了便于采用数字电路实现量化,通常采用13折线法和15折线法代替A律和μ律。

量化后的信号变成了数字信号。但是,为了适宜传输和存储,通常用编码的方法将其变成二进制信号的形式。电话信号最常用的编码是PCM,DPCM和ΔM。

模拟信号数字化后,变成了在时间上离散的脉冲信号。这就为时分复用(TDM)提供了基本条件。由于时分复用的诸多优点,使其成为目前取代频分复用的主流复用技术。ITU为时分复用数字电话通信制定了PDH和SDH两套标准建议。PDH体系主要适用于较低的传输速率,它又分为E和T两种体系,我国采用前者作为标准。SDH系统适用于155Mb/s以上的数字电话通信系统,特别是光纤通信系统中。SDH系统的输入端可以和PDH及SDH体系的信号连接,构成速率更高的系统。所以在155Mb/s以上的速率采用SDH体系就解决了国家和地区之间的标准统一问题,并减小了PDH体系的额外开销。

思　考　题

9-1　模拟信号在抽样后,是否变成时间离散和取值离散的信号了?

9-2　试述模拟信号抽样和PAM的异同点。

9-3　对于低通模拟信号而言,为了能无失真恢复,理论上对于抽样频率有什么要求？

9-4 试说明什么是奈奎斯特抽样速率和奈奎斯特抽样间隔？

9-5 试说明抽样时产生频谱混叠的原因。

9-6 对于带通信号而言，若抽样频率高于图 9-4 所示曲线，是否就能保证不发生频谱混叠？

9-7 PCM 电话通信通常用的标准抽样频率等于多少？

9-8 信号量化的目的是什么？

9-9 量化信号有哪些优点和缺点？

9-10 对电话信号进行非均匀量化有什么优点？

9-11 在 A 律特性中，若选用 $A=1$，将得到什么压缩效果？

9-12 在 μ 律特性中，若选用 $\mu=0$，将得到什么压缩效果？

9-13 13 折线律中折线段数为什么比 15 折线率中的少 2 段？

9-14 我国采用的电话量化标准，是符合 13 折线律还是 15 折线律？

9-15 在 PCM 电话信号中，为什么常用折叠码进行编码？

9-16 何谓信号量噪比？它有无办法消除？

9-17 在 PCM 系统中，信号量噪比和信号（系统）带宽有什么关系？

9-18 增量调制系统中有哪些种量化噪声。

9-19 DPCM 和增量调制之间有什么关系？

9-20 试述时分复用的优点。

9-21 试述复用和复接的异同点。

9-22 试述 PDH 体系的电话路数系列。

9-23 PDH 体系中各层次的比特率间是否为整数倍关系？为什么？

9-24 试述 SDH 体系的电话路数系列。

习　题

9-1 已知一低通信号 $m(t)$ 的频谱 $M(f)$ 为

$$M(f)=\begin{cases}1-\dfrac{|f|}{200} & |f|<200\text{Hz}\\ 0 & \text{其他}\end{cases}$$

（1）假设以 $f_s=300\text{Hz}$ 的速率对 $m(t)$ 进行理想抽样，试画出已抽样信号 $m_s(t)$ 的频谱草图；

（2）若用 $f_s=400\text{Hz}$ 的速率抽样，重作上题。

9-2 已知一基带信号 $m(t)=\cos2\pi t+2\cos4\pi t$，对其进行理想抽样：

（1）为了在接收端能不失真地从已抽样信号 $m_s(t)$ 中恢复 $m(t)$，试问抽样间隔应如何选择？

（2）若抽样间隔取为 0.2s，试画出已抽样信号的频谱图。

9-3　已知某信号 $m(t)$ 的频谱 $M(\omega)$ 如图 P9-1(a) 所示。将它通过传输函数为 $H_1(\omega)$ 的滤波器(图 P 9-1(b))后再进行理想抽样。

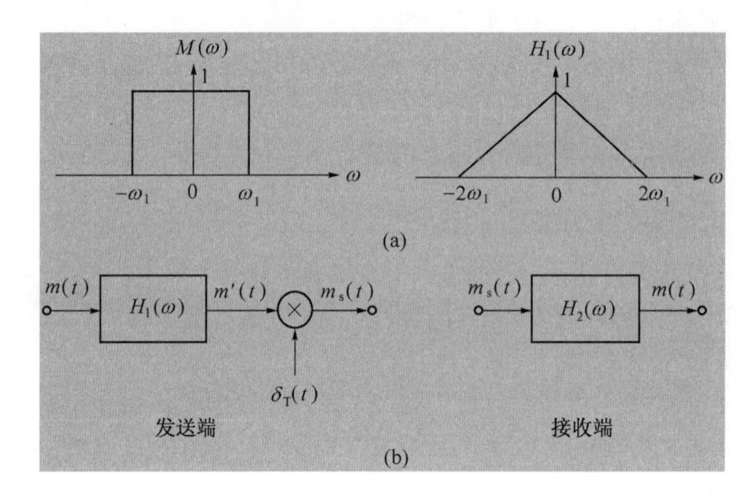

图 P9-1

(1) 抽样速率应为多少?

(2) 若抽样速率 $f_s=3f_1$,试画出已抽样信号 $m_s(t)$ 的频谱;

(3) 接收端的接收网络应具有怎样的传输函数 $H_2(\omega)$,才能由 $m_s(t)$ 不失真地恢复 $m(t)$?

9-4　已知信号 $m(t)$ 的最高频率为 f_m,若用图 P 9-2 所示的 $q(t)$ 对 $m(t)$ 进行抽样,试确定已抽样信号频谱的表示式,并画出其示意图(注:$m(t)$ 的频谱 $M(\omega)$ 的形状可自行假设)。

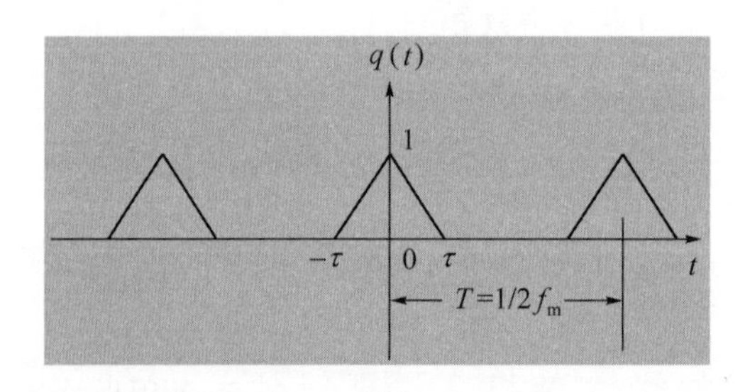

图 P9-2

9-5　已知信号 $m(t)$ 的最高频率为 f_m,由矩形脉冲对 $m(t)$ 进行瞬时抽样,矩形脉冲的宽度为 2τ、幅度为 1,试确定已抽样信号及其频谱的表示式。

9-6　设输入抽样器的信号为门函数 $G_\tau(t)$,宽度 $\tau=20\text{ms}$,若忽略其频谱第 10 个零点以外的频率分量,试求最小抽样频率。

9-7　设信号 $m(t)=9+A\cos\omega t$,其中 $A\leqslant 10\text{V}$。若 $m(t)$ 被均匀量化为 40 个电平,试确定所需的二进制码组的位数 N 和量化间隔 Δv。

9-8　已知模拟信号抽样值的概率密度 $f(x)$ 如图 P 9-3 所示。若按 4 电平进行均匀量化,试计算信号量化噪声功率比。

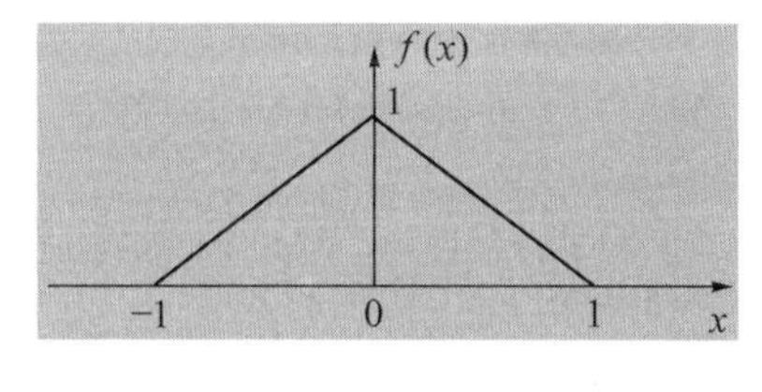

图 P9-3

9-9　采用 13 折线 A 律编码，设最小量化间隔为 1 个单位，已知抽样脉冲值为+635 单位：

（1）试求此时编码器输出码组，并计算量化误差；

（2）写出对应于该 7 位码（不包括极性码）的均匀量化 11 位码（采用自然二进制码）。

9-10　采用 13 折线 A 律编码电路，设接收端收到的码组为“01010011”、最小量化间隔为 1 个量化单位，并已知段内码改用折叠二进码：

（1）译码器输出为多少量化单位？

（2）试写出对应于该 7 位码（不包括极性码）的均匀量化 11 位码。

9-11　采用 13 折线 A 律编码，设最小的量化间隔为 1 个量化单位，已知抽样脉冲值为−95 量化单位：

（1）试求此时编码器输出码组，并计算量化误差；

（2）试写出对应于该 7 位码（不包括极性码）的均匀量化 11 位码。

9-12　对信号 $m(t)=M\sin 2\pi f_0 t$ 进行简单增量调制，若台阶 σ 和抽样频率选择得既保证不过载，又保证不致因信号振幅太小而使增量调制器不能正常编码，试证明此时要求 $f_s>\pi f_0$。

9-13　对 10 路带宽均为 300Hz～3400Hz 的模拟信号进行 PCM 时分复用传输。设抽样速率为 8000Hz，抽样后进行 8 级量化，并编为自然二进制码，码元波形是宽度为 τ 的矩形脉冲，且占空比为 1。试求传输此时分复用 PCM 信号所需的奈奎斯特基带带宽。

9-14　一单路话音信号的最高频率为 4kHz，抽样频率为 8kHz，以 PCM 方式传输。设传输信号的波形为矩形脉冲，其宽度为 τ，且占空比为 1：

（1）若抽样后信号按 8 级量化，试求 PCM 基带信号频谱的第一零点频率；

（2）若抽样后信号按 128 级量化，则 PCM 二进制基带信号第一零点频率又为多少？

9-15　若 12 路话音信号（每路信号的最高频率均为 4kHz）进行抽样和时分复用，将所得的脉冲用 PCM 系统传输，重作上题。

9-16　已知话音信号的最高频率 $f_m=3400$Hz，今用 PCM 系统传输，要求信号量化噪声比 S_0/N_q 不低于 30dB。试求此 PCM 系统所需的奈奎斯特基带频宽。

参 考 文 献

[1]　Nyquist H.Certain Topics in Telegraph Transmission Theory.Trans.AIEE，1928，Vol.47：617-644.

[2]　Bennett W R.Spectra of Quantized Signals.BSTJ，1948，27(3)：446-472.

[3] Shannon C E.Communication in the Presence of Noise.PIRE,1949,37(1): 10-21.
[4] Feldman C B,Bennett W R.Band Width and Transmission Performance.BSTJ,1949,28(3): 490-595.
[5] Black H S.Modulation Theory.1953,Chap.4.
[6] Bernard Sklar. Digital Communications Fundamentals and Applications. Second Edition. Beijing: Publishing House of Electronics Industry,2002.
[7] ITU-T Recommendation G.702.
[8] ITU-T Recommendation: G.830 series.

第 10 章　数字信号的最佳接收

10.1　数字信号的统计特性

数字通信系统传输质量的度量准则主要是错误判决的概率。因此，研究数字通信系统的理论基础主要是统计判决(statistical decision)理论。本节中将对统计判决理论中首先遇到的数字信号的统计表述作扼要介绍。

在数字通信系统中，接收端收到的是发送信号和信道噪声之和。噪声对数字信号的影响表现在使接收码元发生错误。在信号发送后，由于噪声的影响接收端收到的电压仍然有随机性，故为了了解接收码元发生错误的概率，需要研究接收电压的统计特性(statistical characteristics)。下面将以二进制数字通信系统为例，描述接收电压的统计特性。

假设一个通信系统中的噪声是均值为 0 的带限高斯白噪声，其单边功率谱密度为 n_0；并设发送的二进制码元为“0”和“1”，其发送概率(先验概率 prior probability)分别为 $P(0)$ 和 $P(1)$，则有

$$P(0) + P(1) = 1 \tag{10.1-1}$$

若此通信系统的基带截止频率小于 f_H，则根据 9.2.1 节的低通信号抽样定理，接收噪声电压可以用其抽样值表示，抽样速率要求不小于其奈奎斯特抽样速率 $2f_H$。设在一个码元持续时间 T_s 内以 $2f_H$ 的速率抽样，共得到 k 个抽样值：$n_1, n_2, \cdots, n_i, \cdots, n_k$，则有

$$k = 2f_H T_s \tag{10.1-2}$$

由于每个噪声电压抽样值都是正态分布的随机变量，故其一维概率密度可以写为

$$f(n_i) = \frac{1}{\sqrt{2\pi}\sigma_n} \exp\left(-\frac{n_i^2}{2\sigma_n^2}\right) \tag{10.1-3}$$

式中：σ_n 为噪声的标准偏差(standard deviation)；σ_n^2 为噪声的方差，即噪声平均功率；$i = 1, 2, \cdots, k$。

设接收噪声电压 $n(t)$ 的 k 个抽样值的 k 维联合概率密度函数为

$$f_k(n_1, n_2, \cdots, n_k) \tag{10.1-4}$$

由高斯噪声的性质(见 3.7 节)可知，高斯噪声的概率分布通过带限线性系统后仍为高斯分布。所以，带限高斯白噪声按奈奎斯特速率抽样得到的抽样值之间是互不相关、互相独立的。这样，此 k 维联合概率密度函数(10.1-4)可以表示为(见式(3.5-18))

$$f_k(n_1, n_2, \cdots, n_k) = f(n_1)f(n_2)\cdots f(n_k) = \frac{1}{(\sqrt{2\pi}\sigma_n)^k} \exp\left(-\frac{1}{2\sigma_n^2}\sum_{i=1}^{k} n_i^2\right) \tag{10.1-5}$$

当 k 很大时,在一个码元持续时间 T_s 内接收的噪声平均功率可以表示为

$$\frac{1}{k}\sum_{i=1}^{k} n_i^2 = \frac{1}{2f_H T_s}\sum_{i=1}^{k} n_i^2 \tag{10.1-6}$$

或者将式(10.1-6)左端的求和式写成积分式,则变成

$$\frac{1}{T_s}\int_0^{T_s} n^2(t)\,dt = \frac{1}{2f_H T_s}\sum_{i=1}^{k} n_i^2 \tag{10.1-7}$$

将式(10.1-7)关系代入式(10.1-5),并注意到

$$\sigma_n^2 = n_0 f_H \tag{10.1-8}$$

式中:n_0 为噪声单边功率谱密度。

则式(10.1-5)可以改写为

$$f(\boldsymbol{n}) = \frac{1}{(\sqrt{2\pi}\sigma_n)^k}\exp\left[-\frac{1}{n_0}\int_0^{T_s} n^2(t)\,dt\right] \tag{10.1-9}$$

式中:$f(\boldsymbol{n})=f_k(n_1,n_2,\cdots,n_k)=f(n_1)f(n_2)\cdots f(n_k)$ (10.1-10)

$\boldsymbol{n}=(n_1,n_2,\cdots,n_k)$,为 k 维矢量,表示一个码元内噪声的 k 个抽样值。

需要注意,$f(\boldsymbol{n})$ 不是时间函数,虽然式(10.1-9)中有时间函数 $n(t)$,但是后者在定积分内,积分后已经与时间变量 t 无关。$\boldsymbol{n}$ 是一个 k 维矢量,它可以看作是 k 维空间中的一个点。在码元持续时间 T_s、噪声单边功率谱密度 n_0 和抽样数 k(它和系统带宽有关)给定后,$f(\boldsymbol{n})$ 仅决定于该码元期间内噪声的能量 $\int_0^{T_s} n^2(t)\,dt$。由于噪声的随机性,每个码元持续时间内噪声 $n(t)$ 的波形和能量都是不同的,这就使被传输的码元中有一些会发生错误,而另一些则无错。

设接收电压 $r(t)$ 为信号电压 $s(t)$ 和噪声电压 $n(t)$ 之和:

$$r(t) = s(t) + n(t) \tag{10.1-11}$$

则在发送码元确定之后,接收电压 $r(t)$ 的随机性将完全由噪声决定,故它仍服从高斯分布,其方差仍为 σ_n^2,但是均值变为 $s(t)$。所以,当发送码元"0"的信号波形为 $s_0(t)$ 时,接收电压 $r(t)$ 的 k 维联合概率密度(joint probability density)函数为

$$f_0(\boldsymbol{r}) = \frac{1}{(\sqrt{2\pi}\sigma_n)^k}\exp\left\{-\frac{1}{n_0}\int_0^{T_s}[r(t)-s_0(t)]^2dt\right\} \tag{10.1-12}$$

式中:$\boldsymbol{r}=\boldsymbol{s}+\boldsymbol{n}$,为 k 维矢量,表示一个码元内接收电压的 k 个抽样值;$\boldsymbol{s}$ 为 k 维矢量,表示一个码元内信号电压的 k 个抽样值。

同理,当发送码元"1"的信号波形为 $s_1(t)$ 时,接收电压 $r(t)$ 的 k 维联合概率密度函数为

$$f_1(\boldsymbol{r}) = \frac{1}{(\sqrt{2\pi}\sigma_n)^k}\exp\left\{-\frac{1}{n_0}\int_0^{T_s}[r(t)-s_1(t)]^2dt\right\} \tag{10.1-13}$$

顺便指出,若通信系统传输的是 M 进制码元,即可能发送 $s_1,s_2,\cdots,s_i,\cdots,s_M$ 之一,则按上述原理不难写出当发送码元是 s_i 时,接收电压的 k 维联合概率密度函数为

$$f_i(\boldsymbol{r}) = \frac{1}{(\sqrt{2\pi}\sigma_n)^k}\exp\left\{-\frac{1}{n_0}\int_0^{T_s}[r(t)-s_i(t)]^2dt\right\} \tag{10.1-14}$$

我们仍需记住，式(10.1-12)~式(10.1-14)中的 k 维联合概率密度函数不是时间 t 的函数，并且是一个标量，而 $\boldsymbol{r}$ 仍是 k 维空间中的一个点，是一个矢量(vector)。

10.2 数字信号的最佳接收

由于数字通信系统传输质量的主要指标是错误概率。因此，将错误概率最小作为"最佳"的准则是恰当的。由于在接收信号时码元产生错误判决的原因是噪声和系统特性引起的信号失真。在本章中暂不考虑失真的影响，主要讨论在二进制数字通信系统中如何使噪声引起的错误概率最小，从而达到最佳接收的效果。

这里附带指出，模拟信号也有最佳接收方法。但是，其最佳准则不同。下面仅就数字信号的最佳接收(optimum reception)问题进行讨论。

设在一个二进制通信系统中发送码元"1"的概率为 $P(1)$，发送码元"0"的概率为 $P(0)$，则总误码率 P_e 等于

$$P_e = P(1)P_{e1} + P(0)P_{e0} \qquad (10.2-1)$$

式中：$P_{e1}=P(0/1)$，为发送"1"时，接收到"0"的条件概率；$P_{e0}=P(1/0)$，为发送"0"时，接收到"1"的条件概率。

以上两个条件概率称为错误转移概率。

上述发送概率 $P(1)$ 和 $P(0)$ 在数学上又称为先验概率。

按照上述分析，接收端收到的每个码元持续时间内的电压可以用一个 k 维矢量 $\boldsymbol{r}$ 表示。接收设备需要对每个接收矢量 $\boldsymbol{r}$ 作判决，判定它是发送码元"0"，还是"1"，不能不作出判决，也不能同时作出两个不同的判决。

由接收矢量 $\boldsymbol{r}$ 决定的两个联合概率密度函数 $f_0(\boldsymbol{r})$ 和 $f_1(\boldsymbol{r})$ 的曲线画在图 10-1 中(此图只是一个不严格的示意图。因为 $\boldsymbol{r}$ 是多维矢量，但是在图中仅把它当作 1 维矢量画出)。可以将此空间划分为两个区域(region) A_0 和 A_1，其边界是 $\boldsymbol{r}'_0$，并将判决规则规定为

若接收矢量 $\boldsymbol{r}$ 落在区域 A_0 内，则判为发送码元是"0"；

若接收矢量 $\boldsymbol{r}$ 落在区域 A_1 内，则判为发送码元是"1"。

显然，区域 A_0 和区域 A_1 是两个互不相容的区域。当这两个区域的边界 $\boldsymbol{r}'_0$ 确定后，错误概率也随之确定了。

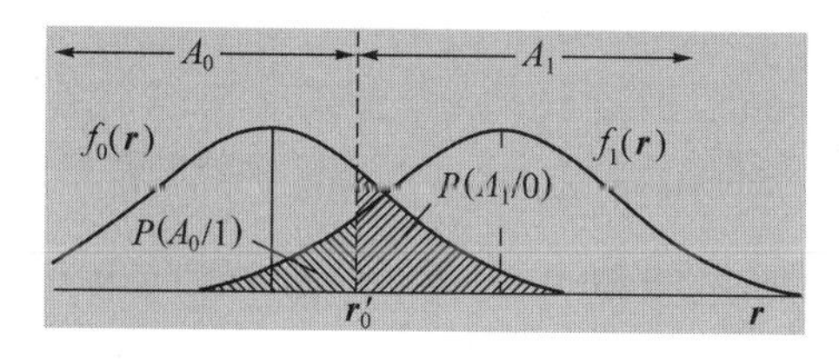

图 10-1　k 维矢量空间示意图

这样，式(10.2-1)表示的总误码率可以写为

$$P_e = P(1)P(A_0/1) + P(0)P(A_1/0) \qquad (10.2-2)$$

式中，$P(A_0/1)$ 表示发送"1"时，矢量 $\boldsymbol{r}$ 落在区域 A_0 的条件概率；$P(A_1/0)$ 表示发送"0"

时，矢量 $\boldsymbol{r}$ 落在区域 A_1 的条件概率。考虑到式(10.1-12)和式(10.1-13)，这两个条件概率可以写为

$$P(A_0/1)=\int_{A_0} f_1(\boldsymbol{r})\,\mathrm{d}\boldsymbol{r} \tag{10.2-3}$$

$$P(A_1/0)=\int_{A_1} f_0(\boldsymbol{r})\,\mathrm{d}\boldsymbol{r} \tag{10.2-4}$$

这两个概率在图 10-1 中分别由两块阴影面积表示。将上两式代入式(10.2-2)，得到

$$P_{\mathrm{e}}=P(1)\int_{A_0} f_1(\boldsymbol{r})\,\mathrm{d}\boldsymbol{r}+P(0)\int_{A_1} f_0(\boldsymbol{r})\,\mathrm{d}\boldsymbol{r} \tag{10.2-5}$$

参考图 10-1 可知，式(10.2-5)可以写为

$$P_{\mathrm{e}}=P(1)\int_{-\infty}^{r'_0} f_1(\boldsymbol{r})\,\mathrm{d}\boldsymbol{r}+P(0)\int_{r'_0}^{\infty} f_0(\boldsymbol{r})\,\mathrm{d}\boldsymbol{r} \tag{10.2-6}$$

式(10.2-6)表示 P_{e} 是 $\boldsymbol{r}'_0$ 的函数。为了求出使 P_{e} 最小的判决分界点 $\boldsymbol{r}'_0$，将上式对 $\boldsymbol{r}_0'$ 求导：

$$\frac{\partial P_{\mathrm{e}}}{\partial \boldsymbol{r}'_0}=P(1)f_1(\boldsymbol{r}'_0)-P(0)f_0(\boldsymbol{r}'_0) \tag{10.2-7}$$

并令导函数等于 0，求出最佳分界点 $\boldsymbol{r}_0$ 的条件：

$$P(1)f_1(\boldsymbol{r}_0)-P(0)f_0(\boldsymbol{r}_0)=0 \tag{10.2-8}$$

即

$$\frac{P(1)}{P(0)}=\frac{f_0(\boldsymbol{r}_0)}{f_1(\boldsymbol{r}_0)} \tag{10.2-9}$$

当先验概率相等时，即 $P(1)=P(0)$ 时，$f_0(\boldsymbol{r}_0)=f_1(\boldsymbol{r}_0)$，所以最佳分界点位于图 10-1 中两条曲线交点处的 $\boldsymbol{r}$ 值上。

在判决边界确定之后，按照接收矢量 $\boldsymbol{r}$ 落在区域 A_0 应判为收到的是“0”的判决准则，这时有：

$$\text{若}\quad \frac{P(1)}{P(0)}<\frac{f_0(\boldsymbol{r})}{f_1(\boldsymbol{r})},\quad \text{则判为“0”} \tag{10.2-10}$$

反之，

$$\text{若}\quad \frac{P(1)}{P(0)}>\frac{f_0(\boldsymbol{r})}{f_1(\boldsymbol{r})},\quad \text{则判为“1”} \tag{10.2-11}$$

在发送“0”和发送“1”的先验概率相等时，即 $P(1)=P(0)$ 时，式(10.2-10)和式(10.2-11)的条件简化为

$$\text{若}\ f_0(\boldsymbol{r})>f_1(\boldsymbol{r})\text{，则判为“0”} \tag{10.2-12}$$

$$\text{若}\ f_0(\boldsymbol{r})<f_1(\boldsymbol{r})\text{，则判为“1”} \tag{10.2-13}$$

这个判决准则常称为最大似然准则(Maximum likelihood criterion)。按照这个准则判决就可以得到理论上最佳的误码率，即达到理论上的误码率最小值。

以上对于二进制数字通信系统最佳接收准则的分析,可以容易地推广到多进制信号的场合。设在一个 M 进制数字通信系统中,可能的发送码元是 $s_1,s_2,\cdots,s_i,\cdots,s_M$ 之一,它们的先验概率相等,能量相等。当发送码元是 s_i 时,由式(10.1-14)给出,接收电压 $\boldsymbol{r}$ 的 k 维联合概率密度函数为

$$f_i(\boldsymbol{r})=\frac{1}{(\sqrt{2\pi}\sigma_n)^k}\exp\left\{-\frac{1}{n_0}\int_0^{T_s}[r(t)-s_i(t)]^2\mathrm{d}t\right\}$$

于是,若

$$f_i(\boldsymbol{r})>f_j(\boldsymbol{r})\qquad\begin{cases}j\neq i\\ j=1,2,\cdots,M\end{cases}\tag{10.2-14}$$

则判为 $s_i(t)$。

10.3 确知数字信号的最佳接收机

确知信号是指其取值在任何时间都是确定的、可以预知的信号。在理想的恒参信道中接收到的数字信号可以认为是确知信号。本节将讨论如何按照 10.2 节的最佳接收准则来构造二进制数字信号的最佳接收机(optimum receiver)。

设在一个二进制数字通信系统中,两种接收码元的波形 $s_0(t)$ 和 $s_1(t)$ 是确知的,其持续时间为 T_s,且功率相同;带限高斯白噪声的功率为 σ_n^2,其单边功率谱密度为 n_0。由 10.1 节中式(10.1-12)和式(10.1-13)得知接收电压 $r(t)$ 的 k 维联合概率密度。

当发送码元为“0”,其波形为 $s_0(t)$ 时,接收电压的概率密度为

$$f_0(\boldsymbol{r})=\frac{1}{(\sqrt{2\pi}\sigma_n)^k}\exp\left\{-\frac{1}{n_0}\int_0^{T_s}[r(t)-s_0(t)]^2\mathrm{d}t\right\}$$

当发送码元为“1”,其波形为 $s_1(t)$ 时,接收电压的概率密度为

$$f_1(\boldsymbol{r})=\frac{1}{(\sqrt{2\pi}\sigma_n)^k}\exp\left\{-\frac{1}{n_0}\int_0^{T_s}[r(t)-s_1(t)]^2\mathrm{d}t\right\}$$

因此,将式(10.1-12)和式(10.1-13)代入判决准则式(10.2-10)和式(10.2-11),经过简化,得到

若 $$P(1)\exp\left\{-\frac{1}{n_0}\int_0^{T_s}[r(t)-s_1(t)]^2\mathrm{d}t\right\}<P(0)\exp\left\{-\frac{1}{n_0}\int_0^{T_s}[r(t)-s_0(t)]^2\mathrm{d}t\right\}\tag{10.3-1}$$

则判为发送码元是 $s_0(t)$;

若 $$P(1)\exp\left\{-\frac{1}{n_0}\int_0^{T_s}[r(t)-s_1(t)]^2\mathrm{d}t\right\}>P(0)\exp\left\{-\frac{1}{n_0}\int_0^{T_s}[r(t)-s_0(t)]^2\mathrm{d}t\right\}\tag{10.3-2}$$

则判为发送码元是 $s_1(t)$。

将式(10.3-1)和式(10.3-2)的两端分别取对数,得到

若 $$n_0\ln\frac{1}{P(1)}+\int_0^{T_s}[r(t)-s_1(t)]^2\mathrm{d}t > n_0\ln\frac{1}{P(0)}+\int_0^{T_s}[r(t)-s_0(t)]^2\mathrm{d}t \tag{10.3-3}$$

则判为发送码元是 $s_0(t)$;反之则判为发送码元是 $s_1(t)$。由于已经假设两个码元的能量相同,即

$$\int_0^{T_s}s_0^2(t)\mathrm{d}t=\int_0^{T_s}s_1^2(t)\mathrm{d}t \tag{10.3-4}$$

所以式(10.3-3)还可以进一步简化为

若 $$W_1+\int_0^{T_s}r(t)s_1(t)\mathrm{d}t < W_0+\int_0^{T_s}r(t)s_0(t)\mathrm{d}t \tag{10.3-5}$$

式中

$$\begin{cases} W_0=\dfrac{n_0}{2}\ln P(0) \\ W_1=\dfrac{n_0}{2}\ln P(1) \end{cases} \tag{10.3-6}$$

则判为发送码元是 $s_0(t)$;反之,则判为发送码元是 $s_1(t)$。W_0 和 W_1 可以看作是由先验概率决定的加权因子(weighting factor)。

由式(10.3-5)表示的判决准则可以得出最佳接收机的原理方框图,如图 10-2 所示。若此二进制信号的先验概率相等,则式(10.3-5)简化为

$$\int_0^{T_s}r(t)s_1(t)\mathrm{d}t < \int_0^{T_s}r(t)s_0(t)\mathrm{d}t \tag{10.3-7}$$

而最佳接收机的原理方框图也可以简化成如图 10-3 所示。这时,由先验概率决定的加权因子消失了。

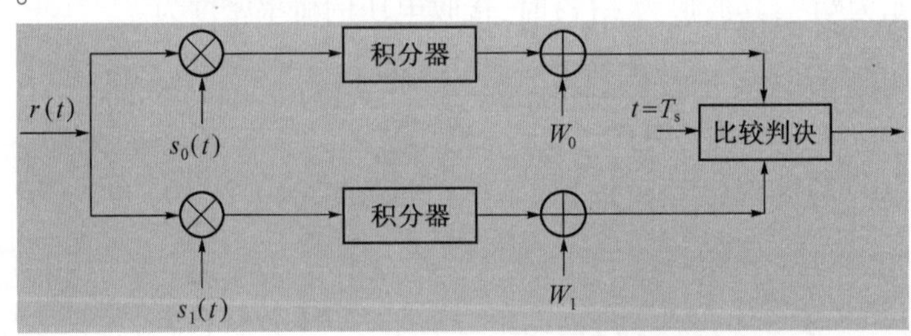

图 10-2　二进制最佳接收机原理方框图

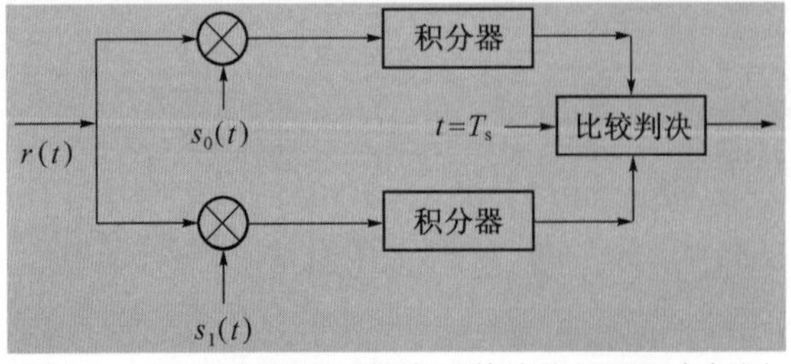

图 10-3　二进制等先验概率最佳接收机原理方框图

由上述讨论不难推出 M 进制等先验概率最佳接收机原理方框图(图 10-4)。

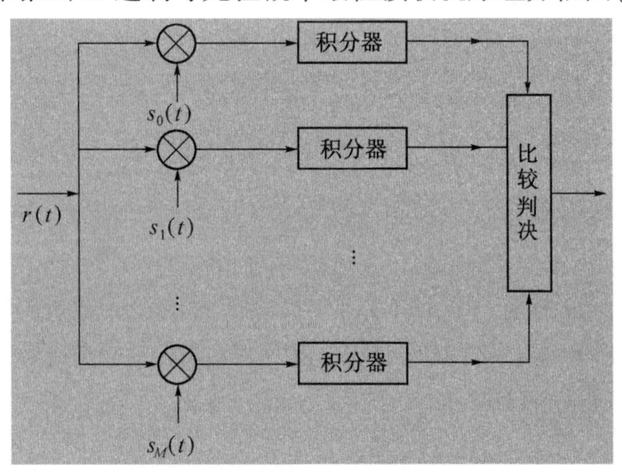

图 10-4　M 进制等先验概率最佳接收机原理方框图

上面的最佳接收机的核心是由相乘和积分构成的相关运算,所以常称这种算法为相关接收(correlation reception)法。由最佳接收机得到的误码率是理论上可能达到的最小值。10.4 节将讨论这种接收机的误码率性能。

10.4　确知数字信号最佳接收的误码率

本节主要讨论二进制信号的最佳误码率,并在最后给出多进制信号的最佳误码率。式(10.3-3)给出,在最佳接收机中,若

$$n_0 \ln \frac{1}{P(1)} + \int_0^{T_s} [r(t) - s_1(t)]^2 dt > n_0 \ln \frac{1}{P(0)} + \int_0^{T_s} [r(t) - s_0(t)]^2 dt$$

则判为发送码元是 $s_0(t)$。因此,在发送码元为 $s_1(t)$ 时,若式(10.3-3)成立,则将发生错误判决。所以若将 $r(t)=s_1(t)+n(t)$ 代入式(10.3-3),则式(10.3-3)成立的概率就是在发送码元"1"的条件下收到"0"的概率,即发生错误的条件概率 $P(0/1)$。此条件概率的计算结果如下:

$$P(0/1) = P(\xi < a) = \frac{1}{\sqrt{2\pi}\sigma_\xi} \int_{-\infty}^{a} e^{-\frac{x^2}{2\sigma_\xi^2}} dx \tag{10.4-1}$$

式中:

$$a = \frac{n_0}{2} \ln \frac{P(0)}{P(1)} - \frac{1}{2} \int_0^{T_s} [s_1(t) - s_0(t)]^2 dt \tag{10.4-2}$$

$$\sigma_\xi^2 = D(\xi) = \frac{n_0}{2} \int_0^{T_s} [s_1(t) - s_0(t)]^2 dt \tag{10.4-3}$$

同理,可以求出发送 $s_0(t)$ 时,判决为收到 $s_1(t)$ 的条件错误概率:

$$P(1/0) = P(\xi < b) = \frac{1}{\sqrt{2\pi}\sigma_\xi} \int_{-\infty}^{b} e^{-\frac{x^2}{2\sigma_\xi^2}} dx \tag{10.4-4}$$

式中:

$$b = \frac{n_0}{2} \ln \frac{P(1)}{P(0)} - \frac{1}{2} \int_0^{T_s} [s_0(t) - s_1(t)]^2 dt \tag{10.4-5}$$

因此,总误码率为

$$P_e = P(1)P(0/1) + P(0)P(1/0) =$$

$$P(1)\left[\frac{1}{\sqrt{2\pi}\sigma_\xi}\int_{-\infty}^{a} e^{-\frac{x^2}{2\sigma_\xi^2}}dx\right] + P(0)\left[\frac{1}{\sqrt{2\pi}\sigma_\xi}\int_{-\infty}^{b} e^{-\frac{x^2}{2\sigma_\xi^2}}dx\right] \qquad (10.4-6)$$

现在先考察先验概率对误码率的影响。由式(10.4-2)和式(10.4-5)可以看出,当先验概率 $P(0)=0$ 及 $P(1)=1$ 时,$a=-\infty$ 及 $b=\infty$,因此由式(10.4-6)计算出总误码率 $P_e=0$。在物理意义上,这时由于发送码元只有一种可能性,即是确定的“1”。因此,不会发生错误。同理,若 $P(0)=1$ 及 $P(1)=0$,总误码率也为零。当 $P(0)=P(1)=1/2$ 时,$a=b$。这样,式(10.4-6)可以化简为

$$P_e = \frac{1}{\sqrt{2\pi}\sigma_\xi}\int_{-\infty}^{c} e^{-\frac{x^2}{2\sigma_\xi^2}}dx \qquad (10.4-7)$$

其中

$$c = -\frac{1}{2}\int_0^{T_s}[s_0(t) - s_1(t)]^2 dt \qquad (10.4-8)$$

式(10.4-7)和式(10.4-8)表明,当先验概率相等时,对于给定的噪声功率 σ_ξ^2,误码率仅和两种码元波形之差 $[s_0(t)-s_1(t)]$ 的能量有关,而与波形本身无关。差别越大,c 值越小,误码率 P_e 也越小。由计算表明,先验概率不等时的误码率将略小于先验概率相等时的误码率。这就是说,就误码率而言,先验概率相等是最坏的情况。

下面我们将根据式(10.4-7)进一步讨论先验概率相等时误码率的计算。

由于在噪声强度给定的条件下,误码率完全决定于信号码元的区别,所以我们现在给出定量地描述码元区别的一个参量,即码元的相关系数(correlation coefficient)ρ,其定义如下:

$$\rho = \frac{\int_0^{T_s} s_0(t)s_1(t)\,dt}{\sqrt{\left[\int_0^{T_s} s_0^2(t)\,dt\right]\left[\int_0^{T_s} s_1^2(t)\,dt\right]}} = \frac{\int_0^{T_s} s_0(t)s_1(t)\,dt}{\sqrt{E_0E_1}} \qquad (10.4-9)$$

式中:E_0、E_1 为信号码元的能量,$E_0 = \int_0^{T_s} s_0^2(t)\,dt$, $\quad E_1 = \int_0^{T_s} s_1^2(t)\,dt \qquad (10.4-10)$

当 $s_0(t)=s_1(t)$ 时,$\rho=1$,为最大值;当 $s_0(t)=-s_1(t)$ 时,$\rho=-1$,为最小值。所以 ρ 的取值范围在 $-1\leqslant\rho\leqslant+1$。当两码元的能量相等时,令 $E_0=E_1=E_b$,则式(10.4-9)可以写成

$$\rho = \frac{\int_0^{T_s} s_0(t)s_1(t)\,dt}{E_b} \qquad (10.4-11)$$

且式(10.4-8)变成

$$c = -\frac{1}{2}\int_0^{T_s}[s_0(t) - s_1(t)]^2 dt = -E_b(1-\rho) \qquad (10.4-12)$$

将式(10.4-12)代入式(10.4-7),得到

$$P_e=\frac{1}{\sqrt{2\pi}\sigma_\xi}\int_{-\infty}^{c}e^{-\frac{x^2}{2\sigma_\xi^2}}dx=\frac{1}{\sqrt{2\pi}\sigma_\xi}\int_{-\infty}^{-E_b(1-\rho)}e^{-\frac{x^2}{2\sigma_\xi^2}}dx \qquad (10.4-13)$$

为了将式(10.4-13)变成实用的形式,作如下的代数变换:

令 $z=x/\sqrt{2}\sigma_\xi$,则 $z^2=x^2/2\sigma_\xi^2$,$dz=dx/\sqrt{2}\sigma_\xi$,于是式(10.4-13)变为

$$P_e=\frac{1}{\sqrt{2\pi}\sigma_\xi}\int_{-\infty}^{-E_b(1-\rho)/\sqrt{2}\sigma_\xi}e^{-z^2}\sqrt{2}\sigma_\xi dz=$$

$$\frac{1}{\sqrt{\pi}}\int_{-\infty}^{-E_b(1-\rho)/\sqrt{2}\sigma_\xi}e^{-z^2}dz=\frac{1}{\sqrt{\pi}}\int_{E_b(1-\rho)/\sqrt{2}\sigma_\xi}^{\infty}e^{-z^2}dz=$$

$$\frac{1}{2}\left[\frac{2}{\sqrt{\pi}}\int_{E_b(1-\rho)/\sqrt{2}\sigma_\xi}^{\infty}e^{-z^2}dz\right]=\frac{1}{2}\left\{1-\mathrm{erf}\left[\frac{E_b(1-\rho)}{\sqrt{2}\sigma_\xi}\right]\right\} \qquad (10.4-14)$$

式中:$\mathrm{erf}(x)=\frac{2}{\sqrt{\pi}}\int_0^x e^{-z^2}dz$。

利用式(10.4-3)的关系,将式(10.4-14)中的 σ_ξ 用 n_0 代替,最终变成误码率公式的如下实用形式:

$$P_e=\frac{1}{2}\left[1-\mathrm{erf}\left(\sqrt{\frac{E_b(1-\rho)}{2n_0}}\right)\right]=\frac{1}{2}\mathrm{erfc}\left[\sqrt{\frac{E_b(1-\rho)}{2n_0}}\right] \qquad (10.4-15)$$

式中:$\mathrm{erf}(x)=\frac{2}{\sqrt{\pi}}\int_0^x e^{-z^2}dz$,为误差函数(error function);$\mathrm{erfc}(x)=1-\mathrm{erf}(x)$,为补误差函数(complementary error function);E_b 为码元能量;ρ 为码元相关系数;n_0 为噪声功率谱密度。

式(10.4-15)是一个非常重要的理论公式,它给出了理论上二进制等能量数字信号误码率的最佳(最小可能)值。在图 10-5 中画出了它的曲线。实际通信系统中得到的误码率只可能比它差,但是绝对不可能超过它。

由该式可以看出最佳接收性能有下列特点。首先,误码率仅和 E_b/n_0 以及相关系数 ρ 有关,与信号波形及噪声功率无直接关系。码元能量 E_b 与噪声功率谱密度 n_0 之比,实际上相当于信号噪声功率比 P_s/P_n。因为若系统带宽 B 等于 $1/T_s$,则有

$$\frac{E_b}{n_0}=\frac{P_sT_s}{n_0}=\frac{P_s}{n_0(1/T_s)}=\frac{P_s}{n_0B}=\frac{P_s}{P_n} \qquad (10.4-16)$$

按照能消除码间串扰的奈奎斯特速率传输基带信号时,所需的最小带宽为 $1/2T$(Hz)。对于已调信号,若采用的是2PSK或2ASK信号,则其占用带宽应当是基带信号带宽的 2 倍,即恰好是 $1/T$ (Hz)。所

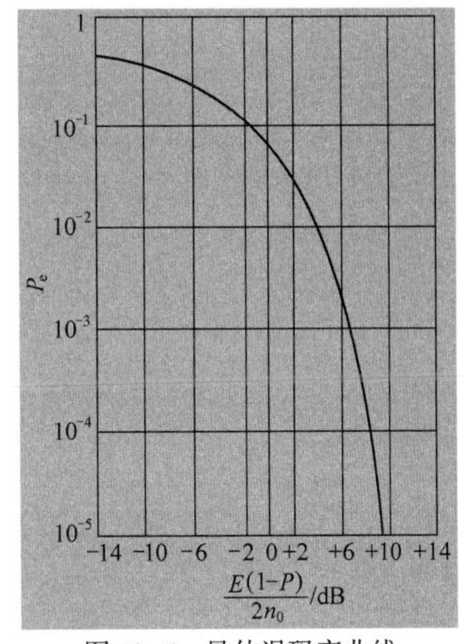

图 10-5 最佳误码率曲线

以,在工程上,通常把(E_b/n_0)当作信号噪声功率比看待。

其次,相关系数ρ对于误码率的影响很大。当两种码元的波形相同,相关系数最大,即$\rho=1$时,误码率最大。这时的误码率$P_e=1/2$。因为这时两种码元波形没有区别,接收端是在没有根据的乱猜。当两种码元的波形相反,相关系数最小,即$\rho=-1$时,误码率最小。这时的最小误码率

$$P_e=\frac{1}{2}\left[1-\text{erf}\left(\sqrt{\frac{E_b}{n_0}}\right)\right]=\frac{1}{2}\text{erfc}\left(\sqrt{\frac{E_b}{n_0}}\right) \tag{10.4-17}$$

例如,2PSK 信号的相关系数等于-1。

当两种码元正交,即相关系数$\rho=0$时,误码率

$$P_e=\frac{1}{2}\left[1-\text{erf}\left(\sqrt{\frac{E_b}{2n_0}}\right)\right]=\frac{1}{2}\text{erfc}\left[\sqrt{\frac{E_b}{2n_0}}\right] \tag{10.4-18}$$

例如,一般说来,2FSK 信号的相关系数等于或近似等于零。

若两种码元中有一种的能量等于零,例如 2ASK 信号,则误码率按照式(10.4-12)有

$$c=-\frac{1}{2}\int_0^{T_s}[s_0(t)]^2\text{d}t \tag{10.4-19}$$

将此式代入式(10.4-7),经过化简后得到

$$P_e=\frac{1}{2}\left(1-\text{erf}\sqrt{\frac{E_b}{4n_0}}\right)=\frac{1}{2}\text{erfc}\left(\sqrt{\frac{E_b}{4n_0}}\right) \tag{10.4-20}$$

比较式(10.4-17)、式(10.4-18)和式(10.4-20),它们之间的性能差 3dB。这表明,在上述例子中,2ASK 信号的性能比 2FSK 信号的性能差 3dB,而 2FSK 信号的性能又比 2PSK 信号的性能差 3dB。

对于多进制通信系统,若不同码元的信号正交,且先验概率相等,能量也相等,则按 10.2 节和 10.3 节中给出的多进制系统的判决准则和其最佳接收机的原理方框图,可以计算出多进制系统的最佳误码率性能。计算过程较为烦琐,仅给出计算结果如下[1]:

$$P_e=1-\frac{1}{\sqrt{2\pi}}\int_{-\infty}^{\infty}\left[\int_{-\infty}^{y+\left(\frac{2E}{n_0}\right)^{1/2}}\frac{1}{\sqrt{2\pi}}\text{e}^{-\frac{x^2}{2}}\text{d}x\right]^{M-1}\text{e}^{-\frac{y^2}{2}}\text{d}y \tag{10.4-21}$$

式中:M为进制数;E为M进制码元能量;n_0为单边噪声功率谱密度。

由于一个M进制码元中含有的比特数k等于$\log_2M$,故每个比特的能量

$$E_b=E/\log_2M \tag{10.4-22}$$

并且每比特的信噪比为

$$\frac{E_b}{n_0}=\frac{E}{n_0\log_2M}=\frac{E}{n_0k} \tag{10.4-23}$$

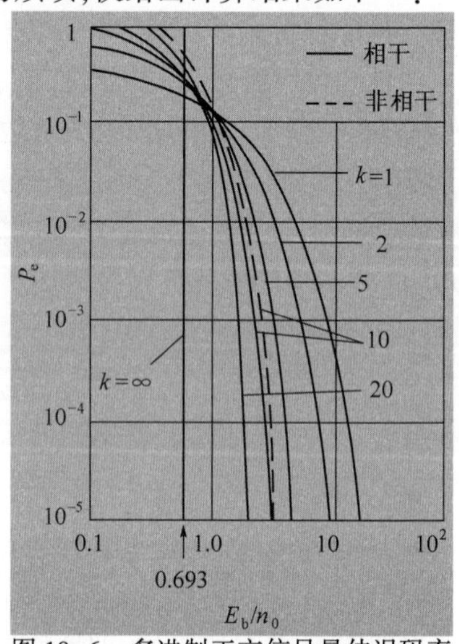

图 10-6　多进制正交信号最佳误码率

在图 10-6 中画出了误码率P_e与E_b/n_0关系曲线。由此曲线看出,对于给定的误码率,当k增大

时，需要的信噪比 E_b/n_0 减小。当 k 增大到 ∞ 时，误码率曲线变成一条垂直线；这时只要 $E_b/n_0 = 0.693(-1.6\ \text{dB})$，就能得到无误码的传输。

10.5 随相数字信号的最佳接收

在 4.4 节中提到过，经过信道传输后码元相位带有随机性的信号称为随相信号。现在就能量相等、先验概率相等、互不相关的 2FSK 信号及存在带限白色高斯噪声的通信系统讨论最佳接收问题。假设接收信号码元相位的概率密度服从均匀分布。因此，可以将此信号表示为

$$s_0(t,\varphi_0) = A\cos(\omega_0 t + \varphi_0) \tag{10.5 - 1a}$$

$$s_1(t,\varphi_1) = A\cos(\omega_1 t + \varphi_1) \tag{10.5 - 1b}$$

及将此信号随机相位 φ_0 和 φ_1 的概率密度表示为

$$f(\varphi_0) = \begin{cases} 1/2\pi & 0 \leqslant \varphi_0 < 2\pi \\ 0 & \text{其他} \end{cases} \tag{10.5 - 2}$$

$$f(\varphi_1) = \begin{cases} 1/2\pi & 0 \leqslant \varphi_1 < 2\pi \\ 0 & \text{其他} \end{cases} \tag{10.5 - 3}$$

由于已假设码元能量相等，故有

$$\int_0^{T_s} s_0^2(t,\varphi_0)\,\mathrm{d}t = \int_0^{T_s} s_1^2(t,\varphi_1)\,\mathrm{d}t = E_b \tag{10.5 - 4}$$

在讨论确知信号的最佳接收时，对于先验概率相等的信号，我们是按照式(10.2-12)和式(10.2-13)作判决的，即

$$\begin{cases} \text{若} f_0(\boldsymbol{r}) > f_1(\boldsymbol{r}), & \text{则判为“0”}, \\ \text{若} f_0(\boldsymbol{r}) < f_1(\boldsymbol{r}), & \text{则判为“1”}, \end{cases}$$

现在，由于接收矢量 $\boldsymbol{r}$ 具有随机相位，故式(10.2-12)和式(10.2-13)中的 $f_0(r)$ 和 $f_1(r)$ 分别可以表示为：

$$f_0(\boldsymbol{r}) = \int_0^{2\pi} f(\varphi_0) f_0(\boldsymbol{r}/\varphi_0)\,\mathrm{d}\varphi_0 \tag{10.5 - 5}$$

$$f_1(\boldsymbol{r}) = \int_0^{2\pi} f(\varphi_1) f_1(\boldsymbol{r}/\varphi_1)\,\mathrm{d}\varphi_1 \tag{10.5 - 6}$$

式(10.5-5)和式(10.5-6)经过复杂的计算后，代入式(10.2-12)和式(10.2-13)，就可以得出最终的判决条件：

$$\begin{cases} \text{若接收矢量}\ \boldsymbol{r}\ \text{使}\ M_1^2 < M_0^2, & \text{则判为发送码元是“0”}, \\ \text{若接收矢量}\ \boldsymbol{r}\ \text{使}\ M_0^2 < M_1^2, & \text{则判为发送码元是“1”}。 \end{cases} \tag{10.5 - 7}$$

式(10.5-7)就是最终判决条件，其中：

$$M_0 = \sqrt{X_0^2 + Y_0^2} \tag{10.5 - 8}$$

$$M_1 = \sqrt{X_1^2 + Y_1^2} \tag{10.5-9}$$

$$X_0 = \int_0^{T_s} r(t)\cos\omega_0 t\mathrm{d}t \tag{10.5-10}$$

$$Y_0 = \int_0^{T_s} r(t)\sin\omega_0 t\mathrm{d}t \tag{10.5-11}$$

$$X_1 = \int_0^{T_s} r(t)\cos\omega_1 t\mathrm{d}t \tag{10.5-12}$$

$$Y_1 = \int_0^{T_s} r(t)\sin\omega_1 t\mathrm{d}t \tag{10.5-13}$$

按照式(10.5-7)的判决准则构成的随相信号最佳接收机的结构示于图10-7中。图中的4个相关器分别完成式(10.5-10)~式(10.5-13)中的相关运算,得到X_0,Y_0,X_1和Y_1。后者经过平方后,两两相加,得到M_0^2和M_1^2,再比较其大小,按式(10.5-7)作出判决。

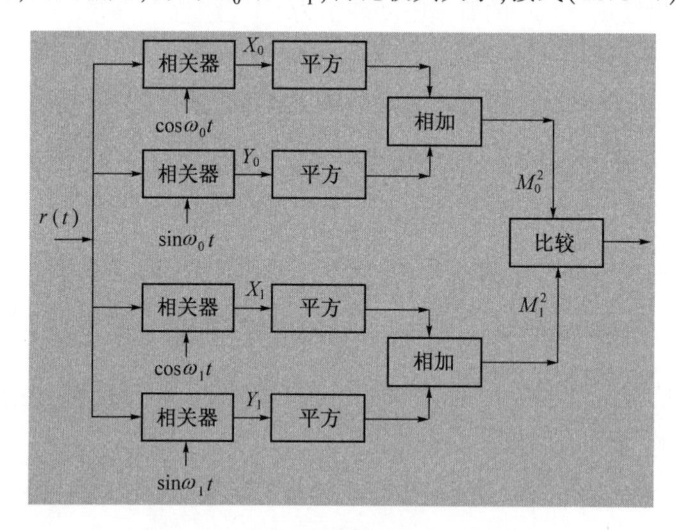

图10-7 随相信号最佳接收机结构图

上述随相信号最佳接收机得到的误码率,用类似10.4节的分析方法,可以计算出来,结果如下[1]:

$$P_e = \frac{1}{2}\exp(-E_b/2n_0) \tag{10.5-14}$$

最后指出,上述最佳接收机及其误码率也就是2FSK确知信号的非相干接收机和误码率。因为随相信号的相位带有由信道引入的随机变化,所以在接收端不可能采用相干接收方法。换句话说,相干接收只适用于相位确知的信号。对于随相信号而言,非相干接收已经是最佳的接收方法了。

10.6 起伏数字信号的最佳接收

在4.4节中提到过,起伏信号是包络随机起伏,相位也随机变化的信号。经过多径传输的衰落信号都具有这种特性。在存在多径传输的信道中不宜传输相位调制的信号，故现在仍仅对 2FSK 信号作简要讨论。

按照类似 10.5 节分析随相信号最佳接收的方法，可以得知起伏信号最佳接收机的结构和随相信号最佳接收机的一样。但是，这时的最佳误码率则不同于随相信号的误码率。这时的误码率[1]

$$P_e = \frac{1}{2 + (\bar{E}/n_0)}$$

式中：$\bar{E}$ 为接收码元的统计平均能量。

为了比较 2FSK 信号在无衰落和有多径衰落时的误码率性能，在图 10-8 中画出了在非相干接收时的误码率曲线。由此图看出，在有衰落时，性能随误码率下降而迅速变坏。当误码率 P_e 等于 10^{-2} 时，衰落使性能下降约 10 dB；当误码率 $P_e = 10^{-3}$ 时，下降约 20 dB。

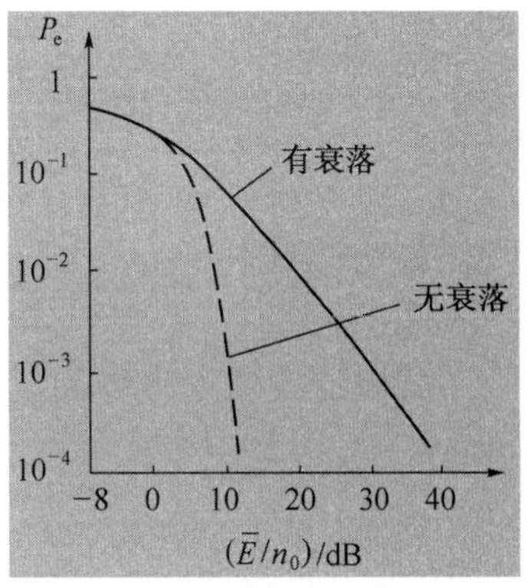

图 10-8　衰落对误码率的影响

10.7　实际接收机和最佳接收机的性能比较

现在将第 7 章中讨论的二进制信号实际接收机性能和本章讨论的最佳接收机性能列表比较，如表 10-1 所列。

表 10-1　实际接收机和最佳接收机的性能比较

信号类型 \ 接收机类型	实际接收机的 P_e	最佳接收机的 P_e
相干 2ASK 信号	$\frac{1}{2}\text{erfc}\sqrt{r/4}$	$\frac{1}{2}\text{erfc}\sqrt{E_b/4n_0}$
非相干 2ASK 信号	$\frac{1}{2}\exp(-r/4)$	$\frac{1}{2}\exp(-E_b/4n_0)$
相干 2FSK 信号	$\frac{1}{2}\text{erfc}\sqrt{r/2}$	$\frac{1}{2}\text{erfc}\sqrt{E_b/2n_0}$
非相干 2FSK 信号	$\frac{1}{2}\exp(-r/2)$	$\frac{1}{2}\exp(-E_b/2n_0)$
相干 2PSK 信号	$\frac{1}{2}\text{erfc}\sqrt{r}$	$\frac{1}{2}\text{erfc}\sqrt{E_b/n_0}$
差分相干 2DPSK 信号	$\frac{1}{2}\exp(-r)$	$\frac{1}{2}\exp(-E_b/n_0)$
同步检测 2DPSK 信号	$\text{erfc}\sqrt{r}\left(1-\frac{1}{2}\text{erfc}\sqrt{r}\right)$	$\text{erfc}\sqrt{\frac{E_b}{n_0}}\left(1-\frac{1}{2}\text{erfc}\sqrt{\frac{E_b}{n_0}}\right)$

表中 r 是信号噪声功率比。由比较可知，在实际接收机中的信号噪声功率比 r 相当于最佳接收机中的码元能量和噪声功率谱密度之比 E_b/n_0。另一方面，式(10.4-16)也指出，当系统恰好带宽满足奈奎斯特准则时，E_b/n_0 就等于信号噪声功率比。奈奎斯特带宽是理论上的极限，实际接收机的带宽一般都不能达到这一极限。所以，实际接收机的性能总是比不上最佳接收机的性能。

10.8　数字信号的匹配滤波接收法

在 10.2 节中已经明确将错误概率最小作为最佳接收的准则。其次，在 7.1 节中提到，我们是在抽样时刻按照抽样所得的信噪比对每个码元作判决，从而决定误码率。信噪比越大，误码率越小。本节将讨论用线性滤波器对接收信号滤波时，如何使抽样时刻上线性滤波器的输出信号噪声比最大，并且将令输出信噪比最大的线性滤波器称为匹配滤波器(match filter)。

设接收滤波器的传输函数为 $H(f)$，冲激响应为 $h(t)$，滤波器输入码元 $s(t)$ 的持续时间为 T_s，信号和噪声之和 $r(t)$ 为

$$r(t)=s(t)+n(t) \qquad 0 \leqslant t \leqslant T_s \tag{10.8-1}$$

式中：$s(t)$ 为信号码元；$n(t)$ 为高斯白噪声。

并设信号码元 $s(t)$ 的频谱密度函数为 $S(f)$，噪声 $n(t)$ 的双边功率谱密度为 $P_n(f)=n_0/2$，n_0 为噪声单边功率谱密度。

由于假定滤波器是线性的，根据线性电路叠加定理，当滤波器输入电压 $r(t)$ 中包括信号和噪声两部分时，滤波器的输出电压 $y(t)$ 中也包含相应的输出信号 $s_o(t)$ 和输出噪声 $n_o(t)$ 两部分，即

$$y(t)=s_o(t)+n_o(t) \tag{10.8-2}$$

其中

$$s_o(t)=\int_{-\infty}^{\infty} H(f)S(f)\mathrm{e}^{\mathrm{j}2\pi ft}\mathrm{d}f \tag{10.8-3}$$

为了求出输出噪声功率，由式(3.4-7)

$$P_Y(f)=H^*(f)H(f)P_R(f)=|H(f)|^2P_R(f)$$

可知，一个随机过程通过线性系统时，其输出功率谱密度 $P_Y(f)$ 等于输入功率谱密度 $P_R(f)$ 乘以系统传输函数 $H(f)$ 的模的平方。所以，这时的输出噪声功率

$$N_o=\int_{-\infty}^{\infty}|H(f)|^2\cdot\frac{n_0}{2}\mathrm{d}f=\frac{n_0}{2}\int_{-\infty}^{\infty}|H(f)|^2\mathrm{d}f \tag{10.8-4}$$

因此，在抽样时刻 t_0 上，输出信号瞬时(instantaneous)功率与噪声平均功率之比为

$$r_0=\frac{|s_o(t_0)|^2}{N_o}=\frac{\left|\int_{-\infty}^{\infty}H(f)S(f)\mathrm{e}^{\mathrm{j}2\pi ft_0}\mathrm{d}f\right|^2}{\frac{n_0}{2}\int_{-\infty}^{\infty}|H(f)|^2\mathrm{d}f} \tag{10.8-5}$$

为了求出 r_0 的最大值，我们利用施瓦兹(Schwarz)不等式：

$$\left|\int_{-\infty}^{\infty}f_1(x)f_2(x)\mathrm{d}x\right|^2 \leqslant \int_{-\infty}^{\infty}|f_1(x)|^2\mathrm{d}x\int_{-\infty}^{\infty}|f_2(x)|^2\mathrm{d}x \tag{10.8-6}$$

若 $f_1(x)=kf_2^*(x)$，其中 k 为任意常数，则式(10.8-6)的等号成立。

将式(10.8-5)右端的分子看作是式(10.8-6)的左端，并令

$$f_1(x)=H(f) \qquad f_2(x)=S(f)\mathrm{e}^{\mathrm{j}2\pi ft_0}$$

则有

$$r_0 \leqslant \frac{\int_{-\infty}^{\infty} |H(f)|^2 \mathrm{d}f \int_{-\infty}^{\infty} |S(f)|^2 \mathrm{d}f}{\frac{n_0}{2}\int_{-\infty}^{\infty} |H(f)|^2 \mathrm{d}f} = \frac{\int_{-\infty}^{\infty} |S(f)|^2 \mathrm{d}f}{\frac{n_0}{2}} = \frac{2E}{n_0} \tag{10.8-7}$$

式中：$E = \int_{-\infty}^{\infty} |S(f)|^2 \mathrm{d}f$，为信号码元的能量。

而且当

$$H(f) = kS^*(f)\mathrm{e}^{-\mathrm{j}2\pi f t_0} \tag{10.8-8}$$

时，式(10.8-7)的等号成立，即得到最大输出信噪比 $2E/n_0$。

式(10.8-8)表明，$H(f)$就是我们要找的最佳接收滤波器传输特性，它等于信号码元频谱的复共轭(complex conjugate)(除了常数因子 $\mathrm{e}^{-\mathrm{j}2\pi f t_0}$ 外)。故称此滤波器为匹配滤波器。

匹配滤波器的特性还可以用其冲激响应函数 $h(t)$来描述：

$$\begin{aligned} h(t) &= \int_{-\infty}^{\infty} H(f)\mathrm{e}^{\mathrm{j}2\pi f t}\mathrm{d}f = \int_{-\infty}^{\infty} kS^*(f)\mathrm{e}^{-\mathrm{j}2\pi f t_0}\mathrm{e}^{\mathrm{j}2\pi f t}\mathrm{d}f = \\ & k\int_{-\infty}^{\infty}\left[\int_{-\infty}^{\infty} s(\tau)\mathrm{e}^{-\mathrm{j}2\pi f \tau}\mathrm{d}\tau\right]^* \mathrm{e}^{-\mathrm{j}2\pi f(t_0-t)}\mathrm{d}f = \\ & k\int_{-\infty}^{\infty}\left[\int_{-\infty}^{\infty} \mathrm{e}^{\mathrm{j}2\pi f(\tau - t_0 + t)}\mathrm{d}f\right] s(\tau)\mathrm{d}\tau = \\ & k\int_{-\infty}^{\infty} s(\tau)\delta(\tau - t_0 + t)\mathrm{d}\tau = ks(t_0 - t) \end{aligned} \tag{10.8-9}$$

由式(10.8-9)可见，匹配滤波器的冲激响应 $h(t)$就是信号 $s(t)$的镜像 $s(-t)$，但在时间轴上(向右)平移了 t_0。在图 10-9 中画出了从 $s(t)$得出 $h(t)$的图解过程。

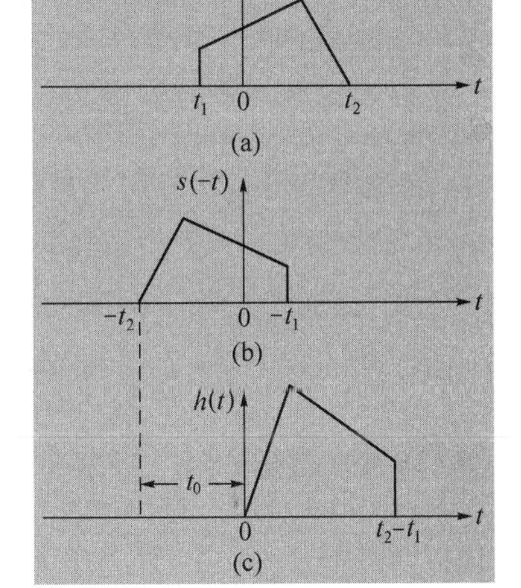

图 10-9　从 $s(t)$得出 $h(t)$的图解

一个实际的匹配滤波器应该是物理可实现的，其冲激响应必须符合因果关系，在输入冲激脉冲加入前不应该有冲激响应出现，即必须有：

$$h(t) = 0 \qquad t < 0 \tag{10.8-10}$$

即要求满足条件

$$s(t_0 - t) = 0 \qquad t < 0$$

或满足条件

$$s(t) = 0 \qquad t > t_0 \tag{10.8-11}$$

式(10.8-11)的条件说明，接收滤波器输入端的信号码元 $s(t)$在抽样时刻 t_0 之后必须为零。一般不希望在码元结束之后很久才抽样，故通常

选择在码元末尾抽样，即选 $t_0=T_s$。故匹配滤波器的冲激响应可以写为

$$h(t)=ks(T_s-t) \tag{10.8-12}$$

这时，若匹配滤波器的输入电压为 $s(t)$，则输出信号码元的波形，可以按式(3.4-4)求出：

$$s_o(t)=\int_{-\infty}^{\infty}s(t-\tau)h(\tau)\mathrm{d}\tau=k\int_{-\infty}^{\infty}s(t-\tau)s(T_s-\tau)\mathrm{d}\tau=$$

$$k\int_{-\infty}^{\infty}s(-\tau')s(t-T_s-\tau')\mathrm{d}\tau'=kR(t-T_s) \tag{10.8-13}$$

式(10.8-13)表明，匹配滤波器输出信号码元波形是输入信号码元波形的自相关函数的 k 倍。k 是一个任意常数，它与 r_0 的最大值无关；通常取 $k=1$。

【例 10-1】 设接收信号码元 $s(t)$ 的表示式为

$$s(t)=\begin{cases}1 & 0\leqslant t\leqslant T_s\\ 0 & 其他\end{cases} \tag{10.8-14}$$

试求其匹配滤波器的特性和输出信号码元的波形。

【解】 式(10.8-14)所示的信号波形是一个矩形脉冲，如图 10-10(a)所示。其频谱为

$$S(f)=\int_{-\infty}^{\infty}s(t)\mathrm{e}^{-\mathrm{j}2\pi ft}\mathrm{d}t=\frac{1}{\mathrm{j}2\pi f}(1-\mathrm{e}^{-\mathrm{j}2\pi fT_s}) \tag{10.8-15}$$

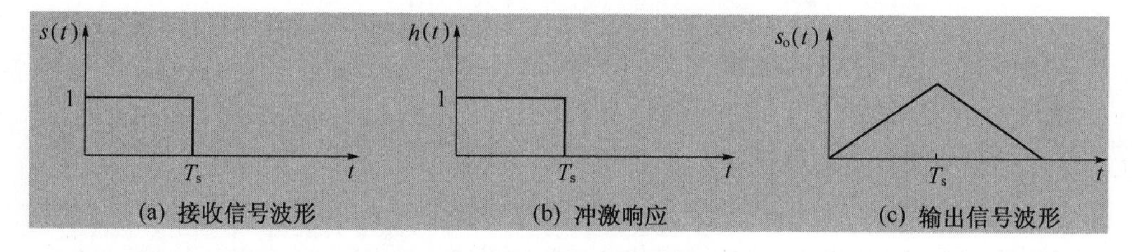

图 10-10 匹配滤波器波形

由式(10.8-8)，令 $k=1$，可得其匹配滤波器的传输函数为

$$H(f)=\frac{1}{\mathrm{j}2\pi f}(\mathrm{e}^{\mathrm{j}2\pi fT_s}-1)\mathrm{e}^{-\mathrm{j}2\pi ft_0} \tag{10.8-16}$$

由式(10.8-9)，令 $k=1$，还可以得到此匹配滤波器的冲激响应为

$$h(t)=s(T_s-t),\quad 0\leqslant t\leqslant T_s \tag{10.8-17}$$

如图 10-10(b)所示。表面上看来，$h(t)$ 的形状和信号 $s(t)$ 的形状一样。实际上，$h(t)$ 的形状是 $s(t)$ 的波形以 $t=T_s/2$ 为轴线反转而来。由于 $s(t)$ 的波形对称于 $t=T_s/2$，所以反转后，波形不变。

由式(10.8-16)可以画出此匹配滤波器的方框图(图 10-11)，因为式(10.8-16)中的$(1/\mathrm{j}2\pi f)$是理想积分器的传输函数，而 $\exp(-\mathrm{j}2\pi fT_s)$ 是延迟时间为 T_s 的延迟电路的传

输函数。此匹配滤波器的输出信号波形 $s_o(t)$ 可由式(10.8-13)计算出来,它画在图 10-10(c)中。

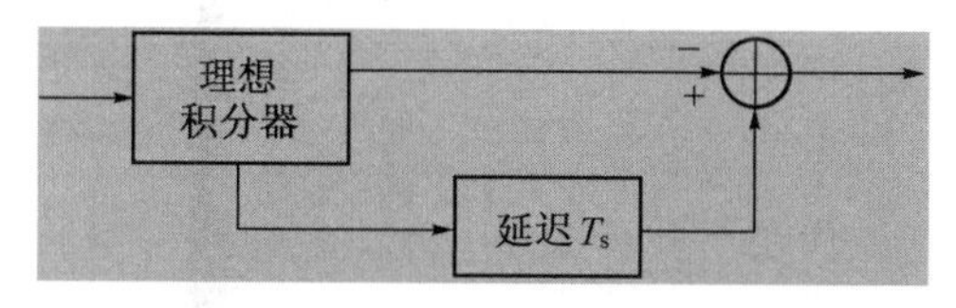

图 10-11　匹配滤波器方框图

【例 10-2】　设信号 $s(t)$ 的表示式为

$$s(t)=\begin{cases}\cos 2\pi f_0 t & 0\leqslant t\leqslant T_s\\ 0 & \text{其他}\end{cases}\tag{10.8-18}$$

试求其匹配滤波器的特性和匹配滤波器输出的波形。

【解】　式(10.8-18)给出的信号波形是一段余弦振荡,如图 10-12(a)所示。其频谱为

$$S(f)=\int_{-\infty}^{\infty}s(t)\mathrm{e}^{-\mathrm{j}2\pi ft}\mathrm{d}t=\int_{0}^{T_s}\cos 2\pi f_0 t\mathrm{e}^{-\mathrm{j}2\pi ft}\mathrm{d}t=$$

$$\frac{1-\mathrm{e}^{-\mathrm{j}2\pi(f-f_0)T_s}}{\mathrm{j}4\pi(f-f_0)}+\frac{1-\mathrm{e}^{-\mathrm{j}2\pi(f+f_0)T_s}}{\mathrm{j}4\pi(f+f_0)}\tag{10.8-19}$$

因此,其匹配滤波器的传输函数由式(10.8-8)得出

$$H(f)=S^*(f)\mathrm{e}^{-\mathrm{j}2\pi ft_0}=S^*(f)\mathrm{e}^{-\mathrm{j}2\pi fT_s}=$$

$$\frac{[\mathrm{e}^{\mathrm{j}2\pi(f-f_0)T_s}-1]\mathrm{e}^{-\mathrm{j}2\pi fT_s}}{\mathrm{j}4\pi(f-f_0)}+\frac{[\mathrm{e}^{\mathrm{j}2\pi(f+f_0)T_s}-1]\mathrm{e}^{-\mathrm{j}2\pi fT_s}}{\mathrm{j}4\pi(f+f_0)}\tag{10.8-20}$$

式(10.8-20)中已令 $t_0=T_s$。

此匹配滤波器的冲激响应可以由式(10.8-9)计算出:

$$h(t)=s(T_s-t)=\cos 2\pi f_0(T_s-t),\quad 0\leqslant t\leqslant T_s\tag{10.8-21}$$

为了便于画出波形简图,我们令

$$T_s=n/f_0\quad n=\text{正整数}\tag{10.8-22}$$

这样,式(10.8-21)可以化简为

$$h(t)=\cos 2\pi f_0 t\quad 0\leqslant t\leqslant T_s\tag{10.8-23}$$

$h(t)$ 的曲线示于图 10-12(b)中。

这时的匹配滤波器输出波形 $s_o(t)$ 可以由卷积公式(3.4-4)求出:

$$s_o(t)=\int_{-\infty}^{\infty}s(\tau)h(t-\tau)\mathrm{d}\tau\tag{10.8-24}$$

由于现在 $s(t)$ 和 $h(t)$ 在区间 $(0,T_s)$ 外都等于零,故上式中的积分可以分为如下几段进行计算:

$$t < 0,\quad 0 \leqslant t < T_s,\quad T_s \leqslant t \leqslant 2T_s,\quad t > 2T_s$$

显然，当$t<0$和$t>2T_s$时，式(10.8-24)中的$s(\tau)$和$h(t-\tau)$不相交，故$s_o(t)$等于零。当$0 \leqslant t<T_s$时，式(10.8-24)等于

$$s_o(t) = \int_0^t \cos 2\pi f_0 \tau \cos 2\pi f_0 (t-\tau) \mathrm{d}\tau = \int_0^t \frac{1}{2}[\cos 2\pi f_0 t + \cos 2\pi f_0 (t - 2\tau)] \mathrm{d}\tau = \frac{t}{2}\cos 2\pi f_0 t + \frac{1}{4\pi f_0}\sin 2\pi f_0 t \tag{10.8-25}$$

当$T_s \leqslant t \leqslant 2T_s$时，式(10.8-24)为

$$s_o(t) = \int_{t-T_s}^{T_s} \cos 2\pi f_0 \tau \cos 2\pi f_0 (t-\tau) \mathrm{d}\tau = \frac{2T_s - t}{2}\cos 2\pi f_0 t - \frac{1}{4\pi f_0}\sin 2\pi f_0 t \tag{10.8-26}$$

若因f_0很大而使$(1/4\pi f_0)$可以忽略，则最后得到

$$s_o(t) = \begin{cases} \dfrac{t}{2}\cos 2\pi f_0 t & 0 \leqslant t < T_s \\ \dfrac{2T_s - t}{2}\cos 2\pi f_0 t & T_s \leqslant t \leqslant 2T_s \\ 0 & \text{其他} \end{cases} \tag{10.8-27}$$

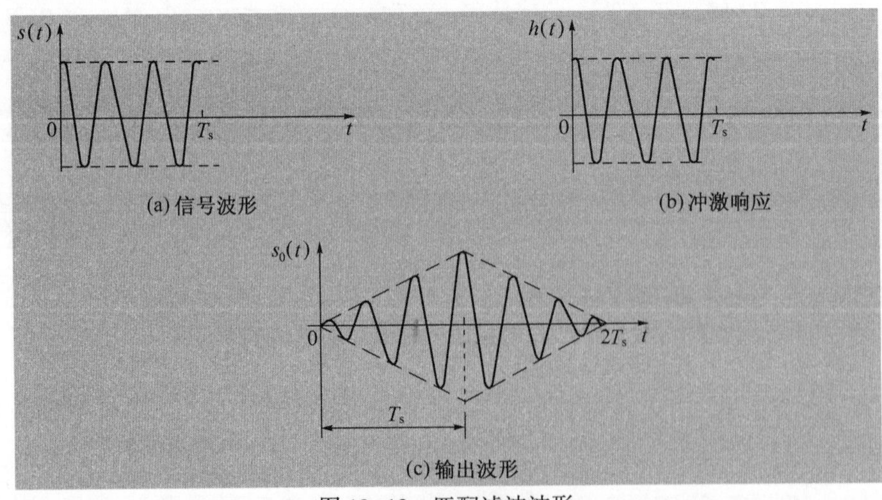

图10-12　匹配滤波波形

按式(10.8-27)画出的曲线示于图10-12(c)中。

对于二进制确知信号,使用匹配滤波器构成的接收电路方框图如图10-13所示。图10-13中有两个匹配滤波器,分别匹配于两种信号码元 $s_1(t)$ 和 $s_2(t)$。在抽样时刻对抽样值进行比较判决。哪个匹配滤波器的输出抽样值更大,就判决哪个为输出。若此二进制信号的先验概率相等,则此方框图能给出最小的总误码率。

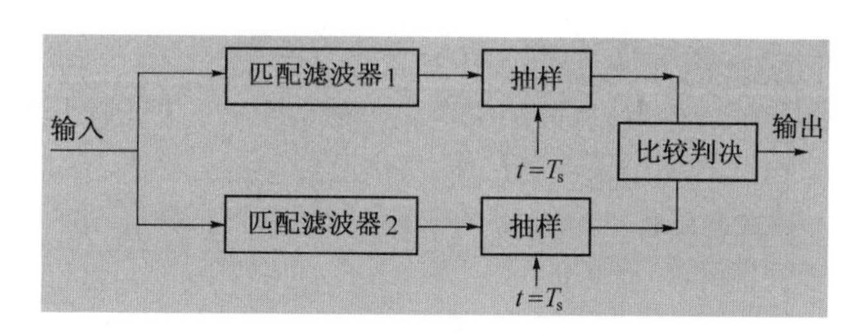

图10-13 匹配滤波接收电路方框图

匹配滤波器可以用不同的硬件电路实现[1],也可以用软件实现。目前,由于软件无线电技术的发展,因此它日益趋向于用软件技术实现。

在上面的讨论中对于信号波形从未涉及,也就是说最大输出信噪比和信号波形无关,只决定于信号能量 E 与噪声功率谱密度 n_0 之比,所以这种匹配滤波法对于任何一种数字信号波形都适用,不论是基带数字信号还是已调数字信号。例【10-1】中给出的是基带数字信号的例子;而例【10-2】中给出的信号则是已调数字信号的例子。

现在来证明用上述匹配滤波器得到的最大输出信噪比就等于最佳接收时理论上能达到的最高输出信噪比。

匹配滤波器输出电压的波形 $y(t)$ 按照式(10.8-24)可以写成

$$y(t) = k\int_{t-T_s}^{t} r(u)s(T_s - t + u)\,\mathrm{d}u \tag{10.8-28}$$

在抽样时刻 T_s,输出电压等于

$$y(T_s) = k\int_{0}^{T_s} r(u)s(u)\,\mathrm{d}u \tag{10.8-29}$$

可以看出,式(10.8-29)中的积分是相关运算,即将输入 $r(t)$ 与 $s(t)$ 作相关运算,而后者是和匹配滤波器匹配的信号。它表示只有输入电压 $r(t)=s(t)+n(t)$ 时,在时刻 $t=T_s$ 才有最大的输出信噪比。式中的 k 是任意常数,通常令 $k=1$。

用上述相关运算代替图10-13中的匹配滤波器得到如图10-14所示的相关接收法方框图。匹配滤波法和相关接收法完全等效,都是最佳接收方法。

【例10-3】 设有一个信号码元如例【10-2】中所给出的 $s(t)$。试比较它分别通过匹配滤波器和相关接收器时的输出波形。

【解】 根据式(10.8-29),此信号码元通过相关接收器后,输出信号波形

$$y(t) = \int_0^t s(t)s(t)\,\mathrm{d}t = \int_0^t \cos 2\pi f_0 t \cdot \cos 2\pi f_0 t\,\mathrm{d}t = \int_0^t \cos^2 2\pi f_0 t\,\mathrm{d}t =$$

$$\frac{1}{2}\int_0^t (1 + \cos 4\pi f_0 t)\,\mathrm{d}t = \frac{1}{2}t + \frac{1}{8\pi f_0}\sin 4\pi f_0 t \approx \frac{t}{2} \tag{10.8-30}$$

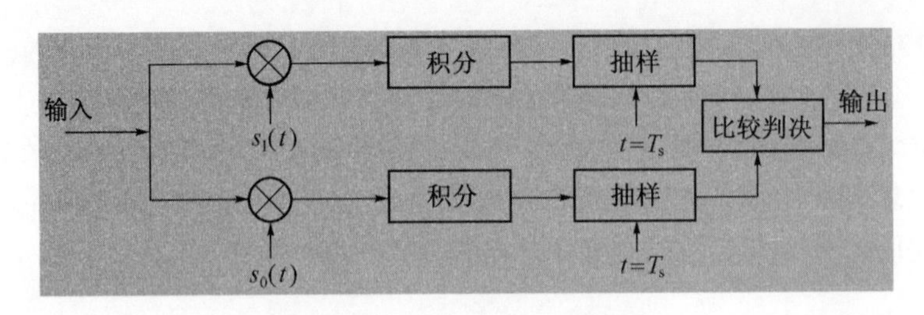

图 10-14　相关接收法方框图

式(10.8-30)中已经假定f_0很大,从而结果可以近似等于$t/2$,即与t呈直线关系。

此信号通过匹配滤波器的结果在例【10-2】中已经给出,见式(10.8-27)。

按式(10.8-30)和式(10.8-27)画出的这两种结果示于图 10-15 中。由此图可见,只有当$t=T_s$时,两者的抽样值才相等。

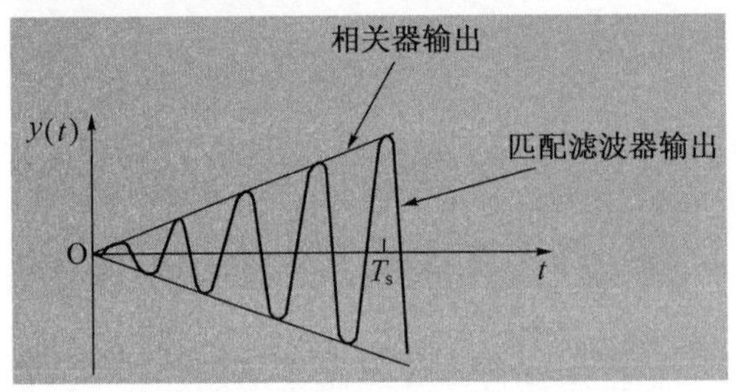

图 10-15　匹配滤波和相关接收比较

现在来考虑匹配滤波器的实际应用。由式(10.8-12)可知,匹配滤波器的冲激响应$h(t)$应该和信号波形$s(t)$严格匹配,包括对相位也有要求。对于确知信号的接收,这是可以做到的。对于随相信号而言,就不可能使信号的随机相位和$h(t)$的相位匹配。但是,匹配滤波器还是可以用于接收随相信号的。下面就对此作进一步的分析。

设匹配滤波器的特性仍如例【10-2】所给出:

$$h(t)=s(T_s-t)=\cos 2\pi f_0(T_s-t) \qquad 0 \leqslant t \leqslant T_s$$

并设此匹配滤波器的输入是$r(t)$,则此滤波器的输出$y(t)$由卷积公式(3.4-4)求出为

$$y(t)=\int_0^t r(\tau)\cos 2\pi f_0(T_s-t+\tau)\mathrm{d}\tau=$$

$$\cos 2\pi f_0(T_s-t)\int_0^t r(\tau)\cos 2\pi f_0\tau\mathrm{d}\tau-\sin 2\pi f_0(T_s-t)\int_0^t r(\tau)\sin 2\pi f_0\tau\mathrm{d}\tau=$$

$$\sqrt{\left[\int_0^t r(\tau)\cos 2\pi f_0\tau\mathrm{d}\tau\right]^2+\left[\int_0^t r(\tau)\sin 2\pi f_0\tau\mathrm{d}\tau\right]^2}\cdot\cos[2\pi f_0(T_s-t)+\theta] \tag{10.8-31}$$

其中

$$\theta=\arctan\left[\frac{\int_0^t r(\tau)\sin 2\pi f_0\tau\mathrm{d}\tau}{\int_0^t r(\tau)\cos 2\pi f_0\tau\mathrm{d}\tau}\right] \tag{10.8-32}$$

由式(10.8-31)看出,当$t=T_s$时,$y(t)$的包络和式(10.5-8)及式(10.5-9)中的M_0和M_1

形式相同。所以,按照式(10.5-7)的判决准则,比较 M_0 和 M_1,就相当于比较式(10.8-31)的包络。因此,图 10-7 中的随相信号最佳接收机结构图可以改成如图10-16所示的结构。在此图中,有两个匹配滤波器,其特性分别对二进制的两种码元匹配。匹配滤波器的输出经过包络检波,然后作比较判决。

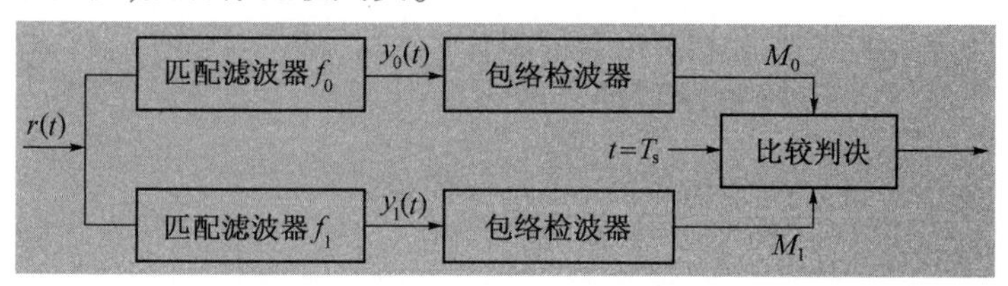

图 10-16 用匹配滤波器构成的随相信号最佳接收机

由于起伏信号最佳接收机的结构和随相信号的相同,所以图 10-16 同样适用于对起伏信号作最佳接收。

10.9 最佳基带传输系统

设基带数字信号传输系统由发送滤波器、信道和接收滤波器组成(见图 6-9);其传输函数分别为 $G_T(f)$、$C(f)$ 和 $G_R(f)$。在第 6 章中将这三个滤波器集中用一个基带总传输函数 $H(f)$ 表示:

$$H(f)=G_T(f)\cdot C(f)\cdot G_R(f)$$

为了消除码间串扰,要求 $H(f)$ 必须满足式(6.4-11)的条件。当时我们忽略了噪声的影响,只考虑码间串扰。现在,我们将分析在 $H(f)$ 按照消除码间串扰的条件确定之后,如何设计 $G_T(f)$、$C(f)$ 和 $G_R(f)$,以使系统在加性白色高斯噪声条件下误码率最小。我们将消除了码间串扰并且误码率最小的基带传输系统称为最佳基带传输系统。

由于信道的传输特性 $C(f)$ 往往不易得知,并且还可能是时变的。特别是在交换网中,链路的连接是不固定的,使 $C(f)$ 的变化可能很大。所以,在系统设计时,有两种分析方法。第一种方法是最基本的方法,它假设信道具有理想特性,即假设 $C(f)=1$。第二种方法则考虑到信道的非理想特性。

10.9.1 理想信道的最佳传输系统

假设信道传输函数 $C(f)=1$。于是,基带系统的传输特性变为

$$H(f)=G_T(f)\cdot G_R(f) \tag{10.9-1}$$

需要指出,式(10.9-1)中 $G_T(f)$ 虽然表示发送滤波器的特性,但是若传输系统的输入为冲激脉冲,则 $G_T(f)$ 还兼有决定发送信号波形的功能,即它就是信号码元的频谱。现在,我们将分析在 $H(f)$ 按照消除码间串扰的条件确定之后,如何设计 $G_T(f)$ 和 $G_R(f)$,以使系统在加性白色高斯噪声条件下误码率最小。由式(10.8-8)对匹配滤波器频率特性的要求可知,接收匹配滤波器的传输函数 $G_R(f)$ 应当是信号频谱 $S(f)$ 的复共轭。现在,信号的频谱就是发送滤波器的传输函数 $G_T(f)$,所以要求接收匹配滤波器的传输函数为

$$G_R(f) = G_T^*(f)\mathrm{e}^{-j2\pi f t_0} \tag{10.9-2}$$

式(10.9-2)中已经假定 $k=1$。

由式(10.9-1)有

$$G_T^*(f) = H^*(f)/G_R^*(f) \tag{10.9-3}$$

将式(10.9-3)代入式(10.9-2),得到

$$G_R(f)G_R^*(f) = H^*(f)\mathrm{e}^{-j2\pi f t_0} \tag{10.9-4}$$

即

$$|G_R(f)|^2 = H^*(f)\mathrm{e}^{-j2\pi f t_0} \tag{10.9-5}$$

式(10.9-5)左端是一个实数,所以式(10.9-5)右端也必须是实数。因此,式(10.9-5)可以写为

$$|G_R(f)|^2 = |H(f)| \tag{10.9-6}$$

所以得到接收匹配滤波器应满足的条件为

$$|G_R(f)| = |H(f)|^{1/2} \tag{10.9-7}$$

由于上式条件没有限定对接收滤波器的相位要求,所以可以选用

$$G_R(f) = H^{1/2}(f) \tag{10.9-8}$$

这样,由式(10.9-1)得到发送滤波器的传输特性为

$$G_T(f) = H^{1/2}(f) \tag{10.9-9}$$

式(10.9-8)和式(10.9-9)就是最佳基带传输系统对于收发滤波器传输函数的要求。

下面将讨论这种最佳基带传输系统的误码率性能。设基带信号码元为 M 进制的多电平信号。一个码元可以取下列 M 种电平之一:

$$\pm d, \pm 3d, \cdots, \pm(M-1)d \tag{10.9-10}$$

其中 d 为相邻电平间隔的一半,如图 10-17 所示,图中的 $M=8$。

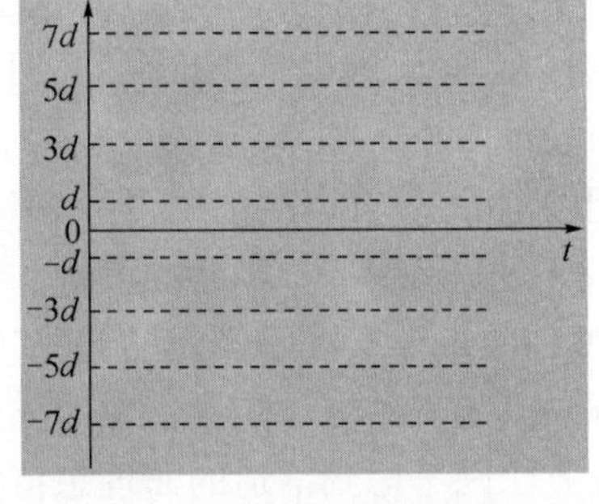

图 10-17　多电平的位置

在接收端,判决电路的判决门限值则应当设定在

$$0, \pm 2d, \pm 4d, \cdots, \pm(M-2)d \tag{10.9-11}$$

按照这样的规定,在接收端抽样判决时刻,若噪声值不超过 d,则不会发生错误判决。但是需要注意,当噪声值大于最高信号电平值或小于最低电平值时,不会发生错误判决;也就是说,对于最外侧的两个电平,只在一个方向有出错的可能。这种情况的出现占所有可能的 $1/M$。所以,错误概率为

$$P_e = \left(1 - \frac{1}{M}\right)P(|\xi| > d) \tag{10.9-12}$$

式中：ξ 为噪声的抽样值；$P(|\xi|>d)$ 为噪声抽样值大于 d 的概率。

现在来计算式(10.9-12)中的 $P(|\xi|>d)$。设接收滤波器输入端高斯白噪声的单边功率谱密度为 n_0，接收滤波器输出的带限高斯噪声的功率为 σ^2，则有

$$\sigma^2=\frac{n_0}{2}\int_{-\infty}^{\infty}|G_R(f)|^2\mathrm{d}f=\frac{n_0}{2}\int_{-\infty}^{\infty}|H^{1/2}(f)|^2\mathrm{d}f \tag{10.9-13}$$

式(10.9-13)中的积分值是一个实常数，我们假设其等于1，即假设

$$\int_{-\infty}^{\infty}|H^{1/2}(f)|^2\mathrm{d}f=1 \tag{10.9-14}$$

故有

$$\sigma^2=\frac{n_0}{2} \tag{10.9-15}$$

这样假设并不影响对误码率性能的分析。由于接收滤波器是一个线性滤波器，故其输出噪声的统计特性仍服从高斯分布。因此输出噪声 ξ 的一维概率密度函数

$$f(\xi)=\frac{1}{\sqrt{2\pi}\sigma}\exp\left(-\frac{\xi^2}{2\sigma^2}\right) \tag{10.9-16}$$

对式(10.9-16)积分，就可以得到抽样噪声值超过 d 的概率：

$$P(|\xi|>d)=2\int_{d}^{\infty}\frac{1}{\sqrt{2\pi}\sigma}\exp\left(-\frac{\xi^2}{2\sigma^2}\right)\mathrm{d}\xi=$$

$$\frac{2}{\sqrt{\pi}}\int_{d/\sqrt{2}\sigma}^{\infty}\exp(-z^2)\,\mathrm{d}z=\operatorname{erfc}\left(\frac{d}{\sqrt{2}\sigma}\right) \tag{10.9-17}$$

式(10.9-17)中已作了如下变量代换：

$$z^2=\xi^2/2\sigma^2 \tag{10.9-18}$$

将式(10.9-17)代入式(10.9-12)，得到

$$P_e=\left(1-\frac{1}{M}\right)\operatorname{erfc}\left(\frac{d}{\sqrt{2}\sigma}\right) \tag{10.9-19}$$

现在，再将上式中的 P_e 和 d/σ 的关系变换成 P_e 和 E/n_0 的关系。由上述讨论我们已经知道，在 M 进制基带多电平最佳传输系统中，发送码元的频谱形状由发送滤波器的特性决定：

$$G_T(f)=H^{1/2}(f)$$

发送码元多电平波形的最大值为$\pm d,\pm 3d,\cdots,\pm(M-1)d$ 等。这样，利用巴塞伐尔定理

$$\int_{-\infty}^{\infty}x^2(t)\,\mathrm{d}t=\int_{-\infty}^{\infty}|X(f)|^2\mathrm{d}f$$

计算码元能量时，设多电平码元的波形为 $Ax(t)$，其中 $x(t)$ 的最大值等于1，以及

$$A = \pm d, \pm 3d, \cdots, \pm (M-1)d \tag{10.9-20}$$

则有码元能量等于

$$A^2 \int_{-\infty}^{\infty} x^2(t)\,\mathrm{d}t = A^2 \int_{-\infty}^{\infty} |H(f)|\,\mathrm{d}f = A^2 \tag{10.9-21}$$

式(10.9-21)计算中已经代入了式(10.9-14)的假设。

因此,对于 M 进制等概率多电平码元,求出其平均码元能量

$$E = \frac{2}{M}\sum_{i=1}^{M/2}[d(2i-1)]^2 = d^2\frac{2}{M}[1 + 3^2 + 5^2 + \cdots + (M-1)^2] = \frac{d^2}{3}(M^2-1) \tag{10.9-22}$$

因此有

$$d^2 = \frac{3E}{M^2-1} \tag{10.9-23}$$

将式(10.9-14)和式(10.9-23)代入式(10.9-19),得到误码率的最终表示式:

$$P_e = \left(1-\frac{1}{M}\right)\mathrm{erfc}\left(\frac{d}{\sqrt{2}\sigma}\right) = \left(1-\frac{1}{M}\right)\mathrm{erfc}\left[\left(\frac{3}{M^2-1}\cdot\frac{E}{n_0}\right)^{1/2}\right] \tag{10.9-24}$$

当 $M=2$ 时,

$$P_e = \frac{1}{2}\mathrm{erfc}(\sqrt{E/n_0}) \tag{10.9-25}$$

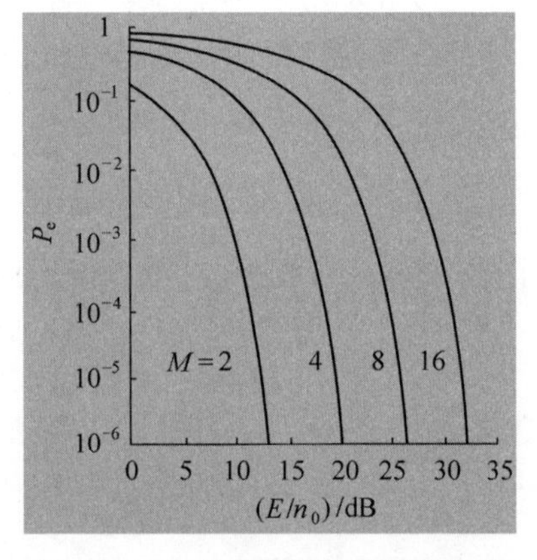

图 10-18　多电平信号误码率曲线

式(10.9-25)是在理想信道中,消除码间串扰条件下,二进制双极性基带信号传输的最佳误码率。

图 10-18 是按照上述计算结果画出的 M 进制多电平信号误码率曲线。由此图可见,当误码率较低时,为保持误码率不变,M 值增大到 2 倍,信噪比大约需要增大 7 dB。

10.9.2 非理想信道的最佳基带传输系统

这时,接收信号码元的频谱等于 $G_T(f)\cdot C(f)$。为了使高斯白噪声条件下的接收误码率最小,在接收端可以采用一个匹配滤波器。为使此匹配滤波器的传输函数 $G'_R(f)$ 和接收信号码元的频谱匹配,要求

$$G'_R(f) = G_T^*(f)\cdot C^*(f)$$

这时,基带传输系统的总传输特性为

$$H(f) = G_T(f)\cdot C(f)\cdot G'_R(f) = G_T(f)\cdot C(f)\cdot G_T^*(f)\cdot C^*(f) = |G_T(f)|^2|C(f)|^2 \tag{10.9-26}$$

此总传输特性 $H(f)$ 能使其对于高斯白噪声的误码率最小，但是还没有满足消除码间串扰的条件。为了消除码间串扰，由第 6 章的讨论得知，$H(f)$ 必须满足：

$$\sum_i H\left(f+\frac{i}{T_s}\right)=T_s \quad |f|\leqslant\frac{1}{2T_s}$$

为此，可以在接收端增加一个横向均衡滤波器 $T(f)$，使系统总传输特性满足上式要求。故从式(10.9-26)和式(6.4-11)可以写出对 $T(f)$ 的要求：

$$T(f)=\frac{T_s}{\sum_i |G_T^{(i)}(f)|^2|C^{(i)}(f)|^2} \quad |f|\leqslant\frac{1}{2T_s} \tag{10.9-27}$$

其中 $$G_T^{(i)}(f)=G_T\left(f+\frac{i}{T_s}\right) \qquad C^{(i)}=C\left(f+\frac{i}{T_s}\right)$$

从上述分析得知，在非理想信道条件下，最佳接收滤波器的传输特性应该是传输特性为 $G'_R(f)$ 的匹配滤波器和传输特性为 $T(f)$ 的均衡滤波器级连。按此要求画出的最佳基带传输系统的方框图示于图 10-19 中。

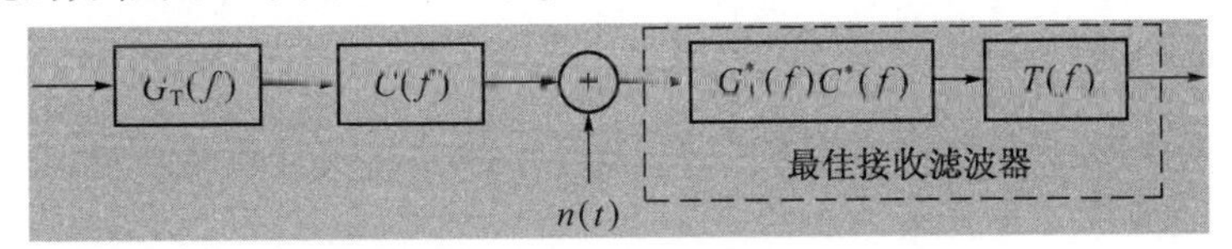

图 10-19 非理想信道条件下最佳基带传输系统原理方框图

最后说明，上面的讨论是假定发送滤波器和信道特性已给定，由设计接收滤波器使系统达到最佳化。在理论上，自然也可以假定接收滤波器和信道特性已给定，设计发送滤波器使系统达到最佳；或者只给定信道特性，联合设计发送和接收滤波器两者使系统达到最佳。但是，分析结果[2]表明，这样做的效果和仅使接收滤波器最佳化的结果差别不大。在工程设计时，还是以设计最佳接收滤波器的方法较为实用。

10.10 小　结

数字信号的最佳接收是按照错误概率最小作为“最佳”的准则。在本章中考虑错误主要是由于带限高斯白噪声引起的。在这个假定条件下，将二进制数字调制信号分为确知信号、随相信号和起伏信号三类逐一定量分析其最小可能错误概率。此外，还分析了接收多进制基带信号的错误概率。

分析的基本原理是将一个接收信号码元的全部抽样值当作为 k 维接收矢量空间中的一个矢量，并将接收矢量空间划分为两个区域。按照接收矢量落入哪个区域来判决是否发生错误。由判决准则可以得出最佳接收机的原理方框图和计算出误码率。这个误码率在理论上是最佳的，即理论上最小可能达到的。

二进制确知信号的最佳误码率决定于两种码元的相关系数 ρ 和信噪比 E_b/n_0，而与信号波形无直接关系。相关系数 ρ 越小，误码率越低。2PSK 信号的相关系数最小($\rho=$

-1)，其误码率最低。2FSK 信号可以看作是正交信号，其相关系数$\rho=0$。

对于随相信号和起伏信号，仅以 FSK 信号为代表进行分析，因为在这种信道中，信号的振幅和相位都因噪声的影响而随机变化，故主要是 FSK 信号适于应用。由于这时信道引起信号相位有随机变化，不能采用相干解调，所以非相干解调是最佳接收方法。

将实际接收机和最佳接收机的误码率作比较可以看出，若实际接收机中的信号噪声功率比r等于最佳接收机中的码元能量和噪声功率谱密度之比E_b/n_0，则两者的误码率性能一样。但是，由于实际接收机总不可能达到这一点。所以，实际接收机的性能总是比不上最佳接收机的性能。

本章还从理论上证明了匹配滤波和相关接收两者等效，都是可以用于最佳接收。

思　考　题

10-1　数字信号的最佳接收以什么指标作为准则？

10-2　试写出二进制信号的最佳接收的判决准则。

10-3　对于二进制双极性信号，试问最佳接收判决门限值应该等于多少？

10-4　二进制确知信号的最佳形式是什么？

10-5　试画出二进制确知信号最佳接收机的方框图。

10-6　对于二进制等概率双极性信号，试写出其最佳接收的总误码率表示式。

10-7　试述数字信号传输系统的误码率和信号波形的关系。

10-8　何谓匹配滤波？试问匹配滤波器的冲激响应和信号波形有何关系？其传输函数和信号频谱又有什么关系？

10-9　试述滤波器的物理可实现性条件。

10-10　如何才能使普通接收机的误码率达到最佳接收机的水平？

10-11　何谓相关接收？试画出接收 2FSK 信号的相关接收方框图。

10-12　试比较相关接收和匹配滤波的异同点。试问在什么条件下两者能够给出相同的输出信噪比？

10-13　对于理想信道，试问最佳基带传输系统的发送滤波器和接收滤波器特性之间有什么关系？

习　　题

10-1　试述确知信号、随相信号和起伏信号的特点。

10-2　试求出例【10-1】中输出信号波形$s_o(t)$的表达式。

10-3　设有一个等先验概率的 2ASK 信号，试画出其最佳接收机结构方框图。若其非零码元的能量为E_b，试求出其在高斯白噪声环境下的误码率。

10-4　设有一个等先验概率 2FSK 信号：

$$\begin{cases} s_0(t) = A\sin 2\pi f_0 t & 0 \leqslant t \leqslant T_s \\ s_1(t) = A\sin 2\pi f_1 t & 0 \leqslant t \leqslant T_s \end{cases}$$

其中　$f_0=2/T_s$，　$f_1=2f_0$

(1) 试画出其相关接收法接收机原理方框图；

(2) 画出方框图中各点可能的工作波形；

(3) 设接收机输入高斯白噪声的单边功率谱密度为 $n_0/2$ (W/Hz)，试求出其误码率。

10-5　设一个 2PSK 接收信号的输入信噪比 $E_b/n_0=10$dB，码元持续时间为 T_s，试比较最佳接收机和普通接收机的误码率相差多少，并设后者的带通滤波器带宽为 $6/T_s$ (Hz)。

10-6　设一个二进制双极性信号最佳基带传输系统中信号“0”和“1”是等概率发送的。信号码元的持续时间为 T_s，波形为幅度等于 1 的矩形脉冲。系统中加性高斯白噪声的双边功率谱密度等于 10^{-4}W/Hz。试问为使误码率不大于 10^{-5}，最高传输速率可以达到多高？

10-7　设一个二进制双极性信号最佳传输系统中信号“0”和“1”是等概率发送的。信号传输速率等于 56kb/s，波形为不归零矩形脉冲。系统中加性高斯白噪声的双边功率谱密度等于 10^{-4} W/Hz。试问为使误码率不大于 10^{-5}，需要的最小接收信号功率等于多少？

10-8　试证明式(10.1-7)：$\frac{1}{T_s}\int_0^{T_s} n^2(t)\,dt=\frac{1}{2f_H T_s}\sum_{i=1}^{k} n_i^2$

10-9　设高斯白噪声的单边功率谱密度为 $n_0/2$，试对图 P10-1 中的信号波形设计一个匹配滤波器，并：

(1) 试问如何确定最大输出信噪比的时刻；

(2) 试求此匹配滤波器的冲激响应和输出信号波形的表示式，并画出波形；

(3) 试求出其最大输出信噪比。

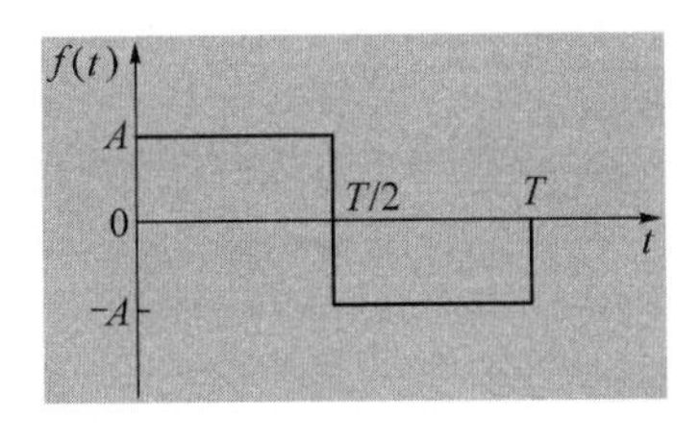

图 P10-1　信号波形

10-10　设图 P10-2(a) 中的两个滤波器的冲激响应分别为 $h_1(t)$ 和 $h_2(t)$，输入信号为 $s(t)$，在图 P10-2(b) 中给出了它们的波形。试用图解法画出 $h_1(t)$ 和 $h_2(t)$ 的输出波形，并说明 $h_1(t)$ 和 $h_2(t)$ 是否为 $s(t)$ 的匹配滤波器。

10-11　设接收机输入端的二进制信号码元波形如图 P10-3 所示，输入端的双边高斯白噪声功率谱密度为 $n_0/2$(W/Hz)。

(1) 试画出采用匹配滤波器形式的最佳接收机原理方框图；

(2) 确定匹配滤波器的单位冲激响应和输出波形；

(3) 求出最佳误码率。

10-12　设在高斯白噪声条件下接收的二进制信号码元波形为

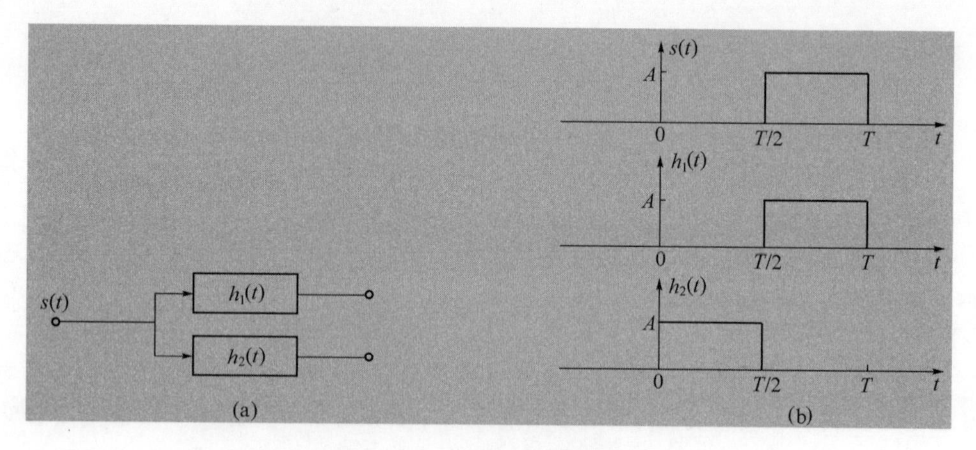

图 P10-2　滤波器及其冲激特性

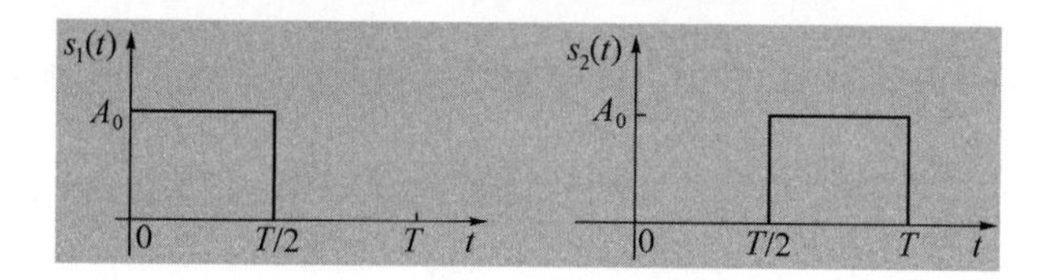

图 P10-3　信号码元波形

$$\begin{cases} s_0(t) = A\sin(2\pi f_0 t + \varphi_0) & 0 \leqslant t < T \\ s_1(t) = A\sin(2\pi f_1 t + \varphi_1) & 0 \leqslant t < T \end{cases}$$

$s_0(t)$和$s_1(t)$在$(0,T)$内满足正交条件;φ_0和φ_1是服从均匀分布的随机变量。

(1) 试画出采用匹配滤波器形式的最佳接收机原理方框图;

(2) 试用两种不同方法分析上述接收机中抽样判决器输入信号抽样值的统计特性;

(3) 求出此系统的误码率。

参考文献

[1] 樊昌信,等.通信原理(第1版至第5版).北京:国防工业出版社,1980-2005.

[2] Lucky R W,Salz J,Weldon E J.Principles of Data Communication,McGraw-Hill,1968.

第11章　差错控制编码

11.1　概　　述

数字信号在传输过程中，由于受到干扰的影响，码元波形将变坏。接收端收到后可能发生错误判决。由乘性干扰引起的码间串扰，可以采用均衡的办法纠正。而加性干扰的影响则需要用其他办法解决。在设计数字通信系统时，应该首先从合理选择调制制度、解调方法以及发送功率等方面考虑，使加性干扰不足以影响达到误码率要求。在仍不能满足要求时，就要考虑采用本章所述的差错控制措施了。一些通用的系统，其误码率要求因用途而异，也可以把差错控制作为附加手段，在需要时加用。

从差错控制角度看，按照加性干扰引起的错码分布规律的不同，信道可以分为三类，即随机信道(random channel)、突发信道(burst channel)和混合信道(mixed channel)。在随机信道中，错码的出现是随机的，而且错码之间是统计独立的。例如，由正态分布白噪声引起的错码就具有这种性质。在突发信道中，错码是成串集中出现的，即在一些短促的时间段内会出现大量错码，而在这些短促的时间段之间存在较长的无错码区间。这种成串出现的错码称为突发错码。产生突发错码的主要原因之一是脉冲干扰，例如电火花产生的干扰。信道中的衰落现象也是产生突发错码的另一个主要原因。我们把既存在随机错码又存在突发错码，且哪一种都不能忽略不计的信道称为混合信道。对于不同类型的信道，应该采用不同的差错控制技术。差错控制技术主要有以下四种。

(1) **检错**(error detection)**重发**(retransmission)：在发送码元序列中加入差错控制码元，接收端利用这些码元检测到有错码时，利用反向信道通知发送端，要求发送端重发，直到正确接收为止。所谓检测到有错码，是指在一组接收码元中知道有一个或一些错码，但是不知道该错码应该如何纠正。在二进制系统中，这种情况发生在不知道一组接收码元中哪个码元错了。因为若知道哪个码元错了，将该码元取补即能纠正，即将错码"0"改为"1"或将错码"1"改为"0"就可以了，不需要重发。在多进制系统中，即使知道了错码的位置，也无法确定其正确取值。

采用检错重发技术时，通信系统需要有双向信道传送重发指令。

(2) **前向纠错**：前向纠错一般简称FEC(Forward Error Correction)。这时接收端利用发送端在发送码元序列中加入的差错控制码元，不但能够发现错码，还能将错码恢复其正确取值。在二进制码元的情况下，能够确定错码的位置，就相当于能够纠正错码。

采用FEC时，不需要反向信道传送重发指令，也没有因反复重发而产生的时延，故实时性好。但是为了能够纠正错码，而不是仅仅检测到有错码，和检错重发相比，需要加入更多的差错控制码元。故设备要比检测重发设备复杂。

(3) **反馈**(feedback)**校验**(checkout)：这时不需要在发送序列中加入差错控制码元。

接收端将接收到的码元原封不动地转发回发送端。在发送端将它和原发送码元逐一比较。若发现有不同，就认为接收端收到的序列中有错码，发送端立即重发。这种技术的原理和设备都很简单。但是需要双向信道，传输效率也较低，因为每个码元都需要占用两次传输时间。

(4) **检错删除**(deletion)：它和检错重发的区别在于，在接收端发现错码后，立即将其删除，不要求重发。这种方法只适用在少数特定系统中，在那里发送码元中有大量多余度，删除部分接收码元不影响应用。例如，在循环重复发送某些遥测数据时。又如，用于多次重发仍然存在错码时，这时为了提高传输效率不再重发，而采取删除的方法。这样做在接收端当然会有少许损失，但是却能够及时接收后续的消息。

以上几种技术可以结合使用。例如，检错和纠错技术结合使用。当接收端出现少量错码并有能力纠正时，采用前向纠错技术；当接收端出现较多错码没有能力纠正时，采用检错重发技术。

在上述四种技术中，除第(3)种外，其共同点是都在接收端识别有无错码。由于信息码元序列是一种随机序列，接收端无法预知码元的取值，也无法识别其中有无错码。所以在发送端需要在信息码元序列中增加一些差错控制码元，它们称为**监督**(check)**码元**。这些监督码元和信息码元之间有确定的关系，譬如某种函数关系，使接收端有可能利用这种关系发现或纠正可能存在的错码。

差错控制编码常称为**纠错编码**(error-correcting coding)。不同的编码方法，有不同的**检错**或**纠错能力**。有的编码方法只能检错，不能纠错。一般说来，付出的代价越大，检(纠)错的能力越强。这里所说的代价，就是指增加的监督码元多少，它通常用多余度来衡量。例如，若编码序列中平均每两个信息码元就添加一个监督码元，则这种编码的多余度为1/3。或者说，这种码的**编码效率**(code rate，简称**码率**)为2/3。设编码序列中信息码元数量为k，总码元数量为n，则比值k/n就是码率；而监督码元数$(n-k)$和信息码元数k之比$(n-k)/k$称为**冗余度**(redundancy)。

从理论上讲，差错控制是以降低信息传输速率为代价换取提高传输可靠性。本章的主要内容就是讨论各种常见的编码和解码方法。在此之前，下面先简单介绍一下用检错重发方法实现差错控制的原理。采用检错重发法的通信系统通常称为**自动要求重发**(Automatic Repeat reQuest，ARQ)系统。最早的ARQ系统称作**停止等待**(stop-and-wait) ARQ系统，其工作原理示于图11-1(a)中。在这种系统中，数据按分组发送。每发送一组数据后发送端等待接收端的确认(ACK)答复，然后再发送下一组数据。图11-1(a)中的第3组接收数据有误，接收端发回一个否认(NAK)答复。这时，发送端将重发第3组数据。所以，系统是工作在半双工(half-duplex)状态，时间没有得到充分利用，传输效率较低。在图11-1(b)中示出一种改进的ARQ系统，它称为**拉后**(pullback)**ARQ系统**。在这种系统中发送端连续发送数据组，接收端对于每个接收到的数据组都发回**确认**(ACK)或**否认**(NAK)答复(为了能够看清楚，图中的虚线没有全画出)。例如，图中第5组接收数据有误，则在发送端收到第5组接收的否认答复后，从第5组开始重发数据组。在这种系统中需要对发送的数据组和答复进行编号，以便识别。显然，这种系统需要双工信道。为了进一步提高传输效率，可以采用图11-1(c)所示方案。这种方案称为**选择重发**(selective repeat)**ARQ系统**，它只重发出错的数

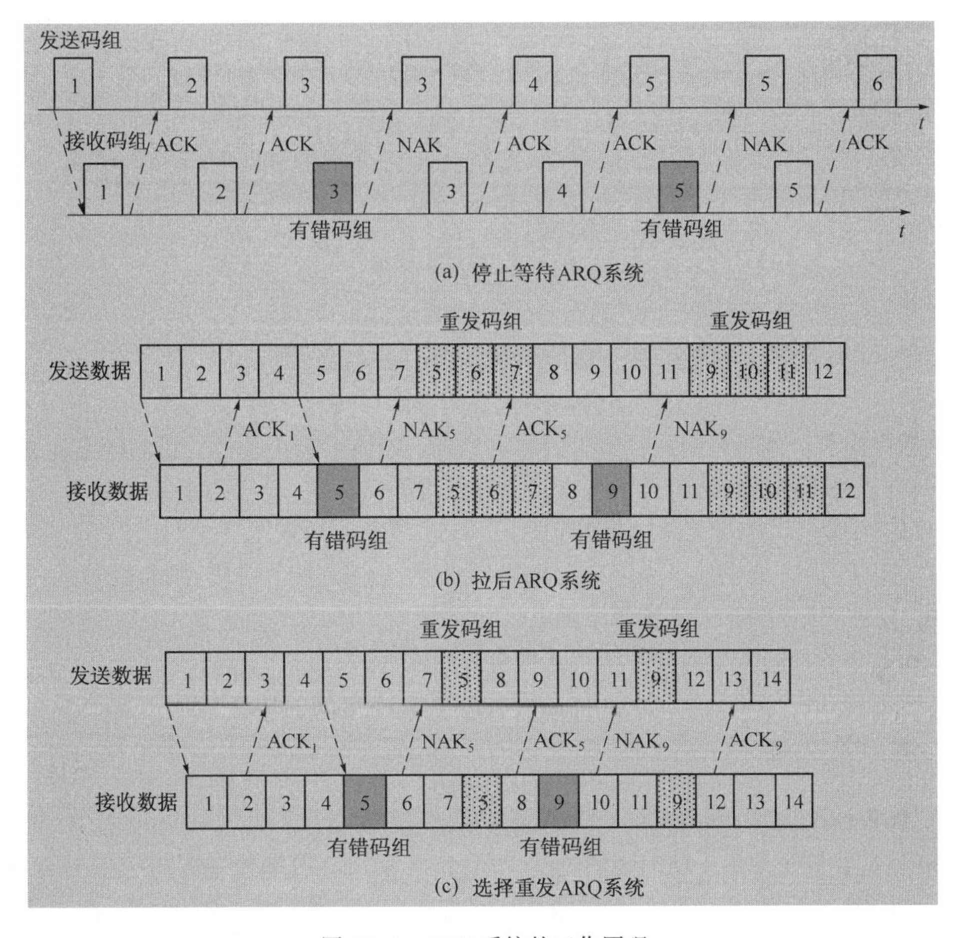

图 11-1　ARQ 系统的工作原理

据组,因此进一步提高了传输效率。

ARQ 和前向纠错方法相比的主要优点是:①监督码元较少即能使误码率降到很低,即码率较高;②检错的计算复杂度较低;③检错用的编码方法和加性干扰的统计特性基本无关,能适应不同特性的信道。

但是 ARQ 系统需要双向信道来重发,并且因为重发而使 ARQ 系统的传输效率降低。在信道干扰严重时,可能发生因不断反复重发而造成事实上的通信中断。所以在要求实时通信的场合,例如电话通信,往往不允许使用 ARQ 法。此外,ARQ 法不能用于单向信道,例如广播网,也不能用于一点到多点的通信系统,因为重发控制难以实现。

图 11-2 示出 ARQ 系统原理方框图。在发送端,输入的信息码元在编码器中被分组编码(加入监督码元)后,除了立即发送外,还暂存于缓冲存储器(buffer)中。若接收端解码器检出错码,则由解码器控制产生一个重发指令。此指令经过反向信道送到发送端。这时,由发送端重发控制器控制缓冲存储器重发一次。接收端仅当解码器认为接收信息码元正确时,才将信息码元送给收信者,否则在输出缓冲存储器中删除接收码元。当解码器未发现错码时,经过反向信道发出不需重发指令。发送端收到此指令后,即继续发送后一码组,发送端的缓冲存储器中的内容也随之更新。

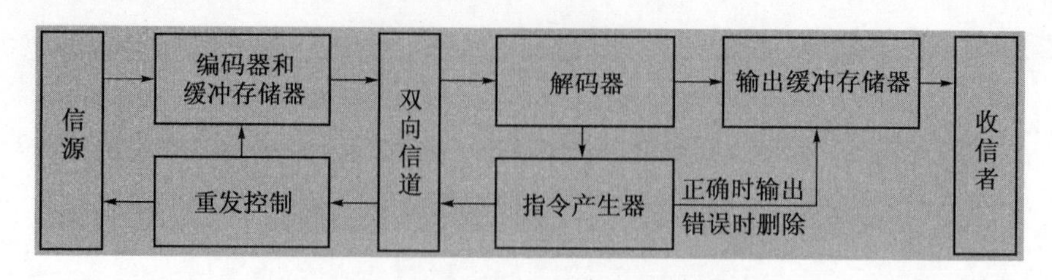

图 11-2　ARQ 系统原理方框图

11.2　纠错编码的基本原理

现在先用一个例子说明纠错编码的基本原理。设有一种由 3 位二进制数字构成的码组,它共有 8 种不同的可能组合。若将其全部用来表示天气,则可以表示 8 种不同天气,例如:“000”(晴),“001”(云),“010”(阴),“011”(雨),“100”(雪),“101”(霜),“110”(雾),“111”(雹)。其中任一码组在传输中若发生一个或多个错码,则将变成另一个信息码组。这时,接收端将无法发现错误。

若在上述 8 种码组中只准许使用 4 种来传送天气,例如:

$$\begin{cases}000 = 晴\\011 = 云\\101 = 阴\\110 = 雨\end{cases} \tag{11.2-1}$$

这时,虽然只能传送 4 种不同的天气,但是接收端却有可能发现码组中的一个错码。例如,若“000”(晴)中错了一位,则接收码组将变成“100”或“010”或“001”。这 3 种码组都是不准使用的,称为禁用码组。故接收端在收到禁用码组时,就认为发现了错码。当发生 3 个错码时,“000”变成了“111”,它也是禁用码组,故这种编码也能检测 3 个错码。但是这种码不能发现一个码组中的两个错码,因为发生两个错码后产生的是**许用码组**。

上面这种编码只能检测错码,不能纠正错码。例如,当接收码组为禁用码组“100”时,接收端将无法判断是哪一位码发生了错误,因为晴、阴、雨三者错了一位都可以变成“100”。

要想能够纠正错误,还要增加多余度。例如,若规定许用码组只有两个:“000”(晴),“111”(雨),其他都是禁用码组,则能够检测两个以下错码,或能够纠正一个错码。例如,当收到禁用码组“100”时,若当作仅有一个错码,则可以判断此错码发生在“1”位,从而纠正为“000”(晴)。因为“111”(雨)发生任何一位错码时都不会变成“100”这种形式。但是,这时若假定错码数不超过两个,则存在两种可能性:“000”错一位和“111”错两位都可能变成“100”,因而只能检测出存在错码而无法纠正错码。

从上面的例子中,我们可以得到关于“分组码”的一般概念。如果不要求检(纠)错,为了传输 4 种不同的消息,用两位的码组就够了,即可以用:“00”、“01”、“10”、“11”。这些两位码称为**信息位**。在式(11.2-1)中使用了 3 位码,增加的那位称

表 11-1　信息位和监督位关系

	信息位	监督位
晴	00	0
云	01	1
阴	10	1
雨	11	0

为**监督位**。在表 11-1 中示出此信息位和监督位的关系。后面把这种将信息码分组,为每组信码附加若干监督码的编码称为**分组码**(block code)。在分组码中,监督码元仅监督本码组中的信息码元。

分组码一般用符号(n,k)表示,其中 n 是码组的总位数,又称为码组的长度(码长),k 是码组中信息码元的数目,$n-k=r$ 为码组中的监督码元数目,或称监督位数目。今后,将分组码的结构规定为具有图 11-3 所示的形式。图中前 k 位$(a_{n-1}\cdots a_r)$为信息位,后面附加 r 个监督位$(a_{r-1}\cdots a_0)$。在式(11.2-1)的分组码中 $n=3,k=2,r=1$,并且可以用符号(3,2)表示。

在分组码中,把码组中“1”的个数目称为码组的重量,简称**码重**(code weight)。把两个码组中对应位上数字不同的位数称为码组的距离,简称**码距**。码距又称**汉明**(Hamming)**距离**。例如,式(11.2-1)中的 4 个码组之间,任意两个的距离均为 2。我们把某种编码中各个码组之间距离的最小值称为**最小码距**(d_0)。例如,式(11.2-1)中编码的最小码距 $d_0=2$。

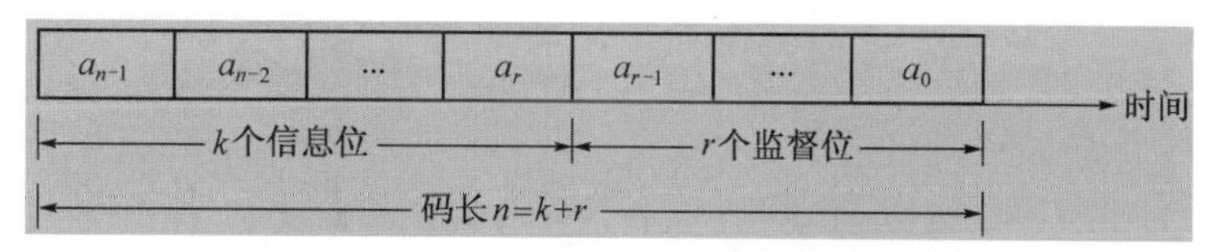

图 11-3　分组码的结构

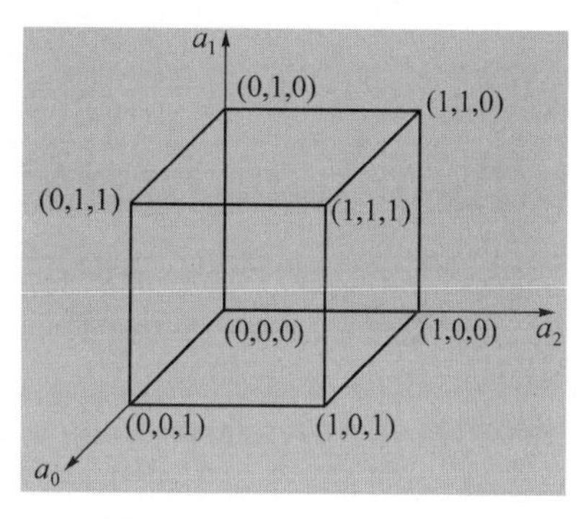

图 11-4　码距的几何意义

对于 3 位的编码组,可以在 3 维空间中说明码距的几何意义。如前所述,3 位的二进制编码,共有 8 种不同的可能码组。在 3 维空间中它们分别位于一个单位立方体的各顶点上,如图 11-4 所示。每个码组的 3 个码元的值(a_1,a_2,a_3)就是此立方体各顶点的坐标。而上述码距概念在此图中就对应于各顶点之间沿立方体各边行走的几何距离。由此图可以直观看出,式(11.2-1)中 4 个准用码组之间的距离均为 2。

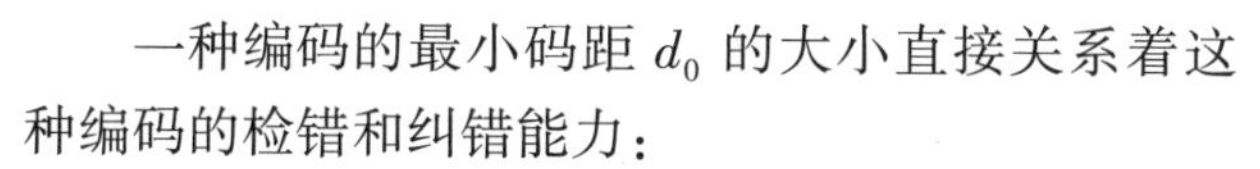

一种编码的最小码距 d_0 的大小直接关系着这种编码的检错和纠错能力:

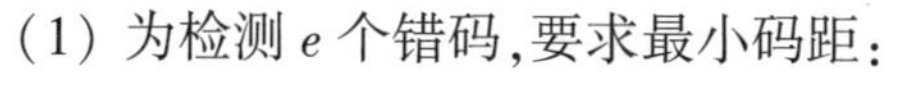

(1) 为检测 e 个错码,要求最小码距:

$$d_0 \geqslant e + 1 \tag{11.2-2}$$

这可以用图 11-5(a)简单证明如下:设一个码组 A 位于 O 点。若码组 A 中发生一个错码,则我们可以认为 A 的位置将移动至以 O 点为圆心,以 1 为半径的圆上某点,但其位置不会超出此圆。若码组 A 中发生两位错码,则其位置不会超出以 O 点为圆心,以 2 为半径的圆。因此,只要最小码距不小于 3(例如图中 B 点),在此半径为 2 的圆上及圆内就不会有其他码组。这就是说,码组 A 发生两位以下错码时,不可能变成另一个准用码组,因而能检测错码的位数等于 2。同理,若一种编码的最小码距为 d_0,则将能检测(d_0-1)个错码。反之,若要求检测 e 个错码,则最小码距 d_0 至少应不小于$(e+1)$。

(2) 为了纠正 t 个错码,要求最小码距:

$$d_0 \geqslant 2t + 1 \qquad (11.2-3)$$

此式可用图 11-5(b)加以阐明。图中画出码组 A 和 B 的距离为 5。码组 A 或 B 若发生不多于两位错码,则其位置均不会超出半径为 2 以原位置为圆心的圆。这两个圆是不重叠的。因此,我们可以这样判决:若接收码组落于以 A 为圆心的圆上就判决收到的是码组 A,若落于以 B 为圆心的圆上就判决为码组 B。这样,就能够纠正两位错码。若这种编码中除码组 A 和 B 外,还有许多种不同码组,但任两码组之间的码距均不小于 5,则以各码组的位置为中心以 2 为半径画出之圆都不会互相重叠。这样,每种码组如果发生不超过两位错码都将能被纠正。因此,当最小码距 $d_0=5$ 时,能够纠正两个错码,且最多能纠正两个。若错码达到三个,就将落入另一圆上,从而发生错判。故一般说来,为纠正 t 个错码,最小码距应不小于($2t+1$)。

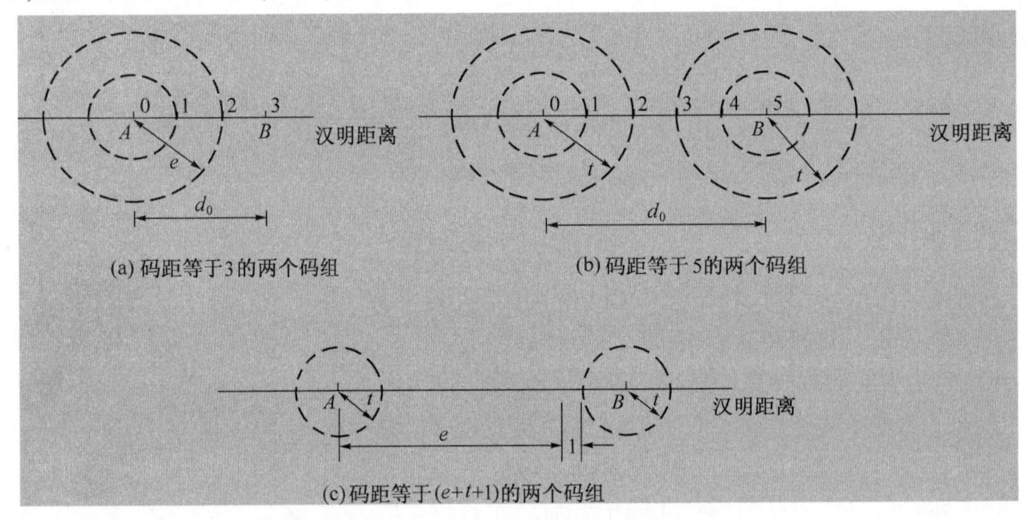

图 11-5　码距与检错和纠错能力的关系

(3) 为纠正 t 个错码,同时检测 e 个错码,要求最小码距:

$$d_0 \geqslant e + t + 1 \quad (e > t) \qquad (11.2-4)$$

在解释此式之前,我们先来继续分析一下图 11-5(b)所示的例子。图中码组 A 和 B 之间距离为 5。按照式(11.2-2)检错时,最多能检测 4 个错码,即 $e=d_0-1=5-1=4$,按照式(11.2-3)纠错时,能纠正两个错码。但是,不能同时做到两者,因为当错码位数超过纠错能力时,该码组立即进入另一码组的圆内而被错误地"纠正"了。例如,码组 A 若错了 3 位,就会被误认为码组 B 错了 2 位造成的结果,从而被错"纠"为 B。这就是说,式(11.2-2)和式(11.2-3)不能同时成立或同时运用。所以,为了在可以纠正 t 个错码的同时,能够检测 e 个错码,就需要像图 11-5(c)所示那样,使某一码组(譬如码组 A)发生 e 个错误之后所处的位置,与其他码组(譬如码组 B)的纠错圆圈至少距离等于 1,不然将落在该纠错圆上从而发生错误地"纠正"。由此图可以直观看出,要求最小码距

$$d_0 \geqslant e + t + 1 \quad (e > t)$$

这种纠错和检错结合的工作方式简称纠检结合。这种工作方式是自动在纠错和检错

之间转换的。当错码数量少时，系统按前向纠错方式工作，以节省重发时间，提高传输效率；当错码数量多时，系统按反馈重发方式纠错，以降低系统的总误码率。所以，它适用于大多数时间中错码数量很少，少数时间中错码数量多的情况。

11.3 常用的简单编码

11.3.1 奇偶监督码

奇偶监督(parity check)码分为奇数监督码和偶数监督码两种，两者的原理相同。在偶数监督码中，无论信息位多少，监督位只有 1 位，它使码组中“1”的数目为偶数，即满足下式条件：

$$a_{n-1} \oplus a_{n-2} \oplus \cdots \oplus a_0 = 0 \qquad (11.3-1)$$

式中：a_0 为监督位，其他位为信息位。

表 11-1 中的编码，就是按照这种规则加入监督位的。这种编码能够检测奇数个错码。在接收端，按照式(11.3-1)求“模 2 和”，若计算结果为“1”就说明存在错码，结果为“0”就认为无错码。

奇数监督码与偶数监督码相似，只不过其码组中“1”的数目为奇数，即满足条件：

$$a_{n-1} \oplus a_{n-2} \oplus \cdots \oplus a_0 = 1 \qquad (11.3-2)$$

且其检错能力与偶数监督码的一样。

11.3.2 二维奇偶监督码

二维(two dimensional)奇偶监督码又称方阵码。它是先把上述奇偶监督码的若干码组，每个写成一行，然后再按列的方向增加第二维监督位，如图 11-6 所示。图中 $a_0^1\ a_0^2\ \cdots\ a_0^m$ 为 m 行奇偶监督码中的 m 个监督位。$c_{n-1}\ c_{n-2}\ \cdots\ c_0$ 为按列进行第二次编码所增加的监督位，它们构成了一监督位行。

$$\begin{array}{ccccc}
a_{n-1}^1 & a_{n-2}^1 & \cdots & a_1^1 & a_0^1 \\
a_{n-1}^2 & a_{n-2}^2 & \cdots & a_1^2 & a_0^2 \\
\vdots & \vdots & \cdots & \vdots & \vdots \\
a_{n-1}^m & a_{n-2}^m & \cdots & a_1^m & a_0^m \\
c_{n-1} & c_{n-2} & \cdots & c_1 & c_0
\end{array}$$

图 11-6 二维奇偶监督码

这种编码有可能检测偶数个错码。因为每行的监督位 $a_0^1\ a_0^2\ \cdots\ a_0^m$ 虽然不能用于检测本行中的偶数个错码，但按列的方向有可能由 $c_{n-1}\ c_{n-2}\ \cdots\ c_0$ 等监督位检测出来。有一些偶数错码不可能检测出来。例如，构成矩形的 4 个错码，譬如图 11-6 中 a_{n-2}^2，a_1^2，a_{n-2}^m，a_1^m 错了，就检测不出。

这种二维奇偶监督码适于检测突发错码。因为突发错码常常成串出现，随后有较长一段无错区间，所以在某一行中出现多个奇数或偶数错码的机会较多，而这种方阵码正适于检测这类错码。前述的一维奇偶监督码一般只适于检测随机错码。

由于方阵码只对构成矩形四角的错码无法检测，故其检错能力较强。一些试验测量表明，这种码可使误码率降至原误码率的 1/100～1/10 000。

二维奇偶监督码不仅可用来检错，还可以用来纠正一些错码。例如，当码组中仅在一行中有奇数个错码时,能够确定错码位置,从而纠正之。

11.3.3 恒比码

在恒比码中,每个码组均含有相同数目的“1”(和“0”)。由于“1”的数目与“0”的数目之比保持恒定,故得此名。这种码在检测时,只要计算接收码组中“1”的数目是否对,就知道有无错码。

恒比码的主要优点是简单,适于用来传输电传机或其他键盘设备产生的字母和符号。对于信源来的二进制随机数字序列,这种码就不适合使用了。

11.3.4 正反码

正反码是一种简单的能够纠正错码的编码,其中的监督位数目与信息位数目相同,监督码元与信息码元相同或者相反则由信息码中“1”的个数而定。例如,若码长 $n=10$,其中信息位 $k=5$,监督位 $r=5$。其编码规则为:① 当信息位中有奇数个“1”时,监督位是信息位的简单重复;② 当信息位有偶数个“1”时,监督位是信息位的反码。例如,若信息位为 11001,则码组为 1100111001;若信息位为 10001,则码组为 1000101110。

接收端解码方法为:先将接收码组中信息位和监督位按模 2 相加,得到一个 5 位的合成码组。然后,由此合成码组产生一个校验码组。若接收码组的信息位中有奇数个“1”,则合成码组就是校验码组;若接收码组的信息位中有偶数个“1”,则取合成码组的反码作为校验码组。最后,观察校验码组中“1”的个数,按表 11-2 进行判决及纠正可能发现的错码。

表 11-2 校验码组和错码的关系

序号	校验码组的组成	错码情况
1	全为“0”	无错码
2	有 4 个“1”和 1 个“0”	信息码中有 1 位错码,其位置对应校验码组中“0”的位置
3	有 4 个“0”和 1 个“1”	监督码中有 1 位错码,其位置对应校验码组中“1”的位置
4	其他组成	错码多于 1 个

例如,发送码组为 1100111001,接收码组中无错码,则合成码组应为 $11001 \oplus 11001 = 00000$。由于接收码组信息位中有奇数个“1”,所以校验码组就是 00000。按表 11-2 判决,结论是无错码。若传输中产生了差错,使接收码组变成 1000111001,则合成码组为 $10001 \oplus 11001 = 01000$。由于接收码组中信息位有偶数个“1”,所以校验码组应取合成码组的反码,即 10111。由于其中有 4 个“1”和 1 个“0”,按表 11-2 判断信息位中左边第 2 位为错码。若接收码组错成 1100101001,则合成码组变成 $11001 \oplus 01001 = 10000$。由于接收码组中信息位有奇数个“1”,故校验码组就是 10000,按表 11-2 判断,监督位中第 1 位为错码。最后,若接收码组为 1001111001,则合成码组为 $10011 \oplus 11001 = 01010$,校验码组与其相同,按表 11-2 判断,这时错码多于 1 个。

上述长度为 10 的正反码具有纠正 1 位错码的能力,并能检测全部 2 位以下的错码和大部分 2 位以上的错码。

11.4 线性分组码

从 11.3 节介绍的一些简单编码可以看出，每种编码所依据的原理各不相同，而且是大不相同，其中奇偶监督码的编码原理是利用代数关系式产生监督位。我们把这类建立在代数学基础上的编码称为**代数码**。在代数码中，常见的是线性码。在线性码中信息位和监督位是由一些线性代数方程联系着的，或者说，**线性码**是按照一组线性方程构成的。本节将以汉明(Hamming)码为例引入线性分组码的一般原理。

上述正反码中，为了能够纠正一位错码，使用的监督位数和信息位一样多，即编码效率只有 50%。那么，为了纠正一位错码，在分组码中最少要增加多少监督位才行呢？编码效率能否提高呢？从这种思想出发进行研究，便导致汉明码的诞生。汉明码是一种能够纠正一位错码且编码效率较高的线性分组码。下面就将介绍汉明码的构造原理。

我们先来回顾一下按照式(11.3-1)条件构成的偶数监督码。由于使用了一位监督位 a_0，它和信息位 $a_{n-1} \cdots a_1$ 一起构成一个代数式，如式(11.3-1)所示。在接收端解码时，实际上就是在计算

$$S = a_{n-1} \oplus a_{n-2} \oplus \cdots \oplus a_0 \tag{11.4-1}$$

若 $S=0$，就认为无错码；若 $S=1$，就认为有错码。现将式(11.4-1)称为**监督关系式**，S 称为**校正子**(syndrome，又称校验子、伴随式)。由于校正子 S 只有两种取值，故它只能代表有错和无错这两种信息，而不能指出错码的位置。不难推想，若监督位增加一位，即变成两位，则能增加一个类似于式(11.4-1)的监督关系式。由于两个校正子的可能值有 4 种组合：00，01，10，11，故能表示 4 种不同的信息。若用其中一种组合表示无错，则其余 3 种组合就有可能用来指示一个错码的 3 种不同位置。同理，r 个监督关系式能指示一位错码的 (2^r-1) 个可能位置。

一般来说，若码长为 n，信息位数为 k，则监督位数 $r=n-k$。如果希望用 r 个监督位构造出 r 个监督关系式来指示一位错码的 n 种可能位置，则要求

$$2^r - 1 \geqslant n \quad \text{或} \quad 2^r \geqslant k + r + 1 \tag{11.4-2}$$

下面通过一个例子来说明如何具体构造这些监督关系式。

设分组码 (n,k) 中 $k=4$，为了纠正一位错码，由式(11.4-2)可知，要求监督位数 $r \geqslant 3$。若取 $r=3$，则 $n=k+r=7$。我们用 $a_6 a_5 \cdots a_0$ 表示这 7 个码元，用 S_1、S_2 和 S_3 表示 3 个监督关系式中的校正子，则 S_1、S_2 和 S_3 的值与错码位置的对应关系可以规定如表 11-3 所列。自然，我们也可以规定成另一种对应关系，这不影响讨论的一般性。由表中规定可见，仅当一位错码的位置在 a_2、a_4、a_5 或 a_6 时，校正子 S_1 为 1；否则 S_1 为零。这就意味着 a_2、a_4、a_5 和 a_6 4 个码元构成偶数监督关系

$$S_1 = a_6 \oplus a_5 \oplus a_4 \oplus a_2 \tag{11.4-3}$$

表 11-3　校正子和错码位置的关系

$S_1S_2S_3$	错码位置	$S_1S_2S_3$	错码位置	$S_1S_2S_3$	错码位置	$S_1S_2S_3$	错码位置
001	a_0	100	a_2	101	a_4	111	a_6
010	a_1	011	a_3	110	a_5	000	无错码

同理，a_1、a_3、a_5 和 a_6 构成偶数监督关系：

$$S_2 = a_6 \oplus a_5 \oplus a_3 \oplus a_1 \tag{11.4-4}$$

以及 a_0、a_3、a_4和 a_6 构成偶数监督关系

$$S_3 = a_6 \oplus a_4 \oplus a_3 \oplus a_0 \tag{11.4-5}$$

在发送端编码时，信息位 a_6、a_5、a_4 和 a_3 的值决定于输入信号，因此它们是随机的。监督位 a_2、a_1 和 a_0 应根据信息位的取值按监督关系来确定，即监督位应使式(11.4-3)~式(11.4-5)中 S_1、S_2 和 S_3 的值为 0(表示编成的码组中应无错码)

$$\begin{cases} a_6 \oplus a_5 \oplus a_4 \oplus a_2 = 0 \\ a_6 \oplus a_5 \oplus a_3 \oplus a_1 = 0 \\ a_6 \oplus a_4 \oplus a_3 \oplus a_0 = 0 \end{cases} \tag{11.4-6}$$

式(11.4-6)经过移项运算，解出监督位

$$\begin{cases} a_2 = a_6 \oplus a_5 \oplus a_4 \\ a_1 = a_6 \oplus a_5 \oplus a_3 \\ a_0 = a_6 \oplus a_4 \oplus a_3 \end{cases} \tag{11.4-7}$$

给定信息位后，可以直接按式(11.4-7)算出监督位，其结果如表 11-4 所列。

表 11-4　监督位计算结果

信息位 $a_6a_5a_4a_3$	监督位 $a_2a_1a_0$	信息位 $a_6a_5a_4a_3$	监督位 $a_2a_1a_0$	信息位 $a_6a_5a_4a_3$	监督位 $a_2a_1a_0$	信息位 $a_6a_5a_4a_3$	监督位 $a_2a_1a_0$
0000	000	0100	110	1000	111	1100	001
0001	011	0101	101	1001	100	1101	010
0010	101	0110	011	1010	010	1110	100
0011	110	0111	000	1011	001	1111	111

接收端收到每个码组后，先按照式(11.4-3)~式(11.4-5)计算出 S_1、S_2 和 S_3，再按照表 11-3 判断错码情况。例如，若接收码组为 0000011，按式(11.4-3)~式(11.4-5)计算可得：$S_1=0$，$S_2=1$，$S_3=1$。由于 $S_1S_2S_3$ 等于 011，故根据表 11-3 可知在 a_3 位有一错码。

按照上述方法构造的码称为汉明码。表 11-4 中所列的(7,4)汉明码的最小码距 $d_0=3$。因此，根据式(11.2-2)和式(11.2-3)可知，这种码能够纠正一个错码或检测两个错码。由于码率 $k/n=(n-r)/n=1-r/n$，故当 n 很大和 r 很小时，码率接近 1。可见，汉明码是一种高效码。

现在我们介绍线性分组码的一般原理。上面已经提到,线性码是指信息位和监督位满足一组线性代数方程式的码。式(11.4-6)就是这样一组线性方程式的例子。现在将它改写成

$$\begin{cases}1\cdot a_6+1\cdot a_5+1\cdot a_4+0\cdot a_3+1\cdot a_2+0\cdot a_1+0\cdot a_0=0\\1\cdot a_6+1\cdot a_5+0\cdot a_4+1\cdot a_3+0\cdot a_2+1\cdot a_1+0\cdot a_0=0\\1\cdot a_6+0\cdot a_5+1\cdot a_4+1\cdot a_3+0\cdot a_2+0\cdot a_1+1\cdot a_0=0\end{cases} \quad (11.4-8)$$

式(11.4-8)中已经将“⊕”简写成“+”。在本章后面,除非另加说明,这类式中的“+”都指模 2 加法。式(11.4-8)可以表示成如下矩阵形式

$$\begin{bmatrix}1110100\\1101010\\1011001\end{bmatrix}\begin{bmatrix}a_6\\a_5\\a_4\\a_3\\a_2\\a_1\\a_0\end{bmatrix}=\begin{bmatrix}0\\0\\0\end{bmatrix}\quad(\text{模 }2) \quad (11.4-9)$$

式(11.4-9)还可以简记为

$$\boldsymbol{H}\cdot\boldsymbol{A}^{\mathrm{T}}=\boldsymbol{0}^{\mathrm{T}}\quad\text{或}\quad\boldsymbol{A}\cdot\boldsymbol{H}^{\mathrm{T}}=\boldsymbol{0} \quad (11.4-10)$$

其中 $\boldsymbol{H}=\begin{bmatrix}1110100\\1101010\\1011001\end{bmatrix}$ $\quad\boldsymbol{A}=[a_6a_5a_4a_3a_2a_1a_0]\quad\boldsymbol{0}=[000]$

上角“T”表示将矩阵转置。例如,$\boldsymbol{H}^{\mathrm{T}}$是 $\boldsymbol{H}$ 的转置,即 $\boldsymbol{H}^{\mathrm{T}}$的第一行为 $\boldsymbol{H}$ 的第一列,$\boldsymbol{H}^{\mathrm{T}}$的第二行为 $\boldsymbol{H}$ 的第二列,等等。

我们将 $\boldsymbol{H}$ 称为监督矩阵(parity-check matrix)。只要监督矩阵 $\boldsymbol{H}$ 给定,编码时监督位和信息位的关系就完全确定了。由式(11.4-9)和式(11.4-10)都可以看出,$\boldsymbol{H}$ 的行数就是监督关系式的数目,它等于监督位的数目 r。$\boldsymbol{H}$ 的每行中“1”的位置表示相应码元之间存在的监督关系。例如,$\boldsymbol{H}$ 的第一行 1110100 表示监督位 a_2 是由 $a_6a_5a_4$ 之和决定的。式(11.4-9)中的 $\boldsymbol{H}$ 矩阵可以分成两部分

$$\boldsymbol{H}=\left[\begin{array}{c:c}1110&100\\1101&010\\1011&001\end{array}\right]=[\boldsymbol{PI}_r] \quad (11.4-11)$$

式中:$\boldsymbol{P}$ 为 $r\times k$ 阶矩阵;$\boldsymbol{I}_r$ 为 $r\times r$ 阶单位方阵。

我们将具有$[\boldsymbol{PI}_r]$形式的 $\boldsymbol{H}$ 矩阵称为典型阵。

由代数理论可知，$\boldsymbol{H}$ 矩阵的各行应该是线性无关(linearly independent)的，否则将得不到 r 个线性无关的监督关系式，从而也得不到 r 个独立的监督位。若一矩阵能写成典型阵形式$[\boldsymbol{P}\ \boldsymbol{I}_r]$，则其各行一定是线性无关的。因为容易验证$[\boldsymbol{I}_r]$的各行是线性无关的，故$[\boldsymbol{P}\ \boldsymbol{I}_r]$的各行也是线性无关的。

类似于式(11.4-6)改变成式(11.4-9)那样，式(11.4-7)也可以改写成

$$\begin{bmatrix} a_2 \\ a_1 \\ a_0 \end{bmatrix} = \begin{bmatrix} 1110 \\ 1101 \\ 1011 \end{bmatrix} \begin{bmatrix} a_6 \\ a_5 \\ a_4 \\ a_3 \end{bmatrix} \tag{11.4-12}$$

或者

$$[a_2 a_1 a_0] = [a_6 a_5 a_4 a_3] \begin{bmatrix} 111 \\ 110 \\ 101 \\ 011 \end{bmatrix} = [a_6 a_5 a_4 a_3]\boldsymbol{Q} \tag{11.4-13}$$

其中，$\boldsymbol{Q}$ 为一个 $k \times r$ 阶矩阵，它为 $\boldsymbol{P}$ 的转置(transpose)，即

$$\boldsymbol{Q} = \boldsymbol{P}^{\mathrm{T}} \tag{11.4-14}$$

式(11.4-13)表示，在信息位给定后，用信息位的行矩阵乘矩阵 $\boldsymbol{Q}$ 就产生出监督位。

我们将 $\boldsymbol{Q}$ 的左边加上一个 $k \times k$ 阶单位方阵，就构成一个矩阵 $\boldsymbol{G}$

$$\boldsymbol{G} = [\boldsymbol{I}_k \boldsymbol{Q}] = \left[\begin{array}{c:c} 1000 & 111 \\ 0100 & 110 \\ 0010 & 101 \\ 0001 & 011 \end{array}\right] \tag{11.4-15}$$

$\boldsymbol{G}$ 称为生成矩阵(generator matrix)，因为由它可以产生整个码组，即有

$$[a_6 a_5 a_4 a_3 a_2 a_1 a_0] = [a_6 a_5 a_4 a_3] \cdot \boldsymbol{G} \tag{11.4-16}$$

或者

$$\boldsymbol{A} = [a_6 a_5 a_4 a_3] \cdot \boldsymbol{G} \tag{11.4-17}$$

因此，如果找到了码的生成矩阵 $\boldsymbol{G}$，则编码的方法就完全确定了。具有$[\boldsymbol{I}_k \boldsymbol{Q}]$形式的生成矩阵称为**典型生成矩阵**。由典型生成矩阵得出的码组 $\boldsymbol{A}$ 中，信息位的位置不变，监督位附加于其后。这种形式的码称为**系统码**(systematic code)。

比较式(11.4-11)和式(11.4-15)可见，典型监督矩阵 $\boldsymbol{H}$ 和典型生成矩阵 $\boldsymbol{G}$ 之间由式(11.4-14)相联系。

与 $\boldsymbol{H}$ 矩阵相似，我们也要求 $\boldsymbol{G}$ 矩阵的各行是线性无关的。因为由式(11.4-17)可以

看出,任一码组 $\boldsymbol{A}$ 都是 $\boldsymbol{G}$ 的各行的线性组合。$\boldsymbol{G}$ 共有 k 行,若它们线性无关,则可以组合出 2^k 种不同的码组 $\boldsymbol{A}$,它恰是有 k 位信息位的全部码组。若 $\boldsymbol{G}$ 的各行有线性相关的,则不可能由 $\boldsymbol{G}$ 生成 2^k 种不同的码组了。实际上,$\boldsymbol{G}$ 的各行本身就是一个码组。因此,如果已有 k 个线性无关的码组,则可以用其作为生成矩阵 $\boldsymbol{G}$,并由它生成其余码组。

一般说来,式(11.4-17)中 $\boldsymbol{A}$ 为一个 n 列的行矩阵。此矩阵的 n 个元素就是码组中的 n 个码元,所以发送的码组就是 $\boldsymbol{A}$。此码组在传输中可能由于干扰引入差错,故接收码组一般说来与 $\boldsymbol{A}$ 不一定相同。若设接收码组为一 n 列的行矩阵 $\boldsymbol{B}$,即

$$\boldsymbol{B} = [b_{n-1}b_{n-2}\cdots b_1 b_0] \tag{11.4-18}$$

则发送码组和接收码组之差为

$$\boldsymbol{B} - \boldsymbol{A} = \boldsymbol{E}(\text{模 } 2) \tag{11.4-19}$$

它就是传输中产生的错码行矩阵

$$\boldsymbol{E} = [e_{n-1}e_{n-2}\cdots e_1 e_0] \tag{11.4-20}$$

其中

$$e_i = \begin{cases} 0, & \text{当 } b_i = a_i \\ 1, & \text{当 } b_i \neq a_i \end{cases} \quad (i = 0,1,\cdots,n-1)$$

因此,若 $e_i = 0$,表示该接收码元无错;若 $e_i = 1$,则表示该接收码元有错。式(11.4-19)可以改写成

$$\boldsymbol{B} = \boldsymbol{A} + \boldsymbol{E} \tag{11.4-21}$$

例如,若发送码组 $\boldsymbol{A} = [1000111]$,错码矩阵 $\boldsymbol{E} = [0000100]$,则接收码组 $\boldsymbol{B} = [1000011]$。错码矩阵有时也称为错误图样(error pattern)。

接收端解码时,可将接收码组 $\boldsymbol{B}$ 代入式(11.4-10)中计算。若接收码组中无错码,即 $\boldsymbol{E}=0$,则 $\boldsymbol{B}=\boldsymbol{A}+\boldsymbol{E}=\boldsymbol{A}$。把它代入式(11.4-10)后,该式仍成立,即有

$$\boldsymbol{B} \cdot \boldsymbol{H}^{\mathrm{T}} = \boldsymbol{0} \tag{11.4-22}$$

当接收码组有错时,$\boldsymbol{E} \neq \boldsymbol{0}$,将 $\boldsymbol{B}$ 代入式(11.4-10)后,该式不一定成立。在错码较多,已超过这种编码的检错能力时,$\boldsymbol{B}$ 变为另一许用码组,则式(11.4-22)仍能成立。这样的错码是不可检测的。在未超过检错能力时,式(11.4-22)不成立,即其右端不等于 $\boldsymbol{0}$。假设这时式(11.4-22)的右端为 $\boldsymbol{S}$,即

$$\boldsymbol{B} \cdot \boldsymbol{H}^{\mathrm{T}} = \boldsymbol{S} \tag{11.4-23}$$

将 $\boldsymbol{B}=\boldsymbol{A}+\boldsymbol{E}$ 代入式(11.4-23),可得

$$\boldsymbol{S} = (\boldsymbol{A} + \boldsymbol{E})\boldsymbol{H}^{\mathrm{T}} = \boldsymbol{A} \cdot \boldsymbol{H}^{\mathrm{T}} + \boldsymbol{E} \cdot \boldsymbol{H}^{\mathrm{T}}$$

由式(11.4-10)可知,$\boldsymbol{A} \cdot \boldsymbol{H}^{\mathrm{T}} = \boldsymbol{0}$,所以

$$\boldsymbol{S} = \boldsymbol{E} \cdot \boldsymbol{H}^{\mathrm{T}} \tag{11.4-24}$$

式中:$\boldsymbol{S}$ 称为校正子。它与式(11.4-1)中的 S 相似,有可能利用它来指示错码的位置。

这一点可以直接从式(11.4-24)中看出,式中 $\boldsymbol{S}$ 只与 $\boldsymbol{E}$ 有关,而与 $\boldsymbol{A}$ 无关,这就意味

着 $\boldsymbol{S}$ 和错码 $\boldsymbol{E}$ 之间有确定的线性变换关系。若 $\boldsymbol{S}$ 和 $\boldsymbol{E}$ 之间一一对应,则 $\boldsymbol{S}$ 将能代表错码的位置。

线性码有一个重要性质,就是它具有封闭性。所谓封闭性,是指一种线性码中的任意两个码组之和仍为这种码中的一个码组。这就是说,若 $\boldsymbol{A}_1$ 和 $\boldsymbol{A}_2$ 是一种线性码中的两个许用码组,则 $(\boldsymbol{A}_1+\boldsymbol{A}_2)$ 仍为其中的一个码组。这一性质的证明很简单。若 $\boldsymbol{A}_1$ 和 $\boldsymbol{A}_2$ 是两个码组,则按式(11.4-10)有

$$\boldsymbol{A}_1 \cdot \boldsymbol{H}^{\mathrm{T}} = \boldsymbol{0} \quad \boldsymbol{A}_2 \cdot \boldsymbol{H}^{\mathrm{T}} = \boldsymbol{0}$$

将上两式相加,得出

$$\boldsymbol{A}_1 \cdot \boldsymbol{H}^{\mathrm{T}} + \boldsymbol{A}_2 \cdot \boldsymbol{H}^{\mathrm{T}} = (\boldsymbol{A}_1 + \boldsymbol{A}_2)\boldsymbol{H}^{\mathrm{T}} = \boldsymbol{0} \qquad (11.4-25)$$

所以 $(\boldsymbol{A}_1+\boldsymbol{A}_2)$ 也是一个码组。由于线性码具有封闭性,所以两个码组($\boldsymbol{A}_1$ 和 $\boldsymbol{A}_2$)之间的距离(即对应位不同的数目)必定是另一个码组 $(\boldsymbol{A}_1+\boldsymbol{A}_2)$ 的重量(即"1"的数目)。因此,码的最小距离就是码的最小重量(除全"0"码组外)。

11.5 循 环 码

11.5.1 循环码原理

在线性分组码中,有一种重要的码称为循环码(cyclic code)。它是在严密的代数学理论基础上建立起来的。这种码的编码和解码设备都不太复杂,而且检(纠)错的能力较强。循环码除了具有线性码的一般性质外,还具有循环性。**循环性**是指任一码组循环一位(即将最右端的一个码元移至左端,或反之)以后,仍为该码中的一个码组。在表 11-5 中给出一种(7,3)循环码的全部码组。由此表可以直观看出这种码的循环性。例如,表中的第 2 码组向右移一位即得到第 5 码组;第 6 码组向右移一位即得到第 7 码组。一般说来,若 $(a_{n-1}\ a_{n-2} \cdots a_0)$ 是循环码的一个码组,则循环移位后的码组

$$(a_{n-2}\ a_{n-3} \cdots a_0\ a_{n-1})$$

$$(a_{n-3}\ a_{n-4} \cdots a_{n-1}\ a_{n-2})$$

$$\vdots$$

$$(a_0\ a_{n-1} \cdots a_2\ a_1)$$

也是该编码中的码组。

表 11-5 一种(7,3)循环码的全部码组

码组编号	信息位	监督位	码组编号	信息位	监督位
	$a_6a_5a_4$	$a_3a_2a_1a_0$		$a_6a_5a_4$	$a_3a_2a_1a_0$
1	000	0000	5	100	1011
2	001	0111	6	101	1100
3	010	1110	7	110	0101
4	011	1001	8	111	0010

在代数编码理论中,为了便于计算,把这样的码组中各码元当作是一个多项式(polynomial)的系数,即把一个长度为n的码组表示成

$$T(x)=a_{n-1}x^{n-1}+a_{n-2}x^{n-2}+\cdots+a_1x+a_0 \tag{11.5-1}$$

例如,表 11-5 中的任意一个码组可以表示为

$$T(x)=a_6x^6+a_5x^5+a_4x^4+a_3x^3+a_2x^2+a_1x+a_0 \tag{11.5-2}$$

其中第 7 个码组可以表示为

$$T(x)=1\cdot x^6+1\cdot x^5+0\cdot x^4+0\cdot x^3+1\cdot x^2+0\cdot x+1=x^6+x^5+x^2+1 \tag{11.5-3}$$

这种多项式中,x 仅是码元位置的标记,例如上式表示第 7 码组中 a_6、a_5、a_2 和 a_0 为"1",其他均为 0。因此我们并不关心 x 的取值。这种多项式有时称为码多项式。

下面我们将介绍循环码的运算方法。

1. 码多项式的按模运算

在整数运算中,有模 n(modulo-n)运算。例如,在模 2 运算中,有

$$1+1=2\equiv 0 \quad (模\ 2)$$

$$1+2=3\equiv 1 \quad (模\ 2)$$

$$2\times 3=6\equiv 0 \quad (模\ 2)$$

等等。一般说来,若一个整数(integer)m 可以表示为

$$\frac{m}{n}=Q+\frac{p}{n},\quad p<n \tag{11.5-4}$$

式中:Q 为整数。

则在模 n 运算下,有

$$m\equiv p \quad (模\ n) \tag{11.5-5}$$

这就是说,在模 n 运算下,一个整数 m 等于它被 n 除得的余数(remainder)。

在码多项式运算中也有类似的按模运算。若一任意多项式 $F(x)$ 被一 n 次多项式 $N(x)$除,得到商式(quotient)$Q(x)$和一个次数小于 n 的余式(residue)$R(x)$,即

$$F(x)=N(x)Q(x)+R(x) \tag{11.5-6}$$

则写为

$$F(x)\equiv R(x) \quad (模\ N(x)) \tag{11.5-7}$$

这时,码多项式系数仍按模 2 运算,即系数只取 0 和 1。例如,x^3 被(x^3+1)除,得到余项 1。所以有

$$x^3\equiv 1 \quad (模(x^3+1)) \tag{11.5-8}$$

同理

$$x^4 + x^2 + 1 \equiv x^2 + x + 1 \quad (模(x^3 + 1)) \tag{11.5-9}$$

因为

$$\begin{array}{r|l} & x \\ \hline x^3+1 & x^4+x^2+1 \\ & x^4+x \\ \hline & x^2+x+1 \end{array}$$

应当注意,由于在模 2 运算中,用加法代替了减法,故余项不是 x^2-x+1,而是 x^2+x+1。

在循环码中,若 $T(x)$ 是一个长为 n 的许用码组,则 $x^i \cdot T(x)$ 在按模 x^n+1 运算下,也是该编码中的一个许用码组,即若

$$x^i \cdot T(x) \equiv T'(x) \quad (模(x^n + 1)) \tag{11.5-10}$$

则 $T'(x)$ 也是该编码中的一个许用码组。其证明很简单,因为若

$$T(x) = a_{n-1}x^{n-1} + a_{n-2}x^{n-2} + \cdots + a_1x + a_0 \tag{11.5-11}$$

则

$$\begin{aligned} x^i \cdot T(x) = a_{n-1}x^{n-1+i} + a_{n-2}x^{n-2+i} + \cdots + a_{n-1-i}x^{n-1} + \cdots + a_1x^{1+i} + a_0x^i \equiv \\ a_{n-1-i}x^{n-1} + a_{n-2-i}x^{n-2} + \cdots + a_0x^i + a_{n-1}x^{i-1} + \cdots + a_{n-i} \\ (模(x^n + 1)) \end{aligned} \tag{11.5-12}$$

所以,这时有

$$T'(x) = a_{n-1-i}x^{n-1} + a_{n-2-i}x^{n-2} + \cdots + a_0x^i + a_{n-1}x^{i-1} + \cdots + a_{n-i} \tag{11.5-13}$$

式(11.5-13)中 $T'(x)$ 正是式(11.5-11)中 $T(x)$ 代表的码组向左循环移位 i 次的结果。因为原已假定 $T(x)$ 是循环码的一个码组,所以 $T'(x)$ 也必为该码中一个码组。例如,式(10.5-3)中的循环码组

$$T(x) = x^6 + x^5 + x^2 + 1$$

其码长 $n=7$。现给定 $i=3$,则

$$\begin{aligned} x^3 \cdot T(x) = x^3(x^6 + x^5 + x^2 + 1) = x^9 + x^8 + x^5 + x^3 = \\ x^5 + x^3 + x^2 + x \quad (模(x^7 + 1)) \end{aligned} \tag{11.5-14}$$

其对应的码组为 0101110,它正是表 11-5 中第 3 码组。

由上述分析可见,一个长为 n 的循环码必定为按模 (x^n+1) 运算的一个余式。

2. 循环码的生成矩阵 $\boldsymbol{G}$

由式(11.4-17)可知,有了生成矩阵 $\boldsymbol{G}$,就可以由 k 个信息位得出整个码组,而且生成矩阵 $\boldsymbol{G}$ 的每一行都是一个码组。例如,在式(11.4-17)中,若 $a_6a_5a_4a_3=1000$,则码组 $\boldsymbol{A}$ 就等于 $\boldsymbol{G}$ 的第一行;若 $a_6a_5a_4a_3=0100$,则码组 $\boldsymbol{A}$ 就等于 $\boldsymbol{G}$ 的第二行;等等。由于 $\boldsymbol{G}$ 是 k 行 n 列的矩阵,因此若能找到 k 个已知码组,就能构成矩阵 $\boldsymbol{G}$。如前所述,这 k 个已知码

组必须是线性不相关的，否则给定的信息位与编出的码组就不是一一对应的。

在循环码中，一个(n,k)码有2^k个不同的码组。若用$g(x)$表示其中前$(k-1)$位皆为"0"的码组，则$g(x),xg(x),x^2g(x),\cdots,x^{k-1}g(x)$都是码组，而且这$k$个码组是线性无关的。因此它们可以用来构成此循环码的生成矩阵$\boldsymbol{G}$。

在循环码中除全"0"码组外，再没有连续k位均为"0"的码组，即连"0"的长度最多只能有$(k-1)$位。否则，在经过若干次循环移位后将得到一个k位信息位全为"0"，但监督位不全为"0"的一个码组。这在线性码中显然是不可能的。因此，$g(x)$必须是一个常数项不为"0"的$(n-k)$次多项式，而且这个$g(x)$还是这种(n,k)码中次数为$(n-k)$的唯一一个多项式。因为如果有两个，则由码的封闭性，把这两个相加也应该是一个码组，且此码组多项式的次数将小于$(n-k)$，即连续"0"的个数多于$(k-1)$。显然，这是与前面的结论矛盾的，故是不可能的。我们称这唯一的$(n-k)$次多项式$g(x)$为码的生成多项式。一旦确定了$g(x)$，则整个(n,k)循环码就被确定了。

因此，循环码的生成矩阵$\boldsymbol{G}$可以写成

$$\boldsymbol{G}(x)=\begin{bmatrix} x^{k-1}g(x) \\ x^{k-2}g(x) \\ \vdots \\ xg(x) \\ g(x) \end{bmatrix} \tag{11.5-15}$$

例如，在表11-5所给出的循环码中，$n=7,k=3,n-k=4$。由此表可见，唯一的一个$(n-k)=4$次码多项式代表的码组是第二码组0010111，与它相对应的码多项式（即生成多项式）$g(x)=x^4+x^2+x+1$。将此$g(x)$代入上式，得到

$$\boldsymbol{G}(x)=\begin{bmatrix} x^2g(x) \\ xg(x) \\ g(x) \end{bmatrix} \tag{11.5-16}$$

或

$$\boldsymbol{G}(x)=\begin{bmatrix} 1011100 \\ 0101110 \\ 0010111 \end{bmatrix} \tag{11.5-17}$$

由于式(11.5-17)不符合式(11.4-15)所示的$\boldsymbol{G}=[\boldsymbol{I}_k\boldsymbol{Q}]$形式，所以它不是典型阵。不过，将它作线性变换，不难化成典型阵。

类似式(11.4-17)，我们可以写出此循环码组，即

$$T(x)=[a_6a_5a_4]\boldsymbol{G}(x)=[a_6a_5a_4]\begin{bmatrix}x^2g(x)\\ xg(x)\\ g(x)\end{bmatrix}=$$

$$a_6x^2g(x)+a_5xg(x)+a_4g(x)=$$

$$(a_6x^2+a_5x+a_4)g(x) \tag{11.5-18}$$

式(11.5-18)表明,所有码多项式 $T(x)$ 都可被 $g(x)$ 整除,而且任意一个次数不大于$(k-1)$的多项式乘 $g(x)$ 都是码多项式。需要说明一点,两个矩阵相乘的结果应该仍是一个矩阵。式(11.5-18)中两个矩阵相乘的乘积是只有一个元素的一阶矩阵,这个元素就是 $T(x)$。为了简洁,式中直接将乘积写为此元素。

3. 如何寻找任一(n,k)循环码的生成多项式

由式(11.5-18)可知,任一循环码多项式 $T(x)$ 都是 $g(x)$ 的倍式,故它可以写成

$$T(x)=h(x)\cdot g(x) \tag{11.5-19}$$

而生成多项式 $g(x)$ 本身也是一个码组,即有

$$T'(x)=g(x) \tag{11.5-20}$$

由于码组 $T'(x)$ 是一个$(n-k)$次多项式,故 $x^kT'(x)$ 是一个 n 次多项式。由式(11.5-10)可知,$x^kT'(x)$ 在模(x^n+1)运算下也是一个码组,故可以写成

$$\frac{x^kT'(x)}{x^n+1}=Q(x)+\frac{T(x)}{x^n+1} \tag{11.5-21}$$

式(11.5-21)左端分子和分母都是 n 次多项式,故商式 $Q(x)=1$。因此,式(11.5-21)可以化成

$$x^kT'(x)=(x^n+1)+T(x) \tag{11.5-22}$$

将式(11.5-19)和式(11.5-20)代入式(11.5-22),经过化简后得到

$$x^n+1=g(x)[x^k+h(x)] \tag{11.5-23}$$

式(11.5-23)表明,生成多项式 $g(x)$ 应该是(x^n+1)的一个因子。这一结论为我们寻找循环码的生成多项式指出了一条道路,即循环码的生成多项式应该是(x^n+1)的一个$(n-k)$次因式。例如,(x^7+1)可以分解为

$$x^7+1=(x+1)(x^3+x^2+1)(x^3+x+1) \tag{11.5-24}$$

为了求(7,3)循环码的生成多项式 $g(x)$,需要从式(11.5-24)中找到一个$(n-k)=4$ 次的因子。不难看出,这样的因子有两个,即

$$(x+1)(x^3+x^2+1)=x^4+x^2+x+1 \tag{11.5-25}$$

$$(x+1)(x^3+x+1)=x^4+x^3+x^2+1 \tag{11.5-26}$$

式(11.5-25)和式(11.5-26)都可作为生成多项式。不过,选用的生成多项式不同,产生出的循环码码组也不同。用式(11.5-25)作为生成多项式产生的循环码即为表11-5中所列。

11.5.2 循环码的编解码方法

1. 循环码的编码方法

在编码时,首先要根据给定的(n,k)值选定生成多项式$g(x)$,即从(x^n+1)的因子中选一个$(n-k)$次多项式作为$g(x)$。

由式(11.5-18)可知,所有码多项式$T(x)$都可以被$g(x)$整除。根据这条原则,就可以对给定的信息位进行编码:设$m(x)$为信息码多项式,其次数小于k。用x^{n-k}乘$m(x)$,得到的$x^{n-k}m(x)$的次数必定小于n。用$g(x)$除$x^{n-k}m(x)$,得到余式$r(x)$,$r(x)$的次数必定小于$g(x)$的次数,即小于$(n-k)$。将此余式$r(x)$加于信息位之后作为监督位,即将$r(x)$和$x^{n-k}m(x)$相加,得到的多项式必定是一个码多项式。因为它必定能被$g(x)$整除,且商的次数不大于$(k-1)$。

根据上述原理,编码步骤可以归纳如下:

(1) 用x^{n-k}乘$m(x)$。这一运算实际上是在信息码后附加上$(n-k)$个"0"。例如,信息码为110,它相当于$m(x)=x^2+x$。当$n-k=7-3=4$时,$x^{n-k}m(x)=x^4(x^2+x)=x^6+x^5$,它相当于1100000。

(2) 用$g(x)$除$x^{n-k}m(x)$,得到商$Q(x)$和余式$r(x)$,即

$$\frac{x^{n-k}m(x)}{g(x)}=Q(x)+\frac{r(x)}{g(x)} \tag{11.5-27}$$

例如,若选定$g(x)=x^4+x^2+x+1$,则

$$\frac{x^{n-k}m(x)}{g(x)}=\frac{x^6+x^5}{x^4+x^2+x+1}=(x^2+x+1)+\frac{x^2+1}{x^4+x^2+x+1} \tag{11.5-28}$$

式(11.5-28)相当于

$$\frac{1100000}{10111}=111+\frac{101}{10111} \tag{11.5-29}$$

(3) 编出的码组$T(x)$为

$$T(x)=x^{n-k}m(x)+r(x) \tag{11.5-30}$$

在上例中,$T(x)=1100000+101=1100101$,它就是表11-5中的第7码组。

2. 循环码的解码方法

接收端解码的要求有两个:检错和纠错。达到检错目的的解码原理十分简单。由于任意一个码组多项式$T(x)$都应该能被生成多项式$g(x)$整除,所以在接收端可以将接收

码组 $R(x)$ 用原生成多项式 $g(x)$ 去除。当传输中未发生错误时,接收码组与发送码组相同,即 $R(x)=T(x)$,故接收码组 $R(x)$ 必定能被 $g(x)$ 整除;若码组在传输中发生错误,则 $R(x)\neq T(x)$,$R(x)$ 被 $g(x)$ 除时可能除不尽而有余项,即有

$$R(x)/g(x)=Q(x)+r(x)/g(x) \tag{11.5-31}$$

因此,我们就以余项是否为零来判别接收码组中有无错码。

需要指出,有错码的接收码组也有可能被 $g(x)$ 整除。这时的错码就不能检出了。这种错误称为不可检错误。不可检错误中的误码数必定超过了这种编码的检错能力。

在接收端为纠错而采用的解码方法自然比检错时复杂。容易理解,为了能够纠错,要求每个可纠正的错误图样必须与一个特定余式有一一对应关系。这里,错误图样是指式(11.4-20)中错码矩阵 $\boldsymbol{E}$ 的各种具体取值的图样,余式是指接收码组 $R(x)$ 被生成多项式 $g(x)$ 除所得的余式。因为只有存在上述一一对应的关系时,才可能从上述余式唯一地决定错误图样,从而纠正错码。因此,原则上纠错可按下述步骤进行:

(1) 用生成多项式 $g(x)$ 除接收码组 $R(x)$,得出余式 $r(x)$;

(2) 按余式 $r(x)$,用查表的方法或通过某种计算得到错误图样 $E(x)$。例如,通过计算校正子 S 和利用类似表 11-3 中的关系,就可以确定错码的位置;

(3) 从 $R(x)$ 中减去 $E(x)$,便得到已经纠正错码的原发送码组 $T(x)$。

这种解码方法称为**捕错解码法**。通常,一种编码可以有不同的几种纠错解码方法。对于循环码来说,除了用捕错解码法外,还有大数逻辑(majority logic)解码等算法。作判决的方法也有不同,有硬判决和软判决等方法。

上述编解码运算,都可以用硬件电路实现。由于数字信号处理器的应用日益广泛,目前已多采用软件运算实现上述编解码。

11.5.3 截短循环码

在设计纠错编码方案时,常常信息位数 k、码长 n 和纠错能力都是预先给定的。但是,并不一定有恰好满足这些条件的循环码存在。这时,可以采用将码长截短的方法,得出满足要求的编码。

设给定一个 (n,k) 循环码,它共有 2^k 种码组,现使其前 $i(0<i<k)$ 个信息位全为"0",于是它变成仅有 2^{k-i} 种码组。然后从中删去这 i 位全"0"的信息位,最终得到一个 $(n-i,k-i)$ 的线性码。将这种码称为**截短循环码**(truncated cyclic code)。截短循环码与截短前的循环码至少具有相同的纠错能力,并且截短循环码的编解码方法仍和截短前的方法一样。例如,要求构造一个能够纠正 1 位错码的(13,9)码。这时可以由(15,11)循环码的 11 种码组中选出前两信息位均为"0"的码组,构成一个新的码组集合。然后在发送时不发送这两位"0"。于是发送码组成为(13,9)截短循环码。因为截短前后监督位数相同,所以截短前后的编码具有相同的纠错能力。原(15,9)循环码能够纠正 1 位错码,所以(13,9)码也能够纠正 1 位错码。

11.5.4 BCH 码

BCH 码是一种获得广泛应用的能够纠正多个错码的循环码，它是以 3 位发明这种码的人名（Bose，Chaudhuri，Hocguenghem）命名的。BCH 码的重要性在于它解决了生成多项式与纠错能力的关系问题，可以在给定纠错能力要求的条件下寻找到码的生成多项式。有了生成多项式，编码的基本问题就随之解决了。

BCH 码可以分为两类，即**本原 BCH 码**和**非本原 BCH 码**。它们的主要区别在于，本原 BCH 码的生成多项式 $g(x)$ 中含有最高次数为 m 的本原多项式（primitive polynomial），且码长为 $n=2^m-1$，（$m\geqslant3$，为正整数）；而非本原 BCH 码的生成多项式中不含这种本原多项式，且码长 n 是 (2^m-1) 的一个因子，即码长 n 一定除得尽 2^m-1。

BCH 码的码长 n 与监督位、纠错个数 t 之间的关系如下：对于正整数 $m(m\geqslant3)$ 和正整数 $t<m/2$，必定存在一个码长为 $n=2^m-1$，监督位为 $n-k\leqslant mt$，能纠正所有不多于 t 个随机错误的 BCH 码。若码长 $n=(2^m-1)/i(i>1$，且除得尽$(2^m-1))$，则为非本原 BCH 码。

前面已经介绍过的汉明码是能够纠正单个随机错误的码。可以证明，具有循环性质的汉明码就是能纠正单个随机错误的本原 BCH 码。例如，(7，4) 汉明码就是以 $g_1(x)=x^3+x+1$ 或 $g_2(x)=x^3+x^2+1$ 生成的 BCH 码，而用 $g_3(x)=x^4+x+1$ 或 $g_4(x)=x^4+x^3+1$都能生成(15，11)汉明码。

在工程设计中，一般不需要用计算方法去寻找生成多项式 $g(x)$。因为前人早已将寻找到的 $g(x)$ 列成表，故可以用查表法找到所需的生成多项式。表 11-6 给出了码长 $n\leqslant127$ 的二进制本原 BCH 码生成多项式系数，$n=255$ 的参数在其他文献中有记载[2]。表 11-7则列出了部分二进制非本原 BCH 码生成多项式系数。表中给出的生成多项式系数是用八进制数字列出的。例如，$g(x)=(13)_8$ 是指 $g(x)=x^3+x+1$，因为 $(13)_8=(1011)_2$，后者就是此 3 次方程 $g(x)$ 的各项系数。

表 11-6　$n\leqslant127$ 的二进制本原 BCH 码生成多项式系数

$n=3$		
k	t	$g(x)$
1	1	7
$n=7$		
k	t	$g(x)$
4	1	13
1	3	77
$n=15$		
k	t	$g(x)$
11	1	23
7	2	721
5	3	2467
1	7	77777

$n=63$		
k	t	$g(x)$
57	1	103
51	2	12471
45	3	1701317
39	4	166623567
36	5	1033500423
30	6	157464165347
24	7	17323260404441
18	10	1363026512351725
16	11	6331141367235453
10	13	472622305527250155
7	15	5231045543503271737
1	31	全部为 1

（续）

$n=31$			$n=127$		
k	t	$g(x)$	k	t	$g(x)$
26	1	45	120	1	211
21	2	3551	113	2	41567
16	3	107657	106	3	11554743
11	5	5423325	99	4	3447023271
6	7	313365047	92	5	624730022327
1	15	17777777777	85	6	130704476322273
			78	7	26230002166130115
			71	9	6255010713253127753
			64	10	1206534025570773100045
			57	11	235265252505705053517721
			50	13	54446512523314012421501421
			43	15	17721772213651227521220574343
			36	≥15	3146074666522075044764574721735
			29	≥22	403114461367670603667530141176155
			22	≥23	123376070404722522435445626637647043
			15	≥27	22057042445604554770523013762217604353
			8	≥31	7047264052751030651476224271567733130217
			1	63	全部为 1

在表 11-7 中的(23,12)码称为**戈莱**(Golay)**码**。它能纠正三个随机错码,并且容易解码,实际应用较多。此外,BCH 码的长度都为奇数。在应用中,为了得到偶数长度的码,并增大检错能力,可以在 BCH 码生成多项式中乘上一个因式$(x+1)$,从而得到扩展 BCH 码$(n+1,k)$。扩展 BCH 码相当于在原 BCH 码上增加了一个校验位,因此码距比原 BCH 码增加 1。扩展 BCH 码已经不再具有循环性。例如,广泛实用的扩展戈莱码(24,12),其最小码距为 8,码率为 1/2,能够纠正 3 个错码和检测 4 个错码。它比汉明码的纠错能力强很多,付出的代价是解码更复杂,码率也比汉明码低。此外,它不再是循环码了。

表 11-7　部分二进制非本原 BCH 码生成多项式系数

n	k	t	$g(x)$	n	k	t	$g(x)$
17	9	2	727	47	24	5	43073357
21	12	2	1663	65	53	2	10761
23	12	3	5343	65	40	4	354300067
33	22	2	5145	73	46	4	1717773537
41	21	4	6647133				

11.5.5 RS 码

RS 码是用其发明人的名字 Reed 和 Solomon 命名的。它是一类具有很强纠错能力的多进制 BCH 码。

若仍用 n 表示 RS 码的码长，则对于 m 进制的 RS 码，其码长需要满足下式：

$$n = m - 1 = 2^q - 1 \tag{11.5-32}$$

式中：$q \geqslant 2$，为整数。

对于能够纠正 t 个错误的 RS 码，其监督码元数目为

$$r = 2t \tag{11.5-33}$$

这时的最小码距 $d_0 = 2t+1$。

RS 码的生成多项式为

$$g(x) = (x + \alpha)(x + \alpha^2)\cdots(x + \alpha^{2t}) \tag{11.5-34}$$

式中：α 是伽罗华域 $GF(2^q)$ 中的本原元(伽罗华域的概念见附录 I)。

若将每个 m 进制码元表示成相应的 q 位二进制码元，则得到的二进制码的参数为

码长	$n=q(2^q-1)$	(二进制码元)
监督码	$r=2qt$	(二进制码元)

由于 RS 码能够纠正 t 个 m 进制错码，或者说，能够纠正码组中 t 个不超过 q 位连续的二进制错码，所以 RS 码特别适用于存在突发错误的信道，例如移动通信网等衰落信道中。此外，因为它是多进制纠错编码，所以特别适合用于多进制调制的场合。

11.6 卷 积 码

卷积码(convolutional code)是由伊利亚斯(P. Elias)发明的一种非分组码。它与前面几节讨论的分组码不同，是一种非分组码。通常它更适用于前向纠错，因为对于许多实际情况它的性能优于分组码，而且运算较简单。

在分组码中，编码器产生的 n 个码元的一个码组，完全决定于这段时间中 k 比特输入信息。这个码组中的监督位仅监督本码组中 k 个信息位。卷积码则不同。卷积码在编码时虽然也是把 k 比特的信息段编成 n 个比特的码组，但是监督码元不仅和当前的 k 比特信息段有关，而且还同前面 $m=(N-1)$ 个信息段有关。所以一个码组中的监督码元监督着 N 个信息段。通常将 N 称为**编码约束(constraint)度**，并将 nN 称为**编码约束长度**。一般说来，对于卷积码，k 和 n 的值是比较小的整数。我们将卷积码记作(n,k,N)。码率则仍定义为 k/n。

11.6.1 卷积码的基本原理

图 11-7 示出卷积码编码器一般原理方框图。编码器由三种主要元件构成，包括 Nk 级移存器、n 个模 2 加法器和一个旋转开关。每个模 2 加法器的输入端数目可以不同，它连接到一些移存器的输出端。模 2 加法器的输出端接到旋转开关上。将时间分成等间隔的时隙，在每个时隙中有 k 比特从左端进入移存器，并且移存器各级暂存的信息向右移 k 位。旋转开关每时隙旋转一周，输出 n 比特$(n>k)$。

下面我们将仅讨论最常用的卷积码，其 $k=1$。这时，移存器共有 N 级。每个时隙中，只有 1b 输入信息进入移存器，并且移存器各级暂存的内容向右移 1 位，开关旋转一周输

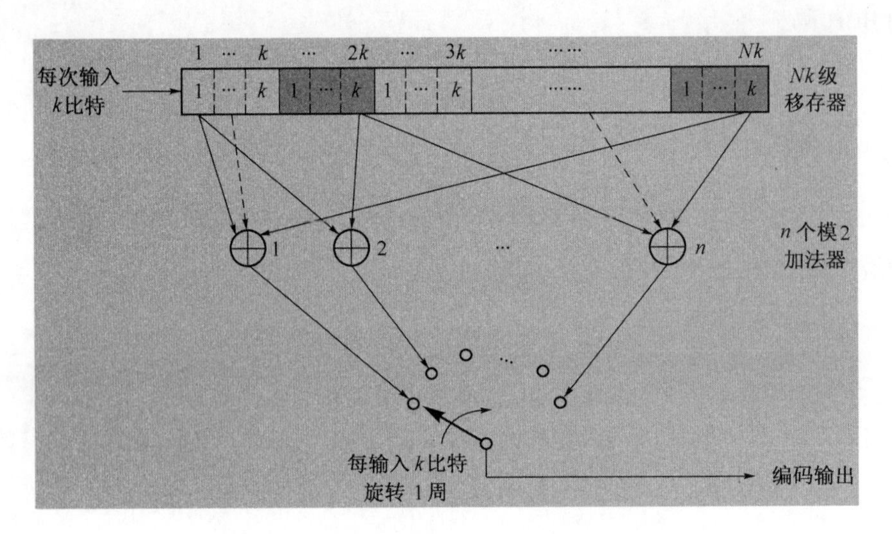

图 11-7　卷积码编码器一般原理方框图

出 n 比特。所以,码率为 $1/n$。在图 11-8 中给出一个实例。它是一个$(n,k,N)=(3,1,3)$卷积码的编码器,其码率等于 1/3。我们将以它为例,作较详细的讨论。

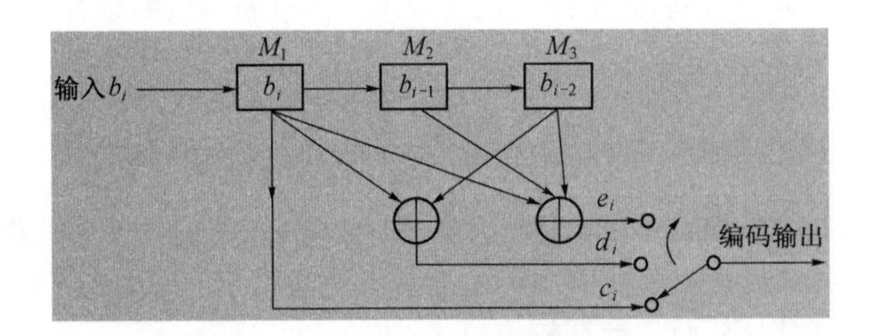

图 11-8　一种(3,1,3)卷积码编码器方框图

设输入信息比特序列是$\cdots b_{i-2}\ b_{i-1}\ b_i\ b_{i+1}\cdots$,则当输入 b_i 时,此编码器输出 3b,$c_i\ d_i\ e_i$,输入和输出的关系如下:

$$\begin{cases} c_i = b_i \\ d_i = b_i \oplus b_{i-2} \\ e_i = b_i \oplus b_{i-1} \oplus b_{i-2} \end{cases} \qquad (11.6-1)$$

式中:b_i 为当前输入信息位;b_{i-1}和 b_{i-2}为移存器存储的前两信息位。

在输出中信息位在前,监督位在后,如图 11-9 所示;故这种码是 11.5 节中定义过的

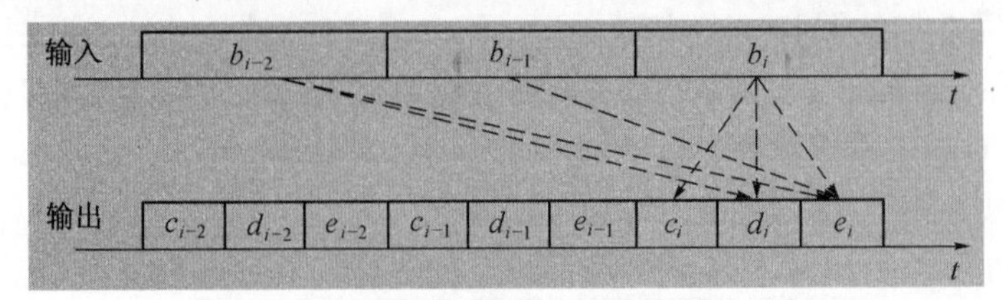

图 11-9　卷积码编码器的输入和输出举例

系统码。在此图中还用虚线示出了信息位 b_i 的监督位和各信息位之间的约束关系。这里的编码约束长度 $nN=9$。

11.6.2 卷积码的代数表述

式(11.6-1)表示卷积码也是一种线性码。由 11.4 节中讨论可知,一个线性码完全由一个监督矩阵 $\boldsymbol{H}$ 或生成矩阵 $\boldsymbol{G}$ 所确定。下面就来寻找这两个矩阵。

1. 监督矩阵 $\boldsymbol{H}$

现在仍从图 11-8 给出的实例开始分析。假设图 11-8 中在第 1 个信息位 b_1 进入编码器之前,各级移存器都处于"0"状态,则监督位 d_i、e_i 和信息位 b_i 之间的关系可以写为

$$\begin{cases} d_1 = b_1 \\ e_1 = b_1 \\ d_2 = b_2 \\ e_2 = b_2 + b_1 \\ d_3 = b_3 + b_1 \\ e_3 = b_3 + b_2 + b_1 \\ d_4 = b_4 + b_2 \\ e_4 = b_4 + b_3 + b_2 \\ \qquad \cdots \end{cases} \tag{11.6-2}$$

式(11.6-2)可以改写为

$$\begin{cases} b_1 + d_1 = 0 \\ b_1 + e_1 = 0 \\ b_2 + d_2 = 0 \\ b_1 + b_2 + e_2 = 0 \\ b_1 + b_3 + d_3 = 0 \\ b_1 + b_2 + b_3 + e_3 = 0 \\ b_2 + b_4 + d_4 = 0 \\ b_2 + b_3 + b_4 + e_4 = 0 \\ \qquad \cdots \end{cases} \tag{11.6-3}$$

式(11.6-2)和式(11.6-3)及后面的式子中,为简便计,用"+"代替"⊕"。

将式(11.6-3)用矩阵表示时,可以写成

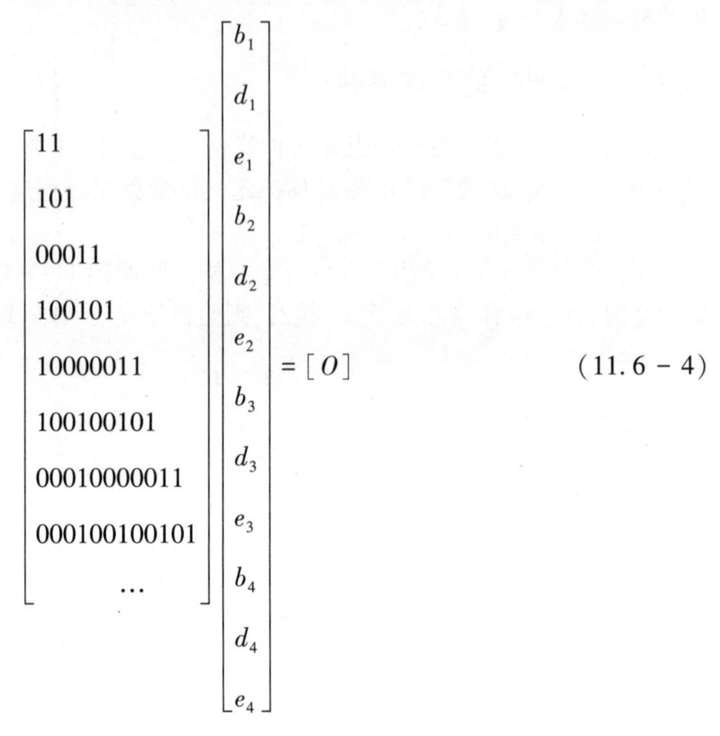

$$\begin{bmatrix} 11 \\ 101 \\ 00011 \\ 100101 \\ 10000011 \\ 100100101 \\ 00010000011 \\ 000100100101 \\ \cdots \end{bmatrix} \begin{bmatrix} b_1 \\ d_1 \\ e_1 \\ b_2 \\ d_2 \\ e_2 \\ b_3 \\ d_3 \\ e_3 \\ b_4 \\ d_4 \\ e_4 \end{bmatrix} = [O] \tag{11.6-4}$$

与式(11.4-10)对比,可以看出监督矩阵为

$$\boldsymbol{H} = \left[\begin{array}{l|l|l|l} 11 & & & \\ 101 & & & \\ 000 & 11 & & \\ 100 & 101 & & \\ 100 & 000 & 11 & \\ 100 & 100 & 101 & \\ 000 & 100 & 000 & 11 \\ 000 & 100 & 100 & 101 \\ \cdots\cdots & & & \end{array}\right] \tag{11.6-5}$$

由此例可见,在卷积码中,监督矩阵 $\boldsymbol{H}$ 是一个有头无尾的半无穷矩阵。观察式(11.6-5),可以看出,这个矩阵的每3列的结构是相同的,只是后3列比前3列向下移了两行。例如,第4列~第6列比第1列~第3列低2行。此外,自第7行起,每两行的左端比上两行多了3个"0"。因此,虽然这样的半无穷矩阵不便于研究,但是只要研究产生前9个码元(9为约束长度)的监督矩阵就足够了。不难看出,这种截短监督矩阵的结构形式如图11-10所示。由此图可见,$\boldsymbol{H}_1$ 的最左边是 n 列、$(n-k)N$ 行的一个子矩阵,且向右的每 n 列均相对于前 n 列降低 $(n-k)$ 行。

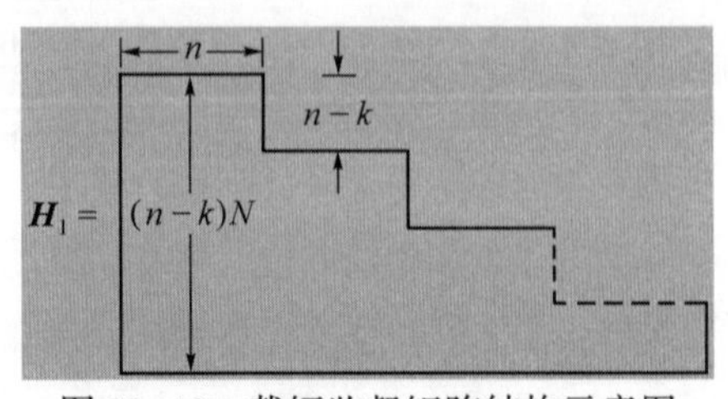

图11-10 截短监督矩阵结构示意图

此例中码的截短监督矩阵可以写成如下形式：

$$\boldsymbol{H}_1=\begin{bmatrix}11\\101\\00011\\100101\\10000011\\100100101\end{bmatrix}=\begin{bmatrix}\boldsymbol{P}_1 & \boldsymbol{I}_2 & & & & \\ \boldsymbol{P}_2 & \boldsymbol{O}_2 & \boldsymbol{P}_1 & \boldsymbol{I}_2 & & \\ \boldsymbol{P}_3 & \boldsymbol{O}_2 & \boldsymbol{P}_2 & \boldsymbol{O}_2 & \boldsymbol{P}_1 & \boldsymbol{I}_2\end{bmatrix} \tag{11.6-6}$$

式中：$\boldsymbol{I}_2=\begin{bmatrix}10\\01\end{bmatrix}$，为二阶单位方阵；$\boldsymbol{P}_i$为 2×1 阶矩阵，$i=1,2,3$；$\boldsymbol{O}_2$为 2 阶全零方阵。
将式(11.6-6)和式(11.4-11)对比，可以发现它们的相似之处。一般说来，卷积码的截短监督矩阵具有如下形式：

$$\boldsymbol{H}_1=\begin{bmatrix}\boldsymbol{P}_1 & \boldsymbol{I}_{n-k} & & & & & & & \\ \boldsymbol{P}_2 & \boldsymbol{O}_{n-k} & \boldsymbol{P}_1 & \boldsymbol{I}_{n-k} & & & & & \\ \boldsymbol{P}_3 & \boldsymbol{O}_{n-k} & \boldsymbol{P}_2 & \boldsymbol{O}_{n-k} & \boldsymbol{P}_1 & \boldsymbol{I}_{n-k} & & & \\ \vdots & \vdots & \vdots & \vdots & \vdots & \vdots & & & \\ \boldsymbol{P}_N & \boldsymbol{O}_{n-k} & \boldsymbol{P}_{N-1} & \boldsymbol{O}_{n-k} & \boldsymbol{P}_{N-2} & \boldsymbol{O}_{n-k} & \cdots & \boldsymbol{P}_1 & \boldsymbol{I}_{n-k}\end{bmatrix} \tag{11.6-7}$$

式中：$\boldsymbol{I}_{n-k}$为$(n-k)$阶单位方阵；$\boldsymbol{P}_i$为$(n-k)\times k$ 阶矩阵；$\boldsymbol{O}_{n-k}$为$(n-k)$阶全零方阵。
有时还将 $\boldsymbol{H}_1$的末行称为基本监督矩阵 $\boldsymbol{h}$

$$\boldsymbol{h}=[\boldsymbol{P}_N\ \boldsymbol{O}_{n-k}\ \boldsymbol{P}_{N-1}\ \boldsymbol{O}_{n-k}\ \boldsymbol{P}_{N-2}\ \boldsymbol{O}_{n-k}\ \cdots\ \boldsymbol{P}_1\boldsymbol{I}_{n-k}] \tag{11.6-8}$$

它是卷积码的一个最重要的矩阵，因为只要给定了 $\boldsymbol{h}$，则 $\boldsymbol{H}_1$也就随之决定了。或者说，我们从给定的 $\boldsymbol{h}$ 不难构造出 $\boldsymbol{H}_1$。

2. 生成矩阵 $\boldsymbol{G}$

由式(11.6-2)可知，此例中的输出码元序列可以写成

$$[b_1\ d_1\ e_1\ b_2\ d_2\ e_2\ b_3\ d_3\ e_3\ b_4\ d_4\ e_4\ \cdots\ ]=$$

$$[b_1\ b_1\ b_1\ b_2\ b_2(b_2+b_1)b_3(b_3+b_1)(b_3+b_2+b_1)b_4(b_4+b_2)(b_4+b_3+b_2)\cdots]=$$

$$[b_1\ b_2\ b_3\ b_4\ \cdots]\begin{bmatrix}111 & 001 & 011 & 000 & 0\cdots\\ 000 & 111 & 001 & 011 & 0\cdots\\ 000 & 000 & 111 & 001 & 0\cdots\\ 000 & 000 & 000 & 111 & 0\cdots\\ 000 & 000 & 000 & 000 & 1\cdots\\ 000 & 000 & 000 & 000 & 0\cdots\\ 000 & 000 & 000 & 000 & 0\cdots\\ & & \cdots\cdots & & \end{bmatrix} \tag{11.6-9}$$

与式(10.4-16)对比可知,此码的生成矩阵 $\boldsymbol{G}$ 即为式(11.6-9)最右矩阵

$$\boldsymbol{G}=\begin{bmatrix} 111 & 001 & 011 & 000 & 0\cdots \\ 000 & 111 & 001 & 011 & 0\cdots \\ 000 & 000 & 111 & 001 & 0\cdots \\ 000 & 000 & 000 & 111 & 0\cdots \\ 000 & 000 & 000 & 000 & 1\cdots \\ 000 & 000 & 000 & 000 & 0\cdots \\ 000 & 000 & 000 & 000 & 0\cdots \\ & & \cdots\cdots & & \end{bmatrix} \tag{11.6-10}$$

它也是一个半无穷矩阵,其特点是每一行的结构相同,只是比上一行向右退后 3 列(因现在 $n=3$)。

类似式(11.6-6),也有截短生成矩阵

$$\boldsymbol{G}_1=\begin{bmatrix} 111 & 001 & 011 \\ 000 & 111 & 001 \\ 000 & 000 & 111 \end{bmatrix}=\begin{bmatrix} \boldsymbol{I}_1 & \boldsymbol{Q}_1 & \boldsymbol{O} & \boldsymbol{Q}_2 & \boldsymbol{O} & \boldsymbol{Q}_3 \\ & & \boldsymbol{I}_1 & \boldsymbol{Q}_1 & \boldsymbol{O} & \boldsymbol{Q}_2 \\ & & & & \boldsymbol{I}_1 & \boldsymbol{Q}_1 \end{bmatrix} \tag{11.6-11}$$

式中:$\boldsymbol{I}_1$为一阶单位方阵;$\boldsymbol{Q}_i$为 1×2 阶矩阵。

与式(11.6-6)比较可见,$\boldsymbol{Q}_i$ 是矩阵 $\boldsymbol{P}_i^{\mathrm{T}}$的转置:

$$\boldsymbol{Q}_i=\boldsymbol{P}_i^{\mathrm{T}} \qquad i=1,2,\cdots \tag{11.6-12}$$

一般说来,截短生成矩阵具有如下形式:

$$\boldsymbol{G}_1=\begin{bmatrix} \boldsymbol{I}_k & \boldsymbol{Q}_1 & \boldsymbol{O}_k & \boldsymbol{Q}_2 & \boldsymbol{O}_k & \boldsymbol{Q}_3 & \cdots & \boldsymbol{O}_k & \boldsymbol{Q}_N \\ & & \boldsymbol{I}_k & \boldsymbol{Q}_1 & \boldsymbol{O}_k & \boldsymbol{Q}_2 & \cdots & \boldsymbol{O}_k & \boldsymbol{Q}_{N-1} \\ & & & & \boldsymbol{I}_k & \boldsymbol{Q}_1 & \cdots & \boldsymbol{O}_k & \boldsymbol{Q}_{N-2} \\ & & & & & & \cdots & \vdots & \\ & & & & & & & \boldsymbol{I}_k & \boldsymbol{Q}_1 \end{bmatrix} \tag{11.6-13}$$

式中:$\boldsymbol{I}_k$为 k 阶单位方阵;$\boldsymbol{Q}_i$为 $k\times(n-k)$ 阶矩阵;$\boldsymbol{O}_k$为 k 阶全零方阵。

并将式(11.6-13)中矩阵第一行称为基本生成矩阵

$$\boldsymbol{g}=[\boldsymbol{I}_k\ \boldsymbol{Q}_1\ \boldsymbol{O}_k\ \boldsymbol{Q}_2\ \boldsymbol{O}_k\ \boldsymbol{Q}_3\cdots\boldsymbol{O}_k\ \boldsymbol{Q}_N] \tag{11.6-14}$$

同样,如果基本生成矩阵 $\boldsymbol{g}$ 已经给定,则可以从已知的信息位得到整个编码序列。

以上就是卷积码的代数表述。目前卷积码的代数理论尚不像循环码那样完整严密。

11.6.3 卷积码的解码

卷积码的解码方法可以分为两类:**代数解码**和**概率解码**。代数解码是利用编码本身的代数结构进行解码,不考虑信道的统计特性。**大数逻辑解码**,又称**门限**(threshold)**解码**,是卷积码代数解码的最主要一种方法,它也可以应用于循环码的解码。大数逻辑解码对于约束长度较短的卷积码最为有效,而且设备较简单。概率解码(又称**最大似然解码**)则是基于信道的统计特性和卷积码的特点进行计算。首先由沃曾克拉夫特(Wozencraft)针对无记忆信道提出的序贯解码就是概率解码方法之一;另一种概率解码方法是**维特比**(Viterbi)**算法**[3]。当码的约束长度较短时,它比序贯解码算法的效率更高、速度更快,目前得到广泛的应用。下面将仅介绍大数逻辑解码和维特比解码算法。

1. 大数逻辑解码

卷积码的大数逻辑解码是基于卷积码的代数表述运算的,其一般工作原理示于图 11-11 中。上面已经提到,卷积码是一种线性码。在 11.4 节中指出,线性码有可能用校正子指明接收码组中的错码位置,从而纠正错码。图 11-11 中即利用此原理纠正错码。图中首先将接收信息位暂存于移存器中,并从接收码元的信息位和监督位计算校正子。然后,将计算得出的校正子暂存,并用它来检测错码的位置。在信息位移存器输出端,接有一个模 2 加电路;当检测到输出的信息位有错时,在输出的信息位上加“1”,从而纠正之。

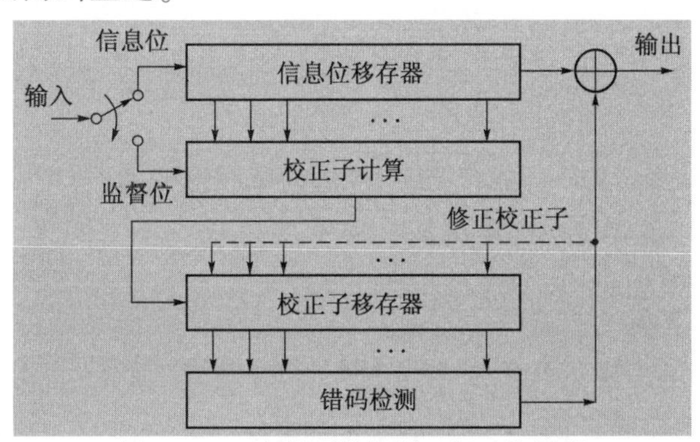

图 11-11　大数逻辑解码一般工作原理

这里的错码检测是采用二进制码的大数逻辑解码算法。它利用一组正交校验方程进行计算。这里的“正交”是有特殊定义的。其定义是:若被校验的那个信息位出现在校验方程组的每一个方程中,而其他的信息位至多在一个方程中出现,则称这组方程为正交校验方程。这样就可以根据被错码影响了的方程数目在方程组中是否占多数来判断该信息位是否错了。下面将用一个实例来具体讲述这一过程。

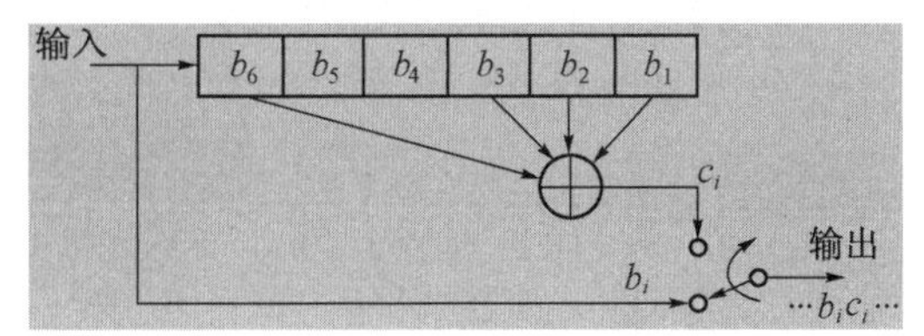

图 11-12　(2,1,6)卷积码编码器原理方框图

在图 11-12 中画出一个(2,1,6)卷积码编码器。其监督位和信息位的关系如下：

当输入序列为 $b_1\ b_2\ b_3\ b_4\cdots$时，监督位为

$$\begin{cases} c_1 = b_1 \\ c_2 = b_2 \\ c_3 = b_3 \\ c_4 = b_1 + b_4 \\ c_5 = b_1 + b_2 + b_5 \\ c_6 = b_1 + b_2 + b_3 + b_6 \\ \quad\cdots \end{cases} \tag{11.6-15}$$

参照式(11.4-1)，由式(11.6-15)容易写出监督关系式如下：

$$\begin{cases} S_1 = c_1 + b_1 \\ S_2 = c_2 + b_2 \\ S_3 = c_3 + b_3 \\ S_4 = c_4 + b_1 + b_4 \\ S_5 = c_5 + b_1 + b_2 + b_5 \\ S_6 = c_6 + b_1 + b_2 + b_3 + b_6 \end{cases} \tag{11.6-16}$$

式(11.6-16)中的 $S_i(i=1\sim6)$ 称为校正子，经过简单线性变换后，可以得出如下正交校验方程组：

$$\begin{cases} S_1 = c_1 + b_1 \\ S_4 = c_4 + b_1 + b_4 \\ S_5 = c_5 + b_1 + b_2 + b_5 \\ S_2 + S_6 = c_2 + c_6 + b_1 + b_3 + b_6 \end{cases} \tag{11.6-17}$$

在式(11.6-17)中，只有信息位 b_1 出现在每个方程中，监督位和其他信息位均最多只出现一次。因此，在接收端解码时，考察 b_1、c_1 至 b_6、c_6 等 12 个码元，仅当 b_1 出错时，式(11.6-17)中才可能有 3 个或 3 个以上方程等于“1”。从而能够纠正 b_1 的错误。按照这一原理画出的此(2,1,6)卷积码解码器原理方框图示于图 11-13 中。由此图可见，当信息位出现一个错码时，仅当它位于信息位移存器的第 6、3、2 和 1 级时，才使校正子等于“1”。因此，这时的校正子序列为 100111；反之，当监督位出现一个错码时，校正子序列将为 100000。由此可见，当校正子序列中出现第一个“1”时，表示已经检出一个错码。后面的几位校正子则指出是信息位错了，还是监督位错了。图中门限电路的输入为代表式(11.6-17)的 4 个方程的 4 个电压。门限电路将这 4 个电压(非模 2)相加。当相加结果大于或等于 3 时，门限电路输出“1”，它除了送到输出端的模 2 加法器上纠正输出码元

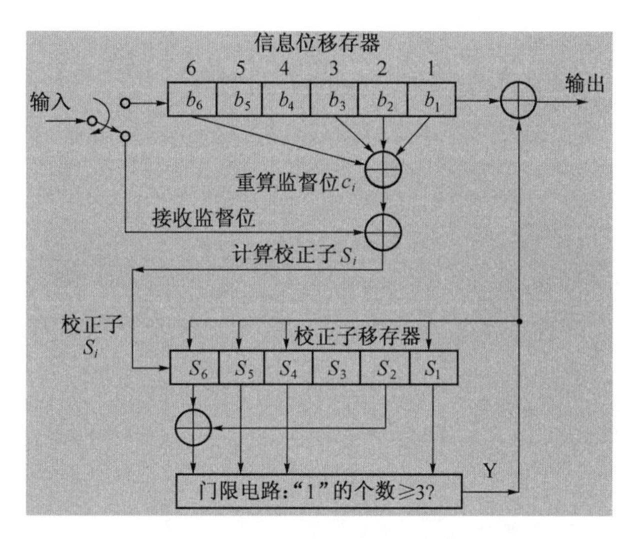

图 11-13 (2,1,6)卷积码解码器原理方框图

b_1 的错码外,还送到校正子移存器纠正其中错误。

此卷积码除了能够纠正两位在约束长度中的随机错误外,还能纠正部分多于两位的错误。为了克服突发错误,可以采用更长的约束长度和在约束长度中能纠正更多错误的码。

2. 卷积码的几何表述

以上所述的大数逻辑解码是基于卷积码的代数表述之上的。卷积码的维特比解码算法则是基于卷积码的几何表述之上的。所以在介绍卷积码的解码算法之前,先引入卷积码的三种几何表述方法。

1) 码树图

现仍以图 11-8 中的(3,1,3)码为例,介绍卷积码的码树图(code tree diagram)。图 11-14画出了此码树图。将图 11-8 中移存器 M_1,M_2 和 M_3 的初始状态 000 作为码树的起点。现在规定:输入信息位为"0",则状态向上支路移动;输入信息位为"1",则状态向下支路移动。于是,就可以得出图 11-14 中所示的码树图。设现在的输入码元序列为1101,则当第 1 个信息位 $b_1=1$ 输入后,各移存器存储的信息分别为 $M_1=1$,$M_2=M_3=0$。由式(11.6-1)可知,此时的输出为 $c_1d_1e_1=111$,码树的状态将从起点 a 向下到达状态 b;此后,第二个输入信息位 $b_2=1$,故码树状态将从状态 b 向下到达状态 d。这时 $M_2=1$,$M_3=0$,由式(11.6-1)可知,$c_2d_2e_2=110$。第三位和后继各位输入时,编码器将按照图中粗线所示的路径前进,得到输出序列:111 110 010 100 …。由此码树图还可以看到,从第四级支路开始,码树的上半部和下半部相同。这意味着,从第四个输入信息位开始,输出码元已经与第一位输入信息位无关,即此编码器的约束度 $N=3$。

若观察在新码元输入时编码器的过去状态,即观察 M_2M_3 的状态和输入信息位的关系,则可以得出图中的 a、b、c 和 d 四种状态。这些状态和 M_2M_3 的关系也在图 11-14 中给出了。

码树图原则上还可以用于解码。在解码时,按照汉明距离最小的准则沿上面的码树

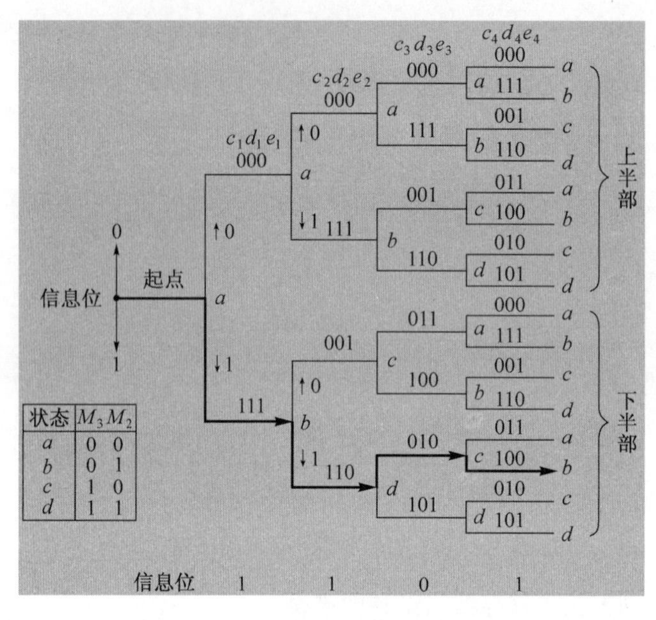

图 11-14 (3,1,3)卷积码的码树图

进行搜索。例如,若接收码元序列为 111 010 010 110 …,和发送序列相比可知第 4 和第 11 码元为错码。当接收到第 4~6 个码元"010"时,将这三个码元和对应的第 2 级的上下两个支路比较,它和上支路"001"的汉明距离等于 2,和下支路"110"的汉明距离等于 1,所以选择走下支路。类似地,当接收到第 10~12 个码元"110"时,和第 4 级的上下支路比较,它和上支路的"011"的汉明距离等于 2,和下支路"100"的汉明距离等于 1,所以走下支路。这样,就能够纠正这两个错码。一般说来,码树搜索解码法并不实用,因为随着信息序列的增长,码树分支数目按指数规律增长;在上面的码树图中,只有四个信息位,分支已有 $2^4=16$ 个。但是它为以后实用解码算法建立了初步基础。

2) 状态图

上面的码树可以改进为下述的状态图(state diagram)。由上例的编码器结构可知,输出码元 $c_id_ie_i$ 决定于当前输入信息位 b_i 和前两位信息位 b_{i-1} 和 b_{i-2}(即移存器 M_2 和 M_3 的状态)。在图 11-14 中已经为 M_2 和 M_3 的四种状态规定了代表符号 a,b,c 和 d。所以,可以将当前输入信息位、移存器前一状态、移存器下一状态和输出码元之间的关系归纳于表 11-8中。

由表 11-8 看出,前一状态 a 只能转到下一状态 a 或 b,前一状态 b 只能转到下一状态 c 或 d,等等。按照表 11-8 中的规律,可以画出状态图如图 11-15 所示。在图 11-15中,虚线表示输入信息位为"1"时状态转变的路线;实线表示输入信息位为"0"时状态转变的路线。线条旁的 3 位数字是编码输出比特。利用这种状态图可以方便地从输入序列得到输出序列。

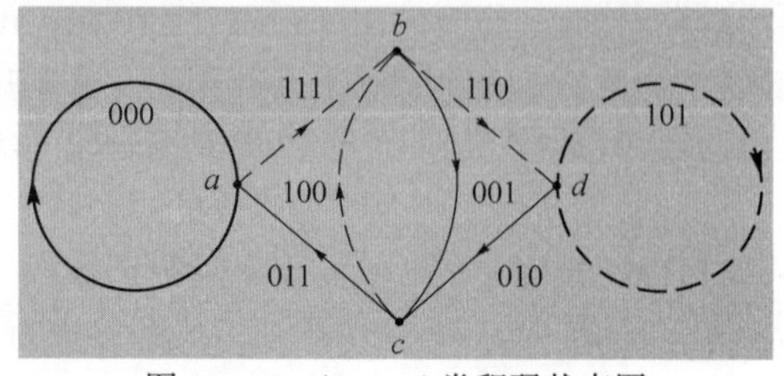

图 11-15 (3,1,3)卷积码状态图

表 11-8　移存器状态和输入输出码元的关系

移存器前一状态 $M_3\ M_2$	当前输入信息位 b_i	输出码元 $c_i d_i e_i$	移存器下一状态 $M_3\ M_2$	移存器前一状态 $M_3\ M_2$	当前输入信息位 b_i	输出码元 $c_i d_i e_i$	移存器下一状态 $M_3\ M_2$
a (00)	0 1	000 111	a (00) b (01)	c (10)	0 1	011 100	a (00) b (01)
b (01)	0 1	001 110	c (10) d (11)	d (11)	0 1	010 101	c (10) d (11)

3）网格图

将状态图在时间上展开，可以得到网格图（trellis diagram），如图 11-16 所示。图中画出了 5 个时隙。在图 11-16 中，仍用虚线表示输入信息位为“0”时状态转变的路线；实线表示输入信息位为“1”时状态转变的路线。可以看出，在第 4 时隙以后的网格图形完全是重复第 3 时隙的图形。这也反映了此(3,1,3)卷积码的约束长度为 3。在图11-17中给出了输入信息位为 11010 时，在网格图中的编码路径。图中示出这时的输出编码序列是：111 110 010 100 011 …。由上述可见，用网格图表示编码过程和输入输出关系比码树图更为简练。

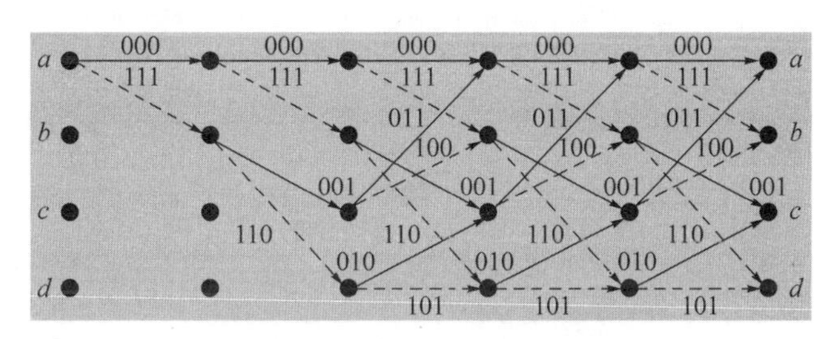

图 11-16　(3,1,3)卷积码网格图

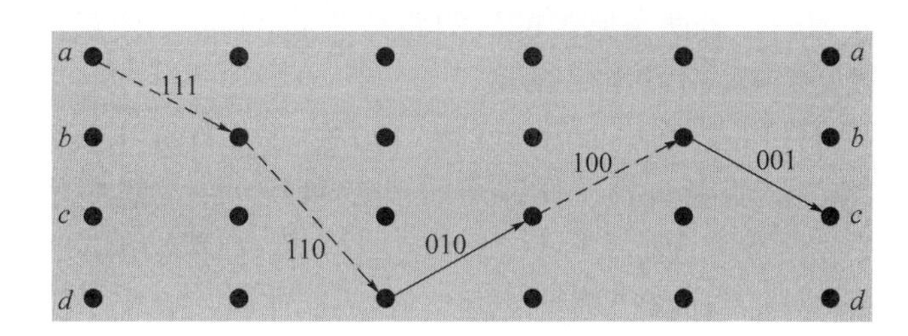

图 11-17　(3,1,3)卷积码编码路径举例

有了上面的状态图和网格图，下面就可以讨论维特比解码算法了。

3. 维特比解码算法

维特比解码算法是维特比于 1967 年提出的。由于这种解码方法比较简单，计算快，故得到广泛应用，特别是在卫星通信和蜂窝网通信系统中应用。这种算法的基本原理是将接收到的信号序列和所有可能的发送信号序列比较，选择其中汉明距离最小的序列认为是当前发送信号序列。若发送一个 k 位序列，则有 2^k 种可能的发送序列。计算机应存储这些序列,以便用作比较。当 k 较大时,存储量太大,使实用受到限制。维特比算法对此作了简化,使之能够实用。现在仍用上面(3,1,3)卷积码的例子来说明维特比算法的原理。

设现在的发送信息位为1101,为了使图11-9中移存器的信息位全部移出,在信息位后面加入三个"0",故编码后的发送序列为111 110 010 100 001 011 000,并且假设接收序列为111 010 010 110 001 011 000,其中第4和第11个码元为错码。

由于这是一个$(n,k,N)=(3,1,3)$卷积码,发送序列的约束度 $N=3$,所以首先需考察 $nN=9$b。第一步考察接收序列前9位"111 010 010"。由此码的网格图11-16可见,沿路径每一级有4种状态 a,b,c 和 d。每种状态只有两条路径可以到达。故4种状态共有8条到达路径。现在比较网格图中的这8条路径和接收序列之间的汉明距离。例如,由出发点状态 a 经过三级路径后到达状态 a 的两条路径中上面一条为"000 000 000"。它和接收序列"111 010 010"的汉明距离等于5;下面一条为"111 001 011",它和接收序列的汉明距离等于3。同样,由出发点状态 a 经过三级路径后到达状态 b、c 和 d 的路径分别都有两条,故总共有8条路径。在表11-9中列出了这8条路径和其汉明距离。

表11-9　维特比算法解码第一步计算结果

序号	路径	对应序列	汉明距离	幸存否	序号	路径	对应序列	汉明距离	幸存否
1	*aaaa*	000 000 000	5	否	5	*aabc*	000 111 001	7	否
2	*abca*	111 001 011	3	是	6	*abdc*	111 110 010	1	是
3	*aaab*	000 000 111	6	否	7	*aabd*	000 111 110	6	否
4	*abcb*	111 001 100	4	是	8	*abdd*	111 110 101	4	是

现在将到达每个状态的两条路径的汉明距离作比较,将距离小的一条路径保留,称为幸存路径(surviving path)。若两条路径的汉明距离相同,则可以任意保存一条。这样就剩下4条路径了,即表中第2,4,6和8条路径。

第二步将继续考察接收序列中的后继3位"110"。现在计算4条幸存路径上增加一级后的8条可能路径的汉明距离。计算结果列于表11-10中。表中最小的总距离等于2,其路径是 $abdc+b$,相应序列为111 110 010 100。它和发送序列相同,故对应发送信息位1101。按照表11-10中的幸存路径画出的网格图示于图11-18中。图中粗线路径是汉明距离最小(等于2)的路径。

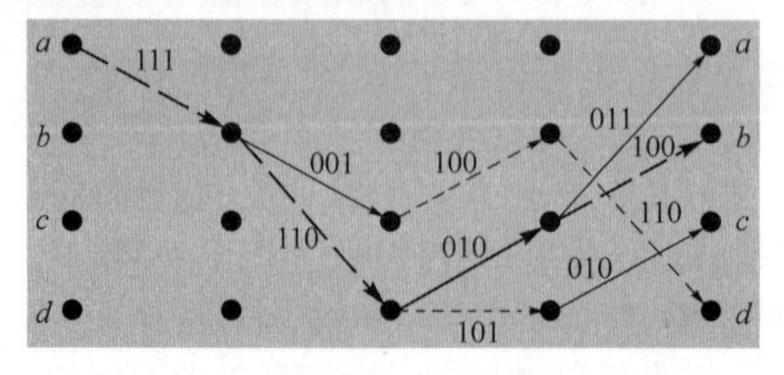

图11-18　对应信息位"1101"的幸存路径网格图

表 11-10　维特比算法解码第二步计算结果

序号	路径	原幸存路径的距离	新增路径段	新增距离	总距离	幸存否
1	*abca*+*a*	3	*aa*	2	5	否
2	*abdc*+*a*	1	*ca*	2	3	是
3	*abca*+*b*	3	*ab*	1	4	否
4	*abdc*+*b*	1	*cb*	1	2	是
5	*abcb*+*c*	4	*bc*	3	7	否
6	*abdd*+*c*	4	*dc*	1	5	是
7	*abcb*+*d*	4	*bd*	0	4	是
8	*abdd*+*d*	4	*dd*	2	6	否

上面提到过,为了使输入的信息位全部通过编码器的移存器,使移存器回到初始状态,在信息位 1101 后面加了三个“0”。若把这三个“0”仍然看作是信息位,则可以按照上述算法继续解码。这样得到的幸存路径网格图示于图 11-19 中。图中的粗线仍然是汉明距离最小的路径。但是,若已知这三个码元是(为结尾而补充的)“0”,则在解码计算时就预先知道在接收这三个“0”码元后,路径必然应该回到状态 a。而由图可见,只有两条路径可以回到 a 状态。所以,这时图 11-19 可以简化成图 11-20。

在上例中卷积码的约束度 $N=3$,需要存储和计算 8 条路径的参量。由此可见,维特比解码算法的复杂度随约束长度 N 按指数形式 2^N 增长。故维特比解码算法适合约束度较小($N\leqslant 10$)的编码。对于约束度大的卷积码,可以采用其他解码算法,例如序贯解码(sequential decoding)[2]、范诺(Fano)[3]算法等。

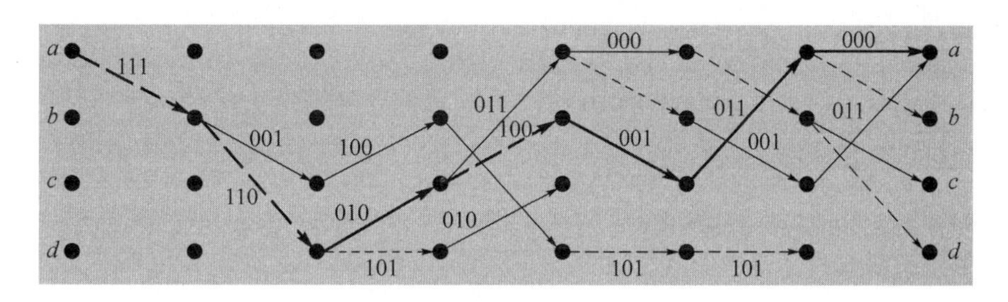

图 11-19　对应信息位“1101000”的幸存路径网格图

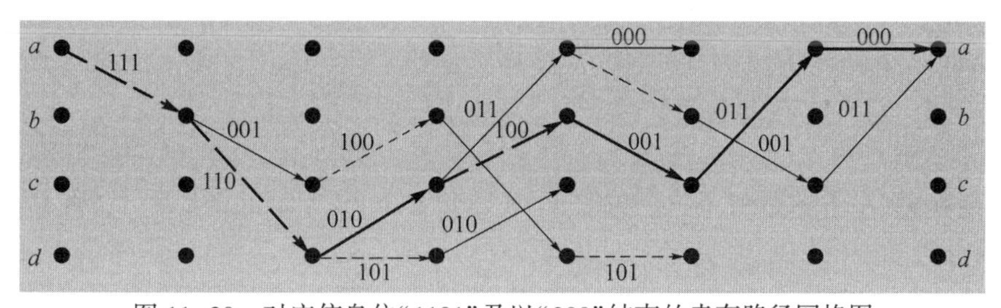

图 11-20　对应信息位“1101”及以“000”结束的幸存路径网格图

11.7　Turbo 码

Turbo 码是 1993 年才发明的一种特殊的链接码(concatenated code)[4]。由于其性能接近信息理论上能够达到的最好性能,所以这种码的发明在编码理论上是带有革命性的进步。这种码,特别是解码运算,非常复杂,这里只对其基本概念作一简明介绍。

由于分组码和卷积码的复杂度随码组长度或约束度的增大按指数规律增长,所以为了提高纠错能力,人们大多不是单纯增大一种码的长度,而是将两种或多种简单的编码组合成复合编码。Turbo 码的编码器在两个并联或串联的分量码(component code)编码器之间增加一个交织器(interleaver),使之具有很大的码组长度,能在低信噪比条件下得到接近理想的性能。Turbo 码的译码器有两个分量码译码器,译码在两个分量译码器之间进行迭代译码,故整个译码过程类似涡轮(turbo)工作,所以又形象的称为 Turbo 码。

图 11-21 为 Turbo 码的一种基本结构,它由一对递归系统卷积码(Recursive Systematic Convolution Code,RSCC)编码器和一个交织器组成。RSCC 编码器和前面讨论的卷积码编码器之间的主要区别是从移存器输出端到信息位输入端之间有反馈路径。原来的卷积码编码器没有这样的反馈路径,所以像是一个 FIR 数字滤波器。增加了反馈路径后,它就变成了一个 IIR 滤波器,或称递归滤波器,这一点和 Turbo 码的特征有关。在图 11-22 中给出了一个 RSCC 编码器的例子,它是一个码率等于 1/2 的卷积码编码器,输入为 b_i,输出为 $b_i c_i$。因为输出中第 1 位是信息位,所以它是系统码。图 11-21 中的两个 RSCC 编码器通常是相同的。它们的输入是经过一个交织器并联的。此 Turbo 码的输入信息位是 b_i,输出是 $b_i c_{1i} c_{2i}$,故码率等于 1/3。

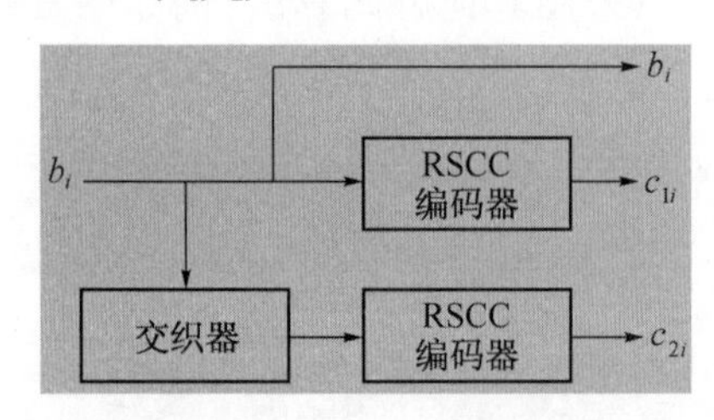

图 11-21　Turbo 码编码器

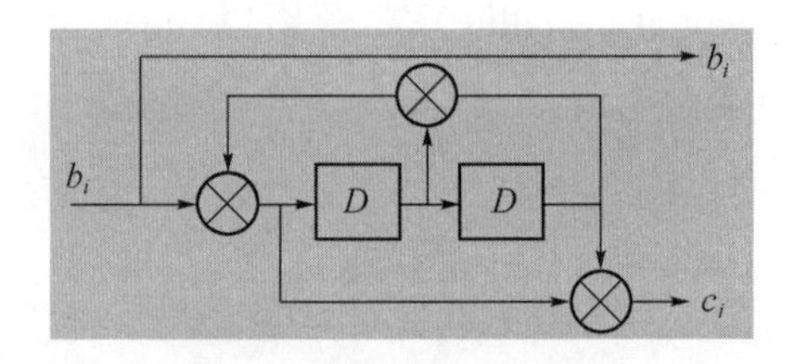

图 11-22　RSCC 编码器

交织器的基本形式是矩阵交织器,它由容量为$(n-1)m$ 比特的存储器构成。图11-23 为交织器原理图。将信号码元按行的方向输入存储器,再按列的方向输出。这样,若输入码元序列是:$a_{11}\,a_{12}\cdots a_{1m}\,a_{21}\,a_{22}\cdots a_{2m}\cdots a_{n1}\cdots a_{nm}$,则输出序列是:$a_{11}\,a_{21}\cdots a_{n1}\,a_{12}\,a_{22}\cdots a_{n2}\cdots a_{1m}\cdots a_{nm}$。交织的目的是将集中出现的突发错码分散开,变成随机错码。例如,若图中第 1 行的 m 个码元构成一个码组,并且将其连续发送到信道上,则当此码组遇到脉冲干扰,造成大量错码时,可能因超出纠错能力而无法纠正错误。但是,若在发送前进行了交织,按列发送,则能够将集中的错码分散到各个码组,从而有利于纠错。这种交织器常用于分组码的交织中。

a_{11}	a_{12}	…	…	…	a_{1m}
a_{21}	a_{22}	…	…	…	a_{2m}
…	…	…	…	…	…
a_{n1}	a_{n2}	…	…	…	a_{nm}

图 11-23　交织器原理图

另一种交织器称为**卷积交织器**。在图 11-24 中给出一个简单的例子。它是由三个移存器构成。第一个移存器只有 1bit 容量;第二个移存器可以存 2bit;第三个移存器可以存 3b。交织器的输入码元依次进入各个移存器。在图 10.24(a)的交织器中示出,第一个输入码元没有经过存储而直接输出;第二个输入码元存入第一个移存器中;第三个输入码元存入第二个移存器中;第四个码元存入第三个移存器中。在这四个码元期间,交织器的输出为“1*xxx*”。这里的“*x*”表示移存器初始的随机状态。在图 11-24(b)中的交织器则示出第 5~8 个码元输入时的工作状态。在图 11-24(c)和 11-24(d)中示出的是第 9~12 个码元以及第 13~16 个码元输入时的工作状态。这样,交织器输出码元的次序将是:1 *x* *x* *x* 5 2 *x* *x* 9 6 3 *x* 13 10 7 4。接收端解交织器的工作过程与此相反,如图 11-24 所示,解交织器的输出码元的次序将是:*x* *x* *x* *x* *x* *x* *x* *x* *x* *x* *x* *x* 1 2 3 4,其中前面接收的 12 个码元无意义,从第 13 个码元开始才是有效码元。

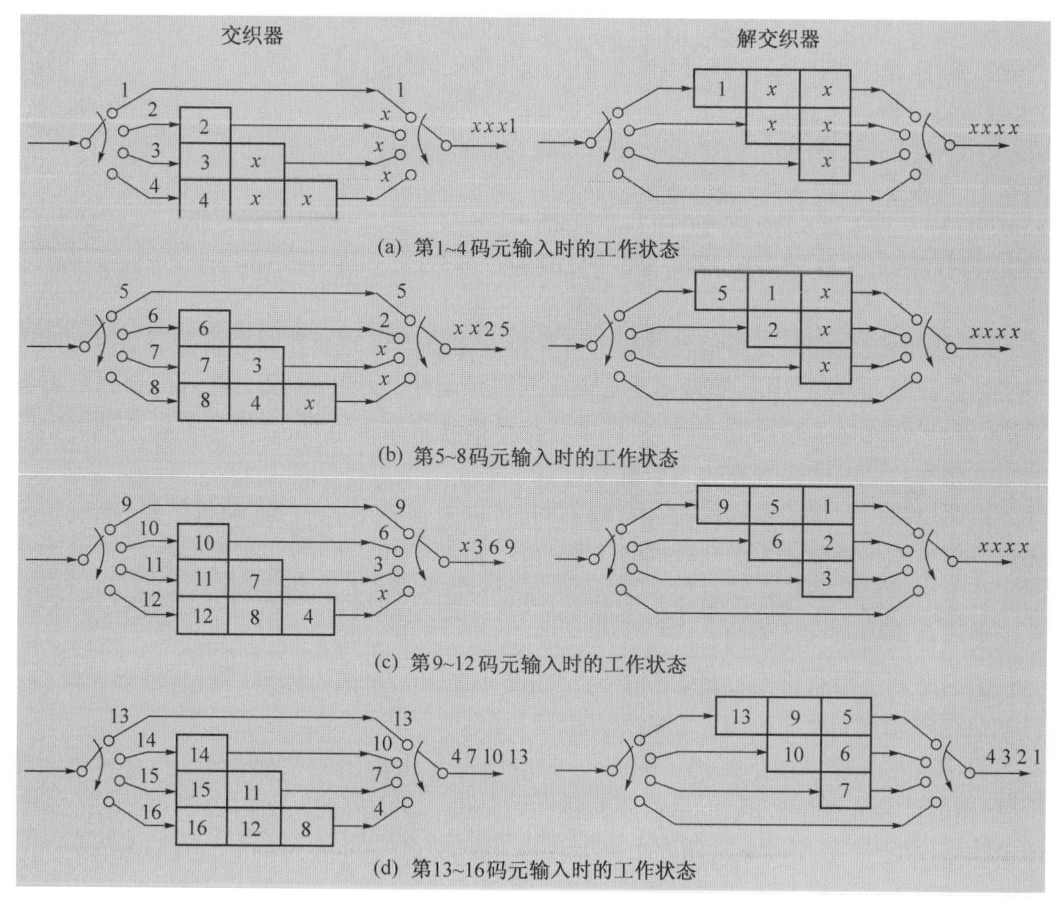

图 11-24 卷积交织器原理方框图

上面给出的是一个简单的卷积交织器例子。一般说来,第一个移存器的容量可以是 k 比特,第二个移存器的容量是 $2k$ 比特,第三个移存器的容量是 $3k$ 比特,…,直至第 N 个移存器的容量是 Nk 比特。

卷积交织法和矩阵交织法相比,主要优点是延迟时间短和需要的存储容量小。卷积交织法端到端的总延迟时间和两端所需的总存储容量均为 $k(N+1)N$ 个码元,是矩阵交织法的一半。

在图 11-25 中给出了 Turbo 码的两条性能曲线。由此曲线可以看到，交织器容量大时误码率低，这是因为交织范围大可以使交织器输入码元得到更好的随机化。

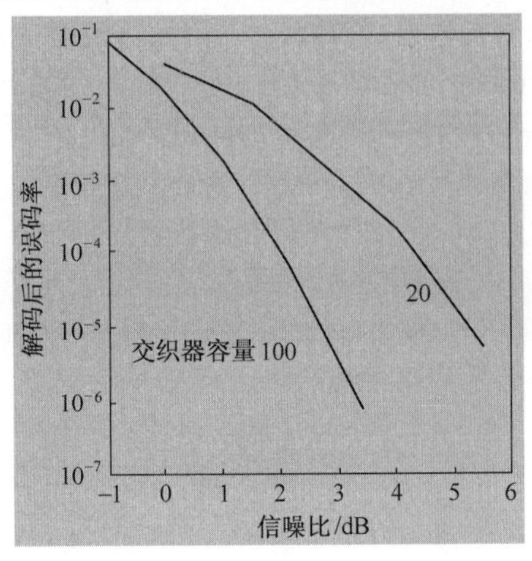

图 11-25 Turbo 码的性能曲线

11.8 小 结

信道编码的目的是提高信号传输的可靠性。信道编码的基本原理是在信号码元序列中增加监督码元，并利用监督码元去发现或纠正传输中发生的错误。在信道编码只有发现错码能力而无纠正错码能力时，必须结合其他措施来纠正错码，否则只能将发现为错码的码元删除。这些手段统称为差错控制。

按照加性干扰造成错码的统计特性不同，可以将信道分为三类：随机信道、突发信道和混合信道。每种信道中的错码特性不同，所以需要采用不同的差错控制技术来减少或消除其中的错码。差错控制技术共有四种，即检错重发、前向纠错、检错删除和反馈校验，其中前三种都需要采用编码。

编码序列中信息码元数量 k 和总码元数量 n 之比 k/n 称为码率。而监督码元数 $(n-k)$ 和信息码元数 k 之比 $(n-k)/k$ 称为冗余度。

检错重发法通常称为 ARQ。ARQ 和前向纠错方法相比的主要优点是：监督码元较少，检错的计算复杂度较低，能适应不同特性的信道。但是 ARQ 系统需要双向信道，并且传输效率较低，不适用于实时性要求高的场合，也不适用于一点到多点的通信系统。

一种编码的纠错和检错能力决定于最小码距。在保持误码率恒定条件下，采用纠错编码所节省的信噪比称为编码增益。

纠错编码分为分组码和卷积码两大类。由代数关系式确定监督位的分组码称为代数码。在代数码中，若监督位和信息位的关系是由线性代数方程式决定的，则称这种编码为线性分组码。奇偶监督码就是一种最常用的线性分组码。汉明码是一种能够纠正 1 位错码的效率较高的线性分组码。具有循环性的线性分组码称为循环码。BCH 码是能够纠正多个随机错码的循环码。而 RS 码则是一种具有很强纠错能力的多进制 BCH 码。

在线性分组码中，发现错码和纠正错码是利用监督关系式计算校正子来实现的。由监督关系式可以构成监督矩阵。右部形成一个单位矩阵的监督矩阵称为典型监督矩阵。由生成矩阵可以产生整个码组。左部形成单位矩阵的生成矩阵称为典型生成矩阵。由典型生成矩阵得出的码组称为系统码。在系统码中，监督位附加在信息位的后面。线性码具有封闭性。封闭性是指一种线性码中任意两个码组之和仍为这种编码中的一个码组。

循环码的生成多项式 $g(x)$ 应该是 (x^n+1) 的一个 $(n-k)$ 次因子。在设计循环码时可以采用将码长截短的方法，满足设计对码长的要求。

BCH 码分为两类：本原 BCH 码和非本原 BCH 码。在 BCH 码中，(23,12)码称为戈莱码，它的纠错能力强并且容易解码，故应用较多。为了得到偶数长度 BCH 码，可以将其扩展为 $(n+1,k)$ 的扩展 BCH 码。

RS 码是多进制 BCH 码的一个特殊子类。它的主要优点是：特别适合用于多进制调制的场合，和适合在衰落信道中纠正突发性错码。

卷积码是一类非分组码。卷积码的监督码元不仅和当前的 k 比特信息段有关，而且还同前面 $m=(N-1)$ 个信息段有关。所以它监督着 N 个信息段。通常将 N 称为卷积码的约束度。

卷积码有多种解码方法，以维特比解码算法应用最广泛。

Turbo 码是一种特殊的链接码。由于其性能近于理论上能够达到的最好性能，所以它的发明在编码理论上是带有革命性的进步。

思 考 题

11-1 在通信系统中采用差错控制的目的是什么？

11-2 什么是随机信道？什么是突发信道？什么是混合信道？

11-3 常用的差错控制方法有哪些？试比较其优缺点。

11-4 画出 ARQ 系统的组成方框图，并试述该系统的优缺点。

11-5 什么是分组码？其构成有何特点？

11-6 试述码率、码重和码距的定义。

11-7 一种编码的最小码距与其检错和纠错能力有什么关系？

11-8 什么是奇偶监督码？其检错能力如何？

11-9 什么是线性码？它具有哪些重要性质？

11-10 什么是循环码？循环码的生成多项式如何确定？

11-11 什么是系统分组码？并举例说明之。

11-12 何谓截短循环码？它适用在什么场合？

11-13 什么是 BCH 码？什么是本原 BCH 码？什么是非本原 BCH 码？

11-14 循环码、BCH 码和 RS 码之间有什么关系？

11-15 卷积码和分组码之间有何异同点？卷积码是否为线性码？

11-16 卷积码适合用于纠正哪类错码？

11-17 试述 Turbo 码和链接码的异同点。

习　题

11-1　设有 8 个码组“000000”、“001110”、“010101”、“011011”、“100011”、“101101”、“110110”和“111000”,试求它们的最小码距。

11-2　上题给出的码组若用于检错,试问能检出几位错码?若用于纠错,能纠正几位错码?若同时用于检错和纠错,又能有多大的检错和纠错能力?

11-3　已知两个码组为“0000”和“1111”,若用于检错,试问能检出几位错码?若用于纠错,能纠正几位错码?若同时用于检错和纠错,又能检测和纠正几位错码?

11-4　若一个方阵码中的码元错误情况如图 P11-1 所示,试问能否检测出来?

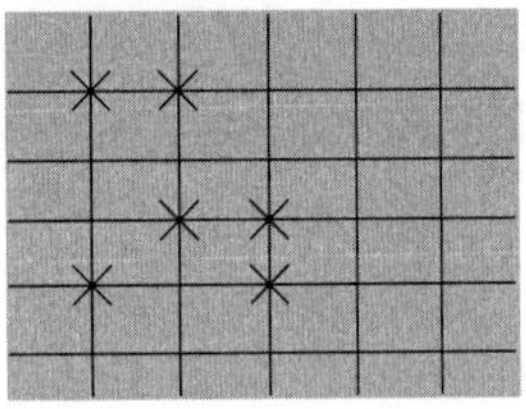

图 P11-1　误码位置

11-5　设有一个码长 $n=15$ 的汉明码,试问其监督位 r 应该等于多少?其码率等于多少?试写出其监督码元和信息码元之间的关系。

11-6　已知某线性码的监督矩阵为

$$\boldsymbol{H}=\begin{bmatrix}1110100\\1101010\\1011001\end{bmatrix}$$

试列出其所有可能的码组。

11-7　已知一个(7,3)码的生成矩阵为

$$\boldsymbol{G}=\begin{bmatrix}1001110\\0100111\\0011101\end{bmatrix}$$

试列出其所有许用码组,并求出其监督矩阵。

11-8　已知一个(7,4)循环码的全部码组为

0000000	1000101	0001011	1001110
0010110	1010011	0011101	1011000
0100111	1100010	0101100	1101001
0110001	1110100	0111010	1111111

试写出该循环码的生成多项式 $g(x)$ 和生成矩阵 $G(x)$,并将 $G(x)$ 化成典型阵。

11-9　试写出上题中循环码的监督矩阵 $\boldsymbol{H}$ 和其典型阵。

11-10　已知一个(15,11)汉明码的生成多项式为

$$g(x)=x^4+x^3+1$$

试求出其生成矩阵和监督矩阵。

11-11　已知 $x^{15}+1=(x+1)(x^4+x+1)(x^4+x^3+1)(x^4+x^3+x^2+x+1)(x^2+x+1)$,试问由它可以构成多少种码长为 15 的循环码?并列出它们的生成多项式。

11-12　已知一个(7,3)循环码的监督关系式为

$$x_6 \oplus x_3 \oplus x_2 \oplus x_1 = 0$$

$$x_5 \oplus x_2 \oplus x_1 \oplus x_0 = 0$$

$$x_6 \oplus x_5 \oplus x_1 = 0$$

$$x_5 \oplus x_4 \oplus x_0 = 0$$

试求出该循环码的监督矩阵和生成矩阵。

11-13　试证明 $x^{10}+x^8+x^5+x^4+x^2+x+1$ 为(15,5)循环码的生成多项式。求出此循环码的生成矩阵,并写出消息码为 $m(x)=x^4+x+1$ 时的码多项式。

11-14　设一个(15,7)循环码由 $g(x)=x^8+x^7+x^6+x^4+1$ 生成。若接收码组为 $T(x)=x^{14}+x^5+x+1$,试问其中有无错码。

11-15　已知 $g_1(x)=x^3+x^2+1$;$g_2(x)=x^3+x+1$;$g_3(x)=x+1$。试分别讨论:

(1) $g(x)=g_1(x)\cdot g_2(x)$

(2) $g(x)=g_3(x)\cdot g_2(x)$

两种情况下,由 $g(x)$ 生成的7位循环码能检测出哪些类型的错误?

11-16　一卷积码编码器如图 P11-2 所示,已知 $k=1,n=2,N=3$。试写出生成矩阵 **G** 的表达式。

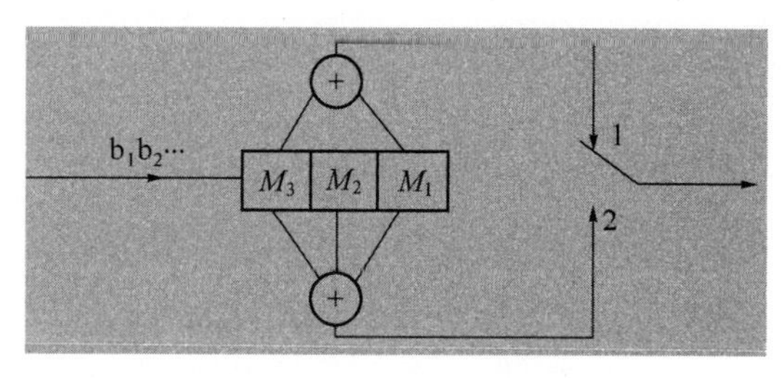

图 P11-2　卷积码编码器

11-17　已知 $k=1,n=2,N=4$ 的卷积码,其基本生成矩阵为 $\boldsymbol{g}=[11010001]$。试求该卷积码的生成矩阵 $\boldsymbol{G}$ 和监督矩阵 $\boldsymbol{H}$。

11-18　已知一卷积码的参量为:$N=4,n=3,k=1$,其基本生成矩阵为 $\boldsymbol{g}=[111\ 001\ 010\ 011]$。试求该卷积码的生成矩阵 $\boldsymbol{G}$ 和截短监督矩阵,并写出输入码为[1001…]时的输出码。

11-19　已知一个(2,1,2)卷积码编码器的输出和输入的关系为

$$c_1 = b_1 \oplus b_2$$

$$c_2 = b_2 \oplus b_3$$

试画出该编码器的电路方框图、码树图、状态图和网格图。

11-20　已知一个(3,1,4)卷积码编码器的输出和输入的关系为

$$c_1 = b_1$$

$$c_2 = b_1 \oplus b_2 \oplus b_3 \oplus b_4$$

$$c_3 = b_1 \oplus b_3 \oplus b_4$$

试画出该编码器的电路方框图和码树图。当输入信息序列为 10110 时,试求出其输出码序列。

11-21　已知一个(2,1,3)卷积码编码器的输出与输入的关系为

$$c_1 = b_1 \oplus b_2$$

$$c_2 = b_1 \oplus b_2 \oplus b_3$$

当接收码序列为 100 010 000 0 时,试用维特比解码算法求出发送信息序列。

参考文献

[1] Viterbi A J.Error Bounds for Convolutional Codes and an Asymptotically Optimum Decoding Algorithm.IEEE Trans.on Information Theory,1967,13(4):260-269.

[2] Wozencraft J M.Sequential Decoding for Reliable Communication.IRE Natl.Comm.Rec.,5(pt.2):11-25.

[3] Fano R M.A Heuristic Discussion of Probabilistic Decoding.IEEE Trans.on Inf.Theory,1963,9(4):64-74.

[4] Berrou C,Glavieux A,Thitimajshima P.Near Shannon Limit Error Correcting Coding and Decoding:Turbo Codes.Proc. IEEE Int.Conf.Commun.,1993:1064-1070.

第12章　同步原理

12.1　概　述

在通信系统中，特别是在数字通信系统中，同步(synchronization)是一个非常重要的问题。在数字通信系统中，同步包括载波同步(carrier synchronization)、码元同步(symbol synchronization)、群同步(group synchronization)和网同步(network synchronization)四种。

载波同步又称载波恢复(carrier restoration)，即在接收设备中产生一个和接收信号的载波同频同相的本地振荡(local oscillation)，供给解调器作相干解调用。当接收信号中包含离散的载频分量时，在接收端需要从信号中分离出信号载波作为本地相干载波；这样分离出的本地相干载波频率必然和接收信号载波频率相同，但是为了使相位也相同，可能需要对分离出的载波相位作适当调整。若接收信号中没有离散载频分量，例如在2PSK信号中("1"和"0"以等概率出现时)，则接收端需要用较复杂的方法从信号中提取载波。因此，在这些接收设备中需要有载波同步电路，以提供相干解调所需的相干载波；相干载波必须与接收信号的载波严格地同频同相。

码元同步又称时钟(clock)同步或时钟恢复。在接收数字信号时，为了对接收码元积分以求得码元的能量以及对每个接收码元抽样判决，必须知道每个接收码元准确的起止时刻。这就是说，在接收端需要产生与接收码元严格同步的时钟脉冲序列，用它来确定每个码元的积分区间和抽样判决时刻。时钟脉冲序列是周期性的归零脉冲序列，其周期与接收码元周期相同，且相位和接收码元的起止时刻对正。当码元同步时此时钟脉冲序列和接收码元起止时刻保持着正确的时间关系。码元同步技术则是从接收信号中获取同步信息，使此时钟脉冲序列和接收码元起止时刻保持正确关系的技术。对于二进制码元而言，码元同步又称为位同步(bit synchronization)。

为了解决上述载波同步和码元同步问题，原则上有两类方法。第一类是采用插入辅助同步信息方法，即在频域或时域中插入(insert)同步信号。例如，按照频分复用原理，发送端在空闲频谱处插入一个或几个连续正弦波作为导频信号(pilot)，接收端则提取出此导频信号，由其产生相干载波。又如，可以按照时分复用原理，在不同时隙周期性地轮流发送同步信息和用户信息。插入的辅助导频可以等于载波频率，也可以是其他频率。这类方法建立同步的时间快，但是占用了通信系统的频率资源和功率资源。第二类方法是不用辅助同步信息，直接从接收信号中提取同步信息。这类方法的同步建立时间较长，但是节省了系统占用的频率资源和功率资源。在本章中我们将重点介绍第二类方法。

群同步又称帧同步(frame synchronization)或字符同步(character synchronization)。在数字通信中，通常用若干个码元表示一定的意义。例如：用7个二进制码元表示一个字符，因此在接收端需要知道组成这个字符的7个码元的起止位置；在采用分组码纠错的系统中,需要将接收码元正确分组,才能正确地解码;在扩谱通信系统中也需要帧同步脉冲来划分扩谱码的完整周期。又如,传输数字图像(digital image)时,必须知道一帧图像信息码元的起始和终止位置才能正确恢复这帧图像。为此,在绝大多数情况下,必须在发送信号中插入辅助同步信息,即在发送数字信号序列中周期性地插入标示一个字符或一帧图像码元的起止位置的同步码元,否则接收端将无法识别连续数字序列中每个字符或每一帧的起始码元位置。在某些特殊情况下,发送数字序列采用了特殊的编码,仅靠编码本身含有的同步信息,无需专设群同步码元,使接收端也能够自动识别码组的起止位置。这种特殊的编码,在本节最后也将作简单介绍。

在由多个通信对象组成的数字通信网中,为了使各站点之间保持同步,还需要解决网同步问题。例如,在时分复用通信网中,为了正确地将来自不同地点的两路时分多路信号合并(复接)时,就需要调整两路输入多路信号的时钟,使之同步后才能合并。又如,在卫星通信网中,卫星上的接收机接收多个地球站发来的时分制信号时,各地球站需要随时调整其发送频率和码元时钟,以保持全网同步。

在模拟通信系统中有时也存在同步问题。例如,模拟电视信号是由很多行信号构成一帧的。为了正确区分各行和各帧,也必须在视频信号中加入行同步脉冲和帧同步脉冲。

在本章中仅就数字通信系统中的同步问题作介绍。

12.2 载波同步

12.2.1 有辅助导频时的载频提取

某些信号中不包含载频分量,例如先验概率相等的 2PSK 信号。为了用相干接收法接收这种信号,可以在发送信号中另外加入一个或几个导频信号。在接收端可以用窄带滤波器将其从接收信号中滤出,用以辅助产生相干载频。目前多采用锁相环代替简单的窄带滤波器,因为锁相环的性能比后者的性能好,可以改善提取出的载波的性能。

锁相环(Phase-Locked Loop,PLL)的原理方框图示于图 12-1 中。锁相环输出导频的质量和环路中的窄带滤波器性能有很大关系。此环路滤波器的带宽设计应当将输入信号中噪声引起的电压波动尽量滤除。但是由于有多普勒效应(Doppler effect)等原因引起的接收信号中辅助导频相位漂移,又要求此滤波器的带宽允许辅助导频的相位变化通过,使压控振荡器能够跟踪此相位漂移。这两个要求是矛盾的。环路滤波器的通带越窄,能够通过的噪声越少,但是对导频相位漂移的限制越大。

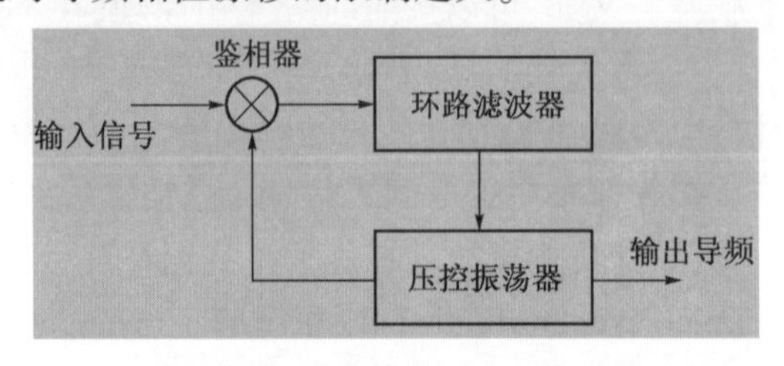

图 12-1　锁相环原理方框图

在数字化接收机中,锁相环已经不再采用图 12-1 中的模拟电路实现,但是其工作原理不变。图中的窄带滤波器改成一个数字滤波器;压控振荡器(Voltage Controlled Oscillator,VCO)可以用一个只读存储器(Read - Only Memory, ROM)代替,存储器的指针(pointer)由时钟和滤波器输出的相位误差值共同控制;鉴相器(Phase Discriminator)则可以是一组匹配滤波器,与它们匹配的一组振荡之间有小的相位差,因而能够得到相位误差的估值(estimation)。

12.2.2 无辅助导频时的载波提取

对于无离散载频分量的信号,例如等概率的 2PSK 信号,可以采用非线性变换的方法从信号中获取载频。下面介绍这样两种方法。

1. 平方环

现以 2PSK 信号为例进行讨论。设此信号可以表示为

$$s(t) = m(t)\cos(\omega_c t + \theta) \tag{12.2-1}$$

其中,$m(t)=\pm1$。当 $m(t)$ 取+1 和-1 的概率相等时,此信号的频谱中无角频率 ω_c 的离散分量。将式(12.2-1)平方,得到

$$s^2(t) = m^2(t)\cos^2(\omega_c t + \theta) = \frac{1}{2}[1 + \cos 2(\omega_c t + \theta)] \tag{12.2-2}$$

式(13.2-2)中已经将 $m^2(t)=1$ 的关系代入。由式(12.2-2)可见平方后的接收信号中包含 2 倍载频的频率分量。所以将此 2 倍频分量用窄带滤波器滤出后再作二分频,即可得出所需载频。在实用中,为了改善滤波性能,通常采用锁相环代替窄带滤波器。这样构成的载频提取电路称为平方环,其原理方框图示于图 12-2 中。

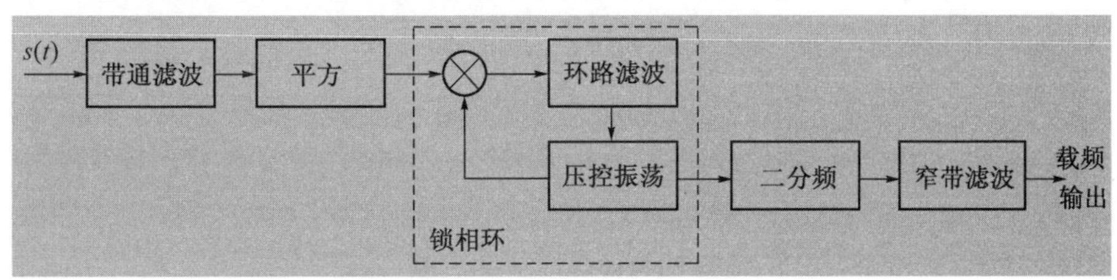

图 12-2　平方环原理方框图

在此方案中采用了二分频器(frequency divider),而二分频器的输出电压有相差 180°的两种可能相位,即其输出电压的相位决定于分频器的随机初始状态。这就导致分频得出的载频存在相位含糊性(phase ambiguity)。这种相位含糊性是无法克服的。所以,为了能够将其用于接收信号的解调,通常的办法是发送端采用 2DPSK 体制。在采用此方案时,还可能发生错误锁定的情况。这是由于在平方后的接收电压中有可能存在其他的离散频率分量,致使锁相环锁定在错误的频率上。解决这个问题的办法是降低环路滤波器的带宽。

2. 科斯塔斯环

科斯塔斯(Costas)环法又称同相正交环法或边环法。它仍然利用锁相环提取载频,但是不需要对接收信号作平方运算就能得到载频输出。在载波频率上进行平方运算后,

由于频率倍增,使后面的锁相环工作频率加倍,实现的难度增大。科斯塔斯环则用相乘器和较简单的低通滤波器取代平方器;这是它的主要优点。它和平方环法的性能在理论上是一样的。

图 12-3 中示出了其原理方框图。图中,接收信号 $s(t)$(式(12.2-1))被送入两路相乘器,两相乘器输入的 a 点和 b 点的压控振荡电压分别为

$$v_a = \cos(\omega_c t + \varphi) \tag{12.2-3}$$

$$v_b = \sin(\omega_c t + \varphi) \tag{12.2-4}$$

它们和接收信号电压相乘后,得到 c 点和 d 点的电压为

$$v_c = m(t)\cos(\omega_c t + \theta)\cos(\omega_c t + \varphi) = \frac{1}{2}m(t)[\cos(\varphi - \theta) + \cos(2\omega_c t + \varphi + \theta)] \tag{12.2-5}$$

$$v_d = m(t)\cos(\omega_c t + \theta)\sin(\omega_c t + \varphi) = \frac{1}{2}m(t)[\sin(\varphi - \theta) + \sin(2\omega_c t + \varphi + \theta)] \tag{12.2-6}$$

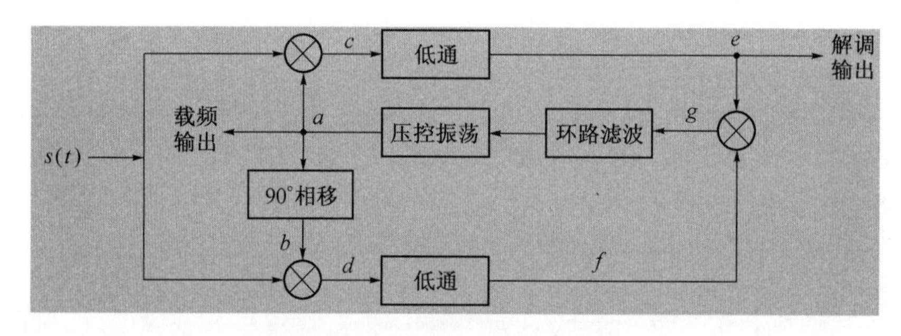

图 12-3 科斯塔斯环法原理方框图

这两个电压经过低通滤波器后,变成:

$$v_e = \frac{1}{2}m(t)\cos(\varphi - \theta) \tag{12.2-7}$$

$$v_f = \frac{1}{2}m(t)\sin(\varphi - \theta) \tag{12.2-8}$$

上面这两个电压相乘后,得到在 g 点的窄带滤波器输入电压:

$$v_g = v_e v_f = \frac{1}{8}m^2(t)\sin 2(\varphi - \theta) \tag{12.2-9}$$

式中:$(\varphi-\theta)$是压控振荡电压和接收信号载波相位之差。

将 $m(t)=\pm1$ 代入式(12.2-9),并考虑到当$(\varphi-\theta)$很小时,$\sin(\varphi-\theta)\approx(\varphi-\theta)$,则式(12.2-9)变为

$$v_g \approx \frac{1}{4}(\varphi - \theta) \tag{12.2-10}$$

电压 v_g 通过环路窄带低通滤波器,控制压控振荡器的振荡频率。此窄带低通滤波器的截止频率很低,只允许电压 v_g 中近似直流的电压分量通过。这个电压控制压控振荡器的输出电压相位,使($\varphi-\theta$)尽可能地小。当 $\varphi=\theta$ 时,$v_g=0$ 。压控振荡器的输出电压 v_a 就是科斯塔斯环提取出的载波。它可以用来作为相干接收的本地载波。

此外,由式(12.2-7)可见,当($\varphi-\theta$)很小时,除了差一个常数因子外,电压 v_e 就近似等于解调输出电压 $m(t)$。所以科斯塔斯环本身就同时兼有提取相干载波和相干解调的功能。

为了得到科斯塔斯环法在理论上给出的性能,要求两路低通滤波器的性能完全相同。虽然用硬件模拟电路很难做到这一点,但是若用数字滤波器则不难做到。此外,由锁相环原理可知,锁相环在($\varphi-\theta$)值接近0的稳定点有两个,在($\varphi-\theta$)= 0 和 π 处。所以,科斯塔斯环法提取出的载频也存在相位含糊性。

3. 再调制器

再调制器(remodulator)是将要介绍的第3种提取相干载波的方法,其原理方框图示于图12-4中。图中的输入接收信号 $s(t)$ 和两路压控振荡电压 a 和 b 仍如式(12.2-1)、式(12.2-3)和式(12.2-4)所示。

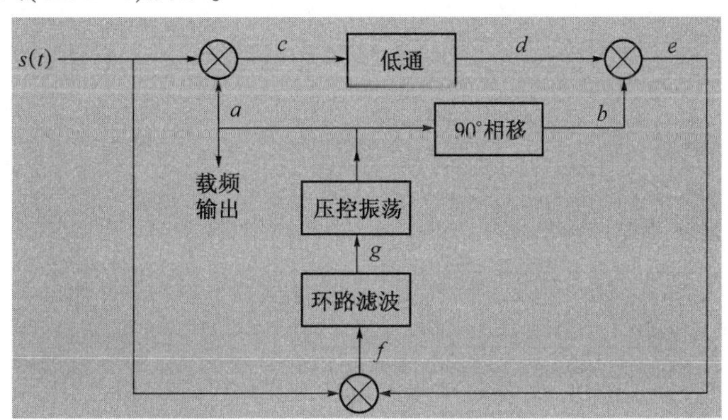

图12-4 再调制器原理方框图

接收信号和 a 点振荡电压相乘后得到的 c 点电压仍如式(12.2-5):

$$v_c = m(t)\cos(\omega_c t + \theta)\cos(\omega_c t + \varphi) = \frac{1}{2}m(t)[\cos(\varphi - \theta) + \cos(2\omega_c t + \varphi + \theta)]$$

它经过低通滤波后,在 d 点的电压为

$$v_d = \frac{1}{2}m(t)\cos(\varphi - \theta) \qquad (12.2-11)$$

v_d 实际上就是解调电压,它受 b 点的振荡电压在相乘器中再调制后,得出的 e 点电压

$$v_e = \frac{1}{2}m(t)\cos(\varphi - \theta)\sin(\omega_c t + \varphi) = \frac{1}{4}m(t)[\sin(\omega_c t + \theta) + \sin(\omega_c t + 2\varphi - \theta)] \qquad (12.2-12)$$

式(12.2-12)的 v_e 和信号 $s(t)$ 再次相乘,得到在 f 点的电压:

$$v_{\mathrm{f}} = \frac{1}{4}m^2(t)\cos(\omega_{\mathrm{c}}t + \theta)[\sin(\omega_{\mathrm{c}}t + \theta) + \sin(\omega_{\mathrm{c}}t + 2\varphi - \theta)] =$$

$$\frac{1}{4}m^2(t)[\cos(\omega_{\mathrm{c}}t + \theta)\sin(\omega_{\mathrm{c}}t + \theta) + \cos(\omega_{\mathrm{c}}t + \theta)\sin(\omega_{\mathrm{c}}t + 2\varphi - \theta)] =$$

$$\frac{1}{8}m^2(t)[\sin2(\omega_{\mathrm{c}}t + \theta) + \sin2(\varphi - \theta) + \sin2(\omega_{\mathrm{c}}t + \varphi)] \tag{12.2-13}$$

v_{f} 经过窄带低通滤波后,得到压控振荡器的控制电压

$$v_{\mathrm{g}} = \frac{1}{8}m^2(t)\sin2(\varphi - \theta) \tag{12.2-14}$$

比较式(12.2-9)和式(12.2-14)可见,这两个方案中的压控振荡器的控制电压相同。

4. 多进制信号的载频恢复

上面介绍了无辅助导频时的三种载波提取方法。这些方法都是对 2PSK 信号适用的。对于多进制信号,例如 QPSK、8PSK,等等,当它们以等概率取值时,也没有载频分量。为了恢复其载频,上述各种方法都可以推广到多进制。例如,对于 QPSK 信号,平方环法需要将对信号的平方运算改成 4 次方运算。

QPSK 信号提取载频的科斯塔斯环法的原理方框图如图 12-5 所示。

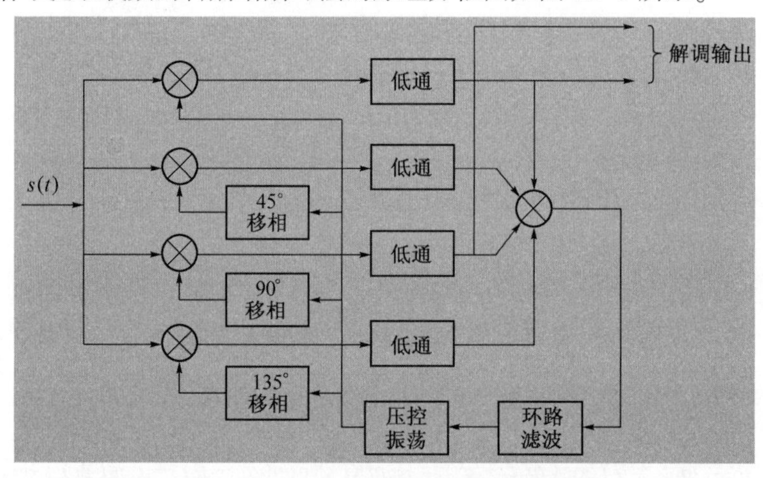

图 12-5 QPSK 科斯塔斯环法原理方框图

12.2.3 载波同步的性能

1. 相位误差

载波同步系统的相位误差是一个重要的性能指标。我们希望提取的载频和接收信号的载频尽量保持同频同相,但是实际上无论用何种方法提取的载波相位总是存在一定的误差。相位误差有两种,一种是由电路参量引起的恒定误差;另一种是由噪声引起的随机误差。

2. 同步建立时间和保持时间

从开始接收到信号(或从系统失步状态)至提取出稳定的载频所需要的时间称为同

步建立时间。显然我们要求此时间越短越好。在同步建立时间内,由于相干载频的相位还没有调整稳定,所以不能正确接收码元。

从开始失去信号到失去载频同步的时间称为同步保持时间。显然希望此时间越长越好。长的同步保持时间有可能使信号短暂丢失时,或接收断续信号(例如,时分制信号)时,不需要重新建立同步,保持连续提供稳定的本地载频。

在同步电路中的低通滤波器和环路滤波器都是通频带很窄的电路。一个滤波器的通频带越窄,其惰性越大。这就是说,一个滤波器的通频带越窄,则当在其输入端加入一个正弦振荡时,输出端振荡的建立时间越长;当输入振荡截止时,输出端振荡的保持时间也越长。显然,这个特性和我们对于同步性能的要求是相左的,即建立时间短和保持时间长是互相矛盾的要求。在设计同步系统时只能折中(tradeoff)处理。

3. 载波同步误差对解调信号的影响

对于相位键控信号而言,载波同步不良引起的相位误差直接影响着接收信号的误码率。在前面曾经指出,载波同步的相位误差包括两部分,即恒定误差 $\Delta\varphi$ 和随机误差(相位抖动)σ_φ。现在将其写为

$$\varepsilon = \Delta\varphi + \sigma_\varphi \tag{12.2-15}$$

这里,将具体讨论此相位误差 ε 对于 2PSK 信号误码率的影响。由式(12.2-7)

$$v_e = \frac{1}{2}m(t)\cos(\varphi - \theta)$$

可知,其中$(\varphi-\theta)$为相位误差,v_e 即解调输出电压,而 $\cos(\varphi-\theta)$ 就是由于相位误差引起的解调信号电压下降。因此信号噪声功率比 r 下降至 $\cos^2(\varphi-\theta)$ 倍。将它代入误码率公式(7.2-72),得到相位误差为$(\varphi-\theta)$时的误码率

$$P_e = \frac{1}{2}\operatorname{erfc}(\sqrt{r}\cos(\varphi - \theta)) \tag{12.2-16}$$

式中:r 为信号噪声功率比。

12.3 码元同步

在接收数字信号时,为了在准确的判决时刻对接收码元进行判决,以及对接收码元能量正确积分,必须得知接收码元的准确起止时刻。为此,需要获得接收码元起止时刻的信息,从此信息产生一个码元同步脉冲序列,或称定时脉冲序列。

下面的讨论中我们将仅就二进制码元传输系统进行分析。码元同步可以分为两大类。第1类称为外同步法,它是一种利用辅助信息同步的方法,需要在信号中另外加入包含码元定时信息的导频或数据序列;第2类称为自同步法,它不需要辅助同步信息,直接从信息码元中提取出码元定时信息。显然,这种方法要求在信息码元序列中含有码元定时信息。下面将分别介绍这两类同步技术,并重点介绍自同步法。

12.3.1 外同步法

外同步法又称辅助信息同步法。它在发送码元序列中附加码元同步用的辅助信息,以达到提取码元同步信息的目的。常用的外同步法是于发送信号中插入频率为码元速率($1/T$)或码元速率的倍数的同步信号。在接收端利用一个窄带滤波器,将其分离出来,并形成码元定时脉冲。这种方法的优点是设备较简单;缺点是需要占用一定的频带宽带和发送功率。然而,在宽带传输系统中,例如多路电话系统中,传输同步信息占用的频带和功率为各路信号所分担,每路信号的负担不大,所以这种方法还是得到不少实用的。

在发送端插入码元同步信号的方法有多种。从时域考虑,可以连续插入,并随信息码元同时传输;也可以在每组信息码元之前增加一个"同步头",由它在接收端建立码元同步,并用锁相环使同步状态在相邻两个"同步头"之间得以保持。从频域考虑,可以在信息码元频谱之外占用一段频谱专用于传输同步信息;也可以利用信息码元频谱中的"空隙(gap)"处,插入同步信息。

在数字通信系统中外同步法目前采用不多,我们对其不作详细介绍。下面着重讨论自同步法。

12.3.2 自同步法

自同步法不需要辅助同步信息,它分为两种,即开环(open loop)同步法和闭环同步(closed-loop)法。由于二进制等先验概率的不归零(Non Return-to-Zero, NRZ)码元序列中没有离散的码元速率频谱分量,故需要在接收时对其进行某种非线性变换,才能使其频谱中含有离散的码元速率频谱分量,并从中提取码元定时信息。在开环法中就是采用这种方法提取码元同步信息的。在闭环同步中,则用比较本地时钟周期和输入信号码元周期的方法,将本地时钟锁定在输入信号上。闭环法更为准确,但是也更为复杂。下面将对这两种方法分别作介绍。

1. 开环码元同步法

开环码元同步法也称为非线性变换同步法。在这种同步方法中,将解调后的基带接收码元先通过某种非线性变换,再送入一个窄带滤波电路,从而滤出码元速率的离散频率分量。在图 12-6 中给出了两个具体方案。在图 12-6(a)中,给出的是延迟相乘法的原

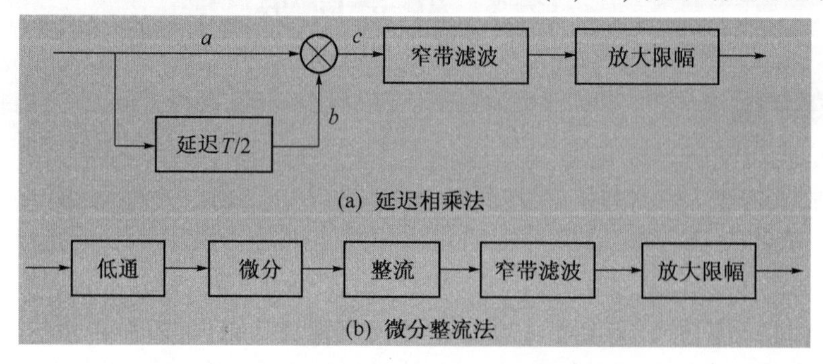

图 12-6 开环码元同步的两种方案

理方框图。这里用延迟相乘的方法作非线性变换,使接收码型得到变换的。其中相乘器输入和输出的波形示于图12-7中。由图可见,延迟相乘后码元波形的后一半永远是正值;而前一半则当输入状态有改变时为负值。因此,变换后的码元序列的频谱中就产生了码元速率的分量。选择延迟时间,使其等于码元持续时间的一半,就可以得到最强的码元速率分量。

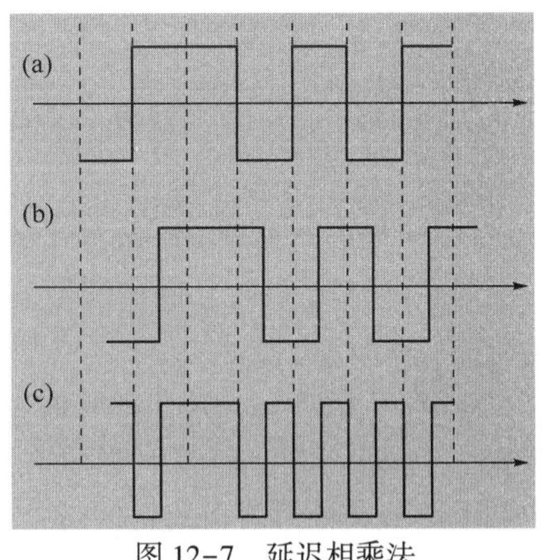

图12-7　延迟相乘法

在图12-6(b)中给出了第二种方案。它采用的非线性电路是一个微分电路。用微分电路去检测矩形码元脉冲的边沿。微分电路的输出是正负窄脉冲,它经过整流后得到正脉冲序列。此序列的频谱中就包含有码元速率的分量。由于微分电路对于宽带噪声很敏感,所以在输入端加用一个低通滤波器。但是,加用低通滤波器后又会使码元波形的边沿变缓,使微分后的波形上升和下降也变慢。所以应当对于低通滤波器的截止频率作折中选取。

上述两种方案中,由于有随机噪声叠加在接收信号上,使所提取的码元同步信息产生误差。这个误差也是一个随机量。可以证明[2],若窄带滤波器的带宽等于 $1/KT$,其中 K 为一个常数,则提取同步的时间误差比例为

$$\frac{|\bar{\varepsilon}|}{T}=\frac{0.33}{\sqrt{KE_b/n_0}}\qquad \frac{E_b}{n_0}>5\qquad K\geqslant 18\qquad (12.3-1)$$

式中:$\bar{\varepsilon}$ 为同步误差时间的均值;T 为码元持续时间;E_b 为码元能量;n_0 为单边噪声功率谱密度。

因此,只要接收信噪比大,上述方案能保证足够准确的码元同步。

2. 闭环码元同步法

开环码元同步法的主要缺点是同步跟踪误差(tracking error)的平均值不等于零。使信噪比增大可以降低此跟踪误差,但是因为是直接从接收信号波形中提取同步,所以跟踪误差永远不可能降为零。闭环码元同步的方法是将接收信号和本地产生的码元定时信号相比较,使本地产生的定时信号和接收码元波形的转变点保持同步。这种方法类似载频同步中的锁相环法。

广泛应用的一种闭环码元同步器称为超前/滞后门同步器,如图12-8所示。图中有

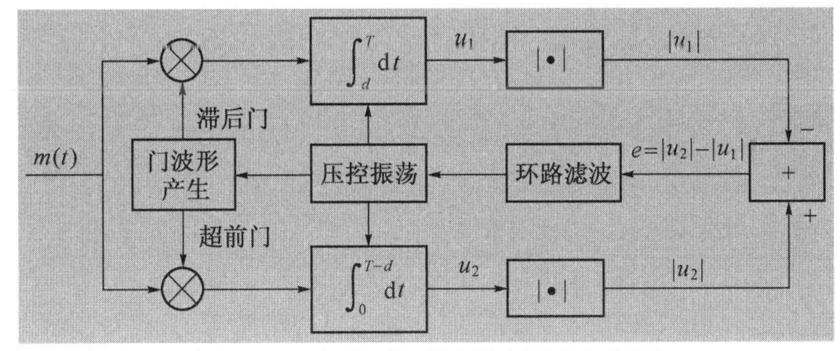

图12-8　超前/滞后门同步原理方框图

两个支路,每个支路都有一个与输入基带信号 $m(t)$ 相乘的门信号,分别称为超前(early)门和滞后(late)门。设输入基带信号 $m(t)$ 为双极性不归零波形,两路相乘后的信号分别进行积分。通过超前门的信号积分时间是从码元周期开始时间至$(T-d)$。这里所谓的码元周期开始时间,实际上是指环路对此时间的最佳估值,标称此时间为 0。通过滞后门信号的积分时间晚开始 d,积分到码元周期的末尾,即标称时间 T。这两个积分器输出电压的绝对值之差 e 就代表接收端码元同步误差。它于是通过环路滤波器反馈到压控振荡器去校正环路的定时误差。

图 12-9 为超前/滞后门同步器波形图。在完全同步状态下,这两个门的积分期间都全部在一个码元持续时间内,如图 12-9(a)所示。所以,两个积分器对信号 $m(t)$ 的积分结果相等,故其绝对值相减后得到的误差信号 e 为零。这样,同步器就稳定在此状态。若压控振荡器的输出超前于输入信号码元 Δ,如图 12-9(b)所示,则滞后门仍然在其全部积分期间$(T-d)$内积分,而超前门的前 Δ 时间落在前一码元内,这将使码元波形突跳前后的 2Δ 时间内信号的积分值为零。因此,误差电压 $e=-2\Delta$,它使压控振荡器得到一个负的控制电压,压控振荡器的振荡频率从而减小,并使超前/滞后门受到延迟。同理可见,若压控振荡器的输出滞后于输入码元,则误差电压 e 为正值,使压控振荡器的振荡频率升高,从而使其输出提前。图 12-9 中画出的两个门的积分区间大约等于码元持续时间的 3/4。实际上,若此区间设计在等于码元持续时间的一半将能够给出最大的误差电压,即压控振荡器能得到最大的频率受控范围。

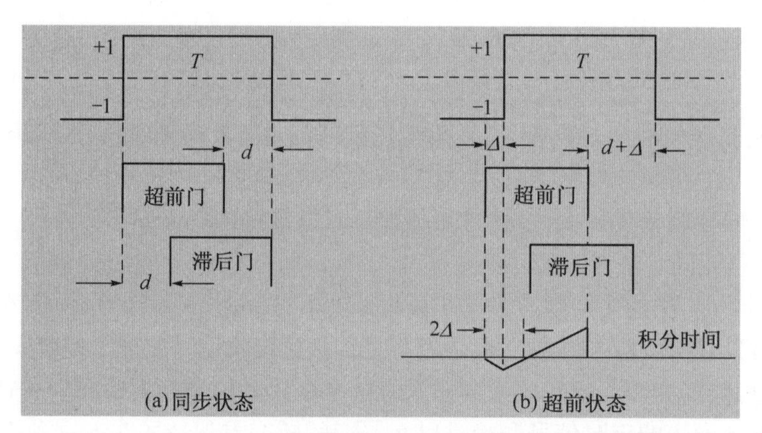

图 12-9　超前/滞后门同步器波形图

在上面讨论中已经假定接收信号中的码元波形有突跳边沿。若它没有突跳边沿,则无论有无同步时间误差,超前门和滞后门的积分结果总是相等,这样就没有误差信号去控制压控振荡器,故不能使用此法取得同步。这个问题在所有自同步法的码元同步器中都存在,在设计时必须加以考虑。此外,由于两个支路积分器的性能也不可能做得完全一样。这样将使本来应该等于零的误差值产生偏差;当接收码元序列中较长时间没有突跳边沿时,此误差值偏差持续地加在压控振荡器上,使振荡频率持续偏移,从而会使系统失去同步。

为了使接收码元序列中不会长时间地没有突跳边沿,可以在发送时按照 6.2 节给出的方法对基带码元的传输码型作某种变换,例如改用 HDB_3 码,使发送码元序列不会长时间地没有突跳边沿。

12.4 群 同 步

12.4.1 概述

为了使接收到的码元能够被理解,需要知道其如何分组。一般说来,接收端需要利用群同步码去划分接收码元序列。群同步码的插入方法有两种:一种是集中插入;另一种是分散插入。

集中插入法是将标志码组开始位置的群同步码插入于一个码组的前面,如图 12-10(a)所示。这里的群同步码是一组符合特殊规律的码元,它出现在信息码元序列中的可能性非常小。接收端一旦检测到这个特定的群同步码组就马上知道了这组信息码元的“头”。所以这种方法适用于要求快速建立同步的地方,或间断传输信息并且每次传输时间很短的场合。检测到此特定码组时可以利用锁相环保持一定时间的同步。为了长时间地保持同步,则需要周期性地将这个特定码组插入于每组信息码元之前。

分散插入法是将一种特殊的周期性同步码元序列分散插入在信息码元序列中。在每组信息码元前插入一个(也可以插入很少几个)群同步码元即可,如图 12-10(b)所示。因此,必须花费较长时间接收若干组信息码元后,根据群同步码元的周期特性,从长的接收码元序列中找到群同步码元的位置,从而确定信息码元的分组。这种方法的好处是对于信息码元序列的连贯性影响较小,不会使信息码元组之间分离过大;但是它需要较长的同步建立时间,故适用于连续传输信息之处,例如数字电话系统中。

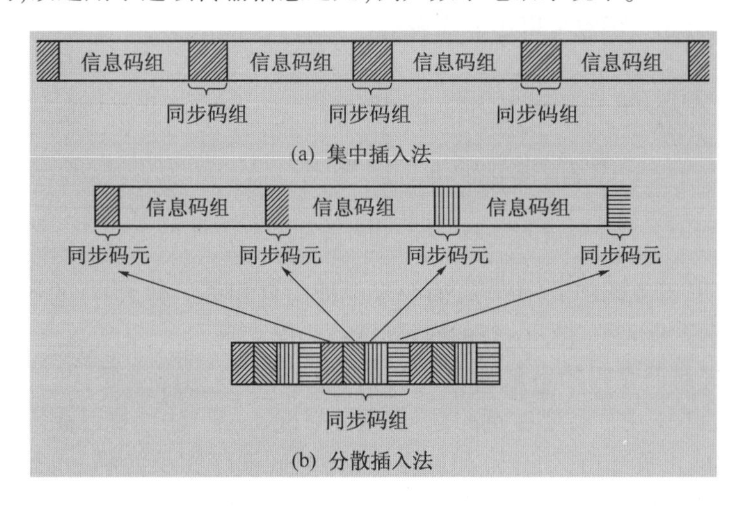

图 12-10 群同步码的插入方法

为了建立正确的群同步,无论用上述哪种方法,接收端的同步电路都有两种状态,即捕捉(acquisition)态和保持(maintenance)态。在捕捉态时,确认搜索(searching)到群同步码的条件必须规定得很高,以防发生假同步(false synchronization)。一旦确认达到同步状态后,系统转入保持态。在保持态下,仍需不断监视同步码的位置是否正确。但是,这时为了防止因为噪声引起的个别错误导致认为失去同步,应该降低判断同步的条件,以使系统稳定工作。

12.4.2 集中插入法

集中插入法,又称连贯式插入法。这种方法中采用特殊的群同步码组,集中插入在信息码组的前头,使得接收时能够容易地立即捕获它。因此,要求群同步码的自相关特性曲线具有尖锐的单峰,以便容易地从接收码元序列中识别出来。这里,将有限长度码组的局部自相关函数定义如下:设有一个码组,它包含 n 个码元 $\{x_1, x_2, \cdots, x_n\}$,则其局部自相关函数(下面简称自相关函数)

$$R(j) = \sum_{i=1}^{n-j} x_i x_{i+j} \qquad (1 \leqslant i \leqslant n, j = \text{整数}) \tag{12.4-1}$$

式中:n 为码组中的码元数目;$x_i = +1$ 或-1,当 $1 \leqslant i \leqslant n$;

$x_i = 0$, 　当 $1 > i$ 和$> n$。

显然可见,当 $j=0$ 时,

$$R(0) = \sum_{i=1}^{N} x_i x_i = \sum_{i=1}^{N} x_i^2 = n \tag{12.4-2}$$

自相关函数的计算,实际上是计算两个相同的码组互相移位、相乘再求和。若一个码组的自相关函数仅在 $R(0)$ 处出现峰值,其他处的 $R(j)$ 值均很小,则可以用求自相关函数的方法寻找峰值,从而发现此码组并确定其位置。

目前常用的一种群同步码叫巴克(Barker)码[1]。设一个 n 位的巴克码组为 $\{x_1, x_2, \cdots, x_n\}$,则其自相关函数可以用下式表示:

$$R(j) = \sum_{i=1}^{n-j} x_i x_{i+j} = \begin{cases} n & j = 0 \\ 0 \text{ 或 } \pm 1 & 0 < j < n \\ 0 & j \geqslant n \end{cases} \tag{12.4-3}$$

式(12.4-3)表明,巴克码的 $R(0)=n$,而在其他处的自相关函数 $R(j)$ 的绝对值均不大于1。这就是说,凡是满足式(12.4-3)的码组,就称为巴克码。

目前尚未找到巴克码的一般构造方法,只搜索到 10 组巴克码,其码组最大长度为13,全部列在表 12-1 中。需要注意的是,在用穷举(exhaust)法寻找巴克码时,表 12-1 中各码组的反码(即正负号相反的码)和反序码(即时间顺序相反的码)也是巴克码。现在以 $n=5$ 的巴克码为例,在 $j=0\sim4$ 的范围内,求其自相关函数值:

$$\text{当} j = 0 \text{时}, R(0) = \sum_{i=1}^{5} x_i^2 = 1 + 1 + 1 + 1 + 1 = 5$$

$$\text{当} j = 1 \text{时}, R(1) = \sum_{i=1}^{4} x_i x_{i+1} = 1 + 1 - 1 - 1 = 0$$

$$\text{当} j = 2 \text{时}, R(2) = \sum_{i=1}^{3} x_i x_{i+2} = 1 - 1 + 1 = 1$$

$$当 j = 3 时, R(3) = \sum_{i=1}^{2} x_i x_{i+3} = -1 + 1 = 0$$

$$当 j = 4 时, R(4) = \sum_{i=1}^{1} x_i x_{i+4} = 1$$

由以上计算结果可见,其自相关函数绝对值除 $R(0)$ 外,均不大于 1。由于自相关函数是偶函数,所以其自相关函数值画成曲线如图 12-11 所示。

表 12-1　巴克码

N	巴　克　码
1	+
2	++, +-
3	++-
4	+++-, ++-+
5	+++-+
7	+++--+-
11	+++---+--+-
13	+++++--++-+-+
注:"+"代表"+1";"-"代表"-1"。	

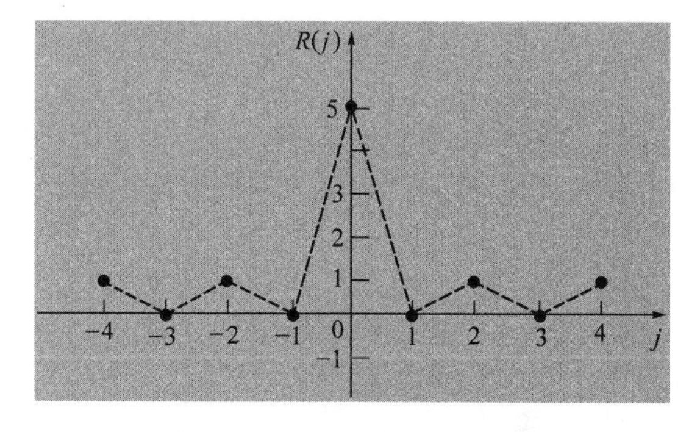

图 12-11　巴克码自相关曲线

有时将 $j=0$ 时的 $R(j)$ 值称为主瓣,其他处的值称为旁瓣。上面得到的巴克码自相关函数的旁瓣值不大于 1,是指局部自相关函数的旁瓣值。在实际通信情况中,在巴克码前后都可能有其他码元存在。但是,若假设信号码元的出现是等概率的,出现+1 和 -1 的概率相等,则相当于在巴克码前后的码元取值平均为 0。所以平均而言,计算巴克码的局部自相关函数的结果,近似地符合在实际通信情况中计算全部自相关函数的结果。

在找到巴克码之后,后来的一些学者利用计算机穷举搜寻的方法,又找到一些适用于群同步的码组,例如威拉德(Willard)码[2]、毛瑞型(Maury-Styles)码和林德(Linder)码[3]等,其中一些同步码组的长度超过了 13。而这些更长的群同步码正是提高群同步性能所需要的。

在实现集中插入法时,在接收端中可以按上述公式用数字处理技术计算接收码元序列的自相关函数。在开始接收时,同步系统处于捕捉态。若计算结果小于 N,则等待接收到下一个码元后再计算,直到自相关函数值等于同步码组的长度 N 时,就认为捕捉到了同步,并将系统从捕捉态转换为保持态。此后,继续考察后面的同步位置上接收码组是否仍然具有等于 N 的自相关值。当系统失去同步时,自相关值立即下降。但是自相关值下降并不等于一定是失步,因为噪声也可能引起自相关值下降。所以为了保护同步状态不易被噪声等干扰打断,在保持状态时要降低对自相关值的要求,即规定一个小于 N 的值,例如$(N-2)$,只有所考察的自相关值小于$(N-2)$时才判定系统失步。于是系统转入捕捉态,从新捕捉同步码组。按照这一原理计算的流程图(Flow Chart)示于图 12-12 中。

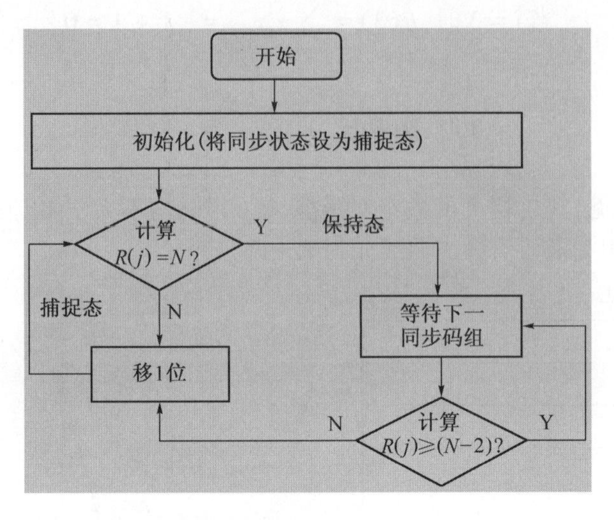

图 12-12 集中插入法群同步码检测流程

12.4.3 分散插入法

分散插入法又称间隔式插入法,如图 12-10(b)所示。通常,分散插入法的群同步码都很短。例如,在数字电话系统中常采用"10"交替码,即在图 12-10(b)所示的同步码元位置上轮流发送二进制数字"1"和"0"。这种有规律的周期性地出现的"10"交替码,在信息码元序列中极少可能出现。因此在接收端有可能将同步码的位置检测出来。

在接收端,为了找到群同步码的位置,需要按照其出现周期搜索若干个周期。若在规定数目的搜索周期内,在同步码的位置上,都满足"1"和"0"交替出现的规律,则认为该位置就是群同步码元的位置。至于具体的搜索方法,由于计算技术的发展,目前多采用软件的方法,不再采用硬件逻辑电路实现。软件搜索方法大体有如下两种。

第一种是移位搜索法。在这种方法中系统开始处于捕捉态时,对接收码元逐个考察,若考察第一个接收码元就发现它符合群同步码元的要求,则暂时假定它就是群同步码元;在等待一个周期后,再考察下一个预期位置上的码元是否还符合要求。若连续 n 个周期都符合要求,就认为捕捉到了群同步码;这里 n 是预先设定的一个值。若第一个接收码元不符合要求或在 n 个周期内出现一次被考察的码元不符合要求,则推迟一位考察下一个接收码元,直至找到符合要求的码元并保持连续 n 个周期都符合为止;这时捕捉态转为保持态。在保持态,同步电路仍然要不断考察同步码是否正确,但是为了防止考察时因噪声偶然发生一次错误而导致错认为失去同步,一般可以规定在连续 n 个周期内发生 m 次($m<n$)考察错误才认为是失去同步。这种措施称为同步保护(Synchronize Protection)。在图 12-13 中画出了上述方法的流程图。

第二种方法称为存储检测法。在这种方法中先将接收码元序列存在计算机的 RAM 中,再进行检验。图 12-14 为存储检测法示意图,它按先进先出(FIFO)的原理工作。图中画出的存储容量为 40bit,相当于 5 帧信息码元长度,每帧长 8bit,其中包括 1bit 同步码。在每个方格中,上部阴影区内的数字是码元的编号,下部的数字是码元的取值"1"或"0",而"x"代表任意值。编号为"01"的码元最先进入 RAM,编号"40"的码元为当前进入

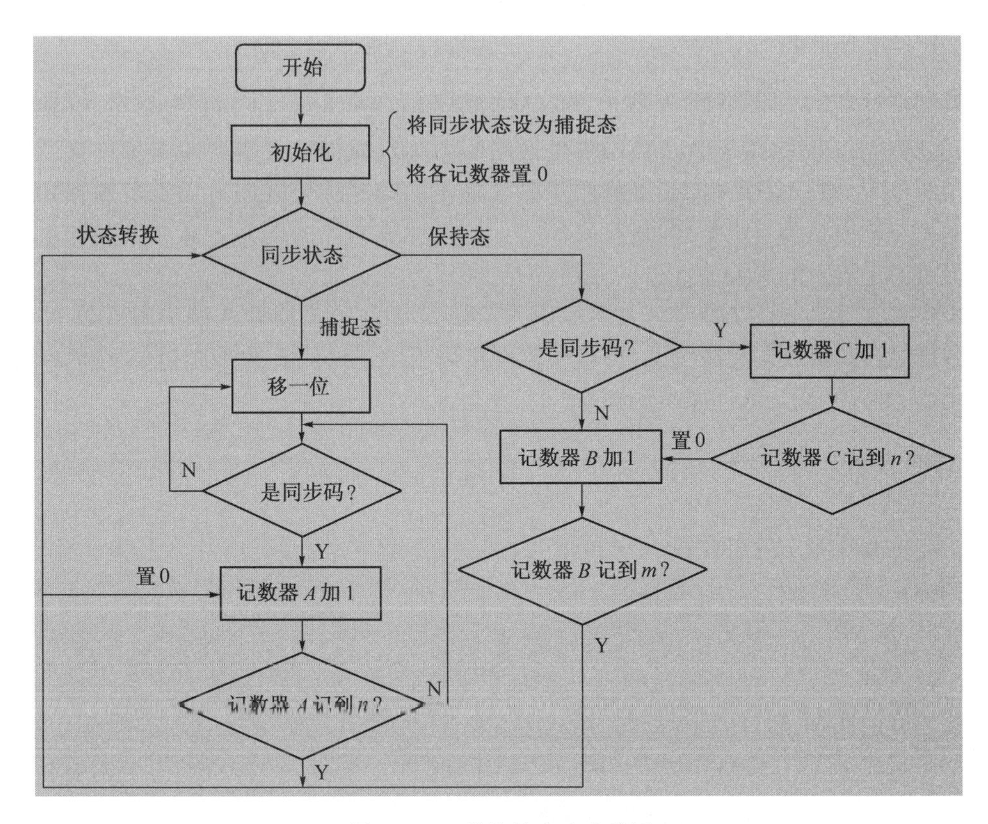

图 12-13　移位搜索法流程图

33	34	35	36	37	38	39	40
x	x	x	x	x	x	x	0
25	26	27	28	29	30	31	32
x	x	x	x	x	x	x	1
17	18	19	20	21	22	23	24
x	x	x	x	x	x	x	0
09	10	11	12	13	14	15	16
x	x	x	x	x	x	x	1
01	02	03	04	05	06	07	08
x	x	x	x	x	x	x	0

新码元进入
检验是否“1”和“0”交替
老码元输出

图 12-14　存储检测法示意图

RAM 的码元。每当进入 1 码元时,立即检验最右列存储位置中的码元是否符合同步序列的规律(例如,“10”交替)。按照图示,相当只连续检验了 5 个周期。若它们都符合同步序列的规律,则判定新进入的码元为同步码元。若不完全符合,则在下一个比特进入时继续检验。实际应用的方案中,这种方案需要连续检验的帧数和时间可能较长。例如在单路数字电话系统中,每帧长度可能有 50 多比特,而检验帧数可能有数十帧。这种方法也需要加用同步保护措施。它的原理与第一种方法中的类似,这里不再重复。

12.4.4 群同步性能

群同步性能的主要指标有两个,即假同步(false synchronization)概率 P_f 和漏同步(miss synchronization)概率 P_l。假同步是指同步系统当捕捉时将错误的同步位置当作正确的同步位置捕捉到;而漏同步是指同步系统将正确的同步位置漏过而没有捕捉到。漏同步的主要原因是噪声的影响,使正确的同步码元变成错误的码元。而产生假同步的主要原因是由于噪声的影响使信息码元错成同步码元。

现在先来计算漏同步概率。设接收码元错误概率为 p,需检验的同步码元数为 n,检验时容许错误的最大码元数为 m,即被检验同步码组中错误码元数不超过 m 时仍判定为同步码组,则未漏判定为同步码的概率

$$P_u = \sum_{r=0}^{m} C_n^r p^r (1-p)^{n-r} \qquad (12.4-4)$$

式中: C_n^r 为 n 中取 r 的组合数。

所以,漏同步概率

$$P_l = 1 - \sum_{r=0}^{m} C_n^r p^r (1-p)^{n-r} \qquad (12.4-5)$$

当不允许有错误时,即设定 $m=0$ 时,则式(12.4-5)变为

$$P_l = 1 - (1-p)^n \qquad (12.4-6)$$

这就是不允许有错同步码时漏同步的概率。

现在来分析假同步概率。这时,假设信息码元是等概率的,即其中"1"和"0"的先验概率相等,并且假设假同步完全是由于某个信息码组被误认为是同步码组造成的。同步码组长度为 n,所以 n 位的信息码组有 2^n 种排列。它被错当成同步码组的概率和容许错误码元数 m 有关。若不容许有错码,即 $m=0$,则只有一种可能,即信息码组中的每个码元恰好都和同步码元相同。若 $m=1$,则有 C_n^1 种可能将信息码组误认为是同步码组。因此假同步的总概率为

$$P_f = \frac{\sum_{r=0}^{m} C_n^r}{2^n} \qquad (12.4-7)$$

式中: 2^n 是全部可能出现的信息码组数。

比较式(12.4-5)和式(12.4-7)可见,当判定条件放宽时,即 m 增大时,漏同步概率减小,但假同步概率增大。所以,两者是矛盾的。设计时需折中考虑。

除了上述两个指标外,对于群同步的要求还有平均建立时间。所谓建立时间是指从在捕捉态开始捕捉转变到保持态所需的时间。显然,平均建立时间越快越好。按照不同的群同步方法,此时间不难计算出来。现以集中插入法为例进行计算。假设漏同步和假同步都不发生,则由于在一个群同步周期内一定会有一次同步码组出现。所以按照图12-12的流程捕捉同步码组时,最长需要等待一个周期的时间,最短则不需等待,立即捕到。平均而言,需要等待半个周期的时间。设 N 为每群的码元数目,其中群同步码元数目为 n,T 为码元持续时间,则一群的时间为 NT,它就是捕捉到同步码组需要的最长时间;

而平均捕捉时间为 $NT/2$。若考虑到出现一次漏同步或假同步大约需要多用 NT 的时间才能捕获到同步码组,故这时的群同步平均建立时间约为

$$t_e \approx NT(1/2 + P_f + P_l) \tag{12.4-8}$$

12.4.5 起止式同步

除了上述两种插入同步码组的方法外,在早期的数字通信中还有一种同步法,称为起止式同步(start stop synchronization)法。它主要适用于电传打字机(teletypewriter)中。在电传打字机中一个字符可以是由 5 个二进制码元组成的,每个码元的长度相等。由于是手工操作,键盘输入的每个字符之间的时间间隔不等。所以,在无字符输入时,令电传打字机的输出电压一直处于高电平状态。在有一个字符输入时,在 5 个信息码元之前加入一个低电平的"起脉冲",其宽度为一个码元的宽度 T,如图 12-15 所示。为了保持字符间的间隔,又规定在"起脉冲"前的高电平宽度至少为 $1.5T$,并称它为"止脉冲"。所以通常将起止式同步的一个字符的长度定义为 $7.5T$。在手工操作输入字符时,"止脉冲"的长度是随机的,但是至少为 $1.5T$。

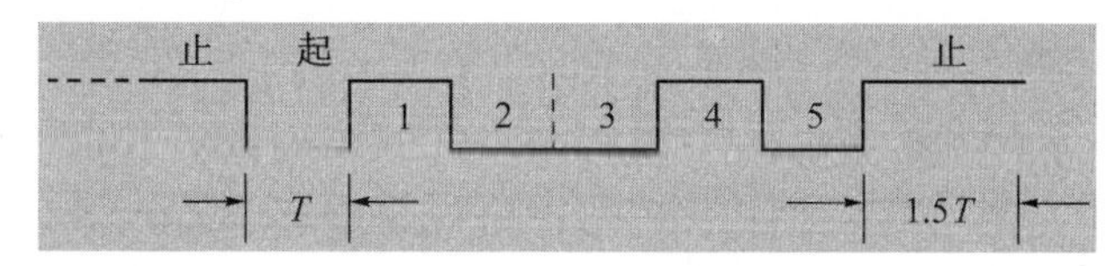

图 12-15 起止式同步法

由于每个字符的长度很短,所以本地时钟不需要很精确就能在这 5 个码元的周期内保持足够的准确。起止式同步的码组中,字符的数目不必须是 5 个,例如也可能采用 7 位的 ASCⅡ码。

起止式同步有时也称为异步式(asynchronous)通信,因为在其输出码元序列中码元的间隔不等。

在上述码速调整法中,虽然没有使全网的时钟统一,但是用码速调整的方法也能够解决网同步的问题。这种方法所付出的代价是码速的额外开销。

12.5 小 结

本章讨论同步问题。通信系统中的同步包括载波同步、码元同步和群同步。

载波同步的目的是使接收端产生的本地载波和接收信号的载波同频同相。一般说来,对于不包含载频分量的接收信号,或采用相干解调法接收时,才需要解决载波同步问题。载波同步的方法可以分为有辅助导频和无辅助导频的载频提取法两大类。一般说来,后者使用较多。常用的无辅助导频提取法有平方环法和科斯塔斯环法。平方环法的主要优点是电路实现较简单;科斯塔斯环法的主要优点是不需要平方电路,因而电路的工作频率较低。无论哪种方法,都存在相位模糊问题。在提取载频电路中的窄带滤波器的带宽对于同步性能有很大影响。恒定相位误差和随机相位误差对于带宽的要求是矛盾的。同步建立时间和保持时间对于带宽的要求也是矛盾的。因此必须折中选用此滤波器

的带宽。

码元同步的目的是使每个码元得到最佳的解调和判决。码元同步可以分为外同步法和自同步法两大类。一般而言,自同步法应用较多,外同步法需要另外专门传输码元同步信息,自同步法则是从信号码元中提取其包含的码元同步信息。自同步法又可以分为两种,即开环码元同步法和闭环同步法。开环法采用对输入码元作某种变换的方法提取码元同步信息;闭环法则用比较本地时钟和输入信号的方法,将本地时钟锁定在输入信号上。闭环法更为准确,但是也更为复杂。码元同步不准确将引起误码率增大。

群同步的目的是能够正确地将接收码元分组,使接收信息能够被正确理解。群同步方法分为两类:第一类是在发送端利用特殊的编码方法使码组本身自带分组信息;第二类是在发送码元序列中插入用于群同步的群同步码。一般而言,大多采用第二类方法。群同步码的插入方法又有两种:一种是集中插入群同步码组;另一种是分散插入群同步序列。前者集中插入巴克码一类专门作群同步用的码组,它适用于要求快速建立同步的地方,或间断传输信息并且每次传输时间很短的场合。后者分散插入简单的周期性序列作为群同步码,它需要较长的同步建立时间,适用于连续传输信号之处,例如数字电话系统中。为了建立正确的群同步,无论用哪种方法,接收端的同步电路都有两种状态:捕捉态和保持态。在捕捉态时,确认搜索到群同步码的条件必须规定得很高,以防发生假同步;在保持态时,为了防止因为噪声引起的个别错误导致认为失去同步,应该降低判断同步的条件,以使系统稳定工作。除了上述两种方法外,还有一种同步法,称为起止式同步法,它也可以看作是一种异步通信方式。群同步的主要性能指标是假同步概率和漏同步概率。这两者是矛盾的,在设计时需折中考虑。

思 考 题

12-1 何谓载波同步?为什么需要解决载波同步问题?

12-2 插入导频法载波同步有什么优缺点?

12-3 哪些类信号频谱中没有离散载频分量?

12-4 能否从没有离散载频分量的信号中提取出载频?若能,试从物理概念上作解释。

12-5 试对 QPSK 信号,画出用平方环法提取载波的原理方框图。

12-6 什么是相位模糊问题?在用什么方法提取载波时会出现相位模糊?

12-7 解决相位模糊对于信号传输影响的主要途径是什么?

12-8 一个采用非相干解调的数字通信系统是否必须有载波同步和码元同步?

12-9 码元同步分为几类?

12-10 何谓外同步法?外同步法有何优缺点?

12-11 何谓自同步法?自同步法又分为几种?

12-12 开环法码元同步有何优缺点?试从物理概念上解释信噪比对其性能的影响。

12-13 闭环法码元同步有何优缺点?

12-14 何谓群同步?群同步有几种方法?

12-15　何谓起止式同步？它有何优缺点？

12-16　试比较集中插入法和分散插入法的优缺点。

12-17　试述巴克码的定义。

12-18　为什么要用巴克码作为群同步码？

12-19　群同步有哪些主要性能指标？

习　　题

12-1　设载波同步相位误差 $\theta=10°$，信噪比 $r=10\text{dB}$，试求此时 2PSK 信号的误码率。

12-2　试写出存在载波同步相位误差条件下的 2DPSK 信号误码率公式。

12-3　设接收信号的信噪比等于 20dB，要求码元同步误差不大于 0.5%，试问采用开环码元同步法时应该如何设计窄带滤波器的带宽才能满足上述要求？

12-4　设一 5 位巴克码序列的前后都是“-1”码元，试画出其自相关函数曲线。

12-5　设用一个 7 位巴克码作为群同步码，接收误码率为 10^{-4}，试分别求出容许错码数为 0 和 1 时的漏同步概率。

12-6　在上题条件下，试分别求出其假同步概率。

12-7　设一个二进制通信系统传输信息的速率为 100b/s，信息码元的先验概率相等，要求假同步每年至多发生一次，试问其群同步码组的长度最小应设计为多少？若信道误码率为 10^{-5}，试问此系统的漏同步概率等于多少？

12-8　设一条通信链路工作在标称频率 10GHz，它每天只有很短的时间工作一次。其中的接收机锁相环捕捉范围为 ±1kHz。若发射机和接收机的频率源相同，试问应选用哪种参考频率源？

参考文献

[1]　Barker R H. Group Synchronization of Binary Digital Systems. In: W. Jackson, ed., Communication Theory. New York: Academic Press, Inc., 1953.

[2]　Willard M W. Optimum Code Patterns for PCM Synchronization. Proc. Natl. Telecom. Conf., 1962, paper 5-5.

[3]　Wu W W. Elements of Digital Satellite Communications. Vol. 1, Rockville, MD: Computer Science Press, Inc., 1984.

附录A 误差函数值表

$$\operatorname{erf}(x)=\frac{2}{\sqrt{\pi}}\int_0^x e^{-z^2}dz$$

x	0	1	2	3	4	5	6	7	8	9
1.00	0.84270	84312	84353	84394	84435	84477	84518	84559	84600	84640
1.01	0.84681	84722	84762	84803	84843	84883	84924	84964	85004	85044
1.02	0.85084	85124	85163	85203	85243	85282	85322	85361	85400	85439
1.03	0.85478	85517	85556	85595	85634	85673	85711	85750	85788	85827
1.04	0.85865	85903	85941	85979	86017	86055	86093	86131	86169	86206
1.05	0.86244	86281	86318	86356	86393	86430	86467	86504	86541	86578
1.06	0.86614	86651	86688	86724	86760	86797	86833	86869	86905	86941
1.07	0.86977	87013	87049	87085	87120	87156	87191	87227	87262	87297
1.08	0.87333	87368	87403	87438	87473	87507	87542	87577	87611	87646
1.09	0.87680	87715	87749	87783	87817	87851	87885	87919	87953	87987
1.10	0.88021	88054	88088	88121	88155	88188	88221	88254	88287	88320
1.11	0.88353	88386	88419	88452	88484	88517	88549	88582	88614	88647
1.12	0.88679	88711	88743	88775	88807	88839	88871	88902	88934	88966
1.13	0.88997	89029	89060	89091	89122	89154	89185	89216	89247	89277
1.14	0.89308	89339	89370	89400	89431	89461	89492	89552	89552	89582
1.15	0.89612	89642	89672	89702	89732	89762	89792	89821	89851	89880
1.16	0.89910	89939	89968	89997	90027	90056	90085	90114	90142	90171
1.17	0.90200	90229	90257	90286	90314	90343	90371	90399	90428	90456
1.18	0.90484	90512	90540	90568	90595	90623	90651	90678	90706	90733
1.19	0.90761	90788	90815	90843	90870	90897	90924	90951	90978	91005
1.20	0.91031	91058	91085	91111	91138	91164	91191	91217	91243	91269
1.21	0.91296	91322	91348	91374	91399	91425	91451	91477	91502	91528
1.22	0.91553	91579	91604	91630	91655	91680	91705	91730	91755	91780
1.23	0.91805	91830	91855	91879	91904	91929	91953	91978	92002	92026
1.24	0.92051	92075	92099	92123	92147	92171	92195	92219	92243	92266
1.25	0.92290	92314	92337	92361	92384	92408	92431	92454	92477	92500
1.26	0.92524	92547	92570	92593	92615	92638	92661	92684	92706	92729
1.27	0.92751	92774	92796	92819	92841	92863	92885	92907	92929	92951
1.28	0.92973	92995	93017	93039	93061	93082	93104	93126	93147	93168
1.29	0.93190	93211	93232	93254	93275	93296	93317	93338	93359	93380
1.30	0.93401	93422	93442	93463	93484	93504	93525	93545	93566	93586
1.31	0.93606	93627	93647	93667	93687	93707	93727	93747	93767	93787
1.32	0.93807	93826	93846	93866	93885	93905	93924	93944	93963	93982
1.33	0.94002	94021	94040	94059	94078	94097	94116	94135	94154	94173
1.34	0.94191	94210	94229	94247	94266	94284	94303	94321	94340	94358
1.35	0.94376	94394	94413	94431	94449	94467	94485	94503	94521	94538
1.36	0.94556	94574	94592	94609	94627	94644	94662	94679	94697	94714
1.37	0.94731	94748	94766	94783	94800	94817	94834	94851	94868	94885
1.38	0.94902	94918	94935	94952	94968	94985	95002	95018	95035	95051
1.39	0.95067	95084	95100	95116	95132	95148	95165	95181	95197	95213
1.40	0.95229	95244	95260	95276	95292	95307	95323	95339	95354	95370
1.41	0.95385	95401	95416	95431	95447	95462	95477	95492	95507	95523
1.42	0.95538	95553	95568	95582	95597	95612	95627	95642	95656	95671
1.43	0.95686	95700	95715	95729	95744	95758	95773	95787	95801	95815
1.44	0.95830	95844	95858	95872	95886	95900	95914	95928	95942	95956
1.45	0.95970	95983	95997	96011	96024	96038	96051	96063	96078	96092
1.46	0.96105	96119	96132	96145	96159	96172	96185	96198	96211	96224
1.47	0.96237	96250	96263	96276	96289	96302	96315	96327	96340	96353
1.48	0.96365	96378	96391	96403	96416	96428	96440	96453	96465	96478
1.49	0.96490	96502	96514	96526	96539	96551	96563	96575	96587	96599

（续）

x	0	2	4	6	8	x	0	2	4	6	8
1.50	0.96611	96634	96658	96681	96705	2.00	0.99532	99536	99540	99544	99548
1.51	0.96728	96751	96774	96796	96819	2.01	0.99552	99556	99560	99564	99568
1.52	0.96841	96864	96886	96908	96930	2.02	0.99572	99576	99580	99583	99587
1.53	0.96952	96973	96995	97016	97037	2.03	0.99591	99594	99598	99601	99605
1.54	0.97059	97080	97100	97121	97142	2.04	0.99609	99612	99616	99619	99622
1.55	0.97162	97183	97203	97223	97243	2.05	0.99626	99629	99633	99636	99639
1.56	0.97263	97283	97302	97322	97341	2.06	0.99642	99646	99649	99652	99655
1.57	0.97360	97379	97398	97417	97436	2.07	0.99658	99661	99664	99667	99670
1.58	0.97455	97473	97492	97510	97528	2.08	0.99673	99676	99679	99682	99685
1.59	0.97546	97564	97582	97600	97617	2.09	0.99688	99691	99694	99697	99699
1.60	0.97635	97652	97670	97687	97704	2.10	0.99702	99705	99707	99710	99713
1.61	0.97721	97738	97754	97771	97787	2.11	0.99715	99718	99721	99723	99726
1.62	0.97804	97820	97836	97852	97868	2.12	0.99728	99731	99733	99736	99738
1.63	0.97884	97900	97916	97931	97947	2.13	0.99741	99743	99745	99748	99750
1.64	0.97962	97977	97993	98008	98023	2.14	0.99753	99755	99757	99759	99762
1.65	0.98038	98052	98067	98082	98096	2.15	0.99764	99766	99768	99770	99773
1.66	0.98110	98125	98139	98153	98167	2.16	0.99775	99777	99779	99781	99783
1.67	0.98181	98195	98209	98222	98236	2.17	0.99785	99787	99789	99791	99793
1.68	0.98249	98263	98276	98289	98302	2.18	0.99795	99797	99799	99801	99803
1.69	0.98315	98328	98341	98354	98366	2.19	0.99805	99806	99808	99810	99812
1.70	0.98379	98392	98404	98416	98429	2.20	0.99814	99815	99817	99819	99821
1.71	0.98441	98453	98465	98477	98489	2.21	0.99822	99824	99826	99827	99829
1.72	0.98500	98512	98524	98535	98546	2.22	0.99831	99832	99834	99836	99837
1.73	0.98558	98569	98580	98591	98602	2.23	0.99839	99840	99842	99843	99845
1.74	0.98613	98624	98635	98646	98657	2.24	0.99846	99848	99849	99851	99852
1.75	0.98667	98678	98688	98699	98709	2.25	0.99854	99855	99857	99858	99859
1.76	0.98719	98729	98739	98749	98759	2.26	0.99861	99862	99863	99865	99866
1.77	0.98769	98779	98789	98798	98808	2.27	0.99867	99869	99870	99871	99873
1.78	0.98817	98827	98836	98846	98855	2.28	0.99874	99875	99876	99877	99879
1.79	0.98864	98873	98882	98891	98900	2.29	0.99880	99881	99882	99883	99885
1.80	0.98909	98918	98927	98935	98944	2.30	0.99886	99887	99888	99889	99890
1.81	0.98952	98961	98969	98978	98986	2.31	0.99891	99892	99893	99894	99896
1.82	0.98994	99003	99011	99019	99027	2.32	0.99897	99898	99899	99900	99901
1.83	0.99035	99043	99050	99058	99066	2.33	0.99902	99903	99904	99905	99906
1.84	0.99074	99081	99089	99096	99104	2.34	0.99906	99907	99908	99909	99910
1.85	0.99111	99118	99126	99133	99140	2.35	0.99911	99912	99913	99914	99915
1.86	0.99147	99154	99161	99168	99175	2.36	0.99915	99916	99917	99918	99919
1.87	0.99182	99189	99196	99202	99209	2.37	0.99920	99920	99921	99922	99923
1.88	0.99216	99222	99229	99235	99242	2.38	0.99924	99924	99925	99926	99927
1.89	0.99248	99254	99261	99267	99273	2.39	0.99928	99928	99929	99930	99930
1.90	0.99279	99285	99291	99297	99303	2.40	0.99931	99932	99933	99933	99934
1.91	0.99309	99315	99321	99326	99332	2.41	0.99935	99935	99936	99937	99937
1.92	0.99338	99343	99349	99355	99360	2.42	0.99938	99939	99939	99940	99940
1.93	0.99366	99371	99376	99382	99387	2.43	0.99941	99942	99942	99943	99943
1.94	0.99392	99397	99403	99408	99413	2.44	0.99944	99945	99945	99946	99946
1.95	0.99418	99423	99428	99433	99438	2.45	0.99947	99947	99948	99949	99949
1.96	0.99443	99447	99452	99457	99462	2.46	0.99950	99950	99951	99951	99952
1.97	0.99466	99471	99476	99480	99485	2.47	0.99952	99953	99953	99954	99954
1.98	0.99489	99494	99498	99502	99507	2.48	0.99955	99955	99956	99956	99957
1.99	0.99511	99515	99520	99524	99528	2.49	0.99957	99958	99958	99958	99959
2.00	0.99532	99536	99540	99544	99548	2.50	0.99959	99960	99960	99961	99961

x	0	1	2	3	4	5	6	7	8	9
2.5	0.99959	99961	99963	99965	99967	99969	99971	99972	99974	99975
2.6	0.99976	99978	99979	99980	99981	99982	99983	99984	99985	99986
2.7	0.99987	99987	99988	99989	99989	99990	99991	99991	99992	99992
2.8	0.99992	99993	99993	99994	99994	99994	99995	99995	99995	99996
2.9	0.99996	99996	99996	99997	99997	99997	99997	99997	99997	99998
3.0	0.99998	99998	99998	99998	99998	99998	99998	99998	99998	99999

附录 B 贝塞尔函数值表

$J_n(\beta)$

n \ β	0.5	1	2	3	4	6	8	10	12
0	0.9385	0.7652	0.2239	−0.2601	−0.3971	0.1506	0.1717	−0.2459	0.0477
1	0.2423	0.4401	0.5767	0.3391	−0.0660	−0.2767	0.2346	0.0435	−0.2234
2	0.0306	0.1149	0.3528	0.4861	0.3641	−0.2429	−0.1130	0.2546	−0.0849
3	0.0026	0.0196	0.1289	0.3091	0.4302	0.1148	−0.2911	0.0584	0.1951
4	0.0002	0.0025	0.0340	0.1320	0.2811	0.3576	−0.1054	−0.2196	0.1825
5	—	0.0002	0.0070	0.0430	0.1321	0.3621	0.1858	−0.2341	−0.0735
6		—	0.0012	0.0114	0.0491	0.2458	0.3376	−0.0145	−0.2437
7			0.0002	0.0025	0.0152	0.1296	0.3206	0.2167	−0.7103
8			—	0.0005	0.0040	0.0565	0.2235	0.3179	0.0451
9				0.0001	0.0009	0.0212	0.1263	0.2919	0.2304
10				—	0.0002	0.0070	0.0608	0.2075	0.3005
11					—	0.0020	0.0256	0.1231	0.2704
12						0.0005	0.0096	0.0634	0.1953
13						0.0001	0.0033	0.0290	0.1201
14						—	0.0010	0.0120	0.0650

附录 C 伽罗华域 $GF(2^m)$

若有有限个符号,其数目是一个素数的幂,并且定义有加法和乘法,则称这个有限符号的域为有限域。若有限域中的符号数目为 2^m,则称此有限域为伽罗华域,记为 $GF(2^m)$。例如,若仅有两个符号"0"和"1",以及它们如下的加法和乘法定义:

加法:$0+0=0,0+1=1,1+0=1,1+1=0$ (即模 2 加法)

乘法:$0 \cdot 0=0,0 \cdot 1=0,1 \cdot 0=0,1 \cdot 1=1$ (即模 2 乘法)

则称其为 GF(2),又称二元域。

下面,先从二元域和一个 m 次多项式 $p(x)$ 开始。设 α 是方程式 $p(x)=0$ 的根,即设 $p(\alpha)=0$。若适当地选择 $p(x)$,使得 α 的各次幂,直到 2^m-2 次幂,都不相同,并且 $\alpha^{2^m-1}=1$。这样,$0,1,\alpha,\alpha^2,\cdots,\alpha^{2^m-1}$ 就构成 $GF(2^m)$ 的所有元素,域中的每个元素还可以用元素 $1,\alpha,\alpha^2,\cdots,\alpha^{m-1}$ 的和来表示。例如,$m=4$ 和 $p(x)=x^4+x+1$,则可以得到 $GF(2^4)$ 中的所有元素,如表 I-1 所列。

表 I-1 $GF(2^4)$ 中的所有元素

0	$\alpha^7=\alpha(\alpha^3+\alpha^2)=\alpha^4+\alpha^3=\alpha^3+\alpha+1$
1	$\alpha^8=\alpha(\alpha^3+\alpha+1)=\alpha^4+\alpha^2+\alpha=\alpha^2+1$
α	$\alpha^9=\alpha(\alpha^2+1)=\alpha^3+\alpha$
α^2	$\alpha^{10}=\alpha(\alpha^3+\alpha)=\alpha^4+\alpha^2=\alpha^2+\alpha+1$
α^3	$\alpha^{11}=\alpha(\alpha^2+\alpha+1)=\alpha^3+\alpha^2+\alpha$
$\alpha^4=\alpha+1$	$\alpha^{12}=\alpha(\alpha^3+\alpha^2+\alpha)=\alpha^4+\alpha^3+\alpha^2=\alpha^3+\alpha^2+\alpha+1$
$\alpha^5=\alpha(\alpha+1)$	$\alpha^{13}=\alpha(\alpha^3+\alpha^2+\alpha+1)=\alpha^4+\alpha^3+\alpha^2+\alpha=\alpha^3+\alpha^2+1$
$\alpha^6=\alpha(\alpha^2+\alpha)=\alpha^3+\alpha^2$	$\alpha^{14}=\alpha^4+\alpha^3+\alpha=\alpha^3+1$

这时,$p(\alpha)=\alpha^4+\alpha+1=0$,或 $\alpha^4=\alpha+1$。表中的 $2^4=16$ 个元素都不相同,而且有 $\alpha^{15}=\alpha(\alpha^3+1)=\alpha^4+\alpha=1$。$GF(2^m)$ 中的元素 α 称为本原元。一般说来,若 $GF(2^m)$ 中任意一个元素的幂能够生成 $GF(2^m)$ 的全部非零元素,则称它为本原元。例如,α^4 是 $GF(2^4)$ 的本原元。

附录 D　英文缩写名词对照表

缩写名词	英文全称	中文译名
AAL	ATM adaptation layer	ATM 适配层
ACK	Acknowledge	确认
A/D	Analog/Digital	数/模
ADPCM	Adaptive DPCM	自适应差分脉(冲编)码调制
ADSL	Asymmetric Digital Subscribers Loop	非对称数字用户环路
AM	Amplitude Modulation	振幅调制(调幅)
AMI	Alternative Mark Inverse	传号交替反转
ARQ	Automatic Repeat reQuest	自动要求重发
ASCII	American Standard Code for Information Interchange	美国标准信息交换码
ASK	Amplitude Shift Keying	振幅键控
ASIC	Application Specific Integraded Circuit	专用集成电路
ATM	Asynchronous Transfer Mode	异步传递方式
AU	Administration Unit	管理单元
AUG	Administration Unit Group	管理单元群
B-ISDN	Broadband ISDN	宽带综合业务数字网
BPF	Bandpass Filter	带通滤波器
BRAN	Broadband Radio Access Network	宽带射频接入网
BRI	Basic Rate Interface	基本速率接口
C	Container	容器
CAS	Channel Associated Signaling	随路信令
CCIR	International Consultive Committee for Radiotelecommunication	国际无线电咨询委员会
CCITT	International Consultive Committee for Telegraph and Telephone	国际电报电话咨询委员会
CCS	Common Channel Signaling	共路信令
CDM	Code Division Multiplexing	码分复用
CDMA	Code Division Mulitple Access	码分多址
CLP	Cell Lose Priority	信元丢失优先等级
CMI	Coded Mark Inversion	传号反转
CRC	Cyclic Redundancy Check	循环冗余校验
CSMA/CD	Carrier Sense Multiple Access/Collision Detection	载波侦听/冲突检测
DAMA	Demand Assignment Multiple Address	按需分配多址
DC	Direct Current	直流

DES	Data Encryption Standard	数据加密标准
DFT	Discrete Fourier Transform	离散傅里叶变换
DM	Delta Modulation	增量调制
DPCM	Differential PCM	差分脉(冲编)码调制
DPSK	Differential PSK	差分相移键控
DSB	Double Side Band	双边带
DSSS	Direct-Sequence Spread Spectrum	直接序列扩谱
DTMF	Dual Tone Multiple Frequency	双音多频
DVB	Digital Video Broadcasting	数字视频广播
EDGE	Enhanced Data Rates for GSM Evolution	提高 GSM 数据率的改进方案
EDI	Electronic Data Interchange	电子数据交换
Erl	Erlang	爱尔兰
ETSI	European Telecommunications Standards Institute	欧洲电信标准协会
F	Frame	帧
FDD	Frequency Division Duplex	频分双工
FDM	Frequency Division Multiplexing	频分复用
FDMA	Frequency Division Multiple Access	频分多址
FEC	Forward Error Correction	前向纠错
Fed	Free Euclidean Distance	自由欧氏距离
FH	Frequency-Hopping	跳频
FIFO	First-In First-Out	先进先出
FIR	Finite Impulse Response	有限冲激响应
FSK	Frequency Shift Keying	频移键控
GFC	Generic Flow Control	一般流量控制
GPRS	General Packet Radio Services	通用分组无线业务
GMSK	Gaussian MSK	高斯最小频移键控
GSM	Global System for Mobile Communications	全球移动通信系统
HDB_3	3rd Order High Density Bipolar	3 阶高密度双极性
HDLC	High-level Data Link Control	高级数据链路控制
HDTV	High Definition Television	高清晰度电视
HEC	Header Error Control	信元头差错控制
HSCSD	High Speed Circuit Switched Data	高速电路交换数据
IC	Integrated Circuit	集成电路
IDFT	Inverse Discrete Fourier Transform	逆离散傅里叶变换
IEEE	Institute of Electrical and Electronics Engineers	电气和电子工程师学会
IIR	Infinite Impulse Response	无限冲激响应
ISDN	Integrated Services Digital Network	综合业务数字网
ISO	International Standards Organization	国际标准化组织
ITM	Information Transfer Mode	信息传递方式
ITU	International Telecommunications Union	国际电信联盟
ITU-T	ITU Telecommunication Standardization Sector	国际电信联盟电讯标准部

LAN	Local Area Network	局域网
LCM	Lowest Common Multiple	最小公倍数
LDPC	Low-Density Parity-Check	低密度奇偶校验
LED	Light-Emitting Diode	发光二极管
MAN	Metropolitan Area Network	城域网
MASK	M-ary Amplitude Shift Keying	多进制振幅键控
MCPC	Multiple Channel Per Carrier	每载波多路
MFSK	M-ary Frequency Shift Keying	多进制频移键控
MPSK	M-ary Phase Shift Keying	多进制相移键控
MSK	Minimum Shift Keying	最小频移键控
NAK	Negative Acknowledge	否认
NBFM	Narrow Band Frequency Modulation	窄带调频
NT	Network Termination	网络终端
N-ISDN	Narrowband ISDN	窄带综合业务数字网
NNI	Network Node Interface	网络节点接口
NRZ	Non Return-to-zero	不归零
OFDM	Orthogonal Frequency Division Multiplexing	正交频分复用
OOK	On Off Keying	通—断键控
OQPSK	Offset Quadrature Phase Shift Keying	偏置正交相移键控
OSI	Open Systems Interconnection	开放系统互连
PCM	Pulse Code Modulation	脉(冲编)码调制
PAM	Pulse Amplitude Modulation	脉冲振幅调制
PAN	Personal Area Network	个(人区)域网
PDH	Plesiochronous Digital Hierarchy	准同步数字体系
PDM	Pulse Duration Modulation	脉冲宽度调制
PDN	Public Data Network	公共数据网
PDU	Protocol Data Unit	协议数据单元
PIX	Pixel	像素
PLL	Phase-Locked Loop	锁相环
PN	Pseudo Noise	伪噪声
PPM	Pulse Position Modulation	脉冲位置调制
PRI	Primary Rate Interface	基群速率接口
PSK	Phase Shift Keying	相移键控
PSTN	Public Switch Telephone Network	公共交换电话网
PT	Payload Type	有用负荷类型
QAM	Quadrature Amplitude Modulation	正交振幅调制
QDPSK	Quadrature DPSK	正交差分相移键控
QPSK	Quadrature Phase Shift Keying	正交相移键控
RAM	Random Access Memory	随机存取存储器
RLAN	Radio LAN	无线局域网
ROM	Read-Only Memory	只读存储器
RPE-LTP	Regular Pulse Excitation with Long-Term Prediction	规则脉冲激励长时预测
RSCC	Recursive Systematic Convolution Code	递归系统卷积码

RZ	Return-to-Zero	归零
SDH	Synchronous Digital Hierarchy	同步数字体系
SHF	Super High Frequency	超高频
SOC	System On Chip	单片系统
SOH	Section OverHead	段开销
SONET	Synchrous Optical Network	同步光纤网络
SPADE	Single-channel-per-carrier PCM multiple Access Demand assignment Equipment	每载波单路 PCM 多址按需分配设备
SSB	Single Side Band	单边带
STM	Synchronous Transport Module	同步传送模块
STM	Synchronous Transfer Mode	同步传递方式
TCM	Trellis Coded Modulation	网格编码调制
TDM	Time Division Multiplexing	时分复用
TDMA	Time Division Multiple Access	时分多址
TE	Terminal Equipment	用户终端设备
TS	Time Slot	时隙
TU	Tributary Unit	支路单元
TUG	Tributary Unit Group	支路单元群
UHF	Ultra High Frequency	特高频
UNI	User-Network Interface	用户—网络接口
VAN	Value-added Network	增值网
VC	Virtual Channel	虚信道
VC	Virtual Container	虚容器
VCC	Virtual Channel Connection	虚信道连接
VCI	Virtual Channel Identifier	虚信道标识符
VCO	Voltage Controlled Oscillator	压控振荡器
VP	Virtual Path	虚路径
VPC	Virtual Path Connection	虚路径连接
VPI	Virtual Path Identifier	虚路径标识符
VPN	Virtual Private Network	虚拟专用网
VSB	Vestigial Side Band	残留边带
WAN	Wide Area Network	广域网
WBFM	Wide Band Frequency Modulation	宽带调频
WDM	Wave Division Multiplexing	波分复用
WLAN	Wireless Local Area Network	无线局域网
WPAN	Wireless Personal Area Network	无线个域网
WRC	World Radiocommunication Conference	世界无线电通信大会
WWAN	Wireless Wide Area Network	无线广域网

附录 E　部分习题答案

第 1 章

1-1　3.25b，8.97b

1-2　2.23b/符号

1-3　1.75b 符号

1-4　(1) 200b/s；(2) 198.5b/s

1-5　(1) 0.415b，2b；(2) 0.811b/符号

1-6　6.405×10^3 b/s

1-7　(1) 2400b/s；(2) 9600b/s

1-8　8.028Mb，8.352Mb

1-9　2000B，2000b/s，2000B，4000b/s

1-10　$P_e = 10^{-4}$

第 2 章

2-1　$P(f) = \delta(f-f_0) + \delta(f+f_0)$

2-2　能量谱密度为：

$$|S(f)|^2 = 4/(1+4\pi^2 f^2)$$

2-3　$R(\tau) = \dfrac{A^2}{2}\cos\left(\dfrac{2\pi\tau}{T_0}\right)$，$P = A^2/2$

2-4　$R_s(\tau) = 1 - |\tau| \quad -1 \leqslant \tau \leqslant 1$

2-5　$P_s(f) = \dfrac{k^2}{k^2 + 4\pi^2 f^2}$，　$P = k/2$

2-6　$P_s(f) = \pi \sum\limits_{n=-\infty}^{\infty} \mathrm{sinc}^2(\pi f)\delta\left(f - \dfrac{n}{T}\right)$

2-7　$P = (2/3)10^8$

第 3 章

3-1　$f(y) = \dfrac{1}{\sqrt{2\pi c^2}}\exp\left(-\dfrac{(y-d)^2}{2c^2}\right)$

3-2　$E_\xi(1) = 1$ 及 $R_\xi(0,1) = 2$

3-3　(1) $E[Y(t)] = 0$，$E[Y^2(t)] = \sigma^2$；

(2) $f(y) = \dfrac{1}{\sqrt{2\pi}\sigma}\exp\left(-\dfrac{y^2}{2\sigma^2}\right)$；

(3) $B(t_1,t_2) = R(t_1,t_2) = \sigma^2 \cdot \cos\omega_0\tau$

3-4　(1) $R_z(t_1,t_2) = R_x(\tau) \cdot R_y(\tau)$

(2) $R_z(t_1,t_2) = R_x(\tau) + R_y(\tau) + 2a_x a_y$

3-5　(1) $E[z(t)] = 0$，$R_z(t_1,t_2) = R_z(\tau)$，所以平稳

(2) $R_z(\tau) = \dfrac{1}{2}R_m(\tau) \cdot \cos\omega_0\tau$

(3) $S = R_z(0) = \dfrac{1}{2}$

3-6　(1) $P_n(f) = \dfrac{k^2}{k^2+\omega^2}$，

$N = R_n(0) = \dfrac{k}{2}$；(2) 略

3-7　(1) 略；

(2) $R_Y(\tau) = 2R_X(\tau) + R_X(\tau-T) + R_X(\tau+T)$

$P_Y(f) = 2(1+\cos\omega T)P_X(f)$

3-8　(1) $R_o(\tau) = n_0 B Sa(\pi B\tau)\cos 2\pi f_c\tau$

(2) $N_o = R_o(0) = n_0 B$

(3) $f(x) = \dfrac{1}{\sqrt{2\pi n_0 B}}\exp\left[-\dfrac{x^2}{2n_0 B}\right]$

3-9　(1) $P_o(\omega) = \dfrac{n_0}{2} \cdot \dfrac{1}{1+(\omega RC)^2}$，

$R_o(\tau) = \dfrac{n_0}{4RC}e^{-\frac{1}{RC}|\tau|}$

(2) $f(x) = \sqrt{\dfrac{4RC}{2\pi n_0}}\exp\left(-\dfrac{2RC}{n_0}x^2\right)$

3-10　(1) $R_o(\tau) = \dfrac{n_0 R}{4L}e^{-\frac{R}{L}|\tau|}$；

(2) $\sigma^2 = R_o(0) - R_o(\infty) = \dfrac{n_0 R}{4L}$

3-11　略

3-12　$P_{12}(\omega) = \int_{-\infty}^{\infty} h_1(\alpha)e^{j\omega\alpha}d\alpha \cdot \int_{-\infty}^{\infty} h_2(\beta)e^{-j\omega\beta}d\beta \cdot \int_{-\infty}^{+\infty} R_\eta(\tau')e^{-j\omega\tau'}d\tau' =$

$H_1^*(\omega)\cdot H_2(\omega)\cdot P_\eta(\omega)$

3-13 $R_x(\tau)\cos\omega_0\tau$

3-14 (1) $Y(t)$也平稳;

(2) $P_Y(f)=2\omega^2(1+\cos2\omega T)\cdot P_x(f)$

3-15 $P_x(\omega)=\pi\sum\limits_n \mathrm{Sa}^2\left(\frac{n\pi}{2}\right)\delta(\omega-n\pi)$

3-16 证明略

第4章

4-1 44.7km

4-2 5274km

4-3 583km

4-4 7.72μV

4-5 1.967b/符号

4-6 196.7b/s

4-7 1540s=25.67min

第5章

5-1 略

5-2 略

5-3 上边带信号:

$$S_{USB}(t)=\frac{1}{2}m(t)\cos\omega_c t-\frac{1}{2}\hat{m}(t)\sin\omega_c t=\frac{1}{2}\cos(12000\pi t)+\frac{1}{2}\cos(14000\pi t)$$

下边带信号:

$$S_{LSB}(t)=\frac{1}{2}m(t)\cos\omega_c t+\frac{1}{2}\hat{m}(t)\sin\omega_c t=\frac{1}{2}\cos(8000\pi t)+\frac{1}{2}\cos(6000\pi t)$$

5-4 $\frac{1}{2}m_0\cos20000\pi t+\frac{A}{2}[0.55\sin20100\pi t-0.45\sin19900\pi t+\sin(26000\pi t)]$(设原调幅波为$S_m(t)=[m_0+m(t)]\cos\omega_c t$, $m_0\geqslant|m(t)|_{\max}$)

5-5 $s(t)$是一个载频为$(\omega_2-\omega_2)$的上边带信号

5-6 $c_1(t)=\cos\omega_0 t$, $c_2(t)=\sin\omega_0 t$

5-7 (1) 中心频率为100kHz,

$B=2f_m=2\times5=10$kHz

(2) $\frac{S_i}{N_i}=1000$

(3) $\frac{S_o}{N_o}=2000$

(4) 略

5-8 (1) $S_i=\frac{1}{4}f_m\cdot n_m$

(2) $S_o=\frac{1}{8}f_m\cdot n_m$

(3) $\frac{S_o}{N_o}=\frac{1}{4}\frac{n_m}{n_0}$

5-9 (1) 中心频率为102.5kHz

(2) $\frac{S_i}{N_i}=2000$

(3) $\frac{S_o}{N_o}=2000$

5-10 (1) 2000W

(2) 4000W

5-11 (1) $S_i=\frac{1}{8}f_m\cdot n_m$

(2) $S_o=\frac{1}{32}f_m\cdot n_m$

(3) $\frac{S_o}{N_o}=\frac{1}{8}\frac{n_m}{n_0}$

(4) $G=1$

5-12 略

5-13 (1) $\frac{S_i}{N_i}=5000$,即37dB

(2) $\frac{S_o}{N_o}=2000$,即33dB

(3) $G=\frac{2}{5}$

5-14 $\frac{S_o}{N_o}=\frac{1}{4}\frac{n_m}{n_0}$

5-15 略

5-16 (1) $H(f)=\begin{cases}K & 99.92\text{MHz}<|f|<100.08\text{MHz}\\0 & \text{其他}\end{cases}$

(2) $\frac{S_i}{N_i}=31.2$

(3) $\frac{S_o}{N_o}=37500$

(4) $\frac{(S_o/N_o)_{FM}}{(S_o/N_o)_{AM}}=75$, $\frac{B_{FM}}{B_{AM}}=16$

5-17 (1) $S_{FM}(t)=10\cos(2\pi\times10^6t+10\sin2\pi\times10^3t)$

(2) $\Delta f=10$kHz, $m_f=10$, $B\approx22$kHz

(3) $\Delta f=10$kHz, $m_f=5$, $B\approx24$kHz

5-18 (1) $B_{AM}=16$MHz, $S_{AM}=1200$W

（2）$B_{FM}=96\text{MHz}$，$S_{FM}=10.67\text{W}$

5-19 （1）$B_{60}=240\text{kHz}$

（2）$B_{FM}=1440\text{kHz}$

第6章

6-1 略

6-2 略

6-3 （1）$P_s(\omega) = 4f_sP(1-p)\,|G(f)|^2 + f_s^2(1-2P)^2\sum_{-\infty}^{+\infty}|G(mf_s)|^2\delta(f-mf_s)$

功率 $= 4f_sP(1-P)\int_{-\infty}^{\infty}|G(f)|^2\mathrm{d}f + f_s^2(1-2P)^2\sum_{-\infty}^{\infty}|G(mf_s)|^2$

（2）不存在；（3）存在。

6-4 （1）$P_s(\omega) = \dfrac{A^2T_s}{16}Sa^4\left(\dfrac{\omega T_s}{4}\right) + \dfrac{A^2}{16}\sum_{-\infty}^{\infty}Sa^4\left(\dfrac{m\pi}{2}\right)\delta(f-mf_s)$

（2）可以；功率为$\dfrac{2A^2}{\pi^4}$。

6-5 （1）$P_u(\omega)=\begin{cases}\dfrac{T_s}{16}\left(1+\cos\dfrac{\omega T_s}{2}\right)^2 & |\omega|\leqslant\dfrac{2\pi}{T_s}\\ 0 & 其他\end{cases}$

（2）不存在定时分量；

（3）$R_B=\dfrac{1}{T_s}=1000B, B=\dfrac{1}{T_s}=1000\text{Hz}$

6-6 （1）$P_s(\omega) = \dfrac{T_s}{12}Sa^2\left(\dfrac{\omega T_s}{6}\right) + \dfrac{\pi}{18}\sum_{-\infty}^{\infty}Sa^2\left(\dfrac{m\pi}{3}\right)\delta(f-mf_s)$

（2）可以；功率为$\dfrac{3}{8\pi^2}$。

6-7 略

6-8 略

6-9 （1）$H(\omega)=\dfrac{T_s}{2}Sa^2\left(\dfrac{\omega T_s}{4}\right)e^{-j\frac{\omega T_s}{2}}$

（2）$G_T(\omega)=G_R(\omega)=\sqrt{H(\omega)}=\sqrt{\dfrac{T_s}{2}}Sa\left(\dfrac{T_s\omega}{4}\right)e^{-j\frac{\omega T_s}{4}}$

6-10 （1）$h(t)=\dfrac{\omega_0}{2\pi}Sa^2\left(\dfrac{\omega_0 t}{2}\right)$

（2）不能实现

6-11 略

6-12 （2）$B=(1+\alpha)f_0$，$\eta=\dfrac{2}{1+\alpha}$

6-13 略

6-14 $R_B=\dfrac{1}{2\tau_0}$，$T_s=\dfrac{1}{R_B}=2\tau_0$

6-15 略

6-16 略

6-17 （1）$\dfrac{n_0}{2}$；（2）$P_e=\dfrac{1}{2}\exp\left(-\dfrac{A}{2\lambda}\right)$

6-18 （1）$P_e=6.21\times10^{-3}$；（2）$A\geqslant8.6\sigma_n$

6-19 （1）$P_e=2.87\times10^{-7}$；（2）$A\geqslant4.3\sigma_n$

6-20 略

6-21 $g(t)=Sa\left(\dfrac{\pi}{T_s}t\right)-Sa\left(\dfrac{\pi}{T_s}(t-2T_s)\right)$

$G(\omega)=\begin{cases}2T_s\sin\omega T_s & |\omega|\leqslant\dfrac{\pi}{T_s}\\ 0 & 其他\end{cases}$

6-22 3个、7个。

6-23 略

6-24 $\dfrac{37}{48}$，$\dfrac{71}{480}$

6-25 （1）$C_{-1}=-0.1779$，$C_0=0.8897$，$C_1=0.2847$

（2）均衡后的峰值失真（0.06766）比均衡前的峰值失真（0.6）减小8.87倍。

第7章

7-1 略

7-2 （1）2000个周期；（2）2000Hz

7-3 略

7-4 （3）4000Hz

7-5~7-7 略

7-8 （1）$P_e=1.24\times10^{-4}$；

（2）$P_e=2.36\times10^{-5}$

7-9 （1）110.8dB；（2）111.8dB

7-10 （1）$b^*=\dfrac{a}{2}$，$P_e=12.7\times10^{-3}$；（2）大

7-11 （1）4.4MHz；（2）$P_e=3\times10^{-8}$；

（3）$P_e=4\times10^{-9}$

7-12 （1）113.9dB；（2）114.8dB

7-13 $P_e=4\times10^{-6}, 8\times10^{-6}, 2.27\times10^{-5}$

7-14 （1）116.9dB；（2）117.4dB

7-15 相干OOK：1.44×10^{-5}W；非相干解调

2FSK: 8.65×10^{-6} W; 差分相干解调 2DPSK: 4.32×10^{-6} W; 相干解调 2 PSK: 3.61×10^{-6} W

7-16 $P_e=4.1\times10^{-2}$, $P_e=3.93\times10^{-6}$

7-17 略

7-18 略

7-19 $P_e\approx8.1\times10^{-6}$, $P_e\approx6.66\times10^{-4}$

7-20 (1) 1200Hz; (2) 进制数 M 应提高,可以采用 16PSK。

第 8 章

8-1 略

8-2 $f_0=750$

8-3~8-6 略

第 9 章

9-1 略

9-2 (1) 抽样间隔应小于 1/4;

(2) $M_s(f) = 5\sum_{n=-\infty}^{\infty}M(f-5n)$

9-3 (1) 抽样速率应大于 $2f_1$

(2) 略

(3) $H_2(\omega)=\begin{cases}\dfrac{1}{H_1(\omega)} & |\omega|\leqslant\omega_1\\ 0 & |\omega|>\omega_1\end{cases}$

9-4 略

9-5 (1) 已抽样信号表示式:

$$m_H(t) = \sum_{n=-\infty}^{\infty}m(t)\delta(t-nT_s)*q(t)$$

式中 $q(t)$ 为抽样脉冲波形。

(2) 已抽样信号的频谱:

$$M_H(f) = \frac{2\tau}{T_s}\sum_{n=-\infty}^{\infty}\mathrm{sinc}(2\pi f\tau)M(f-nf_s)$$

9-6 最小抽样频率=1000Hz

9-7 $N=6$; $\Delta v=0.5$

9-8 9

9-9 (1) 输出码组为: $c_1c_2c_3c_4c_5c_6c_7c_8$ = 11100011,编码后的量化误差=27 量化单位

(2) 对应的 11 位均匀量化码为: 01001100000

9-10 (1) -328 量化单位; (2) 00101000000

9-11 (1) 编码器输出为: $c_1c_2c_3c_4c_5c_6c_7c_8$ = 0011011,编码后的量化误差=3 量化单位

(2) 对应的均匀量化 11 位码为: $c_1c_2c_3c_4c_5c_6c_7c_8c_9c_{10}c_{11}$ = 00001011100

9-12 略

9-13 120kHz

9-14 (1) 24kHz; (2) 56kHz

9-15 (1) 288kHz; (2) 672kHz

9-16 约 17kHz

第 10 章

10-1 略

10-2 输出信号的表达式为:

$$s_o(t)=s(t)*h(t)=\begin{cases}A^2t & 0\leqslant t\leqslant T_s\\ A^2(2T_s-t) & T_s<t^2T_s\end{cases}$$

10-3 $P_e=\dfrac{1}{2}\mathrm{erfc}\sqrt{E_b/4n_0}$

10-4 (1),(2)略; (3) $P_e=\dfrac{1}{2}\mathrm{erfc}\left(A\sqrt{\dfrac{T_s}{4n_0}}\right)$

10-5 最佳接收机: 3.9×10^{-6};

普通接收机: 3.4×10^{-2}

10-6 555B

10-7 100.8W

10-8 略

10-9 (1),(2) 略; (3) $2A^2T/n_0$

10-10 略

10-11 (1),(2)略;

(3) $P_e=\dfrac{1}{2}\mathrm{erfc}\left[\dfrac{A_0}{2}\sqrt{\dfrac{T}{n_0}}\right]$

10-12 (1),(2)略; (3) $P_e=\dfrac{1}{2}\exp\left(-\dfrac{A^2T}{4n_0}\right)$

第 11 章

11-1 $d_0=3$

11-2 检错时: $e=2$; 纠错时: $t=1$; 不能同时检错和纠错。

11-3 检错时: $e=3$; 纠错时: $t=1$; 同时检错和纠错时: $e=2, t=1$

11-4 不能,因为其行与列的错码均为偶数。

11-5 $r=5$; 码率=11/15

11-6 略

11-7 略

11-8 $g(x)=x^3+x+1$

11-9~11-12 略

11-13 码多项式 $=x^{14}+x^{11}+x^{10}+x^{8}+x^{7}+x^{6}+x$

11-14 略

11-15 略

11-16 $G=\begin{bmatrix}110111\\001101\\000011\end{bmatrix}$

11-17~11-19 略

11-20 输出码序列 = 111010100110001

11-21 略

第 12 章

12-1 $P_e=0.6\times10^{-5}$

12-2 $P_e=\frac{1}{2}[1-(\mathrm{erf}\sqrt{r}\cos(\varphi-\theta))^2]$

12-3 0.023(1/T)

12-4 略

12-5 (1) 7×10^{-4}; (2) 2.2×10^{-7}

12-6 (1) 1/128; (2) 1/16

12-7 (1) 32; (2) 7×10^{-5}

12-8 略

内 容 简 介

本书是在《通信原理(第 6 版)》的基础上,为适应少学时院校的教学需要精简而成,其中删掉了第 12 章和第 14 章,对第 2 章,第 5 章,第 6 章和其他章节做了一些删减。

本书着眼于加强基本概念的讲解,在增强数学分析严谨性的同时适量简化数学推导,尽可能多地介绍能用软件实现的方法,以取代硬件实现电路,减少过时的通信技术并增加新型通信技术原理的介绍。此外,对于专业名词和通信技术术语均给出对应的英文译名,以帮助提高阅读英文参考文献的能力。

本书内容可以分为 3 部分。第一部分(第 1 章~第 5 章)阐述通信基础知识和模拟通信原理。第二部分(第 6 章~第 10 章)主要论述数字通信、模拟信号的数字传输和数字信号的最佳接收原理。由于技术的不断发展和创新,数字调制和数字带通传输的内容非常丰富,将其放在一章内讲述会使篇幅过长,故分为两章(第 7 章和第 8 章)讲述,并且第 8 章的内容可以视需要,选用其中一部分学习,或者跳过不学,不会影响后面章节的理解。第三部分(第 11 章~第 12 章)讨论数字通信中的编码和同步等技术。

本书为普通高等教育国家级精品教材和普通高等教育“十一五”国家级规划教材,也可作为从事通信及相关专业的工程技术人员的参考书。

内容简介